U0194114

航天信息化综合集成

张峰 薛惠峰 薛昱 著

科学出版社

北京

内 容 简 介

本书由长期从事航天航空企业信息化应用研究、具有组织和主持多项大型信息化工程实践经验的作者撰写。主要以云集成作为综合集成技术支撑点展开，全面论述面向服务的航天信息化集成方法，应用系统工程思想贯穿全书创作，结合当前主流 IT 集成技术，提出数字化样机设计集成、基于物联网的产品生产管理集成、协同制造过程集成、生产管理运营集成和基于云服务的系统集成。五大集成综合起来，形成初步的航天信息化云集成平台，实现航天大型复杂产品数字化的系统设计、总体布局，实现从综合集成到综合提升的跨越，为后续的技术展开研究提供理论指导。

本书可作为工程技术人员、研究生关于航天信息化培养的统一教程、航天信息化发展的智库参考资料，为航天信息化综合集成提供理论、方法与技术支撑，成为航天信息化建设的自主规范准则。

图书在版编目（CIP）数据

航天信息化综合集成／张峰，薛惠锋，薛昱著．—北京：科学出版社，2014.11

ISBN 978-7-03-041607-0

Ⅰ．航… Ⅱ．①张… ②薛… ③薛… Ⅲ．航天工程–信息系统集成 Ⅳ．V57

中国版本图书馆 CIP 数据核字（2014）第 183785 号

责任编辑：李 敏 周 杰／责任校对：刘小梅
责任印制：徐晓晨／封面设计：王 浩

科学出版社出版
北京东黄城根北街 16 号
邮政编码：100717
http://www.sciencep.com

北京京华虎彩印刷有限公司 印刷
科学出版社发行 各地新华书店经销

*

2015 年 1 月第 一 版 开本：787×1092 1/16
2017 年 2 月第二次印刷 印张：32 3/4 插页：2
字数：1 000 000

定价：138.00 元
（如有印装质量问题，我社负责调换）

序

当今，全球信息化浪潮正改变着人类的生产、生活和思维方式，一场新的技术革命正在将人类从工业文明时代带入信息化文明时代。有效地将信息化融入并贯穿到航天科研管理与生产建设中，是航天强国顺应时代潮流、实施创新驱动战略的必然选择。航天科技工业具有跨地域、跨专业、跨组织协同等特点，囊括弹、箭、星、船、器等众多科技高新工程，汇集设计、制造、试验与管理等众多学科领域，如何通过信息化的综合集成建设来提升各参与单位的协同工作效率，加速各学科知识紧密融合，提高科研生产效率和航天工程的建设速度，是当前航天信息化亟待解决的关键问题。航天信息化是一项复杂的系统工程，而综合集成方法论起源于钱学森同志提出的"从定性到定量的综合集成方法"，并在我国航天和国民经济领域得到应用，取得了显著的成绩。因此，在新时期，以综合集成方法论为指导，为航天信息化建设提供理论指导、方法与技术支撑具有划时代的意义。

从事我国航天咨询与信息化建设的博士研究生导师薛惠锋教授提出了《航天信息化综合集成》的总体思想和框架，并带领博士研究生张峰、薛昱完成了该书的撰写。该书顺应信息化发展潮流和我国航天工业实际需求，以综合集成方法论为指导，解决我国航天信息化的复杂系统工程问题，具有较高的学术水平与应用价值。该书以综合集成思想贯穿全文，立足国内外最新科技前沿，分析我国航天信息化发展现状与矛盾，并提出解决方案。该书采用综合集成的系统工程方法，为航天信息化综合集成提供了理论与技术支撑，并成为航天信息化建设的自主范式。该书集成云计算、空间大数据、工业大数据、云集成、物联网、SOA、IETM 和 CALS 等新技术，构建航天巨系统的运行管理体系和高技术复杂型号产品的数字化系统设计、制造、试验与管理的数字化工程管理体系，以信息纵向贯通、横向集成为标志，实现航天信息化从综合集成到综合提升的跨越。

该书以航天信息化综合集成架构为基础，定位于航天信息化建设理论和策略方法，从信息化基础、信息化综合集成架构、信息化综合集成业务、信息化综合集成案例和武器装备后勤保障信息化五个方面对航天信息化建设全生命周期展开系统分析。

第一部分为信息化基础篇，主要从航天信息化的服务和管理的视角出发，介绍航天信息化的基础理论，分析航天信息化的发展及面临的挑战，给出航天信息化的战略规划和实施构架，并讨论航天信息化工程的项目管理与人才培养的重要性，共5章。第1章为航天发展信息化服务体系，主要论述航天的发展原则、发展方向、发展任务，国际交流与合作，载人航天计划等；第2章为航天信息化的理论基础，主要结合航天事业的信息化建设，系统地分析航天信息化的作用、原则和必要性，提出了信息化的主要内容、建设过程及常见的问题与风险规避策略；第3章为航天信息化的发展与面临的挑战，主要从我国航天信息化的发展与面临的挑战进行探讨，探索自主的信息化发展之路，提出了我国航天信息化发展特色与目标；第4章为航天信息化战略规划与实施架构，主要结合航天事业的信息化建设进行系统研究；第 5 章为航天信息化工程项目管理与人才培养，主要论述航天信息化工程项目管理与人才培养的过程与方法。

第二部分为信息化综合集成架构篇，主要在理论上叙述了综合集成的理论与技术，对当前一些应用比较广泛的 IT 进行介绍，如云计算、大数据、物联网、SOA 等，并利用这些主流 IT 从管理、技术、制造和系统开发等方面进行综合集成，提供统一的基于云的平台架构，共 6 章。第 6 章为综合集成理论与技术，主要论述综合集成理论与方法、集成技术和综合集成研讨厅体系；第 7 章为云集成平台技术及应用，主要论述云计算相关知识，便于帮助企业建设基于云的信息化平台；第 8 章为大数据集成技术及应用，主要论述产生的背景、处理技术及空间大数据的应用；第 9 章为物联网技术及应用，主要论述物联网技术、架构、标准体系及其关键技术的应用；第 10 章为 SOA 集成平台技术及应用，主要在信息化综合集成中进行系统研究；第 11 章为 SOA 与云计算集成，通过对云集成逻辑结构的探讨，提出一种基于云集成的企业集成平台，并在云集成架构中融入 SOA 服务体系，作为建立云集成架构的一个解决途径。

第三部分为信息化综合集成业务篇，主要论述航天企业的综合管理信息化平台、生产运营与制造信息化平台以及航天产品与服务信息化平台，共 3 章。第 12 章为航天企业综合管理信息化平台，对当前航天企业信息平台的构成进行分析，包括财务、协同办公、客户关系管理、知识管理、决策支持、多型号项目管理、质量管理、人力资源管理、部件供应管理、档案管理，并提出集成架构，解决航天信息化集成问题；第 13 章为企业生产运营与制造信息化平台，对制造执行系统、产品结构管理系统、产品数据管理及生命周期管理、计算机辅助技术、计算机集成制造系统等进行简要的介绍，在分析现有的生产运营系统的基础上，提出各生产系统之间的集成架构，实现各系统间的无缝集成；第 14 章为航天产品与服务信息化平台，对构成平台的各个子系统进行介绍，包括导航定位系统、GPS的应用、移动互联网、综合电子信息系统、网络通信系统、指挥控制系统、情报侦察系统和预警探测系统。

第四部分为信息化综合集成案例篇，主要论述基于物联云的数字化制造平台基础框架和航天信息化系统综合集成过程，共 2 章。第 15 章为基于物联云的数字化制造平台基础框架，主要论述云制造相关技术及集成架构，内容包括云制造、集成与协同技术、云制造技术和云制造集成平台；第 16 章为航天信息化系统综合集成过程，主要阐述综合集成方法，通过综合集成方法综合分析航天信息化系统集成的应用模式和应用系统集成复杂性。内容主要包括航天信息化数字样机综合集成技术，面向物联网的实物产品数字化标识、智能管控、信息安全技术，基于数字样机的制造相关技术，基于精益生产和 ERP 系统的生产计划集成技术，基于云服务的产品全生命周期协同研制技术，全生命周期的云知识服务技术，大型复杂产品综合环境适应性协同仿真技术，三维装配工艺的集成应用技术，基于异构环境的管理与工程协同集成技术，虚拟验证技术，等等。

第五部分为武器装备后勤保障信息化篇，主要论述面向武器装备全生命周期的管理与保障、面向武器装备智能化 IETM 平台和基于单一数据源的 IETM 系统，共 3 章。第 17 章为面向武器装备全生命周期的管理与保障，主要论述武器系统的维护、维修和运行平台，便携式维修辅助系统，装备持续采办与全寿命支持，并试图将这些子系统进行综合集成；

第18章为面向武器装备智能化的 IETM 平台，主要论述大型复杂产品在论证、设计、制造、试验、使用、保障、管理过程中的技术资料管理方法，介绍有关的 IETM 标准及如何选择；第19章为基于单一数据源的 IETM 系统，主要通过一个案例论述 IETM 的应用过程。

该书既是作者长期从事系统工程和企业信息化研究工作的高度概括，也是近年来国内外在该领域新学术思想和成果的集成。该书以云集成作为综合集成技术支撑点展开，应用系统工程思想，结合当前主流 IT，提出基于物联网的生产运营管理集成和产品生产管理、数字化样机设计、协同制造过程集成以及基于云服务的系统集成理论和方法，形成初步的航天信息化云集成平台，为后续的技术开发提供理论指导。

该书不失为一部论述信息化和推动航天工业信息化建设的好书，具有较高的参考价值。该书的出版对促进系统工程学科的发展和推进大型复杂系统的信息化综合集成，都将起到重大的作用。

中国工程院院士　张履谦

2014 年 10 月 30 日于北京

前　言

本书的形成

大型复杂产品通常由几百个单位参与论证、设计、制造、试验、使用、保障、管理，研制周期和使用保障周期长达几十年。依据"十二五"规划及后续一定时期内国家和军队发展的需求，以超声速巡航复杂产品为代表的型号研制特别是大型复杂产品的地面实验条件具备模拟难、指标要求高、一体化程度高、设计制造难度大等一系列特点，同时随着型号进入立项阶段，面临着总体优化技术、多类目标制导控制一体化优化设计技术等一系列关键技术问题，需要解决。这些工作面临着技术要求高、制造难度大、时间周期短、集成协同程度高、项目管理复杂等很多难题。航天信息化关键是应用"信息流"打通航天制造领域"任督二脉"，以"信息流"为核心，以产品为"作战单元"，应用物联网相关技术把涉及某类产品研制的各种设备集中在一起，解决生产信息割裂、零散，打包难的问题。

航天信息化来源于中国的自主航天发展，丰富和发展了航天事业的应用。航天信息化智慧应立足于航天，服务于全人类的社会经济发展。十八大报告提出，"加快推进国防和军队现代化"，"按照国防和军队现代化建设'三步走'战略构想，加紧完成机械化和信息化建设双重历史任务，力争到二〇二〇年基本实现机械化，信息化建设取得重大进展"，"提高以打赢信息化条件下局部战争能力为核心的完成多样化军事任务能力"，"坚定不移把信息化作为军队现代化建设发展方向，推动信息化建设加速发展"，"深入开展信息化条件下军事训练，增强基于信息系统的体系作战能力"。

本书依据力求反映信息技术的新发展、理论与工程实践相结合的原则编写，立足于国际、国内视野，定位我国航天信息化发展现状与矛盾，研究我国航天信息化大框架构成，在此大框架基础上探寻此方面的主要矛盾和问题，分清哪些是体制、管理问题，哪些是立法、执法问题，哪些是投入、人才问题，等等。以航天信息化发展的现状、目标以及需求的介绍作为基础知识背景，针对项目管理、决策支持的应用，将航天信息化建设和系统工程学科思想有机结合起来，利用系统工程解决航天信息化管理过程中的问题，进而对航天信息化建设的思路和规划提出建议，实现航天大型复杂产品数字化的系统设计、总体布局，实现从综合集成到综合提升的跨越。同时，介绍国内外尖端的 IT 及集成应用。

作为当今信息时代最主要、最重要的资源，信息不分时域、空域，无处不在。信息交换和共享，不断改变着人们的生产方式和生活方式。利用先进的信息技术，实现航天信息化，提高生存和发展能力。航天信息化建设要用新的观念、新的思路、新的理论来推进，但航天信息化不只是信息技术本身的问题，更重要的是信息技术在航天各领域能得到充分渗透；在渗透过程中，通过航天信息化，不断优化组织结构，调整企业管理体制和运行机制，关键是实现资源共享，实现信息和知识的共享。共享程度越高，信息和知识作为生产要素的价值越高，对解放和提高生产力的贡献就越大。

航天信息化工程是一项涉及面广且极为复杂的系统工程，研究对象不只是系统、计算机网络设备，更多的是企业的管理体制和运行机制，以及应用信息系统的人。航天企业已进入"大数据"时代，企业管理数据的规模、种类和复杂度都在以前所未有的速度呈爆炸式增长，源自各种系统、设备和应用程序的数据量激增，使用传统软件解决方案，在可以接受的时间内完成这些数据的采集、管理和处理会非常困难。系统综合集成是在系统工程科学方法的指导下，根据用户需求，优选各种技术和产品，将各个分离的子系统连接为一个完整、可靠、有效的整体，使之能互相协调工作，发挥整体效益，达到整体性能最优。人的观念、意识、素质和技能，以及企业管理是否规范等都直接影响信息化工程的成功与失败。研究对象的多变性、随机性和复杂性使得信息化工程组织、管理与应用极为复杂，难度很大。另外，关键的信息技术掌握在发达国家手中，信息化应用技术研究力度不够，是造成信息化工程失败的重要原因。

我们在大量的信息化工程实践中，通过对信息化基本理论和基础知识的学习，总结国内外信息化成功经验与失败教训；探讨信息化的基本规律，提出"阶段性、时效性、集成性、持久性"信息化总体建设策略，以及信息化工程组织、建设与应用模型。本书是作者多年从事企业信息化实践及研究的成果，是作者组织和主持 30 多项大型信息化工程的经验总结，是作者指导大量信息化工程实践并取得成功的案例。

本书的组织结构

全书共五部分 19 章。第一部分（第 1~5 章），信息化基础篇。第 1 章，航天发展信息化服务体系；第 2 章，航天信息化的理论基础；第 3 章，航天信息化的发展与面临的挑战；第 4 章，航天信息化战略规划与实施架构；第 5 章，航天信息化工程项目管理与人才培养。第二部分（第 6~11 章），信息化综合集成架构篇。第 6 章，综合集成理论与技术；第 7 章，云集成平台技术及应用；第 8 章，大数据集成技术及应用；第 9 章，物联网技术及应用；第 10 章，SOA 集成平台技术及应用；第 11 章，SOA 与云计算集成。第三部分（第 12~14 章），信息化综合集成业务篇。第 12 章，航天企业综合管理信息化平台；第 13 章，企业生产运营与制造信息化平台；第 14 章，航天产品与服务信息化平台。第四部分（第 15、16 章），信息化综合集成案例篇。第 15 章，基于物联云的数字化制造平台基础框架；第 16 章，航天信息化系统综合集成过程。第五部分（第 17~19 章），武器装备后勤保障信息化篇。第 17 章，面向武器装备全生命周期的管理与保障；第 18 章，面向武器装备智能化的 IETM 平台；第 19 章，基于单一数据源的 IETM 系统。

薛惠锋负责全书的总体构思、策划及框架设计，并对章节进行划分，指导具体内容；博士研究生薛昱具体负责撰写第 1~3 章，博士研究生张峰具体负责撰写第 4~19 章。

本书的特点和优势

（1）本书是国内航天信息化方面的重要教程，信息化知识全面，理论联系实践。与同类图书相比，本书在内容设计上注重结合最新航天信息化技术进行讲解，内容涉及航天信息化的各个应用方面，使自学者能够全面掌握航天信息化过程中涉及的各种知识，而不是只介绍信息化技术。本书内容全面，主要涵盖了航天信息化的发展、分类和标准及面临的挑战，信息化战略规划与实施架构，系统工程导向的信息化新理念与新框架，航天信息化未来发展方向及思路，航天信息化安全与保密，航天信息化工程的项目管理与人才培养，云计算，空间大数据，工业大数据，云集成，物联云平台，SOA 技术，IETM 技术，CALS技术等。

（2）本书最大的特点是应用系统工程思想贯穿全流程，系统工程与航天信息化思想高度统一、高度和谐，立足国内外视野，分析中国航天信息化发展现状与矛盾，介绍国内外尖端的 IT。提出数字化样机设计集成、基于物联网的产品生产管理集成、协同制造过程集成、生产管理运营集成和基于云服务的系统集成。五大集成综合起来，形成初步的航天信息化云集成平台。

（3）内容丰富，逻辑性强，文字流畅，通俗易懂。本书为读者提供了 350 多张图片，尽量做到循序渐进，尽量从读者的角度去理解和把握各种概念和技术。

（4）及时跟随动态。本书对当前国内外信息化最前沿的技术应用做了详细的介绍。

（5）通过搭建云计算平台，建设统一的云计算业务平台、统一的基础架构支撑平台，集中承载业务应用系统，同时面向企业用户服务；实现统一管理、统一运维、统一支撑、统一标准，建立健全一套信息化协调发展的运行机制、创新业务应用模式和管理机制，推动业务基础设施统建共用，提升 IT 基础设施建设和运行维护的专业化水平。

本书参考了国内外大量的相关文献资料，吸取了国内外同行在信息化集成方面的宝贵经验。可以说，本书是集体智慧的结晶。在此，对所有给予我们支持和帮助的朋友、同事、有关人员及参考文献的作者一并表示衷心感谢。本书建立在读者具备一定信息化系统和计算机相关知识的基础上，着重应用系统工程思想解决大型复杂产品信息化综合集成过程中各个环节用到的技术集成问题。由于作者水平有限，书中错误在所难免，真诚希望广大读者提出宝贵意见。如果读者在阅读本书过程中遇到疑难问题，可以把问题发到电子信箱 tfnew21@ sina. com，共同交流探讨。

作　者

2014 年 8 月

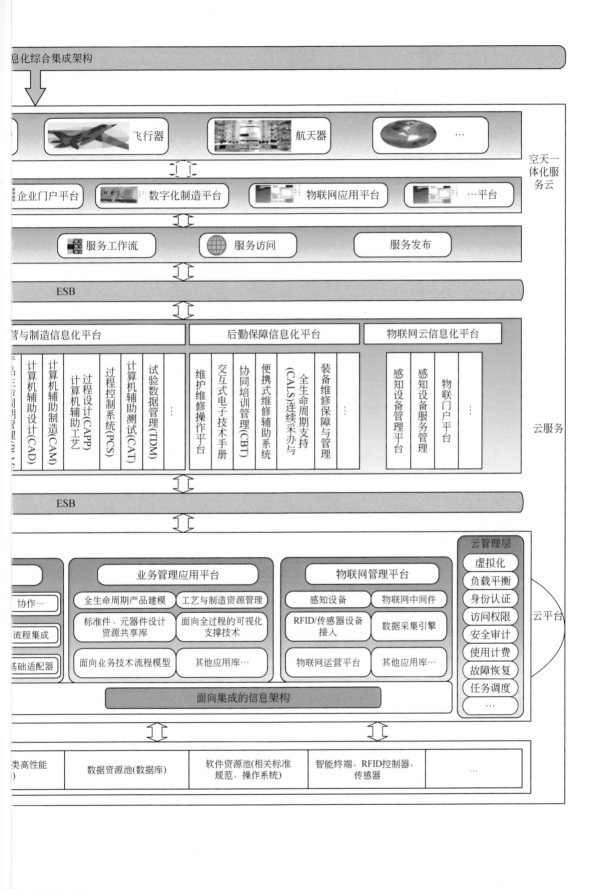

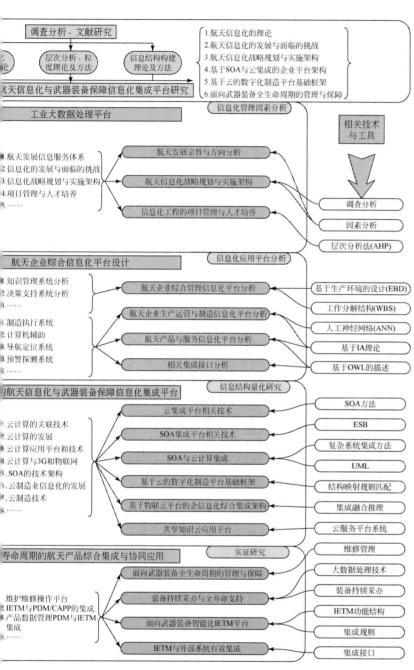

航天信息化综合集成创作路线图

目　　录

第一部分　信息化基础篇

第二部分 信息化综合集成架构篇

第三部分　信息化综合集成业务篇

第四部分 信息化综合集成案例篇

第五部分　武器装备后勤保障信息化篇

第一部分　信息化基础篇

第1章 航天发展信息化服务体系

本章学习路线图

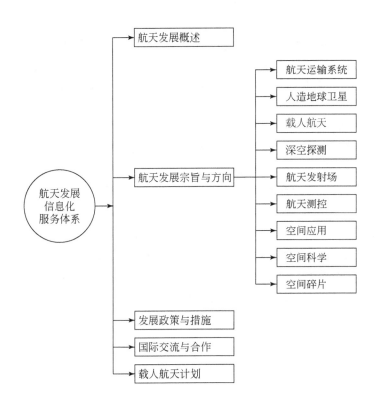

本章主要介绍航天发展信息化服务体系，主要内容包括航天的发展原则、发展方向、发展任务，国际交流与合作，载人航天计划等，使读者初步了解航天发展的现状和相关航天知识，为后面各章的学习打下基础。

1.1 航天发展概述

在过去的 60 多年内，我国以及国际的航天技术发展取得了许多突出的成就，体现了当代科技成果和基础工业成果的密切结合。航天技术被世人普遍认为是 20 世纪现代科技最重大的成就和发展最快的领域之一。它是现代科学技术和基础工业最新技术的高度的集合，也是一个国家科学技术水平和综合国力的重要体现。我国航天事业自 1956 年创建以来，经历了艰苦创业、配套发展、改革振兴和走向世界等几个重要时期，迄今已达到相当规模和水平，主要形成了如下体系：

1）形成了完整配套的研究、设计、生产和试验体系；

2）建立了能发射各类卫星和载人飞船的航天器发射中心和由国内各地面站、远程跟踪测量船组成的测控网；

3）建立了包括"北斗"导航系统在内的多种卫星应用系统，取得了显著的社会效益和经济效益；

4）建立了具有一定水平的空间科学研究系统，取得了多项创新成果；

5）培育了一支素质好、技术水平高的航天科技队伍。

我国航天事业是在基础工业比较薄弱、科技水平相对落后和特殊的国情、特定的历史条件下发展起来的。我国独立自主地进行航天活动，以较少的投入，在较短的时间里，走出了一条适合本国国情和有自身特色的发展道路，取得了一系列重要成就。我国在卫星回收、一箭多星、低温燃料火箭技术、捆绑火箭技术以及静止轨道卫星发射与测控等许多重要技术领域已跻身世界先进行列，在遥感卫星研制及其应用、通信卫星研制及其应用、载人飞船试验以及空间微重力实验等方面均取得重大成果。我国航天信息化的发展经历多年的实践，还需要进一步深化和探索（国务院新闻办公室，2011）。

当前，全球航天技术正向空间探测、对地观测、信息利用等方面发展。目前，我国已在空间探测方面进行了月球探测实验活动，下一步将计划在火星和金星方面展开太空探测活动。

外层空间是人类共同的财富，探索外层空间是人类不懈的追求。当前，世界主要航天国家相继制定或调整航天发展战略、发展规划和发展目标，航天事业在国家整体发展战略中的地位与作用日益突出，航天活动对人类文明和社会进步的影响进一步增强（国务院新闻办公室，2011）。航天发展信息化服务体系如图 1-1 所示。

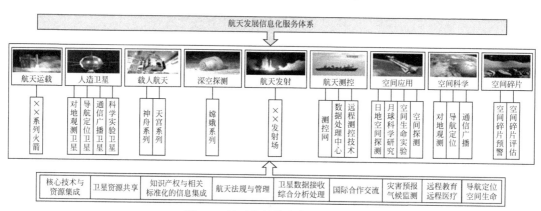

图 1-1　航天发展信息化服务体系

1.2 航天发展宗旨与方向

我国政府始终坚持为了和平目的探索和利用外层空间，始终把发展航天事业作为国家整体发展战略的重要组成部分。近年来，我国航天事业发展迅速，在若干重要技术领域跻身世界先进行列。航天活动在我国经济建设和社会发展中发挥着越来越重要的作用（国务院新闻办公室，2011）。

在我国的航天发展规划中，"十二五"时期是全面建设小康社会的关键时期，是深化改革开放、加快转变经济发展方式的攻坚时期，我国航天事业面临新的发展机遇。我国将紧密围绕国家战略目标，加强自主创新，扩大开放合作，促进航天事业又好又快发展。同时，我国愿与国际社会一道，共同维护一个和平、清洁的外层空间，为推动人类和平与发展的崇高事业做出新的贡献（国务院新闻办公室，2011）。

我国发展航天事业的宗旨主要体现在以下几个方面（国务院新闻办公室，2011）：

1）不断探索外层空间，扩展对地球和宇宙的认识；

2）和平利用外层空间，促进人类文明和社会进步，造福全人类；

3）满足我国经济建设、科技发展、国家安全和社会进步等方面的需求，提高全民科学文化素质，维护国家权益，增强综合国力。

我国发展航天事业服从和服务于国家整体发展战略，坚持科学发展、自主发展、和平发展、创新发展、开放发展的原则。主要体现在以下几个方面（国务院新闻办公室，2011）：

1）科学发展：就是尊重科学、尊重规律，从航天事业的发展实际出发，统筹兼顾和科学部署空间技术、空间应用和空间科学等各项航天活动，保持航天事业全面、协调、可持续发展。

2）自主发展：我国始终坚持走独立自主、自力更生的发展道路，主要依靠自身力量，根据国情和国力，自主发展航天事业，满足国家现代化建设的基本需求。

3）和平发展：始终坚持和平利用外层空间，反对外空武器化和外空军备竞赛，合理开发和利用空间资源，切实保护空间环境，使航天活动造福全人类。

4）创新发展：把提高自主创新能力作为航天事业发展的战略基点，强化工业基础，完善创新体系，以实施航天重大科技工程为载体，集中力量，重点突破，实现航天科技跨越发展。

5）开放发展：坚持独立自主与开放合作相结合，在平等互利、和平利用、共同发展基础上，积极开展空间领域的国际交流与合作，致力于推进人类航天事业的共同进步。

以上介绍了我国航天发展宗旨和原则，发展方向如图 1-2 所示，下面重点介绍我国航天发展的方向。

1.2.1 航天运输系统

航天运输系统主要包括载人飞船、运载火箭、航天武器、航天器、应急救生飞行器和

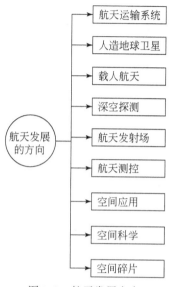

图 1-2   航天发展方向

各种辅助系统,它是往返于地球表面和空间轨道之间,或在轨道与轨道之间运输以及完成地外天体着陆和返回运输各种有效载荷运输工具的总称,下面以中国为例介绍航天运输系统的发展。

我国自 1970 年 4 月 24 日"长征一号"火箭成功发射"东方红一号"卫星以来,"长征"系列运载火箭走过从常规推进到低温推进、从串联到捆绑、从一箭单星到一箭多星、从发射卫星载荷到发射飞船的技术历程,具备发射各种轨道空间飞行器的能力,并在可靠性、安全性、发射成功率、入轨精度等方面达到国际一流水平。随着我国"长征"系列运载火箭型号的进一步完善,新一代运载火箭工程研制取得重大进展。"长征"系列火箭发射实景如图 1-3 所示,发展系列如图 1-4 所示。下面介绍我国"长征"系列运载火箭发展历程。

图 1-3   "长征"系列火箭发射实景

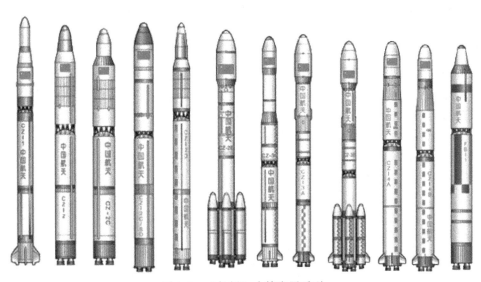

图 1-4 "长征"火箭发展系列

1.2.1.1 "长征一号"系列运载火箭

"长征一号"系列运载火箭包括"长征一号"运载火箭和"长征一号"丁运载火箭两个型号。它们都是三级运载火箭，主要用于发射近地轨道小型有效载荷。"长征一号"运载火箭于 1965 年开始研制。1970 年 4 月 24 日，"长征一号"运载火箭发射了我国第一颗"东方红一号"人造地球卫星。

1.2.1.2 "长征二号"系列运载火箭

"长征二号"运载火箭是我国的航天运载器的基础型号，目前发展了多个"长征二号"系列运载火箭家族，拥有"长征二号"、"长征二号丙"、"长征二号丁"、"长征二号E"、"长征二号F"等型号，主要承担近地轨道的发射任务。

1.2.1.3 "长征三号"系列运载火箭

"长征三号"系列运载火箭目前主要承担高轨道发射任务，主要发展的型号有"长征三号"、"长征三号甲"、"长征三号乙"、"长征三号丙"等。主要使用氢气发动机，用于发射高轨道通信卫星。

1.2.1.4 "长征四号"系列运载火箭

"长征四号"系列运载火箭目前主要承担太阳同步轨道和极轨道的发射任务。目前的发展型号有"长征四号甲"、"长征四号乙"、"长征四号丙"等，主要用于发射与太阳同步轨道的气象卫星。

1.2.1.5 "长征五号"系列运载火箭

"长征五号"是我国研制的与欧洲"阿丽亚娜5"基本同级的新一代重型运载火箭，

其设计思想以通用化、系列化、组合化为重点。"长征五号"是新一代无毒、无污染、高性能、低成本和大推力的运载火箭，已经突破多项关键技术，进入实质性研制阶段。"长征五号"计划于 2015 年首飞，其运载能力将比之前的火箭提升一倍，但在下一步探月计划中，如何运用这一新型液体火箭，还是一个需要深入研究的问题。

在"十二五"规划中，我国航天运输系统将发展"长征五号"、"长征六号"、"长征七号"运载火箭。随着科技进步和人类社会的发展，航天技术水平日益成为一个国家综合国力的重要标志。人类要利用空间和开发空间，首先必须能够进入空间，这是开展一切航天活动的基本条件。运载火箭是迄今为止人类进入空间的最主要手段，也是包括我国在内的大多数航天国家进入空间的唯一手段。运载火箭的能力决定了一个国家航天活动的规模。因此，世界各航天大国均把发展先进的运载技术作为保持其领先地位的战略部署之一，一些发展中国家也将发展航天运载技术作为提高其综合国力的重要手段。

扩展阅读：火箭是以热气流高速向后喷出，利用产生的反作用力向前运动的喷气推进装置。它自身携带燃烧剂与氧化剂，不依赖空气中的氧助燃，既可在大气中，又可在外层空间飞行。现代火箭可作为快速远距离运输工具，可以用来发射卫星和投送武器战斗部。截至 2009 年，已研制出航天运载火箭的国家有 13 个，即中国、法国、印度、伊朗、以色列、意大利、日本、朝鲜、俄罗斯、韩国、乌克兰、英国和美国。其中，意大利和英国已放弃了独立的运载计划，乌克兰已暂停了其计划，朝鲜和韩国还正在期待实现成功的发射。这样正在从事发射活动且能将有效载荷送入轨道的国家就只有 8 个。还有一些国家已表达了发展本国运载能力的意愿，如巴西在过去 10 年里开展了一些运载火箭研制工作。（资料来源：http：//baike.baidu.com/view/19093.htm）

在我国未来的航天运输发展方面，将进一步加强航天运输系统建设，不断完善运载火箭型谱，提升进入空间的能力。增强现役运载火箭的可靠性和发射适应性，发展新一代运载火箭和运载火箭上面级，实现"长征五号"、"长征六号"、"长征七号"运载火箭首飞。"长征五号"运载火箭将完全采用无毒无污染推进剂，并具备近地轨道 25t、地球同步转移轨道 14t 的运载能力。"长征六号"运载火箭是新型快速发射运载火箭，具备 700km 高度太阳同步轨道不小于 1t 的运载能力。"长征七号"运载火箭将具备近地轨道 13.5t、700km 太阳同步轨道 5.5t 的运载能力（国务院新闻办公室，2011）。

1.2.1.6 美国航天运载火箭

把美国第一颗人造卫星"探险者 1 号"送上太空飞行的，是著名火箭专家冯·布劳恩主持研制的"丘比特 C"运载火箭。目前美国航天运载火箭主要有"雷神"运载火箭、"宇宙神"运载火箭、"德尔塔"系列运载火箭、"大力神"系列运载火箭和"土星"登月火箭。其中"雷神"液体火箭本身推力为 78t，加上阿金纳上面级，总长 23.2m，最大直径 2.44m，起飞重量 56t，能把 700 余千克的卫星送上 500km 左右高的地球轨道，1959 年以来发射 400 多次，现已退役；"宇宙神"系列火箭是由美国通用动力公司制造，已连续生产 50 多年，火箭长 25.1m，直径 3m，起飞重量 120t，自 1959 年以来，已发射 500 多次，是使用最广泛的一种运载工具；"德尔塔"系列火箭由美国科麦道公司研制生产，至今已发射 560 多次，"德尔塔" 三级火箭有两种型号，总长 38.4m，起飞重量分别为 220t 和 230t；"大力神" 系列火箭由马丁·玛丽埃特公司研制生产，共有 6 种型号，现已全部退役；"土星" 系列运载火箭是美国国家航空航天局（NASA）专为阿波罗登月任务研制的大型液体运载火箭，先后研制的型号有 "土星 I"、"土星 IB"、"土星 V" 三种（中国载人航天工程网，2008）。美国航天运载火箭发展系列如图 1-5 所示。

"大力神" 系列运载火箭　　　"德尔塔" 系列运载火箭　　　"雷神" 运载火箭

"宇宙神" 运载火箭　　　　　　　　"土星" 登月火箭

图 1-5　美国航天运载火箭发展系列

1.2.1.7　俄罗斯航天运载火箭

俄罗斯系列火箭主要有 "东方号"、"联盟号"、"能源号"、"天顶号"、"质子号" 等。其中，"东方号" 运载火箭是由 "月球号" 火箭改进而构成的，主要是增加了一子级的推进剂质量和提高了二子级发动机的性能。这种火箭的中心是一个两级火箭，周围有四个长 19.8m，直径 2.68m 的助推火箭。中心两级火箭，一子级长 28.75m，二子级长 2.98m，呈圆筒形状。发射时，中心火箭发动机和四个助推火箭发动机同时点火。"联盟号" 火箭是 "联盟号" 子系列中的两级型火箭，通过挖掘 "东方号" 火箭一子级的潜力和采用新的更大推力的二子级研制而成。因发射 "联盟" 系列载人飞船而得名。最长

49.52m，起飞重量310t，近地轨道的运载能力为7.2t；"能源号"运载火箭是苏联的一种重型通用运载火箭，也是目前世界上起飞重量与推力最大的火箭。"能源号"运载火箭长约60m，总重2400t，起飞推力3500t，能把100t有效载荷送上近地轨道。火箭分助推级和芯级两级，助推级由四台液体助推器构成，每个助推器长32m，直径4m，芯级长60m，直径8m，由四台液体火箭发动机组成。"天顶号"是苏联的一种中型运载火箭，主要用来发射轨道高度在1500km以下的军用和民用卫星，经过改进的"联盟号"TM型载人飞船和"进步号"改进型货运飞船。"天顶号"2型是两级运载火箭，其一子级还被用作"能源号"火箭助推级的助推器。"质子号"系列运载火箭是苏联第一种非导弹衍生的、专为航天任务设计的大型运载器。在"能源号"重型火箭投入使用以前，该型号是苏联运载能力最大的运载火箭。"质子号"系列共有三种型号：二级型、三级型和四级型（中国载人航天工程网，2008）。俄罗斯航天运载火箭发展系列如图1-6所示。

| "东方号" | "联盟号" | "能源号" | "天顶号" | "质子号" |

图1-6　俄罗斯航天运载火箭发展系列

1.2.2　人造地球卫星

人们通常把环绕地球飞行并在空间轨道运行的无人航天器称为人造卫星。人造地球卫星是目前发射数量最多、用途最广、发展最快的航天器。通过多年的发展，我国主要发展以下几种人造地球卫星。

1.2.2.1　对地观测卫星

对地观测卫星主要包括军事侦察卫星、地球资源卫星、测地卫星和海洋卫星等。目前研发的气象卫星、海洋卫星、陆地卫星、专用卫星、各种航天与空间实验站可用于对地球进行遥感。我国目前基本建成"风云"、"海洋"、"资源"、"遥感"、"天绘"等卫星系列和"环境与灾害监测预报小卫星星座"。"风云"气象卫星具备全球、三维、多光谱的定量观测能力，"风云二号"静止轨道气象卫星实现双星观测、在轨备份，"风云三号"极轨气象卫星实现上午星和下午星的双星组网观测。"海洋"水色卫星成像幅宽增加一倍，重访周期大幅缩短，2011年8月发射的首颗"海洋"动力环境卫星，具备全天候、全天时的微波观测能力。"资源"卫星的空间分辨率和图像质量得到较大幅度提升。"环境与灾害监测预报小卫星星座"具备中分辨率、宽覆盖、高重访的灾害监测能力。2010年，正式启动实施高分辨率对地观测系统重大科技专项（国务院新闻办公室，2011）。

1.2.2.2 通信广播卫星

1984年4月8日，中国第一颗地球静止轨道卫星——"东方红二号"发射成功，中国成为世界上第五个独立研制和发射静止轨道卫星的国家，开辟了我国卫星通信事业的新时代。截至2012年，我国在通信广播卫星研究方面突破大容量地球静止轨道卫星公用平台、天基数据中继与测控等关键技术，卫星技术性能明显提高，语音、数据和广播电视通信水平进一步提升。"中星十号"卫星的成功发射和稳定运行，大幅提高了我国通信广播卫星的功率和容量。"天链一号"数据中继卫星的成功发射，使我国初步具备天基数据传输能力和对航天器的天基测控服务能力。

1.2.2.3 导航定位卫星

导航定位卫星是为地面、海上、空中和空间用户提供导航定位参数的专用卫星。导航定位卫星上装有专用的无线电设备和测距仪、计时器。用户接收卫星发来的无线电导航信号，通过多普勒测速或时间测距分别获得用户相对于卫星的距离或距离变化率等导航参数，并根据卫星发送时间、轨道参数求出定位瞬间卫星的实时位置坐标，从而定出用户的地球位置坐标和速度矢量分量。

2007年2月，我国成功发射第四颗"北斗"导航试验卫星，进一步提升了"北斗"卫星导航试验系统性能。该系统由5颗地球静止轨道卫星、5颗倾斜地球同步轨道卫星和4颗中圆地球轨道卫星组成，2012年12月以来已成功发射16颗卫星，具备了向服务区（亚太地区）用户提供试运行服务的条件。"北斗"卫星导航系统是我国自行研制开发的区域性有源三维卫星定位与通信系统（CNSS），是继美国的全球定位系统（GPS）、俄罗斯的GLONASS之后第三个成熟的卫星导航系统。可在全球范围内全天候、全天时为各类用户提供高精度、高可靠的定位、导航、授时服务，兼具短报文通信能力。2012年3月，

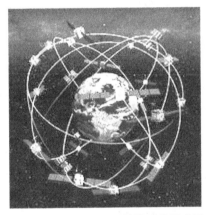

图1-7 "北斗"卫星导航系统示意图

我国正式推出全球首款"北斗+GPS"双系统车载导航产品。"北斗"卫星导航系统示意图如图1-7所示。

📖 **扩展阅读：**目前世界上共有4套这样的系统——美国的GPS、俄罗斯的"格洛纳斯"（GLONASS）、我国"北斗"卫星（CNSS），以及欧洲的"伽利略"（GALILEO）。在这四大系统中，只有GPS具备了全球定位的功能，其他的只能做到区域定位。卫星导航系统最基本的功能就是定位，而定位的精度取决于测算原理以及实际应用的熟练程度。我国全球定位系统应用协会信息咨询服务中心主任曹冲介绍，GPS采用的是"无源定位原理"，其导航仪相当于一部收音机，只要收到卫星所发的信号就能直接计算出自己的位置，它的定位准确而方便。我国的"北斗一代"则运用了"有源定位"的方法。也就是说，导航

仪需要向卫星发出信号，由卫星把信号传给地面站，再由它解算出导航仪的位置，之后发给导航仪。

如今，"北斗二代"系统已经处于试运行中。它使用的是与GPS一样的"无源定位"。原则上，"北斗二代"的定位精度跟GPS相差无几；但GPS使用时间长、各方面性能可能更完善，其精度能达到10m以内，而目前"北斗二代"的精度在20m左右。尽管如此，这也已经达到了世界先进行列。"北斗"导航仪拥有与手机、传真互联互通的功能。民用版的"北斗"导航仪最多可发49个汉字，军用版则可以发送120个汉字；而GPS若想实现通信功能，必须与其他手机号码进行绑定，这需要地面信号设施的帮助。（资料来源：http：//tech.ifeng.com/telecom/detail_ 2012_ 11/19/19293702_ 0.shtml）

1.2.2.4 科学卫星与技术试验卫星

为了对航天任务急需的新技术进行先期试验，同时开展空间环境探测与空间科学研究，我国在刚开始研制卫星时，就开始发展了科学探测与技术试验卫星系列。从20世纪70年代至今，我国先后研制发射多颗"实践"系列卫星和微小卫星，初步形成了实践系列科学探测与技术试验卫星，为空间环境探测、空间科学实验和新技术验证提供了支撑平台（张永维，2001）。

在空间科学研究过程，我国返回式卫星发挥了巨大的作用，特别是在航天育种方面取得了丰硕的科研成果，已经成为我国开展空间科学试验的主要途径。利用返回式卫星开展我国的相关科学研究，能够有效地配合国家农业、能源等科技战略目标的实现，促进生物工程、新材料等高技术的发展和基础研究工作的开展。我国返回式卫星的研制起步于20世纪60年代后期，经过30多年的发展，我国返回式卫星技术水平不断提高，承载和供电能力、环境保障能力、姿轨控能力持续增强，在轨寿命逐渐延长。返回式卫星大部分在完成主要任务的同时，利用剩余资源搭载了上千个空间科学试验项目，这些试验为我国相关领域的经济、科技发展做出了重要贡献。2005年前，空间科学试验一般是利用发射的返回式卫星的剩余能力搭载相关设备，进行空间科学试验。"实践八号"卫星是第一颗专门为航天育种等科学试验所发射的卫星。

在空间材料科学试验方面，主要开展的加工试验是两种半导体材料的空间晶体生长。一种是砷化镓半导体材料，共进行过7次试验；另一种是碲镉汞半导体材料，几次在轨试验设备均工作正常，取得了重要的科研成果。

在空间微重力科学试验方面，主要开展了空间池沸腾传热试验、气泡热毛细迁移试验。空间池沸腾传热试验主要研究加热情况下池沸腾传热特性，获得微重力条件下沸腾的气泡行为图像资料以及对应的试验数据，试验用CCD相机记录了沸腾过程的气泡行为特征，为分析沸腾机理提供了有价值的资料。

扩展阅读：电荷耦合器件（charge coupled device，CCD）能够将光线变为电荷，并将电荷存储及转移，也可将存储之电荷取出使电压发生变化，因此是理想的CCD相机元件，以其构成的CCD相机具有体积小、重量轻、不受磁场影响、具有抗震动和撞击特性而被广泛应用。（资料来源：http：//baike.baidu.com/view/26151.htm）

在航天新技术试验方面，主要开展了微重力环境测量试验、GPS 自主定位试验、光盘信息存放试验。中国空间技术研究院兰州物理研究所和法国马特拉公司都在卫星上开展过微重力测量试验，获得了卫星实际的微重力测量数据。GPS 自主定位试验是在卫星在轨飞行时进行数据注入和捕获试验，卫星测控中心组织有关台站进行了轨道的三站联测，通过对联测数据和 GPS 数据进行比对表明，GPS 的定位精度达到世界领先水平，试验获得成功。这些新技术试验所取得的成果，为我国航天新技术的推广应用奠定了良好的基础。

新型返回式卫星平台通过构建全新的综合电子系统，规范平台与有效载荷的接口关系，大幅提高对多载荷的控制管理、状态监测、数传存储等操作支持能力。通过采用先进高效能源技术，提高对载荷的供电能力。此外，卫星还可以根据载荷的需求提供特殊的支持服务。

扩展阅读：人造卫星一般由专用系统和保障系统组成。专用系统是指与卫星所执行的任务直接有关的系统，也称为有效载荷。应用卫星的专用系统按卫星的各种用途包括：通信转发器、遥感器、导航设备等。科学卫星的专用系统则是各种空间物理探测、天文探测等仪器。技术试验卫星的专用系统则是各种新原理、新技术、新方案、新仪器设备和新材料的试验设备。保障系统是指保障卫星和专用系统在空间正常工作的系统，也称为服务系统。人造地球卫星要有结构系统、电源系统、热控制系统、姿态控制和轨道控制系统、无线电测控系统等。对于返回卫星，则还有返回着陆系统。（资料来源：http：//baike. baidu. com/subview/20577/6630044. htm）

未来在人造地球卫星方面重点构建由对地观测、通信广播、导航定位等卫星组成的空间基础设施框架，初步形成长期、连续、稳定的业务服务能力。发展新型科学卫星与技术试验卫星。主要形成以下卫星发展体系：

1）对地观测卫星。完善已有"风云"、"海洋"、"资源"等卫星系列和"环境与灾害监测预报小卫星星座"，研制发射新一代地球静止轨道气象卫星、立体测绘卫星、环境与灾害监测雷达卫星、电磁监测试验卫星等新型对地观测卫星，开展干涉合成孔径雷达、重力场测量等卫星的关键技术攻关。全面实施高分辨率对地观测系统重大科技专项，基本形成全天候、全天时、多谱段、不同分辨率、稳定运行的对地观测体系。

2）通信广播卫星。完善固定通信业务卫星、电视广播业务卫星以及数据中继卫星，发展移动通信业务卫星，研制更大容量、更大功率的新一代地球静止轨道通信广播卫星平台。

3）导航定位卫星。按照从试验系统，到区域系统，再到全球系统的"三步走"发展思路，继续构建我国"北斗"卫星导航系统。2012 年前，建成"北斗"卫星导航区域系统，具备提供覆盖亚太地区的导航定位、授时和短报文通信服务的能力；2020 年左右，建成由 5 颗地球静止轨道卫星和 30 颗非地球静止轨道卫星组成的覆盖全球的"北斗"卫星导航系统。

4）科学卫星与技术试验卫星。研制发射硬 X 射线调制望远镜卫星、"实践九号"新技术试验卫星和返回式卫星。启动实施量子科学试验卫星和暗物质探测卫星等项目。

扩展阅读：2013 年 4 月 26 日 12 时 13 分，我国发射首颗高分辨率对地观测系统的首发星——"高分一号"卫星，同时搭载的三颗国外微小卫星，这是我国首次一箭四星发射圆满成功。"高分一号"卫星由中国航天科技集团公司所属中国空间技术研究院航天东方红卫星有限公司负责抓总研制。作为我国高分辨率对地观测系统的首发星，"高分一号"卫星肩负着我国民用高分辨率遥感数据实现国产化的使命，主要用户为国土资源部、农业部和环境保护部。该星的设计寿命为 5~8 年，突破了高空间分辨率、多光谱与宽覆盖相结合的光学遥感等关键技术，在分辨率和幅宽的综合指标上达到了目前国内外民用光学遥感卫星的领先水平。

作为我国 16 个重大科技专项之一，我国高分辨率对地观测系统工程由天基观测系统、临近空间观测系统、航空观测系统、地面系统、应用系统等组成，将建成我国高空间分辨率、高时间分辨率、高光谱分辨率的对地观测系统，并与其他观测手段相结合，到 2020 年形成具有时空协调、全天时、全天候、全球范围观测能力的稳定运行系统，计划"十二五"期间发射 5 颗或 6 颗观测卫星。

高分辨率对地观测系统的实施，将全面提升我国自主获取高分辨率观测数据的能力，加快我国空间信息应用体系的建设，推动卫星及应用技术的跨越发展，有力保障现代农业、防灾减灾、资源环境、国家安全的重大战略需求，大力支撑国土调查与利用、地理测绘、海洋和气候气象观测、水利和林业资源监测、城市和交通精细化管理、疫情评估与公共卫生应急、地球系统科学研究等重点领域应用需求，积极支持区域示范应用，加快推动空间信息产业发展。目前，该系统已经进入全面建设阶段，各系统研制和试验任务正顺利进行，今年开始陆续研制发射新型卫星并投入使用，至 2020 年前后计划完成整个系统建设。"高分一号"卫星作为该系统建设的首发星，在科技创新和应用推广等方面的开拓意义重大。（资料来源：http://www.spacechina.com/n25/n144/n206/n214/c416134/content.html）

"高分一号"卫星可以在国土资源部、农业部、环境保护部发挥重要作用，可以实现高分实现国土资源立体监测、高分支撑农业监测、高分改善环境监测、高分助力减灾救灾。"高分一号"卫星应用示意如图 1-8 所示。

2014 年 8 月 19 日 11 点 15 分，我国分辨率最高的光学遥感卫星——"高分二号"在太原卫星发射中心成功发射，标志着我国遥感卫星进入亚米级"高分时代"。据了解，"高分二号"卫星的空间分辨率优于 1m，同时还具有高辐射精度、高定位精度和快速姿态机动能力等特点。

1.2.3 载人航天

载人航天是人类驾驶和乘坐载人航天器在太空中从事各种探测、研究、试验、生产和军事应用的往返飞行活动。其目的在于，突破地球大气的屏障，克服地球引力，把人类的活动范围从陆地、海洋和大气层扩展到太空，更广泛和更深入地认识整个宇宙，并充分利用太空和载人航天器的特殊环境进行各种研究和试验活动，开发太空极其丰富的资源。从 1999 年发射"神舟一号"开始，到目前，中国共发射 8 次"神舟"系列飞船。2008 年 9

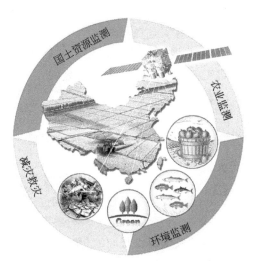

图 1-8 "高分一号"卫星应用示意图

月 25 ~ 28 日，成功发射"神舟七号"载人飞船，首次顺利实施航天员空间出舱活动，完成舱外空间材料试验、小卫星释放与伴飞试验，标志着我国成为世界上第三个独立掌握航天员空间出舱关键技术的国家。2011 年 9 月和 11 月，先后发射"天宫一号"目标飞行器和"神舟八号"飞船，成功实施我国首次空间交会对接试验，为后续空间实验室和空间站的建设奠定了基础。

扩展阅读：人乘坐航天器进入太空，并在太空中生活、工作，这就是载人航天。航天员所乘坐的航天器就是载人航天器。苏联于 1961 年 4 月 12 日发射了人类第一艘载人飞船，航天员加加林乘坐飞船绕地球一周并安全返回地面。美国于 1962 年 2 月 20 日发射了第一艘载人飞船。2003 年 10 月 15 日 9 时整，我国自行研制的"神舟五号"载人飞船在我国酒泉卫星发射中心发射升空，9 时 9 分 50 秒，"神舟五号"准确进入预定轨道。这是我国首次进行载人航天飞行。

我国未来在载人航天方面继续推进载人航天工程建设，加强关键技术攻关，为载人航天后续任务的圆满完成奠定基础。发射"神舟九号"、"神舟十号"飞船，与已在轨飞行的"天宫一号"目标飞行器进行无人或载人交会对接。发射空间实验室、载人飞船和货运飞船，突破和掌握航天员中期驻留、再生式生命保障及推进剂补加等空间站关键技术，开展一定规模的空间应用，为空间站建设进行技术准备。

1.2.4 深空探测

深空探测是指脱离地球引力场，进入太阳系空间和宇宙空间的探测。主要有两方面的内容：一是对太阳系的各个行星进行深入探测，二是天文观测。2007 年 10 月 24 日，成功发射我国第一个月球探测器——"嫦娥一号"，实现"精确变轨，成功绕月"的预定目标，获取大量科学数据和全月球影像图，并成功实施"受控撞月"任务。"嫦娥一号"任务的圆满完成，是继人造地球卫星、载人航天飞行取得成功之后我国航天事业发展的又一座里程碑，标志着我国已经跨入具有深空探测能力的国家行列。2010 年 10 月 1 日，成功发射"嫦娥二号"月球探测器，获取了分辨率更高的全月球影像图和虹湾区域高清晰影像，并成功开展环绕拉格朗日 L2 点等多项拓展性试验，为深空探测后续任务的实施奠定了基础。2013 年 12 月 2 日 1 时 30 分，我国"嫦娥三号"探测器在西昌卫星发射中心发射成功。"嫦娥工程"规划为三期，简称为"绕、落、回"三步走。

第一步为"绕"，即发射我国第一颗月球探测卫星，突破至地外天体的飞行技术，实现首次绕月飞行。

第一期工程时间定为 2007～2010 年，目标是研制和发射航天器，以软着陆的方式降落在月球上进行探测。具体方案是用安全降落在月面上的巡视车、自动机器人探测着陆区岩石与矿物成分，测定着陆点的热流和周围环境，进行高分辨率摄影和月岩的现场探测或采样分析，为以后建立月球基地的选址提供月面的化学与物理参数。

第二步为"落"，即发射月球软着陆器，并携带月球巡视勘察器（俗称月球车），在着陆器落区附近进行就位探测，这一阶段将主要突破在地外天体上实施软着陆技术和自动巡视勘测技术。

2012 年前后，中国发射月球着陆器和月球车。

第三步为"回"，即发射月球采样返回器，软着陆在月球表面特定区域，并进行分析采样，然后将月球样品带回地球，在地面上对样品进行详细研究。这一步将主要突破返回器自地外天体自动返回地球的技术。

2020 年"嫦娥工程"三期完成以后，载人登月计划将成为"嫦娥工程"四期工程。根据科学家的设计，我国所计划采用的方式是先用运载火箭将飞船送上地球轨道，随后，飞船自行移动至月球轨道，释放出登陆舱，降落在月球表面，宇航员登陆月球。活动完成后，宇航员返回登陆舱，飞离月球，与在月球轨道上等待的飞船重新对接，至此登月过程结束。

扩展阅读： 深空探测是在卫星应用和载人航天取得重大成就的基础上，向更广阔的太阳系空间进行的探索。随着 21 世纪的到来，深空探测技术作为人类保护地球、进入宇宙、寻找新的生活家园的唯一手段，引起了世界各国的极大关注。在过去 40 年来，美国、前苏联、欧洲航天局及日本等先后发射了 100 多个行星际探测器，既有发向月球的，也有发向金星、水星、火星、木星、土星、海王星和天王星等各大行星的，还有把"镜头"指向我们地球及周边环境的。通过这些深空探测活动所得到的关于太阳系的认识大大超过了人类数千年来所获有关知识总和的千万倍。通过深空探测，能帮助人类研究太阳系及宇宙的起源、演变和现状，进一步认识地球环境的形成和演变，认识空间现象和地球自然系统之间的关系。从现实和长远来看，对深空的探测和开发具有十分重要的科学和经济意义。深空探测将是 21 世纪人类进行空间资源开发与利用、空间科学与技术创新的重要途径。（资料来源：http://baike.baidu.com/view/95141.htm）

我国未来在深空探测方面选择有限目标，分步开展深空探测活动。按照"绕、落、回"三步走的发展思路，继续推进月球探测工程建设，发射月球软着陆和月面巡视勘测器，实现在月球的软着陆和巡视探测，完成月球探测第二步任务。启动实施以月面采样返回为目标的月球探测第三步任务。开展深空探测专项论证，推进开展对太阳系行星、小行星和太阳的探测活动（戚发轫，2011）。

1.2.5　航天发射场

航天发射场是用于发射装载航天器的航天运载器的特定场区，具有装配、储存、检测航天器与航天运载器、测量飞行轨道、发送控制指令、接受和处理遥测信息的整套设施和设备，完成航天运载器、航天器、有效载荷和航天员系统的测试、组装和发射的全部工作，是航天系统的重要组成部分。某些航天发射场还包括助推火箭或运载火箭第一级工作结束后的坠落区和航天器回收着陆场。我国已有酒泉、西昌、太原 3 个航天发射场，通过近年不断建设，综合性试验能力和高密度发射能力明显提高，圆满完成载人飞船、月球探测器以及各类卫星的发射任务。目前，我国正在建设满足新一代运载火箭发射任务要求的海南航天发射场。

扩展阅读： 海南岛是我国陆地纬度最低、距离赤道最近的地区。火箭发射场距离赤道越近、纬度越低，发射卫星时就可以尽可能利用地球自转的离心力，因此所需要的能耗较低，使用同样燃料可以达到的速度也更快。据称，在海南发射地球同步卫星比在西昌发射火箭的运载能力可提高10% ~ 15%，卫星寿命可延长两年以上。同时，发射基地选在海南，火箭可以通过水陆运输，火箭的大小就不受铁轨的限制（"长征二号"系列由于受到铁路运输的限制，其组件的最大直径只能限制在3.5m）。另外，从海南岛发射的火箭，其发射方向1000km范围内是茫茫大海，因此坠落的残骸不易造成意外。

未来在航天发射场建设方面进一步提高航天发射场设施、设备的可靠性和自动化水平，增强航天发射场综合能力，满足发射任务需求。完成海南航天发射场建设，并投入使用。

1.2.6　航天测控

航天测控的基本组成是遍布全球的陆地测控站。为确保对航天器轨道的有效覆盖并获得足够的测量精度，通常利用在地理上合理分布的若干航天测控站组成航天测控网（NASA Space Communication Architecture Working Group，2010）。从陆地拓展到远洋，由地基跨向天基，从近地空间迈向深空。近十年来，我国航天测控技术快速发展，武器装备测控网同时实现新跃升。航天测控要完成运载火箭、航天器跟踪测轨、遥测信号接收与处理、遥控信号发送任务。受地球曲率的影响，以无线电微波传播为基础的测控系统用一个地点的地面站不可能实现对运载火箭、航天器进行全航程观测，需要用分布在不同地点的多个地面站"接力"连接，才能完成测控任务。航天测控网由多个测控站、测控中心和通信系统构成。我国目前建立和完善了地面测控站和远洋测量船，建立了由 4 个观测站和 1 个数据处理中心组成的甚长基线干涉测量网，初步具备了天基测控能力，基本建成天地一体、设备齐全、任务多样的航天测控网。目前，我国航天测控网正在逐步实现由陆基向天基、由地球空间测控向深空测控的拓展，不仅能满足卫星测控需求，还能为载人航天和深空探测等任务提供测控支持。

扩展阅读：陆地测控：卫星的地面测控由测控中心和分布在各地的测控台、站（测量船和航天器）进行。在卫星与运载火箭分离的一刹那，测控中心要根据各台站实时测得的数据，算出卫星的位置、速度和姿态参数，判断卫星是否入轨。入轨后，测控中心要立即算出其初轨根（参）数，并根据各测控台站发来的遥测数据，判断卫星上各种仪器工作是否正常，以便采取对策。这些工作必须在几分钟内完成。卫星在整个工作过程中，测控中心和各测控台站还有许多繁重的工作要做。

海洋测控：世界上第一艘航天远洋测量船是美国的"阿诺德将军号"，1962 年下水。第二年，不甘落后的苏联造出了"德斯纳号"。海上测量船是对航天器及运载火箭进行跟踪测量和控制的专用船。它是航天测控网的海上机动测量站，可以根据航天器及运载火箭的飞行轨道和测控要求配置在适当海域位置。其任务是在航天控制中心的指挥下跟踪测量航天器的运行轨迹，接收遥测信息，发送遥控指令，与航天员通信以及营救返回溅落在海上的航天员；还可用来跟踪测量试验弹道导弹的飞行轨迹，接收弹头遥测信息，测量弹头海上落点坐标，打捞数据舱等。

航天器测控：测量航天器是航天测控网中的空中机动测控站，可部署在适宜的空域，配合和补充陆上测控站和海上测量船的工作，加强测控能力。测量机上装载天线，遥测接收、记录、时统、通信、数据处理等设备及控制台；有的在靠近机头的外侧有专用舱，以安装光学跟踪系统。测量航天器的作用灵活而多样，具体来说：在弹道式导弹和运载火箭的主动段，可接收、记录和转发遥测数据，弥补地面遥测站因火焰衰减收不到某些关键数据的缺陷；装备光学跟踪和摄影系统的航天器可对多级火箭进行跟踪，拍摄各级间分离的照片；在航天器再入段，可有效地接收遥测数据并经通信卫星转发；装备紫外光、可见光和红外光谱测量仪的航天器可测量导弹再入体的光辐射特性；在载人航天器的入轨段和再入段，可保障天地间的双向语音通信，接收和记录遥测数据，并实时转发给地面接收站，必要时给航天器发送遥控指令。

卫星测控：天基测控卫星主要是利用通信卫星和跟踪与数据中继卫星系统，跟踪与数据中继卫星系统是一种可跟踪地球轨道飞行器并将数据传回地面站的空间中继站，该系统主要用于实时中继传输各类低轨航天器用户的信息。（资料来源：http://baike.baidu.com/view/63752.htm）

未来将进一步完善航天测控网，建设深空测控站，发展先进的航天测控技术，全面提高航天测控能力，满足深空探测对远程测控的需求。

1.2.7　空间应用

在空间应用方面，我国目前主要在对地观测卫星、通信广播卫星和导航定位卫星等方面应用比较广泛，具体应用如下：

1）对地观测卫星应用。对地观测卫星应用的领域和规模不断扩大，业务服务能力不断提升，初步形成对地观测卫星应用体系。新建 4 个卫星地面接收站，提高气象、海洋、陆地观测等卫星数据的地面接收能力；统筹建设对地观测卫星地面数据处理系统，提升数据集中处理、存档、分发和服务能力；新建卫星环境应用中心、卫星减灾应用中心和卫星测绘应用中心等对地观测卫星应用机构，促进对地观测卫星数据的推广应用；加强遥感卫星辐射校正场的定标服务，提高对地观测卫星的定量应用水平。

目前，对地观测卫星数据已广泛应用于经济社会发展各领域。"风云"卫星系列实现对台风、雨涝、森林与草原火灾、干旱、沙尘暴等灾害的有效监测，气象预报和气候变化监测能力明显提升。"海洋"卫星系列实现对我国海域和全球重点海域的监测和应用，对海冰、海温、风场等的预报精度和灾害性海况的监测时效显著提高。"资源"卫星系列在土地、地质矿产、农业、林业、水利等资源及地质灾害调查、监测与管理和城市规划中发挥了重要作用。"遥感"、"天绘"卫星系列在科学试验、国土资源普查、地图测绘等领域发挥了重大作用。"环境与灾害监测预报小卫星星座"为地表水质与大气环境监测、重大环境污染事件处置以及重大自然灾害监测、评估与救援提供了重要的技术支撑。

2）通信广播卫星应用。通信广播卫星应用稳步推进，形成一定的市场规模。卫星广播电视网进一步完善，2008 年建立"村村通"直播卫星服务平台，实现中央人民广播电台、中央电视台节目和省级一套广播电视节目通过卫星播出，进一步提高了全国广播电视节目覆盖率。加强卫星远程教育宽带网和卫星远程医疗网的建设，在一定程度上缓解了边远地区教育与医疗资源短缺的问题。加强卫星应急通信保障能力建设，为抢险救灾、重大突发事件处置提供了重要支撑。

3）导航定位卫星应用。导航定位卫星应用步入产业化发展轨道，正在进入高速发展时期。利用国内外导航定位卫星，在导航定位卫星应用技术的开发和推广等方面取得重要进展，应用范围和领域不断扩大，全国卫星导航应用市场规模快速增长。积极推进"北斗"卫星导航系统的应用工作，"北斗"卫星导航系统已在交通运输、海洋渔业、水文监测、通信授时、电力调度和减灾救灾等领域得到应用（国务院新闻办公室，2011）。

1.2.8 空间科学

空间科学是指利用航天器研究发生在日地空间、行星际空间及至整个宇宙空间的物理、天文、化学及生命等自然现象及其规律的科学。空间科学以航天技术为基础，包括空间飞行、空间探测和空间开发等几个方面。它不仅能揭示宇宙奥秘，而且也给人类带来巨大的利益。目前我国从事的空间科学主要表现在以下几个方面：

1）日地空间探测。我国的地球空间探测双星计划与欧洲空间局的星簇计划互相配合，获得大量新的科学数据，在空间物理学研究方面取得重要成果。

2）月球科学研究。通过月球探测工程的实施，开展月球形貌、结构构造、月面物质成分、微波特性和近月空间环境等研究工作，对月球的科学认知进一步提高。

3）微重力科学与空间生命科学试验。利用"实践"系列卫星和"神舟"飞船，开展微重力和强辐射条件下的空间生命科学、材料科学、流体力学等试验，进行航天育种试验研究。

4）空间环境探测与预报。利用"神舟"飞船等航天器，进行空间环境主要参数及其效应的探测，开展空间环境监测与预报以及空间环境效应研究。

扩展阅读：20世纪以来，短波无线电远程通信试验成功，电离层的发现，宇宙线的观测，磁暴和电离层暴27天重现性与太阳自转有关的发现，以及等离子体振荡的发现等，也促进了理论研究的发展，如S. 查普曼和费拉罗（V. C. A. Ferraro）提出了磁穴和环电流的概念，Sir E. V. 阿普尔顿和哈特里（D. R. Hartree）建立了磁离子理论，朗缪尔（I. Langmuir）提出了等离子体的概念，H. 阿尔文预言阿尔文波的存在等。在实验方面，用探空火箭拍摄了太阳的整个光谱，探测了电离层和高层大气结构；光谱分析广泛地用于测定太阳和行星大气的化学组成，维尔特（R. Wildt）据此提出了类木行星由大量氢组成；对地外生物和地外文明开始了探索。这些都为空间科学的形成奠定了基础。

20世纪50年代以后，在大量地面台站、气球和火箭观测及长期理论研究的基础上，迫切要求各相关学科之间密切配合，要求全球性的协同观测以及发展新的探测手段。1956年，在国际地球物理年大会上，美国和苏联宣布将要发射人造地球卫星以增强对地球物理学的研究。1957年，苏联首次发射了人造地球卫星，这标志着人类进入了空间时代。从此，许多国家和团体发射了大量的空间飞行器，并进行了广泛的多学科的研究，促使空间科学迅速发展。

20多年来，人们对近地空间环境进行了大量的普查，发现了地球辐射带、环电流，证实了太阳风、磁层的存在，发现了行星际磁场的扇形结构和冕洞等；月球探测器和"阿波罗"飞船载人登月，对月球进行了探测和综合性研究；行星际探测器系列对行星进行了探测，并由对内行星发展到内外行星的探测；天文观测卫星系列对太阳、银河辐射源、河外源，在红外、紫外、X射线和γ射线波段进行了探测。在取得上述进展的同时，空间生命科学也相应地迅速发展起来。例如研究人在空间长期生存的一系列问题，包括在失重、超重、高能辐射、节律改变等条件下人体的适应能力等；空间生物学、医学和生保系统的研究也取得了很大的进展；关于地外生命也在进一步探索。（资料来源：http://baike. baidu. com/view/121743. htm）

未来需要加强空间科学研究体系建设，提升空间科学研究水平，加强对全民的空间科学科普教育。通过月球探测工程的实施，开展月球着陆巡视区的月表特性原位分析、形貌探测、结构构造综合探测，以及月表环境探测和月基天文观测。利用航天器，开展黑洞性质及极端条件下的物理规律研究，探索暗物质粒子的性质，开展量子力学基本理论的检验；开展微重力与空间生命科学试验；开展空间环境探测、预报与效应研究。

1.2.9 空间碎片

空间碎片是指人类在航天活动中遗弃在太空的废弃物，也称太空垃圾，如图1-9所示。这些废弃物主要是指：完成使命的运载火箭上面级、废弃的卫星；航天器表面材料的脱落物，如航天器表面涂层老化掉下来的油漆斑块（杨彩霞，2011）；材料的逸出，如火箭燃料剩余的液滴、核动力源的冷却液；载人航天活动中航天员的废弃物等。此外，还有火箭和航天器爆炸、碰撞过程中产生的碎片，如被抛弃的火箭上面级剩余推进剂发生爆炸后产生的碎片等。这些垃圾长期留在太空中，日夜不停地围绕着地球飞行着，只能依靠轨道自然衰减，最后坠入大气层，在与大气的摩擦中解体。有的特别大的碎块，在与大气的摩擦中也无法燃烧干净，就会落到地球上。

图1-9　各式各样的太空垃圾

随着一颗又一颗航天器的升空，本来十分纯净的太空，也变得越来越不干净了，太空垃圾正在威胁着航天器的安全（周小坤，2011）。目前，人类已将6000多个航天器送入太空。然而，有的航天器在"寿终正寝"后变成了空间碎片（太空垃圾），对在轨运行的其他航天器形成了极大的威胁。10多年来，如何清除太空垃圾，降低太空垃圾带来的威胁，一直是国际社会广泛关注的问题。"十五"以来，我国政府在发展航天技术的同时，高度重视"太空环保"问题，对空间碎片进行监测预警，为"嫦娥一号"、"嫦娥二号"月球探测器和"神舟七号"载人飞船等重要航天器的安全飞行提供了支持；空间碎片减缓工作稳步推进，全面实施"长征"系列运载火箭的钝化，并对多颗废弃地球静止轨道卫星采取离轨处置措施；开展载人航天器的空间碎片防护工作。航天器相撞后产生的太空垃圾效果如图1-10所示。

图1-10　航天器相撞后产生的太空垃圾效果图

扩展阅读：由于太空垃圾以每秒几千米的速度在太空中飞行，所以尽管它们体积小，但如果与在轨运行的航天器相撞，也会对航天器构成损坏。

据计算，一块以10km/s速度在太空中飞行的碎片，和在空气中以360km/h速度穿行的物体具有同样的破坏效果。因此，科学家认为，哪怕一个硬币大小的碎片，都可以把一颗卫星击毁，数毫米大小的碎片则能穿透载人航天器和卫星的结构，造成航天员死亡或航天器内部设备失效。如果大型碎片掉到地球上来，还会带来严重的后果。如果是携带核燃料的航天器陨落到地球上来，将造成核污染，从而给地球带来灾难性后果。

在太空中，航天器遇到太空垃圾的事情曾经多次发生过，而太空垃圾击毁航天器的事件也曾经有过报道。

1996年11月24日，正在太空中执行任务的美国"哥伦比亚号"航天器就曾经遭到太空垃圾的袭击。由于这块垃圾很小，只给航天器的窗口留下几处痕迹。"挑战者号"航天器和"发现号"航天器都分别曾在1983年和1985年遭到太空垃圾的袭击，幸运的是，太空垃圾体积微小，才没给航天器带来毁灭性的灾难。

在前些年，俄罗斯的"宇宙1275"卫星就是与太空垃圾相撞后发生爆炸的。法国的一颗名字叫"樱桃"的军事卫星曾经被一块太空垃圾击中，而这块垃圾却是10年前法国"阿里安"火箭爆炸后的碎片。这块碎片并没有直接击中卫星，而是击中了卫星的重力梯度杆，"樱桃卫星"因姿态失去控制而失效。

1997年2月，美国的"发现号"航天器在修复哈勃太空望远镜时，一块大的太空垃圾飞快地向它飞来，由于地面雷达及时发现，航天器立刻采取规避措施，才避免了一场灾难。

2009年2月9日，美国铱星通信卫星系统星座的第33号卫星和俄罗斯已报废的卫星——"宇宙2251"在太空中相撞，两颗卫星顿时化作碎片云，继续在轨道上游荡，产生了大量的太空垃圾，引起了国际社会的强烈反响。这些碎片会在随后几十年、几百年的时间里像流星一样下落，直至在大气层里消失。由于距地球800km左右的太阳同步轨道是一条太空的交通要道，在这个轨道高度上运行的气象卫星、遥感卫星、移动通信卫星，在整个应用卫星里数量最多。因此，这些太空垃圾威胁巨大，国外有的专家估计，其影响和威胁可能持续几百年。

据报道，就在这次美国铱星和俄罗斯"宇宙2251"卫星在太空发生"追尾"后的两个月内，美国的一颗卫星为规避其中一个碎片，实施了一次在轨规避。当时，正在与国际空间站对接的欧洲货运飞船也经历了一次险情，由于地面准确监视和预报，及时指挥迅速避让，从而避免了灾难性事故的发生。这是人类航天史上第一次发生的卫星在轨道上的"撞车"事件。灾难的发生，给在外层空间运行的卫星的轨道管理、控制和太空碎片的清理工作等，都提出了新的课题。

未来我国将继续加强空间碎片监测、减缓和航天器防护工作。发展空间碎片监测与碰撞预警技术，开展空间碎片和近地小天体的监测与碰撞预警。建立空间碎片减缓设计评估系统，对任务后的航天器和运载火箭积极采取空间碎片减缓措施。开展空间碎片撞击数字仿真技术试验，推动航天器的空间碎片防护系统建设。

1.3　发展政策与措施

为确保完成既定的目标任务，我国政府制定发展航天事业的政策与措施，主要包括：

1）统筹规划、合理部署各种航天活动。优先安排应用卫星和卫星应用，适度发展载人航天和深空探测，积极支持空间科学探索。

2）加强航天科技创新能力建设。集中力量实施重大航天科技工程，通过核心技术突破和资源集成，实现航天科技的重点跨越。积极构建以航天科技企业和科研机构为主体，产学研相结合的航天技术创新体系。加强航天领域的基础研究和若干前沿技术的超前研究，提高航天科技的持续创新能力。

3）大力推动卫星应用产业发展。统筹规划与建设空间基础设施，推进卫星应用资源的共享，培育卫星应用企业集群、产业链和卫星应用市场，促进卫星应用产业快速健康发展。

4）加强航天科技工业基础能力建设。加强航天器、运载火箭研制、生产、试验的基础设施建设。加强航天科技重点实验室和工程研究中心建设。加强信息化工作、知识产权工作和航天标准化工作。

5）加强政策法规建设。积极开展国家航天法的研究，逐步制定和完善航天活动管理的法律法规和航天产业政策，指导和规范各项航天活动，营造更加有利于航天事业发展的政策法规环境。

6）保障持续稳定的航天活动经费投入。逐步建立多元化、多渠道的航天投资体系，确保航天活动经费投入的持续稳定，重点加大对航天重大科技工程、应用卫星及卫星应用、前沿技术和基础研究的投入力度。

7）鼓励社会各界参与航天活动。在国家航天政策指导下，鼓励科研机构、企业、高等院校和社会团体，发挥各自优势，积极参与航天活动。

8）加强航天人才队伍建设。大力营造有利于人才发展的良好环境，以重大工程项目和重大基础研究为载体，培养造就航天领军人才，形成一支结构合理、素质优良的航天人才队伍。普及航天知识，宣传航天文化，吸引更多的优秀人才投身航天事业（国务院新闻办公室，2011）。

1.4　国际交流与合作

我国政府认为，自由探索、开发和利用外层空间及其天体是世界各国都享有的平等权利。世界各国开展外空活动，应有助于各国经济发展和社会进步，应有助于人类的安全、生存与发展。国际空间合作应遵循联合国《关于开展探索和利用外层空间的国际合作，促进所有国家的福利和利益，并特别要考虑到发展中国家的需求的宣言》中提出的基本原则。我国主张在平等互利、和平利用、共同发展的基础上，加强国际空间交流与合作，促进包容性发展（国务院新闻办公室，2011）。

我国与巴西地球资源卫星的合作：中巴两国政府 1988 年 7 月核准联合研制地球资源卫星，经过几年的努力，取得了实质性的进展。1993 年 9 月，国家航天局局长刘纪原访问巴西，与巴西科技部签订了中巴资源卫星研制重大事项协议，落实了项目经费；11 月，巴西科技部长访华，双方签署了中巴资源卫星发射服务合同和中巴资源卫星及相关领域进一步合作备忘录；11 月 21～27 日刘纪原随江泽民主席访问巴西，刘纪原与巴方签订了中巴两国《关于和平利用外层空间的议定书》，江泽民出席了签字仪式。会谈中，江泽民说：中巴航天领域合作得很好，刘局长他们和你们合作得很好，中巴航天合作是高科技领域合作的典范。

1.5　载人航天计划

我国的载人航天动作比较早，于 1992 年正式启动。初期目标是将航天员送入太空。远期则包括建立永久空间站以及月球探索。我国载人航天计划的第一步是进入太空，而进入太空轨道飞行器被命名为"神舟"飞船，最多乘员三人，飞船由"长征二号 F"火箭运载。我国载人航天发展计划主要分三步走，具体发展过程为：

1）第一步发展目标是 1999～2008 年载人飞船发研发，主要产品有无人上天的"神一"至"神四"系列；第二阶段是载人上天"神五"至"神七"系列；

2）第二步发展目标是 2011～2013 年空间交汇对接，主要是"天宫一号"和"神八"、"神九"、"神十"空间对接探索；

3）第三步发展目标是 2020 年以后建设空间试验站，建立长期性航天空间站，辅助其他航天工程开展工作。

参 考 文 献

国务院新闻办公室 . 2011-12-29. 《2011 年中国的航天》白皮书发布（全文）. http：//www. chinangws. com/ gn/2011/12－29/3568851. shtml

戚发轫 . 2011. 中国载人航天发展回顾及未来设想—— 2010 年空间环境与材料科学论坛大会讲话 . 航天器环境工程, 28（01）：1-4

杨彩霞 . 2011. 欧洲空间碎片减缓政策研究 . 国际太空, （5）：54-63

张永维 . 2001. 中国科学探测与技术试验卫星 . 国际太空, （5）：1-5

中国载人航天工程网, 2008－09－11. 美国运载火箭 . http：//www. cmse. gov. cn/know/show. php？itemid ＝52

周小坤 . 2011. 美国将进一步增强空间碎片跟踪监视能力 . 装备指挥技术学院学报, （2）：55

NASA Space Communication Architecture Working Group（SCAWG）. 2010. NASA Space Communication and Navigation Architecture Recommendations for 2005－2030. http：//roland. grc. nasa. gov/ ~ iv－ancic/papers＿ presentations/2007/SCAWG＿ Report. pdf.

第 2 章　航天信息化的理论基础

本章学习路线图

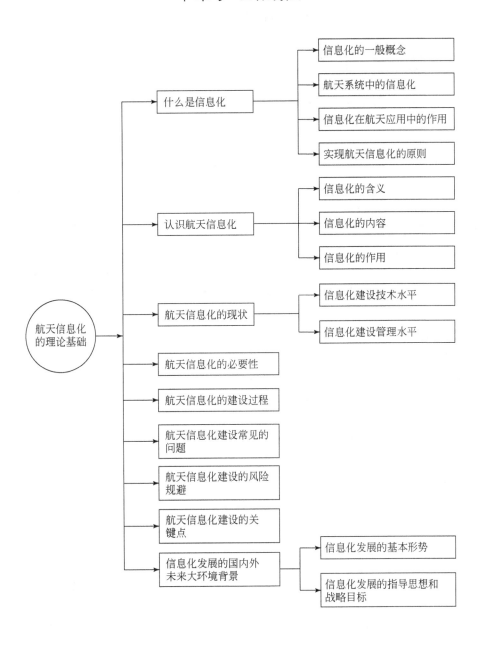

信息化是推动社会全面变革的重要力量，也是当今世界科技发展的大趋势。大力推进信息化建设，是关系我国现代化建设全局的战略举措，航天信息化建设过程是技术进步和管理改革两方面不断深化和扩展的过程，要始终把信息化放在引领生产力发展的高度。在信息化的进程中，技术的应用向前推进一步，管理的改革就必须深化一步，对人的素质要求也就相应提高一步。技术、管理、人的素质是信息化生产力的三要素，只有这三要素协调发展，推进信息化的努力才能取得成效。本章结合航天事业的信息化建设，系统地提出建议，并做出发展预测。

2.1 什么是信息化

2.1.1 信息化的一般概念

信息化是应用计算机硬件、软件和通信技术搭建网络，实现数据的采集、传输、存储和分析的电子化及生产经营管理流程的程序化，达到提升企业全过程管理的目的。充分利用信息技术，开发利用信息资源，促进信息交流和知识共享，提高经济增长质量，推动经济社会发展转型的历史进程。20世纪90年代以来，信息技术不断创新，信息产业持续发展，信息网络广泛普及，信息化成为全球经济社会发展的显著特征，并逐步向一场全方位的社会变革演进。进入21世纪，信息化对经济社会发展的影响更加深刻。广泛应用、高度渗透的信息技术正孕育着新的重大突破。信息资源日益成为重要生产要素、无形资产和社会财富。信息网络更加普及并日趋融合。信息化与经济全球化相互交织，推动着全球产业分工深化和经济结构调整，重塑着全球经济竞争格局。互联网（Internet）加剧了各种思想文化的相互激荡，成为信息传播和知识扩散的新载体。电子政务在提高行政效率、改善政府效能、扩大民主参与等方面的作用日益显著。信息安全的重要性与日俱增，成为各国面临的共同挑战。信息化使现代战争形态发生重大变化，是世界新军事变革的核心内容。全球数字鸿沟呈现扩大趋势，发展失衡现象日趋严重。发达国家信息化发展目标更加清晰，正在出现向信息社会转型的趋向；越来越多的发展中国家主动迎接信息化发展带来的新机遇，力争跟上时代潮流。全球信息化正在引发当今世界的深刻变革，重塑世界政治、经济、社会、文化和军事发展的新格局。加快信息化发展，已经成为世界各国的共同选择（国务院信息化工作办公室政策规划组，2007）。

扩展阅读：信息化可以理解为企业不断应用信息技术，深入开发和应用信息资源的一系列活动过程，它是企业保持长久竞争力的必要手段，也是信息化建设的重要内容。

2.1.2 航天系统中的信息化

随着我国经济社会的快速发展和装备采购体制的加速变革，航天企业普遍面临着越发激烈的市场竞争态势和来自用户的更高要求，特别是近年来，更是面临着多型号任务并举、多阶段任务并行的复杂局面，急需大幅提升科研生产管理水平。当前，世界正在经历着一场革命性的变化，处在信息化时代的今天，信息化水平已成为衡量企业核心竞争力的重要标志和提升企业核心竞争力的强劲引擎（马智亮，2008）。因此，着力推进航天企业在其主要业务领域的信息化建设工作，有助于提高企业的管理水平和竞争能力，有助于促进企业又好又快发展（余国辉，2011）。

2.1.3　信息化在航天应用中的作用

当前，信息化技术的飞速发展已经给工业带来了前所未有的变革。如何实现工业化与信息化的有效融合，加快我国航天科技工业发展进程，提高竞争力，在航天防务等领域实现国际一流的战略目标（马智亮，2008）。我国作为一个发展中国家，正在全力推进国家的现代化建设，工业化、城市化进程不断加快。为此，要不断加强信息技术创新，支撑信息化的深入发展；要深入推进工业化和信息化的融合发展，促进经济结构转型升级。

2.1.4　实现航天信息化的原则

实现航天信息化的原则就是确保实施一个、成功一个，最终实现整个系统的集成，"统一规划、统一标准、统一建设、分步实施"。这些原则是信息化成功的必要条件，是最经济有效的途径。

我国航天的组织架构是集团公司、院（基地）、厂（所）三级的管理体制模式，如图 2-1 所示，每级单位的管理职能是分层次推进的。在航天集团的信息化规划中，主要的规划目标是通过协同工作环境、产品数字化研制、管理数字化三项工程来落实。这样，就需要将各工程项目中的信息化项目建设与集团三级管理的模式相匹配，采用统一的云平台架构，解决各级机构信息化分散建设和集成性差的问题，这样才能保证在加强各层级单位的控制力的同时，各层级单位可以开展自主性建设。

在信息化总体架构规划实施过程中，需要根据航天集团企业组织的特点来规划项目建设模式。在航天集团这种采用纵向多层次的组织管理模式上，根据总部级单位、二级单位（院基地级）、三级单位（厂所级）对于同一关键业务管理职能分工不同，在信息化项目建设规划时要考虑三级系统的构成；在横向的业务协作上，信息化项目还要满足总部对跨二级单位的管理、二级单位对内部各厂所之间的管理。从而根据纵向与横向的组织特点，规划的信息系统在集团内形成一个综合集成和信息共享的云集成平台，来满足不同层次行政组织管理精细度的要求。

根据上面的分析，航天集团的信息化建设与管理可采用不同类型的建设模式，分别是：

（1）统一规划和统一建设模式

在统一规划和统一建设模式中，对于涉及集团公司的关键业务过程，要对业务的全过程实现流程控制、过程跟踪和统一管理，可形成集团内部的公有云平台架构，如财务系统，办公系统知识管理等系统就可以采用此方式开展信息化建设。

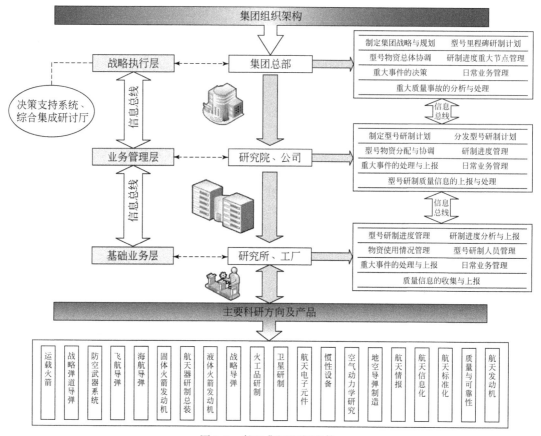

图 2-1　航天集团组织机构

（2）综合集成建设模式

在综合集成建设模式中，集团公司总部的业务需要与基层单位进行信息集成。在综合集成建设过程中，集团公司侧重于对信息的管理与对关键节点的控制。通过对各所属单位的系统建设提出要求，在子单位内统一建设私有云平台，并提供集团公司要求的私有云平台接口，实现各级单位平台的共享。

在信息化项目实施过程中，可以采用"一切从集团发展出发，不脱离航天各业务应用的背景，坚持'一把手'负责制，以一线人员为系统实施、应用的主体，基于构建信息化综合集成与协同能力平台开展工程建设，推进集团科研生产手段的现代化，推动集团企业经营管理的科学化"。

对于集团内部信息化建设的组织，可成立各级信息化领导小组，领导层可为各级单位（如集团公司、院及基地、厂所三级）的信息化领导小组。

领导层：主要负责重大信息化事项关键环节的审定。管理层：主要负责信息化的归口管理和总体策划工作。技术层：负责信息化工程的总体技术工作、信息化开发、实施与运行维护工作。应用层：本着"业务谁主管谁负责"的原则，负责提出本业务信息化的建设需求分析、建设计划，并负责组织推广工作。

航天信息化建设要坚持"业务谁主管，信息化谁负责"，增强业务人员作为信息化需求与应用为主体的意识，这样能更有力的推动业务系统的建设。

2.2　认识航天信息化

根据航天信息化自身的特点，建议形成以下发展思路：

（1）在航天信息化服务方面，促进空间技术及应用实现产业化

引导和鼓励航天科技企业制度创新和技术创新，建立面向国内外市场的运行机制，以通信卫星和卫星通信、运载火箭为重点，分步实施，推进空间技术及应用产业化进程。

（2）全面加强信息化研究和技术基础建设

集中力量攻克信息化关键技术，掌握核心技术，形成自主知识产权。

（3）加速航天信息化队伍建设，构筑航天人才优势

发展航天教育，培养航天人才，采取特殊政策，加速造就一支高水平的、年轻的航天信息化科技队伍。普及航天知识，宣传航天事业，动员社会各界力量支持航天事业的发展。

（4）加强科学管理，提高质量和效益

针对航天活动投资大、风险大、技术密集、系统复杂等特点，运用系统工程等现代信息化管理手段，加强科学管理，提高系统质量，降低系统风险，提高综合效益。

（5）行业跨越式发展

航天信息化要充分考虑行业跨越式发展的需要，积极吸纳国际国内相关领域的先进成果和理念，坚持前瞻性、先进性、国际性。在设计阶段坚持高标准，既要能契合事务所的需要，又要能引领事务所的未来发展方向，不能因为迁就现实而降低标准。

（6）实施上要贯彻建用结合

要通过制定一系列制度、机制、措施和规范，保证信息系统在建的同时能切实用起来，提倡扎实干、具体干，在应对各种复杂情况下干。将各种制度作为保障性措施，建立相应的激励措施、惩罚措施、约束措施，全面加强信息化建设考核，并实行典型开路，树立标杆，示范引领，总结推广。通过开发应用、制度引导、示范引领的相互促进，确保信息系统实现充分应用。

（7）机制上要形成良性循环

要建立应用系统开发、应用、完善、总结、提高、再应用、再完善、再总结、再提高

的良性循环机制，同时在协调事务所共性和个性需求基础上实现可扩展的良性循环机制。系统开发绝不是一次性的、一步到位的，而是有不断循环发展、螺旋上升的过程，要建立相应的实现和支持机制。在信息化推进过程中，存在多层次的主体和不同需求，不宜全部照搬和千篇一律，但是必须在遵循共同的行业标准规范基础上建立起兼顾个别需求的工作机制和技术接口，鼓励、帮助事务所发展和展现个性。

总而言之，航天信息化关键是应用"信息流"打通航天制造领域"任督二脉"，以"信息流"为核心，以产品为"作战单元"，应用物联网相关技术把涉及某类产品研制的各种设备集中在一起，解决生产信息割裂、零散、打包难的问题。

2.2.1 信息化的含义

企业信息化就是企业利用现代信息技术，通过信息资源的深入开发和广泛利用，实现企业生产过程的自动化、管理方式的网络化、决策支持的智能化和商务运营的电子化，不断提高生产、经营、管理、决策的效率和水平，进而提高企业经济效益和企业竞争力的过程（王爽英，2005）。

2.2.2 信息化的内容

企业信息化是伴随着计算机技术、信息技术和市场竞争、经济全球化的发展而发展的（杨海成，2006）。在知识经济时代下，企业在信息化过程中考虑到仅靠自己企业的资源不可能有效地参与竞争，还必须把经营过程中的有关各方如供应商、制造工厂、分销网络、客户等纳入一个紧密的供应链，才能有效地安排企业的产供销活动，满足企业利用一切市场资源快速高效地进行生产经营的需求，进一步提高效率和市场竞争优势（祝连波，李崇深，2011）。其价值体现以下几层含义：

1）企业信息化建设是以 IT 与先进管理思想的结合应用为基础；
2）企业信息化是依赖 IT 对企业内、外部信息资源进行优化配置和集成的信息系统；
3）企业信息化是一个长期持续改进的动态过程；
4）企业信息化的最终目的是提高企业的经济效益和市场竞争力。

2.2.3 信息化的作用

企业信息化的作用主要体现在以下几个方面：

1）企业信息化，能提高企业经营管理信息的准确性和及时性，有助于企业决策的进一步科学化，提高决策水平。

2）企业信息化，能促使企业业务办事程序和管理程序更加合理，从而有助于增强企业的快速反应能力，提高客户的满意度（售后服务、回访），加强内部管理（采购制度）。

3）企业信息化，能进一步促进企业资源的合理组合及利用，使其在现有资源条件下达到最佳利用效果，从而大大提高企业的生产经营效率和管理效率，降低成本（零库存、零应收），提高效率（缩短生产周期、零停机）。

4）企业信息化能给企业提供一个的强大、快捷的信息交流平台，有助于我们紧紧跟踪一些先进经验和成果，从而有助企业的发展，提高员工的创新能力。

扩展阅读：管理企业就像驾驶一辆汽车，信息系统就是把汽车运行过程中的各种数据显示在仪表盘上，帮助驾驶员从获取的数据中找出企业运作的不足和原因，为管理层提供改进的方案，最终服务于企业的经营决策。

2.3 航天信息化的现状

航天信息化建设取得了突出的成效，大大提升了航天科研生产管理水平，随着航天集团信息化工作的深入开展，其瓶颈问题也日趋明显。一是先进的信息化技术手段尚未广泛、深入地运用于企业的主要业务领域（Zhou et al.，2011）；二是信息孤岛现象突出，信息资源没有做到有效共享；三是科研生产管理信息化建设的顶层设计不尽合理，仅注重满足应急的管理需求。目前航天集团信息化建设意识明显提高，信息化进程正在加快；信息化投资的焦点从大型 ERP 项目及财务应用转向人力资源和市场营销及客服应用（Henderson et al.，2008）；不同行业的企业信息化进程和信息化程度有明显差别，相当多的企业在推进信息化进程时处于摸索阶段，缺乏成熟有效的方法论指导。投入较大，实施效果不够理想（Gust，Marquez，2004）。

总体而言，我们的信息化水平与时代对我们的要求、与我们所处的地位极不适应。尽管不少航天企业通过实施信息化取得了可观的效益，但与所投入的资金、人力、物力相比，收效不够大。对实施以信息化推进航天事业发展的政策、资金支持力度不够（任跃进，2005）。一些企业科研经费比较紧张，发展后劲不足。重建设、轻应用，重工程、轻规划，重设备、轻管理等现象还大量存在。

2.3.1 信息化建设技术水平

目前我国航天集团公司信息化建设取得了一定的发展，主要体现以下两个方面：

1）航天集团公司信息化建设立足于自力更生、自主创新，充分发挥自身优势和技术特点，开发了具有自主知识产权的航天 AVIDM（航天飞行器集成化设计与制造系统）软件，建立了非常先进适用的数字化平台（中国航天科技集团公司，2005），但是 AVIDM 系统还无法实现与其他应用系统的统一身份认证和信息集成以及系统之间的集成性较差；

2）集团公司的信息化建设主要与科研生产紧密结合在一起，充分利用信息化技术来解决科研生产中的关键问题（杨海成，2006），其本满足了当前繁重的型号研制、生产、试验任务的迫切需要。

目前航天集团在设计过程中，应用基于三维产品模型的 CAD/CAM 技术的适用程度不高，未能实现 CAD/CAPP/CAM 一体化应用；航天型号科研生产方面存在型号间、单位间管理水平差异，科研生产过程跟踪、监控手段相对落后，预防和快速响应的能力较弱，单一型号项目的纵向管理突出，型号间的信息缺乏共享和交流等问题。

2.3.2　信息化建设管理水平

当前航天集团各单位对信息化建设重要性的认识越来越深刻，重视程度不断提高，大都设立了领导机构，成立了信息化建设队伍，信息化建设的基础不断加强，环境不断改善。信息化建设提升了集团公司综合管理能力和水平，通过办公自动化、财务信息化、人力资源信息化、质量信息化等专项工作，各级管理人员的工作方式和思维模式在不断发生变化，工作效率逐步提高。信息化建设的顶层设计得以加强，并且制订了集团公司"十二五"信息化建设规划草案，下发了《集团公司管理信息化建设总体方案》，出台了《集团公司管理信息系统建设管理办法》，确定了信息化建设的方向，各个单位按照统一的规划思路开展工作。

目前主要存在问题表现在以下几个方面：

1）信息化建设与传统管理模式之间难以协调，传统的工作模式和流程在一定程度上影响了信息化资源优势的有效发挥，也影响了先进信息技术的深入应用。

2）各系统分散建设与系统统一建设尚未有机统一，分散开发或引进的信息系统，一般不会从集团公司的角度统一考虑数据标准或信息共享问题，而是从各自业务的角度追求"实用快上"，虽能满足业务需求，但缺乏集团公司层面的统筹规划，引发了信息孤岛、资源浪费等问题。

3）网络互联互通与安全保密之间存在矛盾。由于国家对涉密信息系统安全有严格的测评要求，而集团公司具有内网的单位在短时间内不可能全部通过安全保密测评，集团公司已建成的骨干网络目前处于物理断开状态，阻碍了网络协同环境的建立和信息的有效共享。

4）系统建设进度难以满足管理应用系统需求，业务部门急切的信息化需求难以得到管理信息系统的支撑，急需全面加快集团公司管理信息系统建设的步伐。

5）较难选择一套适合全集团的电子商务套件。集团公司是国家采用行政手段，将很多家具有悠久历史、实力强大的单位组合起来的，航天成员单位在生产模式、管理模式上的差异或特色很难在短时间内被同化，即难以选择一套适用于全集团的 ERP 软件。

6）集团层面的业务流程重组难以产生明显效益。航天的科研生产主体在二级单位，二级单位间业务往来不频繁，集团公司层面的业务流程重组难以对企业效益产生明显影响，其效果主要在二级以下单位能得到体现，使得信息化的前提工作难以在集团层面展开。

7）完全推翻各成员单位已建设的信息系统存在一定障碍。每一家成员单位对信息化建设都有着强烈的需求，不管是 ERP、CRM，还是财务管理、人力资源管理，许多成员单位都在积极尝试。各单位分头建设的一个个应用系统却为集团的宏观管理设置了一道又一道的障碍（中国航天科技集团公司，2010-07-07）。

2.4　航天信息化的必要性

航天信息化使航天企业建立快速市场反应机制，满足客户个性需求，整合企业资源，降低成本，提升供应链竞争能力，提高客户服务水平，建立起立体的全方位生产过程控制，实现企业各种内部资源的高度共享，降低库存和资金占用，降低生产成本。主要从航天三级管理结构实现业务层、管理层、决策层的信息化金字塔管理模式，如图 2-2 所示。

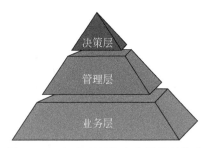

图 2-2　三级管理结构金字塔管理模式

2.5　航天信息化的建设过程

企业信息化建设必须满足一定的条件，单从企业信息化的发展阶段来看，我国如今已进入起步期，但这并不意味着每家企业都可以马上进行信息化建设（孙丁玲，2010）。企业信息化必须至少满足如下条件：

1）内需驱动。企业是市场经济的主体，企业的一切行为应以实现企业的目标为宗旨，企业的根本目标就是盈利。因此，企业的信息化行为不是来自外界的压力，而是来自内在的需求。事实证明，来自企业内部的需求动力，是企业信息化过程的原动力。

2）有科学的管理基础。这就要求企业的信息化需要建立在科学管理的基础上，而且信息化过程需要科学的管理。在整顿和加强管理的基础上推进信息化，用信息化促使企业管理的再造和革新，才是可行的思路。

3）信息是产品。信息是高技术产品，是投入高、产出也高的产品。因此，需要充足的资金做保证，单靠良好的愿望和进取的精神，难于实现信息化。信息化可以拓展企业的生存空间，起"锦上添花"而不能起"雪中送炭"的作用。企业应该理智地对待信息化建设作用、投资、过程等问题。

2.6　航天信息化建设常见的问题

航天信息化建设常见的问题表现如下：

1）规划问题。缺乏整体规划，信息化建设具有随机性。

2）流程问题。企业业务流程重组的实施支持不够，无法确保信息系统正常实施和价值的发挥。

3）组织问题。企业信息管理体系的组织管理方式缺乏系统设计，作用无法有效发挥。

4）技术问题。信息系统建设的标准不统一，集成度不高，存在信息孤岛。

2.7　航天信息化建设的风险规避

企业在进行信息化建设，必须进行企业深层次的管理改革，从观念上明确企业信息化的基础是企业的管理和运行模式，而不是信息技术本身，信息技术仅仅是企业信息化的实现手段。企业的信息化绝不是购买几台计算机，安装上软件，接入互联网，就万事大吉了。

信息化系统建设要有统一规划，避免各部门各自为政，导致信息化建设重复投资，甚至产生信息孤岛。信息化建设不是单纯的选择软件和购买硬件，因为企业的信息化建设是一个长期的系统工程，项目的前后相关性强，企业在选择合作伙伴时一定要像选择"战略合作伙伴"一样全局考虑。所以应把握好如下几条原则。

（1）坚持高起点规划，解决网络和信息滞后的问题

信息化必须坚持规划先行，高起点规划。我们面对新兴的信息产业，必须着眼于用发展的眼光，长远的眼光，战略的眼光做好规划，推进应用。要立足于充分利用现有的信息资源和基础条件，立足于自身经济社会发展的实际需求，面向应用，面向世界，面向未来。建设互联互通的传输网络，构筑资源共享的信息平台，建立电子政务、电子商务、远程教育、远程会议等若干应用系统，开发和建设具有自己信息特色的资源数据库，所有这些规划都是第一位的。只有这样，才能解决网络滞后，信息落后的问题。

（2）坚持高标准建设，解决建设不规范的问题

目前，实施信息化建设，按照集团公司的决策，统一部署，稳步推进。有了高起点规划，还要有高标准建设来保证它的质量。在网络建设上，要建立统一的应用平台，重组资产、整合资源、优化资质，避免重复建设、投入割据和人才流失；在数据库建设上，要利于检索、利于追加、利于更新、利于创新；在软件开发上，以应用开路，要应用得体、应用方便、应用到位，尤其在事关管理体制改革方面的项目和对面向公众服务的办事项目上，要规范业务流程，简化工作环节，让员工真正享受到信息化建设带来的便利和实惠。

（3）坚持高质量培训，解决人才缺乏的问题

从根本上来说，信息化建设的发展，取决于高素质的人才队伍。要把人才队伍的建设作为推进信息化进程中的重中之重。创造用好人才、吸引人才、培养人才的良好环境。完善人才激励机制，加强人才培训，要培养一支精干的高级管理建设人才；要培训一批实际操作能力强的复合型应用人才；要进行政府上网的应用性培训，在领导干部和广大职工中加强信息技术的应用性培训，尽快适应网络时代的要求；要加强各级各类教育和培训工作，普及信息化知识，提高全体员工的素质。

（4）坚持高水平管理，解决管理滞后的问题

整合业务流程，提高企业管理效率。通过企业信息系统的建设，构建企业数字神经网络，对内实行人力、资金、物料、信息资源的统一规划、管理、配置和协调，使信息技术与管理业务流程相互整合，提高了企业管理效率。对外利用互联网实行网上招投标、网上采购等电子商务，可以大大降低采购成本和销售成本，提高企业的市场竞争能力。

（5）坚持高效率应用，解决应用水平不高的问题

应用于技术改造，推动施工现场的管理进步。一方面，计算机技术与传统的工程施工技术结合，在一些急难险重的施工领域已初步显现了其先进生产力的作用。另一方面，在企业的经营管理中，各种管理软件在业务条线的日常管理上广泛应用。如预算、人力资源、财务、统计、档案等大多采用电子报表和分析。

总之，要坚持高起点规划、高标准建设、高质量培训、高水平管理、高效率应用，解决规划滞后、重复建设、人才缺乏、管理不够、应用不足的问题，全面推进企业信息化建设，充分享受信息化建设带来的便利。

2.8 航天信息化建设的关键点

航天信息化建设的关键点主要是：实施企业业务流程重组；加强各层面人员培训；"一把手"工程；总体规划，分步实施；注重基础数据准备和及时维护（杨春荣，2008）。

（1）实施企业业务流程重组

实施企业业务流程重组优化是企业信息化建设的关键；业务流程不理顺，依靠进行软件的调整来适应管理的情况是行不通的。

扩展阅读： 如果不对组织机构动手术，对企业的流程进行再造，信息化就等于把原来老的组织机构中不利于发展的东西用计算机进行处理。计算机不会自己产生一个合理的逻辑，即使计算机可以加快速度，也是加快速度得到一个不合理的结果。不进行组织变革，就是完全油水分离地建立起信息化系统，那有什么用?! 没有流程再造，会造成浪费。

（2）加强各层面人员培训

企业信息化建设中各层管理人员认识不到位，不能进行科学的管理。需要充分认识管理和信息化的关系：管理是基础，信息化是手段。

（3）"一把手"工程

企业信息化是"一把手"工程。仅仅让"一把手"重视还不够，还需要"一把手"的认识到位，管理到位。航天信息化的实施建设要以"一把手"工程带动各单位组建信息化专业队伍，健全信息化组织结构；要把信息化纳入宇航能力建设的范畴，构建信息化参

与院转型升级的"桥头堡";形成国际一流,打造以管理驾驶系统等为代表的现代综合管理"制高点"。

(4)总体规划,分步实施

企业信息化的建设是一项长期的、艰巨的、持续的过程,与企业的发展息息相关。长远规划、分阶段实施、注重过程是信息化建设成功的必备条件。只要找对了路,就不怕远。

(5)注重基础数据准备和及时维护

数据规划的重要性:完善、规范的数据标准是系统集成的基础,避免企业信息化建设的"信息孤岛"。

上述几点是企业信息化建设成功的关键因素。据统计,80%以上的项目失败是由上述几点出现的问题造成的,只有极少数的项目是受技术、软件的因素制约。

扩展阅读:目前许多的企业和软件厂商也认识到上述问题。

1. 解决方案供应商在为企业信息化服务的过程中,也从单纯的买卖关系转变为战略合作伙伴关系,彼此之间的沟通也越来越不在 IT 层面,而在企业管理经营层面。在许多大的软件厂商、咨询管理公司中 BSE 发挥着越来越大的作用。

2. 在软件厂商观念转变的同时,企业在组织调整中设立了信息主管(CIO),把信息部门的管理范围扩大到信息政策、信息标准、信息管理、信息控制等方面,对企业生产经营过程的作用越来越重要。

2.9 信息化发展的国内外未来大环境背景

信息化是当今世界发展的大趋势,是推动经济社会变革的重要力量。大力推进信息化,是关系我国现代化建设全局的战略举措,是贯彻落实科学发展观、全面建设小康社会、构建社会主义和谐社会和建设创新型国家的迫切需要和必然选择。

2.9.1 信息化发展的基本形势

20 世纪 90 年代,相继启动了以金关、金卡和金税为代表的重大信息化应用工程;1997 年,召开了全国信息化工作会议;党的十五届五中全会把信息化提到了国家战略的高度;党的十六大进一步做出以信息化带动工业化、以工业化促进信息化、走新型工业化道路的战略部署;十六届五中全会再一次强调,推进国民经济和社会信息化,加快转变经济增长方式。"十五"期间,国家信息化领导小组对信息化发展重点进行了全面部署,做出推行电子政务、振兴软件产业、加强信息安全保障、加强信息资源开发利用、加快发展电子商务等一系列重要决策。各地区各部门从实际出发,认真贯彻落实,不断开拓进取,我国信息化建设取得了可喜的进展。主要表现在以下几个方面:

1）信息网络实现跨越式发展，成为支撑经济社会发展重要的基础设施。电话用户、网络规模已经位居世界第一，互联网用户和宽带接入用户均位居世界第二，广播电视网络基本覆盖了全国的行政村。

2）信息产业持续快速发展，对经济增长贡献度稳步上升。2005 年，信息产业增加值占国内生产总值的比重达到 7.2%，对经济增长的贡献度达到 16.6%。电子信息产品制造业出口额占出口总额的比重已超过 30%。掌握了一批具有自主知识产权的关键技术。部分骨干企业的国际竞争力不断增强。

3）信息技术在国民经济和社会各领域的应用效果日渐显著。农业信息服务体系不断完善。应用信息技术改造传统产业不断取得新的进展，能源、交通运输、冶金、机械和化工等行业的信息化水平逐步提高。传统服务业转型步伐加快，信息服务业蓬勃兴起。金融信息化推进了金融服务创新，现代化金融服务体系初步形成。电子商务发展势头良好，科技、教育、文化、医疗卫生、社会保障、环境保护等领域信息化步伐明显加快。

4）电子政务稳步展开，成为转变政府职能、提高行政效率、推进政务公开的有效手段。各级政务部门利用信息技术，扩大信息公开，促进信息资源共享，推进政务协同，提高了行政效率，改善了公共服务，有效推动了政府职能转变。金关、金卡、金税等工程成效显著，金盾、金审等工程进展顺利。

5）信息资源开发利用取得重要进展。基础信息资源建设工作开始起步，互联网上中文信息比重稳步上升，信息资源开发利用水平不断提高。

6）信息安全保障工作逐步加强。制定并实施了国家信息安全战略，初步建立了信息安全管理体制和工作机制。基础信息网络和重要信息系统的安全防护水平明显提高，互联网信息安全管理进一步加强。

7）国防和军队信息化建设全面展开。国防和军队信息化取得重要进展，组织实施了一批军事信息系统重点工程，军事信息基础设施建设取得长足进步，主战武器系统信息技术含量不断提高，作战信息保障能力显著增强。

8）信息化基础工作进一步改善。信息化法制建设持续推进，信息技术标准化工作逐步加强，信息化培训工作得到高度重视，信息化人才队伍不断壮大。

我国信息化发展的基本经验是：坚持站在国家战略高度，把信息化作为覆盖现代化建设全局的战略举措，正确处理信息化与工业化之间的关系，长远规划，持续推进；坚持从国情出发，因地制宜，把信息化作为解决现实紧迫问题和发展难题的重要手段，充分发挥信息技术在各领域的作用；坚持把开发利用信息资源放到重要位置，加强统筹协调，促进互联互通和资源共享；坚持引进消化先进技术与增强自主创新能力相结合，优先发展信息产业，逐步增强信息化的自主装备能力；坚持推进信息化建设与保障国家信息安全并重，不断提高基础信息网络和重要信息系统的安全保护水平；坚持优先抓好信息技术的普及教育，提高国民信息技术应用技能（国务院信息化工作办公室政策规划组，2007）。

2.9.2　信息化发展的指导思想和战略目标

我国信息化发展的指导思想是：坚持以信息化带动工业化，以工业化促进信息化，坚持以改革开放和科技创新为动力，大力推进信息化，充分发挥信息化在促进经济、政治、文化、社会和军事等领域发展的重要作用，不断提高国家信息化水平，走我国特色的信息化道路，促进我国经济社会又快又好地发展。

我国信息化发展的战略方针是：统筹规划、资源共享，深化应用、务求实效，面向市场、立足创新，军民结合、安全可靠。要以科学发展观为统领，以改革开放为动力，努力实现网络、应用、技术和产业的良性互动，促进网络融合，实现资源优化配置和信息共享。要以需求为主导，充分发挥市场机制配置资源的基础性作用，探索成本低、实效好的信息化发展模式。要以人为本，惠及全民，创造广大群众用得上、用得起、用得好的信息化发展环境。要把制度创新与技术创新放在同等重要的位置，完善体制机制，推动原始创新，加强集成创新，增强引进消化吸收再创新能力。要推动军民结合，协调发展。要高度重视信息安全，正确处理安全与发展之间的关系，以安全保发展，在发展中求安全（国务院信息化工作办公室政策规划组，2007）。

到 2020 年，我国信息化发展的战略目标是：综合信息基础设施基本普及，信息技术自主创新能力显著增强，信息产业结构全面优化，国家信息安全保障水平大幅提高，国民经济和社会信息化取得明显成效，新型工业化发展模式初步确立，国家信息化发展的制度环境和政策体系基本完善，国民信息技术应用能力显著提高，为迈向信息社会奠定坚实基础。

参 考 文 献

国务院信息化工作办公室政策规划组.2007.国家信息化发展战略学习读本.北京：电子工业出版社

马智亮.2008.企业信息化之"他山之石".施工企业管理，(11)：34-35

任跃进，2005.航天企业信息化建设的现状与对策，航天工业管理，(5)：31-35

孙丁玲.2010-10-14.把航天信息建成信息化产业领军企业.中国航天报，第1版

王爽英.2005.企业信息化应用水平评价指标体系的研究.企业技术开发，24（08）：64-65

杨春荣.2008-07-10.推进航天信息化工程建设.中国航天报，第1版

杨海成.2006-04-21.信息化建设推动自主创新.中国航天报，第3版

余国辉.2011.航天企业科研生产管理信息化建设思考.合作经济与科技，(11)：29-30

中国航天科技集团公司.2005-05-18.信息化建设打造数字航天.中国航天报，第4版

中国航天科技集团公司.2010-07-07.马兴瑞：对标国际一流 推进信息化进程.http：//spacechina.com/
n25/n144/n206/n214/c64708/content.html

祝连波，李崇深.2011.企业信息化研究文献综述.中国管理信息化，14（10）：62-63

Gust C，Marquez J.2004. International Comparisons of Productivity Growth：The Role of Information Technology
and Regulatory Practices. Labour Economics ，11（1）：33-58

Henderson D J，Carroll R J，Li Q.2008. Nonparametric Estimation and Testing of Fixed Effects Panel Data Mod-
els. Journal of Econometrics，144（1）：257-275

Zhou X，Li K-W，Li Q.2011. An Analysis on Technical Efficiency in Post–reform China. China Economic
Review，22（3）：357-372

第3章 航天信息化的发展与面临的挑战

本章学习路线图

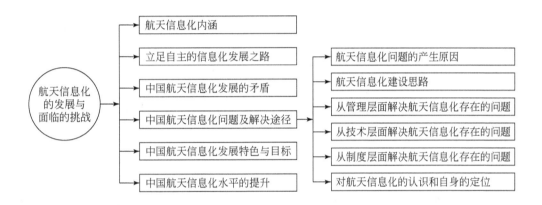

近年来，企业在信息化建设方面进行了积极的探索，做了大量的工作，但由于受诸多因素的影响，信息系统的应用效果有限，信息孤岛不断增多。本章主要从我国航天信息化的发展与面临的挑战进行探讨。

3.1 航天信息化内涵

企业信息化是指企业在一定深度和广度上利用计算机技术、网络技术和数据库技术，控制和集成化管理企业生产经营活动中的所有信息，实现企业内外部信息的共享和有效利用，不断提高生产、经营、管理、决策的效率和水平，进而提高企业的经济效益和市场竞争能力。企业要在利用信息技术改造传统产业和企业经营管理信息化两个方面加紧推进。

航天信息化要结合企业的实际情况，信息化建设的内容涵盖预先研究、型号研制、型号批生产、航天产品结构与配置管理、技术状态管理、三维数字样机技术、航天产品数据中心、质量与可靠性工程管理和军贸项目等各项任务，涵盖探索、预研、研制、批产、售后服务等全生命周期，涵盖进度、质量、成本、外协外购、人力资源、沟通管理、风险管理等全系统要素，还要与条件建设、综合保障资源、安全生产管理等方面工作有机结合（余国辉，2011）。航天管理信息化建设，核心是充分利用信息化手段，构建科研生产管理一体化集成信息平台。一方面增强企业对多型号项目的集中管控能力，保证企业总体目标实现；另一方面进一步规范和加强单一型号项目管理，提升型号的精细化管理水平，切实将有限的人力、物力、研制生产经费及信息等因素有机结合与利用好，保障各项型号科研生产任务的顺利完成。所以，航天信息化的内涵主要从以下几个方面分析：

1）信息化目标。航天信息化建设的目标是"增强企业的核心竞争力"和"更好地为社会服务"。

2）信息化手段。利用现代计算机和网络技术。

3）信息化涉及的部门。航天集团总公司及下属于各生产研发部门，包括生产、经营，制造、管理等职能部门。

4）信息化决策支持。高级经理层（决策层）、中间管理层（战略层）、基础业务层（战术层）。

5）信息化功能。进行信息的收集、传输、加工、存储、更新和维护（余国辉，2011）。

航天信息化来源于我国的自主航天发展，丰富和发展了航天事业的应用，但航天信息化智慧应立足于航天，服务于全人类的社会经济发展。所以，航天信息化还应提供为全人类提供信息服务的功能，如现代的全球定位系统、卫星通信等信息服务功能。

航天信息化是一项系统工程，信息化的建设是一个人机合一的有层次的系统工程，包括领导和员工理念的信息化，集团公司决策、组织管理信息化，经营手段信息化，设计、加工应用信息化。航天信息化的实现是一个过程，包含了人才培养、咨询服务、方案设计、设备采购、网络建设、软件选型、应用培训、新技术的应用与二次开发等过程（Godinez et al.，2010）。

我们正处在知识经济迅速崛起、全球信息化迅速发展的时代，航天信息化应该具备提供信息服务的能力，为信息的采集、共享、利用和传播提供通信保障。通常体现在以下三个方面。

（1）生产过程自动化、智能化

生产过程自动化、智能化主要利用计算机辅助设计（CAD）、计算机辅助制造（CAM）、计算机辅助生产工艺（CAPP）、产品数据管理（PDM）等对产品的设计、制造和管理进行全方位的数字化管理。当前需要解决这些系统之间的集成关系，形成产品全生命周期的信息综合集成管理平台CIMS，提升航天信息化综合管理水平。

（2）企业管理决策网络化、智能化

企业管理决策网络化、智能化是应用管理信息系统（MIS）、办公自动化（OA）、企业资源管理（ERP）等对企业的日常管理、生产过程和产品服务等进行全程管理。实现计划、物料、财务、营销、质量、资源、决策支持、办公自动化、电子商务等的一体化管理。

（3）企业商务活动的电子化

企业商务活动的电子化是用供应链管理（SCM）、客户关系管理（CRM）等产品销售和供应进行信息信息化管理。如电子数据交换（EDI）、电子产品代码（EPC）、安全保密处理平台等。

扩展阅读：企业信息化建设中的几个误区（戚发轫，2011）。

1. "信息化是软需求。"由于在初始阶段，信息化的经济效益往往不仅不能直接显现，并且需要一定数量的资金投入，在许多企业里，它就成了"软需求"。特别是在现阶段，传统管理模式还有效的情况下，信息化建设往往会成为一项"说起来重要，做起来次要，忙起来不要"的工作。还有的企业将其视作一项单纯技术工作，让少数计算机专业技术人员闭门造车、听其自然。

2. "信息化就是计算机化。"目前大多数企业都具备了较好的硬件条件，但相当一部分计算机主要是用来打字、算工资。虽然很多企业逐步开始办公自动化（OA）的进程，但问题是，企业在信息化建设上：一是应用面不广，仅仅是单位的某些部门在用。二是应用深度不够，停留在肤浅的日常工作文件数字化的层面上。三是应用的技术含量不高，没有充分利用信息技术所能提供的集成优势进行信息交流，忽略了信息技术互动性带来的管理效应。

3. "使用软件越多越好。"虽然近年来信息技术在各个领域中得到比较广泛的运用，但从总体看，由于缺乏整体观念和系统规划，前期系统咨询论证不够充分，实施中更加关注某一项具体业务或者局部管理功能，注重单元技术和眼前利益。头痛医头、脚痛医脚，单位、部门、条线之间各自为政，形成"信息孤岛"林立。据了解，仅在一个企业中，使用的各种管理软件不下数十种。这些软件之间缺乏集成和沟通。一是重复开发，造成人力、物力和时间的浪费。二是对信息需要多次采集和重复输入，而且由于信息定义与采集过程彼此独立，信息的一致性无法保证，造成数据失真。三是信息不能及时共享，原本集成连贯的企业完整流程被分割开来，一方数据库的变化无法触发另一方同步变化，管理层看到的永远是业务流程中不完整的部分。这些使得信息化的高级形态——实现电子商务、远程管理、决策支持成为空谈。

3.2 立足自主的信息化发展之路

我国的航天事业从一开始就走了一条自主研发和创新之路，航天的信息化建设也是在此基础上建立起来的。我国的航天乃至整个国际的航天在 60 多年的时间里取得这么重大的成绩，形成一个发展比较快、引起世界注意的领域，体现了当代科技成果和信息技术成果的很好结合。如果没有信息技术基础，无论是航天产业，还是技术，都不会取得这么大的成绩。航天技术被世人普遍认为是 20 世纪现代科技最重大的成就和发展最快的领域之一（刘海滨，2009）。航天技术是现代科学技术和基础工业最新成绩的高度的综合，是一个国家科学技术水平和综合国力的重要标志。我国的航天信息化动作比较早，在"东方红一号"卫星发射成功不久，就于 1971 年提出了载人航天工程。那个时候就已经开始航天飞船核心的计算机、核心的部件的研制。我国已在航天空间探测能力，对地观测能力和信息利用能力方面都取得了不错的成绩。在信息技术利用方面，利用"北斗"导航系统进行通信。"北斗"卫星导航系统建设目标是建成独立自主、开放兼容、技术先进、稳定可靠、覆盖全球的导航系统。"北斗"卫星导航系统促进卫星导航产业链形成，形成完善的国家卫星导航应用产业支撑、推广和保障体系，推动卫星导航在国民经济社会各行业的广泛应用（刘海滨，2009）。

3.3　中国航天信息化发展的矛盾

在快速步入"十二五"发展规划期间后，信息化的全面发展建设逐渐成为我国大型企业核心竞争力的重要支撑，而随着航天任务的增加，航天工业如果要更好地服务于国防现代化建设，就必须加快航天企业信息技术的应用过程。因此，如何有效搭建航天与 IT 企业之间合作的桥梁、促进航天信息技术的发展、助力航天企业全面增强核心竞争力等焦点问题成为当前航天信息化建设研究的重要课题。

当前，我国航天管理信息化建设发展存在三大矛盾，即统一建设与分散建设的矛盾、业务部门负责与信息化主管部门负责的矛盾、互联互通信息共享与信息安全保密之间的矛盾。

我国航天信息化建设进程中，仍然存在着一些制约管理信息化建设发展的矛盾。管理应用系统需求与系统建设进度之间存在矛盾，业务部门旺盛的信息化需求难以得到管理信息系统的支撑，急需全面加快集团公司管理信息系统建设的步伐。

3.4　中国航天信息化问题及解决途径

3.4.1　航天信息化问题的产生原因

从信息化建设角度来看：第一，对信息化的重要性和信息化发展规律的认识有待进一步提高；第二，信息化管理部门与业务管理部门、信息系统用户的交流、协作和配合有待进一步加强；第三，业务管理部门对信息化建设工作的需求牵引和推广应用力度不够。

从生产管理角度来看，众所周知，信息化建设都是以科学的管理为基础的，科学、明确的管理流程是信息化建设的必要条件。

3.4.2　航天信息化建设思路

信息化建设应该结合该企业的实际情况，建立健全信息化建设工作的组织机构和规章制度，使工作规范化、制度化。

在航天信息化建设过程中，鼓励有条件的二级院所通过网络化制造系统实现产品设计、制造、销售、采购、管理等生产经营各环节的企业间协同，形成网络化企业集群。支持工业云服务平台建设，推进研发设计、数据管理、工程服务等制造资源的开放共享，推进制造需求和社会化制造资源的无缝对接，鼓励发展基于互联网的按需制造、众包设计等新型制造模式。支持和鼓励典型行业骨干企业在工业生产经营过程中应用大数据技术，提升生产制造、供应链管理、产品营销及服务等环节的智能决策水平和经营效率。支持第三方大数据平台建设，面向中小制造企业提供精准营销、互联网金融等生产性服务。推动大数据在工业行业管理和经济运行中的应用，形成行业大数据平台，促进信息共享和数据开放，实现产品、市场和经济运行的动态监控、预测预警，提高行业管理、决策与服务水平。

进一步增强电子信息产业支撑服务能力。加快集成电路、关键电子元器件、基础软件、新型显示、云计算、物联网等核心技术创新，突破专项行动急需的应用电子、工业控制系统、工业软件、三维图形等关键技术。围绕工业重点行业应用形成重大信息系统产业链配套能力，开展国产 CPU 与操作系统等关键软硬件适配技术联合攻关，提升产业链整体竞争力和安全可控发展能力。支持面向云计算、移动互联网、工业控制系统等关键领域安全技术研发与产业化，加快安全可靠通信设备、网络设备等终端产品研发与应用（周亮，2004）。

3.4.3　从管理层面解决航天信息化存在的问题

随着我国航天科技工业的发展，航天企业逐步建立健全了一整套行之有效的科研生产管理制度，通过两条指挥线的组织指挥系统，推动了我国航天型号工程项目的研制和发展。在传统的航天型号科研生产管理中，贯穿了一系列的管理过程，包括合同管理、计划管理、技术状态管理、质量可靠性管理、经费管理、试验管理、风险管理等。针对单一型号的科研生产管理模式已日臻成熟，为实现对单一型号的精细化管理和航天型号项目管理的推广应用提供了极好的条件。随着形势的变化和发展，急需引入多项目管理理念，以保证企业整体目标的实现。结合企业的实际情况，应不断完善军品任务责任令和军品综合调度管理制度体系，真正做好对科研生产任务全阶段、全生命周期的集中管理，对全要素的统筹管理，全过程管控，实现规范化、信息化、系统化、多元化和全方位管理。将管理体系进一步分解细化为若干具体的作业文件，确保这些作业文件有机连接、全面、系统，真正做到复杂问题简单化，简单问题流程化，流程问题信息化。

3.4.4　从技术层面解决航天信息化存在的问题

目前航天企业在生产管理信息化建设方面已有一定基础，但综合集成能力较差。传统的企业应用集成（EAI）主要通过用户界面集成、数据集成、业务流程集成、函数/方法集成。但是这几种集成方法不能方便、灵活、低代价地实现异构系统的集成，难以快速适应企业现代业务变化的需求（余国辉，2011）。

基于 SOA 体系架构的信息系统集成应用，可以选择好基础集成平台，打造集成系统门户，也可以集中任务列表、统一身份认证、统一权限管理和统一界面管理。主要关注应用集成、应用框架和内容管理，注重安全保障体系、维护支持体系和基础硬件设施的构建。对于新提出的管理需求，可以基于同一技术平台，进行模块化开发来实现。

3.4.5　从制度层面解决航天信息化存在的问题

随着航天型号科研生产管理难度加大、复杂性高导致的信息化建设工作艰巨、信息化建设的推进及综合集成水平的提高，需要转变观念，统一思想认识。航天信息化系统的管理工作，必须按照"统一领导，统一规划，统一标准，分步实施"的原则，实行集团、院和所三级模式的领导。信息化建设是一项高技术工作，更是一项全局性工作，需要加大专业技术队伍信息技术的培训力度，进一步提升信息化机构的作用，设立信息化部门，建立健全规章制度，强化管理工作，严格计划考核。

扩展阅读：企业信息化建设的基本要求是（周亮，2004）：

1. 领导重视、组织落实、科学推进是信息化工作开展的前提和基础信息化工作实施全程管理（包括制定总体规划、组织落实、具体实施和阶段考核等），遇到阻力亲自疏通和协调，确保人力、物力和财力的及时到位。

2. 总体规划、需求驱动、滚动发展是开展信息化工作的基本原则。根据企业总体技术进步规划，结合市场竞争的现状和企业的承受能力，制定企业信息化总体规划是避免技术上走弯路、经济上盲目投入的最好选择。在坚持总体规划、分步实施、阶段考核、阶段见效的原则的同时，要充分考虑到总体规划的实效性等因素，坚持在实施过程中对总体规划不断充实和完善。在资金方面，坚持增量投入、滚动发展。

3. 选好突破口，以点带面、全面展开，总结经验、全面提高。针对信息技术应用的普遍性和特殊性，不失时机地选好突破口是企业信息化工程的重要实施方法之一。通过以点带面，全面推广信息化技术，在总结的基础上，不断提高其应用水平。

4. 坚持技术应用与人才培养、人才激励同步进行。在普及和推广信息技术的同时，公司领导十分重视信息应用过程中的人才培养和人才激励工作。规定凡未经过技术培训的工程技术人员不得在技术中心上岗，对于信息化技术应用中成绩突出的技术人员在晋升、定岗、深造等过程中将给予优先考虑。在技术培训方面，近几年，技术中心和公司培训部门通过各种形式举办了各类信息技术培训班十几期，技术中心的全部工程设计人员均接受过计算机基础知识、操作系统和各种信息技术培训，公司各级干部通过不同途径均参加过计算机技术的培训或专题报告会，使他们加深了计算机应用知识重要性的认识，在企业内学科技用科技已蔚然成风。

5. 坚持信息新技术应用与管理的标准化和制度化相结合。坚持技术应用与企业管理的标准化和制度化相结合，是保障信息技术应用成功的关键。在具体实施过程中，我们参照国家和行业标准，制定了信息应用及开发的企业标准和规范。这些标准和管理制度又反过来推动了信息技术的应用向深度和广度发展，同时进一步提高了企业技术管理水平。

3.4.6 对航天信息化的认识和自身的定位

作为航天智库，研究机构应从以下方面继承发展我国航天信息化技术，凸显特色，树立品牌，形成国内一流、国际知名的航天研究机构。

1）充分认识系统性的挑战。航天信息化建设将开发应用若干个复杂系统，要成功实现不同系统知识、方法、手段、流程以及态度的综合，不仅涉及管理学、系统科学、计算机信息技术和数学等多学科知识，还涉及系统工程的核心理念，以及制度保障、人才队伍以及团队协作精神等，只有熟悉相关的业务领域，才能够将现实中存在的管理问题转化为实际的信息系统。对于如何培育信息化人才、建立激励和约束机制，如何实现已有软件和新推广的信息系统顺利衔接，如何处理系统建设中的共性和个性等系统性问题，是我们航天研究机构面临的重要挑战，要有充分认识和研究。

2）如何面对新技术的不断挑战。新当今信息技术发展日新月异，全球互联网正在向下一代升级，云计算、物联网、"智慧地球"等方兴未艾，这既为航天信息化发展提供了新的动力，也对航天信息化建设提出了挑战。如何积极把握新技术带来的新机遇，掌握未来发展的主动权，又能兼顾当前技术、投资现实条件，保证航天信息化的持续发展，同样是我们面临的重要挑战。航天信息化不是一朝一夕，不是一年两年，要建立由"要我干"转变到"我要干"，再发展提升到自觉升级、服务得更好的持续过程和机制。

3）如何绘就航天信息化蓝图。航天信息化具体实施比描绘蓝图更难，更富有挑战性。无论前方有多少艰难险阻，我们也应该咬定青山不放松，排除万难，奋力开拓，把蓝图变成现实。我们一定要集中大家的力量和智慧，以实际需要为出发点，持续追赶国际先进水平，不是一年两年，不是一步两步，而是将其作为推动行业跨越式发展的战略性举措、持续发展举措。用改革创新的观念，攻坚克难的心理准备，推动航天信息化不断取得突破，持续取得进步，以航天信息化成果支撑、引领行业跨越式发展，为航天信息化服务经济社会的科学发展，为国家建设，做出积极的贡献。

4）如何提高技术创新、管理创新水平。身处信息技术蓬勃发展的时代，努力把航天信息化作为推动技术创新、管理创新及流程再造的科学手段，不断提高航天企业的科研生产管理水平，是航天企业履行富国强军神圣使命的根本要求。着力推进航天信息化生产管理建设工作，将有助于推动管理改革创新、规范科研生产流程、提高基础管理水平、提升航天企业的核心竞争能力。

3.5　中国航天信息化发展特色与目标

航天事业的成功得益于系统工程和信息化管理的应用与发展，我国航天的发展之路就是航天系统工程与信息化项目管理的发展之路，我国航天在创业中起步，在探索中发展，在改革开放中不断跨越，开创了一条具有我国特色的运用系统工程实施信息化管理的发展之路，为航天工业的进一步发展奠定坚实的基础。

航天系统是由航天器、航天运输系统、航天器发射设施、航天测控系统、用户设备以及其他保障设备组成的完成特定航天任务的工程系统。航天系统的特点是规模庞大、技术复杂、质量可靠性要求高、耗资大、研制周期长、社会和经济效益显著。一些典型的航天系统，如"人造地球卫星"1号工程、阿波罗工程、美国航天器工程等都是现代典型的大工程系统。这些特点决定了航天信息化工程必须以系统工程的方法来逐步展开。

我国航天信息化利用管理信息系统对航天系统进行科学的系统管理。航天管理信息系统是在20世纪50年代军事信息系统基础上发展起来的，由电子计算机管理的高度自动化的航天工程指挥控制系统在60年代达到了相当完善的程度，成为一种整体化管理信息系统，同时指挥着上万人甚至几十万人的活动。

在航天信息化方面，利用系统仿真技术对航天系统进行系统分析和评价。从航天系统的初始概念设计到系统研制和使用，不同形式的仿真得到了广泛应用，以实现事前的工程分析、可靠性分析和技术经济综合评价等。如在阿波罗工程中应用电子计算机进行各种仿真，确保了各项试验研究准确地按期完成，终于在1969年7月16日通过"阿波罗"11号飞船把3名宇航员送到月球并安全返回地面。

在航天信息化工程的实践中，其目标就是在航天科技集团"统一规划、统一标准、统一框架、统一安排"的总体思路指引下，管理信息化建设朝着"上下贯通、横向集成、过程协同"的集成协同目标迈进，进而满足航天信息化"精细管理，集中控制"的管控要求。深化工程信息化、管理信息化、信息化基础设施建设。

航天研究院的任务就是"全面构建航天科技信息化新体系，建设国际一流大型航天企业集团"，整体推进航天信息化建设工作，使航天信息化建设更好地为科研生产服务，为提升集团公司综合管理能力服务，进一步为全面建设创新型企业做出贡献。

我国航天信息化建设坚持统筹建设的总体思路，加快推进管理信息化建设，统一考虑集团、院（公司）、厂所的管理业务，加强集团公司管理信息系统建设的顶层设计，满足集团公司管理业务上下管控和横向协同的需要；建立统一的应用集成标准、系统开发标准、编码规范标准等，形成管理信息系统统一的标准规范体系，满足管理信息系统快速构建、信息及时共享的需要；基于AVIDM底层平台，开发集团公司统一的管理业务集成平台，确保管理信息系统的构建和集成采用统一的集成平台，满足系统集成的需要；统一安排，根据管理业务的需求和管理信息化开展的实际情况，分阶段、有计划、有步骤地进行管理信息系统的建设（刘海滨，2009）。

管理信息化建设是一项复杂的系统工程，需要遵循"统筹规划，业务主导，技术支撑"的原则，在集团公司信息化建设领导小组统一领导下，由集团公司信息化主管部门统筹协调与管理，在专家委员会的全面技术指导下，由业务部门牵头，成立各管理信息系统建设的项目总体系，采用项目管理的方法开展各项具体工作，确保工程的顺利实施。

3.6　中国航天信息化水平的提升

当前，中国航天工业应抓住新形势下技术变革和产业发展的历史机遇，在现有信息化建设的基础上进行创新，应用发展先进节能、安全可靠，具有良好可扩展性和成熟商业模式的下一代互联网技术。对加强航天工业信息化建设，全面提高我国航天产业发展水平，具有重要意义。

今后，航天信息化工程应在以下几个方面重点发展：

1）加强资源共建共享，建设融合、安全、泛在的下一代航天信息基础设施，推动现有系统升级改造。

2）重点研发下一代航天器关键芯片、设备、软件和系统，加快产业化，研究物联网、云计算、移动互联网在航天工业信息化过程中应用。

3）重点加强航天产品结构与配置管理研究、技术状态管理研究、三维数字样机技术研究、航天产品数据中心研究和质量与可靠性工程管理研究。

4）在我国国民经济转型升级的大背景下，研究航天信息化过程中如何利用物联网与云计算技术提升信息化水平，将是未来航天信息化发展的重点。物联网与云计算是继计算机、互联网之后世界信息产业的第三次信息革命。物联网必将带来生活、生产领域的巨大变化。近年来，航天企业在工程数字化及管理信息化建设和应用方面已经取得显著成效。随着航天信息化的发展、航天型号任务的增加，航天信息服务的需求越来越大，对信息系统的可扩展性、可靠性和可用性的要求也越来越高。为使航天科技工业更好地服务于国防现代化建设，应用云计算来解决上述复杂的协同开发过程中的关键问题。

参 考 文 献

工业和信息化部 . 2013-09-05. 信息化和工业化深度融合专项行动计划（2013-2018 年）. http：//www. miit. gov. cn

刘海滨 . 2009-07-20 . "932" 闯关精细化管理 . 中国计算机报，第 2 版

戚发轫 . 2011. 中国载人航天发展回顾及未来设想——2010 年空间环境与材料科学论坛大会讲话 . 航天器环境工程，28（01）：1-4

余国辉 . 2011. 航天企业科研生产管理信息化建设思考 . 合作经济与科技，（11）：29-30

周亮 . 2004. 打造管理利器 规划军工企业信息化建设 . 中国军转民，（Z1）：67-69

Godinez M，Hechler E，Koenig K，et al. 2010. The Art of Enterprise Information Architecture：A Systems-Based Approach for Unlocking Business Insight. USA：IBM Press

第4章 航天信息化战略规划与实施架构

本章学习路线图

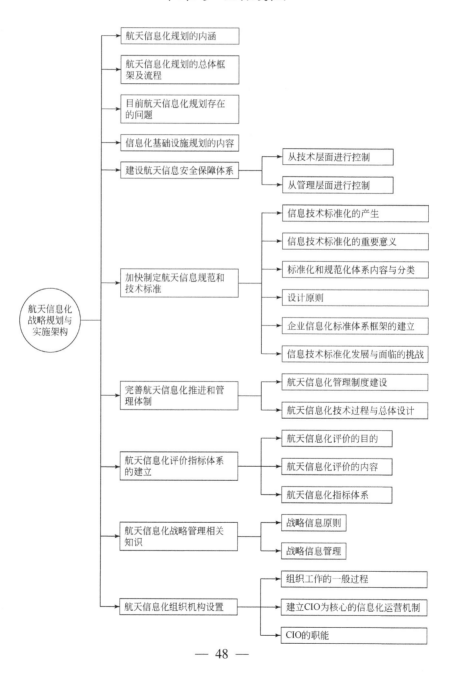

我国航天信息化自创建以来，信息化管理体制历经调整变化，信息化技术不断更新换代，而系统工程方法是我国航天几十年管理实践不变的主旋律。依靠广大科技人员的创造性劳动和系统工程方法，新的概念演化成为满足使用要求或者技术发展需要的航天系统，我国航天火箭、卫星、导弹形成系列，建立起来一个相对配套的研究、设计、生产和信息化体系，培育形成了独特的航天文化和一支素质好、技术水平高的航天技术和管理队伍，为国家做出了卓越的贡献。

我国航天工业经过 60 多年的发展，取得了"两弹一星"、"载人航天"和"探月工程"为代表的辉煌成就。

本章结合航天事业的信息化建设，系统地提出航天信息化战略规划与实施架构。

4.1　航天信息化规划的内涵

企业信息化规划是指在企业发展战略目标的指导下，通过诊断、分析、评估企业管理和 IT 建设的现状，系统性的优化企业制造和管理过程中的模式和业务流程，结合所属行业信息化方面的实践经验和对最新信息技术发展趋势，提出企业信息化建设的远景目标和战略，制定企业信息化的系统架构，确定信息系统各部分的逻辑关系，以及具体信息系统的架构设计、选型和实施策略，对信息化目标和内容进行整体规划，并进行可行性分析（Li Bingguang，Riley，2003）。全面系统地指导企业信息化的进程，协调发展地进行企业信息技术的应用，及时地满足企业发展的需要，有效充分地利用企业的资源，促进企业战略目标的实现，满足企业可持续发展的需要。

4.2　航天信息化规划的总体框架及流程

企业信息化是实现企业战略目标的重要组成部分，是为企业战略目标服务的企业信息化的复杂性和长期性需要信息化规划，才能做到"总体规划，分步实施"。信息化规划是实现信息资源共享、避免信息孤岛的重要途径，信息化规划使投资合理化，避免投资风险。信息化规划框架如图 4-1 所示。

4.3　目前航天信息化规划存在的问题

目前航天信息化规划存在的问题表现在以下几个方面：

1）不重视信息化规划；
2）软件驱动而不是需求驱动，信息化需求规划模型如图 4-2 所示；
3）投资比例不当；
4）注重信息基础设施的建设，轻视应用系统的规划和实施；
5）技术的前瞻性与需求的满足度把握不好；
6）不能根据面临的新环境、企业的新发展和技术上的新趋势等因素对其做出调整和完善。

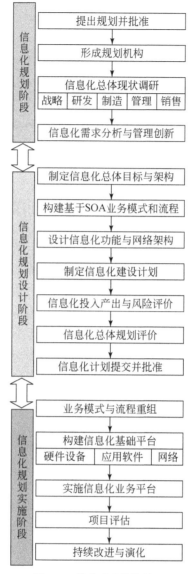

图 4-1 信息化规划框架

4.4 信息化基础设施规划的内容

在信息化规划基础上的信息基础设施规划，就是合理规划和安排各项信息化基础设施，使之形成良好的信息系统运行环境，让各种业务解决方案、应用系统和数据都能不受约束地在其上实现有效配合（AIIM，2008；Deng Xiang zheng et al.，2002）。这些基础设施包括网络、硬件设备和基础软件。规划内容主要体现在以下几个方面：

1）体系结构的规划。面向对象和构件的架构，如 B/S、SOA 软件设计架构模式。

2）网络规划。包括网络拓扑结构、通信协议、网络设备、通信带宽。

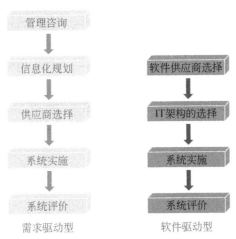

图 4-2 信息化需求规划模型

3）硬件设备规划。包括服务器、路由器、交换机、集线器、台式机、笔记本、打印机、手持设备等的规划和配置。

4）存储系统规划。包括存储结构、存储性能、复制需求和安全性。

5）备份系统规划。制定各种意外发生时的存储备份及恢复方案。

6）系统软件规划。操作系统和数据库的选择。

7）系统管理规划。建立一体化网络和系统管理平台，实时诊断、监控、报告系统运行状况。

8）安全规划。建立对内对外的目录管理、加密、认证、防病毒、入侵检测、防火墙、防水墙等。

扩展阅读：以需求为导向，与应用系统的需求相适应，并随需求的增长同步增长，不能贪大、过分求新，注重系统的开放性、可靠性、安全性、互操作性、可扩展性、可集成性，充分考虑现有信息资源的利用。需求导向就是以企业需求为企业信息化决策的出发点，以是否满足企业需求为评估信息化效果的依据。该导向目标明确，验收标准清晰，技术/管理兼顾，看起来的确是一个不错的信息化指导思想，但经不起推敲。企业信息化需求是分层次、分领域、有时间差的，但企业信息化的整体运行效果不是简单的 1+1=2 的问题，而是要实现 1+1>2 的功能。这就要求通过各部分系统的有机整合实现整体大于部分之和的效果，而需求导向则由于每一信息系统的着眼点是从局部出发而很难兼顾整体绩效，从而会产生如信息孤岛、竖井效应这类最典型的信息化病特征。

4.5 建设航天信息安全保障体系

如今，网络化、信息化已成为航天信息化的一个重要组成部分，而网络信息安全与保密是关系到国家与国防安全、社会稳定、民族文化的继承与发扬的重要问题。从技术角度看，网络信息安全与保密是涉及计算机技术、网络技术、通信技术、密码技术、信息安全技术、应用数学、信息论等多个学科的边缘性综合科学。由于国家对涉密信息系统安全有严格的测评要求，而集团公司具有内网的单位在短时间内不可能全部通过安全保密测评，集团公司已建成的骨干网络目前处于物理断开状态，阻碍了网络协同环境的建立和信息的有效共享。应加强对接入互联网的计算机和移动存储介质的管理（吴琪，2010）。

目前网络信息安全存在的各种威胁包括恶意攻击、安全缺陷、软件漏洞、操作系统的安全漏洞、数据库的安全漏洞和网络软件与网络服务的漏洞。

解决航天计算机网络中的安全问题，关键在于建立和完善计算机网络信息安全防护体系，总体对策是在技术层面建立完整的网络安全解决方案，在管理层面制定和落实一套严格的网络安全管理制度。

4.5.1 从技术层面进行控制

一是采用安全性较高的系统和使用数据加密技术。美国国防部技术标准把操作系统安全等级划分为 D1、C1、C2、B1、B2、B3、A 级，安全等级由低到高。目前主要的操作系统等级为 C2 级，在使用 C2 级系统时，应尽量使用 C2 级安全措施及功能对操作系统进行安全配置。对涉密信息在网络中的存储和传输可以使用传统的信息加密技术和新兴的信息隐藏技术来提供安全保证。在转发、保存涉密信息的过程中，不但要用加密技术隐藏信息内容，还要用信息隐藏技术来隐藏信息的发送者、接收者甚至信息本身。通过隐藏术、数字水印、数据隐藏和数据嵌入、指纹等技术手段可以将秘密资料先隐藏在普通的文件中，然后通过网络来传递，提高信息保密的可靠性（关晓蔷等，2006）。

二是安装防病毒软件和防火墙。在主机上安装防病毒软件能对病毒进行定时或实时的扫描及漏洞检测，变被动清毒为主动截杀，既能查杀未知病毒，又可对文件、邮件、内存、网页进行实时监控，发现异常情况及时处理。

三是使用安全路由器和虚拟专用网技术。安全路由器采用了密码算法和加密/解密专用芯片，通过在路由器主板上增加安全加密模件来实现路由器信息和 IP 包的加密、身份鉴别和数据完整性验证、分布式密钥管理等功能（吴琪，2010）。使用安全路由器可以实现航天系统各单位内部网络与外部网络的互联、隔离、流量控制、网络和信息安全维护，也可以阻塞广播信息和不知名地址的传输，达到保护内部信息与网络建设安全的目的。建设航天虚拟专用网是在航天广域网中将若干个区域网络实体利用隧道技术连接成虚拟的独立网络，网络中的数据利用加解密算法进行加密封装后，通过虚拟的公网隧道在各网络实体间传输，从而防止未授权用户窃取、篡改信息。

四是安装入侵检测系统和网络诱骗系统。入侵检测能力是衡量防御体系是否完整有效的重要因素。入侵检测的软件和硬件共同组成了入侵检测系统。强大、完整的入侵检测系统可以弥补航天网络防火墙相对静态防御的不足，对内部、外部攻击和误操作进行实时防护。

4.5.2 从管理层面进行控制

一是强化思想教育、加强制度落实是网络安全管理工作的基础。搞好航天网络安全管理工作，首要的是做好人的工作。航天企业员工应认真学习有关法规文件和安全教材，增强网络安全保密意识，增长网络安全保密知识，改善网络安全保密环境。单位通过举办信息安全技术培训、组织专家到基层部门宣讲网络信息安全保密知识、举办网上信息知识竞赛等系列活动，使广大航天企业员工牢固树立信息安全领域没有和平期的观念。

二是制定严格的信息安全管理制度。设立专门的信息安全管理机构负责确定安全措施，包括方针、政策、策略的制定，并协调、监督、检查安全措施的实施；负责分配具体管理系统的工作，包括信息安全管理员、信息保密员和系统管理员等。

三是确立安全管理的原则。确立多人负责原则，即在从事各项安全相关的活动时必须有两人以上在场；实行任期有限原则，即任何人不得长期担任与安全相关的职务，应定期地循环任职以及遵守职责分离原则，如计算机的编程与操作、秘密资料的传送和接收、操作与存储介质保密、系统管理与安全管理等工作职责应当由不同人员负责。

总之，安全将是网络永恒的话题。风险是无法完全消除的，零风险就意味着网络的零效用，关键的问题是如何达到均衡，只要我们能充分运用好技术、管理和法律的武器，全方位地采取防范措施，就可以降低风险，使网络发挥更大效用。

4.6　加快制定航天信息规范和技术标准

4.6.1　信息技术标准化的产生

企业信息化标准规范根据企业信息化建设过程中的一般规律、基础要求、共性化需要而设计和制订。它是企业信息化建设、信息技术应用的重要基础，是保障企业信息化建设成功的重要准则。标准是对重复性事物和概念所作的统一规定。它以科学技术和实践经验的综合成果为基础，按照法定程序，经过参与方协商一致，由某个公认机构批准、发布，作为相关各方共同遵守的准则和依据（信息产业部，2003-06-04）。标准的产生有它的背景，在 IT 产业纵向发展阶段，企业所需要的产品都可以由一家公司提供，互相之间不会发生关系，就不需要标准。在之后产生了变化，产业向横向发展，一家公司的产品不再由一个供应商垄断，各个设备之间互相之间需要交流，没有标准就不能互操作，标准就是在这样的背景下产生的。

那么，标准化就是指在经济、技术、科学及管理等社会实践中，通过制定、实施标准，达到统一，以获得最佳秩序和社会效益的一个过程（杨天行，2009-01-16）。

关于我国标准的层次，从 1989 年 4 月 1 日起施行的《中华人民共和国标准化法》第二章第六条中规定了两大类四个级别的标准。两大类是：由政府部门负责制定的标准，包括国家标准、行业标准和地方标准，以及企业自身复杂制定的标准，即企业标准。国家标准、行业标准、地方标准和企业标准构成四个标准级别（杨天行，2009-01-16）：

1）国家标准：标准化法规定。对需要在全国范围内统一的技术要求，应当制定国家标准。国家标准由国务院标准化行政主管部门制定。

2）行业标准：标准化法规定。对没有国家标准而又需要在全国某个行业范围内统一的技术要求，可以制定行业标准。行业标准由国务院有关行政主管部门制定。

3）地方标准：标准化法规定。没有国家标准和行业标准，但需要在省（自治区、直辖市）范围内统一工业产品安全、卫生要求，可以制定地方标准，由省（自治区、直辖市）标准化行政主管部门制定。

4）企业标准：标准化法规定。企业生产的产品没有国家标准和行业标准，应当制定企业标准，作为组织生产的依据。已有国家标准或者行业标准的，国家鼓励企业制定严于国家标准或者行业标准的企业标准，在企业内部适用。

其中，国家标准是最主要的，行业标准大部分是和制造业相关的一些标准。企业标准是始终存在的。

4.6.2　信息技术标准化的重要意义

信息技术（IT）已融入社会、生活的每个角落，信息技术标准化已成为标准化范畴中不可分割的一个重要组成部分。是开展信息化的重要基础，它贯穿于信息化过程中研究、设计、开发、应用、实施、维护和成果产业化的全过程，能有效地提高信息资源的开发和利用，可大幅缩短信息产品的研制周期、保证产品质量，提高产品的安全性和通用性等，可取得更大的社会、经济效益（信息产业部，2003-06-04）。标准可以促进产业链的形成和产业的发展，在信息技术领域，这个特点特别重要。标准也是提高产业竞争力的一个手段。信息化建设中，要解决各种网络之间的互联互通，要解决网络与计算机之间的互联互通，要解决各行各业之间信息的互联互通，要实现跨部门的信息系统协同，都需要以信息技术标准化为基石（杨天行，2009-01-16）。对于各信息化建设负责人而言，重视基于标准的信息系统规划、实施及管理，是实现安全有效、可持续发展的信息化建设的重要保障。在军工行业中，航天信息技术标准数量最多。20 世纪 80 年代，为了配合航天行业的信息化建设工作，配合"842 工程"标准化的需要，1984 年 708 所编制了《航天综合信息系统"842 工程"体系表》用于指导"842 工程"的标准制修订工作，并取得了较好的成果。1992 年组织编制了《航天工程计算机应用标准体系表》，主要包括：①通用标准；②计算机及软件工程标准；③计算机辅助设计与制造标准（CAD、CAM、CAT、CAPP）；④科学计算标准；⑤系统管理标准；⑥系统仿真标准；⑦图像处理标准（程华彦等，2009）。

扩展阅读：信息技术标准化为使信息化获得最佳社会秩序，对信息化过程中实际的或潜在的问题制定共同的和重复使用的规则的活动。即对信息的收集、储存、加工、传递、利用、管理等信息活动及信息技术制定、发布及实施各种信息技术标准，达到各种所需要的统一局面，以获得最佳经济和社会效益（也可定义为：在信息技术研发应用、信息产品设计制造和信息系统建设等而开展的信息技术标准的制定、发布和贯彻实施的一系列活动）。

4.6.3　标准化和规范化体系内容与分类

信息化标准化和规范化体系主要分为以下几类：

1）技术体系。标准化技术、支撑技术、标准体系。

2）工作体系。标准化组织体系构成的工作体系。

3）管理体系。由政府、管理机构、中介机构、企业构成。

4）组织体系。在一把手领导下，统一管理企业的标准化工作。

5）工作规范。标准化职责、工作程序、工作要求。

6）资源投入。企业开展标准化所需的设备、材料、资金、人力、信息。

信息化标准化和规范化按内容划分主要分为以下几类：

1）按标准规范划分：产品技术标准规范、建设采购标准规范、工程实施标准规范、咨询服务标准规范、认定评价标准规范等。

2）按级别/程度划分：指令性标准、指导性标准、技术或工作规范等。

3）按对象划分：面向政府的标准规范、面向供应商的标准规范、面向用户的标准规范等。

企业信息化技术体系标准如图 4-3 所示。

图 4-3　技术体系标准

4.6.4　设计原则

（1）统一性原则

在设计企业的信息化标准规范体系、制定企业信息化具体标准规范时，要注重与企业现有经营管理制度、其他技术标准规范、信息化规章制度等的统一。

（2）系统性原则

企业的信息化标准规范的设计，需要自顶向下、分步健全，尽可能考虑到各个方面、层面，在统一框架下逐步建成完整的标准规范体系。

（3）适用性原则

企业的信息化标准规范体系的设计、建设及采用，应当实用、可操作，既注意它的先进性，更要注意适时、适度。

（4）成熟性原则

企业的信息化标准规范设计和体系建设，应遵守国家指令性标准，尽量采用现有国际、国家、行业成熟、较广泛使用的技术标准和规范；自行设计的标准规范应具有应用基础。

（5）集成性原则

在设计企业信息化标准规范体系、制定企业信息化具体标准规范时，必须注意与国际、国家、本行业、本地区、需进行信息交互的相关单位的标准规范的集成。

4.6.5 企业信息化标准体系框架的建立

企业信息化标准体系框架的建立采用总体规划、分步实施的原则，将自顶向下与自底向上相结合，有计划、有步骤地建立企业信息化标准规范体系。建立标准规范体系可以如建立规章制度一样，同时从面向资源和工作内容、面向信息化过程两个角度建立，形成矩阵式体系结构。标准规范体系框架可根据企业实际，参照前述分类方法中的一种或几种建立。

基础标准建立的要点：基础标准主要建立在对企业现状分析的基础上，它需要通过缜密、细致的调查、研究，在专家指导下用科学的方法和手段建立。

企业信息分类及编码标准、企业信息模型建立规范等，在基础标准中较为重要。技术标准的建立应着重遵循成熟性、适用性原则。技术标准遵循成熟性、适用性原则，能够使企业的信息化建设具有信息互换性、系统开放性、可扩展性、可维护性，同时可使得建设、运行、维护的成本得以充分降低，与外界集成、互联更容易。

工作标准的建立重在遵循统一性原则，应与企业经营管理制度、其他技术标准规范、信息化规章制度的建立、健全等相结合。

管理规范中最为重要的是企业信息化文档及其管理规范，它是面向资源的标准和规范，但与信息化全过程息息相关。

扩展阅读：计算机辅助企业标准化可从管理、研制、使用等方面提高标准化工作的效率及规范化、科学化。利用计算机科学技术，辅助标准制定、发布和实施等一系列的活动。采用计算机信息技术对企业标准化工作中进行全面的搜集、处理、存储与分析等。辅助企业决策者做出标准化工作发展方向、科研任务等重大任务提供支持。采用计算机技术手段对标准化工作人员的工作、知识等方面的支持；如标准编制管理工具、术语数据库、自动翻译工具、自动标索引工具等。效用：可使标准化管理决策、制修订、应用实施等工作更为有效，发展潜力巨大。选用原则：取决于使用者的实际需求，不宜片面强调工具的专用性或通用性。

标准化工作与产品密切相关，标准化辅助工程设计的支持就是解决与产品设计生产中的有关标准问题。意义：产品研制需要标准，标准能促进产品研制。二者相辅相成，协同发展。具体体现：标准化辅助工程设计、制造、标准化技术监督等，如采标情况统计、标准符合评定、相关标准管理、产品标准要求归纳分析管理等。

4.6.6 信息技术标准化发展与面临的挑战

目前的信息化标准大多是以技术为牵引的，缺乏工程需求。标准研究也是从技术中来、到技术中去，标准与型号研制、数字化应用流程相脱节，工程性较差，大量的信息化标准没有得到实际应用。因此当务之急是"到实践中去"，要专门研究专项信息化技术的工程实际需求，一项一项研究，切忌"大而全"的项目，搞清楚哪些需要文件，哪些需要指南，哪些需要标准，需要什么样的文件、指南和标准（张小达，2009）。

到目前为止，航天信息化标准的发布形式主要还是纸质文档，型号研制人员有的甚至根本不知道有相应的标准，根本无法满足型号设计人员的需要。随着信息化技术的应用，标准也应将相关的信息化标准、数字化设计与制造标准、数字化型号管理标准等都挂到信息化设计与制造平台上，方便设计人员、型号管理人员及时查找，将标准内化到研制流程、软件框架、操作步骤和管理模式中去（张小达，2009）。

4.7　完善航天信息化推进和管理体制

随着我国社会主义市场经济体制的初步建立和不断完善，国家通过宏观调控引导我国航天活动的发展方向，统筹规划空间技术、空间应用和空间科学的发展，推动航天领域中重大技术的研究开发和系统集成，促进航天科技在经济、科技、文化和国防建设等方面的应用，深化航天科技工业的改革，实现航天事业的持续发展。

4.7.1　航天信息化管理制度建设

在航天信息化发展过程中，国家应加强法制建设和政策管理，建立航天法规体系，制定航天产业技术政策，保证航天活动有序、规范发展。国家应鼓励科研机构、工业企业、商业企业和高等院校在国家航天政策引导下，发挥各自优势，积极参与航天信息化进程。支持航天科技创新，构建有我国特色的航天信息化创新体系，提高自主创新能力，积极推进我国航天信息化技术实现产业化。

由于航天工程系统是高度综合性的管理工程技术，必须应用系统工程的方法来研究大型复杂系统的信息化，按一定目的进行设计、开发、管理与控制，以期达到总体效果最优的理论与方法。系统工程为组织管理复杂系统的信息化规划、研究、设计、制造、试验和使用提供科学方法，是一种对所有系统都具有普遍意义的科学方法。企业信息化制度一般应制定以下原则（张亚俊，陈丰照，2011）：

1）量身定做的原则。企业要根据自己的实际情况和实际存在管理问题制定相应的信息制度，不能生搬硬套。很多企业的 CIO 非常喜欢从别的企业拷贝一些制度，稍加修改就在本企业使用，但由于和企业的实际情况不吻合，结果造成制度不能得到很好的执行。

2）全面科学的原则。对于企业信息管理制度一定全面、科学。因为，企业信息管理中存在很多问题，问题之间有一定关联性，如果仅仅是片面问题解决，是不能全面解决企业的问题。制定制度要科学，要符合客观实际，要切实可行。当企业的情况发生变化时，要及时修改制度，制度要在不断执行过程中得以完善。

3）责任目标明确原则。在制度要有明确的目标和责任，这样才能有的放矢，体现整个制度的完整性和合理性。

4）奖惩分明原则。制度要有奖惩措施；否则，制度只是一纸空文，起不到真正的作用。

4.7.2　航天信息化技术过程与总体设计

我国航天系统科学与工程研究院的成立，目的是通过建立系统科学思想的研究基地、系统工程理论的推广基地、科技创新成果的转化基地和系统科学人才的培养基地，进一步学习研究钱学森系统科学的思想精髓，完善并发扬光大具有航天特色的系统工程管理的理论方法，为我国航天事业的持续发展提供强有力的方法论支撑。由于航天信息化工程本身就是一个庞大、复杂的系统，采用了多种信息技术，所以应采用系统工程方法和思路来解决航天信息过程中出现的各种复杂问题，在整合集团公司现有的资源的基础上，根据工作需求，合并相关职能部门，最大限度实现人才与资源共享，以提高管理工作效率，摸清业务需求和业务流程，结合实际，尽可能提出集团公司的未来信息化研究方向，为研究院未来的研究课题进行定位。

在航天信息化过程中应按以下原则进行设计：

1）多方案比较、整体优化、科学集成；

2）分阶段实施，逐步改进；

3）全面利用软件工程、需求工程，可靠性、安全性设计；

4）技术关键要先行，要充分验证，以求尽早暴露问题；

5）各种技术接口要尽可能标准化、简单化；

6）要充分利用目前先进的设计方法和最近的开发技术。

4.8　航天信息化评价指标体系的建立

4.8.1　航天信息化评价的目的

企业信息化评价的目的是考察评价信息技术应用给企业经营和管理带来的影响，发现实施信息化过程中存在的问题，总结企业信息化实施过程中的经验和教训。

4.8.2　航天信息化评价的内容

航天信息化评价的内容主要包括：

1）信息技术应用的广度和深度。了解企业管理的功能在多大范围上得到信息技术的支持，支持到什么程度。

2）信息资源的开发和利用。对信息资源开发利用的评价可以总结信息系统的利用程度和企业的知识管理水平。

3）信息安全。考察信息保存、处理、传递、使用的安全性及相关措施。

4）信息化人才开发。信息化人才开发评价信息技术人员和企业的其他员工的数量及相关能力。对于信息技术人员的评价主要考察其计算机应用能力、软件设计开发能力以及理论和实践相结合的能力。对企业的其他员工的评价侧重于员工素质的提高和员工参与信息化的程度。

5）企业信息化组织和控制。考察企业的信息化规划、组织和控制机制，及信息化方面的政策、制度和标准的制定过程。

6）企业信息化经济效益。考察评价系统的直接经济效益、系统的间接经济效益。

4.8.3 航天信息化指标体系

2002 年 10 月 9 日，国家信息化测评中心正式推出了我国第一个面向效益的信息化指标体系——我国企业信息化指标体系，以全面评估我国境内各企业的信息化发展和应用水平。我国企业信息化指标体系由基本指标、效能指标和评议指标三部分组成（董晔，2002）。

扩展阅读：ERP 项目的评价内容与一般的企业管理信息系统相比，ERP 系统更强调对先进管理模式和方法系统化应用。ERP 应用绩效评价指标体系要重点评价系统应用后对管理方面的改进，既要定性地反映企业通过应用 ERP 在管理方面有哪些明显的改进、提高和创新，又要用相关经济指标定量地反映企业综合能力和管理过程状况的改进和提高。ERP 项目的评价的侧重点有：

1. 对企业资源的规划和控制能力的影响。企业是否运用 ERP 系统对整个供应链管理中的各相关环节和企业资源实行有效的规划和控制。

2. 基础数据的采集的准确性和时效性。运行 ERP 系统所需的各种基础数据是否具有准确性和时效性，其准确率是否达到 95% 以上。

3. 管理方法的应用。企业是否在管理思想、管理模式、管理方法、管理机制、业务流程、组织结构、规章制度、全员素质、企业竞争力、企业形象、科学决策等方面发生一些明显的改进、提高和创新。

4. 经济效益。企业在客户关系管理、市场预测分析、加强财务管理、合理组织生产、资源优化配置、压缩生产周期、降低物料库存、减少资金占用、降低产品成本、提高产品质量、扩大市场销售、改善客户服务和电子商务应用等方面相应的经济效益。

5. 企业综合经济指标和企业管理过程评测指标的改善。全员劳动生产率、成本费用利润率、流动资产周转率、市场预测准确率、合同履约率、计划准确率、存货周转率、交货准时率、期量标准、总账准确率、设备利用率、工作效率和客户满意率。

4.9 航天信息化战略管理相关知识

4.9.1 战略信息原则

（1）效率性原则

信息化是企业为响应市场环境快速发展变化，对效率需求大幅增加的产物，因此企业信息化建设与应用也必然对效率具有很高的要求。

设计合理的企业信息化管理制度时应当意识到管理本身也是具有成本的，所设计的制度应该简洁明了，易于理解，易于在企业中推行。

（2）精确性原则

企业信息化管理制度要力求准确，切忌含糊其辞，能够进行量化的管理指标要进行量化。

（3）完整性原则

在未来的企业中，很可能每位员工都是企业信息化的建设者或应用者，企业信息化管理制度的制定要覆盖到与信息化相关的各层面人员，最大限度地避免信息化建设与应用过程中的管理黑洞。

（4）可用性原则

企业往往分工比较明确，人才架构较为复杂，不同工作岗位的人员的信息技术技能参差不齐，在设计信息化管理制度时要注意繁简适宜，照顾到企业人员的各个层面。

（5）预见性原则

信息技术的发展日新月异，一方面也要在设计信息化管理制度时对新技术的发展与应用趋势具有一定的预见性，为新技术的引入铺平道路，另一方面企业要在新技术引入的过程中及时对一些不适宜的制度进行调整。

（6）集成性原则

在制定企业信息化管理制度时要注重与企业现有制度的有机结合。企业信息化管理制度是企业管理制度中比较新的一个门类，需要专门进行制定，但随着企业信息化步伐的加快，企业信息化管理制度将逐步融入整个企业的管理制度（中国企业信息管理师，2012-07-31）。

扩展阅读：企业信息化评价是对企业信息化管理制度的评估，可以前文所述的制度制定的原则为尺度进行衡量，从企业的文化、价值观念、管理基础、生产经营特点、外部环境等角度入手对制度进行评估。除进行上述的评估外，制度执行效果的好坏也是对制度进行评价的最直接的指标。

企业信息化管理制度的试行期是对制度进行调整的最好时期。在制度进入正式期后，应避免过于频繁的调整，可在相对较长的一段时期内对制度进行一次修订，亦可对原有制度增加补充制度。制度的评估与调整工作可以交由委员会性质的机构执行，以避免制度调整的主观性与随意性（中国企业信息管理师，2012-07-31）。

4.9.2 战略信息管理

战略信息管理是明确科学合理的信息化管理制度的标准，并以此为准绳来组织管理信息化管理制度文件的具体编制。主要包括：

1) 信息化管理制度的制定要将岗位与培训、提升相结合。
2) 信息化管理制度建设考虑因素。
3) 信息化管理的组织形式。
4) 信息化建设规划及实施。
5) 日常运营管理。
6) 预算与费用管理。
7) 资产管理。
8) 合同管理。（中国企业信息管理师，2012-07-31）

4.10 航天信息化组织机构设置

4.10.1 组织工作的一般过程

组织工作的一般过程主要包括如下内容：

1) 确定组织目标；
2) 对目标进行分解，拟定派生目标；
3) 明确为了实现目标所必需的各项业务活动；
4) 根据可利用的人力、物力以及利用其最佳途径来划分各类业务活动；
5) 授予执行有关各项业务工作或活动的各类人员以职权和职责；
6) 通过职权关系和信息系统，各层次、各部门形成一个有机的整体。

4.10.2 建立 CIO 为核心的信息化运营机制

首席信息官（chief information officer，CIO）是负责企业全面信息化管理的高级官员，CIO 作为高级管理人才进入决策层，主管和协调信息化规划的决策和实施过程，承担信息和知识资源的有效利用以及信息系统的总体建构工作。CIO 机制是以企业 CIO 为核心，以信息技术部门为支撑，以业务应用部门信息化实施运行为主体，专兼职相结合的信息化管理体系，该体系具体包括：

（1）CIO

CIO 处于企业战略决策层，参与企业整体战略的制定，具体负责企业信息化的规划、实施，全面协调各部门的信息化建设，其基本职责有：

1) 负责企业的信息化推进工作；

2）根据企业的经营战略，提出企业的信息化战略；

3）全面负责企业的信息化管理工作（中国企业信息管理师，2012-07-31）。

（2）信息化管理领导小组

由企业内高层领导、部门领导共同组成，负责整个企业的信息化战略规划，参与企业战略决策；信息化的重大技术方案、管理及业务流程改革方案讨论和决策；批准信息化实施方案、组织机构、管理制度、标准规范。

（3）信息技术支持中心

信息技术支持中心负责信息资源的收集、整理、统计，信息系统的建设管理和维护，为决策层提供相关数据信息，同时也进行人员培训及应急技术处理。

（4）业务部门信息化管理岗位

信息化初期，各业务部门一般有少量领导或业务人员作为信息化的直接参与人配合项目的建设和实施（中国企业信息管理师，2012-07-31）。

全面信息化实施以后，信息化管理应渗透到业务部门的各个岗位，另有专职或兼职人员负责系统的维护工作、系统运行协调工作等。

4.10.3　CIO 的职能

（1）参谋作用

CIO 的主要任务是为首席执行官（chief executive officer，CEO）做参谋，把信息论、控制论、现代管理等理念应用于企业管理的信息技术，将航天界和其他行业应用信息化取得的管理改造和创新的成效介绍给 CEO，影响 CEO 的战略部署，让他自觉地运用信息技术完成决策和管理（中国企业信息管理师，2012-07-31）。

（2）桥梁作用

CIO 的沟通作用是信息化管理的重要职能，他不是做一个具体的技术工作，去实施某一方面的信息化，而是要做战略整合的桥梁。

CIO 把信息技术应用与企业的管理需求有机的联系起来。把外界的新信息、新技术、新趋势介绍给 CEO 及其他领导成员，使信息技术与现代管理理念、企业管理的优势相结合，并在这个过程中避开企业的弱点。

（3）企业信息化的总领队

企业信息化涉及企业的各项职能。企业信息化要有一个队伍来统一地组织、实施。由于这支队伍的特殊性和复杂性，所做工作与企业信息化的直接相关性，必须由 CIO 来统领。

（4）信息化培训

CIO 应作为培训的总策划、总教官，规划培训方案，组织实施培训，对企业全员进行彻底全面的信息化理念的灌输、技术技能的提升等（中国企业信息管理师，2012-07-31）。

扩展阅读：企业信息化发展不同阶段组织机构的设置与调整，在企业信息化初期，只设置信息中心或计算中心，其部门主管处于中层。当企业信息化关系到企业长期发展，信息化作为战略决策的一部分纳入经营战略体系时，企业必须建立从上至下的信息化管理组织机构。IT 管理者从单纯的技术管理向信息化战略管理转变，担任该职的人员更多地来自业务部门，而不是 IT 部门。

参 考 文 献

程华彦，杜杠，杨洁 .2009. 航天数字化制造系统的标准化研究 . 航天标准化，（03）：6-12

董晔 .2002-10-25. 我国推出第一个面向效益的信息化指标体系 . 中国信息导报，第 10 版

关晓蔷，刘煜伟，崔莺 .2006. 军队计算机网络信息安全问题及对策 . 科技情报开发与经济，16（11）：91-93

雷万云 .2012. 信息化与信息管理实践之道 . 北京：清华大学出版社

吴琪 .2010. 浅析航天网络信息安全与保密 . 航天工业管理，（06）：16-19

信息产业部 .2003-06-04. 企业信息化技术规范（SJ/T 11293-2003）

杨天行 .2009- 01- 16. 信息技术标准化对信息化建设的作用 . http：//www. enet. com. cn/article/2009/0116/A20090116417470. shtml

张小达 .2009. 航天器与运载火箭验证技术标准化探讨 . 航天标准化，（03）：1-5

张亚俊，陈丰照 .2011. 浅析管理信息系统在企业中的应用及发展趋势 . 科技信息，（20）：231-232

中国企业信息管理师 .2012- 07- 31. 企业信息管理师培训 – 信息化管理 . http：//www. docin. com/p-452305042. html

AIIM. 2008- 10- 21. What Are the Components of an Information Governance Framework？. http：//www. informationzen. org/group/governancecompliance/forum/topics/2043787：Topic：306

Deng Xiang zheng, Liu Ji yuan, Zhuang Da fang. 2002. Internet based environmental monitoring information system and its application in Yili Prefecture. Journal of Geographical Sciences，12（02）：163-170

Li Bingguang, Riley M W. 2003. Successful Issues for Implementing Enterprise Resource Planning（ERP）. The Journal of China Universities of Posts and Telecommunications，10（3）：70-73

第5章　航天信息化工程项目管理与人才培养

本章学习路线图

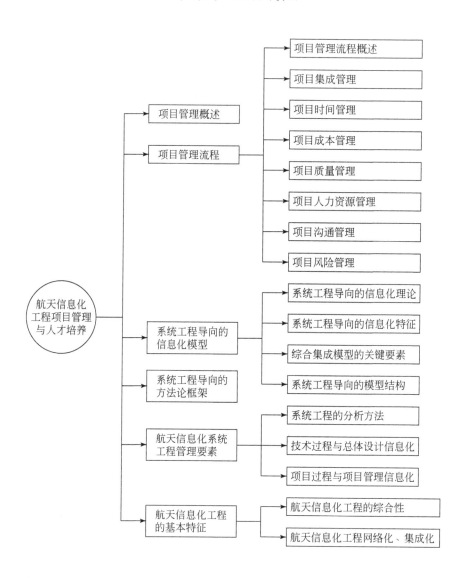

项目管理在现代管理中起着最重要的作用，也是运用最好的一个领域。信息技术行业本身所具有的特点使得信息技术行业的项目管理在"知识、技能、方法和工具"上远远领先于其他行业。项目管理是基于现代管理学的一种新兴的管理学科，它把企业管理中的财

务控制、风险控制、人才资源管理、质量管理、沟通管理、采购管理等有效地进行整合，以达到高效、高质、低成本完成企业内部各项工作或项目的目的。近年来，项目管理的工具被广泛运用到 IT 项目管理中，常用的有 Oracle 公司的 Primavera P6、Artemis 公司的 Artemis Viewer、Niku 公司的 Open WorkBench、Welcom 公司的 OpenPlan 等软件。项目管理软件价格的差异较大，从几万元到几百万元。适于中小型项目的软件价格一般仅为几万元，适于大型复杂项目的软件价格则为十几万到几百万元。项目运行中出现了这样或那样的问题，导致项目执行的困难或障碍，这包括来自人员的流动及不称职、产品质量低劣、成本的限制、各种资源的不足等原因，导致项目失败。项目管理是指随着项目规模的加大、市场竞争的激烈，为了解决项目运行过程中不断产生的矛盾，最终在规定的时间内完成项目目标，为保证项目实施过程中的质量、成本等进行的一系列管理。

本章主要介绍航天信息化工程项目管理与人才培养的过程与方法。

5.1　项目管理概述

项目是为了提供一个独特的产品而暂时承担的任务，项目的主要特征是唯一性和临时性。项目是人类社会特有的一种经济活动，是为创造特定的产品或服务的一次性活动，在我们的日常生活和工作中，每天都会接触到不同类型的项目，只要是我们为创造特定的产品或服务而开展的活动我们都称其为项目（王培雷，2010），例如神舟五号飞船的研制及飞行成功。美国项目管理协会（Project Management Institute，PMI）对项目的定义为：项目是为创造特定产品或服务的一项有时限的任务（其中，"时限"是指每一个项目都有明确的起点和终点；"特定"是指一个项目所形成的产品或服务在关键特性上不同于其他相似的产品和服务）。每个项目都要涉及不同的人、不同的起始和结束时间、不同的项目内容、最终导致形成不同的成本和产品。项目主要有以下几个特性。

（1）阶段性

项目的阶段性决定了项目的历时有限，具有明确的起点或终点，当实现了目标或被迫终止时项目即结束。有的项目时间甚至是决定性因素，如解决"千年虫"的项目（张高，2011）。

（2）不确定性

是指项目不可能完全在规定的时间内、按规定的预算由规定的人员完成。这是因为，项目计划和预算本质上是基于对未来的"估计"和"假设"进行的预测，在执行过程中与实际情况难免有差异；另外，在执行过程中还会遇到各种始料未及的"风险"和"意外"，使得项目不能按计划运行。因此，在项目管理中还要注意：制定切实的计划在实际工作中发现，制订计划有两种倾向：一种是不计划，一些项目经理认为，反正"计划跟不上变化，索性不要计划"。另一种是过度计划，必须将项目中非常微小的事情都考虑清楚才动手，但如此"详细的计划"其实是在试图精确地预测未来，也是不切实际的，在执行中会发现难以与实际一致，而不得不频繁地进行调整。这两种倾向都导致了制定的计划不切实（漆斌，2011）。

综上所述，项目就是要完成的一些"时间有限"，又"没有经验""没有把握"的事。项目管理没有公式化的操作流程，其重点是共性的管理框架和一般原则，以及一些具体的方法和工具。

扩展阅读：项目管理是 IT 科技发展的重要部分，无论是飞上太空的大型航天器系统，还是企业的各种行业应用，以及互联网上的各类网站都是由一个个 IT 项目组成的。项目管理的理论研究已经有数十年，也形成了各种理论、方法、标准和工具，包括项目管理知识体系（PMBOK）、个体软件过程（PSP）、团队软件过程（TSP）、极限编程和 Scrum 技术，还有专门的 PMP 项目管理师认证。这些方法和技术试图把项目管理标准化，使其更容易被预测和管理，来成功实现项目的目标（龙洪飞，2008）。

项目管理的基本过程就是对有关项目活动的技能、知识、工具和技术的运用，以达到项目需求。项目管理具有综合集成性，如果某一活动失败，这一部分通常会影响其他的部分，这些交互作用常常在项目目标之间取得平衡，一部分绩效的提高可能需要牺牲另一部分绩效为代价。成功的项目管理，需要主动地管理这些交互的活动，以提高整个项目的绩效；项目管理通过使用启动、计划、实施、控制、收尾等过程完成（袁家军，2006；戴斯勒，2004；吴添祖等，2004）。

IT 项目管理是项目管理在 IT 领域的应用，因为由于信息技术行业的特点，IT 项目管理除了具有项目管理普遍特性外，它的行业特性还使它具有以下特点：

1）任务的明确性。IT 项目分为产品项目和应用项目，但无论是产品项目还是应用项目都是有明确的开始和结束时间的，项目启动时，就明确了项目的目标和时限，项目开发计划（software developing plan，SDP）编制，明确了项目各阶段里程碑及人员和时间要求，开发计划作为项目开发进程的指南（刘冀生，2003）。

2）资源提供的必要性。制造行业生产线设备的先进性决定产品生产过程的质量和产品产量，软件开发不同于生产制造业，软件行业中决定软件产品质量的主体是人，人是决定这一切的决定性因素，同时人又是最不可控的因素，所以高素质、掌握相应技术的人是软件开发的重要资源（白思俊，2002）。

3）管理工具的先进性。计算机的普遍应用和从业人员技术水平和综合素质高是 IT 行业的特性之一，而 IT 开发又是以团队协作为主要方式，所以管理工具的应用是必然的。IT 的更新同时加速了管理工具的更新，因此 IT 项目管理工具的先进性对于项目的成功与否起着不可替代的作用。

4）信息沟通的及时性。现代通信技术和计算机网络的应用在 IT 项目开发中充当着重要的角色，项目周报、日报以及项目各种信息的正确传递，由于行业特色，项目参与人可以实时进行 E-mail 收发，保证了信息沟通的及时和准确性。

5）测试的完善和严谨性。要保证软件产品的质量，测试是必不可少的过程。而测试的完整和全面性决定了产品的质量、成本和进度，只有通过测试及时发现和修改问题，才能最终保证开发出合格的软件产品。

6）度量的准确性。IT 项目度量指标主要包括人月数的度量、BUG 的度量、成本的度量。合理的开发人月数估算不仅是项目开发计划制定的依据，同时也是对项目合同的评审依据。BUG 数更多地提供过程改进及人员评价的依据。成本的度量可测定团队的开发能力及财务角度评价项目的质量及可行度。

7）项目管理的贯穿性。大型项目开发，模块间的接口及系统的整合及测试都需要有一个公共的文件存储平台。这一平台的建立可最大限度降低由于开发人员的流动及网络安全性受侵而带来的损失。文件存储平台的建立，保证了项目开发的安全性，更重要的是保证了项目的顺利进行。

扩展阅读：假设把项目管理与一个乐队演出进行比较，可以发现，一个项目经理和一个乐队指挥的角色非常相似，作为乐队指挥，他的目标就是要成功地完成演出，最大程度的满足听众对演出的目标要求。怎样来演奏好这场音乐会？需要所有参加乐队演出的演奏人员齐心协力，同时还要有一个统一的指挥，统一的要求。乐队的总谱就相当于项目管理的一个计划，乐队指挥要按照项目计划进行，项目工作才得以开展。演奏过程的先后次序，工作的轻重缓急，乐曲的强弱，包括不同声部的进入，都需要有一个完整、周密的计划。

项目管理协会（Project Management Institute，PMI）（www. pmi. org）：目前世界上最大的由研究人员、学者、咨询顾问和项目经理组建的全球性专业机构。

项目管理专业人员（Project Management Professional）：始于 20 世纪 80 年代初，由 PMI 组织认证。有 10 万会员，其中 5 万通过 PMP 认证（弗雷姆，2000）。

5.2　项目管理流程

5.2.1　项目管理流程概述

项目管理流程如图 5-1 所示。

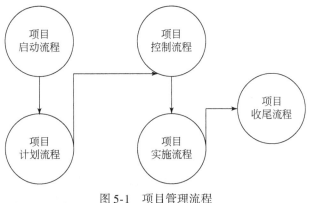

图 5-1　项目管理流程

（1）启动流程

启动流程主要内容是识别项目的需求、确定项目的目标、定义项目干系人的期望值、描述基本的项目范围、选择基本的项目组成员、明确项目经理和项目的目标，确认需要交付的产品或服务由管理层、项目发起人和用户签署。

（2）计划流程

计划流程是在质量，时间和资源中取得平衡，从而进一步明确范围、活动清单和次序、进度表、预算、风险分析、管理计划（成本、时间、范围、风险管理计划等），得到相应的项目干系人批准的项目计划。计划流程如图 5-2 所示。

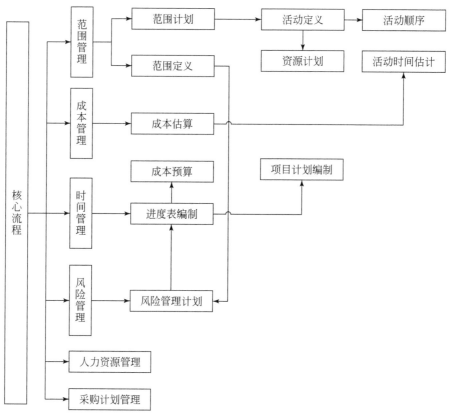

图 5-2　计划流程

（3）实施流程

实施流程保证执行计划所需的资源、领导团队和团队成员开会、监控项目进展，衡量绩效及与项目干系人沟通、识别并解决问题和化解冲突。实施流程如图 5-3 所示。

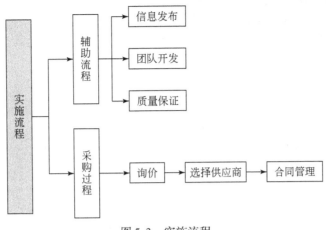

图 5-3　实施流程

（4）控制流程

控制流程是识别计划的偏离，采取矫正措施以使实际进展与计划保持一致，接受和评估来自项目干系人的项目变更请求。必要时重新调整项目活动，必要时调整资源水平，得到授权者批准后，变更项目范围调整项目目标并获得项目干系人的许可。控制流程如图 5-4 所示。

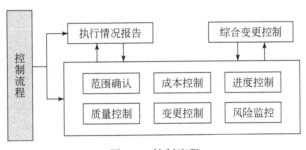

图 5-4　控制流程

（5）收尾流程

收尾流程是承认功绩和成果，得到最终项目组的认可，合同终结，项目经验教训的最终定稿和包含项目组成员在内的项目干系人一起评估项目过程/成果，撰写项目总结报告，关闭项目办公室，解散项目组。

5.2.2　项目集成管理

项目集成管理是保证项目中不同的因素能适当协调。这一领域包括（邓凯文，程培培，2008；郭宝柱，2008）：

1）制定项目计划：集成、协调全部的项目计划内容，形成一致的、联系紧密的文件。

2）执行项目计划：通过执行其中的活动来执行项目计划。

3）集成的变更控制：在整个项目中协调变更。要保证项目成功地完成所要求的全部工作，而且只完成所要求的工作。这一知识领域包括：

①项目启动：对项目或项目的阶段授权。

②范围计划：制定一个书面的范围陈述，作为未来项目决策的基础。

③范围定义：把项目应提交的成果进一步分解成为更小、更易管理的组成部分。

④范围确认：正式地认可项目满足了范围要求。

范围变更控制：控制项目范围的变更。

5.2.3　项目时间管理

活动定义就是确定为完成在工作分解结构（WBS）中规定的交付件或半成品而必须进行的具体活动，并将其文档化。活动排序是确定各活动之间的依赖关系，并形成文档，为进一步编制切实可行的进度计划提供输入。活动持续时间估算。进度表开发：制定时间表：分析活动顺序、活动时间的估计和资源需求，建立项目时间表。进度控制是对造成进度变化的因素施加影响，以保证这种变化朝着有利的方向发展，确定进度已发生变化，当变化实际发生和正在发生时，对这种变化实施管理（张术鹏，2008）。

5.2.4　项目成本管理

成本估计必须包括项目中所需的所有资源。包括但不限于人力成本、物料成本、供应成本和其他特殊项目，如通胀预算或项目备用金等。成本预算包括将项目整体概算分解到各个独立的工作项，以便建立一个项目成本基线，方便今后进行项目绩效评估（白思俊，2002）。

成本基线是一个基于时间的预算方案，将用于项目成本绩效的评估和监控，通常按项目阶段进行累计成本分析，并以 S 曲线表示。成本控制是监控成本绩效，发现其与计划的偏差，保证在基线内的所有合理的变化被准确记录，防止发生偏离基线的不正确、不合理或未经授权的偏差，向项目干系人通报经授权的变更。

5.2.5　项目质量管理

质量计划就是澄清与项目相关的质量标准，并确定达到标准的方法。质量保证是定期对整个项目运行情况进行评估，以便使相关人员确信项目质量满足相关标准，应贯穿在整个项目过程中（袁家军，2006）。质量控制是监控特定的项目结果，以确定是否符合相应的质量标准并明确消除不符合要求行为的方法。

5.2.6　项目人力资源管理

项目人力资源管理尽可能有效地使用项目中涉及的人力资源。这包括：

1）组织的计划。识别、记录、指派项目的角色、责任和报告关系。

2）人员获得。使项目所需的人力资源得到任命并在项目中开始工作。

3）团队建设。开发个人和团队的技能，提高项目的绩效。

在项目实施过程中，项目组成员可能表现出挫折，对项目经理缺乏信任或信心，缺乏协作，开展不健康的竞争，会议没有结果，等等。所以有效实施团队开发和建设、减少项目冲突的主要方法是，严格按照项目计划执行。认可权力和影响、激励和培训。

5.2.7 项目沟通管理

保证适当、及时地产生、收集、发布、储存和最终处理项目信息。其中包括：

1）沟通计划。决定项目相关者的信息和沟通的需求，包括谁需要什么信息，什么时间需要，以及得到信息的方式。

2）信息发布。及时地把所需的信息提供给相关者使用。

3）绩效报告。收集、分发绩效信息，包括状态报告、进度衡量和预测。

4）管理上的结束。产生、收集、分发信息，使项目或项目阶段正式地结束。

5.2.8 项目风险管理

风险管理计划制定风险管理流程，保证风险管理的等级、类型和可视性与风险的大小和项目对组织的重要性相当。风险识别是确定可能对项目造成影响的风险，并把每一风险的特性记录下来。

定性风险分析对已识别的风险评估其影响和可能性，确定对具体风险提出应对措施的重要程度。它可能引发进一步的量化风险分析，也可能直接去做风险应对计划。量化风险分析是指通过对风险及风险的相互作用的评估来评价项目可能结果的范围。

风险应对计划是对于影响项目目标的风险制定过程和方法，增加机会，减少威胁。

风险监控是监视已知的风险，识别新的风险，执行风险降低计划，在整个项目生命周期中评价其有效性。

5.3 系统工程导向的信息化模型

我国企业信息化发展已有近 30 多年了，这段历程既是企业信息化理念与实践不断发展的过程，也是体制市场等环境不断变化的过程。当企业还在 IT 需求不断变化的泥沼中挣扎，在为信息化理念而困惑时，新的变化、新的竞争、新的需求又给企业信息化带来前所未有的新挑战，给企业信息化理念的求索道路带来了新的变数。从分析我国企业的信息化历程中的各种问题以及为应对这些问题而提出的各种理念可以看出，造成 IT 人屡战屡败、屡败屡战，却始终不能跳出 IT 需求不断变化的怪圈的原因在于，过去各种企业信息化指导思想中都有一个结构性缺陷，就是片面线性非系统的思维模式，系统观的缺失导致企业在进行信息化决策时总是只见树木，不见森林，不能综合分析、系统思考影响企业信息化成败的各种因素。系统工程导向的企业信息化理念是指以系统论思想为基础综合考虑局部与整体，系统内与系统外，眼前与长远以及各种体系之间的关系，系统把握影响信息化决策的各种要素之间的相互作用，使信息系统与企业内外各方要素形成有机协同，从而把企业信息化的风险降到最低，确保信息化投资效益最大化（互联网实验室，2004）。

5.3.1 系统工程导向的信息化理论

航天企业是一个复杂系统，在其内部系统空间中各事业单位部门业务流程的信息系统之间必须建立起有机的综合集成，而且系统应用在从业务层直到决策层的各层面之间也必须以综合集成为基础才能实现从数据到知识的逐步升值，对辅助决策提供有力支撑。此外，企业作为一个系统，其内部的问题是不可能全部都在系统内部解决，企业系统在更大的外部环境系统中只是一个子系统，必须通过系统内外的协同才能使自己朝着预期的方向发展。而信息系统无疑在这种内外协调中处于主角，这样通过企业内部空间信息系统和与外部大环境中其他信息系统的综合集成，使得企业的整个信息系统网络构成为一个有机的综合集成系统，从而达到使企业成为具有生命力，能够不断进化的有机体的目的。

在系统观缺失的信息化理念指导下进行的信息化建设带来的一个很大的弊端就是，要么忽视规划，导致投资无序，系统之间缺乏协调，最终形成一个个信息孤岛，造成信息化投资的巨大贬值，要么是做了规划但却把规划作为一个一次性项目来看待，从而造成系统在升级过程中前后系统的不匹配、不协调，导致更大的浪费（互联网实验室，2004）。

过去企业信息化建设的一个误区就是把信息系统作为最重要的关注点，认为人是依附于系统的操作者、使用者，就好像过去把工人看成是生产线的奴隶一样，这种以系统为本的思想往往成为导致企业重建设轻应用的主要原因，造成系统应用水平低下。此外，企业的非信息系统如组织、流程等在进行信息化建设的过程中必须和信息系统实现有机协同，但让信息系统去适应旧有的组织流程，去匹配现有的人员能力，已经被证明是造成 IT 黑洞的罪魁祸首之一。一味把某些信息系统软件应用吹捧为行业的最佳实践，强调企业必须彻底地改变自己，去适应软件，必然会扼杀企业的独特个性，丧失竞争优势。综合集成就是要通过应用系统工程的理论与方法，使信息系统与企业的组织流程战略需求等进行有机协调，并把充分发挥企业中人的能动性作为信息化建设的重要手段，从而尽可能提高企业信息系统应用水平，赢得最大竞争优势（互联网实验室，2004）。

5.3.2 系统工程导向的信息化特征

在系统论中，系统被定义为由若干要素以一定结构形式联结，构成的具有某种功能的有机整体，它具有以下几个基本特征：

1）整体性。系统是由相互依赖的若干部分组成，各部分之间存在着有机的联系，构成一个综合的整体，以实现一定的功能。系统不是各部分的简单组合而是要通过系统各要素的有机整合实现单独个体所没有的新质，真正实现1+1>2功能。

2）关联性。系统中相互关联的部分形成新的集合，"集合"中各部分的特性和行为相互制约和相互作用，从而确定了系统整体的性质和形态。

3）目的性和功能性。大多数系统的活动或行为具有一定目的和功能，但并不是所有系统都如此，企业经营管理系统是典型的具有目的性和功能性的系统，它要按最佳经济效益来优化配置各种资源。

4）适应性。一个系统和其所处的外界环境之间通常都有物质能量和信息的交换，外界环境的变化会引起系统特性的改变，相应地引起系统内各部分相互关系和功能的变化。系统必须具有对环境的适应能力，如通过反馈系统、自适应系统和自学习系统等。

5）动态性。物质和运动是密不可分的，各种物质的特性、形态、结构、功能及其规律性都是通过运动表现出来的，系统的动态性使其具有生命周期，而开放系统与外界环境的物质能量和信息的交换使得系统内部结构也在不断变化，因此系统的发展是一个有方向性的动态过程。

6）稳定性。由于系统的结构功能和层次的动态演变有某种方向性，因而使系统具有有序性的特点。一般系统论的一个重要看法就是有序能使系统趋于稳定，有目的才能使系统走向期望的稳定系统结构（郭宝柱，2008）。

系统工程导向的企业信息化理念就是根植于对企业和企业信息化关系的这种最基本最朴素的认识，摒弃过去那种用片面、单向、机械的思维方式去理解企业及企业信息化过程，而以大系统观来指导企业信息化建设，在根本上破解一直以来困扰企业信息化建设的难题。

扩展阅读： 当用系统的观点去分析企业时，就可以把企业视作一种复杂系统，它通过有效配置资源实现其经济效益最大化的目的，它的良好运转有赖于企业内部各个部分的有机配合和互相协调，单一要素的作用不能决定企业的整体绩效。同时，企业的外界环境也是一个大系统，企业作为这个大系统中的一个子系统与环境中其他系统之间是密切相关，不断地进行相互作用。在这过程中企业需要不断适应环境，不断进化，才能生存和持续发展。企业信息化过程中，由于信息技术、信息系统对企业系统内部各部分以及企业外部环境系统其他部分的高度渗透性，使之成为影响企业经营的关键要素之一，决策时就不可能忽视企业内外各种因素对其的作用和影响以及信息技术本身对其他要素的反作用。

5.3.3 综合集成模型的关键要素

从前面的分析可以看出，系统工程导向的企业信息化理念的核心就是以系统论为理论基础，以系统思想来指导企业信息化建设中对各相关要素之间关系的分析。通过对各要素本身实现质量的提升以及通过实现各要素的有机协同来实现更高整合价值，从而达到利用信息化手段为企业赢得更多竞争优势的目的。因此在阐述协同导向的企业信息化理念之前，需要分析一下模型中所涉及的各要素及其特征。为了在系统工程导向的企业信息化模型中把各要素及其关系清晰准确地表达出来，可以把复杂的企业内外部要素抽象为三个主要部分，分别是企业的外部环境要素、企业信息化要素以及企业内部其他要素。模型的关键要素如图 5-5 所示（互联网实验室，2004）。

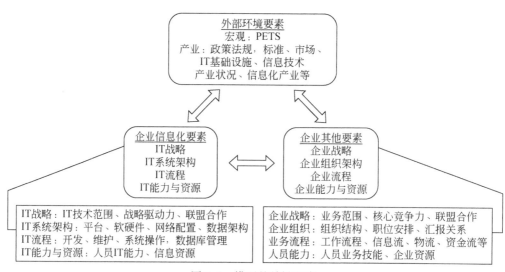

图 5-5　模型的关键要素

（1）外部环境要素

外部环境要素包括宏观和中观两个层面，宏观因素指一般环境因素，如政治经济技术和社会因素。在协同导向理念模型中，技术要素包含与企业运营相关的各种专业技术以及信息技术，因为信息技术作为高渗透性技术对各行各业都有很大的影响，既包括企业所在行业的政策法规标准、市场结构等因素，还包括影响企业信息化决策的信息化产业因素。如今的信息化产业生态的状况已经直接影响到企业信息化过程的各个方面和各个阶段。

（2）企业信息化要素

企业信息化要素指企业的管理和工作环境因素。这种要素组织方法正反映了信息技术对企业各部分、各层面的强大渗透，反映了信息化对企业运作的重要性和关键性。从图 5-5可以看出，企业信息化要素中同样包含 IT 战略、IT 系统架构、IT 流程、IT 能力与资源。

（3）企业其他要素

企业其他要素包括企业战略、企业组织架构、企业流程以及企业能力与资源部分，其中企业战略因素包括企业的业务范围、核心竞争力以及联盟与合作等。企业组织部分包括组织结构职位安排及汇报关系，业务流程部分包括工作流程和信息流。

5.3.4　系统工程导向的模型结构

系统工程导向的模型结构直观、清晰地反映了企业信息化过程各要素的错综复杂关系，该模型如图 5-6 所示（互联网实验室，2004），从而有助于企业在协同导向的信息化理念的指导下有机、有序地理清各要素之间的关系，帮助企业有效地分析出影响企业信息化建设各个阶段的主要矛盾、次要矛盾，便于企业能够做出有针对性的信息化决策，达到使企业信息化投入价值最大化的目的。

　　模型的外圈为企业的外部环境要素，内部虚线内为企业内部要素。内部要素的左半部分为企业其他要素，右半部分为企业信息化要素。每一内部要素分成上下两部分。下半部分为相关战略，上半部分为运营相关要素。从图 5-6 中可以看到，在环境圈中分列显示出了各个环境要素。其中，外圈环线表示企业外部环境中的各个要素之间存在着相互影响。例如，重大政府决策和法律法规的制定会影响企业所处产业的环境的变化，从而影响到企业的经营战略的制定。IT 基础设施状况、IT 的发展如互联网的发展会对产业以及整个国家的经济运行产生影响，这些都会直接或间接地影响到企业的决策。

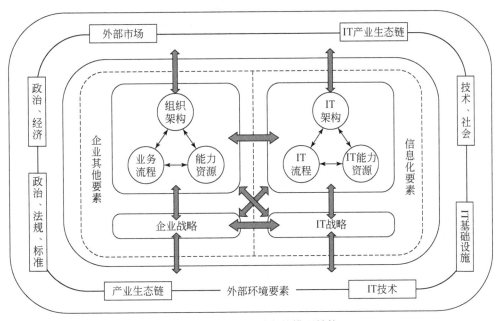

图 5-6　系统工程导向的模型结构

5.4　系统工程导向的方法论框架

　　企业信息化理念的变革意味着必须有相应的信息化方法论新框架、新应用工具体系与之配套，才能缩小理论与实践之间的差距。为此，在分析对比新旧企业信息化理念的差异的基础上建立了系统工程导向的企业信息化方法论框架。系统工程导向的方法论框架如图5-7 所示（互联网实验室，2004）。系统工程导向的方法论框架概括了企业信息化从理念到实践的基本流程以及相关要素之间的关系和相互作用，它包括企业战略审计、企业 IT审计、IT 战略制定与规划设计、IT 规划实施四个主要部分，每一部分都包含相应的具体工作和任务。

　　系统工程导向的企业信息化理念高度强调整体思考的重要性并将其列为系统工程导向信息化理念的五项基本原则之首，这一点在信息化方法论框架中体现在对企业战略审计和

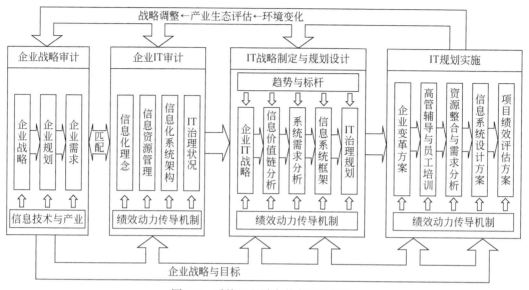

图 5-7 系统工程导向的方法论框架

企业 IT 审计的创造性提出。

5.5 航天信息化系统工程管理要素

5.5.1 系统工程的分析方法

　　由于航天工程是高度综合性的管理工程技术，必须应用系统工程的方法来研究大型复杂产品的信息化组织方式与结构，需要按一定目的进行设计、开发、管理与控制，以期达到总体效果最优的理论与方法。系统工程是组织管理复杂系统的规划、研究、设计、制造、试验和使用的科学方法，是一种对所有系统都具有普遍意义的科学方法。系统是由相互关联的若干组成部分构成的具有一定功能的整体。在关注其分系统和部件等组成元素的同时，更应当关注系统的另一个重要的组成部分，即指导如何构造系统的特征信息图谱。这就是总体设计的成果，是最后实现"涌现"的基础。分系统和部件的设计可以是很优秀的，也可以因为条件的限制只是一种折中的方案。但是总体设计并不是这些分系统和部件的简单相加。按照系统论的观点，现有各部分的简单对接，其结果是整体性能通常只会等于或弱于各部分性能之和。总体的系统工程工作，要求在面对高水平的使用或技术要求、各种限制条件甚至苛刻的使用环境、参差不齐的技术基础和复杂的界面关系等情况下，利用原有的经验，发挥聪明才智，经过反复权衡研究，最终产生满足需求、整体性能优化的系统，实现整体功能优于各分系统功能之和的效果，即"1+1>2"。我国航天总体设计的主体是总体设计部。因为组织结构的特点，总体设计工作也常有主要分系统总体人员的参与，他们的工作也是系统工程工作的一部分（郭宝柱，2003）。

　　钱学森认为，研制这样一个复杂系统所面临的问题是："怎样把比较笼统的初始研制要求逐步地变为成千上万个研制任务参加者的具体工作，以及怎样把这些工作最终综合成为一个技术上合理、经济上合算、研制周期短、能协调运转的实际系统，并使这个系统成为它所从属的更大系统的有效组成部分。"钱老以这种方式描述问题本身就已经在提示我们应当以系统的观点来分析问题，而解决问题的方法就是系统工程方法。有些系统工程的研究者常用一种 V 形图的方式来描述系统工程工作的范围和基本方法（郭宝柱，2003）。

5.5.2　技术过程与总体设计信息化

信息是系统工程的输入，系统工程产生描述系统属性的新信息。信息是系统工程工作的对象，也是系统工程管理的基础。计划与控制利用计算机网络有序地采集、处理和存储系统工程数据，保证信息的一致性、完整性与有效性，建立集成化信息系统，实现型号研制、生产、试验和管理的一体化。对于我国航天来说，尽管经历多年的实践，还要有一段继续努力的过程（郭宝柱，2003）。

5.5.3　项目过程与项目管理信息化

近几年来国内外出现了研究项目管理的热潮。其实，由于航天项目的独特性和周期性等特点，项目管理一直是国外航天领域政府、科研机构和工业部门所采用的传统的管理方法，是国外航天和国防工业对现代化管理的贡献。就项目本身来说，项目管理包括人员管理、进度管理、经费管理、质量管理、合同管理、风险管理和信息管理。无论是政府、企业还是非营利机构的管理部门，项目管理最终是要实现项目的效益目标，是一种经营管理的方法（郭宝柱，2003）。

对于航天这样长周期、大投入、高风险的大型复杂项目，系统研制是最关键的过程，即如何从使用要求出发，逐步研制出一个整体优化的系统。这样的系统的研制必须采用系统工程方法。可以认为，系统工程管理是项目管理中的工程管理或者技术研制管理的方法。它在管理目标上应当是与项目管理一致的（郭宝柱，2003）。

目前，我国的航天技术已经取得了突破性的进展，已经从试验阶段走向应用阶段，而国民经济建设和国防建设的发展，对航天型号在技术水平上、质量上和数量上也提出了更高的要求。提高工作效率，缩短研制周期；合理利用资源，降低研制成本；满足性能指标要求，确保产品质量，必将越来越明确地成为航天研制管理的目标。同时，随着国家经济体制改革的进一步深入和经济实力的增强，我国航天将得到更迅速的发展，并且逐渐与世界接轨。如何总结、深化和创新具有我国航天特色的系统工程管理实践，如何在新形势下借鉴国外系统工程实践中的一些更为有效的管理手段，需要我国航天管理人员、科技人员和有才华的教授、学者参加到航天工程系统工程方法的研究和讨论中（郭宝柱，2003）。

航天工程项目涉及政府、用户、承制方和配套方，处在一个关系复杂的大环境之中，无论是内部或外部的体制和机制，人的观念、态度、管理和技术水平对于项目的成败都起着至关重要的作用。从这个意义上说，航天系统型号的成功研制必定要得到更大范围开放复杂系统工程方法的支持。系统工程方法也应当成为政府、采购方和承制方在航天项目管理上的共同理念，成为制定管理政策、法规和发布指令的科学基础。

5.6 航天信息化工程的基本特征

5.6.1 航天信息化工程的综合性

企业在信息化建设方面，先进的信息化技术手段尚未广泛、深入地运用于企业的主要业务领域，目前信息孤岛现象突出，信息资源还没有全面实现有效共享。在航天型号科研生产管理方面逐渐凸显出型号间、单位间管理水平存在差异，科研生产规范化、制度化、科学化管理相对不足；对于科研生产全过程的跟踪、监控手段相对落后，预防和快速响应的能力较弱；目前在多型号项目同时存在并展开工作的情况下，单一型号项目的纵向管理突出，型号间的信息缺乏共享和交流以及型号项目执行的要素在管理过程中的综合性体现（余国辉，2011）。

航天型号生产管理固有的难度大、复杂程度高等特点，本身就给信息化建设工作造成了极大的困难和挑战；加之在新的条件下，传统的航天型号管理模式已经很难适应，有待进一步完善和优化。因此，在推进信息化建设的过程中，越来越触及人们思想观念的转变、企业组织的变革以及管理流程的优化，这也在一定程度上影响了企业的科研生产管理信息化建设。

5.6.2 航天信息化工程网络化、集成化

航天企业在科研生产管理信息化建设方面目前已有一定基础，目前需要通过最新技术和管理方法，形成综合集成开发，实现信息化综合共享云平台。在不改变企业应用底层架构的基础上，采用基于面向服务架构（SOA）的应用集成开发方式，可以很好地解决系统间的集成问题。它支持中间层以服务模块方式提供解决方案，当多个运行于不同平台和技术的应用程序必须互相通信时，这种体系结构尤其适用（余国辉，2011）。

基于 SOA 体系架构的信息系统集成应用，可从选择云集成平台，打造集成系统门户，从而可以实现集中任务列表、统一身份认证、统一权限管理和统一界面管理。也可以实现应用集成、应用框架和内容管理。通过云平台，实现系统安全保障体系、维护支持体系和基础硬件设施的构建。

参 考 文 献

白思俊 . 2002. 现代项目管理 . 北京：机械工业出版社

邓凯文，程培培 . 2008. 国外某航天企业项目管理模式探讨 . 航天器工程，17（3）：95-101

弗雷姆 J D. 2000. 组织机构中的项目管理 . 郭宝柱译 . 北京：世界图书出版公司北京公司

郭宝柱 . 2003. 中国航天与系统工程 . 国防科技工业，（4）：14-18

郭宝柱 . 2008. 系统科学的理论与方法在航天项目管理中的应用研究 . 宇航学报，（1）：29-33

互联网实验室 . 2004-10-31. IT 转型：新信息化之路研究报告 . www.chinalabs.com

加里·戴斯勒 . 2004. 管理学精要 . 吕廷杰，赵欣艳译 . 北京：中国人民大学出版社

刘冀生 . 2003. 企业战略管理 . 北京：清华大学出版社

龙洪飞 . 2008. 项目管理知识体系在航天型号产品研制中的运用研究 . 成都：西南交通大学硕士学位论文

漆斌 . 2011. 项目管理成熟度模型在航天型号项目管理中的应用研究 . 上海：上海交通大学硕士学位论文

王培雷 . 2010. 航天型号多项目计划管理体系研究 . 北京：清华大学硕士学位论文

吴添祖，冯勤，欧阳仲健 . 2004. 技术经济学 . 北京：清华大学出版社

余国辉 . 2011. 航天企业科研生产管理信息化建设思考 . 合作经济与科技，（11）：29-30

袁家军 . 2006. 神舟飞船系统工程管理 . 北京：机械工业出版社

张术鹏 . 2008. 航天型号项目管理研究 . 科技信息，（1）：162

张高 . 2011. 航天型号研制进度管理方法及应用研究 . 哈尔滨：哈尔滨工业大学硕士学位论文

第二部分　信息化综合集成架构篇

第6章 综合集成理论与技术

本章学习路线图

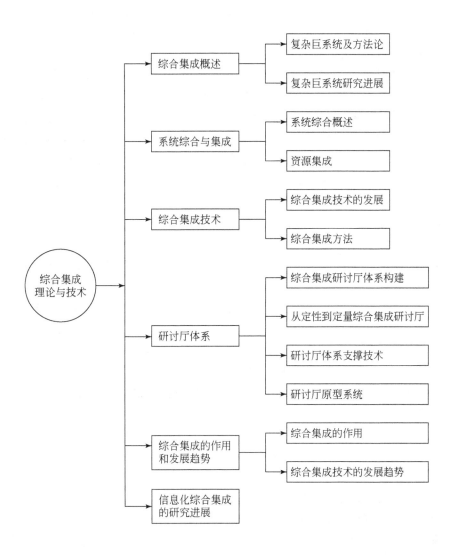

著名科学家钱学森提出综合集成方法论（metasynthesis），它是处理开放复杂巨系统（open complex giant systems，OCGS）的方法论。本章简要介绍综合集成理论与方法、集成技术和综合集成研讨厅体系。

6.1 综合集成概述

6.1.1 复杂巨系统及方法论

由于传统的社会科学研究方法难以分析、解决复杂巨系统问题，而决策者们迫切需要一种新的思路和方法，以便处理信息、理清思路、提供多种可供选择的方案。于是，综合集成技术（metasynthetic engineering，ME）被提了出来，并立即引起学者们的广泛重视（艾克武，胡晓惠，1998）。

20 世纪 80 年代初，著名科学家钱学森与其合作者王寿云提出了将科学理论、经验和专家判断相结合的半理论、半经验方法。80 年代中期，钱学森亲自指导并参加了系统学讨论班，号召与会专家、学者在学术观点上能做到百家争鸣、各抒己见。在此基础上，他于 1989 年提出了开放的复杂巨系统及方法论，即从定性到定量综合集成法（meta synthesis），后来发展为从定性到定量综合集成研讨厅（hall for workshop of metasynthetic engineering，HWME）（于景元，2006）。其实质是将专家体系、统计数据和信息资料、计算机技术这三者结合起来，构成一个高度智能化的人机结合系统，创立了系统工程的新理论。当今世界已进入第五次产业革命，即以微电子、信息技术为基础，以计算机、网络和通信等为核心的技术革命。由此引起的经济和社会形态的飞速发展，进一步推动了对复杂巨系统的研究。1996 年 12 月，浙江科学技术出版社出版了宋健主编的《系统研究》和王寿云等所著的《开放的复杂巨系统》，为开放复杂巨系统的研究又增添了一个新的、划时代的里程碑。

随着科学技术的飞速发展和社会的进步，越来越多的复杂事物和现象进入人们的视野，例如生态、环境、可持续发展、工程技术与人文社会相结合等社会经济问题。学者和决策者们采用传统的理论、技术和方法处理这些问题时，遇到许多根本性的困难。其中重要的一点在于，近代科学学科划分过细、条块分割，反而模糊了人们对事物总体性、全局性的认识。德国著名物理学家普朗克认为："科学是内在的整体，它被分解为单独的整体不是取决于事物本身，而是取决于人类认识能力的局限性。实际上存在物理学—化学—生物学和人类学—社会学的连续链条，这是任何一处都不能被打断的链条。"面对这一现状，许多研究者开始探索从整体出发的研究方法，试图寻找那条被打断的"沟通链条"。正是在这样的背景下，复杂性科学开始孕育、萌芽，并受到越来越多学者的关注。如今，复杂性科学研究方兴未艾，被誉为"21 世纪的科学"（戴汝为，2005）。

当代科学分支的划分日益精细，科学的新领域不断突破原有概念的内涵。日渐庞大的系统、越来越复杂的社会和经济问题等都使国内外科学家开始探索从全局出发解决问题的方法。系统复杂性科学的研究就在这种背景下开始孕育、生长。

扩展阅读：系统科学是从事物的整体与部分、局部与全局以及层次关系的角度来研究客观世界的。客观世界包括自然、社会和人自身，能反映事物这个特征最基本和最重要的概念就是系统。所谓系统是指由一些相互关联、相互作用、相互影响的组成部分所构成的具有某些功能的整体。这是国内外学术界普遍公认的科学概念，这样定义的系统在客观世界中是普遍存在的。所以，系统也就成为系统科学研究和应用的主要对象。系统科学与自然科学、社会科学等不同，但有内在联系，它能把这些科学领域研究的问题联系起来，作为系统进行综合性整体研究。这就是为什么系统科学具有交叉性、综合性、整体性与横断性的原因。也正是这些特点，使系统科学处在现代科学技术发展的综合性整体化方向上（于景元，2011）。

钱学森是大家公认的我国系统科学事业的开拓者和奠基者，上个世纪 70 年代末，钱学森就提出了系统科学的体系结构，这个体系包括基础理论层次上的系统学，技术科学层次上的运筹学、控制论、信息论等，以及应用技术或工程技术层次上的系统工程。在 1978年的一篇文章中，钱老就已明确指出，系统工程是组织管理系统的工程技术。在大力推动系统工程应用的同时，又提出建立系统理论和创建系统学的问题。在创建系统学过程中，钱学森提出了开放复杂巨系统及其方法论，由此开创了复杂巨系统的科学与技术这一新领域，从而使系统科学发展到了一个新的阶段（涂元季，2010）。

在上述发展过程中，系统工程也有了很大发展，现已发展到复杂巨系统工程和社会系统工程阶段。本文的目的是对这些进展作些介绍和讨论，以利于实践中的应用。

6.1.2 复杂巨系统研究进展

国外对于复杂性科学研究比较有代表性的工作有：欧洲以普里戈金和哈肯为代表的远离平衡态的自组织理论、以美国圣菲研究所（SFI）为代表的复杂自适应系统理论以及司马贺的名著《人工科学》（戴汝为，2005）。

在我国，钱学森院士与一批科技人员长期以来对复杂性科学研究进行了积极探索并取得了重大成就。从 20 世纪 80 年代开始的系统学讨论班、思维科学讨论班，到今天的综合集成研讨厅，我国的复杂性科学研究通过深入讨论和提高认识，走过了"开放的复杂巨系统"、"综合集成法"、"定性定量相结合的综合集成法"、"从定性到定量的综合集成法"、"人机结合，从定性到定量的综合集成研讨厅体系"的发展轨迹。国内的复杂性研究以"开放的复杂巨系统"及其方法论为代表，具有自己的特色：从系统科学出发，把"开放的复杂巨系统"的研究作为创建系统科学的基础层次——系统学（systematology）的突破口，进而建立起系统科学从基础理论到工程实践的整个体系结构（戴汝为，2005）。

要建立开放的复杂巨系统的一般性理论，必须从一个个具体的、开放的复杂巨系统入手，积累相关的研究成果。在这一点上，我国科学家不是从复杂性的抽象定义出发，而是从实际出发，把复杂性与系统概念结合起来，从方法论角度区分复杂性和简单性问题（戴汝为，2005）。钱学森院士在 20 世纪 80 年代就指出："凡现在不能用还原论方法处理的，或不宜用还原论方法处理的问题，而要用或宜用新的科学方法处理的问题，都是复杂性问题，复杂巨系统就是这类问题。"这样，就从系统学的角度给了复杂性一个清晰和具体的描述。

在 2004 年两院院士大会上，胡锦涛总书记代表中央提出了"以人为本、全面、协调、可持续的科学发展观"。从科学的角度看，科学的发展观是社会、经济和文化等体系所构成的复杂巨系统，这也是从系统复杂性得出的看法和根本性观点。科技人员认为系统科学和复杂性科学的发展可以为科学发展观提供理论基础。总之，开放的复杂巨系统及综合集成法的研究是钱学森、戴汝为等两代科学家采用整体论和还原论相结合的系统论方法获得的重大研究成果，是我国科学界对于复杂性科学的原始创新性贡献，在一定程度上，满足国家发展的需求，具有重要意义。

6.2　系统综合与集成

6.2.1　系统综合概述

将复杂巨系统按照递阶层次结构分解为众多的子系统，然后调用系统中的可用资源对各子系统进行相对独立的分析，最后对上述子系统的分析结果进行综合，综合结果力求全面反映整个复杂巨系统的特性或行为。这一任务即系统综合所要完成的工作（艾克武，胡晓惠，1998）。

对于系统科学来说，一个是要认识系统，另一个是在认识系统的基础上去设计、改造和运用系统，这就要有科学方法论的指导和科学方法的运用。系统科学的研究表明，系统的一个重要特点，就是系统在整体上具有其组成部分所没有的性质，这就是系统的整体性。系统整体性的外在表现就是系统功能。系统内部结构和系统外部环境以及它们之间的关联，决定了系统整体性和功能。从理论上来看，研究系统结构与环境如何决定系统整体性与功能，揭示系统存在、演化、协同、控制与发展的一般规律，就成为系统学，特别是复杂巨系统学的基本任务。国外关于复杂性研究，正如钱老指出的是开放复杂巨系统的动力学问题，实际上也属于系统理论范畴（于景元，周晓纪，2005）。

由于将复杂巨系统问题分解为一个具有递阶层次结构的巨系统，系统目标和约束条件众多，许多约束条件还可能是非线性的，因此系统综合往往属于多目标规划问题，可用多目标规划、层次分析法等联合分析求解（艾克武，胡晓惠，1998）。

（1）定义各子系统的主变量

综合分析的第一步工作就是为各子系统定义 1~2 个主变量。主变量具有高度的代表性、概括性，力求反映相应子系统的特性。因此，主变量往往是高度抽象的。如军事部门选用的综合防空能力包括战斗机、防空导弹、探测预警、C^4I 等系统的能力。主成分分析法、模糊分级聚类分析方法、灰聚类方法等都是一些可选的拟定主变量的方法。

应该指出的是，主变量的求取不是一个单纯的数值分析过程。主变量的提出往往要依赖有丰富经验的领域专家，因此，专家调查表法是一个常用的、由综合专家群体给出主变量提名的方法。

（2）各子系统分析结果的归一化处理

由于各子系统的分析方法或分析模型不同，所以在其上一层进行综合分析时，可能遇到 3 类情况：①对定量、定性模型分析结果的综合；②对领域专家意见的综合；③对前两者的综合。

为此，必须首先对各种分析结果进行归一化处理，即对定量分析结果进行等级化处理，或对定性分析结果和领域专家意见进行定量化处理，从而使两类结果具有可比性，进而建立对变量概略化、等级化描述的综合分析模型（或方法）。静态变量的归一化处理，可以用模糊数学的方法来解决；动态变量的归一化处理，可以用阈值法来解决。

（3）各子系统分析结果的综合

当各项主变量间相互独立时，可按求和形式进行综合；当各项主变量间相互依赖，即某一主变量的低水平将导致系统的总体性能显著下降时，可用求积形式进行综合。若有多个方案，则可分别求出每个方案的综合指标，然后对它们进行优劣排序。综合集成的问题求解过程如图 6-1 所示（马增辉，2009）。

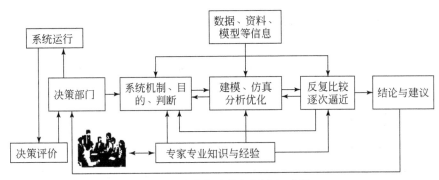

图 6-1　综合集成的问题求解过程

6.2.2　资源集成

资源集成的核心思想就是尽可能地运用人类拥有的全部知识去解决客观问题，因而资源集成的对象就是知识。虽然知识的载体多种多样，但其存在形式不外乎有信息、各种定性或定量分析模型、领域专家 3 类（魏法杰，周艳，2004）。

资源集成不是这三者的简单叠加。系统学原理指出，若系统中各子系统采用合理、优化的组合，则整体系统将产生成倍于各部件简单相加的效能，即所谓的"1+1>2"原理。而且，许多学者发现，这种效能的提高是呈几何级数的。采用资源集成技术构筑的系统，不但具有强大的效能，还表现出强大的适应性和灵活性。例如，计算机集成制造系统（CIMS）能通过编程制造出多达数百种的产品或零件。正是由于资源集成技术具有上述优势，它才成为研究复杂巨系统问题的一种必然方法。

（1）资源与分布式网络环境

以计算机广域网为基础，把分散在不同地点的软硬件设备及有关领域专家联系到一起来研究问题，形成一个在时间和空间上互相耦合的、同时共享的综合分析电子平台环境。在这个环境中，各领域专家根据自身的经验和知识，利用网络中提供的数据和分析工具，分析问题并发表见解。分布式网络环境是资源集成的基础和硬件表现形式（艾克武，胡晓惠，1998）。

（2）信息与信息融合技术

复杂巨系统问题庞大和涉及多个相关领域的特点，决定了知识集成技术所要处理的信息量也是十分庞大的。这一特点突出体现在存在众多的分布式信息源，大量数据或信息存储在不同地域、不同类型的计算机网络上，并且不同信息源的信息存储格式、描述形式和详细程度不同。信息融合技术即研究如何加工、联合来自众多信息源的信息，并使不同形式的信息相互补充，为各种模型方法和领域专家服务，使其信息量得到最大限度的发挥（艾克武，胡晓惠，1998）。

（3）定性定量相结合

定性和定量相结合研究如何将一些擅长处理精确、完备数据的定量数学方法，以及一些擅长处理不精确、不完备信息的统计方法和定性分析方法集成在一起。用户阐述所要解决的问题，系统应能搜索有关的模型，针对问题对系统中有关模型进行重新组合，最终解决实际问题。系统因此表现出强大的灵活性、适应性和智能性。

（4）领域专家与研讨技术

从科学技术目前的发展来看，任何计算机应用系统都不能完全代替经验丰富的专家群体。因此，许多学者提出了人在回路中（Man-in-the-loop）的思想。研讨技术正是研究如何为领域专家提供一种结构化、规范化和灵活的论坛，并为其提供信息和工具支持（即模型或方法），使其把各种经验知识和观点结合起来处理实际问题，使其知识和经验获得最大限度的发挥，进而提高集成系统的智能化水平。资源集成的研究重点在于设计一种优化的软硬件系统结构，使信息、模型和领域专家三者有机地联结在一起。资源集成技术的关键在于制定统一的标准或规范，如计算机网络的 TCP/IP 协议。若没有统一的规范，则无法实现上述内容的集成。如果将综合集成的内容喻为处理器、监视器、硬盘、键盘、光驱等计算机零部件，则综合集成技术就相当于主板。上述部件作为一个独立的模块插在其上，就可组成一台功能强大的计算机。综合集成技术可使这些部件产生实时、交互的联系，从而形成强大的整体功能，而这些功能是各部件简单叠加所无法达到的（艾克武，胡晓惠，1998）。

6.3　综合集成技术

6.3.1　综合集成技术的发展

综合集成法作为一项技术又称为综合集成技术，它是思维科学的应用技术，既要用到思维科学成果，又会促进思维科学的发展。它向计算机、网络和通信技术、人工智能技术、知识工程等提出了高新技术问题。这项技术还可用来整理千千万万零散的群众意见、提案和专家见解以至个别领导的判断，真正做到"集腋成裘"。钱学森认为对简单系统可从系统相互之间的作用出发，直接综合成全系统的运动功能，还可以借助于大型或巨型计算机。对简单巨系统不能用直接综合统计方法，把亿万个分子组成的巨系统功能略去细节，用统计方法概括起来，这就是普里高津和哈肯的贡献，即自组织理论（于景元，周晓纪，2002）。

✍ **扩展阅读**：综合集成方法就是人–机结合获得信息、知识和智慧的方法，它既是人–机结合的信息处理系统，也是人–机结合的知识创新系统，还是人–机结合的智慧集成系统。按照我国传统文化有"集大成"的说法，即把一个非常复杂的事物的各个方面综合集成起来，达到对整体的认识，集大成得智慧，所以钱老又把这套方法称为"大成智慧工程"。将大成智慧工程进一步发展，在理论上提炼成一门学问，就是大成智慧学。

在自然科学和数学科学中，这类经验性假设是用严密逻辑推理和各种实验手段来证明的，这一过程体现了从定性到定量的研究特点。

（1）综合集成技术概念

综合集成法作为一门工程可称为综合集成工程，它是在对社会系统、人体系统、地理系统和军事系统这 4 个开放复杂巨系统研究实践基础上提炼、概括和抽象出来的。综合集成方法的运用是专家体系的合作以及专家体系与机器体系合作的研究方式与工作方式。具体来说，是通过从定性综合集成到定性、定量相结合综合集成再到从定性到定量综合集成这样三个步骤来实现的。这个过程不是截然分开，而是循环往复、逐次逼近的。在这些研究中通常是科学理论、经验知识和专家判断相结合，形成和提出经验性假设，但这些经验性假设不能用严谨的科学方式加以证明，需借助现代计算机技术，基于各种统计数据和信息资料，建立起包括大量参数的模型，而这些模型应建立在经验和对系统的理解上并经过真实性检验。这里包括了感情的、理性的、经验的、科学的、定性的和定量的知识综合集成，通过人机交互，反复对比逐次逼近，最后形成结论。其实质是将专家群体（与主题有关的专家）、统计数据和信息资料（亦与主题有关的）三者有机结合起来，构成一个高度智能化的人机交互系统。它具有综合集成的各种知识，从感情上升到理性，实现从定性到定量的功能。

（2）综合集成的主要特点

1）定性研究与定量研究有机结合，贯穿全过程。
2）科学理论与经验知识结合，把人们对客观事物的点滴知识综合集成解决问题。
3）应用系统思想把多种学科结合起来进行综合研究。
4）根据复杂巨系统的层次结构，把宏观研究与微观研究统一起来。
5）必须有大型计算机系统支持，不仅有管理信息系统、决策支持系统等功能，而且有综合集成的功能。

6.3.2　综合集成方法

应用综合集成法对开放复杂巨系统进行探索研究，开辟了一个新的科学领域，它在理论和实践上都具有重大的战略意义。以下从多个层次对综合集成技术加以理解。

（1）从方法技术层次

从定性到定量综合集成方法的实质是：专家体系、统计数据和信息资料、计算机技术三者有机结合，构成一个以人为主的高度智能化的人机结合系统，通过人机结合方式和人机优势互补，实现综合集成各种知识，从定性到定量的功能。这里，知识综合集成包括科学的和经验的知识、定性的和定量的、理性的和感性的知识，集思广益综合集成起来，把各种科学理论结合起来，发挥这个系统的整体优势、综合优势和智能优势。信息、知识、智慧是3个不同层次的问题。有了信息，未必有知识；有了信息和知识，未必有智慧。信息的综合集成可以获得知识，信息、知识的综合集成可以获得智慧。人类有史以来，是通过人脑获得知识和智慧的。从方法与技术层次看，综合集成技术是人机结合、人网结合，以人为主的信息、知识和智慧的集成，它能把人的思维、思维的成果、人的经验、知识、智慧以及各种情报、资料和信息统统集成起来，从多方面的定性认识上升到定量认识。从运用和应用层次上看，是以总体部为实体进行的综合集成工程。

1）定性综合集成。综合集成方法是面向问题的，既可以研究理论问题，也可以研究应用问题。无论是哪类问题，正如前面所述，对复杂巨系统（包括社会系统）能提出来问题形成经验性假设，需要有个专家体系。专家体系是由与所研究问题相关的不同学科、不同领域专家构成。每个专家都有自己掌握的科学理论、经验知识以至智慧。通过专家们的结合、磨合和融洽，相互启发与激活，从不同方面，不同角度去研究复杂巨系统的同一问题，就会获得全面认识。这个过程体现了不同学科、不同领域的交叉研究，是一种社会思维方式。问题本身是个系统问题，它所涉及的各方面知识也是相互联系的。通过专家体系合作，就把多种学科知识用系统方法联系起来，统一在系统整体框架内（于景元，周晓纪，2002）。

2）定性定量相结合综合集成。对于定性综合集成所形成的问题和提出的经验性假设与判断，为了用严谨的科学方式去证明它的正确与否，我们需要把定性描述上升到整体定量描述。这种定量描述有多种方式。实现这一步的关键是定性定量相结合综合集成。专家体系利用机器体系的丰富资源和它定量处理信息的强大能力，通过建模、仿真和实验等方法与手段来完成这一步。用模型的和模型体系描述系统是系统定量研究的有效方式。从建模方法来看，有基于机理的数学建模、基于规则的计算机建模、面向统计数据的统计建模以及智能建模等。对复杂巨系统（包括社会系统），期望完全靠数学模型来描述，目前还有很大困难。一方面需要发展新的数学理论，另一方面需要新的建模方法。计算机软件技术、知识工程、人工智能以及算法等的发展，使基于规则的计算机建模有了很大发展，这类计算机模型所能描述的系统更广泛，也更逼真。在这方面，美国圣菲研究所和国际应用系统分析研究所（IIASA）的一些工作值得我们重视和借鉴。把数学模型和计算机模型结合起来的系统模型，则尽可能的逼近实际系统，其逼近的程度取决于所要研究问题的精度要求。如果满足了精度要求，那么这个系统模型是完全可以信赖的，就可以应用这个模型来研究我们想要研究的问题（于景元，2001）。

3）从定性到定量综合集成。通过定性定量相结合综合集成获得了问题的整体定量描述，专家体系再一次进行综合集成。在这一次综合集成中，由于有了新的定量信息，专家们有可能从定量描述中，得到了验证和证明经验性的假设和判断正确的定量结论。如果是这样，也就完成了从定性到定量综合集成。但这个过程通常不是一次就能完成的，往往要反复多次。如果定量描述还不足以证明或验证经验性假设和判断的正确性，专家们会提出新的修正意见和实验方案，再重复以上过程。这时专家们的知识、经验和智慧已融进到新的建议和方案中，通过人-机交互、反复比较、逐次逼近，直到专家们能从定量描述中证明和验证了经验性假设和判断的正确性，获得了满意的定量结论，这个过程也就结束了。这时的结论已从定性上升到了定量，不再是经验性假设和判断，而是经过严谨论证的科学结论。这个结论就是我们现阶段对客观事物认识的科学结论。如果定量描述否定了原来的经验性假设和判断，那也是一种新的认识，又会提出新的经验性假设与判断，再重复上述过程（于景元，2001）。

综合以上所述，从定性综合集成提出经验性假设和判断的定性描述，到定性定量相结合综合集成得到定量描述，再到从定性到定量综合集成获得定量的科学结论，这就实现了从经验性的定性认识上升到科学的定量认识。

（2）从思维科学角度

综合集成方法是以思维科学为基础的。从思维科学角度来看，人脑和计算机都能有效处理信息，但两者有极大差别。人脑思维一种是逻辑思维（抽象思维），它是定量、微观处理信息的方法；另一种是形象思维，它是定性、宏观处理信息的方法。而人的创造性主要来自创造思维，创造思维是逻辑思维和形象思维的结合，也就是定性与定量相结合、宏观与微观相结合，这是人脑创造性的源泉。今天的计算机在逻辑思维方面确实能做很多事情，甚至比人脑做得还好、还快，善于对信息的精确处理，已有许多科学成就证明了这一点，如著名数学家吴文俊先生的定理机器证明。但在形象思维方面，现在的计算机还不能给我们以任何帮助。至于创造思维，就只能依靠人脑。但计算机在逻辑思维方面毕竟有其优势，如果把人脑和计算机结合起来以人为主，那就更有优势，人将变得更加聪明，它的智能比人要高，比机器就更高，这也是1+1>2的道理。这种人机结合、以人为主的思维方式和研究方式就具有更强的创造性和认识客观事物的能力（于景元，周晓纪，2004a）。

（3）从认识论角度

从认识论角度来看，与所有科学研究一样，无论是对复杂系统、复杂巨系统（包括社会系统）的理论研究还是应用研究，通常都是在已有的科学理论、经验知识基础上并和专家判断力（专家的知识、智慧和创造力）相结合，对所研究的问题提出和形成经验性假设，如猜想、判断、思路、对策、方案等，这种经验性假设一般是定的。它之所以是经验性假设，是因为其正确与否，能否成立，还没有用严谨的科学方式加以证明。在自然科学和数学中，这类经验性假设是通过严密的逻辑推理和各种实验手段来证明的，这一过程体现了从定性到定量的特点，所以这些学问被称为"精密科学"。但对复杂系统、复杂巨系统来说，由于其跨学科、跨领域的特点，对所研究的问题能提出经验性假设，通常不是一个专家，也不是一个领域的专家们所能提出来的，而是由不同领域、不同学科专家构成的专家体系，依靠群体的知识和智慧，对所研究的复杂系统和复杂巨系统问题提出经验性假设与判断。但要证明其正确与否，仅靠自然科学和数学中所用的各种方法就显得力所不及了。如社会系统、地理系统中的问题，既不是简单的逻辑推理，也不能进行实验。但我们对经验性假设又不能只停留在思辨和从定性到定性的描述上。这是社会科学、人文科学中常用的方法，这些学问被称为"描述科学"（于景元，周晓纪，2004b）。

系统科学要走"精密科学"之路，其出路就是人机结合、以人为主的思维方式和研究方式。机器能做的尽量由机器去完成，极大扩展人脑逻辑思维处理信息的能力（自然也包括了各种能用的数学方法和工具）。通过人机结合、以人为主，实现信息、知识和智慧的综合集成。这里包括了不同领域的科学理论和经验知识、定性知识和定量知识、理性知识和感性知识，通过人机交互、反复比较、逐次逼近，实现从定性到定量认识，从而对经验性假设的正确与否做出明确结论，无论是肯定还是否定了经验性假设，都是认识的进步，然后提出新的经验性假设，继续进行定量研究，这是一个永远也不会完结的认识过程。

（4）从方法论角度

综合集成方法的运用是专家体系的合作以及专家体系与机器体系合作的研究方式与工作方式。具体地说，是通过定性综合集成，到定性、定量相结合综合集成，再到从定性到定量综合集成这样3个步骤来实现的。这个过程不是截然分开，而是循环往复、逐次逼近。这套方法是目前处理复杂系统、复杂巨系统（包括社会系统）的有效方法，已有成功的案例证明了它的有效性。综合集成方法的理论基础是思维科学，方法基础是系统科学与数学科学，技术基础是以计算机为主的现代信息技术，哲学基础是马克思主义的实践论和认识论（于景元，2001）。

目前，这个方法已应用到社会经济系统、军事系统以及可持续发展总体战略研究之中。这是一个人机结合系统。根据研究问题涉及的科学和专业范围，组成一个知识结构合理的专家体系。在机器体系方面，通过信息体系、模型体系、指标体系、评价体系、方法体系以及支持这些体系的软件工具的集成，实现系统的仿真、分析与优化，应用的效果是很好。

机器体系的功能，随着信息技术的发展具有很大的潜力，上述机器体系的建立仅仅是开始。如最新报道的美国普赖尔主持的"阿斯彭"系统的原型研究，建立了"灵境（virtual reality）动态经济模型"。灵境技术的应用，就不仅是人机结合，而是人机合一，是人机融合，具有更强的能力。

从以上有关综合集成方法的讨论可以看出，它可以用来处理更加复杂的系统。这样，也使系统工程由工程系统工程发展到了复杂系统工程，特别是复杂巨系统工程。社会系统工程就是典型的复杂巨系统工程。这就使系统工程进入一个新的阶段。

📚**扩展阅读**：系统工程的应用首先从工程系统开始的，用来组织管理工程系统的研究、规划、设计、制造、试验和使用。实践已证明了它的有效性，如航天系统工程。直接为这类工程系统工程提供理论方法的有运筹学、控制论、信息论等，当然还要用到自然科学等有关的理论方法与技术。所以，对工程系统工程来说，综合集成也是其基本特点，只不过处理起来相对容易一些。当我们把系统工程用来组织管理复杂巨系统和社会系统时，处理工程系统的方法已不够用了，它难以用来处理复杂巨系统的组织管理问题。在这种情况下，系统工程也要发展。由于有了综合集成方法，系统工程便可以用来组织管理复杂巨系统和社会系统。这样，系统工程也就发展了，现已发展到复杂巨系统工程和社会系统工程阶段。

6.4 研讨厅体系

6.4.1 综合集成研讨厅体系构建

对开放复杂巨系统进行综合集成，是一项规模巨大、过程复杂的工作。前面已经介绍，1992 年钱学森提出了从理论到实践、从定性到定量综合集成研讨厅体系（马增辉，2009）。1996 年在全国系统方法论及其应用研讨会上汪浩教授提出了研讨厅的一个组织结构模型，它是一个分布式交互作用的、以认识综合集成和决策综合集成为特征、以对象系统动态演化的多媒体信息表现为形式的人机一体化决策系统。构建研讨厅的材料组成有专家体系，有人的知识、智慧以及各种情报、资料、信息组成的知识体系和以人工智能、虚拟现实、仿真+模拟等为代表的计算机技术体系。当然，研讨厅的一般结构模型和运行模型还尚待深入研究。

综合集成研讨厅体系是对综合集成法的发展，它不但强调专家个体以人机结合的方式进行工作，而且要把多个专家组织起来，形成专家群体，通过研讨的方式共同对问题进行研究。这里所谓的"厅"就是把专家们和知识库、信息系统、各种人工智能系统、每秒几十亿次的计算机像作战指挥厅那样组织起来，成为巨型的"人机结合"的智能系统。"组织"二字代表了逻辑、理性，而专家们和各种"人工智能专家系统"代表了以实践为基础的非逻辑、非理性智能。这样就把综合集成法中的个体智慧明确地上升为群体智慧。它的目的是提高人的思维能力，使系统的智慧超越其中的每一个成员（戴汝为，操龙兵，2002）。

人机结合、从定性到定量的综合集成研讨厅体系提出后，我国科学家并没有停止前进的步伐。对于该理论框架的具体化、实用化，进而应用于复杂问题的研究实践，成为国内复杂性研究的一个重要课题。如何把这一方法论应用于复杂问题的研究实践，或者说怎样促进这个理论框架的具体化和实用化，成为一个迫切的课题。虽然我们已经认识到，综合集成研讨厅是一类人机结合的巨型智能系统，必须采用智能系统工程的方法来建造这一系统，但是实际的开放复杂巨系统有许多种，各个 OCGS 牵涉的问题也千变万化、多种多样，实现这样一个通用的、可处理所有 OCGS 问题的平台是一件非常困难的事情，有时候甚至感觉到不太现实。但是，随着研究的不断深入，我们逐渐发现，对于与某一类或者某一个 OCGS 相关的一些复杂问题，从处理步骤上看，它们具有一些共同点，这样就有可能针对这一类问题构造一个平台，对问题进行操作。因此，我们对研讨厅理论进行了进一步的提炼，这样，既保证了研讨厅的可实现性，又使平台具有一定的通用性。我们认为，这个表述指明了研讨厅体系具体化、实用化的方向，比较好地概括了综合集成研讨厅构建的原则和实质。正是在这一原则的指导下，在钱学森和戴汝为等老一代科学家和年轻科学家们的共同努力下，针对某些复杂问题，致力于构建以综合集成为基础的智能工程系统，作为可操作的工作平台。对于不同的复杂问题，则更换平台的有关专家与数据即可处理，以实现该平台的通用性，并最终初步建立了这样一个可操作平台。这样从软硬件体系和组织结构上成功地构建了综合集成研讨厅系统（戴汝为，李耀东，2004）。

扩展阅读：开放的复杂巨系统：我国科学家钱学森教授于 1990 年提出开放的复杂巨系统的概念，认为复杂性问题实际上是开放复杂巨系统的动力学特性问题。与国外提出的复杂性科学/复杂系统有异曲同工之妙。钱学森指出它是一个科学新领域，后来戴汝为概括它为一门 21 世纪的科学。

业已建立的综合集成研讨厅系统是一类巨型智能工程系统，在这个系统中，参加研讨的人与人、人与计算机、计算机与计算机密切合作，借助网络与数据仓库等技术对所要研究的复杂问题进行研讨与反复论证。它大致有 3 个突出特点：①专家们针对一个复杂问题，能充分利用网上信息资源和广义专家群体智慧，针对问题进行从定性到定量的研讨，通过广泛的交互作用，使群体的智慧涌现出来，从而给出在一定程度上满足要求的定量认识。②不同地区的专家按照一定的研讨规则通过网络实现链接互动，这样就建立起了一个专家处于不同地方、甚至不同国家进行共同研讨的分布式研讨厅，由主持人掌控会议并使各处专家的思想处于激发与活跃状态进行研讨。③采用多媒体技术、多通道人机交互技术、知识与数据仓库等先进的信息技术和丰富的信息资源，来确保研讨活动的优质高效，改变过去拍脑袋决策的盲目性弊端，形成信息时代的高级决策支持系统（戴汝为，李耀东，2004）。

在已实现的系统中，对信息技术的利用是一个重要特点，在这方面也做了理论和实践上的考虑。随着 Internet 等网络的迅速普及，"Cyberspace"（网络空间）成为一个重要概念，它使参与者跨越时间和地域的限制，随时随地就所关心的问题进行研究、交流和探讨，并可随时利用网络上的大量资源。信息技术的这个发展，为综合集成研讨厅的实现提供了一种新的、可能的形式，是对传统"厅"的一种扩展。因此，可建立基于 Cyberspace 的综合集成研讨厅（cyberspace for workshop of metasynthetic engineering，CWME）。CWME 是信息社会条件下对综合集成研讨厅的一种具体化。一方面，意味着信息技术尤其是网络技术的飞速发展，为实现这一人机结合的巨型智能系统和工作空间提供了可能。另一方面，说明要建立实际可用的研讨厅系统，切实可行的方案是充分利用信息技术的成果，构建一个分布式系统。综合集成研讨厅系统的建立，实现了处理复杂问题的可操作的智能平台，"具有创新性"，系统已经基本达到了可操作的程度。综合集成研讨厅系统这样重要的基础研究成果的应用前景光明。综合集成研讨厅系统是科学发展观的重要理论和技术支撑。原则上，与开放复杂巨系统相关的问题，以及一些采用传统方法无法处理的复杂问题，都可以采用综合集成研讨厅系统进行处理。宏观一些的，例如可持续发展问题，实际上涉及多个开放复杂巨系统之间的相互作用，采用综合集成研讨厅系统来处理，可能会得到一些比较好的结果。还有近些年兴起的数字城市中的很多问题，也可以借助这个系统来处理。综合集成研讨集中了专家群体的智慧和计算机的高性能，可视为一项思维系统工程，不管是国防部门，还是政府各部门，抑或经济领域的各部门，甚至大中型企业，只要具备了相关的数据、信息等资源，就可以使用综合集成研讨厅系统，确保咨询与决策的科学化和民主化，推动各项工作的顺利发展，应用于大量与国计民生有关的问题的咨询和决策（戴汝为，李耀东，2004）。

扩展阅读：Cyber 源自希腊语单词 Kubernetes，意思是舵手。诺伯特·维纳在《控制论》中使用 Cybernetics 一词。现在 Cyber 作为前缀，代表与 Internet 或电脑相关的事物，即采用电子或计算机进行控制。

6.4.2　从定性到定量综合集成研讨厅

从定性到定量综合集成研讨厅是我国民主集中制的一种有力的支撑工具，能充分体现我国重大问题及政策法规的集体决策，如人民代表大会制度、政治协商会议制度等，并能促进科学决策和民主决策（Cao，Dai，2001）。

从定性到定量综合集成研讨厅是一个人机结合系统。从哲学意义讲，它能充分发挥人的主观能动性。智能化再高的计算机永远无法替代人。日本就是因为世界观和方法论的问题，使第五代计算机陷入困境。从定性到定量综合集成不是一门具体技术，而是一种研究问题的思想，是一种指导分析复杂巨系统问题的总体规划、分步实施的方法和策略。这种思想、方法和策略的实现要通过以下几种技术的综合运用，包括定性定量相结合、专家研讨、多媒体及虚拟现实、信息融合、模糊决策及定性推理技术和分布式交互网络环境等。这几种技术中的每一种只能从某个侧面解决复杂巨系统问题，而它们的综合运用是研究复杂巨系统问题的有效途径之一。

从定性到定量、综合集成、研讨是系统实现的 3 个关键主题。从定性到定量就是把专家的定性知识同模型的定量描述有机地结合起来，实现定性变量和定量变量之间的相互转化。对于复杂巨系统问题，需要对各种分析方法、工具、模型、信息、经验和知识进行综合集成，构造出适于问题的决策支持环境，以利于解决复杂问题。对于结构化很强的问题，主要用定量模型来分析；对于非结构化的问题，更多是通过定性分析来解决；对于既有结构化特点又有非结构化特点的问题，就要采取紧耦合的定性、定量相结合方式。综合集成是指集成系统的各种资源，包括专家群体头脑中的知识、系统中的模型库、数据库和知识库。这里的研讨是指分析问题人员的群体协同工作，充分利用定性定量模型和数据库等工具，实现人机的有机结合。研讨过程既是分析人员的知识同计算机系统的数据、模型和知识的不断交互过程，也是研讨人员群体智慧的结合和综合。这样，即可实现定性定量的综合集成研讨。从定性到定量综合集成研讨厅就是要把人脑中的知识同系统中的数据库、模型库和知识库等有关信息结合起来（Wooldridge et al.，2000）。系统提供分布式的专家研讨环境。专家可在不同的用户终端上发表见解，对其他专家的意见进行评价；还可在用户终端进行必要的数据信息查询，以获得问题的背景信息；并可利用研讨厅提供的统一的公用数据和模型，对参加研讨的局中人的决策后果进行评价或判断。

研讨厅有以下两种工作方式。

（1）通用研讨

该方式的功能是，针对一般性的专家研讨会，在计算机上实现系统分析领域的一般分析方法，以及模糊决策、人工智能的理论方法等，并汇总专家意见，提高了专家研讨会的质量和效率。它能在资源共享的网络环境中主持会议、发表意见、查询和浏览专家的公开意见；实现发言内容的记录和显示；完成专家意见的收集和电子表决功能；并充分利用各种系统工程方法、信息资源、知识库、定性定量模型等。

（2）面向特定问题研讨

该方式利用研讨厅环境，针对某类应用问题，首先明确特定问题的解决步骤和方法，选择综合集成研讨厅的通用研讨功能和与此类问题有关的模型、数据、知识，建立并生成一个自主式的、人机交互的系统。

从支撑工具来看，主要有以下3种：①信息支持；②定量模型支持、定性模型支持；③知识支持。无论是通用研讨，还是面向特定问题的研讨，都需要这3种支撑工具。利用这些工具可以实现查询数据库中已有的信息，查询模型的运行结果和研讨的某些结果（查询内容包括用多媒体技术实现的各种信息），建立相关的研究领域知识，为有关的推理判断提供支持（于景元，涂元季，2002）。

6.4.3　研讨厅体系支撑技术

从定性到定量综合集成研讨厅是集计算机技术、决策技术、系统工程技术为一体的、跨学科的综合性研究领域。当今计算机技术、特别是两个 M（massively processing technology，大规模并行处理技术；multimedia，多媒体技术）和两个 O（object-oriented technology，面向对象技术；open system，开放系统技术）技术的迅猛发展，以及灵境（虚拟现实）、人工智能、通信、网络技术等的飞速发展，为研究复杂巨系统问题奠定了基础（于景元，2006）。

国外也在致力于研究只从定性或只从定量很难解决的问题。但由于世界观和方法论的不同，解决问题的途径不同，最终达到的效果也不同。

20 世纪 80 年代，美国很多学者及美国国防科学委员会批评国防系统分析研究工作中的机械唯物论倾向和"专家治国论"学派的缺陷。在此期间，美国有关专家也提出了几种弥补这种缺陷的办法。

1）计算机支持的协同工作（computer supported cooperative work）。在计算机技术支持的环境中，一个群体协同完成一项共同的任务。发现冲突、解决冲突是协同工作的重要内容。从冲突到协调，是一个从不相容目标到相容目标的过程。

2）群决策支持系统、组织决策支持系统（ODSS）和智能决策支持系统（IDSS）。它们是交互式的、以计算机为基础的决策支持系统，通过一个组的决策人一起协同工作，来促进非结构化问题的解决。

3）电子会议系统（electronic meeting systems）。强调会议过程的结构化与信息的结构化一样重要。它包含一些快速解决问题的工具，并使与会者充分交换信息，实现多媒体信息的快速传递。

从定性到定量综合集成研讨厅与上述 3 个研究领域都有一定的联系，但又有本质的区别。它们的共同点是面向群体，CSCW 强调协同与冲突处理，GDSS 强调利用数据库、模型库和知识库，EMS 强调实时可视化信息共享。而从定性到定量综合集成研讨吸收了它们的优点。其最大的特点是，它是一个人机结合系统，专家群体头脑中的知识同系统中的数据、模型、知识结合，通过这些信息有机地相互作用，产生新的信息。专家群体既是信息的产生者，又是信息的接受者。

从定性到定量综合集成研讨厅的核心支撑技术为：①分布式网络技术；②超媒体及信息融合技术；③综合集成技术；④模型管理技术和数据库技术；⑤人在回路中的研讨技术；⑥模糊决策及定性推理技术（于景元，涂元季，2002）。分布式网络环境是研讨厅的支撑环境，各种系统都建立在它的基础上。模型库、数据库和知识库是系统各种资源的载体，它们集成了各种已有的信息、各种分析和解决问题的方法或算法，以及各种相关的规则、知识等。它们通过模型管理系统、数据库管理系统和知识处理系统进行访问、利用、综合和处理。在知识处理中用到模糊决策技术及定性推理技术、专家系统及 Delphi 等系统工程方法。回路中的人通过综合集成模块对各种资源进行处理、加工，然后把综合集成得出的信息送入信息融合模块，得出有用的、互相支持的信息，并通过多媒体及虚拟现实技术展现给回路中的人，回路中的人再利用研讨系统进行研讨。

6.4.4　研讨厅原型系统

从定性到定量综合集成研讨厅系统不是一朝一夕能建成的。为了演示、验证理论方法及分析复杂巨系统问题，根据钱学森提出的定性定量综合集成思想，首先要完成从定性到定量综合集成研讨厅的原型系统。原型系统具备综合集成研讨厅的初步功能，涉及问题的范围相对窄一些，规模要小一些。先在集中地域建立网络结构，以此来证明从定性到定量综合集成研讨厅是研究复杂巨系统问题的有效方法。以后，在原型系统的基础上逐步扩展完善，在有关单位逐步建立地域分布的、功能更强的、涉及范围广的、规模更大的从定性到定量综合集成研讨厅体系。从定性到定量综合集成研讨厅原型系统的软硬件环境可以为：硬件上建立数台高档微机、Sun 工作站和 Vax6420 等互联的网络环境；网络采用客户/服务器等工作方式；异种机之间采用 TCP/IP 等协议来实现系统的网络连接。在计算机环境建立以 Windows NT 网络为基础的网络操作系统，能够灵活方便地使用 Windows 和 DOS 应用程序；软件开发以 Visual C、Java、C++和 C 等语言为主，数据库采用 Oracle、MySQL 等开发。既为用户直接查询、检索提供资源，同时也用于模型的直接调用，以及装配研讨厅系统所需的多媒体软件、电子会议系统软件及专家系统开发工具等软件。

Sun 工作站采用 Unix 操作系统、中文 OpenWindows 开发平台和 Oracle 数据库管理系统，开发环境用 C++和 Java 语言；Vax6420 配有 VMS 操作系统和 RDB 数据库。该系统的研究以解决实际问题为目的，主要的应用领域为：大型项目的综合论证、评估及决策；大型项目的费用、效能、进度和风险的综合分析。

从定性到定量综合集成研讨厅是我国专家、学者提出的一个新的研究领域，用以研究复杂的社会系统工程问题，对解决有关社会发展问题具有现实意义。原型系统的研究只是系统实现的开始，而且应该说是"一家之言"，具体实现不只一种方法。复杂巨系统问题的研究只能从一个又一个问题着手，使研究方法不断丰富完善。

6.5　综合集成的作用和发展趋势

6.5.1　综合集成的作用

系统工程是组织管理系统的技术，它从系统整体出发，根据总体目标的需要，以系统方法为核心并综合运用有关科学理论方法，以计算机为工具，进行系统结构、环境与功能的分析与综合，包括系统建模、仿真、分析、优化、运行与评估，以求得最好的或满意的系统方案并付诸实施。直接为系统工程提供理论方法的有运筹学、控制论、信息论、系统学等，还有数学与计算机技术。由于实际系统不同，用到哪类系统上，还要用到与这个系统有关的科学理论、方法与技术。例如，用到社会系统上，就需要社会科学、人文科学方面的知识。从这些特点来看，系统工程不同于其他技术，它是一类综合性的整体技术，一种整体优化的定量技术，一门综合集成的系统技术，是从整体上研究和解决问题的科学方法（王巍，吴勇，2011）。

系统工程的应用首先是从工程系统开始的，实践已证明它的有效性，如航天系统工程，它是组织管理工程系统研究、规划、设计、制造、试验、使用的技术。

当我们把系统工程用来组织管理复杂系统和复杂巨系统时，处理工程系统的方法就不够用了，它已处理不了复杂系统、复杂巨系统的组织管理问题。在这种情况下，系统工程自身也要发展。由于有了综合集成方法，系统工程便可以用来组织管理复杂系统和复杂巨系统了，我们把这类系统工程称作复杂系统工程。

社会系统是最复杂的系统，组织管理社会系统的技术，就是社会系统工程或复杂巨系统工程。综合集成方法使我们能从整体上研究和解决社会系统问题，进而促进这项复杂的社会技术的发展。落实科学发展观，就需要社会系统工程。社会系统不仅有自然属性，还有社会属性和人文属性。研究这个系统既需要自然科学，也需要社会科学、人文科学，尤其需要把它们综合集成起来，才能全面、深入地研究和解决社会系统问题。从综合集成方法和社会系统工程的特点来看，它可以用来研究和解决这类问题。例如信息网络安全问题，以计算机、网络和通信为核心的信息技术革命，开创了人类历史上人机结合、人网结合的新型网络社会形态，原有社会形态的（经济的、政治的、意识的）各种问题，都将通过人机结合与人网结合反映到网络社会形态中来，而且在网络社会形态中还会涌现出原来所没有的新问题，如网上意识形态斗争问题。实际上，信息网络+用户是个开放复杂巨系统。信息网络安全和网上斗争问题，就是这个开放复杂巨系统中的安全和斗争问题。它不仅有技术层面的问题、社会层面问题，还有人网结合层面的问题，这是一类新型的安全问题。如果我们还沿用传统思维方式、研究方式和管理方式，是不可能在根本上解决问题的。从我国实际情况来看，也说明了这一点，这就需要有新的思路和方法。从研究角度来看，仅靠自然科学技术或仅靠社会科学、人文科学都难以处理这类问题，需要把它们综合集成起来，对网络安全的战略、对策、方案和措施等进行系统研究。这就需要综合集成方法并用社会系统工程去组织实施，而不是部门分割，各行其是。

系统科学与系统工程所体现的系统思想，特别是综合集成思想是完全符合科学发展观的。所谓综合集成思想，就是把还原论思想和整体论思想结合起来的系统论思想。综合集成方法实际上是综合集成思想在方法论上的体现。运用综合集成方法建立起来的系统理论是综合集成理论。同样，以综合集成方法为主的复杂系统工程和社会系统工程，就是综合集成的系统技术。把系统理论和系统技术应用到改造客观世界的实践中，这就是综合集成工程。这样，随着综合集成思想、理论、方法、技术和实践几个方面的发展，综合集成工程必将为丰富科学发展观提供系统的科学依据（于景元，周晓纪，2004b）。

6.5.2 综合集成技术的发展趋势

为了达到对信息快速响应、辅助知识管理的目的，综合集成技术已经成为技术热点，蕴涵许多发展潜力。综合集成其实并不是什么新概念，早就有人试图去建立这种环境，但都失败了。这是因为条件尚不具备。当时虽有网络，但范围太小，也没有多少信息；虽有人机接口，但技术尚未达到实用；虽有人工智能的应用，但只是摆设，并无多少价值。而今天，无论从哪个方面，我们都已经走到了新时代的门槛上了。综合集成再一次成为热点，也成为我们在未来设计中不可缺少的内容（胡晓峰，1999）。

1）在信息系统设计时必须把目光放到基于 Internet 的"大信息环境"中。现在有人在讨论这个问题：Internet 出现在 20 世纪 70 年代，80 年代已经广为人知，但为什么到了 90 年代才突然大放异彩，并得到迅速发展呢？在这里，除了在网络技术上多年的积累以及技术逐步成熟外，WWW 技术的产生和应用起到了十分关键的作用。作为多媒体技术的分支之一，超文本技术在网络上找到了其最具历史意义的应用，实在是很多人没有想到的。现在反过来去研究 WWW 的作用，就很容易发现，WWW 所做到的最重要的一点就是将复杂的网络操作，通过超文本技术和简单的协议，变换成了简单的"点击"。其直接结果就是使用户不需要网络知识和约定便可以很容易地访问任意地点的计算机资源。用户群的扩大导致资源的增长，反过来又促进了用户群的再次扩大，如此循环往复，Internet 迅速发展。从原理讲，这些技术都不是什么新的发明，也不复杂，但通过巧妙地组合（其实也是集成），就引发了一场变革。这种变革所带来的不仅仅是技术上的变化，更重要的是引起了信息化社会、信息化产业等方面的进步。从这里可以发现，依托 Internet 的"大信息环境"建立各类信息应用，将成为未来最重要的发展趋势；在这个环境下实现各种多媒体技术的综合集成，是未来技术发展的突破口（胡晓峰，1999）。

2）必须在"内容"一级实现综合集成技术，与之相关的技术将是未来竞争的重点。要做到综合集成而非简单集成，就必须在信息内容上有充分的操纵手段，包括从多媒体信息源中挖掘知识。系统综合集成必然要涉及对内容的综合，但对多媒体而言，目前我们还缺乏完全实用的对媒体的理解或识别能力，如图像理解、语音识别、视频情节理解等。多年来在这些方面的研究所取得的进步也是有目共睹的。多媒体基于内容检索技术与传统的图像理解或语音识别不同，它首先要做的是不用任何领域知识对大量的媒体进行识别和分类，在低层的物理特征的基础上检索出所需的内容，而将理解其真正含义的工作交给用户自己去做。不需领域知识的低层特征识别虽然可以大规模地缩小目标空间，但在内容一级上实现综合还需要更高层次的特征和语义。这种更精细的识别需要领域知识，层次越高就越需要人工智能技术的进步，但毕竟目前这方面离真正实用还有相当大的距离。可以这样说，谁先掌握了对内容的实用处理能力，谁就会在未来的竞争中占据主动。微软、IBM 等对相关技术，如语音识别、图像理解、视频处理、多媒体技术等进行大量的投入，也说明了这一点。

3）综合集成环境必须是能够支持协同工作的环境，必须支持人的介入。复杂的问题需要多人协作解决，协作本身就是一个难题。在大信息环境下，计算机支持的协同工作要逐步发展为多媒体综合集成环境支持下的协同工作，即从 CSCW 发展为 M2SCW（multimedia metasynthesis supported cooperative work）。这种支持将在很大程度上与多媒体会议技术、虚拟现实技术、信息融合技术、协同感知技术等新技术的发展程度有关。例如，通过电话进行协作显然不如通过电视会议进行协作更直观和方便，而在未来可以将异地不同的协作参与者合成到一个虚拟的空间之中，对虚拟对象进行操作，那就更加不同。在跨全球范围的、虚拟与真实交汇的、多对象多人的环境中实现一个智能化的协同工作环境，是综合集成技术未来所要达到的目标。

4）在综合集成环境下实现知识管理是综合集成技术的基本目标。知识管理的基本职能是外化、内化、中介和认知。外化是以外部储藏库的形式收集知识，并提供相应的标准进行组织，根据各知识源的相似之处实现分类和识别。在此基础上，用聚类的方法找出知识库中各知识结构之间隐含的关系或联系。综合集成环境不仅要能够为用户提供功能强大的搜索引擎，而且还要进行分类管理。内化是设法发现与特定需求相关的知识结构。在内化过程中，从外部储藏库中提取知识，并以最适合的方式进行重新布局或表现，通过过滤来发现与知识寻求者相关的东西。智能化的处理将逐步做到这一点。中介过程强调明确固定的知识传送，将需要知识的对象与最佳的知识源相匹配。通过追溯个体的经历和兴趣，中介能把需要研究某一课题的人与相关的有经验的专家等连接起来，这就是所谓的个性化设计。综合集成环境应该能够逐步地识别每个用户的需求，然后主动提供服务。认知是对前三项功能得到的知识的运用，是知识管理的终极目标。现有技术很少能够实现认知过程的自动化，通常都是采用专家系统技术、人工智能技术、数据仓库技术等综合实现决策的支持和辅助。这些技术的发展，对未来的发展起着关键性的作用。

6.6　信息化综合集成的研究进展

国外学者在信息系统集成的各个领域中进行了许多有益的研究，如 Motoshi Saeki、Narciso Cerpa Jari Maansaari、Juhani Iivari 和 Rudy Hirsem、Arthur H. M. Ter 等从方法集成的角度讨论了信息系统集成；Amaro Gupta 等对信息系统集成过程中如何处理遗留应用子系统与新系统的关系做了初步的讨论，Joes M. Nieves 和 Andrew Rsage 等从企业或组织的再造工程角度讨论了信息系统集成。麻省理工学院致力于通过将定性方法引入定量模型构建过程改进模型评估方法的研究。波士顿东北大学将定性与定量的集成方法应用于模型验证。德国多特蒙德大学提出序列化 Petri 网的方法来实现定性与定量结合的系统分析过程。英国国防评估和研究局通过采用 M&S 技术来验证专家决策，其本质也是定性与定量的结合（蔡婷婷，2005）。

近年来，在地理学和环境学界，几乎所有大型项目都开始单独设立综合集成相关的研究课题，把跨地区、跨领域的成果综合起来研究全球气候变化等环境问题。

日本振兴会着眼于长远发展的"未来开拓学术研究"，1996 年起以 1 亿日元的研究经费资助了"综合的科学"项目，该项目的目的是在工程设计中综合各方面的思想形成新的设计一，其核心工具是"Ontology Engineering"（本体化工程），将有关工业设计的要素先进行分解，然后利用平台合成。

俄罗斯成立了"Metasynthesis Corporation"（综合集成组织）的机构，也有一套"组织控制系统的概念与设计方法论"，用于解决一些社会和企业管理问题。

我国学者在信息系统集成、综合集成理论及方法论方面做了大量研究工作，特别是在综合集成理论及方法论方面，于景元、戴汝为、王寿云等进一步研究了开放复杂巨系统理论、从定性到定量的综合集成技术；王丹力、顾基发、汪浩等研究了研讨厅中专家的群体行为规范、群体专家的思维分散化处理与意见的综合、研讨厅的组织等；曾珍香、黄梯云等、向阳等从决策的角度研究了集成人工智能的定性推理的 IDSS 结构模型、构建决策支持中心、复杂决策问题的综合集成求解方法等；司亚光、常显奇等、中国科学院自动化所人工智能实验室研究了空间军事系统研讨厅、战略决策模拟研讨厅、支持宏观经济决策研讨厅的建设。操龙兵等讨论了基于 Internet 的综合集成研讨厅，采用基于多智能体技术的研讨厅框架结构，综合集成研讨规范、综合集成与决策支持之间的关系，以及面向智能体的开放巨型智能系统设计中的若干问题研究。西安交大开发了"头脑风暴室"支持非结构小组研讨过程。当专家试图就某一问题展开讨论时，他们可以选择在线讨论区和离线讨论区两种环境。在在线讨论区，人员对信息进行分类、反馈、聚合，然后进行综合集成，导入离线讨论区的数据库。在离线讨论区，人员可以进行统计、分析、验证并形成初步的共识。以上在综合集成方面的研究成果为本书的创作提供了方法和实践思路。

参 考 文 献

艾克武，胡晓惠.1998. 综合集成的内容与方法——复杂巨系统问题研究. 系统工程与电子技术，(7)：18-23

蔡婷婷.2005. 跨企业信息系统集成协调机制的研究. 武汉：武汉理工大学硕士学位论文

戴汝为.2005-12-15. 复杂性科学研究重在应用. 光明日报，第 6 版

戴汝为，操龙兵.2002. 综合集成研讨厅的研制. 管理科学学报，(3)：10-16

戴汝为，李耀东.2004. 基于综合集成的研讨厅体系与系统复杂性. 复杂系统与复杂性科学，1(4)：1-24

胡晓峰.1999. 系统集成与系统综合集成. 测控技术，(9)：11-13

马增辉.2009. 水信息系统综合集成研究与应用. 西安：西安理工大学博士学位论文

涂元季.2010. 钱学森的系统科学思想及其实践意义. 求是，(23)：54-57

王巍，吴勇.2011. 试论系统工程理论、方法在企业战略分析中的应用. 中小企业管理与科技，(17)：

19-20

魏法杰，周艳．2004．综合集成研讨厅在条件保障项目评价中的应用研究．管理学报，1（3）：363-368

于景元．2001．钱学森的现代科学技术体系与综合集成方法论．中国工程科学，3（11）：10-18

于景元．2006．钱学森综合集成体系．西安交通大学学报，26（6）：40-47

于景元．2011．一代宗师百年难遇——钱学森系统科学思想和系统科学成就．系统工程理论与实践，31（S1）：1-7

于景元，涂元季．2002．从定性到定量综合集成方法——案例研究．系统工程理论与实践，（5）：1-7

于景元，周晓纪．2002．从定性到定量综合集成方法的实现和应用．系统工程理论与实践，（10）：26-32

于景元，周晓纪．2004a．科学发展观与系统科学．科学中国人，（10）：12-14

于景元，周晓纪．2004b．系统科学与系统工程的发展．复杂系统与复杂性科学，1（3）：4-9

于景元，周晓纪．2005．从综合集成思想到综合集成实践——方法、理论、技术、工程．管理学报，2（1）：4-10

Cao L B, Dai R W. 2001. Autonomous intelligent agents for metasynthetic engineering: a macroeconomic decision support system. First International Congress on Autonomous Intelligent Systems（ICAIS 2002），Geelong, Australia.

Wooldridge M, Jennings N R, Kinny D. 2000. The gaia methodology for agent-oriented analysis and design. Autonomous Agents and Multi-Agent Systems, 3（3）：285-312

第7章 云集成平台技术及应用

本章学习路线图

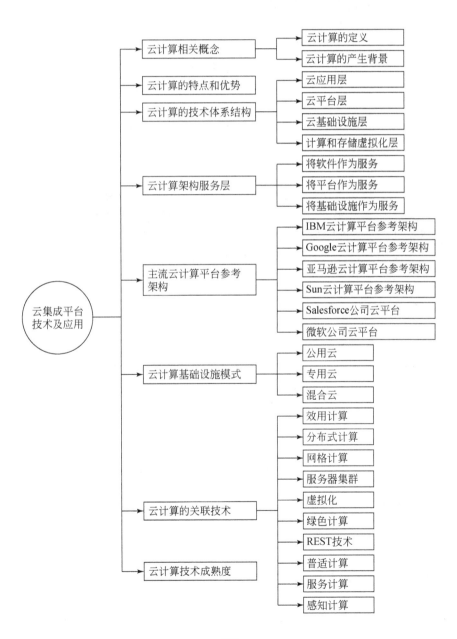

前面各章主要从航天信息化的发展和管理的角度出发，分析了信息化发展过程中所要解决的各种问题，本章及后面的章节将主要介绍如何利用当前一些应用广泛的 IT 主流技术从管理、技术、制造和后勤保障等方面如何综合集成，提供统一的基于云的平台架构。

软件开发云平台的建立需要分别考虑现有物理集中的 IT 资源，更需要考虑如何利用云计算的平台建立一个面向将来需求，面向发展的动态计算资源分配管理和服务自动化平台。这就需要充分考虑整个平台的延展性和可扩充性，从而帮助用户可以以最小的成本来搭建具有高度伸缩性的平台。

近年来，航天企业在信息化建设方面取得了一定的成绩，随着航天信息化的发展，型号任务的增加，航天信息化服务的需求会不断增加，对信息系统的可扩展性、综合集成性和可靠性提出了更高的要求。云计算被视为科技业的下一次革命，它将带来工作方式和商业模式的根本性改变。云计算已越来越成为经济发展过程中的一种必然选择和趋势，尽管才刚刚开始。本章主要介绍云计算的产生、发展和相关应用，使读者了解云计算的相关知识，便于在建设信息系统时，能够帮助企业基于云的信息化平台。

7.1　云计算相关概念

云计算是目前在系统集成与数据共享方面应用比较多的架构技术，Amazon、Google 和 IBM 是第一批将云计算引入公众视线的公司。云计算与 Web2.0 技术一样，是一种既有技术上的市场绽放，云计算概念也在改变人们的思想，最终引出各种各样的概念，托管服务，ASP，网格计算，软件作为服务，平台作为服务，任何东西作为服务。那么究竟什么是云计算，下面将详细介绍云计算的相关概念与应用技术。

目前云计算可以提供云服务，这属于商业模式范畴，也可以按需提供强大计算资源的云计算平台属于技术的范畴，二者可以紧密结合，也可以用传统的技术来实现。云计算是当代信息领域的重大创新，是解决信息社会大用户、大数据和大系统挑战的可行方案（Gu Yunhong，Robert，2009）。

传统的分布式计算平台包括超级计算（super computing）、集群计算（cluster computing）和网格计算（grid computing），近几年，出现了几种新的分布式计算平台，比如云计算（cloud computing）、普适计算（ubiquitous & pervasive computing）、服务计算（service computing）等，其中云计算是发展和普及最快的计算模式，并且以独有的商业模式在短短几年内产生巨大影响力。云计算模式是一种通过第三方网络服务方式提供高性能计算和海量存储的商业计算模型，能够屏蔽 IT 基础设施、软件平台的复杂性，实现自动管理，提供高可靠性、高可扩展性、可配置以及按需服务的网络化服务能力，同其他计算模式相比，云计算使用廉价的方式构建云数据中心，其自动化方式使数据中心管理和能源成本大幅降低，资源利用性提高（陈康，郑纬民，2009）。

7.1.1　云计算的定义

由于云计算是一个概念，而不是指某项具体的技术或标准，于是不同的人从不同的角度出发就会有不同的理解。业界关于云计算定义的争论也从未停止过，并不存在一个权威的定义。为了尽量准确地表达云计算这一概念，我们需要分析业界的各种声音，从而给出一个较为合理的解释。图 7-1 就是表示不同盲人对云计算的理解（朱近之，2010）。"云"只是一个形象的说法，既是对网状分布的计算机的比喻，也指数据的计算和存储过程被隐匿起来，按需要分配。"云计算"这个词汇是 Google CEO 埃里克于 2006 年 8 月 9 日在搜索引擎战略会议上的演讲中首次提到。目前对于云计算还没有统一的定义，云计算可以是租用一台服务器或一千台服务器并在目前世界上最强大的系统上运行地球物理建模应用程序的能力。云计算也可以是租用一个虚拟服务器、在其上面加载软件、随意打开和关闭该虚拟服务器或克隆该服务器十次以满足突发工作负荷需求的能力。

图 7-1　不同盲人对云计算的理解

　　号称"网格之父"的美国 Argonne 国家实验室的资深科学家、Globus 项目的领导人 Foster 这样定义云计算：云计算是由规模经济拖动，为互联网上的外部用户提供一组抽象的、虚拟化的、动态可扩展的、可管理的计算资源能力、存储能力、平台和服务的一种大规模分布式计算的聚合体（张建勋等，2010）。

　　我国网格计算、云计算专家刘鹏给出如下定义：云计算将计算任务分布在大量计算机构成的资源池内，使各种应用系统能够根据需要获取计算力、存储空间和各种软件服务。

　　根据维基百科的定义，云计算是一种计算方式，通过互联网将资源"以服务"的形式提供给用户，而用户不需要了解、知晓或者控制支持这些服务的技术基础架构"云"。

　　在 IBM 的技术白皮书 Cloud Computing 中的云计算定义：云计算一词用来同时描述一个系统平台或者一种类型的应用程序。一个云计算的平台按需进行动态地部署（provision）、配置（configuration）、重新配置（reconfigure）以及取消服务（deprovision）等。在云计算平台中的服务器可以是物理的服务器或者虚拟的服务器。高级的计算云通常包含一些其他的计算资源，如存储区域网络（SANS）、网络设备、防火墙以及其他安全设备等。云计算在描述应用方面，它描述了一种可以通过互联网进行访问的可扩展应用程序。云应用使用大规模的数据中心以及功能强劲的服务器来运行网络应用程序与网络服务。任何一个用户可以通过合适的互联网接入设备以及一个标准的浏览器就能够访问一个云计算应用程序（IBM，2010）。

什么是云计算，很多人认为云计算应该是个具体的事物，但是要明确的给个定义来解释其实并不那么容易。云计算的概念目前还没有统一的标准，本书综合几种已有的定义，给出云计算的概念：云计算是在规模经济驱动下的一种大规模分布式商业计算模式，通过基于互联网的方式将计算任务分布在动态扩展的可配置共享资源池上，资源池由大量的分布式计算机而非本地计算机或远程服务器构成，外部用户可以按需获取计算能力、存储空间、软件资源和信息服务。从云计算定义可以看出，云计算是一种特殊的分布式计算模式，通过抽象化封装，云计算将计算资源集中，形成物理分散、逻辑统一的资源池，并应用专业软件实现自我维护和自动管理，利用虚拟化方法或其他方法为用户提供动态配置的需求服务。云计算不但提供应用服务，还基于数据中心提供系统软件服务，这些服务称作：将软件作为服务，而数据中心的硬件和软件则称为云（cloud）（李婧，2011）。由于云计算具有廉价性、扩展性和普遍性的特点，很多研究机构和企业选择云计算作为信息化的解决方案。所以对于云计算来说，一个很重要的特征就是动态扩展能力，主要包括水平扩展能力和垂直扩展两个方面。

第一，水平扩展是连接和整合不同种类云服务而形成具有逻辑独立性云服务的一种扩展能力。例如，某种计算类云服务可以整合存储类云服务，形成功能更强大的计算类云服务。

第二，垂直扩展是通过增强云计算自身网络节点性能或者增大两节点之间的带宽来改进云服务能力，如提供更大内存的服务器。此外，为满足不断增强的市场需求，云计算的某一节点可以从单一服务器演变成数据中心。

最简单的云计算技术在网络服务中已经随处可见，如搜寻引擎、云电视、移动云平台等，用户只要输入简单指令即得到大量信息（黄兰秋，2012）。云计算有三个层次：首先，要提供物理的资源，计算、存储、数据，当然还有网络。其次，要提供平台，这个平台上可以开发新的应用，提供新的服务，有新的解决方案。这个平台就像在 PC 上面，像一个操作系统，是互联网里、云里面的操作系统。最后，软件作为一种服务，这里面其实不仅仅是软件，也包括数据作为一种服务，也包括信息作为一种服务，安全作为一种服务。很重要一点就是服务，云计算应包括两方面的内容：服务和云平台，云计算既是商业模式，也是一种技术架构。"云"的组成架构如图 7-2 所示（SUN，2009）。

同时，云计算也是一种计算模式，在这种模式中，计算资源、软件、数据、应用以服务的方式通过网络提供给用户使用。在云计算模式下，用户只需要连入互联网，借助轻量级客户端，例如手机、浏览器，就可以完成各种计算任务，包括程序开发、科学计算、软件使用乃至应用的托管。提供这些计算能力的资源对用户是不可见的，用户无需关心如何部署或维护这些资源。在用户看来，"云"中的资源是可以无限扩展的，可以随时获取、按需使用并按使用付费。"云"就像是一个发电厂，只是它提供的不是电力，而是虚拟计算资源，包括计算服务器、存储服务器、宽带资源，以及软件、数据和应用（SUN，2009）。

上述定义给出了云计算两个方面的含义：一方面描述了基础设施，用来构造应用程序，其地位相当于 PC 机上的操作系统；另一方面描述了建立在这种基础设施之上的云计算应用。

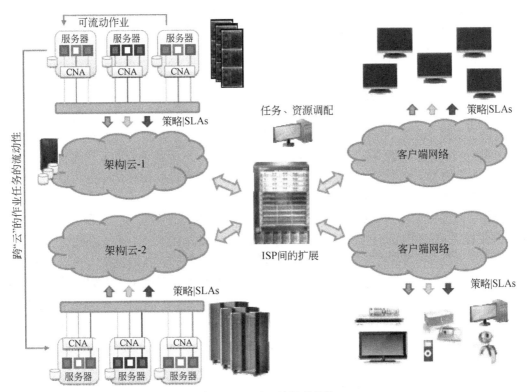

图 7-2　　"云"的组成架构

扩展阅读：云计算按照运营模式可以分为三种，即公共云、私有云和混合云。

公共云：直接向最终用户提供服务，用户通过互联网访问获得云资源服务，但并不拥有云资源。目前 Google、Amazon、IBM 都搭建有公共云，通过自己的基础架构直接向用户提供服务。

私有云：企业自己搭建的基于"云"的数据中心基础架构，面向内部用户或外部客户提供云计算服务。企业拥有基础架构的自主权，并且可以基于自己的需求改进服务，进行自主创新。

混合云：同时具备公共云和私有云特征，既有自己的云计算基础架构，也使用外部公共云提供的服务。

通常，"云"的资源可从三个层面以服务的方式提供给使用者。首先是基础架构服务（infrastructure as a service），提供的是虚拟化服务器、存储服务器及网络资源；其次是平台服务（platforms as a service），提供的是优化的中间件，包括应用服务器、数据库服务器、portal 服务器等；最后是 SaaS，包括应用、流程和信息服务。云环境的建设可以根据实际情况，从基础架构开始逐步实现或一步到位。

在基础架构层面，按照云资源类型划分，我们又可以把云分成计算云和存储云。计算云的云资源以服务器为主，旨在为 Unix/Linux/Windows 应用提供计算资源的服务；存储云的云资源则以存储设备为主，为云用户提供块存储及文件存储服务。当然，也有很多云同时提供存储资源和计算资源服务。

目前，云计算解决方案正在被逐渐应用于开发测试中心、培训与教育中心、创新中心、高性能计算中心、IDC 及企业数据中心。

7.1.2　云计算的产生背景

目前，很多企业的 IT 基础设施随着企业规模的增大和业务需求的不断变化而日益复杂，每次面临新需求、新应用时，就要增加新的服务器。从设备采购、系统部署到业务上线，通常要花费数周的时间，新业务不能得到快速响应。企业的信息化建设与业务发展之间却存在着较大差距，企业 IT 基础架构正面临着巨大挑战。

当前，IT 基础架构正朝资源共享方向发展。为能够降低计算成本，众多企业已经或正在考虑对 IT 基础架构进行整合及虚拟化。如何进一步提高资源利用率、降低管理和基础架构成本，如何实现软件、应用、数据和硬件资源的共享成为新的挑战（SUN, 2009）。图 7-3 所示是云计算的演变过程（刘晓茜，2011）。在早期互联网中，人们关注的是服务器端和客户端，而不去关注网络转发过程，如图 7-3 左侧所示。随着互联网的发展，尤其是无线通信的发展，互联网给人们带来了更多的服务，为企业提供诸如办公系统、电子商务、客户关系管理等系统应用服务以及基础设施等服务。而云计算将所有的计算、存储、网络、操作系统、应用平台、Web 服务、软件系统等都看做资源，并以商业租用的模式将这些资源封装，保留接口，屏蔽资源实现的细节，由第三方提供资源服务并管理，用户只需关注第三方提供资源服务的功能，通过接口接入云端，按自己的需求获取相应服务。

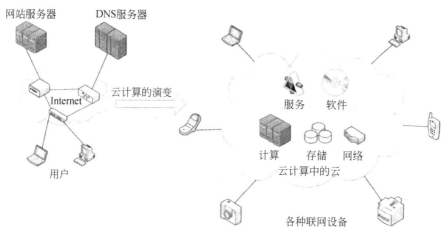

图 7-3　云计算的演变过程

企业 IT 基础架构面临对于业务支撑具有相当灵活度的压力。在有效控制成本的同时，如何增加自动化和智能化程度？如何缩短部署周期，轻松、灵活地应对快速变化的业务需求？

系统管理复杂。数据库服务器、Web 服务器、基础架构服务器、Unix、Windows、Linux 等，服务器数量多、种类多、管理复杂，出现故障时得不到及时解决。

性能瓶颈。业务高峰时，数据库系统负荷增加，出现性能瓶颈，不能及时响应用户请求，导致用户满意度下降。

IT 采购模式将发生巨大变化。以往根据项目需求采购设备、部署基础架构的方法，已经不能满足业务变化的要求，新的采购模式应该以有规划的、整体的基础架构升级来适应不断增加的新应用、提高对业务支撑的灵活性。企业的平台架构模式变化过程如图 7-4 所示（IBM，2010）。

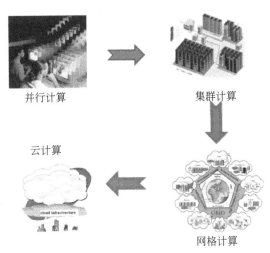

并行计算　　　　　　　　　集群计算

云计算　　　　　　　　　　网格计算

图 7-4　企业的平台架构模式变化过程

综上所述，我们可以得出这样的结论：企业迫切需要寻求一种经济有效的方法来优化工作负载、满足动态变化和日益增长的业务需求。当然，这些系统还必须安全、可靠且易于管理。

扩展阅读：云计算是随着处理器技术、虚拟化技术、分布式存储技术、宽带互联网技术和自动化管理技术的发展而产生的，这种大规模的计算能力通常是由分布式的大规模集群和服务器虚拟化软件搭建。

云计算有可能颠覆软件产业，应用和许可被随时购买和生效，应用在网络上而不是本机上运行。这种转变将数据中心放在网络的核心位置，而所有的应用所需要的计算能力、存储、带宽、电力都由数据中心提供。云计算不仅影响商业模式，还影响开发、部署、运行、交付应用的方式。

7.2　云计算的特点和优势

云计算的优势主要体现在以下几方面（天云科技，2010）：

1）超大规模。"云"具有相当的规模，Google 云计算已经拥有 200 多万台服务器，亚马逊、IBM、微软和 Yahoo 等公司的"云"均拥有几十万台服务器。"云"能赋予用户前所未有的计算能力。云计算提供了安全可靠的数据存储中心，终端用户不再担心数据丢失和病毒入侵等问题。这种"中心式"存储方式，颠覆了传统的数据和程序的拥有方式（数据存储、程序安装到用户拥有的终端上才真正的归用户所有、所用），实现了虚拟信息的所有权和存储位置的分离。而这种分离并不影响用户对数据使用。因为通过云计算中心专业的管理、可靠的储存技术和严格的权限策略，用户可以在"任何时间、任何地点"像使用自己的本地数据一样的放心的使用云计算的存储服务。因此，即便用户的终端设备（如手机、便携式电脑）丢失或者损毁，也不会对用户的数据造成危害。甚至可以预知，在云计算广泛应用的将来，移动存储设备很快被淘汰。

2）无处不在。云计算支持用户在任意位置、使各种终端获取服务 。所请求的资源来自"云"，而不是固定的有形实体。应用在"云"中某处运行，但实际上用户无需了解应用运行的具体位置，只需要一台笔记本或 PDA，就可以通过网络服务来获取各种能力超强的服务。

3）高可靠性。"云"使用了数据多副本容错、计算节点同构互换等措施来保障服务的高可靠性，使用云计算比使用本地计算机更加可靠。

4）通用性。云计算不针对特定的应用，在"云"的支撑下可以构造出千变万化的应用，同一片"云"可以同时支持不同的应用运行。

5）高可扩展性。云计算通过集群管理技术、虚拟机复制等技术能够有效的实现高可扩展性。并且这种扩展往往是按需扩展，从而体现了高度的灵活性。云计算中心还能够兼容不同硬件厂商的产品，兼容不同配置的机器和外设，却对外提供统一的高性能计算能力。

6）按需服务。"云"是一个庞大的资源池，用户按需购买，像自来水、电和煤气那样计费。

7）极其廉价。云计算对用户端的设备要求低，使用方便，可以支持手机等简单终端设备完成复杂的计算任务"在云计算中，终端设备只是作为指令的发送和结果显示设备，真正的计算由云计算中心完成"云计算这种模式还轻松地实现不同终端设备间的数据与应用共享。例如，通过云可以在不同品牌的手机浏览器中直接编辑存储在云数据中心的文档。

7.3 云计算的技术体系结构

从体系结构的角度来看，一个云计算系统是为配置一系列 IT 资源、运行客户应用程序而搭建的平台用户通过应用程序发出获取信息的请求，云计算系据程序的要求调度计算资源来运行这个应用程序。

云计算的基本原理是使计算分布于大量的分布式计算机，而非本地计算机或远程服务器，企业数据中心的运行将更与互联网相似。这使得企业能够将资源切换到需要的应用上，根据需求访问计算机和存储系统。云计算"基础设施"是承载在数据中心之上的，以高速网络连接各种物理资源（服务器、存储设备、网络设备等）和虚拟资源（虚拟机、虚拟存储空间等）。云计算基础设施的主要构成元素基本上都不是云计算所特有的，但云计算的特殊需求为这些传统的 ICT 设施、产品和技术带来了新的发展机遇。如数据中心的高密度、绿色化和模块化，服务器的定制化、节能化和虚拟化等；而且一些新的 ICT 产品形式将得到长足的发展，并可能形成新的技术创新点和产业增长点，如定制服务器、模块化数据中心等（天云科技，2010）。

云计算"操作系统"是对 ICT 资源池中的资源进行调度和分配的软件系统。云计算"操作系统"的主要目标是对云计算"基础设施"中的资源（计算、存储和网络等）进行统一管理，构建具备高度可扩展性，并能够自由分割的 ICT 资源池；同时向云计算服务层提供各种粒度的计算、存储等能力。

在云计算技术架构中，由数据中心基础设施层与 ICT 资源层组成的云计算"基础设施"和由资源控制层功能构成的云计算"操作系统"，是目前云计算相关技术的核心和发展重点。

🦌 **扩展阅读**：信息通信技术（information communication technology，ICT）是信息技术与通信技术相融合而形成的新的概念和技术领域。在我国电信的企业战略转型指导意见中，ICT 成为与互联网应用、视频内容以及移动通信并列的四大拓展业务领域之一。ICT 产生的背景是行业间的融合以及对信息通信服务的强烈诉求，而固网运营商进入 ICT 领域是固网空间被四处挤压、企业进入发展的疲劳甚至是衰退期下的选择，严格说来属于危机转型或弱势转型。在转型的先驱者中，既有诺基亚这样从木材加工业成功转型到 IT 产业的公司，也有在转型过程中黯然落幕的百年老店 AT&T。因此，我国的固网运营商有必要全面地审视一下自己与 IT 企业的距离。让我们做一个 IT 企业与 CT 企业的简单比较。（资料来源：http：//baike. baidu. com/subview/470877/8000522. htm? fromId = 470877&from = rdtself）

作为一种新兴的计算模式，云计算能将各种各样的基础设施资源、应用系统和软件平台等以服务的方式通过网络交付给用户，这些服务包括种类繁多的设施服务、网络服务、硬件服务、系统服务、中间件服务、应用服务等。这些服务可以进一步归类为：将基础设施作为服务、将平台作为服务、将软件作为服务。这三种服务也引出了云计算架构的标准层次划分：基础设施层、平台层和应用层。云计算通过虚拟化和服务化方法将云环境中的资源进行了标准化整合。云计算架构主要包括四个层次：基础设施层、计算和存储虚拟化层、平台层和应用层。该架构层次每一层提供的功能都是以标准服务化进行封装，利用网络提供给用户，不同的层次提供不同的云服务，云服务种类的划分也参考该架构的层次性。云层次体系结构如图 7-5 所示（SUN，2009）。

7.3.1 云应用层

该层包含了可以运行在云平台中的应用服务，是集成了大量的应用软件，这些软件以服务的方式进行提供，并且软件应用的运行需要依赖基础设施资源以及云计算平台环境，最终通过网络向用户交付。该层直接面对终端用户，为用户提供可视化界面，为用户提供 Web 门户访问服务。对终端用户而言，计算工作从用户终端移动到数据中心或者云端，大大降低了用户对终端硬件设施的要求；对云应用的提供者而言，云应用程序部署在云端而

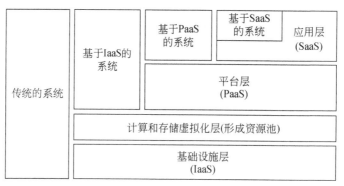

图 7-5 云层次体系结构

不是用户桌面，大大简化了更新和测试软件的工作，也大大减少了部署软件设备的投入；对云基础设施的提供者而言，人员以及基础设施（硬件或服务）以服务的形式提供，可获得最大限度的回报（朱近之，2010）。

7.3.2 云平台层

平台层通过集成操作系统、特殊工具以及中间件等提供平台服务，是云计算应用服务的运行环境，通过云服务应用的开发和部署，可以是平台具有负载伸缩性以及安全性等特点。该层对应云应用的开发者，他们实现应用并在云端部署服务。云计算环境提供商（通常是云基础设施提供者或更底层的云应用开发者）为云应用的开发者提供一组 API，该层所提供的服务通常被归为 PaaS，经典应用案例是 Google App Engine 和 Salesforce Apex Language。

PaaS 作为一种云服务层次，提供软件开发工具和产品运行所需要的中间件运行能力。一方面，通过平台云，用户可以建立和运行自己定义的应用程序；另一方面，平台云提供了建立基于互联网的应用的所有资源。所以最终的用户无须下载、安装应用，也不必维护整个运营系统。

平台云计算，通常提供的基本功能包括虚拟机服务器、存储和数据库设计。按照云计算的服务类型对云进行的分类中，PaaS 位于 IaaS 和 SaaS 的中间层。这样，就需要 PaaS 层对 IaaS 层和 SaaS 层都具有集成能力：一方面，PaaS 层可以充分利用 IaaS 层提供的功能，有效扩充软件平台的能力；另一方面，PaaS 层需要以更有效的方式支撑 SaaS 层。

7.3.3 云基础设施层

基础设施层主要包括传统计算中心的硬件资源，例如以服务器为主的计算资源、存储设施资源以及网络设施资源等。该层提供功能性资源，可以利用这些资源组成新的云环境层或应用。其资源可以分为：计算资源、数据存储和通信。基础设施层中虚拟机是给云用户提供计算资源的普通方式，通常被称为 IaaS。数据存储又称 DaaS，它允许用户在远程硬盘上存储数据并可以在任意时间和地点访问。它包括用户对数据存储的高可用性、可靠性、一致性和性能等诸多要求。

7.3.4 计算和存储虚拟化层

该层通过虚拟化封装技术对基础设施层的资源进行抽象化封装，形成共享资源池供上层或终端用户使用，如虚拟化计算集群、逻辑文件系统和数据库等。物理服务器通常由基础软件管理，该层正是由这些基础软件组成，并由操作系统内核、虚拟机监控器或集群中间件来实现。

7.4 云计算架构服务层

云计算按照服务类型大致可以分为三类：将基础设施作为服务（infrastructure as a service，IaaS）、将平台作为服务（platform as a service，PaaS）、将软件作为服务（software as a service，SaaS）（图7-6）（天云科技，2010）。

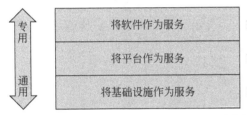

图7-6 云计算的服务类型

7.4.1 将软件作为服务

将软件作为服务的特色是根据需要作为服务提供的一整套应用程序。该软件的单个实例运行于云上，并为多个最终用户或客户机构提供服务。SaaS提供商为中小企业搭建信息化所需要的所有网络基础设施及软硬件运作平台，并负责所有前期的实施、后期的维护等一系列服务。企业无须购买软硬件、建设机房和招聘IT人员，只需在前期支付一次性的项目实施费和定期的软件租赁服务费，即可通过互联网享用信息系统。服务提供商通过有效的技术措施，可以保证每家企业数据的安全性和保密性。企业采用SaaS模式在效果上与自建信息系统基本没有区别，却可节省大量用于购买IT产品、技术和维护运行的资金，且可以像打开自来水龙头就能用水一样方便地利用信息化系统，从而大幅度降低信息化的门槛与风险（上海爱可生信息，2010）。

SaaS通过在线租赁使用的方式解决传统软件购买成本和维护成本高的诸多难题，而在企业运营中体现出了明显优势：产品开发基于满足传统管理软件的功能，并提供在线服务和管理的思路，实现了财务、销售、采购和老板等各个角色的人可在同一个平台上工作，实现信息可管控的高度共享和协同。

另外，SaaS 供应商通常是按照客户所租用的软件模块来进行收费的，因此用户可以根据需求按需订购软件应用服务，而且 SaaS 的供应商会负责系统的部署、升级和维护。而传统管理软件通常是需要买家一次性支付一笔可观的费用才能正式启动的。

举例来说，ERP 这样的企业应用软件，其部署和实施比软件本身的功能、性能更为重要，万一部署失败，那所有的投入几乎全部白费，这样的风险是每个企业用户都希望避免的。通常的 ERP、CRM 项目的部署周期至少需要一两年甚至更久，而 SaaS 模式的软件项目部署最多也不会超过 90 天，而且用户无须在软件许可证和硬件方面进行投资。传统软件在使用方式上受空间和地点的限制，必须在固定的设备上使用，而 SaaS 模式的软件项目可以在任何可接入 Internet 的地方在任何时间使用。相对于传统软件，SaaS 模式在软件的升级、服务和数据安全传输等各个方面都有很大的优势。因此，SaaS 在一开始就被看做是中小企业信息化的福音。对这些企业来说，SaaS 的价值在于：从技术方面来看，企业无须再配备 IT 方面的专业技术人员，同时又能得到最新的技术应用，满足企业对信息管理的需求；从投资方面来看，企业只以相对低廉的"月费"方式投资，不用一次性投资到位，不占用过多的营运资金，从而可缓解企业资金不足的压力，不用考虑成本折旧问题，并能及时获得最新硬件平台及最佳解决方案；从维护和管理方面来看，由于企业采取租用的方式来进行物流业务管理，不需要专门的维护和管理人员，也不需要为维护和管理人员支付额外费用，可在很大程度上缓解企业在人力和财力上的压力，使其能够集中资金对核心业务进行有效的运营（上海爱可生信息，2010）。

7.4.2　将平台作为服务

将平台作为服务包含一个软件层，并作为一项服务提供此软件层，这项服务可用来构建更高水平的服务。生产 PaaS 的某个人可能通过集成 OS、中间件、应用软件甚至是一个随后作为服务提供给客户的开发环境来生产一个平台。例如，开发 PaaS 的人可能会使其以一组 Sun™ XVM 管理程序虚拟机为基础，这组虚拟机包括一个 NetBeans™ 集成化开发环境、一个 Sun GlassFish™ Web 栈，并支持像 Perl 或 Ruby 这样的其他编程语言。使用 PaaS 的人会看到一个封装式服务，该服务是通过 API 提供给用户的。客户通过 API 与该平台互动，而且该平台执行一切必要的操作来管理和扩展其本身，以提供规定的服务水平（上海爱可生信息，2010）。

通常又可将 PaaS 细分为开发组件即服务和软件平台即服务。前者指的是提供一个开发平台和 API 组件，给开发人员更大的弹性，依不同需求定制化。一般面向的是应用软件开发商（ISV）或独立开发者，这些应用软件开发商或独立开发者们在 PaaS 厂商提供的在线开发平台上进行开发，从而推出自己的 SaaS 产品或应用。后者指的是提供一个基于云计算模式的软件平台运行环境。让应用软件开发商（ISV）或独立开发者能够根据负载情况动态提供运行资源，并提供一些支撑应用程序运行的中间件支持。目前有能力提供 PaaS 平台的厂商并不多，本部分中关于云的产品示例包括 IBM Rational 云平台，Salesforce 公司的 Force. com 和 Google 的 Google App Engine 等（朱近之，2010）。

这个层面涉及两个核心技术。第一个核心技术是基于云的软件开发、测试及运行技术。PaaS 主要面向软件开发者，如何让开发者通过网络在云计算环境中编写并运行程序，在以前是一个难题。如今，在网络带宽逐步提高的前提下，两种技术的出现解决了这个难题。一个是在线开发工具。开发者可通过浏览器、远程控制台（控制台中运行开发工具）等技术直接在远程开发应用，无须在本地安装开发工具。另一个是本地开发工具和云计算的集成技术，即通过本地开发工具将开发好的应用直接部署到云计算环境中去，同时能够进行远程调试。第二个核心技术是大规模分布式应用运行环境。它是利用大量服务器构建的可扩展的应用中间件、数据库及文件系统。这种应用运行环境可以使应用得以充分利用云计算中心的海量计算和存储资源，进行充分扩展，突破单一物理硬件的资源瓶颈，满足互联网上百万级用户量的访问要求，Google 的 App Engine 就采用了这样的技术（朱近之，2010）。

PaaS 产品可执行各个阶段的软件开发和测试，也可以专用于某个领域，例如，内容管理。PaaS 的商业示例包括 Google App Engine，它在 Google 的基础设施上提供应用程序服务。像这样的 PaaS 可提供一个用来部署应用程序的强大基础，然而它们可能会由于云提供商选择提供的能力而受到制约。

平台即服务有助于形成生态系统与价值链，而不同云计算平台的竞争力来自价格、开放性、技术先进性和业界影响力。平台即服务对服务提供商的价值有以下几个方面（朱近之，2010）。

第一，平台即服务能够灵活扩展，以较低的成本实现长尾效应。云计算平台能够以较低的管理边际成本开发新产品、推出新产品，使新业务的启动成本为 0，资源不会受限于单一的产品和服务。运营商因此可以在一定投资范围内极大丰富产品种类，通过资源的自动调度满足各个业务的需求，尽最大可能发挥长尾效应。

第二，云计算动态基础架构能灵活地调配资源，满足业务高峰期的需求。例如，在奥运会期间，对赛事网站的访问量会空前爆发，云计算后台的技术可以临时调配其他闲散资源来支持访问高峰期对资源的需求。美国奥组委已经采用 AT&T 提供的云计算服务为奥运会赛事观看服务。此外，节假日的短信电话高峰期、考试报名和成绩查询都会是资源需求的高峰期。

使用 PaaS，开发人员可以极具生产力，这部分是由于他们不必为定义可伸缩性要求去操心，也不必用 XML 编写部署说明，这些工作全部由 PaaS 提供商处理。一个程序员可以迅速开发出工资单和财产管理等应用程序。

7.4.3 将基础设施作为服务

将基础设施作为服务通过网络作为标准化服务提供基本存储和计算能力。服务器、存储系统、交换机、路由器和其他系统都是合用的，并可用来处理从应用程序组件到高性能计算应用程序的工作负荷。IaaS 的商业示例包括 Joyent，其主要产品是提供高度可用的按需基础设施的一系列虚拟化服务器。这类服务既有面向普通用户的，诸如 Google Calendar 和 Gmail；也有直接面向企业团体的，用以帮助处理工资单流程、人力资源管理、协作、客户关系管理和业务合作伙伴关系管理等。这些产品的常见示例包括：IBM LotusLive，

Salesforce. com 和 Sugar CRM 等。这些 SaaS 提供的应用程序减少了客户安装和维护软件的时间和技能等代价，并且可以通过按使用付费的方式来减少软件许可证费用的支出。IaaS、PaaS 和 SaaS 之间的关系如图 7-7 所示（上海爱可生信息，2010）。

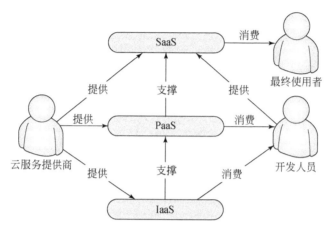

图 7-7　IaaS、PaaS 和 SaaS 之间的关系

基础架构即服务的一个主要特征是资源的虚拟化管理：利用虚拟化技术，如服务器虚拟化、存储虚拟化，来提高 IT 资源的利用率；通过虚拟化技术中基础设施的共享特性来提高系统的稳定性和可靠性；通过在虚拟化中集成的管理技术和理念加强对数据中心的管理，降低管理成本和运营成本；通过虚拟化管理技术和管理流程使虚拟化能真正为企业在绿色节能、资源利用和高可用性上添砖加瓦。

基础架构即服务支持自动化部署管理，降低数据中心运行的纯人工工作量，提高系统和业务运行的安全性、稳定性；实现集中资源配置管理，并利用该技术平台提供最实时、最准确的配置信息和运行状态信息，来支持企业内既有的管理系统的高效管理；结合其管理平台的运用，将自动化的管理和资源管理、资源部署、资源配置等管理功能有效集成后，将企业内开放平台资源管理的水平提升一个成熟度。它能迅速发布应用程序，也能随需扩展应用程序，使得瞬间在成千上万台服务器上扩展应用程序成为可能（张礼立，2013）。

通过 IT 资源管理的自动化，更高效地完成人力密集的重复性工作，更有效地避免人工可能导致的错误，更迅速地实现对突发情况的响应。若依靠技术人员现场手工完成整个企业内某软件的安装，需要数天至一周以上；而借助 IT 资源调度管理平台的远程自动部署功能，则可能将所需时间压缩到 1h 以内，并且技术人员不必亲自到现场完成工作，可极大地提高效率，降低人力成本，避免可能产生的人为错误。

在 SaaS 层面，服务提供商提供的是消费者应用或行业应用，直接面向最终消费者和各种企业用户。这一层面主要涉及如下技术：Web 2.0，多租户和虚拟化。Web 2.0 中的 AJAX 等技术的发展使得 Web 应用的易用性越来越高，它把一些桌面应用中的用户体验带给了 Web 用户，从而让人们容易接受从桌面应用到 Web 应用的转变。多租户是指一种软件架构，在这种架构下，软件的单个实例可以服务于多个客户组织（租户），客户之间共享一套硬件和软件架构。它可以大大降低每个客户的资源消耗，降低客户成本。虚拟化也是 SaaS 层的一项重要技术，与多租户技术不同，它可以支持多个客户共享硬件基础架构，但不共享软件架构，这与 IaaS 中的虚拟化是相同的（朱近之，2010）。

7.5 主流云计算平台参考架构

7.5.1 IBM 云计算平台参考架构

IBM 蓝云计算平台由一个数据中心和一些虚拟化的组件共同组成。前者包括 Tivoli 部署管理（Tivoli Provisioning Manager，TPM）、Tivoli 监控器（Tivoli Monitoring Machine，TMM）、WebSphere 应用服务器（WebSphere Application Server，WAS）以及数据库 DB2，图 7-8 描述了蓝云计算的后台架构，实现的功能如下（IBM，2010）：

1）TPM 使 Microsoft Windows 和 Linux 操作系统的映像、部署、安装和配置过程实现自动化，并且使用户请求的任何软件集的安装/配置实现自动化。

2）TPM 使用 WAS，呈现供应状态和数据中心内资源的可用性、调度资源的供应及取消供应，并且预定资源，以备日后使用。

3）资源供应后，根据操作系统和平台使用 Xen 管理程序来创建虚拟机。

4）TMM 监控 TPM 所提供的服务器的运行状况。

5）DB2 是用来存储数据资源的数据库服务器。

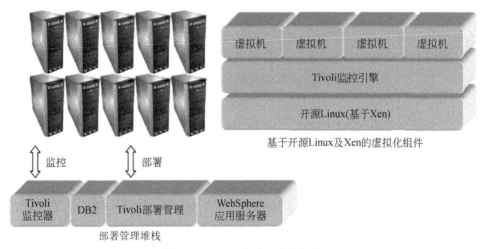

图 7-8 IBM "蓝云" 产品架构

IBM "蓝云" 产品的逻辑架构可以分为物理资源层、逻辑资源层、虚拟化管理平台层、云计算服务管理层。云计算体系逻辑结构如图 7-9 所示。

其中，物理资源层包括 X86 服务器、小型机、磁盘阵列和网络等物理资源。

逻辑资源层包括 X86 物理服务器与虚拟机的组合，小型机经过逻辑分区或虚拟化后提供的虚拟机，存储虚拟化控制器，网络 VLAN 管理等虚拟化后的逻辑资源。逻辑资源实际是物理资源跟虚拟化的软硬件技术结合，提供更好的可扩展性、可分配性和可调度性。

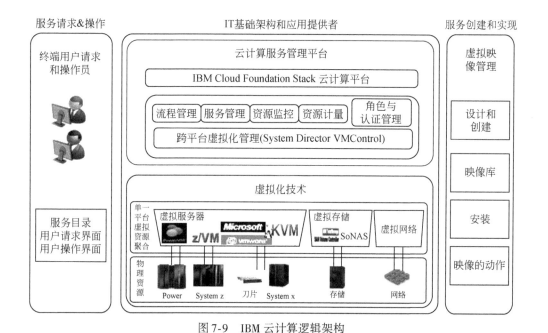

图 7-9   IBM 云计算逻辑架构

虚拟化管理平台层是逻辑资源管理、分配、调度、监控、计量的平台。IBM 的虚拟化管理平台，X86 服务器的虚拟化平台，小型机的管理平台，存储虚拟化的管理平台，网络监控统一构成了云计算平台的核心。这些管理模块互相集成，实现逻辑资源的自动化管理，为用户门户和管理层提供了按需分配的引擎。

云计算服务管理层是云平台的用户门户。对于使用云平台服务的终端用户，他看不到也不需要了解物理或逻辑资源层的构成和虚拟化管理平台层的运作。他只看到虚拟化的资源，使用虚拟化的资源。实际应用的解决方案的逻辑架构如图 7-8 所示。

云计算管理域使用 IBM CFS 系统实现基础设施云计算服务管理，提供包括资源分配和回收、快速部署、项目流程管理、资源监控和使用统计等高级功能，服务器池方面主要支持 Power 服务器池和基于 KVM 引擎的 X86 服务器池；并提供开发 API 供二次开发和客户化使用。

IBM "蓝云" 产品总体架构可以分为云计算管理域、虚拟化管理域、Power 系统池、X86 系统池、存储资源池和网络资源池。

虚拟化管理域使用 IBM System Director VMControl 实现服务器 Power 系统和 X86 系统虚拟引擎管理、存储系统虚拟引擎管理，实现虚拟资源的供给、部署和管理，服务器虚拟化支持 PowerVM、KVM 等虚拟引擎，为 CFS 提供支持。该部分系统由 IBM System Director 基础系统、VMontrol 服务器虚拟化管理组件、StorageControl 存储虚拟化管理组件、AEM 节能管理组件（可选）、Power 管理控制台 HMC、Power 映像管理服务器 NIM、DNS、Storage SMI-S Agent/Switch SMI-S Agent 和 TPC 等组成。虚拟化的另外一个级别可以通过软件来获得，在蓝云计算平台中使用了 Xen 虚拟化软件。Xen 也是一个开源的虚拟化软件，能够在现有的 Linux 基础之上运行另外一个操作系统，并通过虚拟机的方式灵活地进行软件部署和操作。通过 Xen 的部署，蓝云系统可以更方便地管理各个虚拟化的机器。

Power 系统池由两台以上 IBM Power 服务器构建而成，可以根据需求动态增加物理服务器的数量。该系统池可整合多台 Power 物理服务器的计算资源，提供不依赖具体物理服务器的应用部署和管理模式，是云计算基础架构里面主要组成部分，支持 Power7/Power6/Power5 系统。Power 系统池可用于部署可靠性和处理能力要求高的数据库虚拟服务器，由 CFS 通过 VMControl 进行部署和管理服务。

X86 系统池由至少两台 X86 芯片的 PC 服务器构成，可以根据需求动态增加服务器数量。该池可实现对 X86 虚拟化技术的管理，提供多个基于 X86 的 Windows 或 Linux 虚拟环境。该池可使用主流 X86 引擎 KVM 实现虚拟资源管理，由 CFS 通过 VMcontrol 进行部署和管理服务。X86 系统池可用于部署多个中间件应用和前端应用系统。

存储资源池由一台以上磁盘阵列构成，由 IBM SVC 存储虚拟化引擎进行管理，支持管理各存储厂商的主流存储产品，从而实现存储资源统一管理、为服务器系统池提供自动化供给的基础设施管理功能。该部分资源由 CFS 通过 VMControl 进行调用。计算平台中的存储体系结构对于云计算来说也是非常重要的，无论是操作系统，服务程序还是用户应用程序的数据都保存在存储体系中。云计算并不排斥任何一种有用的存储体系结构，但是需要考虑跟应用程序的需求结合起来，获得最好的性能。总的来说，云计算的存储体系结构包含类似于 Google File System 的集群文件系统以及基于块设备方式的存储区域网络 SAN 两种方式。

网络资源池由两台以上网络交换机构成，网络的 IP 资源根据客户的 IP 资源管理来分配，带宽资源是根据实际需求决定，由网络交换机产品的网络管理来进行分配。网络资源池的调度、分配和计量，取决于网络设备的功能。总体架构如图 7-10 所示。

云计算分为 IaaS、PaaS 和 SaaS，不同的厂家提供了解决方案，目前还没有一个统一的技术体系结构。现给出一个参考的体系结构，如图 7-11 所示。

云计算技术体系结构分为四层：物理资源层、资源池层、管理中间件层和 SOA（service-oriented architecture，面向服务的体系结构）构建层。物理资源层包括计算机、存储器、网络设施、数据库和软件等。资源池层是将大量相同类型的资源构成同构或接近同构的资源池，如计算资源池、数据资源池等。构建资源池更多的是物理资源的集成和管理工作，例如研究在一个标准集装箱的空间如何装下 2000 个服务器、解决散热和故障节点替换的问题并降低能耗。管理中间件层负责对云计算的资源进行管理，并对众多应用任务进行调度，使资源能够高效、安全地为应用提供服务。SOA 构建层将云计算能力封装成标准的 Web Service，并纳入 SOA 体系，进行管理和使用，包括服务接口、服务注册、服务查找、服务访问和服务工作流等。管理中间件层和资源池层是云计算技术的最关键部分，SOA 构建层的功能更多依靠外部设施提供。云计算的管理中间件层负责资源管理、任务管理、用户管理和安全管理等工作。资源管理负责均衡地使用云资源节点，检测节点的故障并试图恢复或屏蔽之，并对资源的使用情况进行监视统计；任务管理负责执行用户或应用提交的任务，包括完成用户任务映像（image）的部署和管理、任务调度、任务执行、任务生命周期管理等；用户管理是实现云计算商业模式的一个必不可少的环节，包括提供用户交互接口、管理和识别用户身份、创建用户程序的执行环境、对用户的使用进行计费

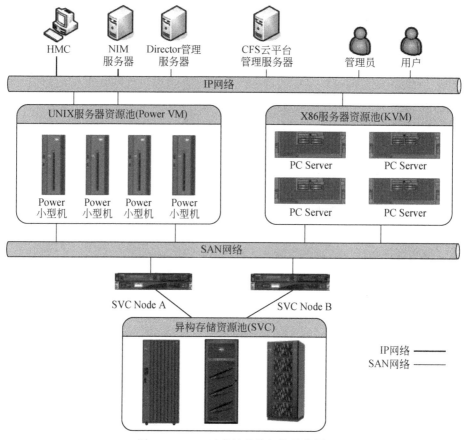

图 7-10　IBM 云存储总体架构示意图

等；安全管理保障云计算设施的整体安全，包括身份认证、访问授权、综合防护和安全审计等。

基于上述体系结构，简述云计算的实现机制，如图 7-12 所示。

用户交互接口向应以 Web Service 方式提供访问接口，获取用户需求。服务目录是用户可以访问的服务清单。系统管理模块负责和分配所有资源，其核心是负载均衡。配置工具负责在分布的节点上准备任务运行环境，监视统计模块均衡，完成用户使用节点情况的统计。执行过程不复杂，用户交互接口允许从目录中选取并调用一个服务，该请求传递给系统管理模块后，它将为用户分配恰当的资源，然后调用配置工具为用户准备运行环境。

在设计云计算平台的存储体系结构的时候，不仅仅是需要考虑存储的容量。实际上随着硬盘容量的不断扩充以及硬盘价格的不断下降，使用当前的磁盘技术，可以很容易通过使用多个磁盘的方式获得很大的磁盘容量。相较于磁盘的容量，在云计算平台的存储中，磁盘数据的读写速度是一个更重要的问题。单个磁盘的速度很有可能限制应用程序对于数据的访问。因此，在实际使用的过程中，需要将数据分布到多个磁盘，并且通过对于多个磁盘的同时读写达到提高速度的目的。因此，在云计算平台中，数据如何放置非常重要，在实际使用的过程中，需要将数据分配到多个节点的多个磁盘里。

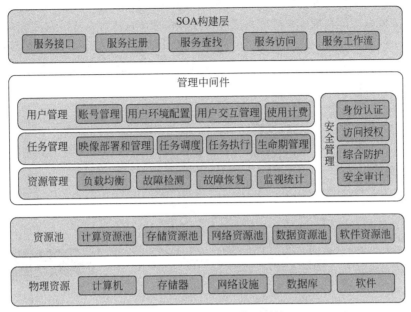

图 7-11　云计算技术体系结构

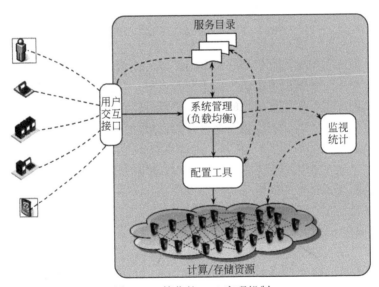

图 7-12　简化的 IaaS 实现机制

在 IBM 蓝云计算平台中主要使用的是 HDFS。这种使用方式将磁盘附着于节点的内部，面向外部提供一个共享的分布式文件系统空间，同时在文件系统级别做冗余以提高可靠性。在合适的分布式数据处理模式下，这种方式可以大大提高总体的数据处理效率。SAN 系统也是 IBM 云计算平台的另外一种存储体系结构选择，在蓝云平台上也有一定的体现，IBM 也提供 SAN 平台，能够接入蓝云计算平台。图 7-13 是一个 SAN 系统的结构示意。从中可以看到，SAN 系统是在存储端构建存储的网络，多个存储设备构成一个存储区域网络。前端的主机可以通过网络的方式访问后端的存储设备。而且，由于提供了块设备的访问方式，数据访问与前端操作系统无关（IBM，2010）。在 SAN 连接方式上，可以有多种选择。一种选择是使用光纤网络，能够操作快速的光纤磁盘，适合于对性能与可靠性要求比较高的场所。另外一种选择是使用以太网，采取 iSCSI 协议，能够运行在普通的局域网环境下，从而降低了成本。

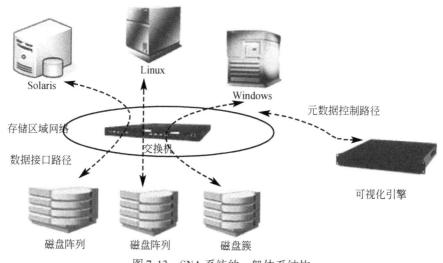

图 7-13　SNA 系统的一般体系结构

由于存储区域网络中的磁盘设备并没有与某一台主机绑定在一起，而是采用了非常灵活的结构，因此对于主机来说可以访问多个磁盘设备，从而能够获得性能的提升。

在存储区域网络中，使用虚拟化的引擎来进行逻辑设备到物理设备的映射，管理前端主机到后端数据的读写。因此虚拟化引擎是存储区域网络中非常重要的管理模块。

与 Google 不同的是，IBM 并没 有基于云计算提供外部可访问的网络应用程序。这主要是由于 IBM 并不是一个网络公司，而是一个 IT 的服务公司。当然，IBM 未来为客户提供的软件服务会基于云计算的架构（陈康，郑纬民，2008）。

7.5.2　Google 云计算平台参考架构

谷歌以应用托管、企业搜索和其他形式向企业开放其"云"计划。2008 年 4 月，谷歌推出了谷歌应用软件引擎（Google App Engine，GAE），这种服务让开发人员可以编译基于 Python 的应用程序，并可免费使用谷歌的基础设施来进行托管。Google 内部云计算基础平台主要由 3 个主要部分组成：分布式文件系统 Google File System、针对 Google 应用程序的特点提出的编程模式 MapReduce 以及大规模分布式数据库 Bigtable。此外，Google 还构建了其他云计算组件，如分布式锁服务机制 Chubby 等。

1）分布式文件系统——谷歌文件系统（Google File System，GFS）。图 7-14 为 GFS 的系统架构，如图 7-15 所示（Google，2013）。一个 GFS 集群包含一个主服务器和多个块服务器，可以被多个客户端访问。大文件分割成固定尺寸的块，块服务器把块作为 Linux 文件保存在本地硬盘上，并根据指定的块句柄和字节范围来读写块数据。为了保证可靠性，默认情况下每个块存有 3 个备份。主服务器管理文件系统所有的元数据，包括命名空间、访问控制、文件到块的映射、块物理位置等相关信息。服务器端和客户端的联合设计使得 GFS 对应用支持达到最优化。

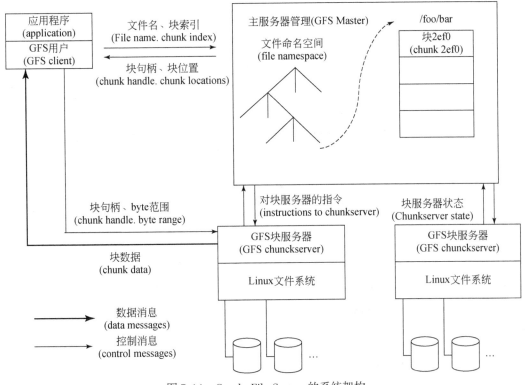

图 7-14　Google File System 的系统架构

2）分布式编程环境 MapReduce。Google 构造 MapReduce 编程规范来简化分布式系统的编程。应用程序开发者只需关注应用程序本身，而关于集群的处理问题则交由平台来处理。MapReduce 通过"Map（映射）"和"Reduce（化简）"构成运算基本单元。用户只需提供自己的 Map 函数以及 Reduce 函数即可并行处理海量数据。

MapReduce 其实就是 Divide/Conquer 的过程，通过把问题 Divide，使这些 Divide 后的 Map 运算高度并行，再将 Map 后的结果 Reduce，得到最终的结果。把 MapReduce 抽象分离出后程序员可以只关心业务逻辑，关心根据哪些 Key 把问题进行分解，哪些操作是 Map 操作，哪些操作是 Reduce 操作。其他并行计算中的复杂问题诸如分布、工作调度、容错、机器间通信都交给 MapReduce 框架去做，很大程度上简化了整个编程模式。MapReduce 的另一个特点是 Map 和 Reduce 的输入和输出都是中间临时文件，而不是不同进程间或者不同机器间的其他通信方式，这样更加有利于大量数据的输入、输出，而且模式更加简单、稳定。

3）大规模分布式数据库管理系统 Bigtable。为了管理应用程序涉及的大量格式化以及半格式化数据，Google 构建大规模数据库系统 Bigtable。其应用包括 Search History、Maps、

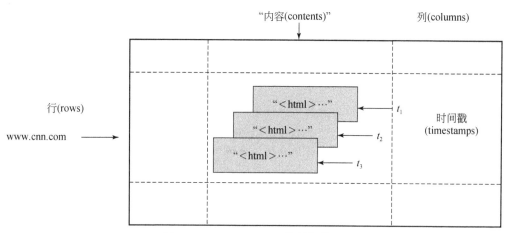

图 7-15　Google Bigtable 的数据模型

Orkut，Rss 阅读器等。图 7-15 为 Bigtable 的数据模型，包括行列以及相应的时间戳。Bigtable 的内容按照行来划分，将多个行组成一个小表（tablet），保存到某一个服务器节点中。图 7-16 是整个 Bigtable 的存储服务体系结构。与 GFS 类似，Bigtable 也是客户端和服务器端的联合设计。Bigtable 依赖于集群系统的底层结构，包括分布式的集群任务调度器、GFS 以及分布式的锁服务 Chubby。Chubby 是一个粗粒度锁，Bigtable 使用 Chubby 来保存根数据表格的指针。用户可以先由 Chubby 锁服务器中获得根表的位置，进而对数据进行访问。Bigtable 使用一台服务器作为主服务器，负责对 tablet 服务器用来保存和操作元数据。

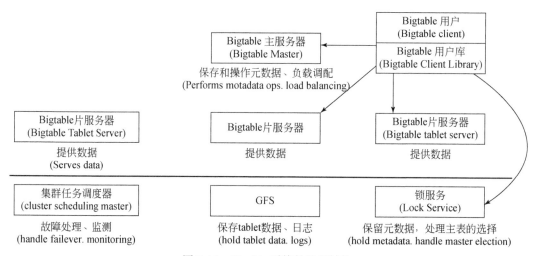

图 7-16　Bigtable 系统的组织结构

7.5.3 亚马逊云计算平台参考架构

亚马逊是一家以在线书店和电子零售业为主的在线电商，也是首批进军云计算新兴市场的厂商之一，为尝试进入该领域的企业开创了良好的开端，也是最大的云计算服务提供商之一。目前主要由 4 块核心服务组成：简单存储服务（simple storage service，S3）、弹性计算云（elastic compute cloud，EC2）、简单排列服务（simple queuing service）以及简单数据库服务（simple DB）。亚马逊现在提供的是可以通过网络访问的存储、计算机处理、信息排队和数据库管理系统接入式服务。但由于数据备份以及相关的状态管理方面的语义分析是高度依赖于特定的应用模式，因此，亚马逊在应用上缺乏自动的可扩展性和容错性（上海爱可生信息，2010）。

与 Google 提供的云计算服务不同，Google 仅为自己在互联网上的应用提供云计算平台，独立开发商或者开发人员无法在这个平台上工作，因此只能转而通过开源的 Hadoop 软件支持来开发云计算应用。

亚马逊的弹性计算云服务也和 IBM 的云计算服务平台不一样，亚马逊不销售物理的云计算服务平台，没有类似于"蓝云"一样的计算平台。亚马逊将自己的弹性计算云建立在公司内部的大规模集群计算的平台之上，而用户可以通过弹性计算云的网络界面去操作在云计算平台上运行的各个实例（instance），而付费方式则由用户的使用状况决定，即用户仅需要为自己所使用的计算平台实例付费，运行结束后计费也随之结束。

亚马逊的弹性计算云平台为用户或者开发人员提供了一个虚拟的集群环境。图 7-17 描述了弹性云计算的使用模式。弹性计算云用户使用客户端通过 SOAP over HTTPS 协议来实现与亚马逊弹性计算云内部的实例进行交互。弹性计算云中的实例是一些真正在运行的虚拟机服务器，每一个实例对应一个运行中的虚拟机。对于一个提供给用户的虚拟机，该用户具有完整的访问权限，包括针对此虚拟机的管理员用户权限。虚拟服务器的收费也是根据虚拟机的能力进行计算的，用户租用的实际上是虚拟的计算能力。由于用户在部署网

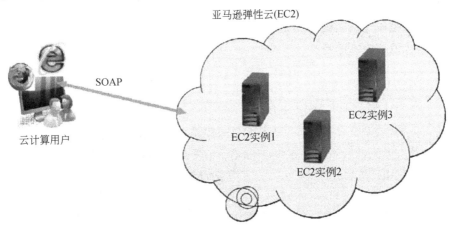

图 7-17　亚马逊弹性云计算使用模式

络程序的时候，一般会使用多个运行实例，需要很多个实例协同工作。弹性计算云的内部也架设了实例之间的内部网络，使得用户的应用程序在不同的实例之间可以通信。在弹性计算云中的每一个计算实例都具有一个内部的护地址，用户程序可以使用内部护地址进行数据通信，以获得数据通信的最好性能同时每一个实例也具有外部 IP，用户可以将分配给自己的弹性护地址分配给自己的运行实例，使得建立在弹性计算云上的服务系统能够为外部提供服务（张礼立，2011）。

7.5.4　Sun 云计算平台参考架构

Sun 公司一直致力于推动构成云计算基础的大型计算基础设施的技术进步。早在 20 世纪 90 年代，Sun 公司就已成为帮助服务提供商实现其大型网络的领先者，使他们可以向数以百万计的客户提供服务。金融机构和股票交易所利用大量 Sun 服务器处理各种任务：从处理交易到实施欺诈检测。Sun 公司通过开发一次一架（Rack-at-a-Rack）的部署模式、从自动部署到应用程序的自动供应（automatic provisioning），以及具有每秒 1 Pbit（petabit）吞吐量的大型虚拟网络，已经成为高性能计算行业的领先者。

Sun 公司开发出用于云计算的基础性技术，并已成为这些技术所促成的社区开发流程的主要参与者。Sun 公司在长期保持 Solaris 操作系统的行业领先地位的同时，还围绕 OpenSolaris 操作系统发起一个相应的开放源运动。MySQL 数据库是首选的 Web 应用程序数据库，而 Java 编程语言驱动着全世界的网站和企业数据中心。基于社区的开放源 GlassFish 应用程序服务器提供一个 Java 软件执行容器，它已扩展为支持 Ruby 应用程序和 Drupal 内容管理系统。OpenSolaris Project Crossbow 已帮助扩展了 Sun xVM 管理程序中的多重租用支持。

Sun 公司创新是云计算环境的基础，而云计算环境具有开放性，基于标准，且是社区成员共同努力的结果。加入 Sun 公司云计算社区就意味着您可以选择采用可发挥最大作用的服务器、存储和联网技术。这同时也意味着可以使用不为某个云提供商所拥有的软件栈、API 和标准，而是属于构建其云应用程序以拥有持久价值的公司。Sun 公司提供多种选择，这不仅仅是使用恰当硬件和软件组件完成工作任务方面的选择，而且包含利用云计算技术实现最大效益方面的选择（上海爱可生信息，2010）。

7.5.5　Salesforce 公司云平台

Salesforce 公司成立于 1999 年，是提供全球按需（按需应用、按需付费）客户关系管理（CRM）解决方案的云平台提供商，也是云计算的积极倡导者之一。目前，其在全球的 CRM 付费企业用户数已达到 64.4 万。本节我们将简单介绍 Salesforce 的 CRM 云计算服务和用于扩展 Salesforce 的 Force. com 平台，如图 7-18 所示（张礼立，2011）。

通过简单网站提供企业应用程序和软件租用的理念，Salesforce 针对中小企业推出了基于互联网的 CRM 服务（www. salesforce. com），开辟了一种新的软件应用模式：通过互联网使用企业级应用软件。Salesforce. com CRM 作为基于云计算模式的 CRM，除了提供定制

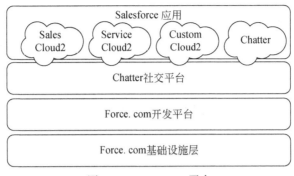

图 7-18　Force. com 平台

灵活的客户管理和销售管理功能，也充分利用了云计算模式的特性：多租户使用模型、灵活付费模式，以及容量弹性伸缩。用户可以在线开发、配置、运行和监控 CRM 系统；Salesforce. com 的云平台则负责根据负载对服务进行资源调整。

　　Force. com 是 Saleforce 的基于 PaaS 的公共云计算服务。利用这个平台，可以简单地构建、购买和运行业务应用程序，进一步将计算资源抽象得更加贴近业务。Force. com 可以运行企业资源规划（ERP）、人力资源、供应链、资产跟踪、合同管理以及自定义应用程序。

7.5.6　微软公司云平台

　　微软公司（Microsoft）是目前全球最大的计算机软件提供商。在云计算已经成为全球 IT 产业共同应和的、主流的声音的时候，微软也走在了时代的前沿。经过多年的积淀和持续的探索，微软公司正式发布了一系列称为 S+S（软件+服务）的云计算产品和服务。

　　在 2008 年的微软开发者大会上，微软发布了一个全新的云计算平台——Azure Services Platform（www. azure. com）。这是一个基于微软数据中心的 PaaS 平台，提供了一个在线的基于 Windows 系列产品的开发、存储和服务代管等服务的环境。微软的 Azure 平台直接瞄准微软开发人员，对于每天使用 C#和 SQL Server 的人来说非常亲切。Azure 根据用量定价，使用 Azure 服务越多，价格越高。Azure 可以根据计算时间（CPU 使用）、带宽（包括进和出）和存储计费，也可以根据事务（如 GET 和 PUT）收费（张礼立，2011）。

　　Azure 的底层是数据中心中数量庞大的 64 位 Windows 服务器。WindowsAzure 通过底层的网状控制器（Fabric Controller，跟 VMware 的 Virtual Center 有着十分相似的功能）将这些服务器有效地组织起来，给前端的应用提供计算和存储能力，并保证其可靠性。它可以看做是一个在线的操作系统环境，统治了整个数据中心的运算资源，用户可以很方便地调用这些资源，来执行各种应用程序。除此之外，操作系统级升级、维护等也可以在系统不宕机的情况下自动完成。

　　同时，微软还提供了一套基于 Visual Studio 的 Azure 工具，可供开发者在个人计算机上开发、模拟和测试 Azure 平台上的应用程序。通过 Azure 工具的发布按钮，开发者能将 ASP. NET 等应用程序直接部署到 Azure 平台。这样，开发人员就能够缩短开发时间，降低成本，并在熟悉的 Windows 开发环境及统一的编程模型基础上衍生出新的应用和服务。

Azure 平台目前推出了 5 项托管服务，包括 .NET 应用服务、SQL 服务、SharePoint 服务、Dynamics CRM 服务，以及 Live 服务等，用以帮助客户建立云计算的应用，或将现有的业务拓展到云端。

7.6　云计算基础设施模式

当从一个标准企业应用程序部署模式向一个基于云计算的应用程序部署模式转变时，云计算架构设计师需要考虑许多问题。有的公用云和专用云提供互补的优点，有三种基本服务模式需要考虑，并且需要对比开放 API 和专有 API 的价值。

IT 机构可以选择在各有其取舍的公用云、专用云或混合上部署其应用程序。公用、专用与混合这几个术语并不规定位置。公用云一般就在互联网上，而专用云通常在建筑物内，还有可能设在主机托管场所。企业可以就选用哪种云计算模式考虑多种因素，而且有可能选用不止一种模式来解决多种不同问题。如果是临时需要的应用程序，可能最适合在公用云上部署，因为这样可以避免为了临时的需要而购买额外设备的情况。同样地，永久使用或对服务质量或数据位置有具体要求的应用程序，最好在专用云或混合云上部署（上海爱可生信息，2010）。

7.6.1　公用云

公用云，作为服务于互联网上各种用户的云计算，是为了通过服务于它的最终客户，收取相应的费用来发展的。所以，从商务上分析公共云的需求实际上是对即将建立的公共云的最终用户进行需求分析。公用云由第三方运行，而不同客户提供的应用程序可能会在云的服务器、存储系统和网络上混合在一起。公用云通常在远离客户建筑物的地方托管，而且它们通过提供一种像企业基础设施进行的灵活甚至临时的扩展，提供一种降低客户风险和成本的方法。如果在实施一个专用云时牢记性能、安全性和数据保存位置，那么，该云中运行的其他应用程序的存在应对云架构设计师和最终用户都是透明的。的确，公用云的优点之一是，它们可以比一个公司的专用云大很多，因而能够根据需要进行伸缩，并将基础设施风险从企业转移到云提供商——哪怕仅仅是临时性的。可以将公用云的部分划出去，以便独占单个客户端，从而产生一个虚拟专用数据中心。虚拟专用数据中心不是仅限于在公用云中部署虚拟机映像，而是使客户在更大程度上清楚地了解其基础设施。现在，客户不仅可以处理虚拟机映像，而且可以处理服务器、存储系统、网络设备和网络拓扑。利用位于同一场所的所有组件创建一个虚拟专用数据中心，有助于缓解数据位置问题，因为当在同一场所内连接资源时，带宽非常充足，而且一般都可用（上海爱可生信息，2010）。

我国第一个云计算中心是无锡云计算中心，无锡云计算中心坐落于无锡的太湖软件园区，软件园区内有众多的软件开发企业。软件开发企业的两大投入是人和物（生产工具）。人就是人才，政府可以通过建立良好的培训机构以及出台人才落户优惠政策来实现对人才的吸引和聚集。物对于软件开发企业来说，就是开发平台和测试平台。传统的方式都是他们自己去购买、维护这个平台。对企业而言，无疑是一个巨大的投入。购买云计算中心的 IT 基础架构服务，无须一次性投入过多，也不会在开发项目较少时造成资源浪费。所以，一个能够按照他们的项目开发需求方便快捷地得到，并且便于维护的开发环境就是这类客户群的需求。

除了对 IT 基础环境的需求，软件开发企业还需要开发使用的工具集，如开发工具、功能测试工具、性能测试工具、软件设计工具，以及提供相应支撑的数据库和中间件等。每个开发项目对这些应用平台的需求也都不同，对于软件开发企业来说，如果全部购买，将是一笔非常大的投入，而如果不购买，又不能确保软件开发的质量。所以应用开发支撑平台也是软件开发企业的一个需求。

亚马逊的云计算中心的客户群是互联网上众多的个人和中小企业客户。所以亚马逊在建立云计算平台的过程中，是不断挖掘个人和中小企业的需求特点，再结合自己的服务能力而逐步推出多种云计算服务的。从仅仅为用户提供存取服务的 S3，到开始提供完整虚拟机的 EC2，以及关注于应用的 SQS、SDB，都是为了满足最终用户的需求而推出的。

7.6.2　专用云

专用云（也称私有云）是为一个客户单独使用而构建的，因而提供对数据、安全性和服务质量的最有效控制。该公司拥有基础设施，并可以控制在此基础设施上部署应用程序的方式。专用云可部署在企业数据中心中，也可以将它们部署在一个主机托管场所（上海爱可生信息，2010）。

专用云可由公司自己的 IT 机构也可由云提供商进行构建。在此"托管式专用"模式中，像 Sun 这样的一个公司可以安装、配置和运营基础设施，以支持一个公司企业数据中心内的专用云。此模式赋予公司对于云资源使用情况的极高水平的控制能力，同时带来建立并运作该环境所需的专门知识。

7.6.3　混合云

混合云把公用云模式与专用云模式结合在一起。混合云有助于提供按需的、外部供应的扩展。用公用云的资源扩充专用云的能力可用来在发生工作负荷快速波动时维持服务水平。在利用存储云支持 Web 2.0 应用程序时，这最常见。混合云也可用来处理预期的工作负荷高峰。专用云，有时称为"超负荷计算"（surge computing），可用来执行易于在公用云上部署的定期任务。混合云引出确定如何在公用云与专用云之间分配应用程序的复杂性。需要考虑的问题包括数据和处理资源之间的关系。如果数据量小，或应用程序无状态，与必须把大量数据传输到一个公用云中进行小量处理相比，混合云要成功得多。

🌱**扩展阅读**：云计算服务业包括 IaaS、PaaS 和 SaaS。IaaS 最主要的表现形式是存储服务和计算服务，主要服务商如亚马逊、Rackspace、Dropbox 等公司。PaaS 提供的是供用户实施开发的平台环境和能力，包括开发测试、能力调用、部署运行等，提供商包括微软、谷歌等。SaaS 提供实时运行软件的在线服务，服务种类多样、形式丰富，常见的应用包括客户关系管理（CRM）、社交网络、电子邮件、办公软件、OA 系统等，服务商有 Salesforce、GigaVox、谷歌等。

云计算制造业涵盖云计算相关的硬件、软件和系统集成领域。软件厂商包括基础软件、中间件和应用软件的提供商，主要提供云计算操作系统和云计算解决方案，知名企业如威睿（VMware）、思杰（Citrix）、红帽、微软等；硬件厂商包含网络设备、终端设备、存储设备、元器件、服务器等的制造商，如思科、惠普、英特尔等。一般来说，云计算软硬件制造商通过并购或合作等方式成为新的云计算系统集成商的角色，如 IBM、惠普等，同时传统系统集成商也在这一领域占有一席之地。

基础设施服务业主要包括为云计算提供承载服务的数据中心和网络。数据中心既包括由电信运营商与数据中心服务商提供的租用式数据中心，也包括由云服务提供商自建的数据中心。网络提供商目前仍主要是传统的电信运营商，同时谷歌等一些国外云服务提供商也已经开始自建全球性的传输网络。云计算支持产业包括云计算相关的咨询、设计和评估认证机构。传统 IT 领域的咨询、设计和评估机构，如 Uptime、LEED、Breeam 等，均已不同程度地涉足云计算领域。

7.7　云计算的关联技术

云计算正成为行业中的热点概念。它和下面的词汇产生了或多或少的关联：网格计算，效用计算，虚拟化，服务器集群，主机租用，主机托管。云计算平台普遍用到了虚拟化技术，并且基于一个集群来构建，和网格计算和效用计算以及 SaaS 有着天然的联系，而且被用在 IDC 行业与主机租用和主机托管业务竞争。

7.7.1　效用计算

效用计算是一种提供计算资源的商业模式，用户从计算资源供应商获取和使用计算资源并基于实际使用的资源付费。简单说，是一种基于资源使用量的付费模式。效用计算主要给用户带来经济效益。企业数据中心的资源利用率普遍在 20% 左右，这主要是因为超额部署——购买比平均所需资源更多的硬件。效用计算则允许用户只为他们所需要用到并且已经用到的那部分资源付费（彭力，2013）。

效用计算是一种分发应用所需资源的计费模式。云计算是一种计算模式，代表了在某种程度上共享资源进行设计、开发、部署、运行应用，以及资源的可扩展收缩和对应用连续性的支持。效用计算通常需要云计算基础设施支持，但并不是一定需要。同样，在云计算之上可以提供效用计算，也可以不采用效用计算。

7.7.2　分布式计算

分布式计算是指在一个松散或严格约束条件下使用一个硬件和软件系统处理任务，这个系统包含多个处理器单元或存储单元、多个并发的进程、多个程序。一个程序被分成多个部分，同时在通过网络连接起来的计算机上运行。分布式计算类似于并行计算，但并行计算通常用于指一个程序的多个部分同时运行于某台计算机上的多个处理器上。所以，分布式计算通常必须处理异构环境、多样化的网络连接、不可预知的网络或计算机错误（雷万云，2010）。

网格计算是指分布式计算中两类比较广泛使用的子类型。一类是，在分布式的计算资源支持下作为服务被提供的在线计算或存储。另一类是，一个松散连接的计算机网络构成的一个虚拟超级计算机，可以用来执行大规模任务。该技术通常被用来通过志愿者计算解决计算敏感型的科研、数学、学术问题，也被商业公司用来进行电子商务和网络服务所需的后台数据处理、经济预测、地震分析等。

7.7.3 网格计算

网格计算强调资源共享，任何人都可以作为请求者使用其他节点的资源，任何人都需要贡献一定资源给其他节点。网格计算强调将工作量转移到远程的可用计算资源上。云计算强调专有，任何人都可以获取自己的专有资源，并且这些资源是由少数团体提供的，使用者不需要贡献自己的资源。在云计算中，计算资源被转换形式去适应工作负载，它支持网格类型应用，也支持非网格环境，比如运行传统或 Web2.0 应用的三层网络架构（彭力，2013）。

网格计算侧重并行的计算集中性需求，并且难以自动扩展。云计算侧重事务性应用，大量的单独的请求，可以实现自动或半自动的扩展。

扩展阅读： 网格和云计算之间是否存在区别？即使云计算是一个作为移动计算的概念，我认为比"网格"或"效用"更能引起共鸣。人们似乎明白计算资源作为一项服务时，定义为云，和他们更好地联想到服务与互联网。我期望在不久的将来网格和公用姓名下降，有利于成为集中到"云计算"。

因此，云计算与许多子集，会有很多口味，我们已经有太多"作为一个服务的 X"（XaaS）产品，包括交换的 X 与"软件"、"基础设施"、"平台"、"数据"、"一体化"等。我期待有一天看到"作为服务的云"（CaaS）。对于大多数企业，这些强大的概念和方法是有用的。定价和商业模式的 IT 服务也将开花和结果，主要是为了消费者的利益。（资料来源：http：//server. 51cto. com/Visits-93098. htm）

7.7.4 服务器集群

服务器集群是指将一组服务器关联起来，使它们在外界从很多方面看起来如同一台服务器。集群内的服务器之间通常通过局域网连接，通常用来改善性能和可用性，但一般而言比具有同等性能功能和可用性的单台主机具有更低的成本。网格通常更加松散连接、异构、地理位置分散，主机之间信任度更低（雷万云，2010）。

7.7.5　虚拟化

虚拟化指对计算资源进行抽象的一个广义概念。虚拟化对上层应用或用户隐藏了计算资源的底层属性。它既包括使单个的资源（如一个服务器、一个操作系统、一个应用程序、一个存储设备）划分成多个虚拟资源，也包括将多个资源（如存储设备或服务器）整合成一个虚拟资源。虚拟化技术是指实现虚拟化的具体的技术性手段和方法的集合性概念。虚拟化技术根据对象可以分成存储虚拟化、计算虚拟化、网络虚拟化等（严金瑶，2013）。计算虚拟化可以分为操作系统级虚拟化，应用程序级，和虚拟机管理器。虚拟机管理器分为宿主虚拟机和客户虚拟机。

7.7.6　绿色计算

绿色计算指利用各种软件和硬件先进技术，将目前大量计算机系统的工作负载降低，提高其运算效率（如 flop/watt 指标），减少计算机系统数量，进一步降低系统配套电源能耗，同时，改善计算机系统的设计，提高其资源利用率和回收率，降低二氧化碳等温室气体排放，从而达到节能、环保和节约的目的。绿色计算正变得越来越重要。系统架构师需要考虑能量消耗并找到降低消耗的办法：系统虚拟化、服务器合并、数据中心中灵敏的个体位置等。

云计算技术已经成为了当前业界最热的词汇之一，它希望将计算作为一个公共设施提供给广大的用户，使人们能够像使用水电煤气和电话那样使用计算资源。

伴随对计算需求量的增长，云中集群 IT 设备日趋增多，规模不断扩大，能耗成本问题逐渐凸显。美国 EPA（environmental protection agency）提交的一份报告指出，2006 年仅美国数据中心（data center）就消耗了 610 亿 kW·h 电力，这相当于 580 万中等家庭的耗电量。最新的报告显示，2008 年美国的数据中心消耗的电量已占全美的 1.5%，这需要上百亿美元的成本投入（冯博亮，2010）。

另一方面，从环境影响的角度考虑，全球的计算系统 CO_2 排放量已占全球排量的 2% 以上，预测这个数据到 2020 年将会翻四番。同时，在一个 IT 公司，数据中心的年能耗成本已经成为继人力成本后的第二大成本支出。以 Google 公司为例，其一年的耗电量就达到了 1 亿 kW·h，这将是一笔庞大的开支。我国的情况与此类似，每年 IT 设备耗费的电费也达到了数十亿人民币。事实上，计算资源的使用者都期待一种绿色节能的信息技术——绿色计算。在科学发展和碳排放等能源问题热议的今天，云中的绿色计算议题变得越来越重要（冯博亮，2010）。

当前讨论的绿色计算主要关注于平台、硬件和数据中心。然而，低效的应用如不理想的算法以及共享资源利用的不充分却是高 CPU 使用率的罪魁祸首，当然也就导致了能量消耗。

虚拟化来降低能量消耗。他们列举出了四类计算：本地、逻辑、数据中心和云计算。其中，云计算提供了最高级的虚拟化形式，因此也代表了最棒的绿色计算。

在转向虚拟化的过程中最小的收获在于测试、开发和其他不常使用的计算机。将这些机器迁移到单独的虚拟化环境中会降低内存的使用，也会降低单个服务器所消耗的热量和能量。

在互联网应用来说我们观察到很多都是数据密集型的，复杂的科研计算非常少。针对这样的应用，拿低功耗的处理器来做，功耗会降低很多，整个计算系统会达到平衡。按照我自己的经验，2008 年和朋友一起创业，做了一个下载播放盒，ARM 处理器，空载时功耗已经到了 1W，当 CPU 百分之百跑着，外接 USB 硬盘也在读写时，全部跑起来大概 9W。

7.7.7　REST 技术

表征状态转移（representational state transfer，REST），是一种软件架构风格。可以降低开发的复杂性，提高系统的可伸缩性。

目前在三种主流的 Web 服务实现方案中，因为 REST 模式的 Web 服务与复杂的 SOAP 和 XML-RPC 对比来讲明显的更加简洁，越来越多的 Web 服务开始采用 REST 风格设计和实现。

REST 从资源的角度来观察整个网络，分布在各处的资源由 URI 确定，而客户端的应用通过 URI 来获取资源的表征。获得这些表征致使这些应用程序转变了其状态。随着不断获取资源的表征，客户端应用不断地在转变着其状态，所谓表征状态转移。应该说 REST 软件架构不仅仅是云服务的基础，更是可以说是整个互联网服务的基础。"REST 软件架构是一个抽象的概念，是一种为了实现这一互联网的超媒体分布式系统。而实现这一软件架构最著名的就是 HTTP 协议。通常我们把 REST 也写作为 REST/HTTP，在实际中往往把 REST 理解为基于 HTTP 的 REST 软件架构，或者更进一步把 REST 和 HTTP 看作为等同的概念。

扩展阅读：HTTP（hypertext transfer protocol）：超文本传输协议。一种基于文档的轻量级网络协议，建立在可靠性和扩展性高的 TCP/IP 协议基础之上。URL（uniform resource locator）：通用资源定位符，一种文档地址的表示方案，是 Web1.0 的关键。

例：http：// example. net /user/doc. html 指定协议定位符，对应域名系统对应大部分文件系统层次结构

HTML（hypertext markup language）：超文本标识语言，一种基于标签的简单文档格式，主要显示静态网页内容。URI（uniform resource identifier）：通用资源标识符，它被设计充当可用位置和持久名称。

URL 提供资源定位方法，依赖于命名和位置机制。

URN（uniform resource name）需要是全球唯一的，并且在资源不存在或不再可用时依然保持不变。

URI 可为定位器、名称，或两者兼具，取决于标识符分配中的持久性和命名机构对其关注程度。不论在哪里都可以对 URI 做出一致的解释，通常没有必要刻意区分它们。

语法规则：大致指向一个层次空间，协议是树根，从左往右每部分是前部分的分支。

例：http：//example. net/site/page？name＝张三#photo

　　方案　　域名　　　　　　路径　　　　查询　片段

查询：URI 中非层次部分，通常后台数据库应用程序要使用它。

片段：用于标示下一级资源，只在客户端有效。浏览器 HTML 中常对应页面锚点。

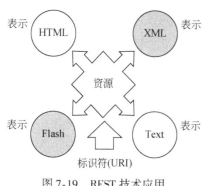

图 7-19　REST 技术应用

资源和表示不是一码事。Web 上获取的不是资源，而是资源的表示。对于给定的资源，可以有很多不同的表示。对于一个本身就是一些数据项的资源，最容易想到的一个表示就是这些数据本身。例如，HTML 格式的网页新闻，对于代表实物或其他难以归结为信息的事物，其表示就是关于资源的状态的任何有用信息。

如"连上 Web 的自动饮料机"提供关于实物饮料的数据，即使在一个对象的诸多表示中，已经有一个表示包含实际数据了，它也还可以有其他包含元数据的表示。

在客户–服务端模式下，让客户端维护应用状态，并确保服务端向服务器发出的请求都包含理解请求所需的全部信息，而服务器不应该维护该状态。

REST 式解决方案是使用 URI。每个概念中独立的资源都可使用单个 URI，不希望通过 Cookie 或隐藏在有效负载的参数来提供额外信息。REST 技术应用如图 7-19 所示。

7.7.8　普适计算

普适计算最早起源于 1988 年 Xerox PARC 实验室的一系列研究计划。在该计划中美国施乐（Xerox）公司 PARC 研究中心 Mark Weiser 首先提出了普适计算的概念。1991 年 Weiser 在 Scientific American 发表文章"The Computer for the 21st Century"，正式提出了普适计算（ubiquitous computing）。

1999 年，IBM 也提出普适计算的概念，即为无所不在的，随时随地可以进行计算的一种方式。跟 Weiser 一样，IBM 也特别强调计算资源普存于环境当中，人们可以随时随地获得需要的信息和服务。普适计算应用模式如图 7-20 所示。

普适计算的目的是建立一个充满计算和通信能力的环境，同时使这个环境与人们逐渐地融合在一起在这个融合空间中人们可以随时随地、透明地获得数字化服务。在普适计算环境下，整个世界是一个网络的世界，数不清的为不同目的服务的计算和通信设备都连接在网络中，在不同的服务环境中自由移动（饶云波，2006）。

普适计算的核心思想是小型、便宜、网络化的处理设备广泛分布在日常生活的各个场所，计算设备将不只依赖命令行、图形界面进行人机交互，而更依赖"自然"的交互方式，计算设备的尺寸将缩小到毫米甚至纳米级。科学家认为，普适计算是一种状态，在这种状态下，iPad 等移动设备、谷歌文档或远程游戏技术 Onlive 等云计算应用程序、4G 或广域 WiFi 等高速无线网络将整合在一起，清除"计算机"作为获取数字服务的中央媒介的地位。随着每辆汽车、每台照相机、每台电脑、每块手表、每个电视屏幕都拥有几乎无限的计算能力，计算机将彻底退居"幕后"，以至于用户感觉不到它们的存在。

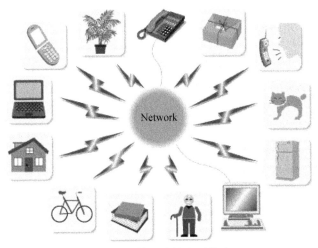

图 7-20 普适计算应用模式

在普适计算的环境中，无线传感器网络将广泛普及，在环保、交通等领域发挥作用；人体传感器网络会大大促进健康监控以及人机交互等的发展。各种新型交互技术（如触觉显示、OLED 等）将使交互更容易、更方便。

目前普适计算面临以下挑战。

（1）移动性问题

在普适计算时代，大量的嵌入式和移动信息工具将广泛连接到网络中，并且越来越多的通信设备需要在移动条件下接入网络。移动设备的移动性给 IPv4 协议中域名地址的唯一性带来麻烦。普适计算环境下需要按地理位置动态改变移动设备名，IPv4 协议无法有效解决这个问题，为适应普适计算需要网络协议必须修改或增强。作为 IPv6 的重要组成部分，移动连接特性可以有效地解决设备移动性问题。

（2）融合性问题

普适计算环境下，世界将是一个无线、有线与互联网三者合一的网络世界，有线网络和无线网络间的透明链接是一个需要解决的问题。无线通信技术发展日新月异，如 3G、GSM、GPRS、WAP、Bluetooth、802.11i 等层出不穷，加上移动通信设备的进一步完善，使得无线的接入方式将占据越来越重要的位置，因此有线与无线通信技术的融合就变得必不可少。

（3）安全性问题

普适计算环境下，物理空间与信息空间的高度融合、移动设备和基础设施之间自发的互操作会对个人隐私造成潜在的威胁；同时，移动计算多数情况下是在无线环境下进行的，移动节点需要不断地更新通信地址，这也会导致许多安全问题。这些安全问题的防范和解决对 IPv4 提出了新的要求。

7.7.9 服务计算

服务计算是跨越计算机与信息技术、商业管理、商业质询服务等领域的一个新的学科，是应用面向服务架构（SOA）技术在消除商业服务与信息支撑技术之间的横沟方面的直接产物。它在形成自己独特的科学与技术体系的基础上有机整合了一系列最新技术成果：SOA（service oriented architecture，面向服务的体系架构）及 Web 服务、网格/效用计算（grid & utility computing）以及业务流程整合及管理（business process integration & management），第一部分解决的是技术平台和架构的问题；第二部分解决是服务交付的问题；第三部分则是业务本身的整合和管理。

Web 服务已经在很多新产品和新的应用软件中得到了广泛深入的应用，网格计算已经运用了万维网服务标准提供了各个网格资源间的标准接口。服务计算提供的服务协同和管理将会使目前不堪重负的业务系统得以改善，提高生产效率，重新建立起新的价值链体系。同时，从关注数据管理到流程管理的转变必然会带来大量基于面向服务架构（SOA）的实施工作。

而服务计算学科的建立是一个水到渠成的事情。2001 年开始，世界最大的信息技术公司 IBM 开始倡导动态电子商务（dynamic e-business）的理念转向 Web Service，把运行在不同工作平台的应用能够相互交流、整合在一起。2002 年 6 月，在工业界、学术界等各个方面的推动下，工商学院和计算机公司已经率先意识到 Web Service 给业界产生的深远影响，张良杰先生所筹办的第一个以 Web Services Computing 为名的学术专题研讨分会依托于国际互联网计算会议（IC02）在美国拉斯维加斯举行，首次把网上服务和计算融为一体，为今后正式定名为"服务计算"迈出了第一步（吴朝晖，2009）。

7.7.10 感知计算

目前许多科技公司都在研究计算机的自然输入方式，例如通过眼球、手势及语音来实现控制。英特尔希望开发一种统一的解决方案，将这些新技术集合在一起。英特尔将这样的技术称作"感知计算"。

面部识别、语音命令、眼球追踪和手势控制等技术正在缓慢发展。语音命令和面部识别已得到广泛应用，而眼球追踪和非接触式手势控制技术也获得了关注。后两种技术带来了全新的输入方式，未来也将逐渐流行。例如，通过眼球追踪技术，你只要盯着想要点击的图标，就可以打开需要的软件。而微软 Kinect 已经证明，手势控制用途很广。

7.8 云计算技术成熟度

云计算与效用计算存在很多相似处，但是效用计算并没有真正普及，其原因就是缺乏足够的可操作性。任何理念，如果没有切实可行的实现办法就将成为一个空想甚至幻想。而云计算能获得大众认可，也是与其技术成熟度紧密相关的。云计算对应的不是一种技术，而是多种技术的组合，这些技术使得把 IT 作为服务这个非常简单的理念变成了现实。在不同的层面，可能会用到不同的技术。云计算技术成熟度的主要特征有（朱近之，2010）：

（1）网络化访问

采用分布式架构，用户通过网络访问服务。用户不知道云上的应用运行的具体位置，也无须了解实现细节。

（2）IT 能力以服务形式提供

服务的提供者与使用者分离。针对公共云，提供者和使用者是不同企业；针对私有云，提供者和使用者是不同部门。使用者无须拥有 IT 资产。现有模式：IT 能力的提供者和使用者是相同的。现有模式：存在大量集中式架构的 IT 服务和应用，如桌面应用。

（3）持续的服务更新与孵化

云计算提供的各种服务能力可随用户需求的变化而不断演化，并孵化出新的能力，同时，这种改变可做到向下兼容，即保证原用户的持续使用。现有模式：软件的使用模式缺乏这种持续更新的能力。

（4）用户自助服务

用户只需具备基本的 IT 常识，经过业务培训就可使用服务，无须经过专业的 IT 培训。自助服务的内容包括服务的申请/订购、使用、管理、注销等。现有模式：IT 服务的用户需要经过专业的 IT 培训和认证。

（5）资源聚合成池

服务的提供由一组资源支撑，资源组中的任何一个物理资源对于服务来讲应该是抽象的、可替换的；同一份资源被不同的客户或服务共享，而非隔离的、孤立的；资源的数量成规模，从而降低边际成本。现有模式：IT 服务的部署与物理资源绑定；服务运行管理模式多为竖井式，物理隔离；单一服务使用的资源不成规模。

（6）提供开放的服务访问和管理接口

云服务提供标准化的接口供其他服务调用，方便服务开发者以 SOA 或 Web 接口开发构建新服务。现有模式：大量的 IT 服务并不提供集成接口，需要大量的二次开发。

参 考 文 献

陈康，郑纬民 . 2008-05-12. 云计算的三驾马车：Google、亚马逊和 IBM . 计算机世界，第 38 版
陈康，郑纬民 . 2009. 云计算：系统实例与研究现状 . 软件学报，20（5）：1337-1348

冯博亮 . 2010-01-01 云计算中的绿色计算技术 . http：//datasearch. ruc. edu. cn/ ~ boliangfeng/blog/？p＝175

黄兰秋 . 2012. 基于云计算的企业竞争情报服务模式研究 . 天津：南开大学博士学位论文

李婧 . 2011. 浅析云计算 . 科技信息，（14）：386-387

刘晓茜 . 2011. 云计算数据中心结构及其调度机制研究 . 合肥：中国科学技术大学博士学位论文

雷万云 . 2010. 云计算：企业信息化建设策略与实践 . 北京：清华大学出版社

彭力 . 2013. 云计算导论 . 西安：西安电子科技大学出版社

饶云波 . 2006. 基于普适计算研究及其应用 . 微计算机应用，27（5）：563-565

上海爱可生信息 . 2010-08-01. 开源云计算平台架构 . http：//tech. it168. com/a2010/0803/1085/ 000001085803_ all. shtml

天云科技 . 2010-01-01. 天云科技云计算白皮书 . http：//www. chinaskycloud. com

吴朝晖 . 2009. 服务计算与技术 . 杭州：浙江大学出版社

严金瑶 . 2013. 基于虚拟化技术的云计算框架设计研究 . 南京：南京邮电大学硕士学位论文

朱近之 . 2010. 智慧的云计算 . 北京：电子工业出版社

张建勋，古志民，郑超 . 2010. 云计算研究进展综述 . 计算机应用研究，27（2）：429-433

张礼立 . 2011. 云计算 . 北京：电子工业出版社

张礼立 . 2013. 大数据时代的云计算敏捷红利 . 北京：清华大学出版社

Google. 2013-04-25. Google 云计算平台 . https：//cloud. google. com

Gu Yunhong，Robert L G. 2009. Sector and sphere：the design and implementation of a high-performance data cloud. Philosophical Transactions，367（1897）：429-2445

IBM. 2010-09-01. IBM 智慧云计算 . https：//www14. software. ibm. com/webapp/iwm/web/signup. do？source ＝ csuite-AP&S_ PKG＝cloud_ index

Sun. 2009-09-01. Sun Cloud Computing Resource Kit. http：//www. oracle. com/webapps/dialogue/ns/dlgwelcome. jsp？ p_ ext＝Y&p_ dlg_ id＝9270949&src＝7054580&Act＝13&sckw＝WWMK10058758MPP002. GCM. 9322

第 8 章　大数据集成技术及应用

本章学习路线图

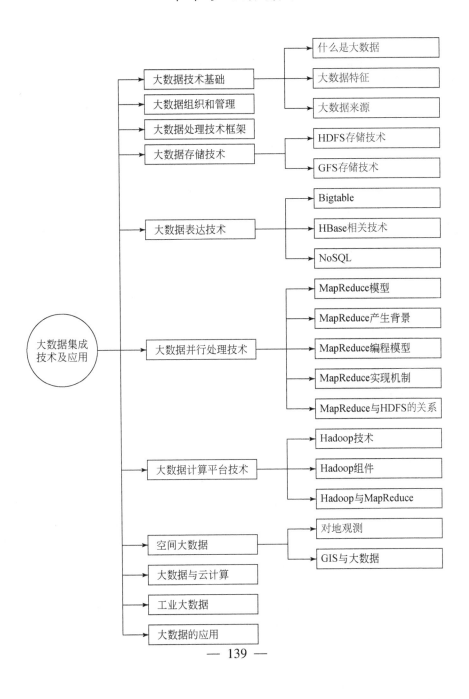

随着各种数据持续爆炸式地增长，大数据如雨后春笋般地出现在各行各业中，如果能够适当地使用大数据，将可以扩大企业的竞争优势。如果一个企业忽视了大数据，这将会为其带来风险，并导致在竞争中渐渐落后。为了保持竞争力，企业必须积极地去收集和分析这些新的数据源，并深入了解这些新数据源带来的新信息。本章主要介绍产生的背景、处理技术及空间大数据的应用。

8.1 大数据技术基础

8.1.1 什么是大数据

"大数据"作为时下最火热的 IT 行业的词汇，随之数据仓库、数据安全、数据分析、数据挖掘等等围绕大数量的商业价值的利用逐渐成为行业人士争相追捧的利润焦点。2011年第一季度，Gartner 公司的 Merv Adrian 在 *Teradata Magazine* 发表一篇文章。他说："大数据超出了常用硬件环境和软件工具在可接受的时间内为其用户收集、管理和处理数据的能力。"麦肯锡全球数据分析研究所（McKinsey Global Institute）在 2011 年 5 月发表一篇论文："大数据是指大小超出了典型数据库软件工具收集、存储、管理和分析能力的数据集。"这些定义暗示着大数据的界定会随着技术的进步而变化。

大数据的数量庞大，捕获速度极快，既可以是结构化的，也可以是非结构化的，还可以是上述特点的某种组合。这些因素使得大数据难以使用传统的方法进行捕获、挖掘和管理。在该领域有如此多的炒作，以至于仅仅是大数据的定义就有可能是长期的争论战（Open Grid Service Architecture，2012）。

传统的关系型数据库（如 Informix 和 DB2）为结构化数据提供了行之有效的解决方案。它们还可以通过可扩展性来管理非结构化数据。Hadoop 技术为处理包含结构化和非结构化数据的海量数据存储带来了更方便的新编程技术。

随着云时代的来临，大数据（big data）也吸引了越来越多的关注。大数据通常用来形容一个公司创造的大量非结构化和半结构化数据，这些数据下载到关系型数据库用于分析时会花费过多时间和金钱。大数据分析常和云计算联系到一起，因为实时的大型数据集分析需要像 MapReduce 一样的框架来向数十、数百或甚至数千的电脑分配工作。

扩展阅读：当你收到一封邮件，邮件中提供了一套开发技术图书的报价。而你几个小时前刚刚在这家零售商的网站上搜索过图书的信息，似乎它们已经读出了你的想法！当你驱车前往这家商店购买这套图书时，你路过了一家咖啡店，你看到了这家咖啡店的一条折扣信息。你获知由于你刚来到这片区域，你可以在未来30min内享受20%的折扣……

在你享用咖啡的时候，你收到了一家制造商关于某产品的道歉，而你昨天刚刚在你的淘宝主页和这家公司的网站上抱怨了其产品……

最后，当你回到家之后，你又收到了一条关于购买在线彩票中奖的信息。有了这些奖金，你才能过上舒服的日子……听起来很疯狂吗？难道这些事情只有在很远的未来才发生吗？不，这些场景都是我们今天可能见到的！大数据、高级分析、大数据分析，似乎今天你已经逃脱不了这些术语（Franks，2013）。

8.1.2　大数据特征

大数据分析相比于传统的数据仓库应用，具有数据量大、查询分析复杂等特点。对于大数据研究机构 Gartner 给出了这样的定义。"大数据"是需要新处理模式才能具有更强的决策力、洞察发现力和流程优化能力的海量、高增长率和多样化的信息资产。大数据科学关注大数据网络发展和运营过程中发现和验证大数据的规律及其与自然和社会活动之间的关系（Howe et al.，2008）。大数据的特点有四个层面：第一，数据体量巨大。从 TB 级别跃升到 PB 级别。第二，流动速度快。第三，价值密度低，商业价值高。以视频为例，连续监控过程中，有用的数据仅仅有一两秒。第四，数据种类繁多，如网络日志、视频、图片、地理位置信息等。业界将其归纳为 4 个 "V" ——volume、velocity、value、variety（Franks，2013）。

物联网、云计算、移动互联网、车联网、手机、平板电脑、PC 以及遍布地球各个角落的各种各样的传感器，无一不是数据来源或者承载的方式。

扩展阅读：尽管 "Big Data" 可以翻译成大数据或者海量数据，但大数据和海量数据是有区别的。

定义一：大数据 = 海量数据 + 复杂类型的数据。Informatica 中国区首席产品顾问但彬认为："大数据"包含了"海量数据"的含义，而且在内容上超越了海量数据，简而言之，"大数据"是"海量数据" + 复杂类型的数据。大数据包括交易和交互数据集在内的所有数据集，其规模或复杂程度超出了常用技术按照合理的成本和时限捕捉、管理及处理这些数据集的能力。大数据由三项主要技术趋势汇聚组成：

海量交易数据：在从 ERP 应用程序到数据仓库应用程序的在线交易处理（OLTP）与分析系统中，传统的关系数据以及非结构化和半结构化信息仍在继续增长。随着企业将更多的数据和业务流程移向公共和私有云，这一局面变得更加复杂。海量交互数据：这一新生力量由源于 Facebook、Twitter、LinkedIn 及其他来源的社交媒体数据构成。它包括了呼叫详细记录（CDR）、设备和传感器信息、GPS 和地理定位映射数据、通过管理文件传输（manage file transfer）协议传送的海量图像文件、Web 文本和点击流数据、科学信息、电子邮件等。海量数据处理：大数据的涌现已经催生出了设计用于数据密集型处理的架构，如具有开放源码、在商品硬件群中运行的 Apache、Hadoop。对于企业来说，难题在于以具备成本效益的方式快速可靠地从 Hadoop 中存取数据。

定义二：大数据包括 A、B、C 三个要素如何理解大数据？NetApp 大中华区总经理陈文认为，大数据意味着通过更快获取信息来使做事情的方式变得与众不同，并因此实现突破。大数据被定义为大量数据（通常是非结构化的），它要求我们重新思考如何存储、管理和恢复数据。那么，多大才算大呢？考虑这个问题的一种方式就是，它是如此之大，以至于我们今天所使用的任何工具都无法处理它，因此，如何消化数据并把它转化成有价值的洞见和信息，这其中的关键就是转变。

基于从客户那里了解的工作负载要求，NetApp 所理解的大数据包括 A、B、C 三个要素：分析（analytic）、带宽（bandwidth）和内容（content）。

1. 大分析（big analytics）：帮助获得洞见，指的是对巨大数据集进行实时分析的要求，它能带来新的业务模式，更好的客户服务，并实现更好的结果。

2. 高带宽（big bandwidth）：帮助走得更快，指的是处理极端高速的关键数据的要求。它支持快速有效地消化和处理大型数据集。

3. 大内容（big content）：不丢失任何信息，指的是对于安全性要求极高的高可扩展的数据存储，并能够轻松实现恢复。它支持可管理的信息内容存储库，而不只是存放过久的数据，并且能够跨越不同的大陆板块。大数据是一股突破性的经济和技术力量，它为 IT 支持引入了新的基础架构。大数据解决方案消除了传统的计算和存储的局限。借助于不断增长的私密和公开数据，一种划时代的新商业模式正在兴起，它有望为大数据客户带来新的实质性的收入增长点以及富于竞争力的优势。（资料来源：http//tech. ccidnet. com/art/28025/20111104/3080509_ 1. html）

（1）数据体量（volume）巨大

大数据通常指 10TB（1TB = 1024GB）规模以上的数据量。之所以产生如此巨大的数据量，一是由于各种仪器的使用，使我们能够感知到更多的事物，这些事物的部分甚至全部数据就可以被存储；二是由于通信工具的使用，使人们能够全时段的联系，机器–机器（M2M）方式的出现，使得交流的数据量成倍增长；三是由于集成电路价格降低，使很多东西都有了智能的成分。目前在信息相关产业的任何一个领域，数据都正以指数级的速度增长。麦肯锡咨询公司首先提出了"大数据"的概念以及大数据时代的到来，并认为从海量数据中能挖掘具有巨大经济价值的信息。国内互联网周刊，更直接撰文风趣地指出"从 2012 年开始，我们将从大陆时代，移民进入大数据时代"。的确，在各个领域，数据都呈现出爆发式增长趋势。三个具有代表性的领域展现数据增长的迅猛势头：互联网、企业级数据分析和传感器网络（陶雪娇等，2013）。

目前，在互联网领域，21 亿网民 80 亿互联网设备产生了大量的数据。Google 每天产生了 20PB 的数据流量，200 万篇博客在互联网上发布，2940 亿封电子邮件发出，1 亿8700 万 h 的音乐在 Pandora 上播放，2200 万 h 的电影和电视节目在 Netflix 播放，1288 个新应用程序可供下载，超过 3500 万个应用程序被下载，5 亿3200 万条状态在社交网站上更新，2 亿5000 万张照片上传至 Facebook。这些一天中产生的数据，足够说明互联网数据增长之快。从互联网企业来看，雅虎是一个典型的例子。雅虎的云计算高级副总裁 Shugar 指出，雅虎每天为 1000 亿事件产生 120TB 数据输入，目前储存了 70PB，而其最高存储容量是 170PB。雅虎每天处理 3PB 数据，每个月在 38 000 台服务器上运行超过百万个任务（吴朝晖等，2013）。

（2）流动速度（velocity）快

我们通常理解的是数据的获取、存储以及挖掘有效信息的速度，但我们现在处理的数据是 PB 级代替了 TB 级，考虑到"超大规模数据"和"海量数据"也有规模大的特点，强调数据是快速动态变化的，形成流式数据是大数据的重要特征，数据流动速度快到难以用传统的系统去处理（陶雪娇等，2013）。

大数据计算对数据的时效性也提出了新的挑战。在金融、经济、救灾减灾、移动等诸多领域，数据的时效性直接决定了信息的价值。总体而言，大数据计算必须同时满足海量数据的实时查询访问需求与实时海量数据分析需求。

实时查询访问需求一直就存在。数据仓库的初衷无非就是为了实现查询的实时性。在数据库中大查询任务被分解成多个小任务，而这些小任务可以通过分布式的集群来完成，以此来提高访问的速度。Google 的一些关于网站响应速度的实例深刻地体现出数据的时效性在大数据计算中的重要性。当 Google 搜索引擎速度减缓 400ms，访问量将下降 0.44%；如果一段互联网视频停止加载，80% 的用户将点击离开。并且，通过相应的理论分析可以预见，随着数据量的不断增大，这个挑战变得更加严峻。

大数据计算的另一个高度时效性需求就是实时数据分析，它的特点是高可靠性、大数据处理和高实时性。在金融、移动和互联网 B2C 等产品，实时数据分析往往要求在数秒内返回上亿行数据的分析，从而达到不影响用户体验的目的（吴朝晖等，2013）。在证券行业，正如我国民族证券信息技术部总经理颜阳所指出的，"上亿条数据的分析能够在 5s 内完成"。而 HP 公司更是提出了"以实时数据分析获取竞争优势"这一策略，也证实了实时大数据分析的重要性。

（3）价值（value）密度低

大数据的数量很大，增长速度很快，品种很多价值密度却很低，其中有很多垃圾数据。数据量呈指数增长的同时，隐藏在海量数据中的有用信息却没有相应成比例增长，反而使我们获取有用信息的难度加大（吴朝晖等，2013）。以视频为例，连续的监控过程，可能有用的数据仅有一两秒。科学研究的正负电子对撞机，已经能够每秒拍摄万张照片，可是其中只有几千张照片有用。大数据与应用密切相关，数据的专业标注是理性分析和合理判断的基本目标无论是科学实验数据还是观测数据，都需要领域专家标注。

（4）数据种类繁多（variety）

随着传感器种类的增多以及智能设备、社交网络等的流行，数据类型也变得更加复杂，不仅包括传统的关系数据类型，也包括以网页、视频、音频、e-mail、文档等形式存在的未加工的、半结构化的和非结构化的数据（陶雪娇等，2013）。总体而言，数据爆发式增长的最大贡献往往来自于传感器网络、互联网、空间信息、生物信息等以图像、视频、声音、报表、文本文档为主要信息载体的领域。因此，大数据往往是海量的非结构化数据。雅虎首席产品官 Irving 在 2010 年 Hadoop 峰会上指出，世界上只有 5% 的数据是结构化的，而非结构化数据一直保持极大的增长势头。除此以外，服务器日志、用户浏览记录这样的半结构化数据也在不断增长，并且越来越得到重视和利用。下面针对图像数据和文本数据这两种当前最为常见的数据来分析大数据类型多样化的趋势。

图像数据是用数值表示的各像素的灰度值的集合，它近年来的爆发式增长蕴藏了巨大的信息价值，但是现在的数据处理方法无法识别图像中包含的信息。图像数据爆发式增长是来自多方面的。随着社交网络和人们日常生活中的数码相机、手机的普及，大量的图片信息进入互联网。目前 Facebook 上的图片总量已经超过 1000 亿张。在传感器领域，地球观测卫星、航拍飞机带来了海量的空间图片，这些图片经过处理，又得到各种不同的遥感产品。Google 地球和 Google 地图就是典型的地球观测和空间信息的应用，它们的主要信息价值基本上都来自海量的图片数据。所以，图像作为信息载体所占的比例正在不断地增加（戴礼灿，2013）。

随着互联网超文本文档的不断增加，博客文章和用户状态的不断更新，维基文章的不断编辑以及图书信息化进程的加快，文本数据日益成为一种重要的数据类型。据统计，被 Google 索引的网页已经达到万亿数量级，而 Wikipedia 包含 400 万篇英语文章和相当数量的其他语言文章。这些文本作为知识类型的数据，也以飞快的速度在增长。

8.1.3　大数据来源

近年来，随着社交网络、电子商务以及物联网等技术的深入发展，海量的结构化和非结构化数据已经塞满人们日常生活的每个角落，并且每天还在以惊人的速度进行爆炸式的增长。美国互联网数据中心（IDC）指出，互联网上的数据每年将增长 50%，每两年便将翻一番，据 2012 年 5 月 24 日发布的最新报告预测，到 2015 年全球 IT 联网行业持有的数据总量将达到 8 ZB（存储 1 ZB 数据将需要 10 亿台配备 500 GB 硬盘的个人电脑），人类正在逐渐步入一个大数据时代（戴礼灿，2013）。

借助蓬勃发展的信息和通信技术，各行各业乃至我们自身，都在消费数据的同时不断地生成和积累着各式各样的数据，如图 8-1 所示。一般不论数据信息以何种形式呈现，仅根据来源的不同，我们可以简单地将互联网上汇集的大规模多媒体数据分为以下三个种类：

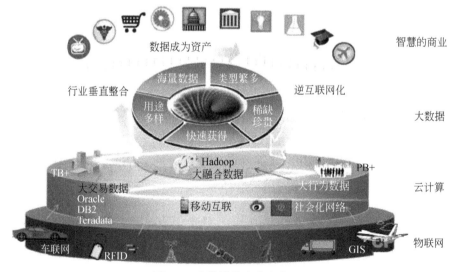

图 8-1　大数据的生成和来源

（1）结构化的人工生成数据

电信运营商、互联网运营商、政府、银行、商场、企业、交通枢纽等机构在日常运作、管理以及经营过程中无时无刻不在生成各式各样的数据，其中以联机交易数据和联机分析数据为主。就本身格式而言，这些数据大多还是结构化的，通过关系型数据可以进行有效的管理和访问。这些数据由于人工的干预和组织，因而价值秘密相对较高，但大多都是历史、静态的，而且只占据整个大规模数据中较小的一部分。

（2）自动化的监测记录数据

随着近年来物联网的蓬勃发展，大量的商品以及设备终端被纳入网络。为了方便监控与相关应用，无数的自动化传感器（如生产监测、环境监测、交通监测、安防监测等）以及自动记录设施（如刷卡机、收款机、ETC 等）生成了大量数据。这些数据容量大，但信息价值相对较低，包含大量的噪声和冗余。为了挖掘其中少量的金子，我们需要过滤大量的沙子；同时这些数据大多是结构化的，为了方便访问和挖掘，我们需要对其进行有效的组织和管理。

（3）交互式的社交通信数据

近年来，随着现代通信以及社交网络的风靡流行，内容消费者与内容制造商之间的界限正在逐渐消失，网络上充斥着大量的微信、微博、日志、照片、录像等，并且这些数据仍在以惊人的速度增长。以文本单词量作为统计标准，过去 50 年《纽约时报》共产生了

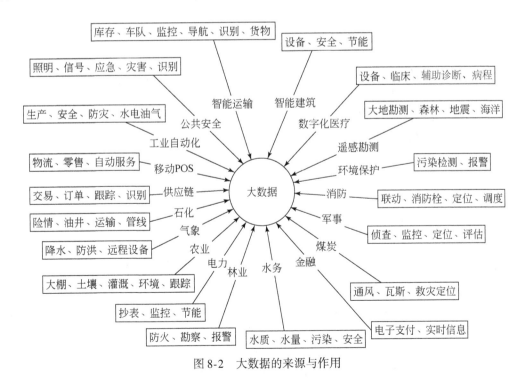

图 8-2 大数据的来源与作用

30 亿单词，然而如今 Twitter 一天就能产生 80 亿单词。这些数据虽然数量大、非结构化，但是它们种类丰富、实时更新，将它们与相对具体、静态的人工数据相结合可以产生巨大的价值，推动多媒体研究和应用的快速发展（Franks，2013；陶雪娇等，2013）。

大数据的来源与作用如图 8-2 所示。

目前大数据的应用的主要形态是"嵌入式"的，即内嵌在信息化平台中，高度差异化。相应的技术、解决方案和服务是 IT 和云计算的一部分，还未形成独立产业。"嵌入式"的大数据应用模式如图 8-3 所示。

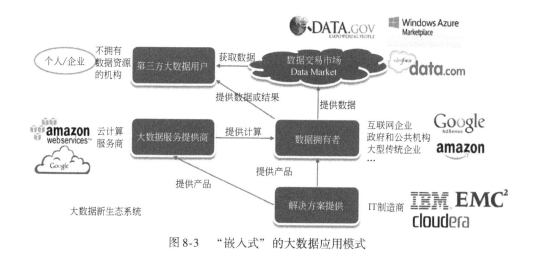

图 8-3　"嵌入式"的大数据应用模式

8.2　大数据组织和管理

为了发掘并利用大数据背后隐含的巨大价值，必须对大数据进行有效地组合和管理。从结构特征来讲，大数据可以分为结构化数据和非结构化数据。对于结构化数据，如网络上人工建立的知识库，利用数据生成时的层次化对应关系就能够进行有效地查询和管理，因而人们总是希望在数据生成时就按照特有的结构和模式对数据进行整理。然而数据的结构化生成总免不了人工的干预，这通常难以实现（陶雪娇等，2013；戴礼灿，2013）。尤其对于大量的网络用户而言，在生成自制的内容时不同的用户总是怀着不同的目的，因而很难通过某种统一的结构或模型进行有效的组织，因而针对这些大量的非结构化数据，我们需要其他的组织和管理方法。

为了对非结构化数据进行有效的组织和管理，信息检索技术应运而生并慢慢发展成熟。针对不同类型的数据，信息检索技术提取相关的数据特征并通过特征匹配来确定相似度排序，最终将相关的数据信息返回给用户。以文本数据为例，文本检索技术首先提取查询文档中包含的特有单词然后将之与数据库进行相似度匹配，进而完成文本查询操作。随着文本检索技术的成熟以及用户需求的不断增大，大规模的文本搜索引擎相继诞生，使得互联网海量的文本信息通过索引的方式得以有效组织和管理。相对于文本信息，图像中包含的视觉内容显然更加生动也便于理解，因而图像在新闻、媒体、医学、教育以及娱乐等多个领域用着广泛的应用，是大数据内容的重要组成部分（戴礼灿，2013）。

8.3 大数据处理技术框架

大数据计算的技术内涵包含三个方面：处理海量数据的技术、处理多样化类型的技术、提升数据生成与处理速度的技术。典型的大数据平台和应用程序框架如图 8-4 所示（IBM，2013）。

1）处理数据量大的技术包含大数据的存储、大数据的计算等相关技术。大数据计算是指规模在 PB 级（1024 TB）-EB 级（1024 PB）-ZB 级（1024 EB）的极大规模数据处理。它是传统文件系统、关系数据库、并行处理等技术无法有效处理的极大规模数据计算。因此，处理数据量大的技术一般采取分布式文件系统的方式进行存储，使用如 MapReduce 的分布式框架进行计算。

2）处理类型多样化的技术包含大数据的表达等相关技术。在互联网领域，除了存入数据库的传统结构化数据，用户的使用还带来海量的服务器日志、计算机无法识别的人类语言、用户上传的图片视频等非结构化数据。处理这些非结构化数据，一般采取 NoSQL 类型的数据库进行存储，如 Bigtable 等。

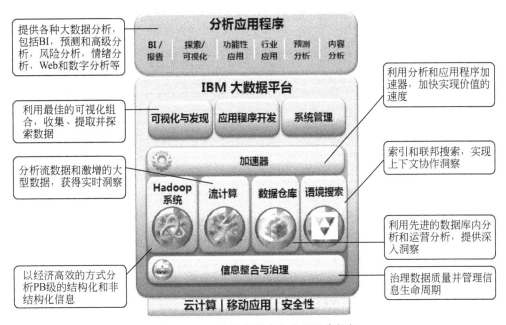

图 8-4 IBM 大数据平台和应用程序框架

3）提升数据生成与处理速度的技术包含大数据的计算、大内存技术等相关技术。在大数据时代，处理高速生成的数据和提升处理数据的速度需要软件和硬件相结合的办法。一方面，软件通过使用分布式计算框架实现提升数据生成与处理速度；另一方面，硬件通过使用大内存等技术实现处理速度的进一步提高（陶雪娇等，2013）。

8.4 大数据存储技术

随着全球数据量的爆发式增长，传统的文件存储系统已不能满足需求，大数据计算需要有特定的文件系统以满足海量文件的存储管理、海量大文件的分块存储等功能。大数据存储技术是大数据计算技术的基础，有了可靠高效的大数据存储平台，不断增加的数据才能被高效地组织，从而进行数据分析等操作（蒋海波，2013）。大数据因结构复杂多样使得数据仓库要采集的源数据种类比传统的数据种类更加多样化，因此新的存储架构也要改变目前以结构化为主体的单一存储方案的现状，针对每种数据的存储特点选择最合适的解决方案。对非结构化数据采用分布式文件系统进行存储，对结构松散无模式的半结构化数据采用面向文档的分布式 Key/Value 存储引擎，对海量的结构化数据采用分布式并行数据库系统存储，下面简单介绍两个相对成熟的文件系统。

8.4.1 HDFS 存储技术

Hadoop 分布式文件系统（Hadoop Distributed File System，HDFS）是 Google GFS 的开源版本——一个高度容错的分布式文件系统，它能够提供高吞吐量的数据访问，适合存储海量（PB 级）的大文件（Heyn et al，2012）。HDFS 有着高容错性的特点，并且设计用来部署在低廉的硬件上。而且它提供高吞吐量来访问应用程序的数据，适合那些有着超大数据集的应用程序。HDFS 放宽了 POSIX 的要求，这样可以实现流的形式访问文件系统中的数据。HDFS 开始是为开源的 Apache 项目的基础结构而创建，HDFS 是 Hadoop 项目的一部分（Li Zhongtao，Weis，2012）。

整个 HDFS 系统将由数百或数千个存储着文件数据片断的服务器组成。实际上它里面有非常巨大的组成部分，每一个组成部分都会频繁地出现故障，这就意味着 HDFS 里的一些组成部分是总是失效的，因此，故障的检测和自动快速恢复是 HDFS 一个很核心的结构目标（蒋海波，2013）。

运行在 HDFS 之上的应用程序必须流式地访问它们的数据集，它不是典型的运行在常规的文件系统之上的常规程序。HDFS 是设计成适合批量处理的，而不是用户交互式的。重点是在数据吞吐量，而不是数据访问的反应时间，POSIX 强制的很多硬性需求对很多应用不是必需的，去掉 POSIX 很多关键地方的语义，以获得更好的数据吞吐率。

运行在 HDFS 之上的程序有很大量的数据集。这意味着典型的 HDFS 文件是 GB 到 TB 的大小，所以，HDFS 是很好地支持大文件。它应该提供很高的聚合数据带宽，应该一个集群中支持数百个节点，还应该支持一个集群中千万的文件。

HDFS 具有如下几大特点：

（1）强容错性

HDFS 通过在名字节点和数据节点之间维持心跳检测、检测文件块的完整性、保持集群负载均衡等手段使得系统具有高容错性，集群里面的个别机器故障将不会影响到数据的使用。

（2）流式数据访问与大数据集

运行在 HDFS 之上的应用程序必须流式地访问它们的数据集。IIDFS 适合批量处理数据，典型的 HDFS 文件是吉字节到太字节的大小，典型的块大小是 64 MB。

（3）硬件和操作系统的异构性

HDFS 的跨平台能力毋庸置疑，得益于 Java 平台已经封装好的文件 IO 系统，HDFS 可以在不同的操作系统和计算机上实现同样的客户端和服务端程序。

HDFS 体系架构如图 8-5 所示。

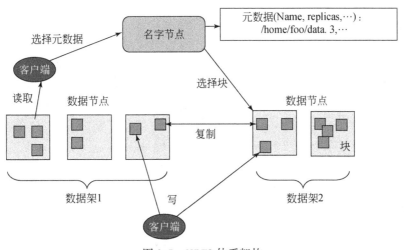

图 8-5　HDFS 体系架构

8.4.2　GFS 存储技术

GFS 是一个大型的、对大量数据进行访问的、可扩展的分布式文件系统。GFS 和传统的文件系统具有很大的区别（Franks，2013；吴朝晖等，2013；游小明，罗光春，2013）。GFS 体系架构如图 8-6 所示。

首先，GFS 具有实时监测、容错、自动恢复等特点。因为文件系统由成百上千个用于存储的机器构成，而这些机器是由廉价的普通部件组成并被大量的客户机访问，随时会遇到某个节点的操作系统故障、人为失误、程序漏洞、网络和电源失效等问题，因此 GFS 组件发生的错误将不再当做异常处理。GFS 的节点的数量和质量使得其中任何一台机器发生故障，整个文件系统仍能够工作下去。

其次，GFS 能够支持超大文件。每个文件通常包含很多应用对象。当经常要处理快速增长的、包含数以万计的对象、长度达 TB 的数据集时，当处理这些超大超长文件集合时，GFS 重新设计了文件块的大小，使其能够有效管理成千上万 KB 规模的文件块。此外，GFS 还对系统的 I/O 参数等进行了修改，使其能够适应网络环境从而高效访问文件。

再次，GFS 和传统的文件修改模式具有很大区别。大部分文件的更新是通过添加新数

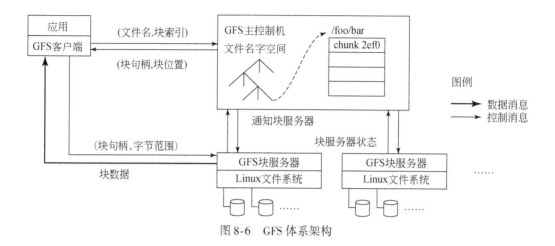

图 8-6　GFS 体系架构

据完成的，而不是改变已存在的数据。GFS 通过向文件尾部追加而非覆盖的方式来修改文件。在访问海量文件时，直接通过客户端的缓存覆盖修改文件是没有任何意义的。考虑到系统的优化和操作的原子性，采取追加的方式修改文件是比较合理的。除此之外，GFS 整个文件操作过程中几乎不存在对文件的随机写入，因此降低了整个系统的 I/O 延时。

最后，GFS 应用程序和文件系统的 API 协同设计，提高了整个系统的灵活性。GFS 引入原子性的文件追加操作，保证多个客户端能够同时追加操作文件，不需要额外的操作来保证系统的一致性。GFS 运行于廉价的普通硬件上给大量的用户提供总体性能较高的服务，是一个很优秀的分布式文件系统。

8.5　大数据表达技术

大数据的表达技术是指在大数据存储基础之上，对特定的不同类型结构化数据进行表示。它是大数据进行计算的基础，也是对大数据进行有效结构化表达的一种方式（吴朝晖等，2013）。

在大数据时代，NoSQL 数据库被大量采用。NoSQL 指的是非关系型数据库，是包含大量不同类型结构化数据和非结构化数据的数据存储。由于数据多样性，这些数据存储并不是通过标准 SQL 进行访问的。NoSQL 数据存储方法的主要优点是数据的可扩展性和可用性，以及数据存储的灵活性。典型的 NoSQL 数据库有 Bigtable、HBase 等。

8.5.1　Bigtable

Bigtable 是 Google 设计的用来处理海量数据的一种非关系型的数据库。Bigtable 采用一个稀疏的、分布式的、持久化存储的多维度排序图来存储数据。Bigtable 虽然不是关系型数据库，但是却沿用了很多关系型数据库的术语，像表（table）、行（row）、列（column）等。Bigtable 的键有三维，分别是行键（row key）、列键（column key）和时间戳（timestamp）。

Bigtable 是建立在其他几个 Google 基础构件上的。Bigtable 使用 Google 的分布式文件系统（GFS）存储日志文件和数据文件。Bigtable 集群通常运行在一个共享的机器池中，池中的机器还会运行其他的各种各样的分布式应用程序，Bigtable 的进程经常要和其他应用的进程共享机器。Bigtable 依赖集群管理系统来调度任务，管理共享的机器上的资源、处理机器的故障，监视机器的状态（吴朝晖等，2013）。

　　Bigtable 包括了三个主要的组件：链接到客户程序中的库、一个 Master 服务器和多个 Tablet 服务器。针对系统工作负载的变化情况，Bigtable 可以动态的向集群中添加（或者删除）Tablet 服务器。

8.5.2　HBase 相关技术

　　HBase 是一个高可靠性、高性能、面向列、可伸缩的分布式存储系统，利用 HBase 技术可在廉价 PC Server 上搭建起大规模结构化存储集群。

　　HBase 是 Google Bigtable 的开源实现，类似 Google Bigtable 利用 GFS 作为其文件存储系统，HBase 利用 Hadoop HDFS 作为其文件存储系统；Google 运行 MapReduce 来处理 Bigtable 中的海量数据，HBase 同样利用 Hadoop MapReduce 来处理 HBase 中的海量数据；Google Bigtable 利用 Chubby 作为协同服务，HBase 利用 Zookeeper 作为对应。Zookeeper 是 Google 的 Chubby 一个开源的实现，是高有效和可靠的协同工作系统，Zookeeper 能够用来负责选举，配置信息维护等，在一个分布式的环境中，需要一个 Master 实例或存储一些配置信息，确保文件写入的一致性等。

　　ZooKeeper 是一个分布式的，开放源码的分布式应用程序协调服务，包含一个简单的原语集，是 Hadoop 和 Hbase 的重要组件。目前提供 Java 和 C 的接口。目前，ZooKeeper 代码版本中，提供了分布式独享锁、选举、队列的接口。其中分布锁和队列有 Java 和 C 两个版本，选举只有 Java 版本。

　　HBase 中的表一般有这样的特点。

　　1）大：一个表可以有上亿行，上百万列。

　　2）面向列：面向列（族）的存储和权限控制，列（族）独立检索。

　　3）稀疏：对于为空（null）的列，并不占用存储空间，因此，表可以设计得非常稀疏。

　　PigE 和 Hive 为 HBase 提供高层语言支持，使得在 HBase 上进行数据统计处理变得非常简单。Sqoop 则为 HBase 提供了方便的 RDBMS 数据导入功能，使得传统数据库数据向 HBase 中迁移变得非常方便。HBase 的数据模型见 8-1。

表 8-1　HBase 的数据模型

行键	时间戳	列簇	
		URI	语法分析器
r1	t3	url＝http：//www.jd.com	title＝双 12 特价
	t2	host＝jd.com	
	t1		

行键	时间戳	列簇	
		URI	语法分析器
r2	t5	url＝http：//www.alibaba.com	content＝特价…
	t4	host＝alibaba.com	

其中 Row Key 是行键，Table 的主键，Table 中的记录按照 Row Key 排序。Timestamp 是时间戳，每次数据操作对应的时间戳，可以看作是数据的 version number。Column Family 是列簇，Table 在水平方向有一个或者多个 Column Family 组成，一个 Column Family 中可以由任意多个 Column 组成，即 Column Family 支持动态扩展，无需预先定义 Column 的数量以及类型，所有 Column 均以二进制格式存储，用户需要自行进行类型转换。

8.5.3　NoSQL

NoSQL（Not Only SQL），意即不仅是 SQL，是一项全新的数据库革命性运动，早期就有人提出，发展至 2009 年趋势越发高涨。NoSQL 的拥护者们提倡运用非关系型的数据存储，相对于关系型数据库运用，这一概念无疑是一种全新的思维的注入。

随着互联网 Web2.0 网站的兴起，非关系型的数据库成了一个极其热门的新领域，非关系数据库产品的发展非常迅速。而传统的关系数据库在应付 Web2.0 网站，特别是超大规模和高并发的 SNS 类型的 Web2.0 纯动态网站已经显得力不从心，暴露了很多难以克服的问题，例如对数据库高并发读写的需求、对海量数据的高效率存储和访问的需求、对数据库的高可扩展性和高可用性的需求等。

Web2.0 网站要根据用户个性化信息来实时生成动态页面和提供动态信息，所以基本上无法使用动态页面静态化技术，因此数据库并发负载非常高，往往要达到每秒上万次读写请求。关系数据库应付上万次 SQL 查询还勉强顶得住，但是应付上万次 SQL 写数据请求，硬盘 IO 就已经无法承受了。其实对于普通的 BBS 网站，往往也存在对高并发写请求的需求。

对于大型的 SNS 网站，每天用户产生海量的用户动态，以国外的 Friendfeed 为例，一个月就达到了 2.5 亿条用户动态，对于关系数据库来说，在一张 2.5 亿条记录的表里面进行 SQL 查询，效率是极其低下乃至不可忍受的。再例如大型 Web 网站的用户登录系统，例如腾讯、盛大、动辄数以亿计的账号，关系数据库也很难应付（吴朝晖等，2013）。

在基于 Web 的架构当中，数据库是最难进行横向扩展的，当一个应用系统的用户量和访问量与日俱增的时候，你的数据库却没有办法像 Web Server 和 App Server 那样简单的通过添加更多的硬件和服务节点来扩展性能和负载能力。对于很多需要提供 24h 不间断服务的网站来说，对数据库系统进行升级和扩展是非常痛苦的事情，往往需要停机维护和数据迁移。NoSQL 是非关系型数据存储的广义定义。它打破了长久以来关系型数据库与 ACID 理论大一统的局面。NoSQL 数据存储不需要固定的表结构，通常也不存在连接操作。在大数据存取上具备关系型数据库无法比拟的性能优势。

8.6 大数据并行处理技术

8.6.1 MapReduce 模型

MapReduce 是一种编程模型。利用数据的局部性可以很好地将大规模数据分而治之，分布到多台不同的机器并行处理。计算的迁移相较于数据的迁移节省了大量的网络带宽资源。典型的 MapReduce 应用包括日志分析、数据挖掘和科学计算等。

8.6.2 MapReduce 产生背景

MapReduce 是大规模数据（TB 级）计算的利器，Map 和 Reduce 是它的主要思想，来源于函数式编程语言，在函数式语言里，Map 表示对一个列表（list）中的每个元素做计算，Reduce 表示对一个列表中的每个元素做迭代计算（亢丽芸等，2012；董亭亭，2013）。这些专用的计算方法能够处理一定量的原始数据。然而面对越来越大规模的数据以及一些不断衍生的数据，如搜索引擎系统中不断抓取的新的页面信息、随用户量增加而不断增长的 Web 请求日志等，这些问题在计算的本质上是很容易解决的。但是因为数据的飙升，个人计算机受限于有限的计算和存储资源而变得无力承担大规模数据的计算。因此，要想在一个可接受的时间范围内完成计算，谷歌的程序员们想到将这些大规模的计算分布到多台普通商用计算机上并行执行。然而，如何进行数据的分配，如何进行任务的调度，如何保证容错？原本简单的运算因为以上问题的综合而变得困难。

为了解决以上一系列问题，Google 实现了一个新的分布式计算框架——MapReduce。该模型将所有的操作抽象为两个函数原语 Map 和 Reduce。Map 负责将大的任务打散并行分布到多台机器运行，Reduce 则将 Map 中多台机器的运算结果进行汇总运算得到最终的结果。该过程中用户只需在 Map 和 Reduce 中实现相应的计算代码，而不需要关心计算之外的其他细节。对于并行计算过程中的任务调度、网络间通信、容错和负载均衡等细节均由 MapReduce 框架封装处理，无需程序员进行干涉。MapReduce 平台的通用性非常好，任何通过并行计算可以解决的问题都可以放到 MapReduce 框架下来实现（董亭亭，2013）。

8.6.3 MapReduce 编程模型

MapReduce 是一种编程模型，用于大规模数据集（大于 1TB）的并行运算。MapReduce 的设计目标是方便编程人员在不熟悉分布式并行编程的情况下，将自己的程序运行在分布式系统上。MapReduce 的命名规则由两个术语组成，分别是 Map（映射）与 Reduce（化简）（IT168，2011）。从概念上来讲，MapReduce 将输入元素列表（input list）转换成输出元素列表（output list），按照 Map 与 Reduce 规则各一次。从 MapReduce 框架的实现角度看，MapReduce 程序有着两个组件：一个实现了 Mapper，另一个实现了 Reducer。MapReduce 编程模型如图 8-7 所示。

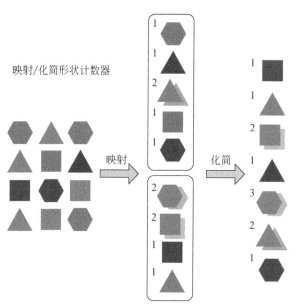

图 8-7 MapReduce 编程模型

　　MapReduce 采用"分而治之"的思想主控程序将大尺度的计算任务按照一定的调度策略分发给其管理下的各个从节点处理，然后将各从节点的中间数据结果进行整合，得到最终的结果。简而言之，MapReduce 就是"任务的分解与结果的汇总"但是，MapReduce 能够处理的数据集或任务必须能够被划分成各个小的子集，子集之间可以无共享地并行执行；否则，并行执行过程中数据之间的共享和同步通信开销会大大降低集群的效率和可靠性（董亭亭，2013）。

　　MapReduce 编程的核心思想是：将输入数据集匹配为 key/value 对形式，然后通过MapReduce封装的 Map 和 Reduce 函数生成输出的 key/value 对集合。

8.6.4　MapReduce 实现机制

　　MapReduce 任务的执行流程对用户是透明的。当用户程序调用 MapReduce 函数，就会引起如下操作，MapReduce 执行流程如图 8-8 所示（董亭亭，2013）。

　　1）用户程序中的 MapReduce 函数库首先把输入文件分成 M 块，每块大概 16～64MB（可以通过参数决定），接着在集群的机器上执行处理程序。

　　2）这些分派的执行程序中有一个程序比较特别，它是主控程序 Master。剩下的执行程序都是作为 Master 分派工作的 Worker（工作机）。总共有 M 个 Map 任务和 R 个 Reduce任务需要分派，Master 选择空闲的 Worker 来分配这些 Map 或者 Reduce 任务。

　　3）被分配了任务的 Map 工作机读取第一步划分好的数据子集，然后根据 Map 函数中的计算规则处理产生中间的 key/value 结果，暂存在本地机器的内存中。

　　4）Map 端的工作机中暂存在内存中的数据溢出后被写入本地磁盘，本地机器的任务完成后通知主控程序 Master。Master 将 Map 任务的相关信息通知给 Reduce 工作机。

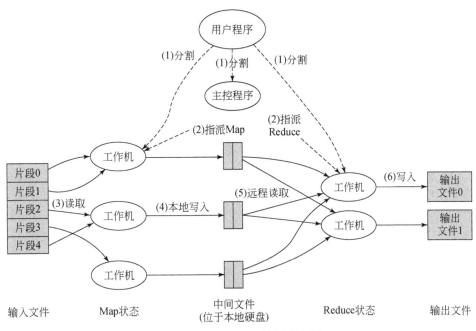

图 8-8　MapReduce 执行流程图

5）当 Master 通知 Reduce 的 Worker 关于中间<key, value>对的位置时，它调用远程过程来从 Map Worker 的本地硬盘上读取缓冲的中间数据。当 Reduce Worker 读到所有的中间数据，它就使用中间 key 进行排序，这样可以使得相同 key 的值都在一起。因为有许多不同 key 的 Map 都对应相同的 Reduce 任务，所以，排序是必需的。如果中间结果集过于庞大，那么就需要使用外排序。

6）Reduce Worker 根据每一个唯一中间 key 来遍历所有的排序后的中间数据，并且把 key 和相关的中间结果值集合传递给用户定义的 Reduce 函数。Reduce 函数的结果输出到一个最终的输出文件。

7）当所有的 Map 任务和 Reduce 任务都已经完成的时候，Master 激活用户程序。此时 MapReduce 返回用户程序的调用点。

从 MapReduce 的任务执行流程可以看出系统框架将大规模的计算任务进行划分然后将多个子任务指派到多台工作机器上并行执行，从而实现了计算任务的并行化，进而可以进行大规模数据的处理。

8.6.5　MapReduce 与 HDFS 的关系

MapReduce 是依赖于 HDFS 实现的。通常 MapReduce 会将被计算的数据分为很多小块，HDFS 会将每个块复制若干份以确保系统的可靠性，同时它按照一定的规则将数据块放置在集群中的不同机器上，以便 MapReduce 在数据宿主机器上进行最便捷的计算。MapReduce 与 HDFS 的关系如图 8-9 所示。

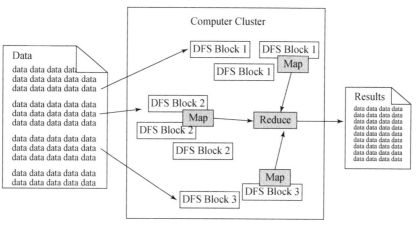

图 8-9　MapReduce 与 HDFS 的关系

8.7　大数据计算平台技术

8.7.1　Hadoop 技术

Hadoop 是 Apache 下的一个项目，由 HDFS、MapReduce、HBase、Hive 和 ZooKeeper 等成员组成。其中，HDFS 和 MapReduce 是两个最基础、最重要的成员。Hadoop 有许多元素构成。最底部是 HDFS，它存储 Hadoop 集群中所有存储节点上的文件（Wang Feng et al.，2009）。HDFS（对于本文）的上一层是 MapReduce 引擎，该引擎由 JobTrackers 和 TaskTrackers 组成。Apache 的 Hadoop 框架本质上是一个用于分析大数据集的机制，不一定位于数据存储中。Hadoop 提取出了 MapReduce 的大规模数据分析引擎，更易于开发人员理解。Hadoop 可以扩展到无数个节点，可以处理所有活动和相关数据存储的协调。以下是 Hadoop 的几种定义，每种定义都针对的是企业内的不同受众：

对于高管：Hadoop 是 Apache 的一个开源软件项目，目的是从令人难以置信的数量/速度/多样性等有关组织的数据中获取价值。使用数据，而不是扔掉大部分数据。

对于技术管理人员：一个开源软件套件，挖掘有关您的企业的结构化和非结构化大数据。Hadoop 集成您现有的商业智能生态系统。

工程师：大规模并行、无共享、基于 Java 的 Map-Reduce 执行环境。打算使用数百台到数千台计算机处理相同的问题，具有内置的故障恢复能力。Hadoop 生态系统中的项目提供了数据加载、更高层次的语言、自动化的云部署，以及其他功能。

扩展阅读：Hadoop 的众多特性和配置使其成为一个十分有用且功能强大的框架，其用途和功能令人惊讶。Yahoo！以及其他许多组织已经找到了一个高效机制来分析成堆的字节数。在单个节点上运行 Hadoop 也很容易；您所需要的只是一些需要分析的数据，以及熟悉一般的 Java 代码。Hadoop 也可和 Ruby、Python 以及 C++ 一起使用。作为处理大数据集的概念框架，MapReduce 对于使用许多计算机来解决分布式问题而言是高度优化的。顾名思义，这个框架由两个函数构成。map 函数专用于获取大数据输入，并将其分成小片段，然后交由其他进程进行操作。reduce 函数整理 map 收集的各个回应，然后显示最后的输出。在 Hadoop 中，您可以通过扩展 Hadoop 自身的基类来定义 map 和 reduce 实现。实现和输入输出格式被一个指定它们的配置联系在一起。Hadoop 非常适合处理包含结构数据的大型文件。Hadoop 可以对输入文件进行原始解析，这一点特别有用，这样您就可以每次处理一行。定义一个 map 函数实际上只是一个关于确定您从即将输入的文本行中捕获什么内容的问题。

8.7.2　Hadoop 组件

ApacheHadoop 项目有两个核心组件，被称为 Hadoop 分布式文件系统 HDFS 的文件存储，以及被称为 MapReduce 的编程框架。有一些支持项目充分利用了 HDFS 和 MapReduce。

HDFS：如果希望有 4000 多台电脑处理数据，那么最好将数据分发给 4000 多台电脑。HDFS 可以帮助您做到这一点。HDFS 有几个可以移动的部件。Datanodes 存储数据，Namenode 跟踪存储的位置。还有其他部件，但这些已经足以使您开始了。

MapReduce：这是一个面向 Hadoop 的编程模型。有两个阶段，它们分别被称为 Map 和 Reduce。Map 和 Reduce 阶段之间有一个随机排序。JobTracker 管理 MapReduce 作业的 4000 多个组件。TaskTracker 从 JobTracker 接受订单。

Hadoop Streaming：一个实用程序，在任何语言（C、Perl 和 Python、C++、Bash 等）中支持 MapReduce 代码。示例包括一个 Python 映射程序和一个 AWK 缩减程序。

Hive 和 Hue：使用 Hive 将 SQL 转换为一个 MapReduce 作业。Hue 提供了一个基于浏览器的图形界面，可以完成 Hive 工作。

Pig：一个执行 MapReduce 编码的更高层次的编程环境。Pig 语言被称为 Pig Latin。

Sqoop：在 Hadoop 和您最喜爱的关系数据库之间提供双向数据传输。

Oozie：管理 Hadoop 工作流。这并不能取代调度程序或 BPM 工具，但它在 Hadoop 作业中提供 if-then-else 分支和控制。

HBase：一个超级可扩展的键值存储。它的工作原理非常像持久的散列映射。尽管其名称是 HBase，但它并不是一个关系数据库。

FlumeNG：一个实时的加载程序，用来将数据流式传输到 Hadoop 中。它将数据存储在 HDFS 和 HBase 中。

Whirr：面向 Hadoop 的云配置。可以在短短几分钟内使用一个很短的配置文件启动一个集群。

Mahout：面向 Hadoop 的机器学习。用于预测分析和其他高级分析。

Fuse：让 HDFS 系统看起来就像一个普通的文件系统，所以可以对 HDFS 数据使用 ls、rm、cd 和其他命令。

Zookeeper：用于管理集群的同步性。

Hadoop 技术架构如图 8-10 所示。

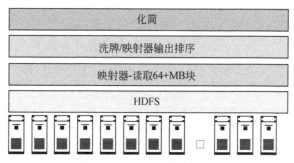

图 8-10　Hadoop 技术架构

在图 8-10 中，HDFS 位于商品硬件的集群之上。简单的机架式服务器，每台都配置两个 16 核 CPU、6～12 个磁盘，以及 32G RAM。在一个 Map Reduce 作业中，映射程序层以极高的速度从磁盘读取。映射程序向缩减程序发出已进行排序和提供的键值对，然后，缩减程序层汇总键值对。

扩展阅读：数据不断在演变，因而它的处理框架也在不断演变。Apache Hadoop 于 2005 年推出，提供了核心的 MapReduce 处理引擎来支持大规模数据工作负载的分布式处理。7 年后的今天，Hadoop 正在经历着一次彻底检查。通过这次检查，得到了一个更加通用的 Hadoop 框架，不仅支持 MapReduce，还支持其他分布式处理模型。

8.7.3　Hadoop 与 MapReduce

最简单的 MapReduce 应用程序至少包含 3 部分：一个 Map 函数、一个 Reduce 函数和一个 main 函数（Wang Feng et al.，2009）。main 函数将作业控制和文件输入/输出结合起来。Hadoop 提供了大量的接口和抽象类，从而为 Hadoop 应用程序开发人员提供许多工具，可用于调试和性能度量等。MapReduce 本身就是用于并行处理大数据集的软件框架。MapReduce 的根源是函数性编程中的 Map 和 Reduce 函数。它由两个可能包含许多实例（许多 Map 和 Reduce）的操作组成。Map 函数接受一组数据并将其转换为一个键/值对列表，输入域中的每个元素对应一个键/值对。Reduce 函数接受 Map 函数生成的列表，然后根据它们的键（为每个键生成一个键/值对）缩小键/值对列表。现在回到 Hadoop，它是如何实现这个功能的？一个代表客户机在单个主系统上的 MapReduce 应用程序被称为 JobTracker。类似于 NameNode，它是 Hadoop 集群中唯一负责控制 MapReduce 应用程序的系统。在应用程序提交之后，将提供包含在 HDFS 中的输入和输出目录。JobTracker 使用文件块信息确定如何创建其 TaskTracker 从属任务。MapReduce 应用程序被复制到每个出现输入文件块的节点。将为特定节点上的每个文件块创建一个唯一的从属任务。每个 TaskTracker 将状态和完成信息报告给 JobTracker。Hadoop 的这个特点非常重要，因为它没有将存储移动到某个位置以供处理，而是将处理移动到存储。这通过根据集群中的节点数调节处理，因此支持高效的数据处理。

8.8 空间大数据

空间数据描述信息世界中的空间对象在现实世界内的具体地理方位和空间分布,包括空间实体的属性数量位置及其相互关系等,涵盖从宏观中观到微观的整个层次,可以是点的高程道路的长度、多边形的面积、建筑物的体积等数值。空间关系等拓扑结构与一般的数据相比,空间数据具有空间性时间性多维性大数据量空间关系复杂等特点。

8.8.1 对地观测

对地观测是人类利用卫星、飞船、航天飞机、飞机以及近空间飞行器等空间平台和地面、地下的各种传感器设备获取观测数据,结合各个学科的专业知识,对地面物体和地理过程进行监测和预测的科学活动。图 8-11 就是一个人类利用卫星对地观测的示意图。

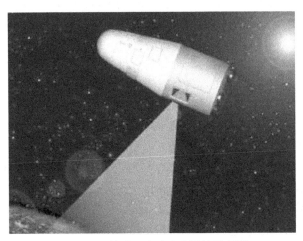

图 8-11　利用卫星对地观测的示意图

在遥感技术的发展初期,观测数据量较小,用于数据挖掘分析的理论和模型也不够成熟,因此更多是依靠专业人员的目视判读进行信息解译和勾绘制图,然后利用其他学科的知识对获得的信息进行修正。这种方法显然不能满足日益增大的观测数据量和日益复杂的应用模式需求。

从海量遥感数据的获取、存储、提取与分发、数值处理,到数据挖掘和知识发现,对地观测活动的整个生命周期体现了大数据的"4V"特性。大数据时代的对地观测技术为发展空间地球信息科学奠定了基础。从对地观测过程的信息学特征可以清晰地看到此领域大数据的发展趋势(尤文辰等,2013)。

地球观测涉及大量的时空数据存储、计算和分析,而时空数据本身具备数据量大、时效性强等大数据的典型特点,所以地球观测是目前大数据应用的一个典型领域。NASA 是目前世界上在地球观测领域做得最成功、最成熟的研究单位,它直接在空间大数据应用上投入了大量的研究,也取得了丰富的成果。

NASA 的大数据主要包括四种类型（吴朝晖等，2013）：卫星遥感数据、同化数据、模型输出数据和气候工程数据。从数据内容上来看，其中的一个典型实例就是天气变化大数据，它的数据量将在 2030 年达到 350PB。同时，NASA 的大数据有其自身的特点：在数量和速度上都是密集的。另外，在 NASA，对于大数据来说，它不仅仅是数据，还包括更多的东西：数据的发现、挖掘和获取，数据的语义信息，数据处理的工作流，数据的治理等。

奥巴马政府在 2012 年 3 月的报告中指出，美国国家航空和航天局在大数据项目的投入上超过了 2 亿美元，这些大数据项目如下（吴朝晖等，2013）。

1）NASA 地球科学数据和信息系统（ESDIS）。ESDIS 项目已经活跃了超过 15 年，旨在对地球卫星数据和空中、实地活动的数据进行处理存档和发布，努力确保科学家和公众可以满意地访问从地球到太空的数据，提升应对气候和环境变化的能力。

2）NASA 高级信息系统技术（AIST）。AIST 项目的目标是减少现有 NASA 信息系统的风险和成本，支持未来的地球观测任务，并将观测结果转化为 NASA 气候中心的信息。在这个项目中，大数据技术被用来减少陆基和空基信息系统的风险、成本、规模和开发时间，同时提高数据的实用性和可获取性。

3）太空望远镜科学研究所的多任务归档（MAST）。MAST 是分布式空间科学数据服务的一个组成部分，主要侧重于光学紫外线和近红外部分频谱等科学相关的数据集，提供各种天文数据档案，支持多种工具对各种光谱图像数据进行访问。

4）太空行动协议。与 Cray 公司制定的太空行动协议，允许一个或多个项目围绕发展和应用低延迟大数据系统合作，使用高度集成的 NoSQL 数据库传输数据，来加速建模和分析软件的运行，以测试混合计算机系统的实用性。

5）NASA 行星数据系统（PDS）。PDS 是行星任务的数据档案，已经成为世界各地科学家的基本资源。其中，通过一个行星学科的在线目录系统，可以对所有产品进行同行评审，完善记录访问查询项目的一个重要任务是为世界各地的科学家提供资源档案数据产品。项目对行星数据系统生产的产品数据进行同行评审、归档，并且录入一个在线目录以提供访问。

6）全球地球观测系统（GEOSS）。GEOSS 是分享和整合对地观测数据的国际合作尝试，它与美国环境保护署、国家海洋大气管理局等机构联手，整合基于卫星地面的监测和建模系统，评估环境条件和预测事件。项目整合卫星、地面监测和模型系统，评估环境条件，利用大数据分析技术预测人为和自然的森林火灾、人口增长等。

7）地球系统网格联盟。它是一个公共的存档服务，将支持国际小组在 2014 年完成的基础气候变化的第五次评估报告，NASA 通过与美国能源部合作，促进地球观测数据和观测模型的输出。

NASA 的这些项目用于应对空间大数据给传统数据管理系统、数据存储、数据交换、分布式数据计算这些方面所带来的挑战。并且，结合空间数据本身的特点，NASA 通过多个方面技术研究来应对这些挑战。除了现在流行的 Hadoop 集群技术，传统磁盘存储、高性能计算、分布式数据等也是解决问题的方案。

扩展阅读：用于采集空间数据的可能是雷达红外光电卫星多光谱扫描仪、数码相机成像光谱仪、全站仪、天文望远镜、电视摄像、电子显微成像等各种宏观与微观传感器或设备，也可能是常规的野外测量、人口普查、土地资源调查、地图扫描、地图数字化统计图表等空间数据获取手段，还可能是计算机网络等技术应用和分析空间数据的过程，具体包括空间数据的来源观测值，以及采集编辑存储和利用数据的步骤格式、转化日期、时间、地点、人员、环境传输与历史等。

8.8.2　GIS 与大数据

随着地理信息数据的迅速增加，GIS 数据呈现出数据量大、数据种类多和数据结构复杂的特点。GIS 是以计算机软硬件为基础，结合地理学、测绘学、地图学、计算机科学、运筹学等多门学科的，以获取、存储、管理、展示、分析地理空间数据为主的计算机系统，可以用于区域规划、决策分析等（尤文辰等，2013）。

GIS 的数据量大，有两层含义：第一层含义是指数据占用的字节数多，这主要是针对栅格数据及多媒体数据而言的。比如"天地图"在 2011 年正式上线的时候，集成了海量的基础地理信息资源数据，总数据量约有 30TB，处理后的瓦片数近 30 亿。第二层含义是指数据单位个数多。比如"天地图"各类地名和 POI（Point of Interest，兴趣点）有 1100 多万条，2011 年 8 月竣工的国家西部 1∶50000 地形图空白区测图工程和国家 1∶50000 基础地理信息数据库更新工程两个国家级重大测绘工程，成果有 20 多万航片和 8000 多景卫星遥感影像，地名近 600 万条，描绘了 1.4 亿个地理要素。

目前 GIS 数据主要呈现出如下特征（尤文辰等，2013）。

（1）数据种类多

GIS 的数据种类多样，从大的方面看，有矢量数据、栅格数据、属性数据，以及与地理位置相关的音频、视频等多媒体数据等，如测绘方式产生的数据（DXF），经常需要导入 GIS 系统，其他的还有扫描得到的图像（TIFF 或 JPEG），具有空间坐标信息的 GeoTIFF 文件，数字制图中数字化后的 ESRI shapefiles 数据或 MapInfo 的 TAB 数据，格式转换后用于 Web 的 PNG、SVG 或 GeoJSON 数据等。GDAL/OGR 是地理空间数据转换的类库，多用来读取地理空间数据，根据 GDAL 官方网站的资料显示，GDAL/OGR 支持的栅格数据多达 132 种，矢量数据有 71 种，这其中也包括了 PostGIS、SpatiaLite、ArcSDE 这样的数据源。

（2）数据结构复杂

传统的 GIS 主要有空间数据和属性数据两类数据，最具代表性的是 ESRI Shapefiles 文件，空间数据以二进制文件的方式进行存储，属性数据以二维表的方式进行存储，具有固定字段，另外还有以文本存储的投影信息等。如今在 GIS 中，非结构化的数据越来越多，如 Google Earth 中用户可以上传基于地理位置的图片，iOS 的相册提供了在地图上显示照片和视频信息的功能，像是基于位置的服务（location based service，LBS）一类的应用，更是需要在地理信息的基础上，集成周边不同类型 POI 的详细信息、用户实时发布的文本或多媒体信息等，这些信息绝大多数都是非结构化的。在用于人口普查的 GIS 系统中，基本的人口信息是结构化的，但是如果详尽一些的信息或是存储个性化的信息，比如加入个体从小到大的教育经历、特长及奖项等信息，可能数据就会变为非结构化的了，因为不是每个人都会有大学的教育经历，也不是每个人具有某种特长并得过奖项，这在数据库中表现为每个人需要有不同的数据项来记录这些细化的信息。

（3）GIS 大数据快速处理

GIS 数据存储技术对于数据的快速处理具有重要影响，这包括了数据的传输、查询、高并发访问、空间分析等多个环节，比如在数据库中将数据存储为 BSON 格式，可以省略数据传输中序列化和反序列化的步骤，建有较好的空间索引的数据库，可以提高数据的查询和访问效率，分布式计算可以提高数据处理的速度等，所以 GIS 数据库应当具有支持大数据快速处理的特性。

GIS 已经进入大数据时代，大数据时代对 GIS 数据的存储也提出了新的要求。在大数据时代，GIS 数据量在飞速增加，数据库往往需要进行升级或是扩展。

8.9　大数据与云计算

从数据的大量堆积中可以分析、挖掘出有用的信息元素，这是最基本的数据价值。将大数据和其中的信息提炼、总结出规律，才能转化为知识，将知识灵活运用才能形成智慧，这是一个巨大跨越。从某种意义上说，大数据中的数据元素是由多个云元素所组成的，或者说大数据就是一朵巨型的云，而云计算是大数据应用的基础。首先，云计算是基于资源共享和动态分配的，分布式的计算方式为大数据应用提供最基本的生存基础；其次，云计算具有服务可用性与快速交付的特性，这样可以降低大数据管理的复杂度，提高资源利用率；最后，云计算可以按需提供服务与交付能力，通过高性能的扩展，为大数据应用提供可靠的实现环境（周双阳，2013）。

大数据的兴起是信息化发展的必然结果，我们知道，云计算和大数据之间存在密切关联，在很大程度上它们是相辅相成的。最大的不同在于：云计算是你在做的事情，而大数据是你所拥有的东西。以云计算为基础的信息存储、分享和挖掘手段为知识生产提供了工具，而通过对大数据分析、预测会使得决策更加精准，两者相得益彰（周双阳，2013）。理想的大数据及云计算应用能够帮助企业进行更好的决策。对于企业来讲，由于企业面临的竞争环境越来越严酷，及时把握市场动态，迅速对市场和消费者的需求做出更深入的洞察，并能快速制定出准确细致的营销策略，将成为未来企业竞争的关键，而通过对大数据的分析和处理，将会为企业把握市场先机提供决策支持，以及更好的个性化服务手段；对于行业应用来说，从大数据中获取业务发展趋势和市场需求数据，以获得更大的商业利益。云计算与大数据应用案例如图 8-12 所示。

扩展阅读：2013 年 6 月 20 日，通用电气（GE）在美国旧金山宣布推出第一个大数据与分析平台，管理云中运行的由大型工业机器所产生的数据。该平台为支持工业互联网并把大数据转化为实时信息而开发，将惠及全球主要行业，包括航空、医疗、能源生产

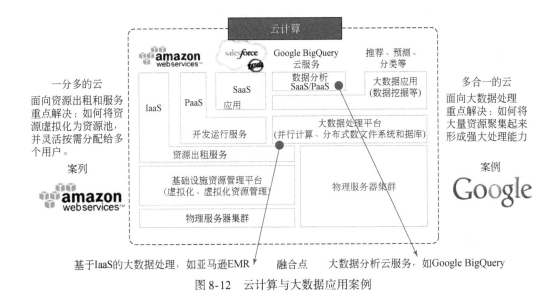

图 8-12　云计算与大数据应用案例

与分配、交通运输及制造业。结合新的 GE Predictivity™ 服务和目前可用的技术，航空公司、铁路、医院和公用事业将能够在云中管理、运营喷气发动机和燃气轮机等关键机器，从而提高生产率、减少浪费和停机时间。这标志着工业类公司将首次拥有一个整合智能机器、传感器和高级分析的通用架构。

GE 的工业强化平台由新的 Proficy Historian HD（第一个基于 Hadoop 的历史数据管理软件）提供支持。Historian 在一个安全、封闭的架构中提供实时数据管理、分析和机器与运营的连接，让全球重要行业能够从被动的工业运营模式转向预测模式。

GE 全球软件中心副总裁鲁威廉表示："GE 的工业强化平台不仅是迈向下一代工业生产率的第一步，也是迈向下一代计算机技术的第一步。利用强大的软件和传感器使机器智能化固然重要，但只有能够快速地分析、理解并让机器数据实时运转，才能真正带我们走进受益于大数据的社会。这就是工业互联网，我们正在与合作伙伴一起建设为客户节约资金并为社会创造新价值的生态系统。"

GE 的平台是第一个可以真正管理工业大数据的平台，远比目前任何其他类型的新兴内容和信息更为复杂。Wikibon 今天发布的《定义和评估工业互联网》和《工业互联网与大数据分析：机遇与挑战》显示，在利用云环境方面，行业层面比企业层面的速度慢，因为工业大数据需求独特，且管理这种复杂数据需要庞大的计算能力。报告显示：

1. 机器数据空前高速增长：未来 10 年，工业数据增速将是其他大数据领域的两倍。处理急速增长的工业大数据，需要大量基于机器的软件和服务——包括收集传感器数据、实时进行本地处理和工业分析，以及把数据分发到端点。Wikibon 预计，到 2020 年，工业互联网技术的总支出将达到 5140 亿美元。

2. 速度：在以毫秒计算的速度下，即时分析海量原始数据，灵活地和其他现有工业数据流做互动、对比，这对于从数据中提取有用信息并产生积极结果所需的实时决策至关重要。

3. 价值：到 2020 年，工业互联网创造的总体价值近 1.3 万亿美元。主要源自工业互联网技术带来的效率、生产率提升和其他相关收益。

Wikibon 项目的大数据分析师 Jeff Kelly 表示："研究发现，工业强化云环境面临的挑战是整合海量的机器数据和其他来源的数据，进行几乎实时的分析。GE 同时拥有工业互联网技术和医疗、能源、交通运输及航空等行业的专业知识，因此能够根据所需开发和提供软件与服务，并从复杂的工业数据中获得有用信息和展开行动。"

8.10 工业大数据

人类经过以蒸汽机和电力应用为标志两次工业革命后，迎来第三次工业革命，以互联网和新能源为主要标志。其实更宽泛的应该说是以数字智能、自动控制、传感技术、能源技术、互联网、物联网、数据信息存储技术的发展为标志的各种技术的融合，共同组成和推动第三次工业革命的开始（电气自动化技术网，2013）。

航天企业已进入"大数据"时代，企业管理数据的规模、种类和复杂度都在以前所未有的速度呈爆炸式增长，源自各种系统、设备和应用程序的数据量激增，使用传统软件解决方案，在可以接受的时间内完成这些数据的采集、管理和处理会非常困难。云计算已成为数据处理、储存和分配的可行、主流解决新案。

大数据时代当然是工业革命的一部分，但会远远超出工业革命的作用和影响，甚至到未来更多次的工业革命，它是计算机和电子信息技术的发展所造就的贯穿历史发展的必然。他的特点是：虚拟、开放、兼容、片段的各种信息的组合，众多的信息需要加工和分析后得到大数据时代我们想要的结果，大数据时代已经开始。大数据时代必然是基于 IT 和 CT（信息技术和通信技术）的发展获得的 ICT 综合技术的发展。从虚拟的大数据——ICT 技术–DC 硬件–互联网–传感技术和智能控制。大数据必然包含软件、电子电路、通信传输、监控（数据和设备）、电力分配应用管理、计算机、物联网（传感技术）、信息集成。大数据时代将会彻底推动人类的生活工作方式的变革，同时也促进工业革命的加速，以及企业的生产方式变化，更会提高创新和思维的变化（电气自动化技术网，2013）。

工业大数据类型多，变化速度快，具有连续采样、多源性、价值密度低、动态数据等特点。复杂工业系统中许多机理不清，难以用数学模型来描述其特征，大数据的应用技术为研究复杂工业系统开辟了新途径。监控复杂系统的传感器、视频监控等数据采集器带来不同类型的数据群，大数据应用出现前，除结构化数据外，其他类型数据很难通过机器分析来挖掘应用价值。目前大数据应用、建模与仿真等信息技术使预测动态性能成为可能。

扩展阅读：2013 年 9 月 5 日，工业和信息化部正式发布《信息化和工业化深度融合专项行动计划（2013—2018 年)》（以下简称专项行动计划），行动计划中提出八项主要行动，其中在互联网与工业融合创新行动里提出要促进工业大数据集成应用。

工业大数据是一个新的概念。工业大数据类型多、变化速度快，复杂工业系统中许多机理不清，难以用数学模型来描述其特征，大数据的应用技术为研究复杂工业系统开辟了新途径。行动计划中提出推动物联网在工业领域的集成创新和应用。实施物联网发展专项，在重点行业组织开展试点示范，以传感器和传感器网络、RFID、工业大数据的应用为切入点，重点支持生产过程控制、生产环境检测、制造供应链跟踪、远程诊断管理等物联网应用，促进经济效益提升、安全生产和节能减排。随着信息化与工业化的融合发展，信息技术渗透到了工业企业产业链的各个环节，工业传感器、RFID、条形码、工业自动控制系统、物联网、ERP、CAD/CAM/CAE/CAI 等技术在工业企业中广泛应用，尤其是互联网和物联网技术在工业领域的应用，工业企业所拥有的数据也日益丰富。工业企业中生产线高速运转，由机器所产生的数据的数据量远大于计算机和人工产生的数据，数据类型多是非结构化数据，生产线的高速运转对数据的实时性要求也更高。因此，工业大数据所面临的问题和挑战并不比互联网行业的大数据应用少。随着互联网与工业融合创新，工业互联网的时代将到来，工业大数据集成应用将成为工业互联网应用的核心。

专项行动计划把工业大数据集成应用分为三个层面，分别对应骨干企业大数据应用、中小企业大数据应用和行业大数据应用。一是对骨干企业具备条件建设大数据应用系统，行动计划支持和鼓励典型行业骨干企业在工业生产经营过程中应用大数据技术，提升生产制造、供应链管理、产品营销及服务等环节的智能决策水平和经营效率。这是突出大数据技术自主应用，对骨干企业内外部数据进行分析。二是支持建设第三方大数据平台建设，面向中小制造企业提供精准营销、互联网金融等生产性服务。这是突出大数据的第三方专业化商业服务，为中小企业提供工业大数据云服务。三是推动大数据在工业行业管理和经济运行中的应用，形成行业大数据平台，促进信息共享和数据开放，实现产品、市场和经济运行的动态监控、预测预警，提高行业管理、决策与服务水平。这是政府参与的行业大数据云平台建设，服务行业指导和科学决策。

从技术上看，工业大数据集成应用仍可基于 Hadoop 的分布式计算平台以及实时的流计算平台来整合搭建。其中各种工业数据的采集和解析将比其他行业更为复杂，工业大数据的分析和可视化也要符合工业生产的具体要求，工业大数据的安全事关生产质量和安全生产，显得更为重要。总之，无论从应用和技术角度看，工业大数据集成应用将成为两化深度融合的重点任务。

8.11　大数据的应用

目前主要是互联网企业引领全球大数据应用，如 Facebook 对用户基本属性、行为习惯和兴趣等进行语义分析，为广告商提供基于数据挖掘的自助式广告下单服务系统；亚马逊利用大数据技术为用户提供社会化推荐、广播式个性化推荐等服务，加快了产品传播的速度；Twitter 对提到产品的文本进行搜集并按规则打分，得到客户对产品的满意度评价；Facebook 对大量用户产品使用状况的数据进行分析，优化产品设计及服务，改善用户的使用体验；谷歌基于用户搜索数据推出的产品——谷歌流感趋势可以迅速、准确地对流感进行预报。图 8-13 就是我国最大的电子商务平台提供商淘宝的大数据应用模式。

其他传统行业的应用主要有：

1）能源行业。如能源机构 Vestas 综合考虑温度、降水、风速、湿度、气压等因素，确定锋利涡轮机的最佳安置地；

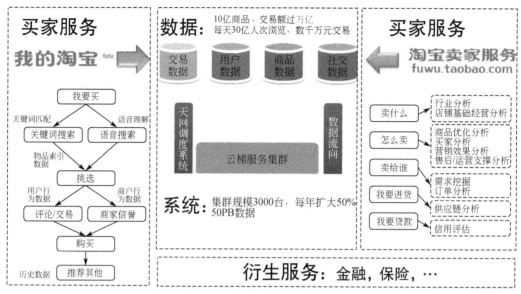

图 8-13　淘宝大数据应用案例

2）医疗行业。如美国 DNAnexus 为医疗机构和用户提供了基因数据的管理、分析和可视化能力；

3）零售业。如沃尔玛零售数据商业智能分析系统，可以了解到全球 4000 多家门店每天的销售情况并辅助制定销售策略；

4）制造业。日本小松公司根据挖掘机工作情况进行大数据分析，判断下一年度的市场需求；

5）电信运营。西班牙电信"智慧足迹"产品可提供基于位置的大数据分析；

6）金融行业。美国征信研究所 Equifax 对海量信息进行交叉分析，推出 70 余项新服务；

7）阿里小贷。基于对用户交易行为的大数据分析，为阿里面向中小企业实施信用贷款提供支撑。

传统行业大数据应用基本特点是数据源主要来自企业内部、类型较少、实时要求较低，企业逐渐重视大数据，但当前应用相对简单，处于探索阶段。掌握大数据技术的企业较少，主要由 ICT 企业提供技术支持。

互联网与传统产业不断融合，将催生新的大数据创新机会，融合创新的大数据应用案例目前较少，应用处于起步阶段。融合发展能够将互联网的在线、数据快速积累和获取等优势带至传统行业，为实体经济发展带来新的突破，这是未来大数据发展的重要方向。

参 考 文 献

戴礼灿 . 2013. 大数据检索及其在图像标注与重构中的应用 . 合肥：中国科学技术大学博士学位论文

董亭亭 . 2013. 大数据下空间数据索引和 kNN 查询技术的研究 . 大连：大连理工大学硕士学位论文

电 气 自 动 化 技 术 网 . 2013-04-15. 工业革命与大数据时代 . http：//www. dqjsw. com. cn/xinwen/
　shichangdongtai/120909. html

蒋海波. 2013. 海量数据存储系统的高可靠性关键技术研究与应用. 成都：电子科技大学博士学位论文

亢丽芸，王效岳，白如江. 2012. MapReduce 原理及其主要实现平台分析. 现代图书情报技术，（2）：
　　60-67

陶雪娇，胡晓峰，刘洋. 2013. 大数据研究综述. 系统仿真学报，25（S1）：142-146

吴朝晖，陈华钧，杨建华. 2013. 空间大数据信息基础设施. 杭州：浙江大学出版社

尤文辰，徐跃通，高尚. 2013. 浅析 GIS 大数据. 电脑知识与技术，9（24）：5399-5401

游小明，罗光春. 2013. 云计算原理与实践. 北京：机械工业出版社

周双阳. 2013. 大数据融合成运营商“去管道化”利器. 通信世界，（15）：40

Franks B. 2013. 驾驭大数据. 北京：人民邮电出版社

Heyn T, Mazhar H, Seidl A, et al. 2012. Enabling Computational Dynamics in Distributed Computing
　　Environments Using a Heterogeneous Computing Template. ASME 2011 International Design Engineering
　　Technical Conferences and Computers and Information in Engineering Conference, 8：227-236

Howe D, Costanzo M, Fey P, et al. 2008. Big data：the future of biocuration. Nature, （9）：47-50

IBM. 2013-03-11. IBM 大数据平台和应用程序框架. soft. zdnet. com. cn/software _ zone/2013/
　　0311/2147975. shtml

IT168. 2011-10-21. 深入浅出 Hadoop：高效处理大数据. http：//tech. it168. com/a2011/1020/1261/
　　000001261673_ all. shtml

Li Zhongtao, Weis T. 2012. Using Zone Code to Manage a Content-Addressable Network for Distributed Simula-
　　tions. Proceedings of 2012 IEEE 14th International Conference on Communication Technology：1350-1358

Wang Feng, Qiu Jie, Yang Jie, et al. 2009. Hadoop high availability through metadata replication. Proceeding of
　　the First International Workshop on Cloud Data Management , 37-44

Wikipedia Open Grid Service Architecture. 2012-12-24. http：//en. wikipedia. org/wiki/Open _ Grid _ Services
　　_ Architecture

第9章 物联网技术及应用

本章学习路线图

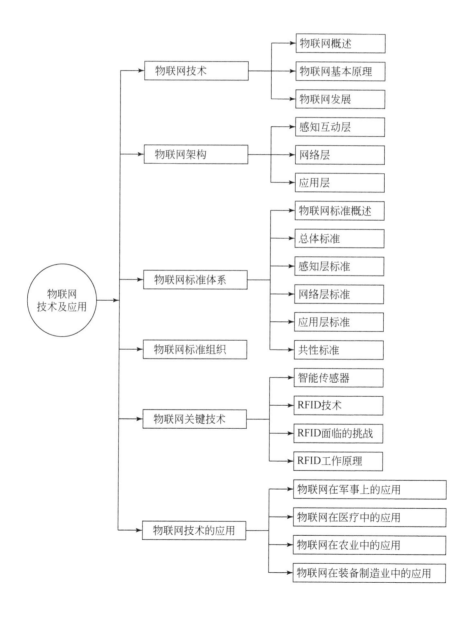

物联网是一次技术革命，代表未来计算机和通信的走向，其发展依赖于在诸多领域内活跃的技术创新。物联网是互联网向物理世界的延伸，它将网络的终端由 IT 设备扩展到生活中的任何物品。本章主要介绍物联网的相关技术和应用。

9.1　物联网技术

"物联网技术"的核心和基础仍然是"互联网技术"，是在互联网技术基础上的延伸和扩展的一种网络技术；其用户端延伸和扩展到了任何物品和物品之间，进行信息交换和通信。因此，物联网技术的定义是：通过射频识别（RFID）、红外感应器、全球定位系统、激光扫描器等信息传感设备，按约定的协议，将任何物品与互联网相连接，进行信息交换和通信，以实现智能化识别、定位、追踪、监控和管理的一种网络技术叫做物联网技术。

9.1.1　物联网概述

物联网（Internet of Things，IOT）的概念国内外普遍公认的是 MIT Auto-ID 中心 Ashton 教授 1999 年在研究 RFID 时最早提出来的。在 2005 年国际电信联盟（ITU）发布的同名报告中，物联网的定义和范围已经发生了变化，覆盖范围有了较大的拓展，不再只是指基于 RFID 技术的物联网（杨正洪，2011）。其主要理念是指依托射频识别（radio frequency identification，RFID）技术和设备，将任何物品按照约定协议与互联网进行连接和通信，从而构成"物物相连的互联网"，实现物品信息的智能识别和管理。随着技术和应用的不断发展，物联网的内涵也不断扩展。目前，业界普遍认可的物联网是指利用 RFID、全球定位系统，以及传感器、执行器等智能装置对物理世界进行感知识别，依托通信网络进行传输和互联，利用计算设施和软件系统进行信息处理和知识挖掘，实现人与物、物与物的信息交互和生产生活信息的无缝链接，进而达到对物理世界的实时控制、精确管理和科学决策。

自 2009 年 8 月温家宝总理提出"感知中国"以来，物联网被正式列为国家五大新兴战略性产业之一，写入"政府工作报告"，物联网在我国受到了全社会极大的关注，其受关注程度是在美国、欧盟和其他各国不可比拟的。物联网的概念与其说是一个外来概念，不如说它已经是一个"我国制造"的概念，他的覆盖范围与时俱进，已经超越了 1999 年 Ashton 教授和 2005 年 ITU 报告所指的范围，物联网已被贴上"中国式"标签。

扩展阅读： 物联网绝不仅仅是一些可以追踪我们的一举一动的小器件，它更可能是一个连我们的行为和情感都可以预测的时代。物联网的到来，互联网只是在屏幕上展示内容的一种方式而已。也就是说，互联网由于展示内容的需要而会无处不在，但却无足轻重。

9.1.2 物联网基本原理

物联网就是把各种感应器嵌入和装备到电网、铁路、桥梁、隧道、公路、建筑、供水系统、大坝、油气管道等各种物体中，形成物–物、人–物相互连接的信息网络，然后将此物联网与现有的互联网融合起来，让物体自己开口"说话"，再基于网络中强大的中心计算机群，实现对人员、机器、设备和基础设施的实时的智慧管理和控制，改善人与自然间的关系（Xie Dongliang，Wang Yu，2011）。相对于人际间信息交流的互联网，物联网是物与物、人与物之间的信息互联网络。当今社会已开始出现许多"物—物"联网的应用：如装有 GPS 卫星定位系统的运输车辆，以及装有 RFID 射频识别芯片的集装箱，可以自由通过不停车收费站，在无人化码头自动完成装卸（Qi Qingzhong，2010）。

物联网的基本工作流程由四部分组成，即信息采集系统（RFID 系统）、PML 信息服务器、产品命名服务器和业务管理系统（张峰等，2010）。物联网的系统结构如图 9-1 所示。

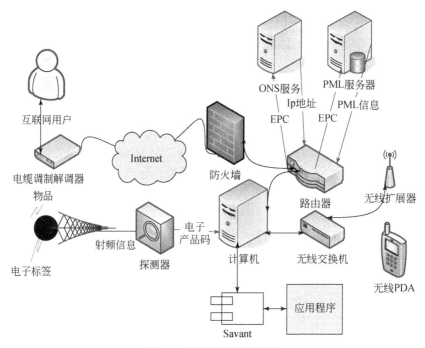

图 9-1 物联网的系统结构

（1）信息采集系统

信息采集系统包括 RFID 电子标签（tag）、阅读器（reader）以及数据交换和管理系统软件，主要完成产品的识别和产品的电子产品码（electronic product code，EPC）的采集和处理。存储有 EPC 的电子标签在经过读写感应区域时，产品的 EPC 会自动被探测器捕获，从而实现自动化 EPC 信息采集，然后把所采集到的信息由连接探测器的服务器来处理，处理器安装有信息采集处理软件，该软件对采集到的信息作进一步的处理，如数据的解析、过滤、完整性检查等，这些处理过的数据保存到相应的数据库中，以供上层应用管理软件使用。

（2）产品命名服务器

产品命名服务器（object name service，ONS）主要实现的功能是在各个信息采集点与PML信息服务器之间建立关联，实现从物品电子标签EPC到产品PML描述信息之间的映射。

（3）PML信息服务器

实体描述语言（physical markup language，PML）信息服务器中的数据定义规则由用户创建并维护，用户根据事先规定的规则对物品进行编码，并利用XML对物品信息进行详细描述。在物联网中，PML服务器主要用于以通用的模式提供对物品原始信息的规则定义，以便其他服务器访问。

（4）业务管理系统

业务管理系统通过获取信息采集软件得到的EPC信息，并通过ONS找到物品的PML信息服务器，从而可以以Web的形式向Internet用户提供诸如信息查询、跟踪等功能，用户也可以通过手机或无线PDA实时了解物品的状态。

9.1.3 物联网发展

早期物联由RFID+互联网的结构组成，然后发展到把所有物品通过射频识别（RFID）和条码等信息传感设备与互联网连接起来，实现智能化识别和管理。后来ITU和欧盟对概念扩展，提出任何时刻，任何地点，任意物体之间的互联，无所不在的网络和无所不在计算的发展愿景，除RFID技术外，传感器技术，纳米技术，智能终端等技术将得到更加广泛的应用（杨正洪，2011；董新平，2012）。

目前物联网实现的目标是可以以"任何地点、任何时间、任何人、任何物"（4A）的形式被部署，由智能传感节点组成的网络。由智能网络、最先进的计算技术以及其他领先的数字技术基础设施武装而成的技术社会形态，将以"无所不在"、"无所不包"、"无所不能"为基本特征，帮助人类实现4A通信（张飞舟等，2010）。

扩展阅读：物联网，已经不再是一个概念，它已经悄悄走进我们的生活。物联网对于我们人类社会的重要性，将远远超过我们当前所依赖的传统互联网。当然，到时互联网也不会消失，而会像电子邮件在互联网时代一样被保留下来。不过，到那时互联网所扮演的角色将不会像今天这样重要，最多也只是在设备屏幕上展示内容的一种方式而已。也就是说，到时互联网由于展示内容的需要而会无处不在，但却无足轻重。接下来，我们将对已经到来的物联网时代做一个仔细地介绍，并对其未来的走向做简要分析。

物联网时代"隐形按钮"将无处不在智能手机是物联网时代的先锋物种。举个例子，每次我们进入车内的时候，我们的智能手机都会向谷歌定向发送我们当前的位置信息，同时在汽车启动时开始记录车速并发送给谷歌。然后，谷歌再利用我们这些用户提供的信息，进行实时分析以得出当前的交通状况，并提供给所有用户。

我们的智能手机收集交通信息的时候我们并不知情，这一切都是以静默的形式完成的，而不是像在传统互联网时代那样，只有用户浏览了网页并在一个语境内点击了一个按钮之后，互联网才能做出响应。物联网的这种感知能力，尤其是对物理世界周遭的感知能力，让物联网充满了地图公司 Esri 的研究员安博·凯斯（Amber Case）所说的"隐形按钮"。我们不用进行任何操作，Google 和其他科技公司就能获取当前时间以及我们当前的地理位置等信息。这种隐形按钮其实就是一个空间范围，当人或者一个物体，比如上面那个例子中的智能手机，进入这个空间范围的时候，这个隐形按钮就会被自动点击，并触发相应的动作。这种空间范围可以像传统的信用卡读卡器上面的那块两英寸的方形读卡区那么小，也可以像一个房间那么大。前者可以触发支付动作，后者可以触发照明系统的自动调节动作。事实上，上面所说的这种根据主人是否在房间内，自动调节照明的系统已经成为现实，如 Phillips 公司的 Hue 和其他智能照明系统。

如果这种隐形按钮只能像传统的按钮那样，执行开和关这两种简单的动作的话，这种按钮也就没有多大用处了。不过，事实并非如此。这种隐形按钮所触发的动作远不止开和关，而且可以根据不同的变量，触发无限种不同的动作。这些变量包括当前时间，我们上一次所在的位置，其他人的行为，或者谷歌日历中的日程安排等。所有这些变量，都可以用来对现实世界的行为进行编程。

目前，我们还需要依靠智能手机，它现在或多或少的扮演了一个传感器的角色。不过，智能手机的这种功能其实可以由其他传感器替代。而且，现在市面上已经有不少此类传感器。比如，通用电气公司和 Quirky 公司联合推出的名为 Spotter 的传感器就是一个很好的例子，该传感器能够探测动作、声音、光线、温度和湿度。不仅如此，该传感器甚至还可以通过其他因素间接确定是否有人靠近，比如一个接入了互联网的智能能源系统，可以根据你是否开灯来判断你是否回到了家里。（资料来源：http://www.dqjsw.com.cn/xinwen/xingyeyanjiu/129335.html）

9.2　物联网架构

物联网是一个庞大的社会信息系统工程，更是一个涵盖了当代信息技术的所有方面、涉及国民经济各行各业的庞大产业链（董新平，2012）。目前业界普遍认同物联网在体系架构上主要包括三大部分，典型的物联网的系统架构如图 9-2 所示。物联网产业链的特点是无论是感知层、网络层，还是应用层，在每一个层面上都有更多的选择来实现所具备的能力。

9.2.1　感知互动层

感知层是实现物联网全面感知的基础，要解决的重点问题是感知和识别物体，采集和捕获信息，要突破的方向是具备更敏感、更全面的感知能力，解决低功耗、小型化和低成

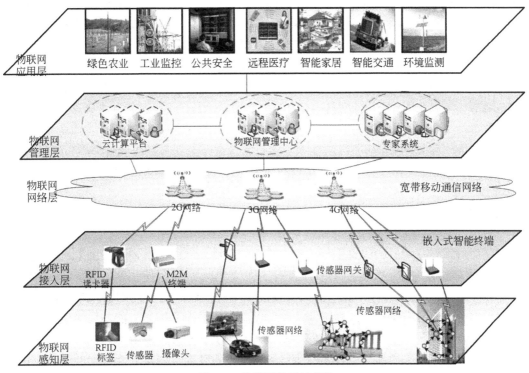

图 9-2　物联网的系统架构

本的问题。感知层由一系列传感设备和仪表构成，具备数据采集、遥感（RS）信息生成、现场视频信息采集、信息感知、仪器自我诊断与远程反控、身份识别（RFID）与定位（GPS）等功能。

感知层处于物联网体系架构的最底层，负责各类应用相关数据的采集，感知层的接入能力对物联网的实现起着基础性作用。感知层可细分为数据采集子层、传感器网络组网和协同信息处理子层。数据采集子层主要通过传感器、RFID、二维条码、M2M 终端、多媒体采集设备等各种类型的传感器获取物理世界中发生的物理事件和数据信息，例如各种物理量、标识、音频和视频多媒体数据。

扩展阅读：物联网的感知互动层将需要把从现实世界中采集到的各类迥然不同的数据组合起来，从你的地理位置到你在社交网络的朋友有哪些人，都需要组合起来。这个过程被称为"传感器融合"，这也是所有大数据项目最基本的任务。仅仅知道你这一天都去了哪些地方意义并不大，但是如果加入其他数据，比如还有哪些人也去了你所去过的地方的话，通过一个算法，计算机就可以知道你今天感冒的概率。也就是说，找到这些数据之间的联系，换句话说，就是挖掘出这些数据背后的意义，才是让数据变得有价值的关键。正如 Esri 公司的研究员凯斯在去年的 Le Web 大会上所言，"采集数据很容易，找到数据之间的关联很难。如果你以为一个数据科学家就能找出数据之间的关联的话，那你就错了。"

英特尔新设备组的负责人迈克·贝尔（Mike Bell）表示，智能设备，"无论是可穿戴设备还是下一代平板替代设备的未来，都将需要一个用户界面，不过不一定是可见的。"贝尔目前最主要的兴趣是可穿戴设备，虽然他不能透露英特尔当前正在研发的产品是什么，但是根据我与他的交流，我猜测很可能是一款健身监控腕带，而不是智能手机。

换句话说，物联网会取代传统互联网，不过物联网的作用不是给我提供多一种方式，让我们手动往电脑输入信息，而是通过传感器自动感知我们的行为并采集信息。传感器接收到信号之后，我们身边那些已经联网的设备会自动做出响应，而这些设备在云端的数据也会相应的自动更新。从某种程度上讲，未来我们与计算机交互的时候，可能更多的是告诉它不要做那些事情，至少在计算机智能到可以意识到我们在改变日常行为之前，我们得这样做。（资料来源：http：//www.cctime.com/html/2013-12-18/20131218114525994_2.htm）

9.2.2 网络层

网络层对来自感知层的信息进行接入和传输，是物联网成为普遍服务的基础设施。网络层是在现有移动通信网和互联网的基础上建立起来，综合使用 3G/4G、有线宽带、PSTN、WiFi（wireless fidelity）通信技术，建设集传感器网络、无线网络、有线网络、卫星网络等多种网络形态于一体的高速、无缝、可靠的数据传输网络，能够灵活快速将感知数据传输至云计算数据中心（张飞舟等，2010；杨正洪，2011；董新平，2012）。

在传输层，主要采用了与各种异构通信网络接入的设备，如接入互联网的网关、接入移动通信网的网关等。因为这些设备具有较强的硬件支撑能力，所以可以采用相对复杂的软件协议设计。

9.2.3 应用层

应用层的主要功能是把感知和传输来的信息进行分析和处理，主要通过云计算平台实现数据存储、分析与服务平台，进而做出正确的控制和决策，实现智能化的管理、应用和服务。完成跨行业、跨应用、跨系统之间的信息协同、共享、互通的功能，包括电力、医疗、银行、交通、环保、物流、工业、农业、城市管理、家居生活等，可用于政府、企业、社会组织、家庭、个人等。应用层可细分为服务支撑子层和物联网应用子层（杨正洪，2011）。

丰富的应用层是物联网的最终目标，目前物联网应用的种类虽然已经比较丰富，然而呈现烟囱式结构，不能共享资源，必须重复建设，不利于物联网应用规模的进一步扩大。应用层物联网通过应用层最终实现信息技术与行业的深度融合，对国民经济和社会发展具有广泛影响。物联网技术与行业专业技术相结合，实现广泛智能化应用的解决方案集，提供物物互联的丰富应用。关键问题在于信息的社会化共享和开发利用以及信息安全的保障。因此，对应用层的关注不能仅停留在简单的应用推广和普及上，而要重点关注能为不同应用提供服务的共性能力平台的构建，如基础通信能力调用、统一数据建模、目录服务、内容服务、通信通道管理等。

9.3 物联网标准体系

9.3.1 物联网标准概述

标准是对于任何技术的统一规范，如果没有这个统一的标准，就会使整个产业混乱、市场混乱，更多的时候会让用户不知如何选择应用。从互联网的发展历程来看，统一的技术标准和一体化的协调机制是导致现在互联网能遍布全球的重要原因。

标准化体系的建立将成为发展物联网产业的首要先决条件。物联网是一个多设备、多网络、多应用、互联互通、互相融合的一个大网，这里面既有传感器、计算机，又有通信网络，需要把所有这些系统都连在一起。因而，所有的接口、通信协议都需要有技术标准来指引。由于各行业应用特点及用户需求不同，目前尚未形成统一的物联网技术标准规范，这成为物联网发展的最大障碍。中国传感网国家标准工作组制定了包括总体技术标准、感知层技术标准、网络层技术标准、服务支撑技术标准和应用子集类标准的标准体系框架，如图9-3所示（张晖，2010）。

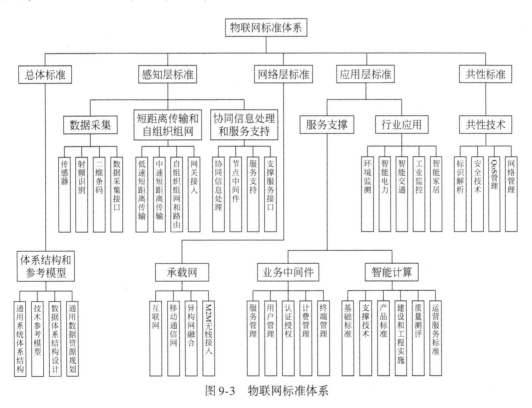

图 9-3 物联网标准体系

9.3.2 总体标准

总体标准包括体系结构和参考模型标准、术语和需求分析标准等。它们是物联网标准体系的顶层设计和指导性文件，负责对物联网通用系统体系结构、技术参考模型、数据体系结构设计等重要基础性技术进行规范（张晖，2010）。

9.3.3 感知层标准

感知层标准包括数据采集标准、短距离传输和自组织组网标准、协同信息处理和服务支持标准等。它们规范了物联网与物理世界直接交互的方式、海量不确定信息的初步过滤和清洗方法等（张晖，2010）。其中，数据采集标准由工业和信息化部电子标签标准工作组、全国工业过程测量、控制和自动化标准化技术委员会（TC124）等标准化组织负责制定，短距离传输和自组织组网、协同信息处理和服务支持标准正在由全国信息技术标准化技术委员会（TC28）的无线个域网标准工作组和传感器网络标准工作组研究和制定。

9.3.4 网络层标准

网络层标准包括互联网相关标准、移动通信网相关标准、机器对机器（M2M）标准和异构网融合标准，主要规范了物联网中数据远距离传输应遵循的协议和方法（张晖，2010）。其中互联网相关标准和异构网融合标准由我国通信标准化协会（CCSA）负责制定，移动通信网相关标准 M2M 技术标准由 CCSA 负责制定。网络层标准中互联网和移动通信网标准比较成熟和完善，在物联网发展的早期阶段基本能够满足应用需求。

9.3.5 应用层标准

（1）服务支撑标准

服务支撑标准由智能计算标准、海量存储标准和数据挖掘标准组成，主要规范了物联网内海量信息进行实时高速处理、管理、控制和存储的方法和流程。

（2）业务中间件和行业应用子集标准

针对物联网未来实现可运营、可管理、可计费的具体需求，物联网业务中间件标准将从服务管理、用户管理、认证授权和计费管理等方面进行规范，从而为环境监测、智能交通等行业应用子集标准提供公共服务平台。

9.3.6 共性标准

共性标准包括标识解析标准、安全技术标准、服务质量标准和网络管理标准，分别规范了物联网中物体标识的唯一性和解析方法、涉及各行各业和社会生活的安全隐私解决方法、物联网的系统管理和服务质量问题等。

9.4 物联网标准组织

物联网是典型的交叉学科，所涉及的技术门类众多，所涉及的标准组织也较多。ISO/IEC（国际标准化组织及国际电工委员会）在传感器网络、ITU-T（国际电信联盟远程通信标准化组）在泛在网络、ETSI（欧洲电信标准化协会）在物联网、IEEE（美国电气和电子工程师协会）在近距离无线、IETF（互联网工程任务组）在IPv6（下一版本的互联网协议）的应用、3GPP（第三代合作伙伴计划）在M2M（机器与机器）、EPCglobal在RFID技术等方面纷纷启动了相关标准研究工作（张晖，2011）。目前，我国物联网技术的研发水平已位于世界前列，在一些关键技术上处于国际领先，与德国、美国、日本等国一起，成为国际标准制定的主要国家。我国主要有这样几个组织在推进相关物联网标准：一是全国信息技术标准化技术委员会，目前已经完成了传感器网络总则、术语、接口、安全、标识、网络等6项国家标准制定；二是RFID标准工作组；三是中国通信标准协会（CCSA），目前它从三个层次去开展业务层面的标准制定。

9.5 物联网关键技术

9.5.1 智能传感器

传感器是能感受规定的被测量，并按照一定规律转换成可用信号的器件或装置。通常由敏感元件和转换元件组成。按被测量可分为力敏、热敏、光敏、磁敏、气敏、湿敏、压敏、离子敏、射线敏、生物敏、光纤敏等大类。而智能传感器是带有微处理器，具有信息处理功能的传感器。自检测、自修正、自保护功能；判断、决策、思维功能；双向通信、标准化数字输出或符号输出功能。它传感器集成化与微处理机相结合的产物。它具有高精度、高可靠性与高稳定性、高信噪比与高的分辨力、自适应性强的特点。图9-4就是一个典型的智能传感器设备。智

图 9-4 智能传感器设备

能传感器主要有三种实现方式：分别是（董新平，2012）：

1）非集成化实现是将传统传感器、信号调理电路、带数字接口的微处理器组合为一整体，而构成智能传感器系统；

2）集成化实现是采用微机械加工技术和大规模集成电路工艺技术，利用硅作为基本材料制作敏感元件、信号调理电路、微处理单元，集成到一块芯片，又称为集成智能传感器；

3）混合实现是根据需要，将系统各个集成化环节。智能传感器在物联网中的地位和作用如图9-5所示（张晖，2010）。

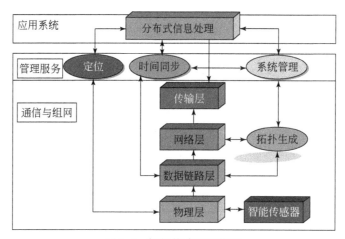

图 9-5　智能传感器的作用

智能传感器标准体系框架如图 9-6 所示（张晖，2010）。

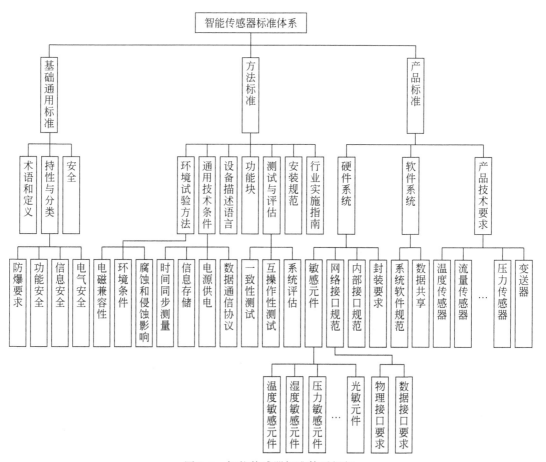

图 9-6　智能传感器标准体系框架

在 2006 年，全国信息技术标准化技术委员会开始组织相关单位进行传感器网络标准方面的研究工作，2007 年国家标准化管理委员会正式批准在全国信息技术标准化技术委员会成立无线传感器网络工作组，2008 年传感器网络工作组 4 月上报筹备方案，11 月在无锡召开筹备会议，2009 年分为 8 个项目组，召开工作组全会，开展具体国家标准的制定工作。我国传感器网络国家标准工作组直属全国信息技术标准化委员会，现有成员单位近100 家。

目前项目组有 PG1（国际标准化）、PG2（标准体系与系统架构）、PG3（通信与信息交互）、PG4（协同信息处理）、PG5（标识）、PG6（安全）、PG7（接口）、PG8（电力行业应用调研）、PG9（网关）、PG10（无线频谱研究与测试）、PG11（设备技术要求和测试规范）、PG12（网络管理）、PG13（应用）等。传感器网络标准体系框架如图 9-7 所示（张晖，2010；董新平，2012）。

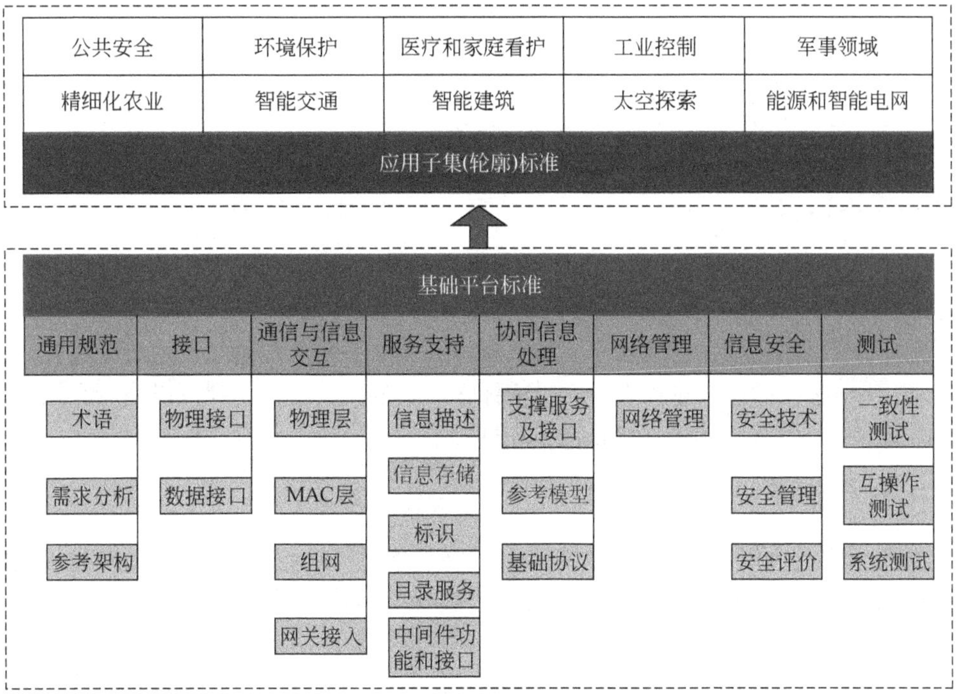

图 9-7　传感器网络标准体系框架

9.5.2　RFID 技术

射频识别（radio frequency identification，RFID）技术是一种利用射频通信实现的非接触式自动识别技术，其基本原理是利用射频信号和空间耦合（电感或电磁耦合）或雷达反射的传输特性，实现对被识别物体的自动识别（董新平，2012）。RFID 直接继承了雷达的概念，其技术原理建立在 1948 年哈里·斯托克曼发表的《利用反射功率的通信》一文的理论基础之上。RFID 技术具有识别过程无需人工干预、可工作于各种恶劣环境、可识别高速运动物体、可同时识别多个标签和操作快捷方便等特点。图 9-8 就是一个典型 RFID 的实物产品。

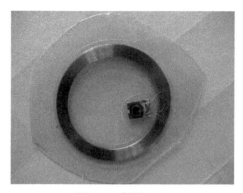

图 9-8　典型 RFID

9.5.3　RFID 面临的挑战

（1）成本问题

对于各行业，RFID 的成本在很大程度上决定了 RFID 的应用广度。而构建 RFID 系统初期投资较大，从 RFID 芯片以及包含读写器、电子标签、中间件、系统维护等整体成本而言，系统成本仍然偏高，建设成本和运营成本对于中小企业来说短期内难以接受。同时由于在应用中对标签的需求量极大，而目前标签的成本还没有降低到可以附着在较低价值产品的程度（张飞舟等，2010；杨正洪，2011）。

（2）技术问题

RFID 可以广泛应用在各行各业，但是从宏观上来说，目前 RFID 还有很多技术问题有待进一步解决和改进，如复杂环境下标签的正确识读，多标签同时正确并发识别，快速多标签读写，多标签、多阅读器之间的干扰，中间件的设计，定位技术，天线技术，低功耗技术，后台数据的处理能力，防碰撞算法，信息传输安全，等等。如何在具体的应用环境中进一步提高 RFID 技术的稳定性和可靠性，对于 RFID 产业的大规模应用将起到积极推动作用。

（3）标准化问题

RFID 的应用越来越具有跨企业、跨行业甚至具有全球性的特点，而目前还没有正式的 RFID 产品的国际标准，这不仅增加了用户的使用成本，也势必会给未来的 RFID 产品互通和产业发展造成障碍，不利于全球一体化的产品流通。标准不统一已成为制约目前 RFID 大规模产业化应用的主要因素之一。为了促进 RFID 技术合作和产业发展，迫切需要尽快在编码、通信、空中接口和数据共享等方面制定、发布和实施统一标准，最大限度促进 RFID 技术及相关系统的应用。

（4）隐私保护及安全、社会问题

随着 RFID 应用的日益广泛，安全问题特别是用户隐私问题变得日益重要。RFID 的隐私是指用户的数据在没有得到允许甚至在用户不知情时被他人在 RFID 系统的各个环节所截获。用户面临的隐私威胁包括标签信息泄漏和利用标签的唯一标识作用进行的恶意跟踪和监控。目前常用的 RFID 安全及隐私方法较多，包括 Kill 标签、法拉第网罩、主动干扰、Hash 锁等，但各种方案都存在自身的缺陷，没有一种方案令人十分满意（彭志威等，2007）。

9.5.4　RFID 工作原理

RFID 系统由电子标签（tag）、阅读器（reader）及天线（antenna）等组成，其工作过程为：阅读器发射一特定频率的无线电波能量给电子标签；电子标签接受信号后驱动标签电路将内部之 ID 码送出；阅读器接收 ID 码。RFID 应用系统架构如图 9-9 所示（张晖，2010；董新平，2012）。

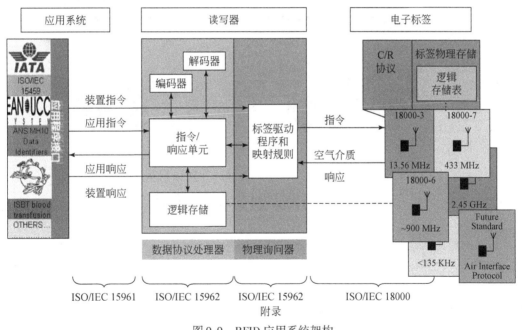

图 9-9　RFID 应用系统架构

（1）电子标签

电子标签是射频识别系统的数据载体，电子标签由标签天线和标签专用芯片组成。每个标签具有唯一的电子编码，附着在物体上标识目标对象。依据供电方式的不同，电子标签可以分为有源电子标签（active tag）、无源电子标签（passive tag）和半无源电子标签（semi-passive tag）。有源电子标签内装有电池，无源电子标签没有内装电池，半无源电子标签部分依靠电池工作。依据频率的不同，电子标签可分为低频电子标签、高频电子标签、超高频电子标签和微波电子标签。依据封装形式的不同，电子标签可分为信用卡标签、线形标签、纸状标签、玻璃管标签、圆形标签及特殊用途的异形标签等。

（2）阅读器

阅读器是读取（也可以写入）标签信息的设备，可设计为手持式或固定式；阅读器通过天线与电子标签进行无线通信，可以实现对标签识别码和内存数据的读出或写入操作。典型的阅读器包含有高频模块（发送器和接收器）、控制单元以及阅读器天线等。

（3）天线

天线是标签与阅读器之间传输数据的发射和接收装置。在实际应用中，系统功率、天线的形状和相对位置会影响数据的发射和接收。图9-10就是一个RFID综合应用的一个例子（张晖，2010；董新平，2012）。

图9-10　RFID综合应用

9.6　物联网技术的应用

物联网作为当今信息科学与计算机网络领域的研究热点，其关键技术具有跨学科交叉、多技术融合等特点，每项关键技术都亟待突破。物联网主要应用领域如图9-11所示。

9.6.1　物联网在军事上的应用

目前美军已建立了具有强大作战空间态势监控优势的多传感器信息网，可以说这是物联网在军事应用中的雏形。美国国防高级研究项目管理局已研制出一些低成本的自动地面传感器，这些传感器可以迅速散布在战场上并与设在北斗卫星、飞机、舰艇上的所有传感器有机融合，通过情报、监视和侦察信息的分布式获取，形成全方位、全频谱、全时域的多维侦察监视预警体系（王飞等，2012）。

当前，物联网正强势崛起。物联网的军事应用，最优先、最核心的问题是明确军事需求：如何将其融入联合作战及其保障体系中，从而有效提升作战能力和保障效能（国脉物

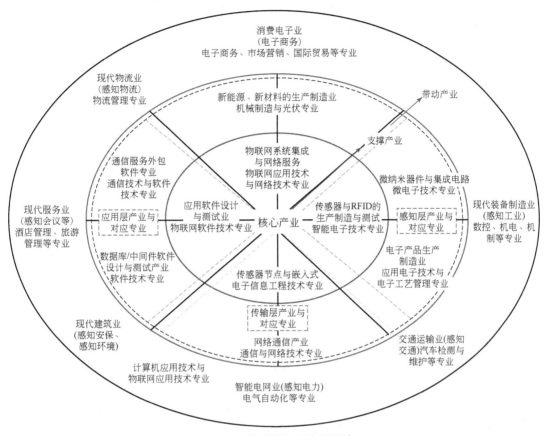

图 9-11　物联网主要应用领域

联网，2011）。

物联网军事应用主要包括：战场感应、智能控制、精确作战保障等各系统要素的有机协同。图 9-12 就是物联网应用军事的场景（李志亮等，2012）。

图 9-12　物联网在军事中的应用场景

应用物联网平台可以建立战场"从传感器到射手"的自动监控→数据传输→指挥决策→火力控制的全要素、全过程综合信息链。从而对敌方兵力部署、武器配置、运动状态的侦察和作战地形、防卫设施等环境的勘察，对己方阵地防护和部队动态等战场信息的实时监控，以及大型武器平台、各种兵力兵器的联合协同、批次使用等，实施全面、精确、有效地控制。战场感应应用场景如图 9-13 所示（李志亮等，2012）。

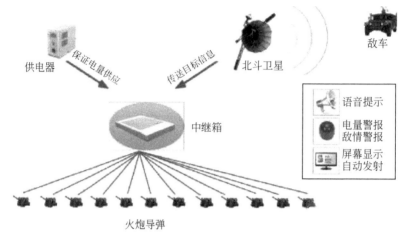

图 9-13　战场感应应用场景

同时可以利用物联网建立战术侦察传感信息网，往往采用无人飞机或火炮抛掷方式，向敌方重点目标地域布撒声、光、电磁、振动、加速度等微型综合传感器，近距离侦察目标地区作战地形、敌军部署、装备特性及部队活动行踪、动向等；可与北斗卫星、飞机、舰艇上的各类传感器有机融合，形成全方位、全频谱、全时域的全维侦察监视预警体系，从而提供准确的目标定位与效果评估，有效弥补北斗卫星、雷达等远程侦察设备的不足，全面提升联合战场能力。

据悉，目前外军已有大批在研和实用化项目，乃至智能微尘等新技术，将运用到联合作战保障体系中。战场监控应用场景如图 9-14 所示（李志亮等，2012）。

同时，加强重要军事管区人员动态管控与防入侵智能管理系统建设也是重中之重，如在国境线、重要海区与航道，以及战场阵地、指挥所、机场码头仓库等重要军事设施建立传感系统等。目前，一些军事强国均十分重视红外摄像、振动传感及先进雷达等智能信息系统的网络应用建设。

9.6.2　物联网在医疗中的应用

随着医院业务的不断发展，医疗服务和安全问题已被越来越多的人所重视，传统的临床护理模式已无法满足优质护理需求，目前传统护理模式存在以下问题：

1）医院的信息采集点没有延伸到床旁；

2）现有的系统无法满足医生、护士移动办公的需要；

3）医护人员以手工单为主，需重复录入，且容易发生错误；

4）现有的技术手段无法跟踪医嘱的全生命周期；

5）缺少有效方法帮助护士提高医疗作业安全。

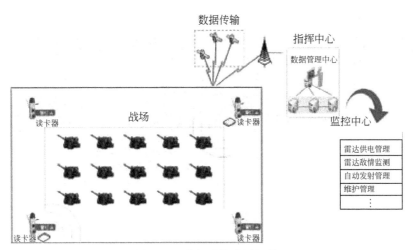

图 9-14 战场监控应用场景

通过在床旁护理解决方案是护士工作站在患者床旁的扩展和延伸。最显著的特点就是以医院信息系统为支撑、以 PDA 和二维条码技术为有效手段、以无线局域网为信息传输交互平台，充分利用 HIS 的数据资源，实现了 HIS 向病房的扩展和数据的及时交换。通过二维条码双向扫描，实现患者身份和用药的双向核对，可确保护理作业安全。同时，将信息接入点移动到床旁，改变了传统护理的工作模式，最大限度地拉近了护士与患者间的距离。

无线护士工作站利用条码识别及移动计算技术，对药品、生化标本、设备及患者身份等信息进行标志和识别，同时运用手持 PDA 记录、扫描相关信息等，实现床旁的快速护理作业。无线护士工作站应用场景如图 9-15 所示。

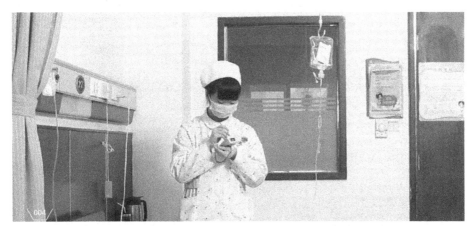

图 9-15 无线护士工作站应用场景

医生也可以通过生命体征传感器采集生理数据，然后无线发送给自动分析和诊断服务器。服务器接收数据后，对信号滤波。医生可以通过 Web 的数据管理平台，分析波形识别和自动疾病诊断，然后应用业务运营平台和诊断辅助工具，把诊断结论短信下发给患者。

远程医疗应用场景如图9-16所示。

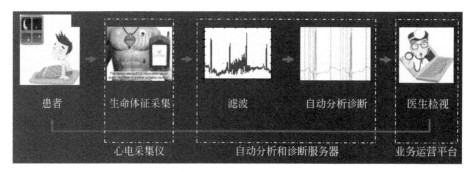

图9-16　远程医疗应用场景

9.6.3　物联网在农业中的应用

物联网在农业中最典型的应用是蔬菜大棚的检测，通过在温室内设置的物联网传感器，检测光照、温湿度、二氧化碳及 N、P、K 浓度等影响蔬菜生长的各种因素，并将采集到的信息实时发送到用户的手机或电脑上。原先管理大棚，浇水、施肥全凭经验、靠感觉，如今，瓜果蔬菜该不该浇水？该不该施肥？怎样保持精确的温度、湿度、光照、二氧化碳浓度？如何实行按需供给？有了这个仪器之后，它马上就报给用户了。湿度是百分之多少，如90%、80%或60%，通过手机都能看到。什么时候浇水、通风，心里有数。这样一来，就能够实现合理化地科学种植了。有了物联网，农民眼睛多了，手臂长了，国内外经验表明，如果农业的技术装备水平能够超过工业，以人工控制生长条件代替自然生长条件，就完全可以成长为高赢利产业，而物联网技术就为这一产业升级进程提供了一个新的发展方向（中国农业网，2011）。蔬菜大棚应用场景如图9-17所示，系统应用架构如图9-18所示。

图9-17　蔬菜大棚应用场景

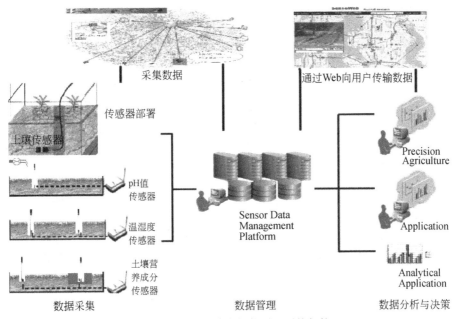

图 9-18 蔬菜大棚物联网系统架构

观光农业是通过 3G 摄像头远程监测大棚内部农作物长势及设备，使用无线传感器网络实时采集大棚内部温湿度和光照数据、土壤水分（高强，滕桂法，2013）。通过 3G 无线网络远程控制大棚内部设备，使用无线通信，实时显示播报生态区动态的实时播报。观光农业物联网系统架构如图 9-19 所示。

9.6.4　物联网在装备制造业中的应用

作为企业信息化建设的新领域，物联网集成 RFID、传感器、无线网络、中间件、云计算等新技术，实现物–物、人–物的自动化信息交互与处理，是国家万亿级战略新兴产业。物联网应用于制造过程及供应链各环节，全面提高产品性能、减低生产损耗和提升制造企业竞争力。应用于装备制造企业生产加工等领域，通过完善和优化生产管理体系，能够提高生产效率，降低成本。对于生产加工的优化管理，可以大大提高生产效率，降低维护成本。基于 RFID 技术可以借助云计算技术等实行对生产车间的远程监测、设备升级和故障修复。对现场工作人员进行实时监控和管理。在生产车间做到所有产品相关信息充分共享。对于在设备制造过程中出现的种种问题可以第一时间解决，发现有任何和程序有误差的细小瑕疵都可以及时解决，并通过物联网进行远程修复或者联系现场人员进行人工修理，大大降低设备的返修率，提高成品的出厂率，节省大量的后期人力物力的资源浪费。

当一个大型复杂产品出厂时，往往后续跟着大量的设备零件和技术工人的组装维护。通过 RFID 的即时跟踪可以即时有效地发现是否所有的设备和相关零件都已经打包运输，做到完整的设备运输，防止半路中货物中转发生零部件丢失或者损坏。一旦发现可以第一时间联系生产车间，进行及时的善后。防止一旦产品货物到达地点，发生零部件丢失无法

图 9-19　观光农业物联网系统架构

正常安装使用的情况，这将既影响企业的形象和信誉，也会给企业造成不必要的经济损失。而有 RFID 就可以实现即时跟踪，即时反馈，做到步步为营，万无一失（吴洪，魏晓琳，2012）。物联网在制造业的应用如图 9-20 所示，功能架构如图 9-21 所示。

图 9-20　物联网在制造业的应用

物联网的应用要实现高质量、高效率的制造，实现制造领域物联网应用从闭环到开环，重点突破制造系统底层信息采集技术。

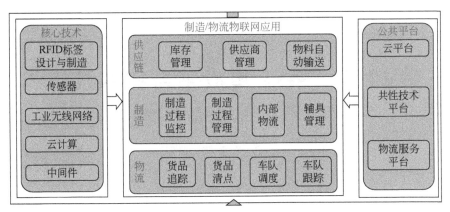

图9-21　物联网在制造业的应用系统功能架构

参 考 文 献

董新平 . 2012. 物联网产业成长研究 . 武汉：华中师范大学博士学位论文

高强，滕桂法 . 2013. 物联网技术在现代农业中的应用研究 . 安徽农业科学，41（8）：3723-3724，3730

国脉物联网 . 2011-08-01. 物联网技术军事应用关系着未来国家安全 . http：//news. im2m. com. cn/375/12104826763. shtml

李志亮，孙德翔，邢国平 . 2012 . 物联网的军事应用研究 . 物联网技术，（5）：78-81

彭志威，杜江，张建 . 2007. RFID 的安全与隐私 . 中兴通讯技术，（4）：28-33

王飞，陈金鹰，朱军 . 2012. 物联网技术在未来军事中的应用探究 . 通信与信息技术，（3）：85-87

吴洪，魏晓琳 . 2012. 浅析物联网在装备制造业的应用前景 . 科技致富向导，（9）：23-24

杨正洪 . 2011. 云计算和物联网 . 北京：清华大学出版社

张峰，张晓鹏，吴高成 . 2010. 基于物联网的机场集成行李处理系统及其应用研究 . 计算机应用研究，27（10）:3773-3778

张飞舟，杨东凯，陈智 . 2010. 物联网技术导论 . 北京：电子工业出版社

张晖 . 2010-10-21. 物联网标准体系——国家标准工作组 . http：//www. docin. com/p-96590114. html

张晖 . 2011. 我国物联网体系架构和标准体系研究 . 信息技术与标准化，（10）：4-7

中国农业网 . 2011-11-30 山东寿光：物联网让蔬菜大棚有了"新管家". http：//nc. mofcom. gov. cn/articlexw/xw/dsxw/201111/18174632_ 1. html.

Qi Qingzhong. 2010. Strategic thinking of the Internet of things and M2M services. ZTE Communications，（1）：4-7

Xie Dongliang，Wang Yu. 2011. The Internet of things and ubiquitous intelligence（1）. ZTE Communications，（1）：62-64

第 10 章 SOA 集成平台技术及应用

本章学习路线图

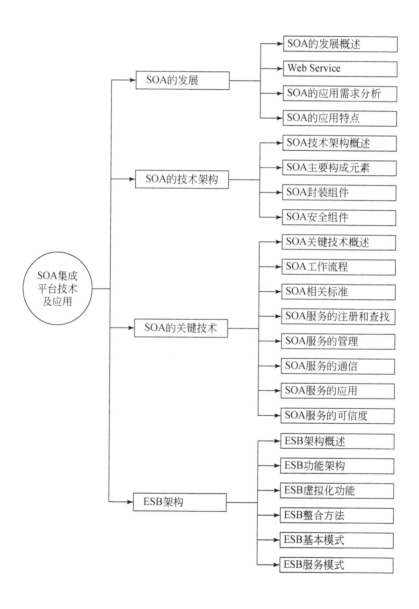

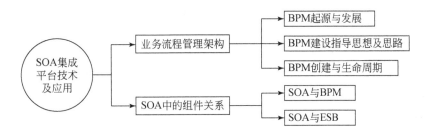

基于面向服务架构的应用集成开发方案，在不改变企业应用底层架构的基础上，可以很好地解决上述问题。它支持在中间层以服务模块方式实现解决方案，当多个运行于不同平台和技术的应用程序必须互相通信时，这种体系结构尤其适用。

10.1　SOA 的发展

10.1.1　SOA 的发展概述

面向服务架构（service-oriented architecture，SOA）是一个组件模型。目前，对于 SOA 的定义，说法并不统一，但基本上可以分为两类（毛新生等，2007）：

一类认为，SOA 是一种软件架构，一个基于组件模型的软件架构，它将应用程序的不同功能单元（称为服务）通过这些服务之间定义良好的接口和协议整合起来。

另一类认为，SOA 是一种设计方式，它指导业务服务（business services）在其生命周期（从构思开始，直至停止使用）中包括创建和使用的方方面面，同时也定义和提供了一种具有以下特征的 IT 基础设施（IT infrastructure）：允许不同的应用相互交换数据和参与业务流程（business process），无论它们各自背后使用的是何种操作系统或采用了何种编程语言。

上面两类 SOA 的定义方式同软件架构的两类定义方式一样：一类认为，SOA 架构就是由服务、接口和协议等软件元素相互作用构成的软件结构；另一类认为，SOA 是服务、接口和协议等软件元素如何构建、组合并相互作用而形成系统的决策过程。SOA 就是一种体系架构，如图 10-1 所示（IBM developerWorks，2005-07-26），它描述了一种 IT 基础设施，使得不同的业务服务可以相互交换数据，参与业务流程，通过灵活的互相协作方式来完成具体的业务操作。这些业务服务独立于编程语言，独立于实现方法，独立于运行环境。SOA 提供了一种构建 IT 组织的标准和方法，通过建立可组合、可重用的服务体系来减少 IT 业务冗余，并加快项目开发的进程。接口是采用中立的方式进行定义的，它应该独立于实现服务的硬件平台、操作系统和编程语言；构建在各种这样的系统中的服务以一种统一和通用的方式进行交互（毛新生等，2007）。

SOA 允许一个企业高效地平衡现有的资源和财产，这种体系能够使得 IT 部门效率更高、开发周期更短、项目分发更快，在帮助 IT 和业务整合方面有着深远的意义。SOA 改变了以往以技术为中心的信息系统建设模式，使得 IT 重新回到业务支撑的角色。IT 的目标是为业务、应用服务，而不是为 IT 本身的发展服务。业务人员可以像组装硬件一样从

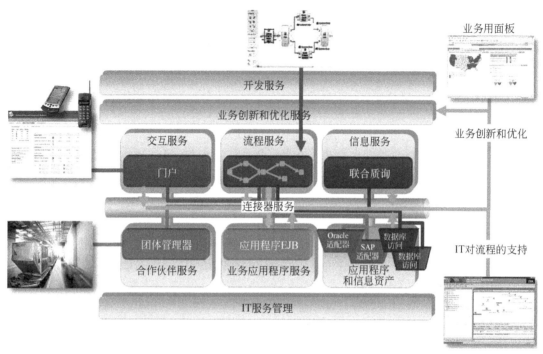

图 10-1　SOA 体系结构

业务角度即时构造应用，从而缩小业务和技术的鸿沟（IT168，2009）。

　　SOA 提供了一种把原有的组件按一定的标准封装为具有文档形式接口描述的服务，从而使服务的使用者和服务之间是一种松耦合关系。这样，一方面，可以把遗留系统封装为服务加以复用，提高了投资回报率；另一方面，可以直接调用外部服务提供商提供的服务，从而起到复用的作用（IT168，2009）。

　　SOA 的松耦合特性给应用带来了极大的灵活性。服务使用者和服务提供者在保持接口协议一致性的情况下，可以独立演化。基于 SOA 的应用可以看成是一组服务以及服务之间松散耦合的集合。因此，一方面新的服务可以很容易地加入这个松散集合，另一方面也可以根据业务需求重新编排集合内的服务，以生成新的复合服务（IT168，2009）。因此基于 SOA 的应用具有易于改变、易于扩展的特点，从而支持了业务的快速反应和敏捷性。

　　SOA 主要通过复用性、灵活性和共享性从技术上支持上述目标。SOA 以服务为基本单元，更加贴近于企业的商业活动，业务建模和流程编排的复杂度会有效降低，重用性会有效提高。因此，采用 SOA 可以让 IT 更加关注于业务流程而非底层 IT 基础结构，从而获得竞争优势的更高级别的应用程序开发架构，从而获得竞争优势的更高级别的应用程序开发架构。

　　总之，SOA 试图将网络上需要共享的各种资源统一以服务的形式进行封装和接入，让它们在物理上保持分布自治的同时实现以"虚拟信息中心"为基础的逻辑上的一体化管理，以透明的方式进行资源的优化选取、按需中介和有效访问，并能够支持用户主动参与应用配置。

10.1.2　Web Service

Web Service 平台是一套标准，它定义了应用程序如何在 Web 上实现互操作性。你可以用任何你喜欢的语言，在任何你喜欢的平台上使用 Web Service，只要我们可以通过 Web Service 标准对这些服务进行查询和访问（W3C，2003）。Web Service 是技术规范，SOA 是设计原则。本质上，SOA 是一种架构模式，而 Web Service 是利用一组标准实现的服务。Web Service 是实现 SOA 的方式之一。用 Web Service 实现 SOA 的好处是：可以实现一个中立平台，来获取服务，获取更好的通用性。Web Service 的目标是即时装配、松散耦合以及自动集成。

扩展阅读：SOA 的主要应用场景有：跨部门资产联合使用；组织内部或组织之间应用整合需要，可以适应未来变化，实现对已有资产的保护，简化开发；互联网环境下虚拟企业的建立，可以利用互联网上的服务进行组合提供新的业务服务；为用户提供多渠道支持服务，服务接口的统一，有利于与服务展现方式和服务渠道的多样化。

10.1.3　SOA 的应用需求分析

传统的架构，软件包是被编写为独立的（self-contained）软件，即在一个完整的软件包中将许多应用程序功能整合在一起。实现整合应用程序功能的代码通常与功能本身的代码混合在一起。我们将这种方式称作软件设计"单一应用程序"。与此密切相关的是，更改一部分代码将对使用该代码的代码具有重大影响，这会造成系统的复杂性，增加维护系统的成本，而且使重新使用应用程序功能变得较困难，因为这些功能不是为了重新使用而打的包。缺点：代码冗余，不能重用，紧耦合，成本高。

SOA 旨在将单个应用程序功能彼此分开，以便这些功能可以单独用作单个的应用程序功能或"组件"。这些组件可以用于在企业内部创建各种其他的应用程序，或者如有需要，对外向合作伙伴公开，以便用于合作伙伴的应用程序。

10.1.4　SOA 的应用特点

SOA 的应用特点主要体现在以下几方面（北京长风信息技术产业联盟，2006；毛新生等，2007）：

（1）重点关注服务

SOA 支持面向服务的开发方法，是对前述面向过程、面向消息、面向数据库和面向对象开发方法的补充。服务从更高抽象层次上定义，直接与业务相对应，且其实现可采用面向过程、面向消息、面向数据库和面向对象等不同开发方法。

与面向对象的调用接口相比，服务一般定义较粗粒度的接口，会接收更多的数据，消耗更多的计算资源。服务一般是用来解决应用间互操作问题，以及将服务组合成新应用或新的应用系统，而不是为应用创建具体的业务逻辑。通过 SOA，围绕服务构建 IT 系统，有利于 IT 系统更靠近实际业务要求，使 IT 系统更容易适应业务变化的要求。另外，对已有应用系统，通过服务化封装，可以使这些系统得到更好的重用，能有效保护对已有应用系统建设的投资。

（2）接口松耦合

接口耦合是指服务请求者与服务提供者之间的耦合。度量的是请求者与服务提供者的依赖性。接口松耦合强调服务请求者仅需要根据已发布的服务协议和服务水平协议就可以请求一个服务，任何时候服务请求者都不需要了解服务提供者对内部实现的信息。即服务接口封装了所有的实现细节，使服务请求者看不到这些实现细节。

（3）技术松耦合

技术耦合度量的是服务对特定技术，产品或开发环境的依赖程度。技术松耦合强调服务请求者和服务提供者的实现和运行不需要依赖与特定的某种技术，或某个厂家的解决方案或产品，从而减少对某个厂商的依赖。在 SOA 系统中服务请求者和服务提供者可以使用不同技术实现，可以在不同厂商的环境中运行。

（4）流程松耦合

流程松耦合度量的是服务与特定业务流程的依赖程度。强调服务不应与具体的业务流程相关，以便能够被重用于多种不同的业务流程与应用。这一点强调的是服务的可重用性，在SOA 系统中对业务服务的合理规划，使得一个业务服务可以在多个业务流程中得到重用，并且随着业务要求的改变，一个服务可以在变化后的新的业务流程中能够得到继续使用。

（5）重构的灵活性

在 SOA 系统建设中，基本的单位是实现业务功能的服务，而不是实现业务逻辑的对象、过程、函数等较小的技术单位。服务与实际业务功能相关，具有明确的接口。这些服务可在不同的业务流程中得到重用，提高了服务的价值；另外，一旦业务流程变更，仅需对服务进行重新编排，并不修改服务本身，提高了业务流程实现的灵活性。重构的灵活性，不仅可以使业务服务可以有更好的重用性，也使得业务流程更容易重构，使 IT 系统具有了更好的灵活性，可以快速面对变化的市场需求。

为了强调互操作性，在 SOA 系统中，服务需要尽量符合开放标准。与服务相关的技术几乎都存在相应标准，通过对标准的使用可以得到众多好处，包括：

1）减少对特定厂商的依赖；

2）为服务请求者增加了使用不同服务提供者的机会；

3）为服务提供者增加了被更多服务请求者使用的机会；

4）增加了使用开放源代码的标准实现，以及参与这些实现的开发机会。

在 SOA 系统中，除强调需要遵守技术标准（如 SOAP、WSDL、UDDI 和 WS-*）外，服务层的数据模型和流程模型也有需尽可能基于一些成熟的业务领域标准或纵向的行业标准。

10.2　SOA 的技术架构

10.2.1　SOA 技术架构概述

一个完整的 SOA 应用系统，其组成元素包括：SOA 基础技术平台、辅助工具、资源、应用服务、使用 SOA 系统的人。SOA 技术参考架构主要描述 SOA 基础技术平台与辅助工具，同时描述这两部分与其他外围相关元素之间的关系。SOA 技术参考架构图如图 10-2 所示（北京长风信息技术产业联盟，2006）。

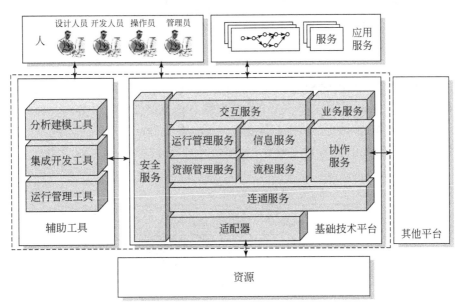

图 10-2　SOA 技术参考架构图

SOA 技术参考架构主要描述一个 SOA 系统中提供基础技术平台和辅助工具的功能模块和相关对象。SOA 技术参考架构包括运行时的平台功能模块，设计、开发和管理时的功能模块。参考架构各模块之间满足松散耦合特性，具有定义良好的接口，可通过拆分与组合，来针对性构建满足不同应用场景需求下的技术系统。

SOA 参考架构是 SOA 基础技术平台产品和辅助工具产品实现的重要参考依据，是开发 SOA 应用系统时确定系统架构，选用 SOA 技术的重要参考依据。下面介绍 SOA 技术参考架构的各个主要组成部分，及其互相之间的关系。

10.2.2　SOA 主要构成元素

SOA 参考架构的核心是基础技术平台和辅助工具。SOA 相关元素指与 SOA 参考架构核心相关的元素，包括使用 SOA 基础技术平台的人员，在基础技术平台上运行的新开发服务，集成到基础技术平台中的已有资源，以及与基础技术平台可以进行互操作的其他平台。

资源是 SOA 系统中被集成的对象，这些对象一般已经存在。在 SOA 系统中资源通过适配器接入基础技术平台中，以服务形式对外提供服务或使用其他服务。资源具有统一的服务接口，使用统一的接入方式。通过对已有资源的封装，增强重用能力，充分发挥其已有的作用。

使用 SOA 系统的主要角色包括：设计人员，进行业务分析和建模，使用业务分析和建模工具。开发人员实现具体的 SOA 系统，包括流程定义、服务编码、资源集成等，使用集成开发工具管理人员，对 SOA 系统运行进行监控管理，使用运行管理工具。操作人员，对 SOA 系统进行业务操作，通过交互服务使用 SOA 系统中的服务；或进行数据和业务处理的人员，重视 SOA 中的重要使用价值（北京长风信息技术产业联盟，2006）。

10.2.3　SOA 封装组件

适配器解决已有资源面向 SOA 的服务封装，实现已有资源的可重用性。通过适配器，已有资源仅需要与 SOA 基础技术平台中的连通服务相连接，而不需要与每个服务直接相连，就可以实现服务之间的互操作（李建峰，马小霞，2009）。适配器与已有资源、SOA 基础技术平台之间的关系如图 10-3 所示（北京长风信息技术产业联盟，2006）。

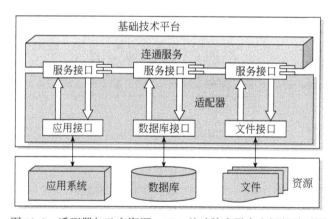

图 10-3　适配器与已有资源、SOA 基础技术平台之间的关系图

适配器支持将各种已有资源以统一的方式接入 SOA 基础技术平台，与连通服务相连。通过适配器已有资源（包括数据和应用）以服务方式提供服务，也以服务方式消费其他服务，从而实现已有资源与各种服务之间实现双向互操作。适配器是已有资源与 SOA 基础技术平台之间的桥梁。适配器需要为产品级的质量属性提供支持，需要支持的质量属性包括（北京长风信息技术产业联盟，2006）：

1）连接管理。保证与已有资源之间的连接效率，和连接资源的有效利用；

2）事务管理。提供已有资源与其他服务进行互操作时的事务保证；

3）安全管理。为已有资源与其他服务互操作时提供基本的安全服务。

10.2.4　SOA 安全组件

安全性对于 SOA 系统是一项非常重要的服务，尤其是像 SOA 这样强调松散耦合的分布式集成系统，安全性显得更为重要。因此，安全有时被称为一种"事关全局的考虑"，是全方位的问题，跨越了 SOA 参考模型的各个部分。

安全服务向 SOA 参考模型中其他服务提供基本的安全服务功能，包括：身份验证、访问控制、数据加密、数据完整性、抗抵赖性。

交互服务使用安全服务提供的功能实现用户认证和各种操作的访问控制和抗抵赖性；连通服务和协作服务使用安全服务提供的功能实现消息传输安全和服务访问控制；流程服务使用安全服务提供的功能实现对业务流程的访问控制；信息服务使用安全服务提供的功能保护数据的安全和访问控制。安全服务的实现需要信息安全基础设施的支持。数据安全、消息安全、鉴别和身份认证等服务的实现都依赖于信息安全基础设施提供的算法、PKI 或非 PKI 等基础设施（IT168，2009）。

10.3　SOA 的关键技术

10.3.1　SOA 关键技术概述

服务是整个 SOA 实现的核心。SOA 架构的基本元素就是服务，符合 SOA 的系统中包含了一组实体：服务提供者、服务消费者、服务注册机构、服务条款、服务代理和服务协议，这些实体详细说明了如何提供消费服务（北京长风信息技术产业联盟，2006；毛新生等，2007）。另一方面符合 SOA 的应用系统必然是一个分布式的系统，需要解决分布式系统中的所有基本问题。所以，SOA 的关键技术主要涉及这两个方面，即与服务相关的一组技术，以及分布式系统必须解决的基本问题的相关技术。

服务相关技术围绕服务展开，包括：服务的描述技术、服务的管理技术、服务间的通信技术、服务的应用技术、服务的开发技术。

分布式系统相关的基本技术是所有这类系统都需要提供的最基本技术，在不同的体系架构下实现方式可能不一样，但要解决的问题是相同的，包括：安全管理的技术、可靠传输的技术、事务管理的技术、系统可靠性的技术、分布式系统管理的技术。

10.3.2　SOA 工作流程

服务描述是实现 SOA 的松耦合性的基础之一，通过服务描述定义了服务提供者和服务消费者之间的服务协议的主要内容。自描述是服务的基本特征，通过自描述，作为开放网络构件的服务以编程语言无关的方式对外公布其调用接口和其他相关特征。正是通过服务描述，服务屏蔽了其实现细节，使服务提供者和服务消费者之间能以一种松耦合的方式协作。SOA 中不同组件工作流程如图 10-4 所示。

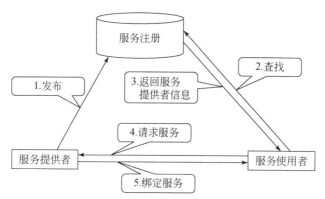

图 10-4　SOA 中不同组件工作流程

服务描述通过服务协议来定义，描述内容包括：

1）服务的输入和输出参数（根据服务层数据模型定义的文档类型）；

2）服务的安全概要（profile），如权利、访问控制列表、保密及不可否认性等；

3）服务质量，如优先级、可靠传送、事务特征和恢复语义等；

4）服务水平协议，如响应时间、可用率等。

服务协议要求是无歧义的、定义良好的服务接口，理想情况下，它应该既是可以被人可读的，也是被机器可读的。一般服务协议使用 WSDL 来描述。Web 服务描述语言 WSDL 描述了 Web 服务的接口、消息格式约定和访问地址三方面的基本内容。

对服务最基本的描述是接口描述，服务消费者只有获得接口描述才能向服务发送正确的调用消息。另外服务的通信协议、访问地址、发送给服务的消息格式约定也是访问服务之前必须获得的信息（张建荣，2012）。当前的描述标准（如 WSDL 等）关注的语法层面的互操作，还缺乏可以表达服务需求和能力的语义层面的描述。服务的语义层面的描述与建模有利于服务资源的发现、组合等，包括研究机构、企业界、标准组织都在开展这方面的工作。

扩展阅读：SOA 架构中有三种角色：

服务提供者：发布自己的服务，并且对服务请求进行响应。服务注册中心：注册已经发布的 Web Service，对其进行分类，并提供搜索服务。服务请求者：利用服务中心查找所需要的服务，然后使用该服务。

SOA 的三种操作：

发布操作：为了使服务可访问，需要发布服务描述以使服务使用者可以发现它。

查找操作：服务请求者定位服务，方法是查询服务注册中心来找到满足其标准的服务。

绑定操作：在检索到服务描述之后，服务使用者继续根据服务描述中的信息来调用服务。

10.3.3　SOA 相关标准

(1) SOAP

简单对象访问协议（simple object access protocol，SOAP）是一种轻量的、简单的、基于 XML 的协议，它被设计成在 Web 上交换结构化的和固化的信息。SOAP 可以和现存的许多因特网协议和格式结合使用，包括超文本传输协议（HTTP）、简单邮件传输协议（SMTP）、多用途网际邮件扩充协议（MIME）。它还支持从消息系统到远程过程调用（RPC）等大量的应用程序。

SOAP 消息基本上是从发送端到接收端的单向传输，但它们常常结合起来执行类似于请求/应答的模式。所有的 SOAP 消息都使用 XML 编码。一条 SOAP 消息就是一个包含有一个必需的 SOAP 的封装包，一个可选的 SOAP 标头和一个必需的 SOAP 体块的 XML 文档。把 SOAP 绑定到 HTTP，提供了同时利用 SOAP 的样式和分散的灵活性特点以及 HTTP 丰富的特征库优点。

在 HTTP 上传送 SOAP 并不是说 SOAP 会覆盖现有的 HTTP 语义，而是 HTTP 上的 SOAP 语义会自然的映射到 HTTP 语义。在使用 HTTP 作为协议绑定的场合中，RPC 请求映射到 HTTP 请求上，而 RPC 应答映射到 HTTP 应答。然而，在 RPC 上使用 SOAP 并不仅限于 HTTP 协议绑定。

(2) WSDL

Web 服务描述语言（Web Services Description Language，WSDL），是一个用来描述 Web 服务和说明如何与 Web 服务通信的 XML。为用户提供详细的接口说明书。怎样向别人介绍你的 Web Service 有什么功能，以及每个函数调用时的参数呢？你可能会自己写一套文档，你甚至可能会口头上告诉需要使用你的 Web Service 的人。这些非正式的方法至少都有一个严重的问题：当程序员坐到电脑前，想要使用你的 Web Service 的时候，他们的工具（如 Visual Studio）无法给他们提供任何帮助，因为这些工具根本就不了解你的 Web Service。解决方法是：用机器能阅读的方式提供一个正式的描述文档。WSDL 基于 XML，用于描述 Web Service 及其函数、参数和返回值。因为是基于 XML 的，所以 WSDL 既是机器可阅读的，又是人可阅读的，这将是一个很大的好处。一些最新的开发工具既能根据你的 Web Service 生成 WSDL 文档，又能导入 WSDL 文档，生成调用相应 Web Service 的代码。

(3) UDDI

统一描述、发现和集成（universal description，discovery and integration，UDDI）始于 2000 年，由 Ariba、IBM、Microsoft 和其他 33 家公司创立. UDDI registries 提供了一个机制，以一种有效的方式来浏览，发现 Web Service 及其相互作用。

UDDI 计划是一个广泛的，开放的行业计划，它使得商业实体能够彼此发现，定义他们怎样在 internet 上互相作用，并在一个全球的注册体系架构中共享信息。UDDI 是这样一种基础的系统构筑模块，它使商业实体能够快速、方便地使用自身的企业应用软件来发现合适的商业对等实体，并与其实施电子化的商业贸易。UDDI 同时也是 Web 服务集成的一个体系框架。它包含了服务描述与发现的标准规范。UDDI 规范利用了 W3C 和 Internet 工程任务组织（IETF）的很多标准作为其实现基础，如扩展标注语言（XML）、HTTP 和域名服务（DNS）这些协议。另外，在跨平台的设计特性中，UDDI 主要采用了已经被提议给 W3C 的简单对象访问协议（simple object access protocol，SOAP）规范的早期版本。

WSDL 用来描述服务；UDDI 用来注册和查找服务；而 SOAP，作为传输层，用来在消费者和服务提供者之间传送消息。一个消费者可以在 UDDI 注册表（registry）查找服务，取得服务的 WSDL 描述，然后通过 SOAP 来调用服务。

10.3.4　SOA 服务的注册和查找

一个 SOA 系统要具有以下六大关键要素——基础设施、已有资源、企业服务、流程模型、服务展现和系统工具（包括开发、测试和管理工具等）。因此，在基础设施和已有资源都已具备的基础上，开发和构建一个 SOA 系统要包括以下几方面的工作（北京长风信息技术产业联盟，2006；毛新生等，2007）：

首先需要设计开发出符合标准的服务，这是整个 SOA 系统最核心的要素。基于标准服务，借助流程编排工具和建模工具，组织构造流程，生成流程模型，更好地满足业务需求。实际构建和开发 SOA 系统，具体包括服务和应用程序的开发，数据的访问、处理和管理，及对服务各种形式的展现等。

服务描述定义了服务提供者和服务消费者间的服务协议的主要内容，为服务的访问提供了基础。由于 SOA 松耦合的计算模式，需要对各种服务进行注册，以方便服务提供者发布自己的服务、服务请求者查找所需的服务。

（1）服务注册中心

服务发现（包括注册和查找操作）需要有一个服务注册中心，用户存储、查询和版本化服务描述信息。服务注册中心需要提供分类管理能力，利用分类能力来实现对服务的搜索。理想情况下，注册中心应用具有很高的可用性，并且是多处备份的。服务注册中心的实现技术可以有多种，包括：UDDI、LDAP、数据库和文件方式。具体使用哪种技术实现可以根据实际情况确定，关键是需要提供上述的基本功能。

（2）服务查找

服务描述信息的使用对象包括：
1）技术人员。对服务的接口、通信协议等技术信息进行管理和使用。
2）业务人员。对服务的业务信息如使用前置条件、服务水平协议要求等进行管理维护。
3）服务程序。使用描述信息查找所需服务，并依据接口描述进行服务间的通信。
服务描述的查找使用可以有多种方式，包括：①静态查找。一般由人工进行查找，可以通过一些工具从服务注册中心中获取服务信息。通过静态查找方式，一般通过静态绑定方式实现服务间的通信。通过人工查找获取服务信息后，可以通过工具自动生成静态的服务访问接口代码，与服务请求代码集成在一起，可以直接访问所需要的服务。②动态查找。一般由机器自动到注册中心进行查找，通过动态查找方式，一般通过动态绑定方式实现服务间的通信。通过机器自动查找获取服务信息后，需要自动生成动态的服务访问数据，而不是生成访问接口代码，通过标准的访问接口，传递生成的数据消息来访问所需要的服务。

扩展阅读：在企业内部，有许多不同的网站，进入每个网站，都需要身份验证，不仅浪费时间而且容易遗忘代码，另外，网站维护人员对各种服务需要建立相应的用户认证与信息管理系统，分布于个服务器中的用户数据不仅浪费维护人员的时间，而且过于分散的用户数据不利于统计和管理。用户的需求和管理要求促使用户趋于统一，产生了统一者认证。统一认证的实现是基于 SOA 的架构，如图 10-5 所示。

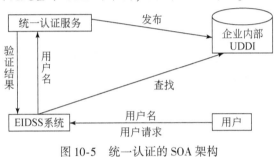

图 10-5　统一认证的 SOA 架构

从中可以看出使用 SOA 的优点：将身份验证这一功能模块发布成一种服务，其他的软件可以通过 UDDI 查找该服务，然后将该服务与服务的实现进行绑定。

10.3.5　SOA 服务的管理

服务的管理对于 SOA 应用非常重要，通过服务管理，可以帮助用户了解服务部署、运行情况，包括生命周期管理、服务管理、监控、检查、分析、服务等级协议与策略。通过服务管理，能够灵活加入运行时控制，如 SOAP 消息处理、生命周期管理、访问控制和日志审计等。运行管理服务具体实现对 SOA 基础技术平台中各种资源和服务的各种管理。它需要提供统一的服务接口，使管理工具能够方便的对 SOA 基础技术平台进行管理。对 SOA 基础技术平台的管理分为两大类：运行信息收集和管理命令执行。

（1）运行信息收集

运行的信息的收集主要用于系统监控，了解系统实时运行情况，以便可以及时解决系统运行的问题；这些信息也可以进行统计分析，在此基础技术上可以对整个系统进行优化。

（2）管理命令执行

管理命令就是对各服务对象（包括核心服务和业务服务）执行具体的管理操作，包括：

1）运行参数的动态修改；

2）运行控制，如启动、停止、暂停、恢复等；

3）运行监视，获取特定的各种运行状态信息。

运行管理服务提供的服务接口即可以供运行管理工具使用；也可以供应用系统使用，使 SOA 基础技术平台的运行管理可以与应用管理集成在一起，可以实现 SOA 系统的集中统一管理。

运行管理服务提供的接口也以服务形式提供，使运行管理工具和应用都可以以统一的方式来对 SOA 的基础技术平台提供管理界面。同时使运行管理工具与 SOA 基础技术平台之间保持松散耦合的接口关系 SOA 基础技术平台中各种资源和服务的管理需要遵循标准的管理协议，可以采用的标准有 WS-DistributedManagement。通过管理控制台可以实现对服务实施远程监控管理，支持应用系统的运行管理、日志管理和性能监控等功能，通过用户友好的图形界面，使得管理员可以在自己的桌面上实施高效的远程系统管理功能，从而有效减轻管理人员的管理难度，提高服务管理的质量和准确性（北京长风信息技术产业联盟，2006；毛新生等，2007）。

10.3.6　SOA 服务的通信

在给服务进行了明确的描述，并提供注册和查找机制后，就需要依靠服务间的通信和交互以实现真正的服务消费和服务提供操作。服务间的通信需要考虑从通信格式，通信协议，通信模式到通信质量要求等多个方面。服务间通信技术不强调具体的实现技术，即可以使简单的 HTTP 方式，也可以使用传统的 MOM 技术，也可以使用 Web Service 的相关技术（王彪，2008）。

（1）通信协议

服务之间需要能够进行有效的互操作，通信协议定义是必要的，涉及内容包括：

1）消息格式。首先需要定义标准的消息格式，使服务消费者和服务提供者都能对传输数据进行有效识别。消息格式一般使用 SOAP 的格式，用户数据一般采用 XML 格式。

2）通信协议。通信协议约定双方握手次序和次数，如何发送请求，返回应答，出现错误如何处理。具体的通信模式参见下面一小节，通信协议一般以 SOAP 为基础。

3）传输协议。通信协议定义的是服务级的数据交换协议，这需要通过具体的工具来实现数据的传输，这需要将通信协议绑定到特定的传输协议上，需要支持的传输协议包括：HTTP、HTTPS、JMS、JAX-RPC、IIOP、RMI 和传统的 MOM 等。

（2）通信模式

在具体实现数据传输时需要支持消息技术和事件技术，需要支持的基本通信模式有：

1）单向请求：只发请求，不需要应答。

2）请求/响应：发送请求，并等待应答，或轮询应答。

3）请求/回调：发送请求后不等待应答，服务提供者返回应答时再激活服务请求者的应答处理代码。

4）存储转发：数据不直接发送到服务提供者，而是先提交到一个可靠队列，服务提供者从可靠队列中接收请求。这可以保证数据传递的可靠性，并使请求者和服务者之间不必同时在线，可以有更好的松耦合特性。

5）订阅/发布：服务提供者订阅自己可以提供服务的消息主题，服务消费者发布消息到特定的主题上，可以实现多对多的数据传输。

6）会话过程：服务请求者和服务提供者之间通信时建立一个会话连接，可以进行多次数据交互过程。

通信质量是一个重要的方面，涉及多个方面，包括：

1）可靠性要求。可靠性要求也有几个不同侧面的要求，最基本的是保证消息的可靠传输，其次还包括提供系统故障后恢复处理能力，CLUSTER 技术等。

2）传输效率要求。传输效率首先需要保证网络传输的效率，不能出现交换瓶颈，其次需要保证服务处理和服务调度的效率，需要提供均衡负载能力。

3）可扩展性要求。这要求系统物理网络结构可以根据需要增加，减少和调整。一方面满足性能和可靠性要求，另一方面也能满足组织机构物理分布的要求，同时能够满足组织机构变化后对系统物理架构变化的要求。

4）运行审计要求。可以了解通信历史，可以了解各物理节点，各逻辑资源的运行信息，以便及时解决问题，和系统优化调整。

10.3.7 SOA 服务的应用

服务的应用方式包括：服务的直接使用、服务的合成、服务的编制和编排。服务的直接使用是指在服务消费者中，直接调用服务提供者，这是一种最简单的使用方式。服务的合成是指通过编程来调用一个或多个服务，同时这个编程实现也被封装成一个服务，可以为其他消费者提供服务。服务的编制和编排是指在一个业务流程中使用一个或多个服务，业务流程可以编程实现，也可以使用建模工具定义业务服务流程。一个业务流程被封装成为一个服务（北京长风信息技术产业联盟，2006；毛新生等，2007）。

（1）服务应用的相关工具

服务的应用需要提供从设计、开发、调试到运行的一组相关工具和服务的实际应用环境。服务应用的相关工具需要简便、易用。具体工具包括设计和开发工具提供从设计、编程、调试到部署的整个过程。工具需要功能包括：分析建模、能够支持图形化流程定义，需要支持各种流程、提供图形化的服务管理功能，便于用户注册，查找和使用服务、新的服务编写功能、服务运行和流程调试、服务和流程的部署。

（2）运行管理工具

运行管理工具提供运行管理与统计分析功能，包括：服务运行状态和信息监控，随时了解服务的运行情况、服务控制功能，包括启动、停止、暂停和恢复等、流程运行状态和信息监控，随时了解流程的运行情况、流程控制功能，包括启动、停止、暂停和恢复等、流程统计分析，了解各任务服务的响应时间，使用率等，以便可以对流程进行优化和调整。

（3）流程服务功能

需要支持基本的服务流程，包括：顺序流程，流程中的各任务顺序依次执行分支流程，流程中的某点可以有一个选择条件，以确定后续执行哪一个分支的任务并发流程，支持多个任务同时执行，后续其他任务的执行条件可以定义，包括：并发任务都成功、指定任务成功或某一个任务成功循环流程，循环执行一组任务，直到某一条件得到满足对于服务和流程的应用执行，需要提供错误处理能力。要求提供运行环境的平台能够在不同级别捕获并处理错误。对于服务和流程的应用执行，还需要提供补偿处理能力。在运行一个业务流程的过程中，可能需要撤销那些已经成功完成的步骤中的某一步。这些撤销步骤是通过使用补偿处理程序来定义的，每一个任务可以包含一个需要被补偿时运行的任务。

（4）统一操作界面

在 SOA 系统中人员会使用不同的服务和数据，需要提供统一的操作界面，在一个统一的界面环境下可以完成不同的工作。交互服务需要提供的功能包括（北京长风信息技术产业联盟，2006；毛新生等，2007）：

1）内容统一管理。将信息数据和服务操作界面进行统一管理，统一展现，方便用户使用。用户可以根据自己的需要定制自己的操作界面。

2）服务消费代理。提供标准的服务代理模块，在用户填写必要的数据和做出必要的决定后，通过服务消费代理，可以方便简单地发出服务请求。也可以根据需要对服务消费代理进行功能扩充。服务消费代理需要提供基本程序模板和开发接口。

3）服务提供代理。提供标准的服务提供代理，以接收服务请求，并保存输入数据。提供标准的表单操作界面，为用户提供方便的数据处理界面，在处理完毕后可以通过服务提供代理返回应答消息。也可以根据需要对服务提供代理和表单操作界面进行功能扩充。服务提供代理和表单操作界面需要提供基本程序模板和开发接口。

4）多 Portal 界面集成。一般统一操作界面会在一个 Portal 中运行，也有可能会在多个 Portal 中实现（尤其是集成已有应用系统的操作界面时），这时需要能够将在不同 Portal 中实现的操作界面能够集中到一起进行集中展示和操作。需要支持 WS-Remote Portlet 标准。

5）多渠道支持。交互服务在提供统一操作界面的基础上，也需要支持多渠道接入方式，包括：浏览器接入、PDA 接入、语音电话接入、邮件接入、自助设备接入（如 ATM、POS）、服务的开发。

服务的开发根据良好定义的服务协议（服务接口）来进行，通过集成开发工具可以根据服务协议生成服务代理与服务框架代码。服务协议一般采用 WSDL 来进行描述，服务代理是包含在服务请求者里的、代表服务的编程语言类。服务框架也是编程语言类，提供用于实现新服务的框架。通过服务协议（服务接口），不同的业务服务可以相互交换数据，参与业务流程，通过灵活的互相协作方式来完成具体的业务操作。这些业务服务可以在不同的异构平台上使用不同的编程语言实现，可以在不同的系统环境下运行。通过对外暴露的服务接口，保证服务之间良好的互联互通互操作。

对于遗留系统，可以通过适配器进行封装，为不同的软件系统创建协议。良好定义的服务协议的一个优点是：可以通过适配器对它们加以扩展，以既适应新开发的 SOA 服务模式，又支持遗留系统。特别地，要遗留系统支持服务，可以这样实现：首先为它们定义服务协议接口；其次，通过适配器，可以接受 SOAP 消息、并将 SOAP 消息转换为遗留系统消息级或 API 级调用的 SOA 应用模式。这样既可以有效地重用有价值的传统资产（遗留应用），并且不必采用昂贵的、有风险的完全推倒重来的实施策略。

通过服务协议（服务接口），应用服务可以无缝挂接到连通服务（即企业服务总线（ESB）），形成一个完整的 SOA 应用。同时，还可以通过流程建模把若干个服务进行组合，组织成一个更加完备的业务流程，并可以把一个完整的业务流程发布为一个更粗粒度的 SOA 服务，并可以被其他的业务流程使用，并且不必考虑它的编程语言和运行环境。

所以，适配器首先需要有一个良好的框架，提供一个抽象的模型，以指导对具体应用系统的适配器的开发。在此框架需要提供开发接口和工具，以便针对特定的应用系统实现定制化的适配器同时对于一些常用技术，需要提供标准适配器，以便使用这些技术的应用系统能够在此基础上快速实现特有的适配器。需要支持的常用技术包括：数据库、文件、邮件系统、SOCKET、FTP、HTTP/HTTPS、RMI/IIOP、常用消息中间件（MOM）、常用交易中间件（TP）。

10.3.8　SOA 服务的可信度

对于企业级应用来说，要求具备高可用性，包括安全性、可靠性、事务等多方面的需求。当一个企业开始采用面向服务的架构作为工具来进行开发和部署应用的时候，基本的 Web 服务规范，像 WSDL、SOAP 以及 UDDI 就不能满足这些高级需求。正如前面所提到的，这些需求也称作服务品质（quality of service，QoS）。与 QoS 相关的众多规范已经由一些标准化组织提出，像万维网联盟（World WIDE Web Consortium，W3C）和结构化信息标准促进组织（Organization for the Advancement of Structured Information Standards，OASIS）等也规定了一些 QoS 和相关标准。下面分别介绍相关服务的可信度 QoS 标准（北京长风信息技术产业联盟，2006；毛新生等，2007；Tech Target 中国，2012）。

（1）安全性

在 SOA 系统中安全是一个需要综合考虑的质量属性。需要考虑的安全层次包括：

1）传输级安全。需要考虑的问题包括防火墙、虚拟专网（VPN）、传输过程中的节点基本认证、加密、防篡改和不可否认性。具体技术包括：使用 VPN 建立物理网络安全，使用 SSL/TLS 提供基本的传输安全。在使用这些技术时同时要求有密码口令或数字证书起辅助作用。

2）数据（消息）级安全。保护存储和传输中数据的安全性，包括加密、防篡改和数字签名。主要提供数据的加密和签名保护。因为 SOA 系统中存储和传输数据大量以 XML 方式进行表示，所以需要支持基于 XML 的加密和签名技术。主要需要遵从的标准规范有：XML Signature、XML Encryption。

3）服务级安全。主要针对服务消费者进行访问控制，包括消费者身份认证、和服务消费的使用授权管理。这一层主要提供身份认证和授权管理。需要遵循 WS-Security 框架和相关的安全规范，具体包括 WS-Security 框架，定义了通过扩充 SOAP 消息报头以集成各种安全方案的一套规范，与服务消息传递有关。①WS-Trust 定义了在通过外部交互的情况下，用于评估和达成信任关系的协议；②WS-Secure Conversation 定义了在进行多次消息交互时如何共享安全上下文；③WS-Federation 定义了如何创建跨安全域的信任关系；④安全断言标记语言（Security Assertion Markup Language，SAML）定义如何通过 XML 方式支持单点登录和授权信息的传递；⑤可扩展的访问控制标记语言（Extensible Access Control Markup Language，XACML）定义如何编写访问控制策略（帕派佐格罗，2010）。

通过这一组协议定义了服务消费者和服务提供者之间如何建立信任关系（包括跨安全域的情况），在此基础上任务进行身份认证，进行权限控制管理和相关信息的传递。

（2）用户和权限管理

用户安全需要提供组织结构，用户信息的管理。用户管理功能包括：
1）用户基本信息管理；
2）用户所属组织部门管理；
3）用户权限信息管理。

权限管理主要是对用户可以使用哪些资源，以及如何使用资源进行管理。权限管理提供的功能包括资源管理，角色管理，用户权限管理，权限验证。环境级安全，提供基本的安全保护包括防病毒、黑客攻击，以及提供登录控制、提供有效的管理手段以及进行安全审核以确保整个系统应用的安全性。

（3）可靠传输

SOA 系统若要在实际业务系统中应用，必须解决可靠传输问题。可靠消息传输需要满足下列特征：
1）有保证的消息传递；
2）消息状态通知；
3）消除重复消息；
4）消息排序。

通过满足上述特征，是为了达成消息的可靠传递，做到：至少传送一次、刚好传送一次、最多传送一次。WS-Reliability 和 WS-Reliable Messaging 是两个用来解决此类问题的标准。

（4）事务性

SOA 系统若要在关键业务系统中应用，必须解决事务性问题。事务性问题需要解决在分布式环境下保证多个服务之间事务处理，确保应用中的所有参加操作达成一致并保证数据从一种有效状态变换到另一个有效状态的处理机制。在很多领域中，多数业务应用需要可靠处理（王彪，2008）。

在 SOA 系统中需要支持多种事务处理方式包括：

1）原子事务协议，所有操作在一个时间点上要么全部成功，要么全部失败。在对资源操作时需要对资源进行加锁，一般采用两阶段提交协议。

2）基于补偿的事务协议，这种方式在某一个时间点上不保证全部成功或全部失败，而是在事务协议执行完毕后保证达成全部成功或全部失败。若要取消一个服务执行的结果，不是采用回滚方式，而是采用另外一个方向执行过程，将处理结果回退到处理前的状态。要求每个处理模块需要有一个对应的方向处理模块。

3）基于流程的事务协议，定义一个事务协议框架，一个业务流程中可以根据需要不同服务的执行可以选用原子事务或补偿事务，在事务框架下执行事务处理，并且当事务不可恢复时可以由人工干预处理。WS-Transaction 标准描述了一个可扩展协调框架一起使用的协调类型，用来保证分布式环境下的事务处理，保证事务的 ACID 特性。事务处理功能是实现这一需求的必须功能，也是在建造、部署和维护企业级的分布式应用中最复杂、最关键的部分之一。

扩展阅读：SOA 相关技术与传统开发（面向过程开发或面向对象开发）技术既有相同点又有很多不同的地方。这都与服务有密切的关系。

相同点是都需要解决分布式系统都需要关注的质量属性问题，包括：性能问题、可靠传输问题、安全问题、可扩展性问题、易用性问题。

不同点在于服务，服务是更大颗粒度的接口封装，它更强调复用，业务流程可灵活重构，松耦合，对标准的支持。SOA 与服务相关的技术都是围绕这些特点展开的。

服务自描述，不仅包括技术接口的描述，也包括业务要求的策略描述，使得服务更完整独立，服务消费者根据服务接口就可以方便容易的请求服务，使得服务之间具有更好的松耦合特性。良好的服务接口封装也有利于服务的重用，可以节省开发时间和费用。

对灵活业务流程的支持，服务是一种大颗粒封装，表示的是业务操作，这样基于服务的流程编制更贴近实际业务流程，可以更容易、更快捷构造业务流程。当业务流程变化时，可以对服务进行重新组合，或选用新的业务服务快速构建新的业务流程，以满足市场需要。

对技术标准的支持，使得服务消费者和服务提供者之间可以更容易实现互操作，也使服务的实现不需要依赖于特定的厂商。所以 SOA 的技术适用于应用集成。对于已有资源的重用，业务流程可灵活变化，以满足业务变化的需求。SOA 技术并不适用于单个业务逻辑的实现，服务接口描述特性势必会花费较多计算资源用于接口解析和转换，不利于简单业务逻辑处理的时间特性要求。

SOA 架构及其技术还处于快速发展期，SOA 在为用户带来好处的同时，在实施时还有一些问题需要考虑，如：

大量的描述基于 XML，这样虽然有很好的互操作特性，但 XML 的解析和处理效率还有较多问题，对整个系统的运行效率有很大的影响。

SOA 技术涉及大量标准，标准又有众多厂商推动，当前针对同一技术还存在多个标准互相竞争的问题，这对标准的选用带来了较大的风险。同时对中间件厂商而言，有些标准还涉及专利收费问题，因此中间件厂商在选择标准时，需要慎重并进行深入的标准分析。

SOA 的许多技术正处于发展过程中，要完全满足实际应用的需要，还需要进一步的研发工作，如服务动态查找技术，必须依赖语义技术。这方面已经有很多实际项目与应用工作；但要达到大范围的接受与成熟，还需要一个过程。

服务动态查找涉及基于语义进行的匹配技术，基于语义的匹配涉及语义技术本身的大众化过程，更重要的是需要指定行业性的标准词汇，因而需要一个过程。虽然如此，SOA 技术带给我们很多希望，我们可以更方便、快捷地构建 IT 系统，这一直是 IT 人员梦寐以求的事情。在现有技术条件下，我们还是可以逐步实施 SOA 系统的。可以通过一些较小、较简单的系统开始进行，采用一些简单成熟的技术，逐步积累经验。只有应用才能使技术不断完善，从 SOA 技术的完善中我们可以得到更多的好处。（资料来源：http：// www. docin. com/p-516903413. html）

10.4　ESB 架构

随着面向服务体系结构（SOA）的推出及其深入应用，企业服务总线（ESB）在理论和应用方面成为软件开发、集成与部署的热点技术。企业服务总线（enterprise service bus, ESB）是基于 SOA 思想的企业应用集成的基础软件架构。它是传统中间件技术与 XML、Web 服务等技术结合的产物。ESB 提供了网络中最基本的连接中枢，是构筑企业神经系统的必要元素。ESB 的出现改变了传统的软件架构，可以提供比传统中间件产品更为廉价的解决方案，同时它还可以消除不同应用之间的技术差异，让不同的应用服务器协调运作，实现了不同服务之间的通信与整合。功能上，ESB 提供了事件驱动和文档导向的处理模式，以及分布式的运行管理机制，它支持基于内容的路由和过滤，具备了复杂数据的传输能力，并可以提供一系列的标准接口。

10.4.1　ESB 架构概述

ESB 是一种体系结构模式，支持在 SOA 体系结构中虚拟化通信参与方之间的服务交互，并对其进行管理。它提供服务提供者和请求者之间的连接，即使它们并非完全匹配，也能够使它们进行交互（曾文英等，2008）。此模式可以使用各种中间件技术和编程模型实现。

在 ESB 模式中，服务交互的参与方并不直接交互，而是通过一个总线交互，该总线提供虚拟化和管理功能来实现和扩展 SOA 的核心定义。

ESB 作为 SOA 架构的信息传输龙骨，为 SOA 提供了一种连通性的基础架构，用以连接 SOA 中的服务。第三方的程序组件能够以标准的方式"插入"该平台运行，组件之间能够以标准的消息通信方式进行交互。ESB 克服了传统 EAI 技术的缺陷，能够对各种技术和应用系统提供支持，具有很强的灵活性和可扩展性。这种模式有助于减少应用接口的数量和复杂性，从而降低 IT 维护和更改的成本，让企业能够以更简单、更快速、更安全的方式来使用服务（刘云，2012）。

一个基于 ESB 的系统架构如图 10-6 所示（华天动力，2012）。

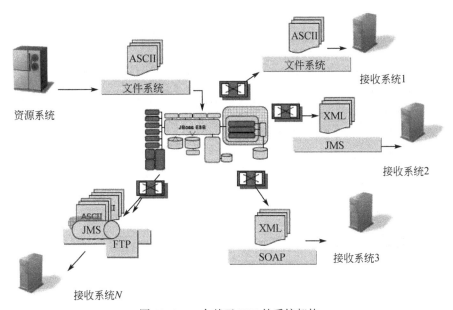

图 10-6　一个基于 ESB 的系统架构

扩展阅读：ESB 模式使得服务请求者不用了解服务提供者的物理实现——从应用程序开发人员和部署人员的角度来看均是如此。

ESB 总线负责将请求交付给提供所需功能和 QoS 的服务提供者。服务提供者接收他们要响应的请求，而不知道消息的来源。ESB 本身对使用它的服务请求者和提供者均不可见。应用程序逻辑可以使用各种编程模型和技术调用或交付服务，而无需考虑是直接连接还是通过 ESB 传递的。连接到 ESB 是部署决策，应用程序源代码不会受到影响。

10.4.2　ESB 功能架构

ESB 功能由通信、路由、寻址、通信技术、协议和标准（如 MQ、HTTP 和 HTTPS）、发布/订阅、响应/请求、Fire-and-Forge 事件、同步和异步消息传递集成。数据库、服务聚合、遗留系统和应用程序适配器、EAI 中间件的连接性、服务映射、协议转换、应用程序服务器环境（如 J2EE 和 .NET）、服务调用的语言接口（如 Java 和 C/C++/C#）服务交互。服务接口定义（如 WSDL）支持替代服务实现，通信和集成所需的服务消息传递模型（如 SOAP 或 EAI 中间件模型）支持服务目录和发现。典型的 ESB 功能架构如图 10-7 所示（华天动力，2012）。

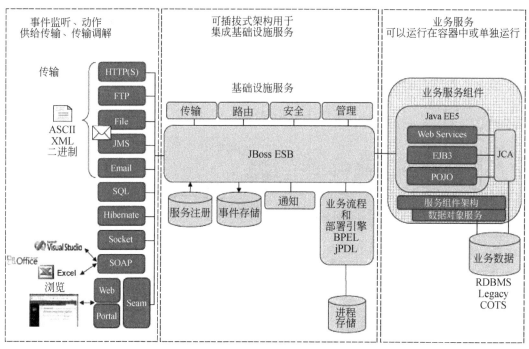

图 10-7　ESB 功能架构

10.4.3　ESB 虚拟化功能

ESB 模式提供以下几方面的虚拟化。

（1）位置和标识

参与方不需要知道其他参与方的位置和标识。例如，请求者不需要知道请求是否可以由某个提供者提供服务。您可以随意添加或删除服务提供者，而不会带来任何干扰。

（2）交互协议

参与方不需要采用相同的通信协议或交互方式。表达为 SOAP/HTTP 的请求可能由仅理解 Java 远程方法调用（RMI）的提供者提供服务。

（3）接口

请求者和提供者不需要就公共接口达成协议。ESB 可以通过将请求消息转换为提供者所期望的格式来处理此类差异。

（4）服务质量（QoS）

参与方声明其 QoS 要求，包括性能和可靠性、请求的授权、消息内容的加密/解密、服务交互的自动审核以及如何对请求进行路由（如根据工作负载分布标准将请求路由到可用的实现）。描述请求者和提供者的 QoS 要求和功能的策略可以由服务自己实现或者由进行不匹配补偿的 ESB 实现（IBM developer Works，2005-07-26；华天动力，2012）。

10.4.4　ESB 整合方法

ESB 整合的闭环包括：建模、改造、集成、交互、管理、加速，如图 10-8 所示。下面分别介绍这几种过程的具体内涵。

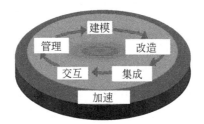

图 10-8　ESB 的整合方法

（1）建模

通过建模来设计、模拟商务流程并对商务流程的整合制定规划。通过建模可以做到有针对地优化商务流程，使之更能灵活、迅捷地应对市场竞争；整合要有效利用现有资源，最大限度地保护已有投资；模型的构建可能要跨越不同领域，包括人力、不同合作者和不同的应用系统；在模型中对商务流程的运行性能进行有针对地考察，提前发现商务流程中的可能存在的问题和瓶颈；最大限度地提高商务流程的运作效能；在建模期间，做出对投资回报的分析；构造出关键评估指标以用于在实际生产运作中对商务流程的监测，以模型控制和驱动业务整合的规划、生产、实施。

（2）改造

通过改造现有 IT 系统获得新的商业价值。通过改造现有 IT 系统为企业发现新的商业价值；将原有关键业务系统进行改造，使之成为可复用、可共享的关键业务组建，从而更有效地发挥其商业价值；将传统应用系统和新技术应用系统集成为一个更为有效的业务承载平台，以发挥各种技术体系的优势而规避其劣势；在业务整合过程中要有效地依托企业现有的知识储备来提高企业生产率。

（3）集成

将人力资源、业务流程、应用平台、支撑系统和数据资源集成为一个整体将业务信息与具体的平台、软件架构和网络协议的有效分离，做到业务信息的技术无关性；使用行业标准协议进行贸易伙伴之间的信息交互，如 RosettaNet、AS2、XML 以及标准传输协议 HTTP（S）、FTP 和 SMTP 等；改造数据以适应业务分析和数据交换；引入新的基于 Web 服务的复合应用以扩展和集成现有 IT 资产在原有模块组件和功能单元之上构建新的基于标准的、可复用的应用系统和服务；在已构造的各种服务单元之上构造基于交互和流程的新应用；使人力与系统共同参与的业务流程自动化；做到多个参与者、多个平台、多个应用系统以及多个组织间的信息能够很容易地实时交换。

（4）交互

为人力、数据、应用和流程的随时随地随设备的交互提供安全和单一接口的服务要做到随时随地能够安全可靠、方便快捷、个性化地访问各种应用、流程和人力资源；依照商务优先级进行网站门户的客户化改造，提高其灵活性；要做到有效地管理和延伸超越组织机构边界的综合的协作能力。

（5）管理

构建业务评估指标体系，以之为依据调整优化系统性能。以商务目标为准对业务性能进行测评；并提供一种框架以增强这种检测力度；动态调整业务流程以适应不断变化的商务环境，从而实现企业的商务目标；优化资源的再分配和再部署。

（6）加速

利用现有的智能商务流程经验的成熟模式，可以对整合的过程进行加速。采用与底层支撑系统无关的在线贸易和商务交易策略；充分利用行业最佳实践经验和行业特定的业务流程；部署预先构建或者预先经过检验的智能可扩展商务流程；利用预先构建的针对后端应用的适配器，以加速整合（IBM developerWorks，2005-07-26；华天动力，2012）。

10.4.5 ESB 基本模式

ESB 支持许多交互类型，包括单向、请求/响应、异步、同步和发布/订阅。它还支持复杂事件处理（在复杂事件处理中，可能会观测到一系列事件），以产生一个事件作为该系列中关系的结果（IBM developerWorks，2005-07-26）。

消息流过将各个通信参与方相互连接在一起的总线。某些参与方会调用其他参与方提供的服务；而其他参与方则会向感兴趣的使用者发布信息。端点与 ESB 交互的位置称为服务交互点（SIP）。例如，SIP 可以是 Web 服务端点、WebSphere MQ 队列或 RMI 远程对象的代理。

服务注册表将捕获描述以下内容的元数据：SIP 的要求和功能（如提供或需要的接口）、它们希望与其他 SIP 的交互方式（如同步或异步，通过 HTTP 或 JMS）、它们的 QoS 要求（如首选的安全、可靠交互）以及支持与其他 SIP 交互的其他信息（如语义注释）。将总线插入参与方之间，提供了将它们的交互通过称为中介的构造进行协调的机会。中介对请求者和提供者之间动态传递的消息进行操作。对于复杂的交互，可以按顺序将中介连在一起。

通过研究创建和管理 SOA 解决方案的用户的角色及任务，可以进一步深入了解 ESB 模式。ESB 工具和运行时将 SOA 解决方案的生命周期划分为四个阶段：

1）发现与描述。对可以在整个 ESB 中进行互连的 SIP 进行标识和描述。这包括创建新的服务，发现现有服务，描述其接口、要求和功能。

2）建模与构建。通过新建的或现有的中介进行 SIP 互连，以描述解决方案的端到端交互。

3）配置与部署。针对特定的运行时拓扑配置解决方案的抽象声明，并对其进行部署，同时创建必要的运行时构件。

4）监视与管理。通过 SIP 和中介的行为监视和管理解决方案。此阶段将使用 ESB 运行时中的检测和控制点，以及观测和响应消息流的中介（IBM developerWorks，2005-07-26；华天动力，2012）。

对于 ESB 中间件，最重要的 SOA 解决方案开发角色是集成开发人员和解决方案管理员，但其中也涉及业务分析人员、解决方案架构师、实现人员、适配器开发人员和操作人员。

业务分析人员确定业务需求，并检查业务流程。他们将概括出解决方案的目标、涉及的业务流程、监视解决方案的运行状况和状态的关键指标，以及 IT 系统需要提供的业务服务的类型。

架构师确定哪些业务需求可以通过对现有 IT 资产进行重用、修改或组合得到满足，哪些需要编写或购买新的 IT 资产。他们定义 IT 资产间的交互，包括消息交换的内容。

在开发工作中，上述三个角色的分配分别是：实现人员编写新的应用程序代码，这些代码将通过服务接口调用；适配器开发人员构建包装现有或新采购的应用程序和软件包的服务，从而为其他服务提供可访问性；集成开发人员使用 ESB 的相关工具和技术构建逻辑，以控制请求在这些服务间路由的方式。

管理员部署新的 IT 资产，并将其服务定义导入服务注册表，从而使新的 IT 资产可用。当解决方案就绪后，操作人员将监视其执行，根据需要启动和停止 IT 系统，并给解决方案管理员提供建议（后者可能将据此调整解决方案配置）。

集成开发人员和解决方案管理员会使用一组模式对 SOA 解决方案进行设计和部署。基本 ESB 模式将应用程序组件抽象为一个服务集，如图 10-9 所示（IBM developerWorks，2005-07-26）。这些服务通过总线进行交互（而不是通过直接的点到点通信交互）。

某个给定的服务既可以是提供者，也可以是请求者，或者同时兼有两个角色。任何 SOA 实现都会支持基本虚拟化，允许在不影响依赖请求者的情况下替换等效提供者实现。

ESB 模式通过其对请求者/提供者交互的显式管理提高了此基本 SOA 功能。只要能提供与请求者所需的功能相似的功能，且 ESB 能对其进行协调，任何提供者都可以由另一个提供者替代。

ESB 提供了交互点，服务可以在此将消息放到总线上或从总线取走。它会对动态消息应用中介，并保证这些托管交互的 QoS。从 ESB 的角度来看，所有的服务交互端点都是类似的，因为它们都发送或处理请求/事件；它们都要求特定的 QoS；它们可能都需要交互

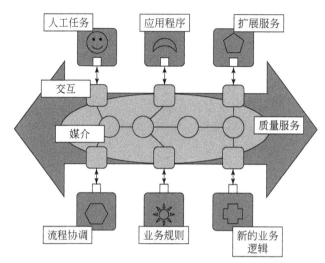

图 10-9　基本 ESB 模式的元素

协助。ESB 模式允许集成开发人员以与处理新业务逻辑、流程编排组件或外部 Web 服务同样（面向服务）的方式对待与用户交互的请求者或提供者。

10.4.6　ESB 服务模式

用于构建基于 ESB 的解决方案的模式主要有（IBM developer Works，2005-07-26）：

（1）交互模式

允许服务交互点将消息发送到总线或从总线接收消息。ESB 允许端点通过总线以其本机交互模式进行交互。它支持各种端点协议和交互方式，如图 10-10 所示。交互模式的例子包括：

1）请求/响应：处理端点间的请求/响应方式的交互。此 ESB 基于消息传递模型，因此由两个相关的单向消息流对请求/响应交互进行处理，一个用于请求，一个用于响应。

2）请求/多重响应：上述类型的变体，可以发送多个响应。

3）事件传播：事件可以匿名分发到由 ESB 管理的相关方列表。服务可以将自身添加到该列表中。

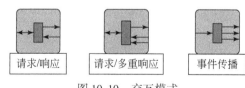

图 10-10　交互模式

（2）中介模式

允许对消息交换进行操作。中介模式处理总线上的动态消息（请求或事件）。由请求者发出的消息会转换为稍微有些不兼容的提供者（从潜在的端点集中选择）能够理解的消息。这些中介操作单向消息而不是请求/响应对，因为 ESB 将交互模式放在中介模式上。中介模式如图 10-11 所示（IBM developer Works，2005-07-26）。

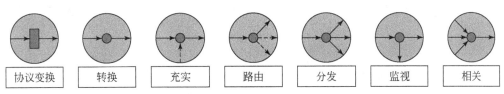

图 10-11　中介模式

中介有多种基本模式，更为复杂的模式可以通过组合简单模式构建：

1）协议变换。允许服务请求者使用各种交互协议或 API（如 SOAP/HTTP、JMS 和 MQ Integrator-MQI）发送其消息。将请求代码转换为目标服务提供者的格式。可以应用到交互的请求者端或提供者端，或同时应用到两端或两者之间的任何位置。

2）转换。将消息的有效负载（内容）从请求者的模式转换为提供者的模式。可以包含包封、反包封或加密。

3）充实。通过添加来自外部数据源的信息（如由中介定义的自定义参数或者来自数据库查询的自定义参数）来增加消息的有效负载。

4）路由。更改消息的路由，可从支持请求者的意图的服务提供者中选择。选择标准中可以包含消息内容和上下文以及目标服务提供者的功能。

5）分发。将消息分发到一组相关方，通常由订阅者的相关概要驱动。

6）监视。在信息通过中介时观测其是否发生改变。可以用于监视服务水平；帮助确定问题或对用户进行后续支付使用的货币单位；或记录企业级事件（如价值超过一定数额的购买行为）。还可以用于将消息记入日志，以供审核和后续数据挖掘之用。

7）相关。从消息或事件流中派生复杂事件。包括模式标识规则和响应模式发现的规则（例如，通过生成派生自触发事件流的内容的复杂事件）。可以在解决方案中显式地配置中介。例如，集成开发人员可以配置一个 enrich 中介来修改消息内容。解决方案管理员可以配置一个 route 中介来允许其将某个服务提供者切换到脱机状态。

其他中介由 ESB 设置，以满足服务请求者和服务提供者的 QoS 要求。例如，如果服务提供者的安全策略声明要求使用加密消息，则 ESB 可以自动配置一个加密中介。策略同样也是服务的属性，解决方案管理员可以为交互（或交互集）设置策略。例如，为了将要发送到特定外部提供者或交易值超过 100 万美元的所有消息记录到日志中。ESB 将通过配置中介（在本例中为监听中介）来实现策略。

中介模式和交互模式可以进行组合，以实现更为复杂的模式，如图 10-12 所示（IBM developer Works，2005-07-26）。

在协议变换后转换格式可以实现规范化适配器模式，在这种模式中，所有相关方使用的消息和业务对象集都标准化为规范的格式。规范化适配器模式将端点的本机总线附加协议转换为标准协议，实现有效负载规范化，并在交付时进行这些转换的反向转换。

另一种常见的复杂中介是转换、记录和路由模式。

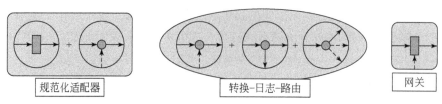

| 规范化适配器 | 转换-日志-路由 | 网关 |

图 10-12　更为复杂的模式

网关模式是一个复杂的协议变换变体。它可以合并转换和监视中介，以提供加密、日志记录或审核等功能。它还可以对一对多关系中的消息进行聚合和反聚合。服务门户是此类模式的代表，它为多个服务提供单一联系点，并隐藏内部服务的细节。

（3）部署模式

支持将解决方案部署到联合基础设施中，部署模式结构如图 10-13 所示（IBM developer Works，2005-07-26）。

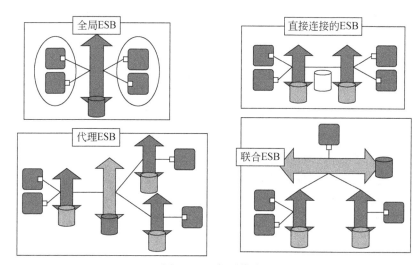

图 10-13　部署模式

解决方案管理可以选择多种 ESB 拓扑。下面是一些常见的例子：

全局 ESB：所有服务共享一个名称空间，每个服务提供者对环境（异构、集中管理但分布在多个地理位置）中所有服务请求者均可见，供部门或小型企业使用。其中，所有服务都可能在整个组织中应用。

直接连接的 ESB：公共服务注册中心使几个独立的 ESB 安装中的所有服务均可见。用于由业务部门提供和管理服务但整个企业中均可使用这些服务的场合。

代理 ESB：桥接服务有选择地将请求者或提供者公开给其他域中的合作伙伴，从而控制多个 ESB 安装（每个安装都管理自己的名称空间）间的共享。ESB 间的服务交互通过实现桥接服务的公共代理进行。供各个部门使用，这些部门开发和管理自己的服务，但共享其中部分服务或者有选择地访问企业提供的服务。

联合 ESB：将多个依赖 ESB 联合到其中的主 ESB。服务使用者和提供者连接到主 ESB

或某个依赖 ESB，以访问整个网络中的服务，供希望在一个监管部门的保护下联合有适度自治权的部门的组织使用。

ESB 模式扩展了 SOA 的虚拟化功能。可以由标准功能单元组成中介，然后进行部署，以帮助不匹配的请求者和提供者进行交互。ESB 还提供了用于部署和管理服务的通用模型。

ESB 概念允许根据用户角色单独进行考虑，从而减少了单个工作人员的概念上的负担，并改进了体系结构的可用性。ESB 的综合编程模型、组件化工具以及基础设施极大地支持了 SOA 原则的提前实现。

10.5　业务流程管理架构

对于传统企业来说，企业信息化是一个有重要战略意义的规划建设。随着国家对企业信息化的高度重视和大力推动，企业信息化被上升到了落实"以信息化带动工业化"战略的重要举措的高度，成为了带动企业各项工作创新和升级的突破口。在有的地方政府制定的信息化规划中，对达到信息化示范企业的数量和时间期限都做出明确的量化要求。伴随着 WTO 的加入和市场机制的日趋国际化，企业与企业之间的竞争达到了前所未有的残酷阶段，并将日趋激烈，在这个信息商品时代，传统企业尤为面临更大生存压力和挑战。降低管理成本、优化组织结构、实施业务流程管理等种种应对举措应运而生，信息化建设成为企业在这个历史阶段的最重要转折点。业务流程的分离使得我们只关注于业务本身。业务流程管理通常指用技术手段，目的是让公司对多步骤、长期存在、横跨诸多系统，以及牵扯一个或多个组织的人员的流程获得可见性并实施控制。

10.5.1　BPM 起源与发展

业务流程管理（business process management，BPM）是一套达成企业各种业务环节整合的全面管理模式。业务流程建模（business process modeling），是对业务流程进行表述的方式，它是过程分析与重组的重要基础。

第一个较为专业系统研究 BPM 技术的 Workflow（工作流）核心技术的国际工作流组织 WFMC，在 1995 年就 Workflow 问题提出了经典的工作流模型结构与五个 Interface 接口，之后又推出了 XPDL（工作流 XML 定义语言）的 V1.0、V2.0，成为目前国际上使用最广泛的工作流定义标准。第一个直接讨论 BPM 技术标准问题的组织是 BPMorg，成立于 1999 年，它的使命是"建立流程设计、开发、执行、维护和优化的标准，促进业务流程管理的运用。"该组织采用的方法，是工作流范例的一个扩展，强调流程与流程之间的相关性及如何将公司业务管理需求落到 IT 系统中。工作流到 BPM 的发展是一次从技术上升到 IT 管理的更高层次的发展。BPTrends 组织在 2005 年提供的《全球 BPM 技术发展趋势》一文中明确了 BPM 平台的十大要素，成为 BPM 技术从理论走向实践的又一阶段性基础（刘国栋，2011）。

当前，基于工作流引擎、规则引擎、门户技术、MDA 架构和 SOA 架构是搭建 BPM 平台的基础技术，为这些技术提供了较为成熟的标准支持：业务流程建模语言 XPDL、商业可执行语言 BPML 及用户整合技术的 JSR#168、Web Service 等技术规范成为 BPM 中间件软件的基础技术理论。这些技术成为实现对公司业务进行描述、理解、表示、协作和管理的可能。BPM 技术更是一种公司集团管理思想的 IT 基础设施，是公司信息系统快速协同开发平台为支撑集团管理模式的 IT 流程化、标准化、协同化的高效经营管理理念主线，是快速协同开发平台的管理灵魂（刘国栋，2011）。

20 世纪 90 年代，Michael Hammer 和 James Champy 的成名之作《公司再造》（Reengineering the Corporation）一书在全美公司领域引发了一股有关业务流程改进的汹涌浪潮。这两位管理学宗师在书中展示了这样一个观点——重新设计公司的流程、结构和文化能够带来绩效上的显著提高。但是由于缺少对变革管理以及员工变革主动性的关注，在很多致力于把他们的理论付诸实践的公司身上产生了反作用的结果。曾经的有关业务流程再造的金科玉律黯然失色，并且变得过时。今天，业务流程改造有了新名字——业务流程管理，而且再次进入了流行阶段。受到全球竞争压力、消费品化以及政府监管的刺激，美国公司正在重新审视他们的业务流程，寻找到更高效的方法，通过自动化甚至外包的手段去实施它们。公司再次把业务流程管理——这种通过分析、建模和监控持续优化业务流程的实践，当作一种解决业务难题和帮助公司实现自己财务目标的系统方法。

"公司正在认识到全面而可靠的理解自己的流程对于实现任何绩效目标都是非常根本的要求"，咨询机构 Process Renewal Group 的创始人 Roger Burlton 说："如果大多数组织还没有做点什么业务流程管理的事情的话，那么他们一定已经在开始做项工作了"。

BPM 是人、流程、技术的统一，BPM 可能包括手动的活动，可以使用任何形式的资源。人和计算机的交互驱动流程的执行业务过程管理包括对业务过程的分析、计划、设计、实施、运行、监控和仿真各个方面。相较于工作流，它更属于是管理和组织的概念；工作流则侧重技术层面的实施和运行业务程。从这种角度看，工作流可以说是业务流程管理的子集。基于这两个概念，现在有工作流管理系统和业务过程管理系统之分。这两种系统的区别就在于工作流管理系统只能定义和运行业务过程，而业务过程管理系统还能监控运行的业务过程和分析评价业务过程的效能。

扩展阅读：BPM 目前主要标准：

- BPEL4WS 2.0：Business Process Execution Language for Web Services. 由 IBM、BEA 和 Microsoft 提出。
- BPML 1.0：Business Process Modeling Language. 由 BPMI. org 提出。
- XPDL：XML Process Definition Language. 由 WFMC 提出。
- BPMN：Business Process Modeling Notation.

10.5.2　BPM 建设指导思想及思路

BPM 系统设计，将引入先进的业务流程管理思想，固化、优化的管理流程，将分散在各业务系统中的信息进行有效的整合并展示在领导面前，为领导的科学决策提供必要的依据，引导向实时型、高效率、具有强大执行力的知识型公司转变。BPM 系统架构如图 10-14

所示（IT168，2008）。

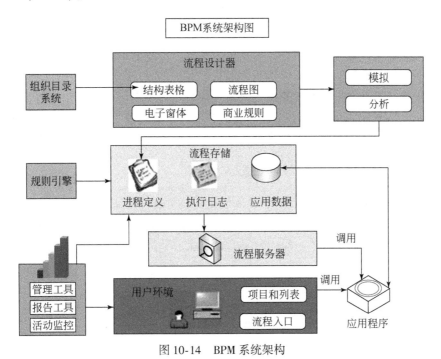

图 10-14　BPM 系统架构

BPM 实现的主要功能有以下几方面。

（1）规范公司业务流程

把企业的关键流程快速导入系统，由系统定义流程的流转规则，并且可以由系统记录及控制工作时间，满足企业的管理需求及服务质量的要求，真正达到科学化、规范化管理的实质操作阶段。

（2）实现业务流程的自动化

帮助公司将系统、人力和客户融合到一个适应性强、灵活性高且高度自动化的统一业务流程中，实现信息的采集、加工、处理、存储、检索等环节的自动化，最大限度地提高信息的共享程度，提高公司的工作效率和管理水平。

（3）提高团队协作效率

以流程处理为方向，实现各部门的业务协作，利用先进的网络技术，提高业务执行效率，帮助企业高管人员按照自己的管理理念，借助此平台，形成企业协同工作的团队意识。

（4）实现流程优化

随着流程的执行流转，以数据、直观的图形报表报告哪些流程制定得好，哪些流程需要改善，以便提供给决策者科学、合理的决策依据，而不是单靠经验，从而达到不断优化的目的，呈螺旋式上升的趋势。

（5）实现管理优化

随着企业业务的逐步扩展和业务多元化的发展，传统的事务型事后管理方式已不能满足公司新形势发展的需要，必须优化内部管理，使管理人员有充分的时间和精力去综合、分析、解决公司经营管理中出现的重大问题，从而使管理人员的劳动由事务型向思维型转变，由事后处理向事前预测转化，从而提高其管理工作质量。而建立基于 BPM 的协同业务流程平台，是企业及时掌握经营状况、控制经营成本最直接、最基础的保证。

（6）提高企业的管控能力和决策水平

通过引入 BPM 业务流程管理平台可以使企业的相关业务在统一规范的信息系统中自动执行，管理人员可以利用平台提供的监控工具，随时监控流程的流转和执行情况，保证了公司业务的执行效率和效果，提高公司的管控能力和决策水平。

（7）向知识型企业转变

通过固化流程，让那些随着流程流动的知识固化在企业里，并且可以随着流程的不断执行和优化，形成企业自己的知识库，且这样的知识库越来越全面和深入，让企业在向知识型和学习型企业转变过程中得益（IT168，2008）。

10.5.3 BPM 创建与生命周期

BPM 生命周期从总体上划分为五个阶段，分别是：业务流程发掘（business process discovery）、业务流程设计（business process design）、业务流程执行（business process execution）、业务流程管理维护（business process administration），以及业务流程最优化（business process optimization）。BPM 业务流程如图 10-15 所示。BPM 生命周期模型如图 10-16 所示。

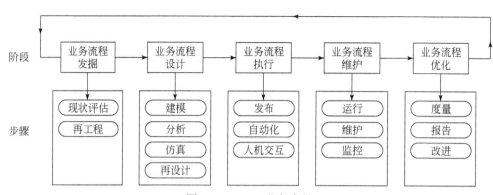

图 10-15　BPM 业务流程

下面分别介绍各个流程的实现过程。

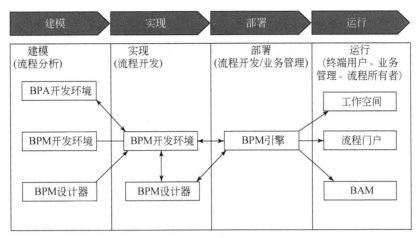

图 10-16　BPM 生命周期模型

（1）业务流程发掘

业务流程发觉是一切后续工作的基础，首先应了解现行流程的情况，尤其是流程的信息流（message flow）、控制流（control flow）以及事件流（event flow）。这一阶段的主要工作是流程评估和流程再造。业务流程发掘过程如图 10-17 所示。

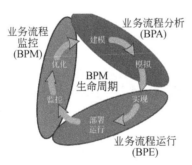

图 10-17　业务流程发掘过程

（2）业务流程设计

这个阶段的工作就是定位和设计未来的流程，设计过程分四步，包括建模（modeling）、分析（analyzing）、模拟（simulation）以及流程重构（redesigning）四个步骤。这四个步骤周而复始的循环，以期设计出更有价值、更准确的业务流程。

流程建模的工具包括四个重要部分，分别是结构表格（organization chart）、商业规则（business rule）、流程图（activity diagram），以及电子窗体（e-Form）设计工具。建模之后应进行分析与仿真，分析是从理论上保证流程的正确性，而仿真则是由实践结果符合期望值时得出流程正确的结果（黄博，2010）。其中，流程建模过程示例如图 10-18 所示，流程仿真如图 10-19 所示（Oracle，2014）。

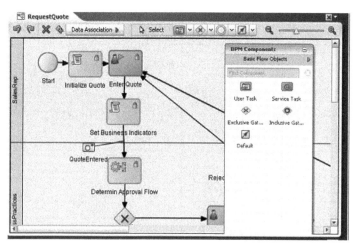

图 10-18　流程建模（过程示例）

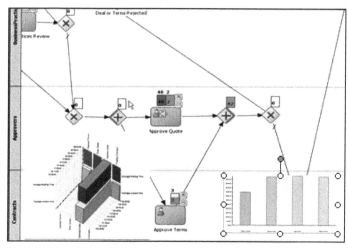

图 10-19　流程仿真

（3）业务流程执行

执行业务流程包括部署（deployment）、自动操作（automation）和人机交互（interaction）三个部分。这个阶段，所有相关单位，包括人和计算机系统共同参与执行上一阶段制定出的流程，用最小的工作量做到对资源的优化与整合，以达到利益最大化的目的。业务流程执行如图 10-20 所示。

（4）业务流程管理维护

这一阶段包括的工作有：运行（operation）、监测（activity monitoring）和维护（maintaining）。这三个工作是并行的。

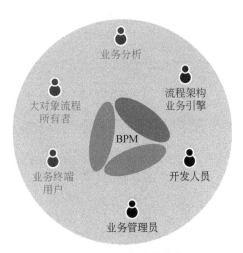

图 10-20　业务流程执行

（5）业务流程最优化

这是最后一个阶段，也是 BPM 生命周期进入下个循环的开始。本阶段的工作包括：测定（measurement）、报告（reporting）和改进（improvement）。三者之间是递进的关系，缺一不可。

BPM 完整生命周期如图 10-21 所示。

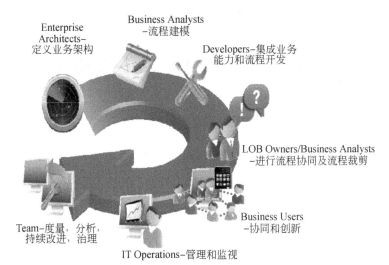

图 10-21　BPM 完整生命周期

扩展阅读：什么是工作流？工作流也即任务，任务可以分解成多个活动；每个活动可以指派不同的处理人进行处理；指派的同时必须依据一定的业务规则进行；流程开发平台，可以根据客户需要定义各种业务流程。如研发、采购申请、预算申请、IT 管理。可以和其他系统整合，可以面向服务和应用开发各种流程，可编程，可以与其他系统整合。

能够设计复杂流程，设计效率高。可以面向企业的核心业务进行设计。工作流应用案例如图 10-22 所示。

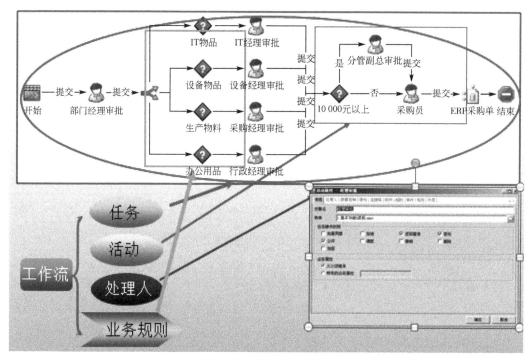

图 10-22　工作流应用案例

10.6　SOA 中的组件关系

10.6.1　SOA 与 BPM

在 SOA 和 BPM 联合发展的浪潮下，首先要明确的是 BPM 与 SOA 的本质是截然不同的，SOA 是一种架构方法，BPM 则是一组流程协调管理理念。没有 SOA 之前，BPM 产品已经出现并成功应用。BPM 的主要应用场合有如下几点：

1）业务流程自动化；
2）整合应用系统，实现异构系统之间无缝交流；
3）企业流程建模分析；
4）监控企业活动，实现企业流程持续改进。

SOA 是 BPM 使用者，BPM 提供了建设业务系统的巨大抽象，SOA 提供了跨越业务流程和操作资源的平台，BPM 跨越影响业务目标的核心业务流程，优化对 SOA 的使用。

10.6.2 SOA 与 ESB

SOA 由彼此进行通信的服务使用者和服务提供者组成。它们通常通过企业服务总线进行通信。每个服务具有服务定义，在其中描述如何从使用者接受消息和如何向其使用者返回消息以及其他一些事项。因此，构建 ESB 与消息传递有很大关系。一直以来，以稳健、快速而可靠的方式发送和接收消息是 IT 系统的一项关键要求，ESB 的到来并未改变这一点；它恰恰给解决方案带来了额外的要求。例如，支持描述消息格式的标准、服务间的事务交换等。

在 SOA 中，还需要能够帮助实现在 SOA 架构中不同服务之间的智能化管理的一个中间层。最容易想到的是这样一个 HUB-Spoke 结构，在 SOA 架构中的各服务之间设置一个类似于 Hub 的中间件，由它充当整个 SOA 架构的中央管理器的作用。现在服务的请求者和提供者之间有了一个智能的中转站，服务的请求者不再需要了解服务提供者的细节。事实上，传统的 EAI 就是通过这样一种方式来试图解决企业内部的应用整合问题（IBM developer Works，2006）。

EAI 的目标是支持对现有 IT 系统的重新利用，通过 EAI 技术能够将不同的软件和系统串联起来，延长这些应用系统的生命周期。传统的 EAI，往往使用如 CORBA 和 COM 等的消息中间件进行分布式，跨平台的程序交互，修改企业资源规划以达到新的目标，使用中间件、XML 等方法来进行数据分配。因此，实际上传统的 EAI 是部件级的重用。很不幸的是，基于部件的架构没有统一的标准，因此，各个厂商都有各自不同的 EAI 解决方案，你会看到各种各样的中间件平台。如果 EAI 碰到了异构的 IT 环境，就必须分别考虑怎样在各个不同的中间件之间周旋，来实现合理的互联方式，你不得不考虑各种复杂的可能性。因此，你所见过的大多数传统 EAI 解决方案都比较笨重（IBM developer Works，2005-08-01）。

在 SOA 的应用场景中，如果我们选择 Hub 的模式来构建 SOA 基础架构，从纯粹逻辑的角度，可能会出现哪些问题呢？首先，整个 SOA 架构的性能，如果每个服务的请求都经过中央 Hub 的中转，那么 Hub 的负担会很重，速度会随着参与者的增多而越来越慢；其次，这样的系统会很脆弱，一旦 Hub 出错，整个 SOA 架构都会瘫痪；最后，这样的架构会破坏 SOA 的开放性原则，参与者运行在一个相对封闭的环境中，扩展起来十分麻烦。因此，这也不是理想的 SOA 架构。它与前面的 Hub 结构有什么不同呢？首先，它比单一 Hub 的形式更开放，总线结构有无限扩展的可能；其次，真正体现了 SOA 的理念，一切皆为服务，服务在总线（BUS）中处于平等的地位。即使我们需要一些 Hub，那么它们也是以某种服务的形式部署在总线上，相比上面的结构要灵活得多。这就是 ESB，我们需要给它一个明确的定义。

ESB 就是在 SOA 架构中实现服务间智能化集成与管理的中介。它与 SOA 的关系要相对好理解一些：ESB 是逻辑上与 SOA 所遵循的基本原则保持一致的服务集成基础架构，它提供了服务管理的方法和在分布式异构环境中进行服务交互的功能。可以这样说，ESB 是特定环境（SOA 架构）中实施 EAI 的方式：

首先，在 ESB 系统中，被集成的对象被明确定义为服务，而不是传统 EAI 中各种各样的中间件平台，这样就极大简化了在集成异构性上的考虑，因为不管有怎样的应用底层实现，只要是 SOA 架构中的服务，它就一定是基于标准的。

其次，ESB 明确强调消息（message）处理在集成过程中的作用，这里的消息指的是应用环境中被集成对象之间的沟通。以往传统的 EAI 实施中碰到的最大的问题就是被集成者都有自己的方言，即各自的消息格式。作为基础架构的 EAI 系统，必须能够对系统范畴内的任何一种消息进行解析。传统的 EAI 系统中的消息处理大多是被动的，消息的处理需要各自中间件的私有方式支持，如 API 的方式。因此尽管消息处理本身很重要，但消息的直接处理不会是传统 EAI 系统的核心。ESB 系统由于集成对象统一到服务，消息在应用服务之间传递时格式是标准的，直接面向消息的处理方式成为可能。如果 ESB 能够在底层支持现有的各种通信协议，那么对消息的处理就完全不考虑底层的传输细节，而直接通过消息的标准格式定义来进行。这样，在 ESB 中，对消息的处理就会成为 ESB 的核心，因为通过消息处理来集成服务是最简单可行的方式。这也是 ESB 中总线功能的体现。其实，总线的概念并不新鲜，传统的 EAI 系统中，也曾经提出过信息总线的概念，通过某种中间件平台，如 CORBA 来连接企业信息孤岛，但是，ESB 的概念不仅仅是提供消息交互的通道，更重要的是提供服务的智能化集成基础架构。

最后，事件驱动成为 ESB 的重要特征。通常服务之间传递的消息有两种形式：一种是调用（call），即请求/回应方式，这是常见的同步模式。另一种是单路消息（one-way），它的目的往往是触发异步的事件，发送者不需要马上得到回复。考虑到有些应用服务是长时间运行的，因此，这种异步服务之间的消息交互也是 ESB 必须支持的。除此之外，ESB 的很多功能都可以利用这种机制来实现，例如，SOA 中服务的性能监控等基础架构功能，需要通过 ESB 来提供数据，当服务的请求通过 ESB 中转的时候，ESB 很容易通过事件驱动机制向 SOA 的基础架构服务传递信息。

参 考 文 献

北京长风信息技术产业联盟 . 2006-12-01. 长风 SOA 参考架构白皮书 . http：//www.doc88.com/p-31567234455.html.

华天动力 . 2012-06-13 . ESB 企业服务总线 . http：//www.doc88.com/p-298947972566.html/

黄博 . 2010. 基于灰关联的 BPM 软件可信评估工具的研究与实现 . 西安：西北大学硕士学位论文

李建峰，马小霞 . 2009. 基于 SOA 的企业信息共享研究 . 现代商业，（18）：258-259

刘国栋 . 2011. 啤酒行业基于 BPM 的信息系统整合研究 ——以 QP 公司为例 . 青岛：中国海洋大学

刘云 . 2012. 基于 ESB 的企业应用集成的研究 . 西安：西安工业大学硕士学位论文

毛新生，金戈，黄若波 . 2007. SOA：原理方法实践 . 北京：电子工业出版社

欧群雍 . 2010. 基于 SOA 的教务管理系统的设计与实现 . 南京：南京理工大学硕士学位论文

帕派佐格罗 . 2010. Web 服务：原理和技术 . 北京：机械工业出版社

王彪 . 2008. Web Services 在复杂项目中的应用研究 . 上海：南开大学硕士学位论文

张建荣 . 2012. 基于云计算的 SOA 企业架构设计 . 硅谷，（6）：30

曾文英，赵跃龙，齐德昱 . 2008. ESB 原理、构架、实现及应用 . 计算机工程与应用，44（25）：225-228

IT168. 2009-11-11. SOA 参考架构 . http：//tech.it168.com/a2009/1111/807/000000807605.shtml.

IBM developerWorks. 2005-07-26. 用于实现 Web 服务的 SOA 编程模型. 第 4 部分：IBM 企业服务总线介绍. https：//www. ibm. com/developerworks/cn/webservices/ws-soa-progmodel4

IBM developerWorks. 2005-08-01. 企业服务总线解决方案剖析. 第 1 部分：企业服务总线的基本概念. https：//www. ibm. com/developerworks/cn/webservices/ws-esb1

IBM developerWorks. 2006-04-13. IBM WebSphere 开发者技术期刊：使用 JMS 和 WebSphere ESB 构建强大而可靠的 SOA. 第 1 部分. http：//www. ibm. com/developerworks/cn/websphere/techjournal/0602_ tost/0602_ tost. html

IT168. 2008-07-01. BPM 的生命周期. http：//tech. it168. com/erp/2008-07-01/200807010925380. shtml

Oracle. 2014-02-10. Oracle BPM Suite 介绍. http：//www. oracle. com/technetwork/middleware/bpm/documentation/index. html

Tech Target 中国. 2012-08-31. 解析 SOA 架构与相关技术. http：//www. docin. com/p-353618643. html

W3C. 2003. Web Services Description Language（WSDL）1. 1. http：//www. w3. orgR/TR/Wsdl

第 11 章   SOA 与云计算集成

本章学习路线图

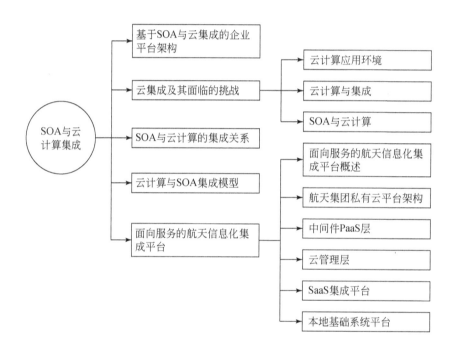

本章通过对云集成逻辑结构的探讨，分析其面临的集成挑战，提出一种基于云集成的企业集成平台，以企业服务集成总线为核心，实现异构系统和多种类型服务的透明集成，并在云集成架构中融入 SOA 服务体系，作为建立云集成架构的一个解决途径。该集成平台封装了复杂的 SOA 技术细节，使基于 SOA 的应用系统的构建、运行和维护更简单、高效。最后通过一个案例来具体分析如何运用云集成来构建企业系统集成架构。

11.1   基于 SOA 与云集成的企业平台架构

信息化的发展，企业间协同商务和企业信息门户（EIP）等要求企业的应用系统是一个高度集成和开放的系统。然而大型企业往往拥有着异构系统，导致系统间信息的互操作非常困难，形成了一个个"信息孤岛"。为了实现企业全局的业务过程自动化，企业投入了大量的人力和财力来进行系统集成。传统的企业应用集成（enterprise application integration，EAI）解决方案通过用户界面集成、数据集成、业务流程集成、函数/方法集成，这 4 种集成方法不能方便、灵活、低代价地实现异构系统的集成，难以快速适应企业现代业务变化的需求（吕鸣剑，孟东升，2009）。通过云的方式享受软硬件服务，目前对许多企业来说是应用先进信息技术的最好途径，它不仅降低了企业的软硬件服务拥有成本，缩短了信息化建设周期，还大大减少了企业的运维成本。云计算是融合底层 IaaS、中间层 PaaS、上层 SaaS 的一整套服务集，PaaS 层提供的执行环境有效衔接 SaaS 层和 IaaS 层，能够根据业务和应用的并发访问量动态调度 IaaS 的计算资源和存储资源，真正实现云计算三层的一个融合（Zhang Feng，Xue Hui-feng，2012）。所有云计算能提供的服务需要在企业整体架构的背景下才能有效发挥作用。也就是说，企业自身需要一个清晰的基于服务的 IT 基础设施架构，在这个架构之中去应用云计算。为解决云计算面临的集成架构挑战，本节在云平台中引入 SOA，作为建立云集成架构的一个解决途径。

11.2　云集成及其面临的挑战

11.2.1　云计算应用环境

云计算是目前信息产业中讨论得最多的话题，虽然对于云计算还没有一致定义，但是对于云计算的一些特点，相关的服务模型等内容日渐趋于统一。云计算是一个把信息技术作为服务（IT as a Service）提供的一种方式。这种服务的概念都是从消费方（用户）角度出发，而不是从服务提供方出发考虑问题，因此，云计算要求按需服务，即用户可以根据需求即时得到服务。从这个角度讲，云计算就像我们公共服务中的自来水、电、煤气一样，集中供应并按需服务和计费。

11.2.2　云计算与集成

云计算的真正价值在于使企业拥有使用位于本企业之外的其他数据中心里的服务、数据和流程的能力。但如果企业不加计划盲目地使用云计算，不仅不能利用云计算的优势，长远来看也许会付出极大的代价（张晓娟，易明巍，2011）。

一方面，对于企业来说，长期以来不断出现的"烟囱"式信息系统在解决了企业燃眉之急的同时也给企业 IT 系统投资与维护带来巨大的资金和技术压力。此时，企业转向利用云计算的优势减轻企业信息系统投资与维护的压力，但是急于向云中搬迁企业的数据、应用，却没有任何架构方面的长远考虑，也没有考虑与此密切相关的云计算与本地系统的集成问题；在另一方面，众多的云计算供应商不会考虑到与企业集成的问题（张晓娟，易明巍，2011；Zhang Feng，Xue Huifeng，2012）。

目前的企业部署云端系统需要和企业内的本地系统协同工作，集成就成了成功的关键。随着云计算的发展，越来越多的企业应用将逐步转换到云计算。如果事先不实施长期策略和目标，将会加大复杂性并降低投资回报率。因此，集成要提前考虑架构。

11.2.3 SOA 与云计算

SOA 是解决集成的问题，它包括了数据集成，应用集成，流程集成和 B2B 集成。为了解决集成问题，在实施 SOA 的时候需要分两个大步骤，即 SOA 本身的定义：一是将业务系统能力分解为独立、自治、离散和可复用的服务；二是对服务进行组装和编排，来满足业务和流程的变化。

SOA 主要解决两个方面的解耦问题：一是业务需求和技术实现的解耦，二是业务操作和业务数据的解耦。

SOA 实现的一个终极目标是流程整合，它通过已有的数据服务、业务服务，展现层组件，借助界面建模、流程引擎和规则引擎实现灵活的应用组装，而不仅仅是服务集成。

云计算是终端能力向云端的迁移过程，主要关注的是应用系统的部署架构和开发运行环境，而不是应用系统的软件架构本身。云计算重点是解决业务系统和 IT 硬件环境的解耦。对于云计算中 PaaS 层，它主要注重业务系统本身的开发环境，测试环境和执行环境都能够迁移到云端。SOA 与云计算的解耦关系如图 11-1 所示（人月神话，2011）。

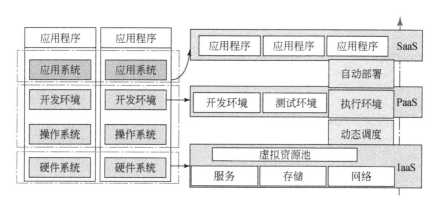

图 11-1 SOA 与云计算的解耦关系

11.3 SOA 与云计算的集成关系

从前面 SOA 和云计算各自单独的分析，要进一步分析两者的关系和集成并不是一件特别容易的事情。可以从两个方面的考虑，一个是在 SOA 架构中引入云，一个是在云计算架构中引入 SOA。

在 SOA 架构中引入云，首先可以考虑 SOA 平台本身的 ESB 能力、流程引擎能力、规则引擎能力，这些能力可以演化为云计算中 PaaS 层平台的能力。其次对于 SOA 平台也需要 IT 硬件基础设施，这些基础设施可以直接使用云计算平台 IaaS 层的计算能力单元和存储能力单元，这些单元也可以服务的方式接入 ESB，包括我们说的云存储，分布式计算等能力都可以集成到 ESB。

首先，在云平台中引入 SOA，可以应用云计算中的 PaaS 层中间件，当形成云计算中间件的时候，ESB 是该中间件平台必须具备的一个能力，通过 ESB 可以实现 IaaS、PaaS 和 SaaS 层之间的 ESB 集成。其次，PaaS 既是一个在线开发环境，也是一个在线执行环境，而不管是对于开发和执行，SOA 中的数据服务，业务服务，流程服务，展现服务等都可以作为 PaaS 层在线开发的时候的能力单元。这些能力单元在线进行服务编排和组装可以借助 SOA 本身已有的 BPEL 和规则引擎来完成。只是 SOA 中间件本身的很多能力都云化了，而不再是为单个应用提供服务。SOA 与云计算的集成关系如图 11-2 所示（人月神话，2011）。

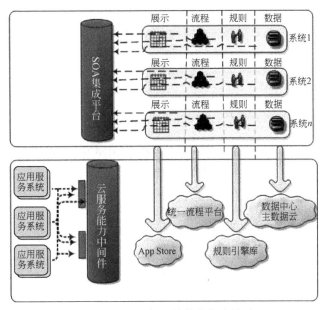

图 11-2　SOA 与云计算的集成关系

对于 SOA 和 IaaS 层云计算都有一个共性特征，即先通过解耦方式拆分再进行合并和组合。一个通过解耦形成的是标准的可复用的服务单元，而一个通过解耦形成的是标准的计算资源或存储资源。对于 SOA 的解耦重点是实现了业务和技术的剥离，而对于云计算解耦重点是实现业务系统和硬件环境的剥离。

从拆分的过程来看，SOA 拆分是要打破原有业务系统的紧耦合，识别出可重用的服务，形成粗粒度的业务组件或服务组件；而云计算中资源池的拆分更多是已有硬件环境通过虚拟化方式的整合，将大的计算或存储能力通过虚拟化后形成更小的可以调度的计算单元或存储单元。

11.4　云计算与 SOA 集成模型

从合并的过程来看，SOA 重点是对服务进行重新组装和编排，以满足业务或流程的需要。对于云计算，则是对计算单元或存储单元进行调度和组合，满足不同业务系统对计算或存储能力的需要。再次服务单元，可以看到复用本身不会带来太多的硬件开销，而计算单元复用则具有独占性，不能同时供给多个消费系统使用。SOA 与云计算的集成模型如图 11-3 所示。

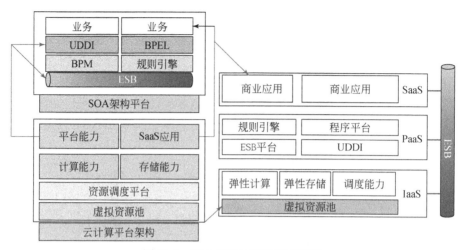

图 11-3　SOA 与云计算的集成模型

在图 11-3 中，SOA 平台提供的 ESB、BPEL 和 BPM 能力本身就可以看作企业私有云里面 PaaS 平台层能力，这个能力不在业务系统内部，而是在云端。这个能力是从业务系统迁移出来的能力，具备 PaaS 平台特点。

SOA 和云平台融合，可以考虑企业业务系统中的平台层和基础层的能力全部迁移到云端集中。平台层能力包括了数据集成平台，流程管理平台等；而基础层能力则包括了主数据管理，规则引擎，安全引擎等（人月神话，2011）。业务系统对应的硬件层能力全部迁移到企业私有云的 IaaS 平台，提供统一的虚拟化资源池和资源动态调度。然后实现企业内部业务系统的 SaaS 化，特别是对于大型集团型企业，这个是有必要的，SaaS 化的重点不仅仅是支持内部多租户，更多的是要考虑 SaaS 应用构建模式变化，其构建过程会更多依赖 IaaS 和 PaaS 层能力的提供。

11.5　面向服务的航天信息化集成平台

11.5.1　面向服务的航天信息化集成平台概述

我国航天××集团是一家全国性的航天产品生产、销售与服务全面运营的企业，是国家首批创新型企业。随着航天××集团的规模不断扩大，该集团目前面临着急迫的信息系统整合问题。由于航天××集团各分公司分布于全国各地，且各下属公司信息系统总体上是各自为政、分别实施，地域差异和管理理念不同，各家公司系统的业务功能模块存在差异，不能彼此共享、互通，总部与下属企业之间信息不畅；数据的分散存储导致集团无法对各公司的客户和业务数据进行深度挖掘和分析，无法实现集团化的业务推进和集团内部的资源调配，更无法构筑集团性的统一平台。

所以集团每年都要投入大量资金对各地的信息系统进行打补丁式的小修小改，以适应当地规模的扩大。近年来随着 SOA 技术的成熟，以及云计算技术的日趋普及，集团决定集各分公司之力建立一套全新的全集团通用的信息系统，全面扭转之前在信息化建设上的被动局面。

11.5.2 航天集团私有云平台架构

根据航天××集团信息化建设要求，结合云计算、SOA 等技术，提出了航天集团业务系统信息化平台框架，如图 11-4 所示。

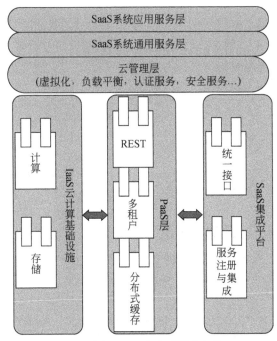

图 11-4 私有云平台架构

它以基础设施服务 IaaS 为基础，SaaS 平台为核心，包括以下 4 个方面的内容：

1）面向航天集团各地分支机构的云服务基础架构 IaaS，用于为连入平台的各分公司提供服务的基础设施。

2）SaaS 平台，为科技集团各分公司提供从资源采购到终端销售的全套业务的在线解决方案。

3）航天集团公共服务平台，用于为各分公司提供除业务逻辑之外的其他公共性服务，如办公系统、邮件系统、存储系统、数据挖掘等。

4）可选的本地平台，主要是为规模较大的区域性分公司提供个性化业务的开发环境。

因此，在此次信息化建设中航天集团计划对全集团的 IT 资源进行梳理，将各地的部分优质 IT 资源集中到集团的云计算中心，形成该信息化建设的基础设施层。据测算，目前航天集团的所有优质 IT 资源集中起来已可以满足集团未来 3～5 年的业务发展需要。由于采用了云计算的技术架构，通过虚拟化技术等手段可在需要扩展计算能力时弹性增加服务器数量或者直接租用第三方资源来获得，不必去重新为新加入的服务器搭建平台，大量减轻企业 IT 人员负担，节约 IT 支出。

11.5.3 中间件 PaaS 层

该中间件层位于基础服务层之上，起到承上启下的作用，它在下面的基础设施层所提供资源的基础上提供了多种服务，比如缓存服务和 REST 服务等。

1）REST：通过 REST 技术，能够非常方便和优雅地将中间件层所支撑的部分服务提供给调用者。

2）多租户：就是能让单独的应用实例可以为多个组织服务，而且保持良好的隔离性和安全性，并且通过这种技术，能有效地降低应用的购置和维护成本。

3）并行处理：为了处理海量的数据，需要利用庞大的 X86 集群进行规模巨大的并行处理。

11.5.4 云管理层

云管理层负责提供多种管理和维护等方面的工作，主要有 5 个方面：

1）账号管理：通过良好的账号管理技术，能够在安全的条件下方便用户地登录，并方便管理员对账号的管理。

2）SLA 监控：对各个层次运行的虚拟机，服务和应用等进行性能方面的监控，使它们都能在满足预先设定的 SLA（Service Level Agreement）的情况下运行。

3）安全管理：对数据、应用和账号等 IT 资源采取全面保护，使其免受犯罪分子和恶意程序的侵害。

4）负载均衡：通过将流量分发给一个应用或者服务的多个实例来应对突发情况。

5）运维管理：主要是使运维操作尽可能地专业和自动化，从而降低云计算中心的运维成本。

11.5.5 SaaS 集成平台

该 SaaS 平台是航天集团信息化建设的核心，其能够实现公司运行所需的所有业务逻辑，该平台提供一系列基于 SOA 标准的服务，该平台目前计划部署在集团的云计算中心中，全国各分公司只需通过浏览器接入该 SaaS 平台就可完成全部业务操作。同样，由于该平台采用云计算架构，该平台既可以在航天集团云服务中心部署，也可以根据业务需要在各省或区域中心分公司部署，形成该地区的云计算中心，提供了根据业务量灵活部署的方式，为将来的业务发展预留了极大的空间。

11.5.6 本地基础系统平台

本地基础平台为本地应用提供基础平台，这类本地应用包括各本地呼叫中心、分公司门户系统、本地经营特色的数据分析系统以及本地第三方服务等（张晓娟，易明巍，2011）。

在本地基础平台中，较为重要的是数据同步服务和航天集团 SaaS 核心功能备份系统，定时和云计算中心同步核心生产数据，这样可以保证一旦云计算中心由于某种原因出现停止服务的情况可以马上切入本地的运行平台上工作。

综上所述，该 SaaS 平台较好地满足了目前公司业务需求，包含了几乎所有的业务功能，各分公司还可在该平台上通过开放的接口开发和集成新的服务，以更好地满足公司的发展需求。

云计算是计算机领域的新浪潮。可以预计，在不远的将来，云计算将成为企业 IT 的首选。但云计算实现其全部潜力将依赖于将云与内部部署应用程序和数据库进行集成以及不同云之间应用的集成，这样才能避免又一次"数据孤岛"的形成。与此同时，基于服务的架构经过多年的发展已日趋成熟，越来越多的企业正在以服务的理念对企业的 IT 架构进行改革。云计算与 SOA 的融合能够增强服务的部署，为企业带来更为敏捷的 IT。

参 考 文 献

吕鸣剑，孟东升 . 2009. 基于 SOA 架构的企业集成系统设计与实现 . 现代电子技术，(9)：115-117

人月神话 . 2011-03-27. 谈 SOA 和云计算的关系 . http：//blog. sina. com. cn/s/blog_ 493a84550100q7nh. html

张晓娟，易明巍 . 2011. 基于云计算与 SOA 的企业集成架构及实现 . 计算机系统应用，(9)：1-6

Zhang Feng，Xue Huifeng. 2012. Cloud manufacturing-based enterprise platform architecture and implementation. Applied Mechanics and Materials，190-191：60-63

第三部分　信息化综合集成业务篇

第12章 航天企业综合管理信息化平台

本章学习路线图

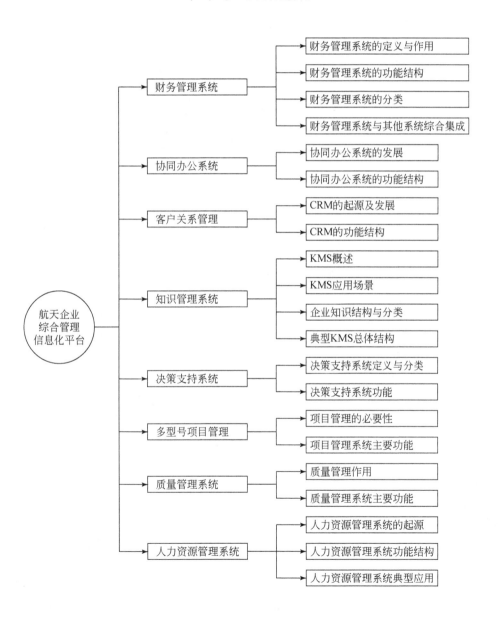

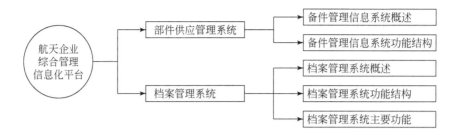

ERP 系统在企业信息化建设过程中经历了时段式 MRP、闭环 MRP 和 MRP II。功能上，ERP 系统由制造管理、财务管理、分销管理、人力资源管理、质量管理和内控内审循环等子系统组成。ERP 系统虽然已经成为现在企业信息化工程的重要标志。但是，传统 ERP 系统在企业经营管理中孤军奋战，不仅困难重重，而且风险巨大。无论是已经实施 ERP 系统的企业在深化提高和拓宽其应用领域，还是准备实施 ERP 系统的企业在信息化规划时，都应当立足全局，集成整合，协调优化。本章主要分析航天现有的系统，分析那些需要集成，提出集成架构，解决航天信息化集成问题。

12.1　财务管理系统

财务软件与进销存软件是比较常见的企业管理软件，财务软件主要立足于企业财务账目，企业资金账户，企业收支状况等方面的管理，用途明确，使用很简单。财务软件它以图形化的管理界面，提问式的操作导航，打破了传统财务软件文字加数字的烦琐模式。

12.1.1　财务管理系统的定义与作用

集成的财务管理信息系统能够帮助企业对各类财务数据进行处理和分析、管理和监控财务活动并与投资方进行沟通，是企业管理信息系统的核心组成部分。目前，FMIS（财务管理系统）的范畴体现为财务管理系统与生产、销售/分销、客户关系管理等系统以及在线分析系统（OLAP）的整合。采用全 B/S 架构，采用可定制的体系架构，通过管理平台无需编程即可实现信息项的扩充、功能的扩展、用户界面的更新等需求，最大限度保证了系统的灵活性、适应性和可扩展性；高度集成的多线程数据集市和大数据量运算，适合不同种类企业对高性能和易用性要求。财务管理系统功能结构如图 12-1 所示（毕博公司，2012）。

扩展阅读：FMIS 的基本目标是企业运作的所有业务环节与财务紧密相关，相关的基本管理和业务信息的集成化，包括跨公司、跨部门数据的充分共享。企业运作的所有业务的过程状态都能实时、如实地反映到财务上。财务文件的电子化，利用计算机来代替传统的手工操作，提高工作效率与准确性。

强化企业的内部财务控制，实现在线的业务审批和监控，规避或降低内部营运风险，通过对业务数据的提取和分析，财务结果如实地反馈给企业各级管理者，支持企业的绩效考核和决策功能，建立企业的对外信息平台和交互渠道，通过企业间的在线合作，降低自

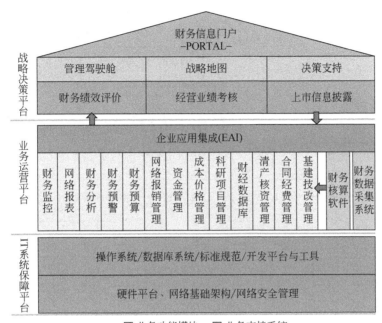

图 12-1　财务管理系统功能结构

身的经营成本，并增强市场竞争力。

12.1.2　财务管理系统的功能结构

财务管理信息系统（FMIS）的基本特点主要有以下几个方面：

1）集成性。财务和企业的设计、生产、供应、销售等业务环节是完全集成的，业务和财务一体化运作，如 ERP 中的财务管理模块和系统中其他模块都有相应的接口，能够相互集成，而且财务管理始终是 ERP 核心的模块和功能，财务管理将实现与企业外部的相关环节的集成。

2）共享性。所有的原始数据都是一次录入，多处共享，如由生产活动、采购活动输入的信息自动计入财务模块生成总账、会计报表，取消了输入凭证等烦琐的过程，几乎能够完全替代以往传统的手工操作。

3）实时性。每一个作业都会实时地反映，每一项控制都会实时地得到结果，每一份报表都会实时生成，每一个决策都被实时做出。

4）精确性。每一次作业是准确的、可量化的，流程定了，就不能随意改动，同样的数据就会产生完全一样的报表。

5）面向流程性。强调面向业务流程的财务信息的收集、分析和控制，使财务系统能支持重组后的业务流程，并做到对业务活动的成本控制。财务管理解决方案如图 12-2 所示（毕博公司，2012）。

总账模块的主要业务流如图 12-3 所示（毕博公司，2012）。

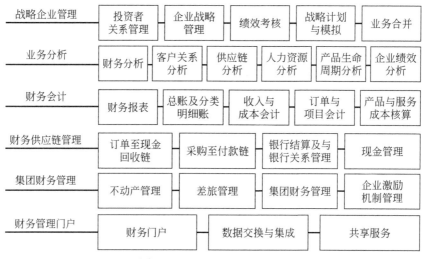

图 12-2　财务管理解决方案

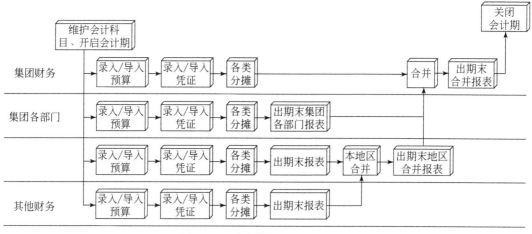

图 12-3　总账模块的主要业务流

通过应用采购、库存、应付账款及总账模块可以快捷高效地处理请购、询价、采购、接收入库及付款等工作。采购、应付及库存管理如图 12-4 所示。

12.1.3　财务管理系统的分类

（1）按软件适用范围划分

可分为通用财务软件和专用财务软件。前者可适用于各种行业，后者一般又具体划分为各自行业的财务软件。

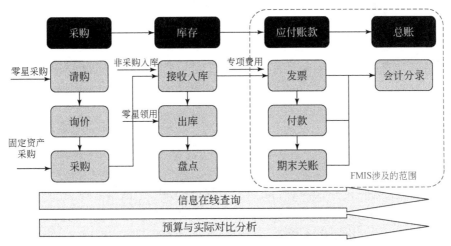

图 12-4 采购、应付及库存管理

（2）按提供信息的层次划分

核算型财务软件、管理决策型财务软件。前者一般不包括财务分析系统、决策支持系统功能，后者则包括之。

（3）按程序部署的位置不同划分

本地财务软件、在线财务软件。在线财务软件就是程序部署在营运商的服务器上，用户只需要上网就可以随时随地使用服务。

> **扩展阅读**：SaaS 主要功能是将应用作为一项服务通过互联网提供给客户使用。由于通过 SaaS 方式提供的应用是托管的，所以用户无需在本地客户端甚至是服务器上安装该应用程序，同时还省去了软件维护和支持的成本。此外，SaaS 也降低了购买和维护硬件所需的费用。SaaS 供应商给用户提供了灵活的应用使用方式和收费方式，针对具体的服务使用方式收取费用。比如，许多高科技项目的生命周期只有短短的几个月，企业可以根据项目所需要的时间长短向服务提供商"订购"服务，并相应支付费用。

（4）按适用的硬件结构划分

单用户（单机）、多用户（网络）财务软件。网络财务软件还可分为：C/S 模式、B/S 模式；C/S 模式就是应用程序放在客户端，数据放在服务器端的财务软件，而 B/S 模式程序和数据都存放在服务器，并以浏览器作为软件客户端的统一界面。在线财务软件即B/S 模式。

（5）按实现的功能多少划分

大型财务软件、中小型财务软件。前者往往包含上述（二）中所述的所有功能，后者则只包括其中部分功能。一般地，前者一般利用大型数据库，如 Oracle、SQL server、

Sybase 等，后者一般采用中小型数据库，如 MySQL、Access 等。

（6）按使用模式划分

目前国内的财务软件，主要分为两大类：一是传统的 C/S 模式的财务软件，二是 B/S 模式的财务软件。目前比较流行的还有一种 SaaS 模式的财务软件（在线财务软件），大体上也可以归类为 B/S 模式。

12.1.4 财务管理系统与其他系统综合集成

依据企业总部不同的集权程度，按照"直接操作型"、"战略管理型"、"财务控制型"三类模式对下属单位进行财务管理和控制。从加强财务管控力出发，重视财务运营的过程管理，实时采集、获取各类财务数据，采用量身定制的财务管控模型进行整理、归集和分析，为管理者提供战略决策信息，逐步建立起贴近自身业务特点全局化财务管控信息体系。财务管理系统与其他系统综合集成架构如图 12-5 所示（毕博公司，2012）。

扩展阅读：提升 ERP 系统效应，实现企业现代生产经管理方式，开展准时化和精准生产方式，随时透析生产管理和质量形成全过程。因此，相对应用企业而言，向外扩大系统应用广度，与客户关系管理和供应商资源管理集成；向内提高系统应用深度，与产品设计、工艺设计集成。相对企业管理层次而言，向下提高系统的实时有效性，与制造设备自控系统集成。提高系统应用效能，与数据分析、决策支持系统集成。

（1）向外集成。以 ERP 系统为核心，向外延伸到客户与供应商。把客户与供应商作为企业资源的一个重要组成部分。集成的关键在于管理技术，如何处理好企业间信息资源的共享与知识产权保护。将供应商的 BOM 和客户的 BOM 集成到制造企业的 BOM 中是不现实的，通过 SCM 和 CRM 与 ERP 的接口，实时交换数据实现系统一体化集成。

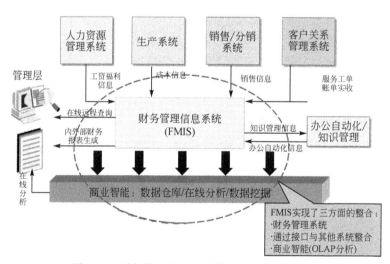

图 12-5 财务管理系统与其他系统综合集成架构

在 SCM 系统集成时，首先要与采购原材料质量监控系统有效集成，加快采购物流执行速度；其次与供应商的物流、资金流宏观监控，实现采购物料价格预算的实时动态控制；通过请购单调度，均匀分配分供方的供货量，在保证到货期的基础上，有效控制采购成本；严格按照采购价格表的有效期，控制采购结算；方便定点采购管理，速度快，减少工作失误。在 CRM 系统集成时，与市场动态监测系统集成，实时分析运营情况，为市场策划提供依据，缩短外商与企业的管理差距。

（2）向内集成。ERP 系统在企业内部的集成将涉及多方面的技术关键。主要体现在向上要与决策支持系统集成，向下要与制造执行系统（MES）集成，向前要与计算机辅助设计（CAD）和计算机辅助产品工艺（CAPP）等集成，向后直接与企业外部的 CRM 集成。（资料来源：http：//www.docin.com/p-656500809.html）

12.2　协同办公系统

20 世纪 90 年代，打印、复印及基本的文字处理软件进入我们的日常工作中，邮件、传统 OA、Web 方式的协同办公管理软件等新信息技术的应用不断改变我们的工作，摆脱烦琐事务、提升工作效率、与业务紧密配合是今天行政办公系统更高的要求（西点软件，2013a）。

协同办公系统（COAS）可以帮助用户实现现代化的办公方式，节约资源、提高办事效率和成本。并深入挖掘内部的资源，完成知识的积累和转化，不断为用户创造新的价值。协同办公系统除了拥有一般自动化办公系统的工作流应用、信息共享的功能，还拥有众多业务管理的功能，而且可以和其他应用系统紧密集成。

12.2.1　协同办公系统的发展

随着社会的发展和信息技术的进步，全球信息化的趋势越来越明显。任何政府部门、企事业单位的管理不再是局限于某一个地区，而是自觉不自觉地参与到了更广域的范围。在这个信息爆炸的时代，领导对信息的掌握程度、信息获取是否及时、信息能否得到充分的利用、对信息的反应是否敏感准确越来越成为衡量政府部门、企事业单位整体素质的重要因素。

网络办公自动化（office automation，OA）能够增进群体间的协作与交流，提高劳动生产率，这几年的实际情况也证明了这一点。随着国民经济的发展，社会信息化、电子化水平的不断提高，我国各企事业单位越发感受到网络办公自动化的必要性。

早期 OA 系统的开发平台主要是 FoxPro、DBASE 等数据库，随着 C/S 结构的出现，OA 系统进入了 DBMS 阶段，真正成熟是在 Lotus Notes、Microsoft Exchange 出现以后，但随着管理水平的提高、Internet 技术的出现，目前主流技术是以信息交换平台和数据库结合作为后台、数据处理及分析程序作为中间层、Web 作为前台（B/S/S 三层结构）的全新 OA 模式。这样，OA 重心由文档处理转入数据分析即决策系统，在这种模式下，可以将 OA 系统纳入由业务处理系统、财务系统等系统构成的单位整体系统，可以通过 OA 查询并分析更全面的信息。

所谓协同，就是指协调两个或者两个以上的不同资源或者个体，协同一致地完成某一目标的过程或能力。所有有助于协同的软件都可以称作是协同软件。协同 OA、协同办公系统是因为基于 OA 并超越 OA 的概念，所以我们常叫作协同 OA。协同 OA 是利用网络、计算机、信息化提供给多人沟通、共享、协同办公的管理软件，使办公方便、快捷、降低成本、提高效率。

12.2.2 协同办公系统的功能结构

企业在日常的办公中常遇到的问题场景描述如图 12-6 所示（西点软件，2013a）。

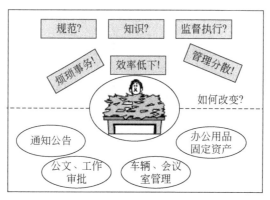

图 12-6 办公中常遇到的问题场景

我们可以从以下几个方面来描述一个单位或企业在未实施 OA 系统前常见问题：

1）对于日常的通知、公告及工作沟通是否还延用纸质文档传阅或邮件通知，通知人员对于情况的收集反馈需要一个个去了解汇总？

2）企业历史的重要信息、公告如何能让员工随时获得最为全面的了解，同时能不受时间、地域限制进行查阅、交流？

3）是否还在为公文的流程审批、工作中的领导审核签字而找不同的部门或领导逐个审批签字？

4）是否所有重要文档的存放还停留在纸质文档及文件柜中，当需要查阅统计时发现文档丢失或查找麻烦的情况？

5）对于车辆、会议室借用是否还是随机无序或口头沟通，有没有自动生成的公开看板信息让所需人员无需沟通就能知道借用情况，减少繁杂事务？

6）办公用品及固定资料的管理是否还在用手工或 Excel 去管理，这些成本、状态、使用情况、出入库统计等如何能随时了解？是否能免除人工登记与统计的错误与烦琐，代替完成此类工作？

7）怎样规范行政办公的制度与流程，让每个人按企业的规范来处理相关事务，同时对于事务的监督执行情况进行全面的跟踪呢？

8）日积月累的工作知识及文档是否有效的管控并为每个人所分享，在工作及决策所需时随时得到应用？

解决传统办公效率低下、文档管理凌乱无序、统计查阅不便、监督执行不能有效到位的问题，实现办公管理事务高效运转，对过程进行有效的管理与控制，对结果能提供数据和智能分析，来支持汇报与决策。实现知识数据的统一、集中管理，科学分类，共享应用，通过工作助手将相关知识智能推送给所有人，提供更多的信息资源，为管理者提供决策依据。解决管理分散、管理不精细的问题，融合科学的管理理念和管理方法，结合信息系统的高效、统一、集中、严谨、智能、可跟踪、可评估特性，提升企业管理与执行力。需要全面应用 OA 系统来实现办公自动化，办公软件功能结构如图 12-7 所示（西点软件，2013a）。

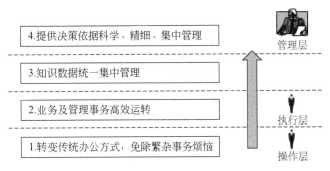

图 12-7　办公软件功能结构

行政办公管理系统将传统的行政办公构建在基础平台和目标、知识、流程三大引擎之上。不仅可以实现企业行政办公管理的自动化，还将行政办公与知识、人员、目标计划任务、流程、业务有效的结合与应用，提供一个协同、集成的办公平台，使所有的办公人员都在同一平台下工作，摆脱时间和地域的限制。行政办公管理包括：公文管理、物资管理、车辆管理、会议管理、图书管理、调查管理、通知管理、新闻公告管理、邮件管理。主要功能模块如图 12-8 所示，OA 办公管理应用场景如图 12-9 所示（西点软件，2013a）。

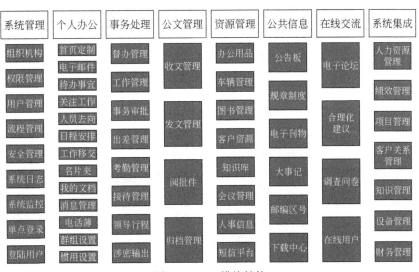

图 12-8　OA 模块结构

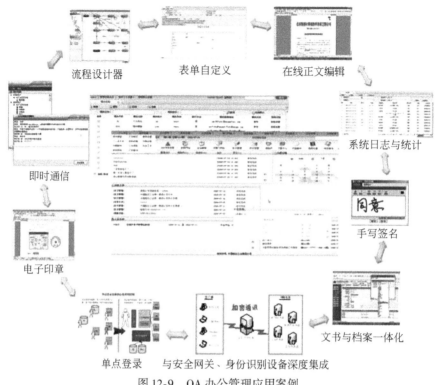

流程设计器　　　　表单自定义　　　　在线正文编辑

即时通信

系统日志与统计

电子印章

手写签名

单点登录　　与安全网关、身份识别设备深度集成

文书与档案一体化

图 12-9　OA 办公管理应用案例

12.3　客户关系管理

在新经济时代，客户是企业生存的基础，也是一种资源，如何更好地利用这个资源，将客户的潜在价值发挥到最大化，如何更好地为客户提供服务，如何更好地管理公司的销售过程，如何更好地挖掘客户价值，创造更多的销售机会，如何做到一对一的服务，提高客户的忠诚度，这正是现在竞争激烈的企业所关注的。

12.3.1　CRM 的起源及发展

客户关系管理（customer relationship management，CRM）是一个不断加强与顾客交流，不断了解顾客需求，并不断对产品及服务进行改进和提高以满足顾客的需求的连续的过程。其内含是企业利用信息技术和互联网技术实现对客户的整合营销，是以客户为核心的企业营销的技术实现和管理实现。客户关系管理注重的是与客户的交流，企业的经营是以客户为中心，而不是传统的以产品或以市场为中心。为方便与客户的沟通，客户关系管理可以为客户提供多种交流的渠道（邹农基，2008）。

客户是企业的一项重要资产，客户关怀是 CRM 的中心，客户关怀的目的是与所选客户建立长期有效的业务关系，在与客户的每一个"接触点"上都更加接近客户、了解客户，最大限度地增加利润和市场占有率。

CRM 的核心是客户价值管理，它将客户价值分为既成价值、潜在价值和模型价值，通过一对一营销原则，满足不同价值客户的个性化需求，提高客户忠诚度和保有率，实现客户价值持续贡献，从而全面提升企业赢利能力（Lawrence et al.，2001）。

随着 4G 移动网络的部署，CRM 已经进入了移动时代。移动 CRM 系统就是一个集 4G 移动技术、智能移动终端、VPN、身份认证、3G GIS、Webservice、商业智能等技术于一体的移动客户关系管理产品。移动 CRM 将原有 CRM 系统上的客户资源管理、销售管理、客户服务管理、日常事务管理等功能迁移到手机。它既可以像一般的 CRM 产品一样在公司的局域网里进行操作，也可以在员工外出时通过手机进行操作。

在云计算技术的应用过程中，传统的 CRM 软件已逐渐被 Web CRM 所超越。美国知名在线 CRM 厂商 Salesforce 和国内云计算的倡导者 CloudCC CRM、用友、金蝶都是现在 CRM 的杰出代表。现在，越来越多的客户倾向于采用 Web 来管理 CRM 等业务应用程序。作为解决方案，客户关系管理集合了当今最新的信息技术，包括 Internet 和电子商务、多媒体技术、数据仓库和数据挖掘、专家系统和人工智能、呼叫中心等。作为一个应用软件，客户关系管理凝聚了市场营销的管理理念。市场营销、销售管理、客户关怀、服务和支持构成了 CRM 软件的基石（吴清，刘嘉，2008）。

12.3.2 CRM 的功能结构

CRM 系统以客户为中心，通过对客户全生命周期中所涉及的各种要素进行系统化的管理，不仅将客户信息管理起来，并且建立销售跟踪机制，将销售计划、活动、文档、合同等销售过程中的所有要素都集中、系统的管理起来，真正做到客户全生命周期管理。主要功能有以下几个方面：

1）线索管理。帮助企业进行新客户的筛选，通过线索管理首次识别有价值的客户，提高销售人员进行客户跟踪的成功率。

2）销售管理。实现企业销售活动全方位的管理，通过机会管理把一次销售活动中涉及的客户、需求、销售人员、跟踪活动、竞争对手、销售资料及合同等相关信息统一管理起来，便于我们全面的了解每个销售机会，做出正确的销售决策。

3）客户管理。通过客户管理可以提供持续的销售管理，同一个客户的所有销售机会都有完整的销售档案，不同的销售人员通过系统可以看到统一的客户信息以及历史交往记录，全面获取客户资料，这样便于不断挖掘客户需求，随时开展销售工作，进行客户的持续销售管理。

4）报表统计。全面的客户信息统计工具，帮您分析营销费用的使用情况，获取客户分布情况，识别有价值的客户。

5）销售门户定制。CRM 提供给每个人不同的销售管理平台，在此可以定制销售机会、跟踪活动等重点关注信息，您只需要简单的定义，就可满足日常工作及个性化需求。

客户关系管理系统客户价值是帮助企业有效积累客户资源，全面管理销售过程，规范销售行为、提升潜在客户向签单客户的转化率；提升客户满意度，把更多的客户变成回头客和传播者。

扩展阅读：企业应用 CRM 的目的是更好地管理销售过程，提高企业赢利能力和客户满意度，而企业的客户主要分为个人和企事业单位两种。根据企业客户性质的不同，其销售过程、客户管理的方式、信息、模式和流程差别较大。例如，针对个人的销售，其最大的特点是客户随意性较大，销售的过程较短。对此，CRM 系统主要是记录客户的信息，购买产品的名称、数量和金额，进而分析客户的消费习惯；而针对企事业单位的销售，即项目型销售，其销售过程较长，沟通次数较多，企业对销售的控制较为复杂，这类 CRM 系统主要是记录客户信息、控制销售过程、建立团队协同销售，并能够进行销售的统计分析。

CRM 系统的定位就是帮助项目制销售企业进行客户信息记录，对销售过程进行控制，并能够对销售情况进行统计分析的客户关系管理系统。

12.4　知识管理系统

在科学技术迅速发展和知识爆炸的今天，企业核心竞争力成为商业和市场竞争优势之源。构建强劲的企业核心竞争力，成为今天企业发展的基石。因行业地位及自身的发展阶段不同，不同企业的核心竞争力要素不同，但最根本的要素还是知识管理能力。如何在激烈的市场竞争中持续稳步前进，如何通过重视和强化知识管理提高和保持企业核心竞争力，是企业发展中最重视的问题。通过不断总结经验教训和搞好知识管理，促进企业内部知识交流和共享，使企业和员工能够掌握先进科学技术，这是知识密集型的航天工业实现不断创新和持续发展的重要措施。

12.4.1　KMS 概述

20 世纪 90 年代初，计算机多媒体技术诞生以后，人们可以通过各种软件，使用文字、数据、图形、图像、音频、视频、动画等多媒体表达知识，图文并茂，有声有色，使表达知识和学习知识都变得容易。更重要的是为使用计算机、数据库和网络等信息技术，支持知识的存储、查询、交流和共享等知识管理活动提供了强有力的技术手段。

为了更有效地推进我国知识管理，2009 年 11 月，我国也颁布了知识管理方面的第一个国家标准 GB/T 23703.1。该标准提出的知识管理模型明确提出，知识资源是知识管理的核心；知识管理的活动主要有知识获取、知识鉴别、知识存储、知识共享、知识使用和知识创造。知识管理模型如图 12-10 所示（闫彬等，2011）。

企业开展知识管理的目的主要有两个方面：一是指导企业确定正确的战略发展方向和科学的发展策略；二是为企业提高产品研制、设计、试验、制造、维修保障及管理等各个工作环节的水平提供关键技术，帮助企业解决技术难题。企业能否掌握这两方面所要的知识，将决定企业能否持续发展并赢得竞争，这就是企业的核心知识（李兴森等，2010；闫彬等，2011）。

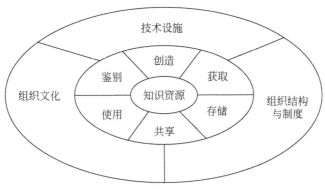

图 12-10　知识管理模型（闫彬等，2011）

12.4.2　KMS 应用场景

知识管理系统（knowledge management system，KMS）是以先进的信息技术为基础，融合知识管理的理念，辅助企业实现知识沉淀、共享、获取、使用和创新的计算机系统，是融合了企业文化与企业知识管理战略，先进的信息技术与实用的知识管理功能于一体的综合系统。

系统的设计围绕人对知识的寻找、学习、共享、利用和创新来进行。通过系统可以协助企业对知识资源进行明晰化、系统化的管理；建立人与知识，人与社区，人与人之间的连接和协作，让员工能够快速方便地访问到所需要的信息和知识，能够迅速定位拥有专门技能的人员并获取帮助；促进各类显性知识和隐性知识的共享利用，使恰当的知识在恰当的时间传递给合适的人，以实现最佳决策。

知识管理系统是知识管理的技术支撑，用户使用知识管理系统辅助完成相关业务，并以此推动企业发展。用户对知识管理系统的具体应用如图 12-11 所示（金航数码，2011a）。

知识管理构建在以流程为基础的协同工作平台之上，创造性地实现了流程、知识和决策的融合。帮助企业有效管理知识文档，强调企业过程知识的管理，通过知识的有效管理和不断积累，最终真正带给企业一套干中学、用中学的知识管理工具。

它可以让企业员工、管理者在自己工作过程中的每一个时点都能很方便地使用知识、创造知识、分享知识。每个人都可以随时把自己的经验、心得、项目文档、合同、客服结果、风险及问题的解决方案等作为知识存放在公司的知识库中，也可以随时从知识库中获得自己工作、决策所需要知识。

知识管理系统一般包括以下几方面的子系统：

（1）知识门户

知识门户是企业知识文档的统一展示平台，企业内部的所有知识文档都可以通过这个门户友好地展现出来。知识门户具有信息集成、知识分类、个性化展示以及信息安全等特点。

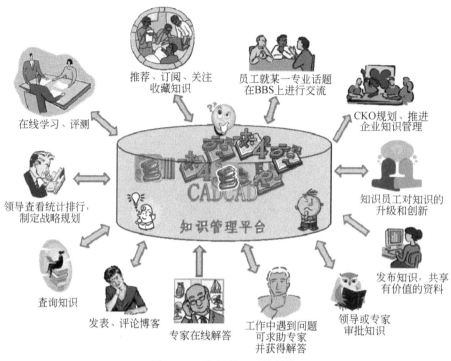

图 12-11　知识管理系统结构

知识门户分为个人知识门户和企业知识门户两种，您可以自定义个人知识门户，来在登陆后的门户页上显示您所关心的知识或内容。通过企业知识门户，能够方便地了解当天的企业新闻，知识主题，每一级组织的知识文档和工作流程，最新公告，最新网志，热门标签等信息。图 12-12 就是一个典型的知识管理系统门户应用场景（金航数码，2011a）。

图 12-12　知识管理系统门户应用场景

（2）博客

可以定制个性化的个人博客，记录自己在工作和生活中的点滴心得，简易便捷地在博客上发布自己的网志，及时有效轻松地与他人分享自己的感悟和经历。同样，还可以访问公司其他员工的博客网志，可以了解到其他人的近况以及他们想要跟你分享的知识。

（3）论坛

论坛系统是管理用户数据库为基础的一套子系统，论坛是最好的知识交流和工作交流的地方。

（4）知识即时通

知识即时通（IKM），它面向企业的工作应用，用来解决企业内部的工作沟通、信息传递、知识分享、知识管理。

（5）知识文档库

系统为您提供了专属于用户自己的文档库，即"个人文档库"，用户可以将个人所创建的、收集的或者是整理过的文档放在这里，作为您在工作中知识的沉淀和积累，以便日后进行查阅和使用。从用户文档库中筛选、推荐出来的文档最终可以汇总到企业文档库，作为企业沉淀积累下来的知识汇总，从而形成企业文档库。

（6）知识贡献评价系统

知识贡献评价系统根据员工发表的网志、文档、BBS 的留言数量，提交的文档数量，被企业文档库采纳的文档数量，被访问、被回复或被引用的次数等对公司内部员工的知识贡献进行积分。根据这个积分，系统可以对个人的知识贡献进行排名、管理员可以实施奖惩措施。它的应用使得企业的知识管理可以制度化的考核，激励个人对企业知识的贡献，对知识的管理落到实处而不流于形式。

扩展阅读：知识管理系统可以帮助企业进行知识管理，促进隐性知识显性化，实现显性知识可管理，有效激励知识工作者。既要激励他积极工作创造知识，又要激励他分享知识；为每个个体提供"知识助理"：你需要的知识恰好就在你的手边；企业不必因为人才的流动而造成知识的流失，实现了知识的积累、重用和创新。每一个人不再是基于自身个体知识来工作，而是基于团队已有的知识来工作，通过企业整体的知识识库可以快速提升自身的知识与能力。

12.4.3 企业知识结构与分类

所谓企业的知识结构，一般是指企业所需要的知识专业类别，建立各类知识的相互关系。例如，研制航天器的企业，可首先列出航天器设计、试验、制造、维修服务以及管理等各个工作环节所需要的知识，然后对每个环节所需要的知识多次进行细化分类，形成不同工作环节的知识树（李兴森等，2010；闫彬等，2011）。企业知识可以分为显性知识（explicit knowledge）和隐性知识（tacit knowledge）。隐性知识是迈克尔·波兰尼（Michael Polanyi）在 1958 年从哲学领域提出的概念。他在对人类知识的哪些方面依赖于信仰的考查中，偶然地发现这样一个事实，即这种信仰的因素是知识的隐性部分所固有的。波兰尼认为："人类的知识有两种。通常被描述为知识的，即以书面文字、图表和数学公式加以表述的，只是一种类型的知识。而未被表述的知识，像我们在做某事的行动中所拥有的知识，是另一种知识。"他把前者称为显性知识，而将后者称为隐性知识。

12.4.4 典型 KMS 总体结构

知识管理系统为企业内所有运作环节的各种知识提供了一个存储和流转的平台，通过使用知识管理系统，用户既可以获取和使用知识，支持战略研究和科研活动，也可以把工作中生成的知识存入知识库。知识管理系统为建立企业的知识支撑体系打下基础。典型的知识管理系统总体架构如图 12-13 所示（金航数码，2011a）。

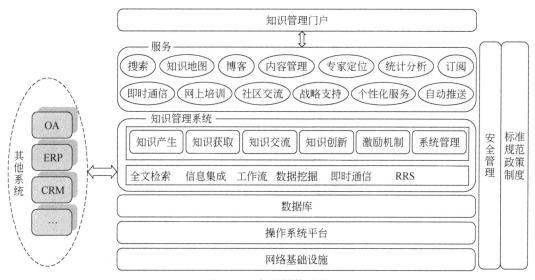

图 12-13　知识结构关系

知识管理系统提供用于展示各类信息、内容丰富的知识管理门户，为个人知识提供管理和服务的"我的空间"，快速定位和查找知识的"知识地图"，查找和发布知识的"知识中心"，查找问题、提出问题和回答问题的"问题中心"，查找专业领域专家以便寻求帮助的"专家网络"，管理多媒体知识的"多媒体管理"，进行在线学习和考试的"在线培训"，进行交流互动的"主题社区"，"博客空间"和"即时讨论"，能够统计、分析数据以支持各种战略规划的"统计分析"。典型知识管理功能模块如图 12-14 所示（金航数码，2011a）。

企业在准备推进知识管理时，首先需要梳理确定企业知识结构，然后按照企业知识结

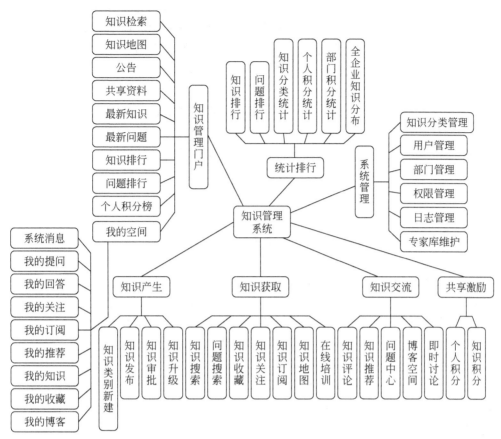

图 12-14　知识管理功能模块

构建设知识库,准备有序存储采集的知识。所以企业在建设知识库时,应做好规划,尽量把推进知识管理而计划建设的专业知识库、实例知识库等与原来已有的标准库、成果库、文献库进行集成,形成支持企业发展的知识库体系(闫彬等,2011),如图 12-15 所示。

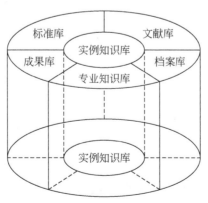

图 12-15　知识库体系(闫彬等,2011)

知识管理作为一种管理理念,是需要长期坚持并且努力形成文化的活动。从这个概念上来讲，很明确，知识管理不是项目，因此也就不能按照项目管理的组织和运作方式来进行管理。但这并不是说项目管理的思想和方法不能运用在知识管理中，随着项目管理的意义被更多的人所认可，项目管理中的一些思想也已经慢慢演变为普遍适用的管理理念，这些思想也同样适用于知识管理。

12.5　决策支持系统

决策支持系统（decision support system，DSS）是一种以计算机为工具，应用决策科学及有关学科的理论与方法，以人机交互方式辅助决策者解决半结构化和非结构化决策问题的信息系统。

12.5.1　决策支持系统定义与分类

决策支持系统是辅助决策者通过数据、模型和知识，以人机交互方式进行半结构化或非结构化决策的计算机应用系统。它是管理信息系统向更高一级发展而产生的先进信息管理系统。它为决策者提供分析问题、建立模型、模拟决策过程和方案的环境，调用各种信息资源和分析工具，帮助决策者提高决策水平和质量（孙振兴等，2010）。

决策支持系统按其性质可分为如下3类：

1）结构化决策。这是对某一决策过程的环境及规则能用确定的模型或语言描述，以决策支持系统适当的算法产生决策方案，并能从多种方案中选择最优解的决策。结构化决策问题相对比较简单、直接，其决策过程和决策方法有固定的规律可以遵循，能用明确的语言和模型加以描述，并可依据一定的通用模型和决策规则实现其决策过程的基本自动化。早期的多数管理信息系统，能够求解这类问题。例如，应用解析方法、运筹学方法等求解资源优化问题。

2）非结构化决策。这是决策过程复杂，不可能用确定的模型和语言来描述其决策过程，更无所谓最优解的决策。其决策过程和决策方法没有固定的规律可以遵循，没有固定的决策规则和通用模型可依，决策者的主观行为（学识、经验、直觉、判断力、洞察力、个人偏好和决策风格等）对各阶段的决策效果有相当影响，往往是决策者根据掌握的情况和数据临时做出决定。

3）半结构化决策。这是介于以上二者之间的决策，这类决策可以建立适当的算法以产生决策方案，在决策方案中得到较优的解。其决策过程和决策方法有一定规律可以遵循，但又不能完全确定，即有所了解但又不全面，有所分析但又不确切，有所估计但又不确定。这样的决策问题一般可适当建立模型，但无法确定最优方案。

非结构化和半结构化决策一般用于一个组织的中、高管理层，其决策者一方面需要根据经验进行分析判断，另一方面也需要借助计算机为决策提供各种辅助信息，及时做出正确有效的决策。

扩展阅读：20世纪70年代中期，由美国麻省理工学院的米切尔·S.斯科特

(Michael S. Scott) 和彼得·G. W. 基恩（Peter G. W. Keen）首次提出了"决策支持系统"一词，标志着利用计算机与信息支持决策的研究与应用进入了一个新的阶段，并形成了决策支持系统新学科。在整个 70 年代，研究开发出了许多较有代表性的 DSS，如支持投资者对顾客证券管理日常决策的 Portfolio Management，用于产品推销、定价和广告决策的 Brandaid，用于支持企业短期规划的 Projector，用于大型卡车生产企业生产计划决策的 Capacity Information System 等。

到 20 世纪 70 年代末，DSS 大都由模型库、数据库及人机交互系统等三个部件组成，它被称为初阶决策支持系统。80 年代初，DSS 增加了知识库与方法库，构成了三库系统或四库系统。

知识库系统：是有关规则、因果关系及经验等知识的获取、解释、表示、推理及管理与维护的系统。知识库系统知识的获取是一大难题，但几乎与 DSS 同时发展起来的专家系统在此方面有所进展。方法库系统：是以程序方式管理和维护各种决策常用的方法和算法的系统。

20 世纪 80 年代后期，人工神经元网络及机器学习等技术的研究与应用为知识的学习与获取开辟了新的途径。专家系统与 DSS 相结合，充分利用专家系统定性分析与 DSS 定量分析的优点，形成了智能决策支持系统 IDSS，提高了 DSS 支持非结构化决策问题的能力。

近年来，DSS 与计算机网络技术结合构成了新型的能供异地决策者共同参与进行决策的群体决策支持系统 GDSS。GDSS 利用便捷的网络通信技术在多位决策者之间沟通信息，提供良好的协商与综合决策环境，以支持需要集体做出决定的重要决策。在 GDSS 的基础上，为了支持范围更广的群体，包括个人与组织共同参与大规模复杂决策，人们又将分布式的数据库、模型库与知识库等决策资源有机地集成，构建分布式决策支持系统（DDSS）。

DSS 产生以来，研究与应用一直很活跃，新概念新系统层出不穷。1985 年欧文（Owen）等提出了由专业人员组成、支持决策者使用 DSS 解决决策问题的决策支持中心（DSC）概念。DSS 的发展还体现在组成部件的扩展与部件组成的结构变化上。研究与应用范围不断扩大与层次不断提高，国外相继出现了多种高功能的通用和专用 DSS。SIMPLAN、IFPS、GPLAN、EXPRESS、EIS、EMPIRE、GADS、VISICALC、GODDESS 等都是国际上很流行的决策支持系统软件。

1983 年，R. 博奇克研制成功 DSS 的开发系统（DSSDS），DSS 与人工智能相结合，出现了智能化 DSS（IDSS），1984 年，DSS 与计算机网络相结合，出现了群体 DSS（GDSS）。

现在，决策支持系统已逐步扩广应用于大、中、小型企业中的预算分析、预算与计划、生产与销售、研究与开发等智能部门，并开始应用于军事决策、工程决策、区域开发等方面。

DSS 的概念是 20 世纪 80 年代末被引入我国，但在此之前有关辅助决策的研究早就有所开展。目前我国在 DSS 领域的研究已有不少成果，但总体上发展较缓慢，在应用上与期望有较大的差距，这主要反映在软件制作周期长，生产率低，质量难以保证，开发与应用联系不紧密等方面。（资料来源：http：//wiki. mbalib. com/wiki/% E5% 86% B3% E7% AD% 96% E6% 94% AF% E6% 8C% 81% E7% B3% BB% E7% BB% 9F）

12.5.2 决策支持系统功能

DSS 的主要功能有：

1）采集数据，能存储、管理、维护和组织决策模型、求解方法。

2）分析和识别问题，用模型与方法对数据进行加工、汇总、分析和预测，得出综合信息与预测信息。

3）描述决策问题并存储和表达与决策问题有关的知识，能以一定的方式存储和管理与决策问题有关的各种数学模型。如定价模型、库存控制模型与生产调度模型等。

4）构造决策问题的求解模型，能够存储并提供常用的数学方法及算法。如回归分析方法、线性规划、最短路径算法等。

5）形成候选的决策方案。

6）建立评价问题的准则。

7）具有方便的人机对话和图像输出功能，能满足随机的数据查询要求，回答"如果……则……"之类的问题。

8）选择和优化方案。

9）进行各种方案或结果的综合分析（黄梯云，2009）。

决策支持系统基本结构主要由 4 个部分组成，即数据部分、模型部分、推理部分和人机交互部分，知识库体系如图 12-16 所示。

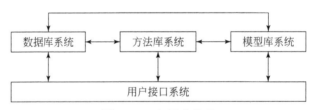

图 12-16 知识库体系

在图 12-16 中，数据部分是一个数据库系统。模型部分包括模型库（MB）及其管理系统（MBMS）。推理部分由知识库（KB）、知识库管理系统（KBMS）和推理机组成。人机交互部分是决策支持系统的人机交互界面，用以接收和检验用户请求，调用系统内部功能软件为决策服务，使模型运行、数据调用和知识推理达到有机地统一，有效地解决决策问题。

12.6 多型号项目管理

项目管理既是一门艺术也是一门科学，"艺术"是因为它需要技能、智慧和策略；"科学"是因为它需要深入掌握技术知识与工具并良好应用。项目管理涉及政府机构、专业服务公司、工程项目型企业及科研院所、工程制造、企业 IT 项目等管理应用，如何帮助企业规范项目过程管理、规范流程、减少工作遗忘、加强沟通、保证资源的最佳利用，同时使高层管理者随时了解企业内部以项目为中心的全方位运营状况，使项目管理成为企业组织变革和运营的利器是项目管理所要解决的核心问题。

12.6.1 项目管理的必要性

项目管理系统是建立在统一集成的平台之上，涵盖项目立项、执行和结项的全过程，特别关注项目计划的执行，具有项目计划的制订与跟踪，项目审批的流程管理、项目预算与动态成本、沟通、风险、人员、物资、知识等多要素的管理功能，不仅可以供项目管理部、项目经理使用，而且是项目成员、客户、财务、质量管理等各相关部门和其他所有项目干系人共同工作的平台。通过合同管理的配合使用，可以对客户进行售前、交付和售后的全程管理（西点软件，2013b）。

12.6.2 项目管理系统主要功能

项目管理系统是面向航天工业企业进行产品研制项目管理的信息系统，实现多项目协同管理，有效管控项目计划、费用、质量和风险，协调各类项目资源，覆盖项目立项、计划、执行和验收的全过程。系统可满足项目群管理的需要，实现多层级、多单位、跨地域协同项目管理。项目管理系统功能结构如图12-17所示（西点软件，2013b）。

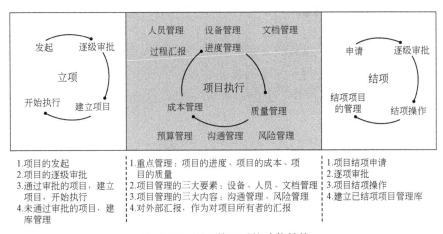

图 12-17 项目管理系统功能结构

项目管理系统主要功能有以下几个方面：

1）项目群及多项目管理。通过统一的项目结构体系，将项目群进行工作与责任分解，形成项目群的责任矩阵，既可以实现多项目的分布式管理与控制，也可以实现对项目群全生命周期的动态监控。

2）计划管理。项目群多项目的多级计划统筹管理，保持各级计划的自上而下目标分解及自下而上汇总分析。同时，通过动态的过程监控，协调冲突，协同工作交接界面，实现项目群总体计划的全面监控与项目群关键路径的把握。

3）资源管理。保证关键的资源用于关键的项目，是确保项目群关键路径的有效方式。通过对项目群资源需求及技能的动态监控，及早了解资源及技术的需求，通过与自身资源库的对比分析，提前进行资源及技能的储备，满足项目持续不断开展的要求。

4）投资及费用管理。项目群的执行过程中，会有大量的子项目及采购分包，必须实现预算、合同、变更及支付的管理，分包商/供应商的绩效监控与管理。同时通过自身项目费用及分包费用总和与项目群预算的对比分析，可以清晰地掌控项目群的费用执行情况。

5）风险管理。项目群的研发与生产过程周期长，不仅会遇到一些科研攻关难题，也会面临众多的风险，希望通过全面的风险管理工具来识别风险，并为每一个风险制订风险应对规划，为项目目标增加实现机会，减少失败威胁，提高按时、按预算范围完成项目的概率。

6）动态监控及标准化。建立标准化的监控过程与指标对于客观评价项目的执行状况及解决问题至关重要，而标准化则是统一所有项目群参与者的共同语言与工具，通过协作平台来实现项目群的成功交付。

7）集成开发。项目群的研发与生产过程中会使用众多的管理系统，包括项目群管理、协同设计管理、采购与财务管理系统、ERP 等系统，为了确保项目群数据的统一性及避免数据重复录入，项目群管理工具能提供较好的集成能力（西点软件，2013b）。

12.7　质量管理系统

复杂的系统要求强大的质量解决方案来支持。不论是提升关键供应商的质量表现，还是提升自身系统对生产过程中质量异常的反应能力，帮助企业实现质量工作的全员参与，实现产品质量全生命周期的可知、可控，持续降低企业质量成本，不断完善企业质量体系。

12.7.1　质量管理作用

质量管理（quality management）是指确定质量方针、目标和职责，并通过质量体系中的质量策划、质量控制、质量保证和质量改进来使其实现的所有管理职能的全部活动。随着市场经济发展的深入，产品质量已成为制造企业生死攸关的大问题。企业必须加快技术进步，采用先进的工艺技术，加强产品质量监管，增强国内外市场竞争能力，才能达到不断提高经济效益的目的。质量管理对于所有制造类企业都是非常现实的需求。

12.7.2　质量管理系统主要功能

质量管理系统（quality management system，QMS）主要功能是建立基于质量过程数据分析的质量驾驶舱，为领导层提供可定制、可钻取的分析数据作为决策依据。建立结构化质量体系文件管理模型，服务于质量体系的构建、审核、修订和执行情况监控，增强体系文件编制及获取的便利性，确保体系文件修改的完整性。建立质量目标管理体系，服务于企业质量目标的制定、分解、反馈等流程，通过模型定制和过程数据采集相结合，实现质量目标反馈的可定制化。搭建质量资源保障平台，保证质量工作有序开展。建立与 PDM、MES、ERP、TDM 等系统的数据通道，结合现场数据的检测、收集、传递、整合与分析、统计与上报，实现产品质量档案的电子化、结构化，保障产品全生命周期技术状态可知。通过过程质量信息数据收集，以成本核算为基础、以成本分析为手段，帮助企业用可量化的指标度量企业质量管理和体系运行的有效性，从而找到控制成本、降低成本、优化成本的方法和途径。

建立多个分析与改进模型，通过其中的一种或者几种模型的组合帮助企业分析质量问题，实现对质量改进工作的有效支撑。建立基于数据挖掘的决策支持知识库，实现质量工作相关知识的积累与经验的分享，为质量问题处理提供决策支持。通过建立售后产品质量管理体系，实现对企业产品售后服务质量的控制和优化，同时对质量体系的改进提出要求。质量管理过程如图 12-18 所示（金航数码，2011a）。

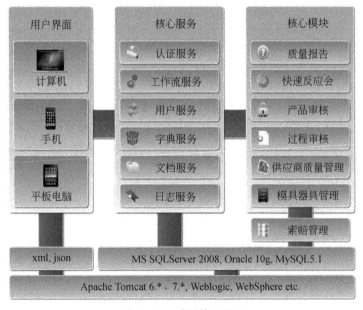

图 12-18 质量管理过程

12.8 人力资源管理系统

人力资源管理系统（human resources management system，HRMS）将支持企业战略实现的组织能力贯穿到人力资源管理中，建立基于战略发展的有计划的人力资源管理模式，确保组织与公司的战略方向协调一致，并通过改善员工治理，提升员工能力，牵引员工思维来构建企业高效的组织能力，支持企业战略目标的实现。通俗地说，就是帮助企业快速、高效走到预期的目的地。

12.8.1 人力资源管理系统的起源

在人才竞争日益激烈的市场经济环境中，用人单位如何达成科学有效地选才、用才、育才、留才的目标，是决定用人单位未来发展前景的关键要素。现有传统的测评技术通常都会受到场地、时间、距离和专家水平的限制，很难适应高速发展的市场经济需求。专业测评公司通过将测评专家的智慧和多年的研究成果固化，从而脱离场地、时间等因素的限制，客观、准确地实现人才测评工作。通过在测评系统中充分考虑职业胜任素质以及企业的用人标准，可以完美地实现企业、人员、岗位三者之间的匹配，有效地运用于企业招聘选拔、竞争上岗、人才储备、组织建设等人力资源关键领域。

人力资源管理系统包括人事日常事务管理、薪酬管理、招聘管理、培训管理、考核管理以及人力资源管理模块，对企业的人力资源管理方方面面进行分析、规划、实施、调整，提高企业人力资源管理水平。

随着市场经济的进一步深化，同行企业竞争的加剧，对企业管理的要求越来越高，企业要想在竞争中处于不败之地，就需要从内部提升企业的竞争能力，而企业竞争能力的提升，从根本上来讲，是企业人力资源管理能力的提升。因此，人力资源信息化将成为企业提升竞争能力，获取市场份额的又一法宝。

企业在人力资源管理方面主要存在以下难点：

1）人力资源管理部门80%的时间都花在薪资核算、员工考勤、培训等行政性事务上，人力资源开发和规划工作的时间接近于无；

2）大多数企业依然认为，人力资源管理单纯是人力资源部门的事情，和业务部门无关；

3）员工自己很难掌握自己的信息，人力资源部掌握的也只是员工的人力档案，没有员工的工作经历、项目经历、绩效考核等员工在职等全生命周期的相关信息（西点软件，2013c）。

目前大多数企业采用的人力资源管理模式分为企业人力资源部门、企业团队领导、企业员工。企业人力资源部门作为企业人力资源管理的职能部门，需要从企业发展战略高度制定企业人力资源计划，辅助员工进行人力资源规划等管理职能，并肩负着企业考勤、培训等事务性工作。

企业员工是任务的执行者，他们需要随时可以了解和查询到自己的人力资源状况，以及在企业的全部相关信息。人力资源管理系统正是根据企业在人力资源管理中的三层架构，并结合人力资源管理思想，通过软件系统建立企业人力管理的三层应用架构，帮助企业解决人力资源管理上的问题。

12.8.2 人力资源管理系统功能结构

人力资源管理系统是为期望推行战略人力资源管理的企业而设计。这些企业会围绕企业战略构建人力资源管理体系。注重以能力为核心进行人才选拔评估、培训开展；注重过程甚于结果的绩效管理；注重岗位价值、市场水平和业绩结合的薪酬激励管理；注重带动员工、直线经理、高管层共同参与的协同人力资源管理；注重通过专业化、精细化、前瞻性的人力资源管理，帮助企业提升组织能力，推动企业战略的实施，典型的人力资源管理架构如图 12-19 所示。

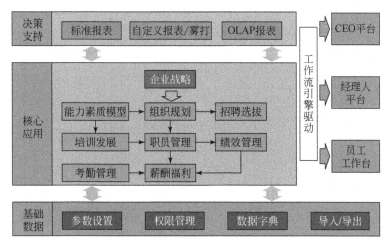

图 12-19　人力资源管理架构

人力资源管理过程如图 12-20 所示（西点软件，2013c）。

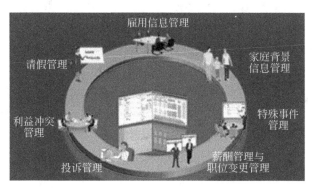

图 12-20　人力资源管理过程

12.8.3　人力资源管理系统典型应用

人事管理系统面向企业人力资源管理人员设计，提供了组织架构管理功能，通过组织架构搭建，形成以职位体系为基础的企业人力资源管理架构。提供了从入职、转正到离职、退休的职员企业任职全周期的人事业务处理功能，并对职员信息进行全面、动态、准确地记录，帮助企业夯实基础人事管理工作。人事管理系统流程如图 12-21 所示（西点软件，2013c）。

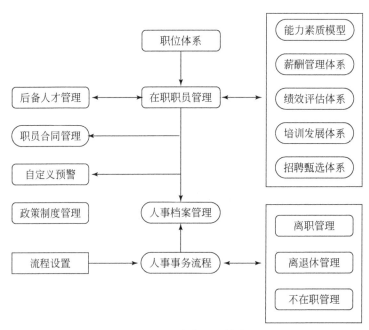

图 12-21 人事管理系统流程

12.9 部件供应管理系统

部件供应管理系统将实现事先计划与事中控制，实现和其他系统的对接，为航天的各制造务公司的备件库存计划、客户服务、库存管理、收发料、电子商务互动、领导决策等提供直接和基本的数据依据。以航材管理动态数据统计为基础，充分运用网络数据共享、及时的先进技术和方法，建立统一的、科学的、及时准确的备件管理信息数据的统计和传递系统，实现公司对航材流转闭环信息的高效管理。

12.9.1 备件管理信息系统概述

备件管理信息系统对备件供应链/消费链（上游、中游、下游）中的实物流、信息流和资金流进行全过程、全领域管理和监控的备件管理信息系统；系统力求做到操作简单、扩展灵活、功能强大、符合标准的工作流程定义；提供业务过程定义规范和工具，让最终用户能够真正掌控企业的备件管理和流转业务的管理；系统将融合先进的二维条码技术和无线传输技术，建立备件的全过程和全领域的跟踪体系；同时为以后 RFID 技术的应用预留接口；一定程度提供用户对系统运行功能和运行流程的定制和优化，以最大化用户的信息系统投资。

12.9.2 备件管理信息系统功能结构

备件管理从计划、采购、收料、库存、发运、报关、退库、移库、仓库管理等流转范围，业务类型也涵盖了采购、租借、寄售、修理、交换、回购、销售等多种类型。系统采用先进的网络架构设计和软件技术进行设计，在安全可靠的前提下，强调和实现系统的可操作性、可维护性和开放扩展的备件一体化综合管理目标。典型的部件管理功能结构如图 12-22 所示。

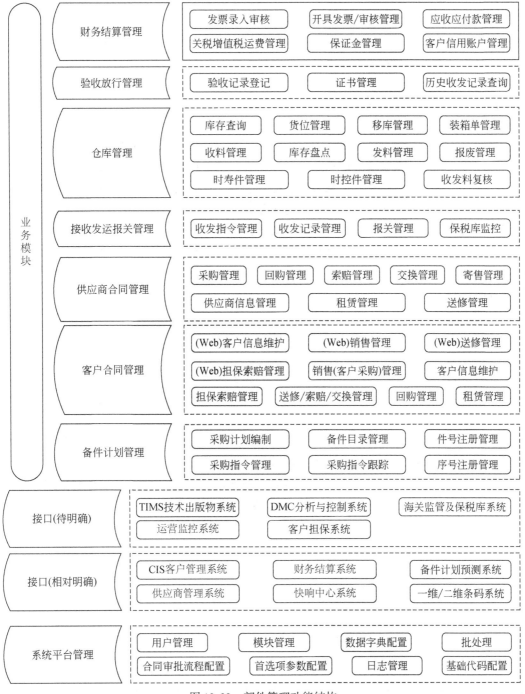

图 12-22　部件管理功能结构

12.10　档案管理系统

档案资源综合管理系统以知识资源管理为发展方向，基于电子文件全生命周期的管理思想，遵循 OAIS 参考模型，利用信息化、网络化技术，针对各类档案信息资源实现包括元数据和电子文件的前端采集与控制、校验接收、分类归档、编目整理、编研统计、鉴定保管、网上分发与利用等全方位、全流程的综合管理和利用，为客户的科研生产、经营管理等活动提供重要的决策支持服务。

12.10.1　档案管理系统概述

档案管理系统是通过建立统一的标准，规范整个文件管理，包括规范各业务系统的文件管理。构建完整的档案资源信息共享服务平台，支持档案管理全过程的信息化处理，包括：采集、移交接收、归档、存储管理、借阅利用和编研发布等，同时逐步将业务管理模式转换为服务化管理模式，以服务模型为业务管理基础，业务流和数据流建立在以服务为模型的系统平台之上。为企事业单位的档案现代化管理，提供完整的解决方案，档案管理系统既可以自成系统，为用户提供完整的档案管理和网络查询功能，也可以与本单位的 OA 和 DPM 设计过程管理，或者与 MIS 信息管理系统综合集成，形成更加完善的现代化信息管理网络服务平台。

12.10.2　档案管理系统功能结构

档案资源综合管理系统涵盖了一般意义上静态档案信息化管理的全过程，在实现了对档案进行收集整理、归档立卷、编目著录、分类标引、检索统计、编研利用、鉴定销毁等全方位、全过程管理的同时；又能完成设计、研发、管理等不同工作环节产生的元数据及电子文件从各业务系统中无缝转入档案系统，按照档案业务的方式进行重新组织和管理，实现自动归档、组卷。档案资源综合管理系统还从航天行业的档案业务特点出发，针对航天企业在型号、研制生产过程中产生的各种图纸和现行技术文件实现采集、接收、校验、有效性验证、版次控制、计划派工、网上分发/接收、网上利用、资料回收、信息反馈、归档整理等业务流程的实时、动态管理。典型的档案管理系统功能结构如图 12-23 所示（金航数码，2011b）。

典型的档案管理还应根据方案、等级考核办法及各项标准规范来建设。数字档案馆主要包含六方面建设内容，如图 12-24 所示（金航数码，2011b）。

12.10.3　档案管理系统主要功能

档案资源综合管理系统集中了一大批设计制造相关档案业务、及档案信息化的专家和骨干，作为业务咨询、需求研讨、系统设计的强大后援。档案资源综合管理系统不仅从先

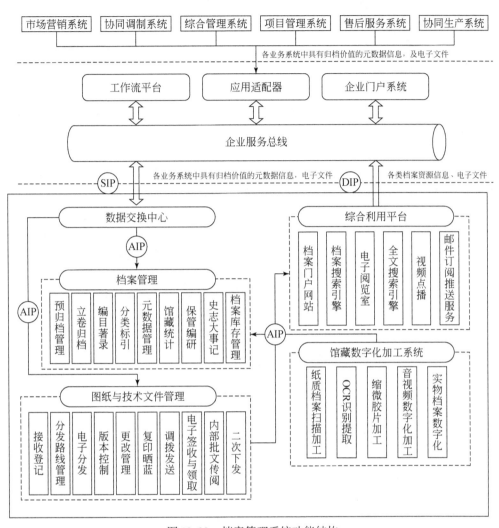

图 12-23 档案管理系统功能结构

图 12-24 档案管理建设内容

进性、扩展性、安全性到稳定性在全国同类产品中处于领先水平，更重要的是充分体现了航天档案业务需求、业务流程和行业标准，具有鲜明的航天特色。

成熟的图纸和现行技术文件动态管理，档案资源综合管理系统解决了航天企业在型号研制、生产过程中，各种图纸和现行技术文件进行接收、发放、更改、版本控制、批架次维护、调拨发送、二次下发、内部批传阅、作废回收的动态可变性问题，对整个流程进行全程监控和跟踪，及时掌握科研、生产一线的现场状态，确保各种图纸和现行技术文件的真实、有效、完整、准确。

档案资源综合管理系统在设计上严格遵循国家有关信息系统安全保密标准的各项要求，提供包括分级管理、三员分立、组策略、角色机制、CA集成、IP绑定、域集成、指纹校验、加密存储等在内的一整套完善的安全保障机制。

航天工业统一的档案数据结构，便于数据共享、业务交流和进馆接收，作为航天工业档案信息化的技术支撑单位，档案资源综合管理系统底层的数据结构与航天工业档案馆的数据结构一致，同时内置符合航天工业档案标准的档案库模版与基础报表，便于行业内用户对于数据结构的构建与应用。

档案资源综合管理系统提供的数据上报、接收功能，按照航天行业档案业务工作流程，可以快速、便捷的实现档案资源的上报进馆，以及在航天工业各成员单位之间进行数据共享和业务交流。档案管理系统应具备和OA以及PDM归档接口技术，通过采用Web Service技术，能够做到与各厂商的OA系统无缝集成，全面实现文档一体化。

参 考 文 献

毕博公司. 2012-10-24. ERP与财务管理信息系统规划方案. http：//www.docin.com/p-506144567.html

李兴森，石勇，张玲玲. 2010. 从信息爆炸到智能知识管理. 北京：科学出版社

黄梯云. 2009. 管理信息系统（第4版）. 北京：高等教育出版社

金航数码. 2011a. 金航知识管理系统方案. http：//www.avicit.com

金航数码. 2011b. 航空兰台档案资源综合管理系统. http：//www.avicit.com/jhcp/zhglscx/249633.shtml

孙振兴，贾莉莉，王家杰. 2010. 决策支持系统的现状与开发. 中国交通信息产业，（3）：38-39

吴清，刘嘉. 2008. 客户关系管理. 上海：复旦大学出版社

西点软件. 2013a. FORP-OA. http：//www.forp.cn/oa.html

西点软件. 2013b. FORP协同项目管理解决方案. http：//www.forp.cn/pm.html

西点软件. 2013c. FORP人力资源管理解决方案. http：//www.forp.cn/hr.html

闫彬，刘红星，沈洪才. 2011. 应用先进信息技术支持航空工业知识管理. 航空制造技术，（Z1）：99-102

邹农基. 2008. 面向CRM的客户知识获取和运用的理论与方法研究. 南京：南京理工大学博士学位论文

Lawrence R D, Almasi G S, Kotlyar V, et al. 2001. Personalization of Supermarket Product Recommendations. Data Mining and Knowledge Discovery, 5（1-2）：11-32

第 13 章　企业生产运营与制造信息化平台

本章学习路线图

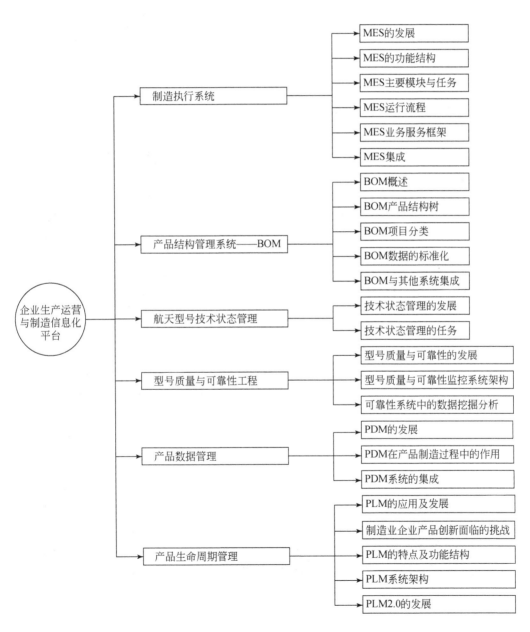

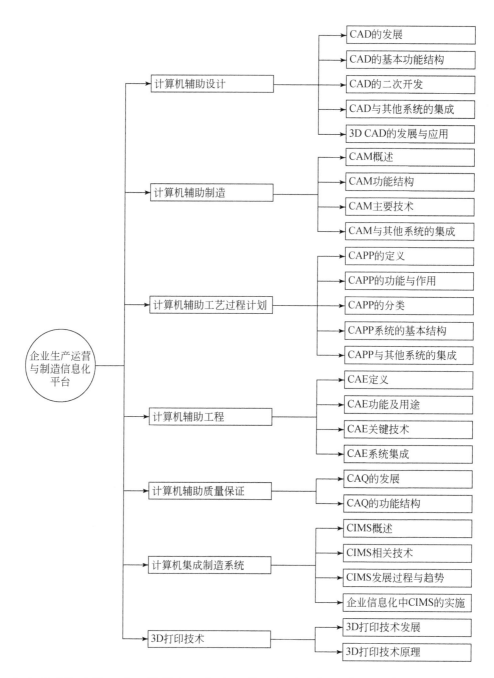

企业资源计划管理系统将制造业中的"精益制造"推向崭新的高度——需求驱动制造。面向以客户需求决定生产进度和关键资源速率的离散制造企业。通过在线 ERP 系统的实施，企业可实现非标设计 PDM 信息和 ERP 的无缝集成。作为项目制造订单式生产企业，企业每种产品要进行设计和材料定额的编制，信息能否被 ERP 共享至关重要。本章在分析现有的生产运营系统的基础上，提出各生产系统之间的集成架构，实现各系统间的无缝集成。

13.1　制造执行系统

制造执行系统面向离散制造业，是生产企业的车间级综合管理平台。MES 主要包括车间级计划和排程管理、技术文件管理、质量控制、工时管理、制造资源管理、车间综合信息管理等功能，对于制造企业复杂的现场混线生产环境，还应包括作业优化排程、文件依从性控制、现场变更管理等解决方案，全面解决车间级物流、信息流和价值流的统一管理。

13.1.1　MES 的发展

制造执行系统（manufacturing execution system，MES）是美国 AMR 公司（Advanced Manufacturing Research，Inc.）在 20 世纪 90 年代初提出的，旨在加强 MRP 计划的执行功能，把 MRP 计划同车间作业现场控制，通过执行系统联系起来（柴天佑等，2005）。这里的现场控制包括 PLC 程控器、数据采集器、条形码、各种计量及检测仪器、机械手等。MES 系统设置了必要的接口，与提供生产现场控制设施的厂商建立合作关系。

13.1.2　MES 的功能结构

作业计划和现场作业管理是 MES 的核心功能，包括作业计划接收、分解、排程、下达、执行，以及对整个作业全过程的管理。生产准备和制造资源管理：工厂生产中所需要的设备、工装工具等生产资源的准备和管理。MES 其他功能结构主要包括：

1）现场文档管理。管理控制现场生产过程中的生产工艺超越、更改等活动，保存文档的电子记录。

2）质量作业管理。贯彻产品生产过程中的质量检验、监控和质量观念。

3）工时和成本管理。记录和管理生产工时，并对生产成本进行有效管控。

4）精益指标控制和可视化监控。统计和控制工厂的各类精益指标，并实时监控和掌握生产过程中的生产信息和生产状况。与 ERP 的生产计划、投料、库存、采购等进行对接。与 PDM 的工艺文件和工艺数据进行对接，与生产控制层的机床、设备等实时数据进行对接（金航数码，2013）。

MES 提供实现从订单下达到完成产品的生产活动优化所需的信息，运用及时、准确的数据，指导、启动、响应并记录车间生产活动，能够对生产条件的变化做出迅速的响应，从而减少非增值活动，提高效率。MES 不但可以改善资本运作收益率，而且有助于及时交货、加快存货周转、增加企业利润和提高资金利用率。MES 通过双向的信息交互形式，在企业与供应链之间提供生产活动的关键基础信息。MES 的功能结构如图 13-1 所示（金航数码，2013），图 13-2 是某 MES 软件系统的功能结构（北京艾克斯特科技有限公司，2011）。

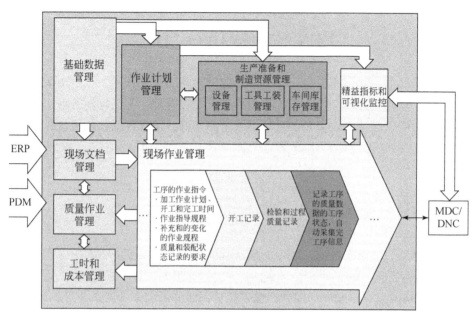

图 13-1　MES 的功能结构

13.1.3　MES 主要模块与任务

MES 系统主要模块与任务主要有资源分配与状态监控、生产计划安排、数据监控与采集、过程管理、质量管理、数据分析与报表、产品跟踪等。主要任务执行过程为：

1）从公司 ERP 系统接受生产订单；

2）将库存的自由库存分配给生产订单；

3）由生产订单产生作业计划；

4）根据作业计划建立生产指令并分发给相应的过程计算机系统；

5）进行作业调度并控制和监视工厂生产全貌；

6）收集过程数据、质量数据、事件数据；

7）控制和评估产品的质量；

8）将生产和质量结果发送给公司 ERP 系统；

9）工厂生产报表（三一电气，2013）。

MES 与其他系统的集成关系如图 13-3 所示。

实施 MES 系统以后，生产管理将会上升到一个新的水平，能够提高生产管理的技术含量和企业的信息化水平，适应现代化企业生产管理需要。

扩展阅读：据统计，在实施项目中，一般只有15%左右的能按期、按预算成功实施，实现系统集成；约一半的实施项目失败。目前我国成功实施信息化的企业，大多是三资企业。由于企业对信息化的认识和管理理念上的跟不上，不能够适应信息化管理，不能有效地发挥信息整合的效能。另外，企业部门之间缺乏有效的沟通与联系，信息缺乏合理

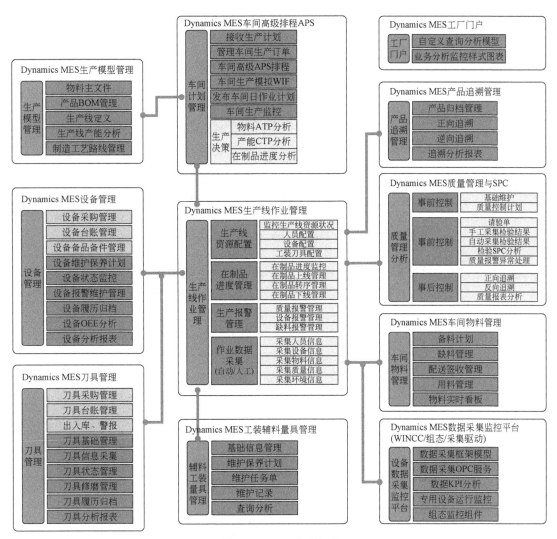

图 13-2　MES 集成架构

的规范性，不能够有效共享。与信息化相匹配的业务流程再造的失败通常是信息化项目失败的重要原因。

　　在实际的风险管理的过程中，除了要有较强的风险意识和按照科学的方法有步骤地提出系统防范风险和解决问题的措施之外，更重要的是通过合理的方法辨识风险、分析风险、控制风险，找出不同的风险来源，区分风险因素对项目实施的影响，并且对于不同的风险采取相应的防范与化解的措施。

　　1. 管理变革的风险，信息化是一个管理理念上的改变，而不仅仅是一个项目。企业高层管理人员需要认识到这一点。

　　2. 业务流程进行重组的风险，在信息化的过程中，自然地要对企业的业务流程进行重组。系统的成熟、先进的业务流程模板值得借鉴。

　　3. 技术风险，包括软件的技术风险和软件的选择风险。由于信息技术发展的速度非

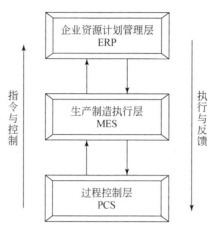

图 13-3　MES 与其他系统的集成关系

常快，不确定性的因素大量存在，而人们对这些不确定性的认识和控制的能力又非常有限，许多经过认真论证的很好的研究项目，最后出现大大出乎预料之外的或者失败的结果的情形并非偶然的。

4. 部门和人员间沟通不畅的风险，实施队伍对于信息管理系统的成功实施至关重要，通常要由项目经理、流程指导顾问、技术支持顾问、项目组核心成员构成。

5. 经费预算的风险，信息化项目投资弹性大并且经费的估计比较软性，资金的风险也需要特殊考虑。另外，外部环境的变化也会对资金的需求产生一些预定计划之外的风险。信息化实施过程中需要投入较大的成本，实际资金支出往往远远超出当初的预算。

6. 专业人员流失和变化的风险，一方面，如果系统的普适性较差，会使得系统对专业技术人员的依赖性太强，骨干人员的流失会造成系统的不稳定或无效。即便软件商或其他机构有一些服务的承诺，也时常会有令人很不愉快的事情发生。

7. 软件系统的选择风险／盲目照搬他人模式的风险，信息化软件有一个本土化和对具体企业适应的要求。一些国外的著名软件供应商的系统软件功能强大，性能稳定，包括了一些标准的通用模块和比较方便的调整接口（三一电气，2013）。

13.1.4　MES 运行流程

典型的 MES 系统运行流程如图 13-4 所示（三一电气，2013）。
MES 系统在生产过程中的流程关系如图 13-5 所示（三一电气，2013）。

13.1.5　MES 业务服务框架

典型的 MES 总体业务服务架构如图 13-6 所示（北京艾克斯特科技有限公司，2011），MES 从业务服务上分成五个业务层次。

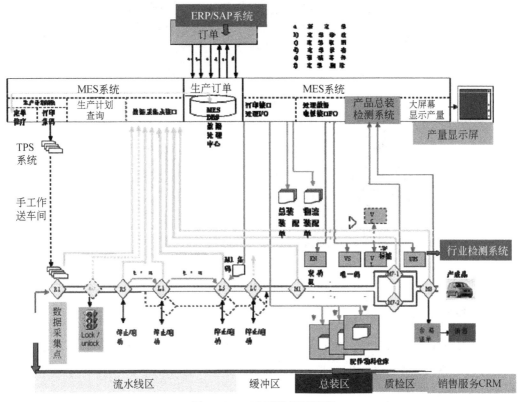

图 13-4　MES 系统运行流程

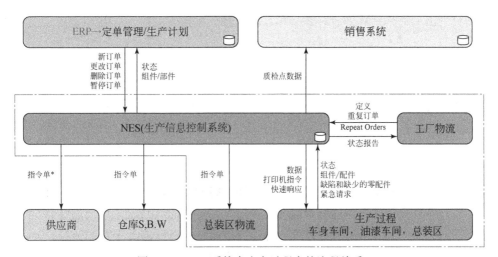

图 13-5　MES 系统在生产过程中的流程关系

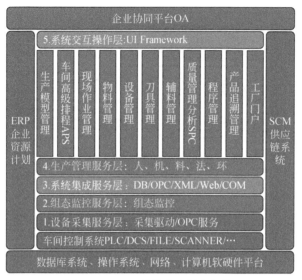

图 13-6 MES 总体业务服务架构

（1）系统交互操作层

提供必需的系统管理功能，负责处理系统服务于用户的操作交互工作，最终用户可以通过多种形式来访问系统提供的各种业务服务功能，包括用 IE 浏览器访问工厂门户从而了解到工厂的实时运行信息。

（2）生产管理服务层

负责整个工厂生产要素（人、机、料、法、环）的全部生产运作管理服务。

（3）系统集成服务层

系统集成服务层能够在企业信息流的自动化连接和交互。可以实现和企业现行 ERP/SCM/组态软件的紧密集成，将企业的信息流彻底连接起来，满足企业一体化解决方案的要求。系统集成服务层如图 13-7 所示（北京艾克斯特科技有限公司，2011）。

（4）组态监控服务层

生产监控系统由分布在各装配区域、各机加工线的监控计算机、报警器、LED 看板构成，这些监控终端提供动态的监控画面、报警信号、过程信息来反映生产设备的运转状态及其相关数据，操作人员通过监控计算机可以完成设备运行状态及报警的监控、质量状况及报警监控、关键生产工具的状态监控、工厂生产物料的监控等。

（5）设备采集服务层

系统应支持第三方组态软件进行标准设备数据采集，包括 PLC 控制器、DCS 控制器，并可以定制开发非标设备的采集驱动，完成数据采集任务。同时采集服务器可以完成条

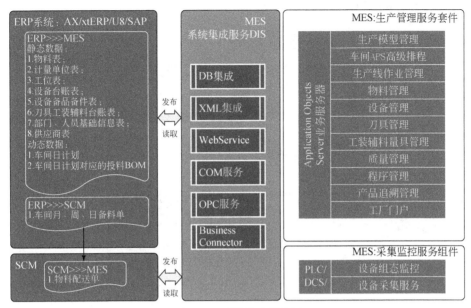

图 13-7　系统集成服务层

码、RFID 电子标签、数据文件、桌面数据库等不同形式数据的分析采集工作。

13.1.6　MES 集成

航天拥有先行的上层系统 ERP/SAP/PDM/SCM，具备流水线控制系统 PCS，与有关的设备系统。生产自动化系统的结构和功能划分/分级。MES 系统集成关系如图 13-8 所示。

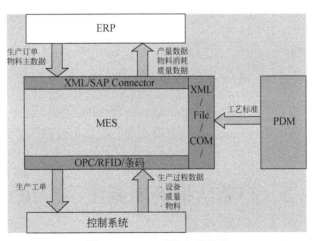

图 13-8　MES 系统集成关系

MES 系统基于数据平台的集成模型与接口如图 13-9 所示。MES 系统在离散行业中生产过程的基本工艺概图如图 13-10 所示（三一电气，2013）。

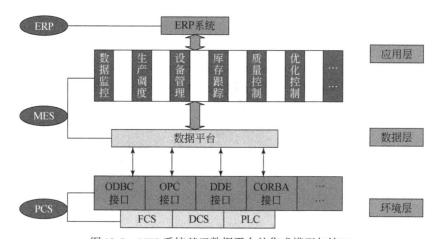

图 13-9 MES 系统基于数据平台的集成模型与接口

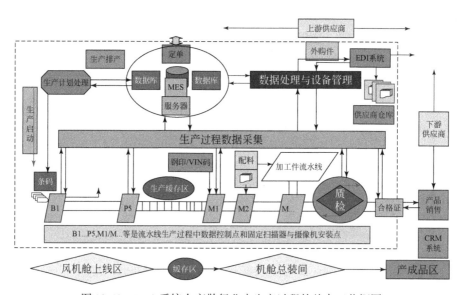

图 13-10 MES 系统在离散行业中生产过程的基本工艺概图

信息化建设不是直线进行的过程，也不是一劳永逸的过程，而是一个闭环的过程。在系统建设完成之后，还需要进行新一轮的管理改进、规划更新和系统优化，下一代制造企业系统模型如图 13-11 所示（三一电气，2013）。

13.2　产品结构管理系统——BOM

物料清单（bill of material，BOM）是记录研发成果、反映公司产品物料构成关系的数据文件，自下而上反映公司产品从原材料到半成品，再到成品的加工过程，是指导生产、计划、商务、采购、成本核算及技术管理的基础数据，是 MRPII 系统的核心主导文件。

BOM 的正确与否，直接影响到商务、计划、采购、成本的准确与可信度以及相关业

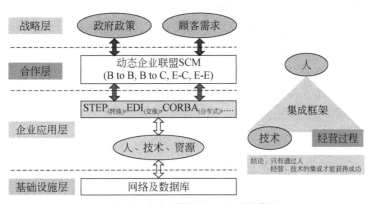

图 13-11　下一代制造企业系统模型

务环节的运作，BOM 的层次结构决定产品的生产、调测等物流方式。BOM 还是 CIMS/MIS/MRPⅡ/ERP 与 CAD、CAPP 等子系统的重要接口，是系统集成的关键之处，因此，用计算机实现 BOM 管理时，应充分考虑它于其他子系统的信息交换问题（华为公司，2012）。

13.2.1　BOM 概述

目前，航天企业的制造部门都或多或少地遇到了任务量大幅增加，而生产能力却不能按比例增长，造成生产周期过长、库存增加、交货时间无法保证、服务水平降低等问题。很多企业，尤其在很多科研单位，长期以来形成的"重科研，轻生产"的观念一时还很难得到改变。企业要产生好的效益，必须提高产品在生产过程中的增值。在保证质量的前提下，降低生产成本，减少制造流程中的浪费，应该成为企业利润最大化所追求的目标。制造的信息化无疑能够减少重复劳动，提高管理水平，因此，各企业都不断增加对信息化的投入（是旻等，2008a）。

很多企业已经开始实施 ERP，ERP 是现代企业管理技术的代表，能有效地将企业的物流、资金流和信息流统一起来进行管理，对企业所拥有的人力、资金、材料、设备、方法（生产技术）、信息和时间等各项与生产有关的资源进行综合平衡和充分考虑，最大限度地利用企业的现有资源以获得更大的经济效益。

ERP 作为一种管理的信息系统，处理的对象是大量的数据，因此，信息系统的实施要求数据必须规范化，需要根据使用需求及特点，制定相对统一的标准。与其他软件一样，数据规范化是实现信息集成的前提，必须保证信息的及时、准确和完整。其中，BOM 是ERP 数据管理的核心，是连接设计与生产的纽带。产品设计、计划、生产、采购、配套、完成都以 BOM 为核心，因此，BOM 的建立是工作重点，企业要实施好 ERP，必须对 BOM进行合理的设计和规划（是旻等，2008a）。

13.2.2　BOM 产品结构树

产品结构树是描述某一产品的物料组成以及各部分文件组成的层次结构的树形图。产品结构树的层次结构必须反映产品的功能划分与组成，必须考虑产品的生产和商务需求。在产品的总体设计方案完成后，要通过产品结构树来实现产品的功能划分，将产品实物化。产品结构树的完成是产品总体设计完成的标志之一。确定产品的 BOM 结构，规划产品所包含的主要的 BOM 及关键物料、软件等；规划产品所包含的全部生产文件。每个独立的"整机产品"对应一个结构树。结构树应反映"整机产品"的自制项目和关键的采购物料，非关键采购物料不需反映。

一般产品的结构树如图 13-12 所示。

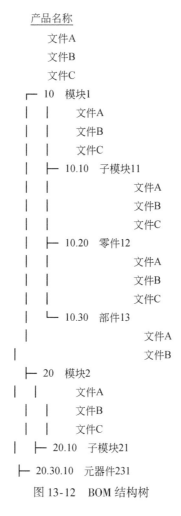

图 13-12 BOM 结构树

产品结构树要通过评审后才能在此基础上申请项目编码，拟制 BOM 清单。参与产品结构树评审的部门：PDT 开发项目组、产品数据小组、报价、成套、工艺、试制、计划等。

由于产品结构树的重要作用，产品结构树归档后的更改是受控的。产品结构树的更改需相关环节审核，由数据批准人批准后才能更改。

13.2.3 BOM 项目分类

项目是构成 BOM 清单的基本元素，包括所有和生产制造有关的元器件、外协件、半成品、成品、软件、资料、备件等。MRPII 系统中每个项目有唯一的项目编码（item），以项目编码进行区分和索引（华为公司，2012）。

项目分采购件和自制件两大类，采购件由供应商提供，如一般的电容、电阻、芯片等元器件，自制件是公司自行设计的元器件、外协件、半成品、成品、备件等。需要特别注意的是，有些物料虽然是从外协厂采购来（如印制板），但这是外协厂按照公司所出图纸要求制作的，所以应属于自制件，采购件和自制件在审核流程上不同，相关信息也有区别。

在概念上，BOM 指构成一个物料项的所有子物料项的列表。所谓物料项，是指所有在产品的制造过程中出现的物质形态实体，这些实体包括原材料、标准件、成品、零件、装配件、构型件、工装、工具和夹具等。

航天企业和一般的制造企业在工艺设计等方面有很大的不同，这是因为在航天企业中，产品的制造特点是结构复杂、批量小、品种多、生产周期长，属于离散型制造企业。在生产过程中，需要准确的产品结构、零件分类、工艺路线、工艺装备、材料定额和工时定额信息。BOM 是组织产品数据的重要形式，每一个型号或产品都对应了一个 BOM。

以往制造企业采用手工形式汇总，手工方式管理下的数据往往以部门为单位，而部门之间用各种表单形式进行业务数据的流转。这种传统的管理方式与利用信息化进行数据管理的思想和实现手段有很大差距。手工数据的特点是：分散、口径不一致、冗余、不规范。带来的后果为，同一数据在同一时间点上，会在不同部门以不尽相同的描述和内容表现出来，在时间和空间上也是不一致的。这已经成为制约企业信息化的瓶颈。制造业信息化的核心工作就是建立以 BOM 为核心的产品数据流，管好 BOM 也就基本实现了产品制造环节的产品数据管理（是旻等，2008a）。

按照产品生命周期的不同阶段，可以产生 BOM 的不同形式。一种典型的划分形式为工程 BOM（engineering bill of material，E-BOM）、工艺 BOM（planning bill of material，P-BOM）、制造 BOM（manufacturing bill of material，M-BOM）等。它们的内容和结构有所不同，并且它们之间的数据演变和传递构成了产品的数据流。典型的 BOM 的项目分类如图 13-13 所示。

E-BOM 通常仅限于图纸零件明细表出现的物料，说明图纸的层次和从属关系，做好技术文档管理。虽然有指导采购和估算报价的功能，但主要是为了管理图纸。

P-BOM 是工艺设计部门以 E-BOM 中的数据为依据，制定工艺计划、工序信息、生成计划 BOM 的数据。计划 BOM 是由普通物料清单组成的，只用于产品的预测，尤其用于预测不同的产品组合而成的产品系列，有时是为了市场销售的需要，有时是为了简化预测计划从而简化了主生产计划。

M-BOM 是制造部门根据已经生成的 P-BOM 对工艺装配步骤进行详细设计后得到的，主要描述了产品的装配顺序、工时定额、材料定额以及相关的设备、刀具、卡具和模具等

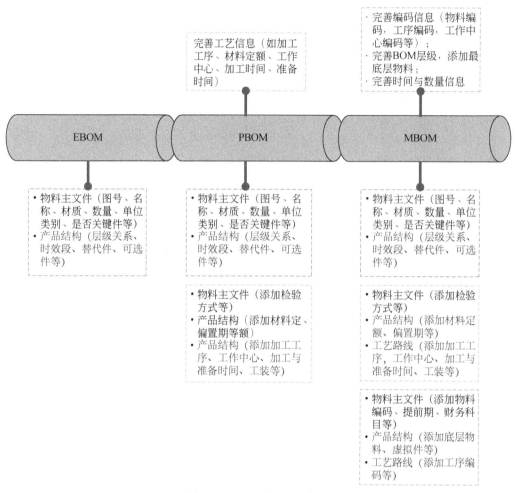

图 13-13　BOM 的项目分类

工装信息，反映了零件、装配件和最终产品的制造方法和装配顺序，反映了物料在生产车间之间的合理流动和消失过程。

在 BOM 中，项目编码用 8 位数字或字母表示，前两位表示大类，三位和四位表示小类，后四位表示顺序号。BOM 项目编码表示方法如图 13-14 所示。

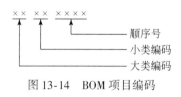

图 13-14　BOM 项目编码

按照功能分类，参考使用习惯，相同的物料只能有相同的编码，不同的物料有不同的编码。相同是指：在公司应用范围内，效果相同或差异是可以忽略的。不同厂家生产的相同的器件只能有一个编码，即一个编码可以有多个生产厂家和厂家型号。

13.2.4 BOM 数据的标准化

物料编码是计算机系统对物料的唯一识别代码, 它用一定位数的代码来代表一种物料。物料编码必须是唯一的, 即一种物料不能有多个物料编码, 一个物料编码不能有多种物料。

物料的领发、验收、请购、跟催、盘点、储存等工作极为频繁, 而借着物料编码, 使各部门提高效率, 各种物料资料传递迅速、意见沟通更加容易。物料一经编码后, 物料记录正确而迅速, 物料储存井然有序, 可以减少舞弊事件之发生。库存物料均有正确的统一的名称及规格予以编码。对用料部门的领用以及物料仓库的发料都十分方便。在物料编码时, 所有的物料都应有物料编码可归, 这样物料编码才能完整。若有些物料找不到赋予之物料编码, 则很显然物料编码缺乏完整性。

在航天产品中, 根据使用要求和工艺要求的不同, 还分为关键件、重要件、一般件。设计人员在选择材料时只需考虑材料的性能等因素, 工艺规格则由工艺人员进行确定。以往设计在输入材料名称、技术条件等数据时, 由于人员喜好不同, 输入形式无法统一, 导致下游无法利用。为避免此类现象, 实践中只要求设计录入对应的物料编码, 然后通过后台软件进行编码解析, 可较好地解决输入"千人千面"的问题 (是旻等, 2008a)。

13.2.5 BOM 与其他系统集成

在 ERP 系统中, 产品要经过工程设计、工艺制造设计、生产制造 3 个阶段, 相应的在这 3 个过程中分别产生了名称十分相似但内容却差异很大的物料清单 E-BOM、P-BOM、M-BOM。M-BOM 是运行 ERP 系统不可缺少的管理文件, MBOM 是在 E-BOM 的基础上根据制造装配要求完善的, 它将制造业三项主要核心业务———销售–生产–供应的信息集成到一起, 形成数据模型的报表格式, 如图 13-15 所示。

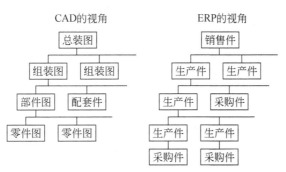

图 13-15 BOM 与其他系统数据关系 (陈启申, 2005)

以机器上的一个小轴为例, E-BOM 一般只考虑图纸上有的物料, 而 M-BOM 要考虑这根轴是怎样一步步做出来的, 因此还要考虑轴的毛坯, 以及毛坯所用的原材料。就是说, ERP 除了从 CAD 获取产品结构信息外, 还需要从 CAPP 获取一些简单的工艺信息, 包括毛坯和材料定额，工艺路线的工序、设备、标准时间定额，使用的主要工具和工艺装备名称和代码。ERP 需要这些信息的目的主要是为了编制作业计划（陈启申，2005）。如果一个加工件可以有多种工艺路线，也要赋以不同代码加以说明，以便在编制计划出现能力冲突时考虑替代工艺；产量有增减时，也要采用不同的工艺。这里所说的"简单信息"是指不需要诸如在同一设备上每一个工艺的切削量，装卡方法等详细的工艺说明（陈启申，2005）。所以说，生成 M-BOM 并不需要一个功能完整的 CAPP，BOM 与其他系统集成关系如图 13-16 所示（焦鹤，2011）。

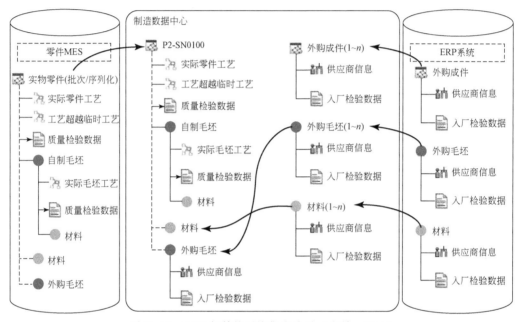

图 13-16　BOM 与其他系统集成关系（焦鹤，2011）

从 E-BOM 转换为 M-BOM 通常由 PDM 来完成，如图 13-17 所示，目前多数的 PDM 产品，往往偏重于为 CAD 服务，如果要起到沟通 CAD 和 ERP 的作用，需要对上述这些区别有一个比较清楚的概念（陈启申，2005）。

图 13-17　CDA-PDM-CAPP 关系

在 ERP 系统中，所有与产品有关的数据库表都以物料编码作为关键字。因此 PDM、CAPP、ERP 三系统存在关键字对应基础。PDM 信息模型清晰的描述各类图纸和明细表与实物之间的隶属关系，并建立合理构成产品设计模型的 EBOM。设计人员根据客户订单或设计要求进行产品设计，生成包括产品名称、产品结构、明细表、汇总表、产品使用说明书、装箱清单等信息，这些信息大部分包含在 EBOM 中。

在 PDM/CAPP/ERP 数据集成中，集成接口只是为读取和得到有效数据资源提供了技术支撑，而这种单向的数据集成过程还要依靠手工进行，无法规范和程序化。因而运用 PDM 的工作流程管理和 OA 系统的信息管理来控制 PDM/CAPP/ERP 数据集成工作流程是一种很好的解决办法（e-works，2009）。PDM/CAPP/ERP 数据集成架构如图 13-18 所示。

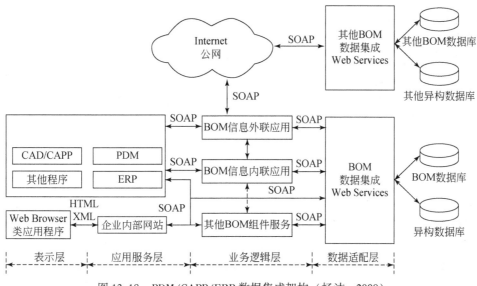

图 13-18　PDM/CAPP/ERP 数据集成架构（杨洁，2008）

13.3　航天型号技术状态管理

技术状态是在产品技术状态信息中规定的产品相互关联的功能特性和物理特性，它包括的信息是对产品设计、实现、验证、运行和支持的要求。包括：技术要求、设计规范、图样、材料清单、试验规范、使用说明书等。技术状态管理是二战（1939～1945 年）美国研制导弹核武器过程中发展起来的一门工程管理控制技术。20 世纪 40 年代美国用于研制原子弹的曼哈顿计划，50 年代研制的战略导弹阿特拉斯及 60 年代开始的阿波罗登月计划都运用了技术状态管理的方法。

面对大型复杂项目，如果由于缺乏系统、科学的管理手段而漏洞出，诸如：出了故障找不到相应的技术文件；后续项目不能与前面项目匹配；生产过程进行了更改而设计未更改等事件不断发生，致使导弹运到发射现场无法顺利安装，甚至造成发射失败等（国防科技工业质量与可靠性研究中心，2008）。这就使得技术状态管理的概念和办法在惨痛的教训中逐步形成。

13.3.1 技术状态管理的发展

随着高科技的发展，武器装备越来越复杂，无论是卫星、运载，还是导弹武器系统，都要求具有共同目标的几个组织密切合作，在成本和进度约束下组织研制和生产，为用户提供满足要求的产品。同时，科技进步和人们对大自然的探索需求促使工程研制所包含的尖端技术和攻关项目越来越多，接口和协调关系越来越复杂。这就对工程研制全生命周期内生产管理的科学化、规范化提出了更高的要求。为确保研制过程的万无一失，在进度和经费的约束下按规定的研制周期交付符合要求的产品，使技术状态管理的方法随着技术发展的需要逐步完善。目前，技术状态管理已被国际社会认可。技术发达国家实施技术状态管理的实践也为大型复杂项目管理提供了借鉴（国防科技工业质量与可靠性研究中心，2008）。

在不断探索和总结经验教训的基础上，1962年，美国空军以手册的形式发布了"技术状态管理办法"，随着在大型武器装备研制工程中的应用逐步完善。1968年发布了MIL-STD-480《技术状态控制 工程更改、偏离和超差》，以后又陆续发布了MIL-STD-481《技术状态控制 工程更改（简要形式）、偏离和超差》；MIL-STD-482《技术状态状况纪实数据元素及有关特性》。1970年发布了MIL-STD-483《系统、设备、军需品与计算机程序的技术状态管理》。以后又发布了MIL-STD-490《规范编制》，MIL-STD-1456《技术状态管理计划》等。使技术状态管理标准趋于完善。为了规范管理，在应用总结的基础上，1992年，美国颁布了MIL-STD-973《技术状态管理》标准，代替了上述标准，内容更加明确、系统、完整。同年，欧洲空间局（ESA）发布了ESA-PSS-01-11《ESA空间系统技术状态管理与控制》。1995年，欧洲空间标准化合作组织将ESA的PSS标准逐步转变为ECSS标准，颁布了ECSS-M-40《空间项目管理 技术状态管理》 ISO/TC176/SC2在总结美国军用标准和ESA标准经验的基础上，将技术状态管理纳入国际标准ISO9000族标准（ISO 9004—7），于1995年正式颁布为ISO 10007《质量管理——技术状态管理指南》，是工业界各类产品（硬件、软件、流程性材料和服务）在研制、生产中进行技术状态管理共同遵守的准则。2003年6月15日ISO/TC176/SC2再一次完成ISO 10007《质量管理——技术状态管理指南》的修订，此次修订为技术性修订，其目的是改进ISO 10007与ISO 9000族国际标准的一致性，并简化文件的结构（孙鹏才等，2009）。

在我国国防工业领域，技术状态管理（configuration management）问题的提出始于1987年国务院、中央军委联合颁布的《军工产品质量管理条例》。在"产品是设计、制造出来的，而不是检验出来的"思想指导下，条例明确要求"承制军工产品的单位，应建立技术状态管理制度，严格控制技术状态的更改"。强调了对产品研制、生产过程中的质量控制。提出了"承制方要建立技术状态管理制度"，并规定了实施技术状态管理四方面的功能，即技术状态标识、技术状态控制、技术状态纪实和技术状态审核（国防科技工业质量与可靠性研究中心，2008）。

13.3.2 技术状态管理的任务

技术状态管理的任务是满足最终使用功能的某个技术状态内的实体。具有两大特点：

一是能满足最终使用功能，即：具有功能特性和物理特性；二是被指定为单个实体。所以，技术状态项目是由产品结构通过工作分解结构分解而来 。技术状态管理的任务的核心结构如图 13-19 所示（侯小康，2013）。

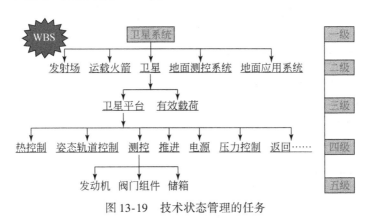

图 13-19　技术状态管理的任务

技术状态管理的核心是基线管理，基线即界线、基准线。基线的定义是：GJB3206 将技术状态定义为在技术状态项目研制过程中的某一特定时刻，被正式确认、并被作为今后研制、生产活动基准的技术状态文件。在某一时间点确定并经批准的技术状态信息，作为产品整个寿命周期内活动的参照基准。包括：功能基线、分配基线、产品基线。技术状态管理中一个很重要的概念是基线。基线是由相应的技术状态文件和已批准的更改文件构成的。编制完成的各级技术状态文件经定购与承制任务的双方共同审查、正式批准后，即构成这一级的技术状态基线。技术状态管理实质上是对技术状态基线的管理。技术状态标识的目的是建立基线，技术状态控制的核心是控制技术状态基线的更改，技术状态纪实是记录和报告技术状态基线状况及其发展变化，技术状态审核是审核已制出的产品与基线文件的相符性。因此，没有技术状态基线，技术状态管理就无从谈起。

一般有三种技术状态基线：功能基线、分配基线和产品基线。技术状态基线结构如图 13-20 所示（侯小康，2013）。

（1）功能基线

GJB3206 将技术状态定义为经正式确认的用以描述武器装备系统级或独立研制的重大技术状态项目下列内容的文件：功能特性、接口特性、验证上述特性是否达到规定要求所需的检查。

（2）分配基线

GJB3206 将技术状态定义为经正式确认的用以描述技术状态项目下列内容的文件：从武器装备系统或高一层技术状态项目分配给该技术状态项目的功能特性和接口特性；技术状态项目的接口要求；附加的设计约束条件；验证上述特性是否达到规定要求所需的检查。各技术状态项目分配基线的总合，形成满足武器装备系统功能基线目标的技术途径。

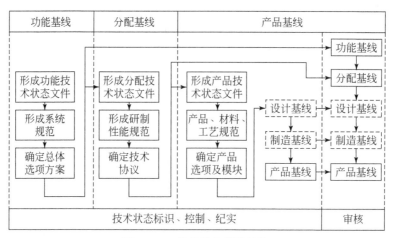

图 13-20 技术状态基线结构

（3）产品基线

GJB3206 将技术状态定义为经正式确认的用以描述航天产品技术状态项目下列内容的文件：技术状态项目所有必需的功能特性和物理特性；被指定进行生产验收试验的功能特性和物理特性；为保证技术状态项目合格所需的试验。确定三种基线的依据是不同层次不同研制阶段编制的、能全面反映产品功能特性和物理特性的、在某一特定时刻确立的技术状态的文件。

根据定义，工程更改是对已批准的技术状态文件的更改。只有技术状态项目已确认的现行技术状态文件的更改才构成工程更改。非技术状态项目，或未经正式确认的、非现行的技术状态文件（编制中的、未提交正式审查确认建立的技术状态基线）的更改不属于本范畴，其更改变动属于承制方内部的图样（设计）更改控制活动。

扩展阅读：应在武器装备系统或技术状态项目研制过程的不同阶段，分别编制出能全面反映其在某一特定时刻能够确定下来的技术状态的文件，建立功能基线、分配基线、产品基线。其中功能基线应与《武器系统研制总要求》的技术内容协调一致；分配基线应与《研制任务书》的技术内容协调一致。应控制对这些基线的更改，使对这些基线所做出的更改都具有可追溯性。应确保武器装备系统或技术状态项目在其研制、生产的任何时刻，都能使用正确的技术状态文件。

13.4 型号质量与可靠性工程

质量监控管理系统是一套主要应用于制造业的企业质量信息管理应用软件系统平台，根据 ISO9000 等理论基础，运用数理统计方法和图标等表现形式，对企业各管理环节产生的大量质量信息，利用 IT 实现高效数据收集，对整个生产经营全过程的质量进行实时的管理、监控和科学的分析；为企业生产、质量管理提供快速、准确、全面的质量信息；为管理者提供最直观、最简洁的图表信息快速获取平台。

系统通过监控和分析整个产品周期从研发、采购、制造、质保、销售及客户服务等过程的质量信息，为企业提供专业的数据采集平台，建立企业产品质量数据中心，帮助企业加强质量问题的监督管理，切实提成产品质量，并借此建立质量工程和管理体系，实现质量人员从"救火"到"预防"的角色转变，从而增强企业核心竞争力（侯小康，2013）。

13.4.1　型号质量与可靠性的发展

现代武器装备结构复杂，技术含量高，投资大，研制周期较短，其发展以高科技为特点、高质量及高可靠为标志，反映了一个行业的科学技术发展和应用水平、管理水平、人员素质高低等各方面情况。从系统组成来说，型号可划分为装备系统、装备、功能系统、子系统和设备等产品层次；从研制历程来说，型号研制经过论证阶段、方案阶段、工程研制阶段、生产与部署阶段、使用和保障阶段、退役处理阶段等全寿命过程；从组织形式来说，行业集团公司发挥着全面组织、协调、监督、检查等管理作用，各参研单位由主机厂（所）、设备承制单位、配套单位及二次配套单位等形成了一个跨行业、跨部门，具有多功能、多层次、多专业、综合交叉的型号研制组织结构。可见，型号研制过程是一项复杂的系统工程，型号研制成功与否取决于型号研制各过程的质量与可靠性状况，质量与可靠性已成为武器装备发展的核心，也是型号研制质量与可靠性管理的一项基础工作之一，而反映质量与可靠性水平的依据是型号质量与可靠性信息。因此，必须以型号为对象，根据型号的组成和组织机构等特点，以质量与可靠性信息为主线，建设型号研制阶段的质量与可靠性信息系统并使之有效运行，以使各级领导部门全面掌握型号的研制情况（扈延光等，2006）。

13.4.2　型号质量与可靠性监控系统架构

目前航天的研制生产已经向多机种、多构型的方向发展，各型航天器的综合保障，尤其是航天器可靠性的监控显得更为重要，但是在企业的发展过程中，企业开发和引进了多个独立运行的应用系统，每一个应用系统都有自己的运行环境和数据存储方式，从而产生了各种不同的数据源，同时，航天器制造商还需要与航天器营运商交换航天器飞行数据，每个公司应用的各个应用系统彼此封闭，数据不能交换和共享，数据源之间数据格式和代码不统一、数据大量冗余，从而形成了大大小小的"信息孤岛"，严重限制了企业的进一步发展和航天器可靠性的监控。

为了实现协调工作，提高工作效率，需要实现航天器制造商与航天器营运商之间数据共享的需求。同时，面对企业之间相互交换的数据，需要应用数据挖掘工具的方法和模式对影响航天器可靠性方面的关键数据进行挖掘，从其中挖掘相关联的数据并以图表的方式显示，以便用户通过对各种数据的综合分析，实现对航天器飞行可靠性进行监控，并且生成可靠性监控报告，以便公司各部门及时掌握航天器在运行过程中出现的各种故障，并采取相应的措施。

以统一的格式收集、分析和交换这些信息，可提高效率，降低成本，减少差错。航天公司、航天器制造商和设备供应商将拥有更多、更精确的数据，能更快和更容易地从事各项工作。收集到的航天器飞行数据应能在异构数据库之间进行数据交换，采用基于 XML 的异构数据库数据交换技术能够满足这种数据交换需求。航天器制造企业通过互联网把可靠性报告发布到企业门户网站中，航天器营运商可以从网上下载可靠报告，也可以把收集到的飞行数据上报给制造商，从而使制造商与营运商都融入现代信息网络。根据信息系统管理要求及网络安全策略，该系统规划为三个独立的分系统，分别为：

运行在用户（营运人）端的航后及月报数据采集系统。

运行在客户服务网站上的客户服务系统。

运行在内部网上的航天器可靠性监控系统。

这三个分系统在物理上是完全独立的。它们之间的数据交换需要依靠人工导出/导入数据或者文件来实现。典型的系统总体及功能结构如图 13-21 所示。

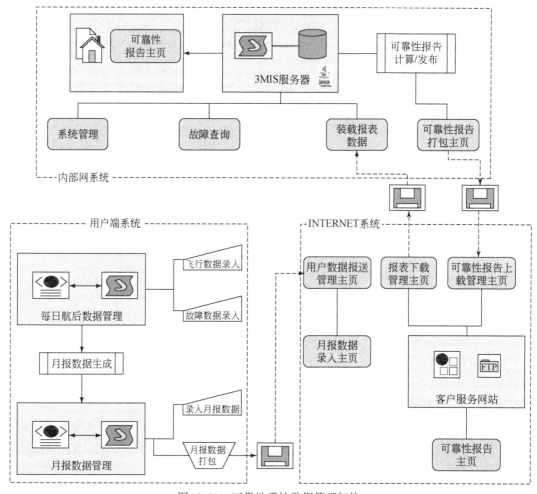

图 13-21　可靠性系统数据管理架构

13.4.3　可靠性系统中的数据挖掘分析

所谓数据挖掘，就是从数据库中抽取隐含的、以前未知的、具有潜在应用价值的信息过程。数据挖掘流程一般包括三部分：数据准备、数据建模与数据挖掘、结果解释与评价。数据准备主要对各类数据（结构化、半结构化、异构型、非结构化数据）进行预处理，包括数据清理、数据集成、数据选择和数据转换。

用于航天器可靠性监控数据挖掘的信息源主要包括气路传感器、滑油/燃油系统传感器、振动传感器，结构评估传感器等采集的数据以及全权限数字电子控制系统代码信息、同一航天器的发动机数据、机载发动机模型、发动机历史飞行数据、物理状况、共模失效、发动机使用因素、发动机和机群的维修历史记录、推理信息等。

神经网络在航天器可靠性监控中的应用探索是最为丰富的，主要应用体现在对航天器的启动，关机与改变工况等动态过程的状态监控；对发动机气路故障的监测与诊断；基于油液分析的发动机故障诊断和预测；液体火箭发动机泄漏故障的识别；航天器可靠性分析与故障预测等方面。航天器可靠性监控中的神经网络模型主要有逆向传输网络、径向基函数网络、概率神经网络、自组织映照模型、模糊神经网络等。

具体将神经网络应用于航天器可靠性监控中，需要重点考虑的问题有：

1）对于复杂系统，可以考虑采用多重神经网络模型结构，以便减少分类中的模式匹配搜索量，有效地解决分类空间的组合爆炸问题；

2）提高网络训练速度方面的研究，可以考虑从求解算法、简化网络结构的角度入手；

3）训练样本的选取以及不同来源样本的综合运用，以及对模型的依赖及测量噪声引起的误诊和漏诊。

在数据库字段项之间存在两种关系：函数关系（能用函数公式表示的确定性关系）和相关关系（不能用函数公式表示，但仍是相关确定性关系），对它们的分析可采用统计学方法，即利用统计学原理对数据库中的信息进行分析。可进行常用统计（求大量数据中的最大值、最小值、总和、平均值等）、回归分析（用回归方程来表示变量间的数量关系）、相关分析（用相关系数来度量变量间的相关程度）、差异分析（从样本统计量的值得出差异来确定总体参数之间是否存在差异）等。在航天器可靠性监控系统中，可靠性警告值的计算公式就是利用统计分析方法来计算的。警告值即上（或下）控制极限是利用标准偏差公式、飞行数据来确定。

①标准偏差 σ 计算公式见式（13-1）：

$$\sigma = \sqrt{\frac{\sum X^2 - \frac{(\sum X)^2}{N}}{N-1}} \qquad (13\text{-}1)$$

式中，X=月比率；N=统计群=控制期间月数=12 个月；$\sum$ =总和。

②警告值计算：

平均=X/N。

警告值（UCL）= +$K\sigma$；对要求的警告上限。

警告值（DCL）= –$K\sigma$：对要求的警告下限。

K（系数）= 2（注：K 值一般可选取 2、2.5 或 3）。

利用数据挖掘技术进行航天器可靠性监控的故障预测。美国 NASA 航天安全大纲的蓝图已规划到了 2025 年。国内也已展开了诸多研究，以神经网络及其混合模型、时间序列分析等的应用案例居多，由于各类方法各有其优点及局限性，各种案例研究正在不断尝试、扩展和深入。

13.5　产品数据管理

产品数据管理（product data management，PDM）是一门用来管理所有与产品相关信息（包括零件信息、配置、文档、CAD 文件、结构、权限信息等）和所有与产品相关过程（包括过程定义和管理）的技术。产品形成过程中存在的主要问题是不能准确了解客户的需求，CAD 系统仅被作为绘图工具，缺乏设计方法学支持，不能充分利用已有的零部件资源，缺乏有效的数据管理和过程管理系统。

13.5.1　PDM 的发展

产品数据管理是对产品全生命周期数据和过程进行有效管理的方法和技术。PDM 以软件为基础，是一门管理所有与产品相关的信息（包括电子文档、数字化文件、数据库记录等）和所有与产品相关的过程（包括工作流程和更改流程）的技术。它提供产品全生命周期的信息管理，并可在企业范围内为产品设计和制造建立一个并行化的协作环境。PDM 的基本原理是，在逻辑上将各个 CAX 信息化孤岛集成起来，利用计算机系统控制整个产品的开发设计过程，通过逐步建立虚拟的产品模型，最终形成完整的产品描述、生产过程描述以及生产过程控制数据。技术信息系统和管理信息系统的有机集成，构成了支持整个产品形成过程的信息系统；同时，建立了 CIMS 的技术基础。通过建立虚拟的产品模型，PDM 系统可以有效、实时、完整地控制从产品规划到产品报废处理的整个产品生命周期中的各种复杂数字化信息。

20 世纪 60、70 年代，企业在其设计和生产过程中开始使用 CAD、CAM 等技术，新技术的应用在促进生产力发展的同时也带来了新的挑战。对于制造企业而言，虽然各单元的计算机辅助技术已经日益成熟，但都自成体系，彼此之间缺少有效的信息共享和利用，形成所谓的"信息孤岛"。并且，随着计算机应用的飞速发展，各种数据急剧膨胀，对企业的相应管理形成巨大压力；数据种类繁多，数据重复、冗余，数据检索困难，数据的安全性及共享管理存在问题，等等（江莉等，2006）。未采用 PDM 系统的产品制造过程如图 13-22 所示（萧塔纳，2000；祁国宁，2005；廖文和，杨海成，2006）。

未采用 PDM 系统的产品设计各阶段工程过程如图 13-23 所示（萧塔纳，2000；祁国宁，2005；廖文和，杨海成，2006）。

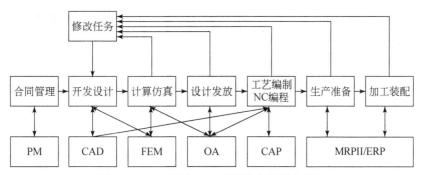

图 13-22 未采用 PDM 系统的产品制造过程

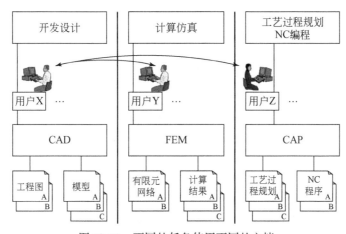

图 13-23 不同的任务使用不同的文档

13.5.2 PDM 在产品制造过程中的作用

在采用了 PDM 系统后,可以对产品进行完整的描述,如图 13-24 所示(萧塔纳,2000;祁国宁,2005;廖文和,杨海成,2006)。

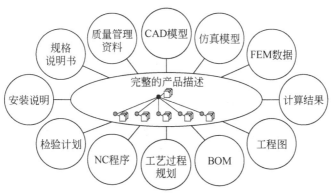

图 13-24 完整的产品描述

PDM 系统支持下的产品制造过程如图 13-25 所示（萧塔纳，2000；祁国宁，2005；廖文和，杨海成，2006）。

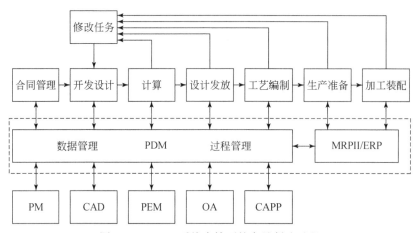

图 13-25　PDM 系统支持下的产品制造过程

同时，利用 PDM 可以大大简化开发和设计工作，对于大量的技术资料，可以通过 PDM 系统来查找，典型的应用方案如图 13-26 所示（萧塔纳，2000；祁国宁，2005；廖文和，杨海成，2006）。

图 13-26　PDM 应用场景

PDM 的作用主要体现在以下几个方面。

PDM/CAPP 集成功能需求主要包括以下几个方面。

（1）工艺设计结果的版本控制

工艺设计人员利用 CAPP 进行工艺规程的编制，并将工艺设计的结果保存到 PDM 服务器上。通过实施 PDM 建立工艺文档的变更管理、版本生效控制机制。

（2）数字化产品定义的完整性需求

作为数字化产品定义的重要组成部分，产品结构除了需要关联设计文档，还需要关联工艺文档，从而为客户提供准确的产品配置管理。通过实施 PDM 与 CAPP 的集成，建立产品结构与工艺文档之间的关联管理，提供变更流程，以保证工程变更与工艺变更结果的一致性。

（3）应用 PDM 系统实现工艺文档的流转阶段控制

PDM 系统作为企业级的应用平台，在完成工程和工艺设计结果集中管理的同时，必须提供良好的流转阶段控制能力，以便满足航天企业特殊的行业需求。

（4）基于产品结构的工艺汇总

随着 CAPP 系统的应用推广，企业对工艺汇总管理的要求变得日益突出。通过实施 PDM 系统，可以建立产品结构与设计文档、工艺文档之间的关联管理，可以满足企业针对产品的工艺汇总需求。

（5）PDM 数据到 CAPP 系统的数据传递

在工艺编制的过程中，需要从 PDM 系统获得包括：产品结构、设计图纸、零件属性在内的各种信息。CAPP 是设计和制造的桥梁，设计的信息是工艺编制的基础。工艺设计时，需要参考 CAD 的零件图、零件属性信息，浏览、嵌入 CAD 图形等（杨发春，2013）。

13.5.3　PDM 系统的集成

ERP 系统运行所必需的产品工程数据（包括制造 BOM、工艺路线等）都来源于 PDM 系统，PDM 系统所需的原材料、工作中心、工种等信息又来源于 ERP 系统，为保证数据的一致性和准确性，提高消息的提供效率，PDM 系统与 ERP 系统的集成成为必需。

PDM 与 ERP 系统的集成通常有两种方式：数据级系统集成方案和互操作级系统集成方案。数据级系统集成方案，是在 PDM 系统和 ERP 系统中利用中间表（中间数据库）或者中间文件来存储临时数据，PDM 系统和 ERP 系统事先约定中间格式，PDM 和 ERP 分别开发脚本将各自输出到对方的数据整理成约定的中间表或中间文件格式，定时调度侦听程序（listener）处理中间表或中间文件里的数据，或采用在接收端系统添加操作进行数据读入的模式。互操作级集成方案是在本系统（PDM/ERP）里定制专门的菜单，来完成对外系统（ERP/PDM）的数据的读取和写入操作。用户点击了 PDM 客户端的相应菜单，会触发系统执行相应的程序，脚本程序调用 ERP 提供的接口函数，传递相应的数据参数。ERP 系统接收到接口函数发出的指令，调用内部的程序生成物料主数据、物料清单等 ERP 内部的业务对象。ERP 的数据生成过程是由 ERP 内部程序完成的，数据生成之前会经过 ERP 设定的业务逻辑规则校验。利用这种集成方式，无须运行额外的侦听程序，利用 PDM、ERP 自身提供的服务器–客户端通信机制即可接收到来自外系统的操作指令。利用这种集成方式，外系统相当于本系统的一个普通客户端，用户通过外系统和接口函数向本系统传递生成业务数据的参数，完全等价于在本系统客户端创建一个业务数据（ENI 经济和信息化网，2008）。

在实际应用过程中，一般 PDM 系统与 ERP 系统隶属于不同厂商，要做到互操作级系统的集成需要做大量的集成工作。为了保证 PDM 系统与 ERP 系统的相对独立，可以通过采用数据级系统集成方案实现两个系统的集成。

13.6　产品生命周期管理

作为新兴的推动商业价值的战略性因素，产品生命周期管理（production lifecycle management，PLM）可帮助制造商处理复杂的业务流程并同步分布式团队的工作，以尽可能一致地设计出最佳的产品，进而获取更大的市场份额并提高客户的满意度。PLM 完全包含了 PDM 的全部内容，PDM 功能是 PLM 中的一个子集。但是 PLM 又强调了对产品生命周期内跨越供应链的所有信息进行管理和利用的概念，这是与 PDM 的本质区别。

13.6.1　PLM 的应用及发展

按照 CIMDATA 的定义，PLM 主要包含三部分，即 CAX 软件（产品创新的工具类软件）、cPDM 软件（产品创新的管理类软件，包括 PDM 和在网上共享产品模型信息的协同软件等）和相关的咨询服务。实质上，PLM 与我国提出的 C4P（CAD/CAPP/CAM/CAE/PDM），或者技术信息化基本上指的是同样的领域，即与产品创新有关的信息技术的总称。

从另一个角度看，PLM 是一种理念，即对产品从创建到使用，到最终报废等全生命周期的产品数据信息进行管理的理念。在 PLM 理念产生之前，PDM 主要是针对产品研发过程的数据和过程的管理。而在 PLM 理念之下，PDM 的概念得到延伸，成为 cPDM，即基于协同的 PDM，可以实现研发部门、企业各相关部门，甚至企业间对产品数据的协同应用。

软件厂商推出的 PLM 软件是 PLM 第三个层次的概念。这些软件部分地覆盖了 CIMDATA 定义中 cPDM 应包含的功能，即不仅针对研发过程中的产品数据进行管理，同时也包括产品数据在生产、营销、采购、服务、维修等部门的应用。

因此，实质上 PLM 有三个层面的概念，即 PLM 领域、PLM 理念和 PLM 软件产品。而 PLM 软件的功能是 PDM 软件的扩展和延伸，PLM 软件的核心是 PDM 软件。

PLM 是一种战略管理方法。它应用一系列企业应用系统，支持跨组织地从概念设计到产品使用生命结束整个过程，产品信息的协同创建、分发、应用和管理。用友 PLM 通过 PDM（产品数据管理）和 CPD（协同产品开发）软件为企业提供在产品整个生命周期过程中产品信息的管理。PLM 还为 ERP 提供准确的产品结构和工艺信息数据源。

从产品来看，PLM 系统可帮助组织产品设计，完善产品结构修改，跟踪进展中的设计概念，及时方便地找出存档数据以及相关产品信息。

从过程来看，PLM 系统可协调组织整个产品生命周期内诸如设计审查、批准、变更、工作流优化以及产品发布等过程事件。

PLM 是依托 IT 实现企业最优化管理的有效方法，是科学的管理框架与企业现实问题相结合的产物，是计算机技术与企业文化相结合的一种产品。企业文化为企业自身所积累、表现出来的各方面特色之总和。

由此看来，所谓 PLM，并不只是一个技术模型，也不是一堆时髦的技术辞藻的堆砌，更不是简单的编写程序。它必须是一种可以实现的技术，必须是一种可以在不同行业、不同企业中实现的技术，必须是一种与企业文化相结合的技术。

PLM 技术最早出现于 20 世纪 80 年代初期，目的是为了解决大量工程图纸、技术文档以及 CAD 文件的计算机化的管理问题，后来逐渐扩展到产品开发中的三个主要领域：设计图纸和电子文档的管理、材料报表（BOM）的管理以及与工程文档的集成、工程变更请求/指令的跟踪与管理。现在所指的 PLM 技术源于美国的叫法，是对工程数据管理（EDM）、文档管理（DM）、产品信息管理（PIM）、技术数据管理（TDM）、技术信息管理（TIM）、图像管理（IM）和其他产品信息管理技术的一种概括与总称。

20 世纪末，PLM 继承并发展了 CIM 等技术的核心思想。在系统工程思想的指导下，用整体优化的观念对产品设计数据和设计过程进行描述，规范产品生命周期管理，保持产品数据的一致性和可跟踪性。PLM 的核心思想是设计数据的有序、设计过程的优化和资源的共享，通过人、过程、技术三者的平衡使虚拟制造过程进一步增值（焦鹤，2011）。PLM 生命周期管理架构如图 13-27 所示。

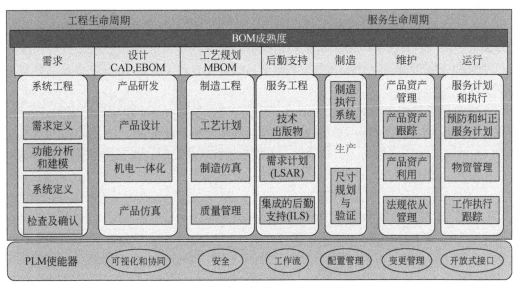

图 13-27　PLM 生命周期管理架构（焦鹤，2011）

13.6.2　制造业企业产品创新面临的挑战

制造业企业产品创新面临的挑战主要有以下几方面。

（1）如何实现产品研发过程的管理，缩短研发周期

在产品研发过程中，业务流程靠人工控制，产品设计任务协调困难、设计任务的衔接和文档的传递不能有效控制，项目管理与产品配置管理、文档管理、变更管理的集成度

低,上级不能通过人工项目管理方式及时准确地了解项目任务的执行情况,以便及时处理和协调。

(2)如何实现产品数据的管理,避免错误的数据被使用

没有统一的产品结构与配置管理系统,产品的相关数据不完备,传统变更控制完全依靠人工完成,难免发生各种各样的差错。

(3)如何最大限度利用企业现有资源,控制产品成本

企业中的大多成本的浪费实际上是设计出来的,重复设计、选料的随意性使物料库不断膨胀直接导致管理成本增加和采购成本的增加,并造成大量料件的闲置。

(4)如何消除信息孤岛,实现产品信息从设计到制造的有效流转

产品数据常常保存在个人和部门中,不能有效地在研发部门内共享,更不能与制造、采购和售后服务部门共享;产品开发人员将不得不将大量的时间用于信息收集,从而影响其他的产品研发、销售、售后服务的运作,严重制约企业的产品开发、创新能力(用友软件,2010)。

可见,制造业企业面对企业转型升级的挑战,迫切需要整合产品研发资源,提高协同设计能力,将产品的整个生命周期中的信息管理起来,实现人员、数据和过程的统一管理,并为 ERP 提供准确的产品结构和工艺信息数据源,与 ERP 一起形成企业信息化全面解决方案。

PDM 采用项目管理组织模式,固化产品开发的业务流程,实现项目计划、任务分解、流程控制,并实现协作管理,可实现多人协同设计产品。PDM 通过产品结构管理、配置管理、变更管理、版本控制、文档管理;实现数据标准化,设计流程标准化,进而统一管理产品数据,保证数据的一致性。

13.6.3　PLM 的特点及功能结构

PLM 纳入管理市场分析、客户需求、技术可行性分析等,包括多方的异地协同、相互的反复讨论、资料的原始记录、更改记录,原有资料的查询搜索和统计、市场分析资料的采集、分析和统计,对这些数据的有效管理成为产品开发定义的重要依据(焦鹤,2011)。PLM 的特点及功能结构如图 13-28 所示。

PLM 可以解决企业中复杂的电子图纸、软件、文件、技术资料、相关标准、更改记录等数据的归档、查询、共用、换版等控制问题,对图纸的创建、审批、归档、发布、回收、报废等生命周期状态进行高效的管控,各种状态之间的转换通过审批流程的控制,自动保存审批记录、变更记录以及旧版资料并实现自动关联,以保证资料的完整一致性,确保图纸资料的正确使用(金蝶软件,2010)。

各种类型的 CAD 2D/3D 机械结构图纸、EDA 原理图/PCB 图,以及各种异构类型的文件都能在 PLM 中统一组织、管理、使用和共享,被授权的用户可以方便地互相参考、借

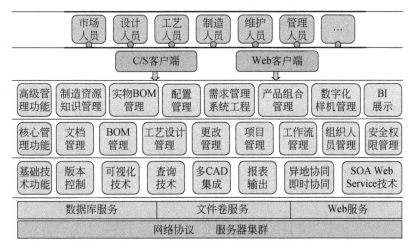

图 13-28　PLM 的特点及功能结构（焦鹤，2011）

用甚至是同步开发，所有的数据都确保其唯一性和在多处使用时的一致性。产品开发效率和产品开发质量将得到提高（金蝶软件，2010）。

PLM 以物料为核心管理所有的相关数据（如图纸、工艺、规格承认书和其他相关文档、工装模具等），实现以物料为中心的数据关联集成，并理清物料、图纸、工艺之间的版本关系。在此基础上建立产品的物料组成关系（BOM）并构成产品全息图，用户能够快捷、方便、准确的查找到与产品相关的所有资料。

PLM 提供基于成组技术的标准件、通用件以及专用件分类管理平台，可以根据物料属性分类整理和管理物料，排除物料的重号。

PLM 可以从机械 CAD 图纸和电子 EDA 图纸直接提取出物料信息和 BOM 信息，快速生成产品结构，当图纸发生变更时，产品结构自动随之更新。

PLM 的产品配置管理可以支持复杂的产品与零部件之间、零部件与零部件之间的相互依存、排斥、自定义数量计算公式，并可定义事物特征之间的逻辑关系，大大简化产品族模型的定义工作。

PLM 对整个产品开发流程中的人力、物力和时间等资源进行协调管理，从项目立项及审批、初步设计、会审、详细设计、开模、样机试制、测试、小批试产、一直到量产准备，开发过程中涉及销售、开发、工艺、模具、采购、生产等不同业务部门，时间跨度几个月甚至二三年，各部门（甚至是跨地域的分公司）各个不同专业的人员在系统协调下组成跟项目生命周期相关的项目组织，高效实现矩阵式组织管理，在系统的任务提醒、流程通知、邮件、信息等联络工具的协调下，有条不紊地按计划完成企业的产品开发任务。

PLM 以结果为导向进行项目管理，每项任务除了时间进度以外，更重要的是相关的工作成果。系统可以控制每项任务结束的前提是相关数据的完成并提交，管理者也可以很方便地随时检查各任务节点上工作交付物的完成情况，在保证效率的前提下把管理的触角延伸至底层的基本元素，在保证时间进度的同时确保工作内容保质保量地完成。系统还能自动实现数据的收集和分类整理。

PLM 还提供全面的报表分析工具，可以按各种条件对项目或者项目成员的情况进行统计和分析，实现对项目的考核和员工的考核。

PLM 为所有市面上常见的二维/三维机械设计 CAD、电路设计 EDA、分析软件 CAE、加工软件 CAM 等配置了深度集成应用接口，工程师可以在设计系统的界面直接查找 PLM 库中的图纸并调用；导入图纸时系统自动抓取图上的新物料信息（如物料名称、编号、规格、材料、安装位置、数量等），自动生成 BOM 及其物料记录；当工程师修改图纸时系统自动判断受影响的图纸以及 PLM 库中相关物料的记录并自动同步修改，避免修改图纸时漏改装配图纸或漏改 PLM 记录的情况，减少失误。

PLM 可以与 ERP 无缝集成，工程师在 PLM 平台开发产品时可以直接查询 ERP 中物料的流通信息，如物料的库存量、成本等信息；开发完成即可以将物料明细表以及新增物料记录通过审批流程直接写入 ERP。因此，结合 PLM 与 CAD 的集成应用，就打通了产品数据从 CAD、PLM、ERP 的通道，实现 PLM 从图纸自动抓取物料和 BOM 资料，PLM 自动将数据传递到 ERP 的业务流程优化，减少中间环节的操作和失误，而且保证数据同步，数据同步架构如图 13-29 所示（金蝶软件，2010）。

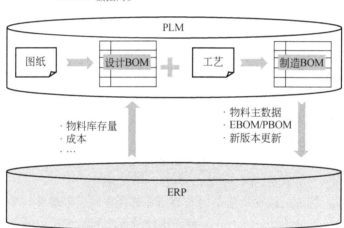

图 13-29　数据同步架构

13.6.4　PLM 系统架构

PLM 面向快速发展的制造业信息化需求，能对产品相关的数据、过程、资源一体化集成管理的系统。系统以项目管理和任务管理为主线的业务过程管理和以 BOM 管理为主线的数据管理，通过任务的动态驱动，实现新产品开发过程管理和数据管理的矩阵式动态结合。并面向制造业新产品开发全过程，对产品开发中动态过程及过程中产生的数据进行有效管理。实现对产品相关数据、过程和资源一体化集成管理。通过对业务和数据的整合来优化企业的开发过程和数据管理能力，提高企业产品设计知识、历史数据、成功经验的利用率，提高产品自主开发能力和开发效率。典型的 PLM 系统架构如图 13-30 所示（用友软件，2010）。

图13-30　PLM系统架构

扩展阅读：PLM业内著名公司参数技术公司（PTC）、达索公司（Dassault Systèmes）、西门子PLM公司（Siemens Product Lifecycle Management Software Inc.）、思普软件（SIPM）、欧特克公司（Autodesk，Inc.）、甲骨文公司（Oracle Agile）等。

13.6.5　PLM2.0的发展

PLM2.0是Web2.0在PLM领域的新应用，它不仅仅是一种技术，更是体现为PLM领域的一种新的思想。PLM应用是基于网络的（软件即服务）；PLM应用注重在线协作，集体智慧和在线社区；PLM扩展成现实世界的网络，将PLM延伸至企业之外；PLM业务流程可以很方便地通过网络进行激活，配置与使用。

当前，PLM2.0更多意义上是一个概念和构想。但是越来越多的PLM系统正在融入这种构想，拥抱PLM2.0。产品生命周期管理是一个概念上的规划，而不是一个独立的解决方案。实施PLM，需要由多个解决方案组成。它包括CAD/CAE/AM/VR/PDM和零部件管理以及在产品制造过程中使用的其他应用软件。

PLM的理念是产品全生命周期管理，然而，要实现这一理念，需要两个基本条件：第一，完整的产品数据；第二，从需求获取到交付给客户，直至到产品使用最终报废的全过程信息。产品的全生命周期是一个不断与客户互动的过程，不论是在产品的创建、使用和报废，要实现真正的产品全生命周期管理，都离不开与客户、合作伙伴、供应商的交互。然而，到目前为止，PLM技术还没有实现这个目标，因而我们将传统的PLM技术称为PLM1.0。

PLM2.0与PLM1.0最大的不同，就是要借助与互联网和Web2.0技术进行更多的交互，从而实现PLM本身的理念。PLM2.0的目的是将PLM的应用延伸到消费者、合作伙伴和供应商，希望将企业与消费者、合作伙伴和供应商在产品全生命周期过程中融入进来，进行互动，使得 PLM 系统能够完整地反映产品全生命周期的数据和产生过程，使产品能够更好地反映客户的需求，更好地赢得市场，而能够更加符合环保和绿色制造的要求（朱辉杰，2009）。

与此同时，社交网络的使用也开始激增。人们在个人生活中使用社交网络和社交媒体，有了一种与朋友互动的新方式。现在，各公司开始采用社交性计算和"Web 2.0"功能，以便将这些协同技术用于业务目的，进而创建"公司社交网络"，将围绕共同业务目标的社区联系在一起。这两个趋势（PLM 和社交性计算）的目标都是将人们联系起来，并提供一种共享内容的方法。制造商如何能够利用这些趋势提高产品盈利能力？显然，不是通过将工程部门注册到 Facebook、Twitter 或 MySpace 上。相反，各公司是在应用从社交网络获得的概念和经验教训将人们联系起来，并加强业务互动。这种向公司社交网络的转变可以带来巨大的商业价值，尤其是随着社交性计算技术应用于 PLM。

在 PLM 中采用 Web 2.0 和社交性计算可使公司能够发现新的知识，以及获取现有知识供未来使用。尽管在产品开发团队中直接使用公司社交网络工具有显著优势，但更多高级用法还可通过接触更广阔的社区开辟新的业务机会。大多数制造商首先会在内部开始使用社交性计算技术，以便改善现有协同流程。除了更好的沟通以外，其优点还包括获得广泛的信息源，并将其转变为公司知识，通过重复使用而不是重新创造公司知识节省时间和资金（Brown，2012）。

扩展阅读：协同并非新技术。无论是只有几个人参与的任务，还是正式的涉及多领域的流程（如并行工程），制造商通过协同取得效益已有一段时间。事实上，随着各公司实现全球化和虚拟化，在线协同已经变得更加重要，甚至取代了办公室中过去那种随意的自然交互。如今，项目团队可能由来自不同公司的人员组成，并且几乎肯定会跨越不同地理区域。一定数量的设计和分析可能会外包，并且至少一部分制造工作已移至海外。这就导致了社区的出现，在社区中，人们有共同关心的问题（项目或产品），而物理位置上不再接近。在线协同帮助这些社区通过数字方式开展合作。借助 PLM，人们可以使用相同文件和修订版，或者利用其他团队开发的相关设计创建数字样机。这是一大进步。但在社交方面，在线协同仍有缺失，没有了饮水机旁的闲谈，没有了临时设计会议，也不再到车间快速考察以查看事情进展情况。

在线协同已经很有帮助，但社交性计算技术有能力建立更有效、更动态和更虚拟的团队。即时沟通和共享（包括提醒、订阅、即时消息、状态更新和其他技术）可以帮助人们即时在持续进行的产品开发讨论中提出意见。聊天和状态检测可以帮助社区成员实时建立联系，以分享构思、解决和回答问题。如果没有它，人们可能会将问题留到以后，或是忘了问，或是干脆忽略问题（然后找一个想当然的答案）。通过创建社区空间，制造商可为项目提供背景信息，并为人们提供一个共享信息的中心位置，共享内容不一定是正式交付物（如设计）。在项目的早期阶段，这一点尤其重要，因为此时的交互更为频繁而结果都不太正式。社交性计算还带来了超越传统协同的新机会。虽然过去大多数协同都是在已经相互认识的人们之间进行的，但社区可为"社交发现"提供机会。社交发现包括在公司网络中查找其他可能具有相关专业知识的人，例如，通过社交搜索工具或标签进行查找。通过利用网络，可能未曾谋面的同事们也可以互相联系，建设他们共有的知识库并有可能参与到其所处的范围更广阔的企业社区。

除了更好的协同以外，借助社交性计算技术，制造商还可以获取和重复使用产品知识。现在可以通过电子讨论进行沟通会议和谈话，跨越空间和时间障碍，甚至可能跨越语言障碍。以往可能仅仅是单向的对外沟通，如新闻通信或电子邮件，现在则可以通过动态的多用户维基或博客集中提供。这不仅能提供最初的沟通内容，还能将沟通从静态通告转变为活跃的对话，包括相关讨论、更新、澄清、示例提供等，以保证内容常新。

关键是在源头获取产品知识。不是期待在项目结束时通过强制性的"经验教训"总结获得巨大价值，现在是在制定决策时就将其记录下来，以供未来做项目时回顾参考和学习。这样可将知识获取转变为产品开发和工程讨论的天然副产品，从而缓解了在以后难以记住内容（更不用说背景）时才获取知识的困难。由于专家会从一个项目转至另一个项目，经验丰富的员工可能退休，因此保存知识和将知识打包在一起非常重要。许多团队还会发现，这也是帮助他们在经过一段时间以后回忆以往讨论和决策的简单方法。借助社交性计算，希望共享经验的人们可将他们的共享范围扩展到更广阔的产品开发社区。随后人们可以搜索和链接他们的知识，以便更广泛地共享这些知识，并消除重复。

在产品设计团队之外，还有更多人员需要协同。协同可将人员和流程扩展到整个产品生命周期，如制造、采购或质量。各公司可以通过更加快速地与下游人员协同改善和优化流程（如可制造性设计），并且通过社交性计算这样做，可使各公司获取这些知识，从而使未来的项目也能从中获益。跨部门使用社交性计算功能还能帮助获得有关产品质量的信息，例如挖掘来自世界各地的服务技术人员的博客和讨论，可以发现常见质量问题或趋势问题。

协同还可将客户或提供商纳入讨论，进而获取他们的专业知识。除内部社区之外，社交性计算还可提供将协同扩展到外部社区的能力。例如，建立一个博客用于讨论新产品的功能，以及使用该博客推动产品需求。实际上，将公司社交网络扩展到客户，提供了一种新的强大方法，用于收集和利用"客户之声"，以便更好地收集需求，从而可将产品设计的重点放在客户需求和价值上。

制造商如何开始利用这些新的协同方法？有些社交性计算技术可能需要新的业务模式，例如，可以利用客户社区帮助推动产品方向的"群体外包"。这些方法利用扩展的公司社交网络（具有适当的安全性）为生成知识产权（IP）和产品构思提供支持。通过更好地实现现有流程，其他方法更加容易实现。大多数公司都从这里开始。

在 Facebook 中，您可与朋友或家人分享孩子们的绘画作品、新摩托车或滑稽录像。在 PLM 中，整个环境以产品为中心，参与者可以在产品开发团队和整个公司内共享概念、构思、设计、仿真或项目交付物。显然，Facebook、MySpace、Twitter、LinkedIn 或任何其他社交站点并不符合共享产品知识产权所需的严密性和安全性要求。虽然个人网络解决方案并非解决问题的答案，但这些解决方案背后的概念要比工具本身更有说服力。

虽然优点显著，但实施社交性计算技术却不一定十分复杂。帮助实现企业应用程序的基础架构正在扩展，以满足 Web 2.0 功能的需要。许多公司已经在使用多种服务，如状态检测、即时消息、共享文件夹和链式讨论。而且维基、博客以及其他协同方式背后的技术并非高不可攀。但采用这些工具时一定要考虑产品开发环境，并要考虑到所有通常用于共享产品数据的安全事项和法规。关键是适当应用社交性计算，并通过与 PLM 集成，使社交性计算与底层共享环境（产品或项目）集成。此外，提供社交性计算框架（包括搜索功能）也很重要，该框架可使任何人方便地贡献和获得知识。

有了这些工具，人们很可能乐于接受公司社交网络，因为它是一种自然、直观的沟通方式。根据社交网络在工作之外的受欢迎程度，我们相信大多数工程师和产品开发人员都会对此类交互感到满意。现在，他们可以将此类沟通应用于业务，并因自己对社区的贡献和超越工作领域提供的价值而受到认可（Brown，2012）。

13.7　计算机辅助设计

计算机辅助设计（computer aided design，CAD）指利用计算机及其图形设备帮助设计人员进行设计工作。在设计中通常要用计算机对不同方案进行大量的计算、分析和比较，以决定最优方案；各种设计信息，不论是数字的、文字的或图形的，都能存放在计算机的内存或外存里，并能快速地检索；设计人员通常用草图开始设计，将草图变为工作图的繁重工作可以交给计算机完成；由计算机自动产生的设计结果，可以快速做出图形，使设计人员及时对设计做出判断和修改；利用计算机可以进行与图形的编辑、放大、缩小、平移和旋转等有关的数据加工工作。

13.7.1　CAD 的发展

CAD 诞生于 20 世纪 60 年代，是美国麻省理工学院提出交互式图形学的研究计划。由于当时硬件设施昂贵，只有美国通用汽车公司和美国波音航天公司使用自行开发的交互式绘图系统。

20 世纪 80 年代，由于 PC 机的应用，CAD 得以迅速发展，出现了专门从事 CAD 系统开发的公司。当时 VersaCAD 是专业的 CAD 制作公司，所开发的 CAD 软件功能强大，但由于其价格昂贵，故不能普遍应用。而当时的 Autodesk 公司是一个仅有员工数人的小公司，其开发的 CAD 系统虽然功能有限，但因其可免费拷贝，故在社会得以广泛应用。同时，由于该系统的开放性，该 CAD 软件升级迅速。

CAD 最早的应用是在汽车制造、航天以及电子工业的大公司中。随着计算机变得更便宜，应用范围也逐渐变广。

CAD 的实现技术从那个时候起经过了许多演变。这个领域刚开始的时候主要被用于产生和手绘的图纸相仿的图纸。计算机技术的发展使得计算机在设计活动中得到更有技巧的应用。如今，CAD 已经不仅仅用于绘图和显示，它开始进入设计者的专业知识中更"智能"的部分。随着计算机科技的日益发展，性能的提升和更便宜的价格，许多公司已采用立体的绘图设计。

扩展阅读：常用的 CAD 软件软件会提供一些模型，但更多的模型需要从网上获取，帮助我们提升设计效率。对于专业企业，因为绘制内容不同，还常存在有多种 CAD 系统并行的局面，那么就需要配置统一的、具备跨平台能力的零部件数据资源库，将标准件库和外购件库内的模型数据以 CAD 原始数据格式导出到三维构型系统当中去，如主流的 Autodesk Inventor、SolidWorks、CATIA、SolidEdge、Pro/E、AutoCAD、UG NX、Onespace 等，更快的帮助设计人员完成设计工作，提升效率。在国外，这种网络服务被称为"零部件图书馆"或"数据资源仓库"。在欧美和日本的 PLM 用户中，基于互联网的 PLM 零部件数据资源平台 LinkAble PARTcommunity（PCOM）的知名度一点都不亚于今天我们所熟知的 BLOG 和 SNS 这样的网络平台。

13.7.2　CAD 的基本功能结构

CAD 主要包括交互技术、图形变换技术、曲面造型和实体造型技术等。在计算机辅助设计中，交互技术是必不可少的。交互式 CAD 系统是指用户在使用计 CAD 系统算机系统进行设计时，人和机器可以及时地交换信息。采用交互式系统，人们可以边构思、边打样、边修改，随时可从图形终端屏幕上看到每一步操作的显示结果，非常直观。图形变换的主要功能是把用户坐标系和图形输出设备的坐标系联系起来；对图形作平移、旋转、缩放、透视变换，通过矩阵运算来实现图形变换（刘晓冰，高天一，2001）。

二维 CAD 目前比较流行的是 AutoCAD，二维 CAD 的基本功能有：

1）平面绘图。能以多种方式创建直线、圆、椭圆、多边形、样条曲线等基本图形对象。

2）绘图辅助工具。提供了正交、对象捕捉、极轴追踪、捕捉追踪等 AutoCAD 的操作界面绘图辅助工具。正交功能使用户可以很方便地绘制水平、竖直直线，对象捕捉可帮助拾取几何对象上的特殊点，追踪功能使画斜线及沿不同方向定位点变得更加容易。

3）编辑图形。CAD 具有强大的编辑功能，可以移动、复制、旋转、阵列、拉伸、延长、修剪、缩放对象等。

4）标注尺寸。可以创建多种类型尺寸，标注外观可以自行设定。

5）书写文字。能轻易在图形的任何位置、沿任何方向书写文字，可设定文字字体、倾斜角度及宽度缩放比例等属性。

6）图层管理功能。图形对象都位于某一图层上，可设定图层颜色、线型、线宽等特性。

7）三维绘图。可创建 3D 实体及表面模型，能对实体本身进行编辑。

8）网络功能。可将图形在网络上发布，或是通过网络访问 AutoCAD 资源。

9）数据交换。提供了多种图形图像数据交换格式及相应命令。

13.7.3　CAD 的二次开发

在复杂 CAD 问题或特殊用途的设计中，依据原有软件的功能往往难以解决问题，在此情况下，只是会适用软件的基本功能是不够的，根据客户的特殊用途进行软件的客户化定制和二次开发，往往能够大大提高企业的生产效率和技术水平。CAD 允许用户定制菜单和工具栏，AutoCAD 能利用内嵌语言 Autolisp、Visual Lisp、VBA、ADS、ARX 等进行二次开发还可以加载运行脚本，实现系统本身所没有的功能，如三维自动旋转。当前 AutoCAD 的二次开发工具主要有：VisualLisp、VBA、ObjectARX 和 .NET API 等。其中，VisualLisp 与 VBA 较为简单，特别是 VBA，使用方便且开发速度较快，但其功能相比 ObjectARX 有所不足，尤其是对面向对象的功能支持不好。而 ObjectARX 基于 VC 平台，在 C++的支持下，其功能非常强大，可以很好地运用各种面向对象技术，但其缺点是开发速度比较慢，同时对开发人员的能力要求较高。.NET 是微软新推出的开发平台，具有众多优点。

基于 .NET 平台对 AutoCAD 进行二次开发，可充分利用 .NET 的各种优势，在保证功能强大的前提下大大提高开发速度（曾洪飞等，2008）。

13.7.4　CAD 与其他系统的集成

目前，许多企业已经建立了 CAD、CAM、CAPP、FMS 等集成系统。这些系统属于微观集成，较难发挥企业的整体效益。随着集成技术的发展，企业的集成已发展成为以产品为核心的中观集成和以企业经营流程为核心的宏观集成，这就需要 CAD、PDM、ERP 集成系统的支持。

（1）CAD、PDM、ERP 集成系统的功能（崔红，樊丽敏，2008）

1）CAD、PDM、ERP 系统之间的关系。在产品的全生命周期中，CAD 系统用于产品的设计和分析，PDM 系统用于管理与产品有关的数据和过程；ERP 系统管理企业的人、财、物、信息等企业资源。每个 PDM 系统都能和与之相对应的 CAD 系统进行很好的集成，如 PM 与 CATIA、Metaphase 与 I-DEAS、IMAN 与 UGⅡ、PRO/PDM 与 PRO/Engineer 等。此外，每个 PDM 系统都可以以 IGES、VDA、STEP 等标准格式与 CAD 系统进行集成。

2）CAD、PDM、ERP 集成系统的核心是建立企业级的单源产品数据库。每个制造企业可能会生产很多产品，每个产品的数据又涉及许多业务部门，因此一个企业的数据很多。如何保证产品数据的有效性、完整性、唯一性、最新性及共享性，是集成系统的核心问题。建立单源产品数据库，就是把产品的所有数据（即从市场开发到设计、制造、销售，一直到服务整个产品生命周期的数据）放入这个数据库中，供各业务部门使用，达到数据共享的目的。

PDM 系统是建立在关系型数据库管理系统基础上的面向对象的产品数据管理应用系统，是一项管理所有与产品相关的信息和过程的技术。

PDM 是理想的 CAD/CAM 集成平台和工具，可以集成或封装多种开发环境和工具，按不同的用途和目的分门别类地进行信息集成和管理，实现真正意义上的 CAD/CAPP/CAM 无缝集成。前面我们讲过 PDM 功能是实现电子资料室管理和检索，它是 PDM 最基本的功能，PDM 核心。

3）基于 PDM 平台 CAD/CAM 系统集成模式。应用封装 包括应用工具以及由其产生文件的封装，例如，在 PDM 系统中可启动封装后二维 CAD 系统，进行图形修改。基于 PDM 平台的 CAD/CAM 集成系统体系结构如图 13-31 所示（王隆太，2002）。

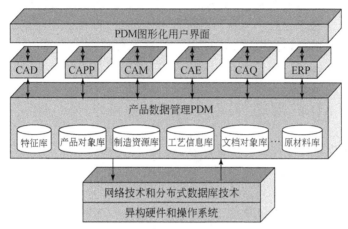

图 13-31　基于 PDM 平台的 CAD/CAM 集成系统体系结构

PDM 与 CAD/CAPP/CAM 集成信息流如图 13-32 所示（王隆太，2002）。

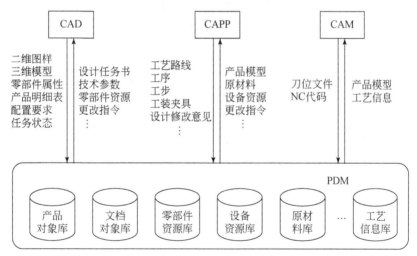

图 13-32　PDM 与 CAD/CAPP/CAM 集成信息流

（2）CAD、PDM、ERP 集成系统的实施

目前，国内外有各种各样的 CAD、PDM、ERP 软件。这些产品各有特点，功能各有千秋。由于我们的国情及厂情不同，买回来的软件需要做一些修改。不同的企业由于产品结构和生产工艺不同、企业规模不同、企业的所有制和组织机构不同，因此在管理的具体制度和业务流程上会有所差异。即使是同一个企业，随着科技进步和市场需求的变化，企业的管理方式和方法也必须随之改变。因此，如何把一个企业的管理映射到计算机集成系统

中，即实现系统用户化，并能正确运行，是企业实施计算机管理系统成败的关键（崔红，樊丽敏，2008）。

在我国，CAD、PDM、ERP 集成系统的应用处于刚刚起步的阶段，有的企业正准备用这样的集成系统来实现企业管理的计算机化。其主要目标是，用集成系统实现合同、计划、工程、工艺、工装、设施、质量、劳资、零件制造、装配、职工培训、采购、人力资源、资金费用、文档等信息的管理。其应用前景十分广阔，将给企业带来相当可观的效益。

13.7.5 3D CAD 的发展与应用

3D-CAD 是数字化设计、制造与管理基础，是现代产品创新的基本工具。CAD 从 2D 转到 3D 不仅仅是软件升级。它需要用户从二维图纸转到三维建模。3D-CAD 在制造型企业中正扮演着重要的角色。3D-CAD 具有最好可视性，它能更好地对现实事物进行仿真，在设计阶段解决产品生产、制造问题。3D-CAD 软件开发场景如图 13-33 所示。

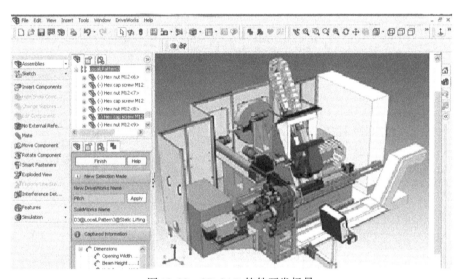

图 13-33 3D-CAD 软件开发场景

扩展阅读： 主要 3D 软件 CATIA 是法国 Dassault System 公司的 CAD/CAE/CAM 一体化软件；

早在 20 世纪 70 年代 Dassault Aviation （其产品以幻影 2000 和阵风战斗机最为著名）成为了第一个用户，CATIA 也应运而生；

美国波音航天器公司全线使用 CATIA 完成了整个波音 777 电子样机的装配；

Pro/E （全称 Pro/ENGINEER） 是美国 PTC 公司的数字化产品设计制造系统；

1986 年由原 CV 公司的技术人员开发创建，不仅最先将"参数化"技术融入 CAD 系统，并且借助 PC （个人计算机） 的快速崛起；

率先将高端 CAD 系统从航天国防尖端领域推介到民用制造行业；

近20年的快速发展，目前 Pro/E 系统的功能得到巨大提升和完善，已成为一个集 CAD/CAM/CAE 一体化的中高端 CAX 系统。

Cimatron 是以色列公司的 CAD/CAM/PDM 产品；

是较早在微机平台上实现三维 CAD/CAM 全功能的系统；

该系统提供了比较灵活的用户界面，优良的三维造型、工程绘图，全面的数控加工，各种通用、专用数据接口以及集成化的产品数据管理。

Mastercam 软件是美国 CNC Software. INC 所研制开发的 CAD/CAM 系统；

是经济有效率的全方位的软件系统，包括美国在内的各工业大国皆一致采用本系统，作为加工制造的标准。操作简单、易学易用，是工业界及学校广泛采用的入门级 CAD/CAM 系统。

13.8 计算机辅助制造

计算机辅助制造（computer aided manufacturing，CAM）的核心是计算机数值控制（简称数控），是将计算机应用于制造生产的过程或系统。1952 年美国麻省理工学院首先研制成数控铣床。数控的特征是由编码在穿孔纸带上的程序指令来控制机床。此后发展了一系列的数控机床，包括称为"加工中心"的多功能机床，能从刀库中自动换刀和自动转换工作位置，能连续完成铣、钻、铰、攻丝等多道工序，这些都是通过程序指令控制运作的，只要改变程序指令就可改变加工过程，数控的这种加工灵活性称为"柔性"。

13.8.1 CAM 概述

狭义 CAM 是指计算机辅助编制数控机床加工指令。包括刀具路径规划、刀位文件生成、刀具轨迹仿真、NC 代码生成以及与数控装置的软件接口等（宁汝新，2011）。

广义 CAM 是指利用计算机辅助完成从生产准备到产品制造整个过程的活动，其中包括直接制造过程和间接制造过程。主要包括工艺过程设计、工装设计、NC 自动编程、生产作业计划、生产控制、质量控制等。凡涉及零件加工与检验、产品装配与检验的环节都属于广义 CAM 的范畴（宁汝新，2011）。它输入信息是零件的工艺路线和工序内容，输出信息是刀具加工时的运动轨迹（刀位文件）和数控程序。CAM 系统一般具有数据转换和过程自动化两方面的功能。CAM 所涉及的范围，包括计算机数控，计算机辅助过程设计。CAM 与 CAD 密不可分，甚至比 CAD 应用得更为广泛。几乎每一个现代制造企业都离不开大量的数控设备。随着对产品质量要求的不断提高，要高效地制造高精度的产品，CAM 技术不可或缺。设计系统只有配合数控加工才能充分显示其巨大的优越性。另一方面，数控技术只有依靠设计系统产生的模型才能发挥其效率。所以，在实际应用中，二者很自然地紧密结合起来，形成 CAD/CAM 系统，在这个系统中设计和制造的各个阶段可利用公共数据库中的数据，即通过公共数据库将设计和制造过程紧密地联系为一个整体。数控自动编程系统利用设计的结果和产生的模型，形成数控加工机床所需的信息。CAD/CAM 大大缩短了产品的制造周期，显著地提高产品质量，产生了巨大的经济效益（宁汝新，2011）。图 13-34 就是典型的产品设计与制造过程。

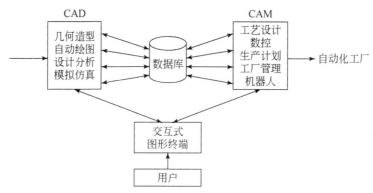

图 13-34 典型的产品设计与制造过程

13.8.2 CAM 功能结构

一个 CAD/CAM 系统是由计算机、外围设备及附加生产设备等硬件和控制这些硬件运行的指令、程序及文档即软件组成，通常包含若干功能模块。CAD/CAM 系统是设计、制造过程中的信息处理系统，它克服了传统手工设计的缺陷，充分利用计算机高速、准确、高效的计算功能；图形处理、文字处理功能以及对大量的、各类数据的存储、传递、加工功能；在运行过程中，结合人的经验、知识及创造性，形成一个人机交互、各尽所长、紧密配合的系统，以提高设计的质量和效率。CAD/CAM 工作过程如流程图 13-35 所示（宁汝新，2011）。

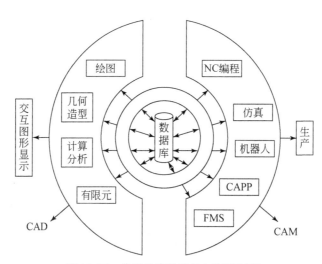

图 13-35 典型的产品设计与制造过程

13.8.3　CAM 主要技术

数控编程是目前 CAD/CAPP/CAM 系统中最能明显发挥效益的环节之一，其在实现设计加工自动化、提高加工精度和加工质量、缩短产品研制周期等方面发挥着重要作用。在诸如航天工业、汽车工业等领域有着大量的应用。由于生产实际的强烈需求，国内外都对数控编程技术进行了广泛的研究，并取得了丰硕成果（宁汝新，2011）。

13.8.4　CAM 与其他系统的集成

随着计算机技术日益广泛深入的应用，人们很快发现，采用这些各自独立的系统不能实现系统之间信息的自动传递和交换。例如，CAD 系统设计的结果，不能直接为 CAPP 系统接收，若进行工艺规程设计时还需要人工将 CAD 输出的图样、文档等信息转换成 CAPP 系统所需要的输入数据，这不但影响了效率的提高，而且在人工转换过程中难免会发生错误。只有当 CAD 系统生成的产品零件信息能自动转换成后续环节（如 CAPP、CAM 等）所需的输入信息，才是最经济的。为此，人们提出了 CAD/CAM 集成的概念并致力于 CAD、CAPP 和 CAM 系统之间数据自动传递和转换的研究，以便将业已存在的和正在使用中的 CAD、CAPP、CAM 等独立系统集成起来（王隆太，2002；宁汝新，2011）。

CAD/CAM 是制造系统的重要组成部分，正确理解 CAD/CAM 系统集成的概念，应将 CAD/CAM 放到整个集成化制造系统中来分析。集成化制造系统是由管理决策系统、产品设计与工程设计系统、制造自动化系统、质量保障系统四个功能子系统以及计算机网络和数据库两个支撑子系统等 6 个部分有机地集成起来的，图 13-36 表示了 6 个子系统及其与外部信息的联系（王隆太，2002；宁汝新，2011）。

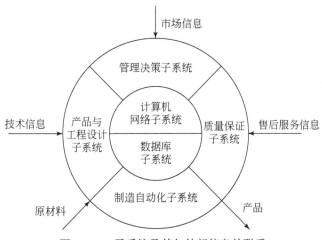

图 13-36　子系统及其与外部信息的联系

从 CAD/CAM 的集成技术看，它包括硬件的集成，也包括软件集成。可以采用网络系统，也可不采用网络技术。各系统之间的集成关系如图 13-37 所示（宁汝新，2011）。

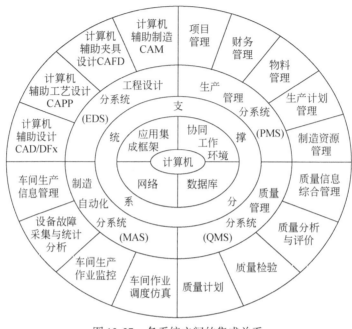

图 13-37　各系统之间的集成关系

13.9　计算机辅助工艺过程计划

13.9.1　CAPP 的定义

计算机辅助工艺过程计划（computer aided process planning，CAPP）是指借助于计算机软硬件技术和支撑环境，利用计算机进行数值计算、逻辑判断和推理等的功能来制定零件机械加工工艺过程。借助于 CAPP 系统，可以解决手工工艺设计效率低、一致性差、质量不稳定、不易达到优化等问题。智能化的 CAPP 系统可以继承和学习工艺专家的经验和知识，用于指导工艺设计，在一定程度上可以弥补技术熟练、具有丰富生产经验的工艺专家普遍存在不足的缺憾。所以 CAPP 自诞生以来，一直受到工业界和学术界的广泛重视，CIRP、ASME 等的重要学术会议均把 CAPP 研究作为重要的议题。CAPP 是将产品设计信息转换为各种加工制造、管理信息的关键环节，是连接 CAD、CAM 的桥梁，是制造业企业信息化建设的信息中枢，是支撑 CIMS 的核心单元技术，作用和意义重大。CAPP 是根据产品设计结果进行产品的加工方法设计和制造过程设计。CAPP 系统的功能包括毛坯设计、加工方法选择、工序设计、工艺路线制定和工时定额计算等（张胜文，赵良才，2005）。

工序设计包括加工设备和工装的选用、加工余量的分配、切削用量选择以及机床、刀具的选择、必要的工序图生成等内容。

工艺设计是产品制造过程中技术准备工作的一项重要内容，是产品设计与实际生产的纽带，是一个经验性很强且随制造环境的变化而多变的决策过程。随着现代制造技术的发展，传统的工艺设计方法已经远远不能满足自动化和集成化的要求。

CAPP 在 CAD、CAM 中起到桥梁和纽带作用：CAPP 接受来自 CAD 的产品几何拓扑信息、材料信息及精度、粗糙度等工艺信息，并向 CAD 反馈产品的结构工艺性评价信息；CAPP 向 CAM 提供零件加工所需的设备、工装、切削参数、装夹参数以及刀具轨迹文件，同时接受 CAM 反馈的工艺修改意见。

扩展阅读：CAPP 系统的研究和发展经历了较为漫长曲折的过程。自从 1965 年 Niebel 首次提出 CAPP 思想，迄今 30 多年，CAPP 领域的研究得到了极大的发展，期间经历了检索式、派生式、创成式、混合式、专家系统、开发工具等不同的发展阶段，并涌现了一大批 CAPP 原型系统和商品化的 CAPP 系统。工艺规程设计的主要任务是为被加工零件选择合理的加工方法、加工顺序、工、夹、量具，以及切削用量的计算等，使能按设计要求生产出合格的成品零件。计算机能有效地管理大量的数据，进行快速、准确的计算，进行各种方案的比较、选择，能自动绘图和编制表格文件。CAPP 不仅能实现工艺设计自动化，还能把 CAD 和 CAM 的信息连接起来，实现 CAD/CAM 一体化，是集成制造系统的关键性中间环节。CIMS 被认为是未来机械制造工业的生产模式。而 CIMS 的关键是信息的集成，而 CAD 和 CAM 的集成又是实现 CIMS 的关键之一。理想的 CAPP 系统能够直接接受 CAD 系统的信息，进行工艺设计，生成工艺文件，并以工艺设计结果和零件信息为依据，经过适当的后置处理后，生成 NC 代码，从而实现 CAD/CAPP/CAM 的集成。但由于 CAPP 发展的严重滞后，能真正实现 CAD/CAPP/CAM 集成的 CAPP 系统还未出现（张胜文，赵良才，2005）。

13.9.2　CAPP 的功能与作用

CAPP 的功能与作用主要有：①输入设计信息；②选择工艺路线；③决定工序、机床、刀具；④决定切削用量；⑤估算工时成本；⑥输出工艺文件等。CAPP 将产品设计信息转变为制造加工与生产管理信息，它是 CAD 与 NCP 之间的桥梁与纽带。

13.9.3　CAPP 的分类

(1) 检索式 CAPP

早期的 CAPP 系统为检索式（retrieval）系统。它事先将设计好的零件加工工艺规程存储在计算机中，在编制零件工艺规程时，根据零件图号或名称等检索出存有的工艺规程，获得工艺设计内容。这类 CAPP 系统自动决策能力差，但最易建立，简单实用，对于现行工艺规程比较稳定的企业比较实用。检索式 CAPP 系统主要用于已经标准化的工艺过程设计。

（2）派生式 CAPP

派生式 CAPP 建立在成组技术基础上，把尺寸、形状和工艺相似的零件组成一零件族，对每一零件族设计一个标准的工艺规程以文件形式存入计算机。当要制订某一零件的工艺规程时，输入此零件编码及有关几何和工艺参数，经分类识别找到该零件所属的族，调出该族的标准工艺文件，进行交互编辑修改，形成新的工艺规程。随着成组技术（GT）的推广应用，变异式或派生式 CAPP（variant CAPP）系统得到了开发和应用。派生式 CAPP 系统以成组技术为基础，按零件结构和工艺的相似性，将零件划分为零件族，并给每一族的零件制定优化的加工方案和典型工艺过程。挪威早期推出的 AUTOPROS 系统，美国麦克唐纳．道格拉斯自动化公司与 CAM-I 开发的 CAPP-CAM-I 系统，英国曼彻斯特大学开发的 AutoCAP 系统等都是典型的派生式 CAPP 系统。派生式 CAPP 系统实质上是根据零件编码检索出标准工艺，并在此基础上进行编辑修改，系统构建容易，有利于实现工艺设计的标准化和规格化，而且有较为成熟的理论基础（如成组技术等），故开发、维护方便。变异设计的思想与实际手工工艺设计的思路比较接近，故此类系统比较实用，发展较快，取得了一定的经济效益。

（3）生成式 CAPP

生成式 CAPP 由系统中的工艺决策逻辑与算法对加工工艺进行一系列的决策，从无到有自动地生成零件的工艺规程。20 世纪 70 年代中后期，美国普渡大学的 Wysk 博士在其博士论文中首次提出了基于工艺决策逻辑与算法的创成式 CAPP（generative CAPP）的概念，并开发出第一个创成式 CAPP 系统原型——APPAS（automated process planning and selection）系统，CAPP 的研究进入了一个新的阶段。创成式 CAPP 系统能根据输入的零件信息，通过逻辑推理、公式和算法等，做出工艺决策，自动地生成零件的工艺规程。创成式 CAPP 系统是较为理想的系统模型，但由于制造过程的离散性、产品的多样性、复杂性、制造环境的差异性、系统状态的模糊性、工艺设计本身的经验性等因素，使得工艺过程的设计成为相当复杂的决策过程，实现有一定适应面的、工艺完全自动生成的创成式 CAPP 系统具有相当的难度，已有的系统多是针对特定的零件类型（以回转体为主）、特定的制造环境的专用系统。鉴于创成式 CAPP 系统设计开发中的困难，随后研究人员提出了混合式 CAPP（hybrid CAPP）系统，它融合了派生式和创成式两类 CAPP 系统的特点。混合式 CAPP 系统常采用派生的方法首先生成零件的典型加工顺序，然后根据零件信息，采用逻辑推理决策的方法生成零件的工序内容，最后人机交互式编辑修改工艺规程。目前混合式的 CAPP 系统应用较为广泛。

（4）交互式 CAPP

交互式 CAPP 以人机对话方式完成工艺规程设计，对人依赖性很大。进入 20 世纪 80 年代，研究人员探讨将人工智能（AI）技术、专家系统技术应用于 CAPP 系统中，促进了以知识基（knowledge-based）和智能化为特征的 CAPP 专家系统的研制。专家系统 CAPP 与创成式 CAPP 系统主要区别在于工艺设计过程的决策方式不同：创成式 CAPP 是基于

"逻辑算法+决策表"进行决策;专家系统 CAPP 则以"逻辑推理+知识"为核心,更强调工艺设计系统中工艺知识的表达、处理机制以及决策过程的自动化。1981 年法国的 Descotte 等开发的 GARI 系统是第一个利用人工智能技术开发的 CAPP 系统原型,该系统采用产生式规则来存储加工知识并可完成加工方法选择和工序排序工作。目前已有数百套专家系统 CAPP 问世,其中较为著名的是日本东京大学开发的 TOM 系统,英国 UMIST 大学开发的 XCUT 系统以及扩充后的 XPLAN 系统等。

20 世纪 80 年代中后期,随着 CIM 概念的提出和 CIMS 在制造领域的推广应用,面向新的制造环境的集成化、智能化以及功能更完备的 CAPP 系统成为新的研究热点,涌现出了集成化的 CAPP 系统,如德国阿亨工业大学 Eversheim 教授等开发的 AUTOTAP 系统;美国普渡大学的 H. P. Wang 与 Wysk 在 CADCAM 和 APPAS 系统的基础上,经扩充推出的 TIPPS (totally integrated process planning system) 系统以及清华大学开发的 THCAPP 系统等都是早期集成化 CAPP 系统的典范。

(5) 智能式 CAPP

利用人工智能技术,以推理加知识为特征。进入 20 世纪 90 年代,随着产品设计方式的改进、企业生产环境的变化以及计算机技术的进步与发展,CAPP 系统体系结构、功能、领域适应性、扩充维护性、实用性等方面成为新的研究热点。例如,基于并行环境的 CAPP、可重构式 CAPP 系统、CAPP 系统开发工具、面向对象的 CAPP 系统、CAPP 与 PPS 集成均成为 CAPP 体系结构研究的热点。人工神经网络(ANN)技术、模糊综合评判方法、基因算法等理论和方法也已应用于 CAPP 的知识表达和工艺决策中。与此同时,CAPP 系统的研究对象也从传统的回转体、箱体类零件扩大到焊接、铸造、冲压等领域中,极大地丰富了 CAPP 的研究内涵。归纳起来,CAPP 流程如图 13-38 所示(张胜文,赵良才,2005)。

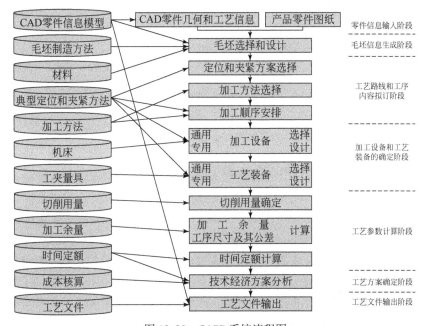

图 13-38　CAPP 系统流程图

13.9.4　CAPP 系统的基本结构

（1）零件信息的输入

零件信息是系统进行工艺设计的对象和依据，在计算机内部必须有一个专门的数据结构来对零件信息进行描述，如何输入和描述零件信息是 CAPP 最关键的问题之一。

（2）工艺规程的生成

对标准工艺进行检索、调用、修改和编辑，生成零件的工艺规程（派生法）；或者是以零件信息为依据，按预先规定的顺序或逻辑，调用有关工艺数据或规则，进行必要的比较、计算和决策，生成零件的工艺规程并进行适当的编辑和修改（创成法）。

（3）工艺数据/知识库

工艺数据/知识库是 CAPP 系统的支撑工具，它包含了工艺设计所要求的所有工艺数据（比如加工方法、余量、切削用量、机床、刀具、夹具、量具、辅具以及材料、工时、成本核算等多方面的信息）和规则（包括工艺决策逻辑、决策习惯、经验等众多内容，如加工方法选择规则、排序规则等）。

（4）系统的控制和管理

负责对整个系统的控制与管理。

（5）工艺文件管理与输出

管理和维护系统工艺文件既是 CAPP 系统的重要内容，也是整个 CAD/CAPP/CAM 集成系统的重要组成部分。输出部分包括工艺文件的格式化显示、存盘、打印等。系统一般能输出各种格式的工艺文件，有些系统还允许用户自定义输出格式，有些系统还能直接输出零件的 NC 程序。

13.9.5　CAPP 与其他系统的集成

CAD 系统提供的零件几何信息需重组成具有加工意义的加工特征和加工表面信息。CAD 系统还应能提供 CAPP 所需的材料表面粗糙度、尺寸公差、形位公差等非几何信息，20 世纪 80 年代中后期，CAD、CAM 的单元技术日趋成熟。随着机械制造业向 CIMS 或智能制造系统（intelligent manufacturing system，IMS）发展，CAD/CAM 的集成化要求是亟待解决的问题。CAD/CAM 集成系统实际上是 CAD/CAPP/CAM 集成系统。CAPP 从 CAD 系统中获得零件的几何拓扑信息、工艺信息，并从工程数据库中获得企业的生产条件、资源情况及企业工人技术水平等信息，进行工艺设计，形成工艺流程卡、工序卡、工步卡及 NC 加工控制指令，在 CAD、CAM 中起纽带作用。为达到此目的，在集成系统中必须解决下列几方面问题（张胜文，赵良才，2005）：

1）CAPP 模块能直接从 CAD 模块中获取零件的几何信息、材料信息、工艺信息等，以代替零件信息描述的输入；

2）CAD 模块的几何建模系统，除提供几何形状及拓扑信息外，还必须提供零件的工艺信息、检测信息、组织信息及结构分析信息等；

3）须适应多种数控系统 NC 加工控制指令的生成。

日益激烈的竞争环境要求企业从传统的大规模生产模式革新为大规模定制模式，实现产品的快速和个性化定制生产。制造企业不仅要通过计算机高效地生成和管理工程图纸（CAD），还要利用 PDM 为平台将各种应用系统集成在统一的平台下；不仅要以订单为驱动将企业管理过程的信息进行集成的管理（ERP），还要重视生产制造过程工艺信息的管理（manufacturing process management，MPM）——这是产品形成的关键过程，也是决定产品质量、上市时间、生产成本的关键因素。

所谓工艺过程管理（MPM），是一种贯穿计划、设计、制造和管理全过程的协同工作环境，旨在对生产过程中的工艺信息进行协调的统一管理。MPM 解决方案主要解决了生产管理部门在制造过程中复杂工艺过程的管理问题，应用在制造工艺管理中的各个阶段，包括规划阶段和工程阶段。在这些阶段中，系统采用其本身的计划工具、运营过程仿真优化工具、工程工具、装配仿真、质量控制工具等来仿真和优化制造过程，同时又可以使用支持协同作业的浏览器工具等对整个工艺过程进行统一的监控和管理。通过与 CAD、PDM、ERP 系统的集成和交互，是企业实现了产品数据、工艺数据和资源数据的共享。

MPM 及其解决方案拥有众多的先进制造企业客户，为产品的大规模定制做出了卓越的贡献。MPM 的成功实施，可以显著缩短产品上市时间、提高产品质量、降低生产成本。MPM 思想和理念也是我国制造企业信息化建设中应积极规划、学习借鉴的重要内容。

13.10　计算机辅助工程

随着计算机技术及应用的迅速发展，特别是大规模、超大规模集成电路和微型计算机的出现，计算机图形学（computer graphics，CG）、计算机辅助设计（computer aided design，CAD）与计算机辅助制造（computer aided manufacturing，CAM）等新技术发展十分迅猛。CAD、CAM 已经在电子、造船、航天、航天、机械、建筑、汽车等各个领域中得到了广泛的应用，成为最具有生产潜力的工具，展示了光明的前景，取得了巨大的经济效益。

13.10.1　CAE 定义

计算机技术的迅速发展还推动了现代企业管理的发展，企业管理借助于管理信息系统的支持与帮助，利用信息控制国民经济部门或企业的活动，做出科学的决策或调度，从而提高管理水平与效益。企业生产经营活动的各个环节，从工程的立项、签约、设计、施工（生产），一直到交工（交货），是一个连续的过程，有机的整体。计算机辅助工程

（computer aided engineering，CAE）技术的提出就是要把工程（生产）的各个环节有机地组织起来，其关键就是将有关的信息集成，使其产生并存在于工程（产品）的整个生命周期。因此，CAE 系统是一个包括了相关人员、技术、经营管理及信息流和物流的有机集成且优化运行的复杂的系统。

计算机图形学是研究用电子数字计算机及其图形输入输出设备生成图形的技术。它建立在图学、应用数学及计算机科学相结合的基础上，是 CAD、CAM、CAE 的基础之一（许承东，2013）。

计算机辅助设计是建立某种模式和算法、支撑及应用软件，使计算机按设计人员的意图去进行科学分析和计算，做出判断和选择，最后输出满意的设计结果并生成图纸。计算机辅助制造是通过把计算机与生产设备联系起来，实现用计算机系统进行生产的计划、管理、控制及操作的过程，是应用计算机进行制造信息处理的总称。

计算机辅助工程是研究用计算机来帮助设计人员和工程（生产）管理人员进行工程（生产）计划、管理、设计和控制的技术。CAE 包括有工程项目计划管理、工程项目的辅助设计、工程项目的辅助施工管理等内容。当然，工厂生产某种产品，例如造船厂的船舶建造或其他机械产品的生产过程都可以看做是某工程项目的实施。所以，CAE 比 CAD、CAM 有更广泛的内涵，它包含更大的应用范围和更全面的功能，例如，房屋、桥梁等建筑，大型工程的实施（水库、水坝、电站等），造船等。

13.10.2　CAE 功能及用途

CAE 技术是将工程的各个环节有机地组织起来，应用计算机技术、现代管理技术、信息科学技术等科学技术的成功结合，实现全过程的科学化、信息化管理，以取得良好的经济效益和优良的工程质量。CAE 的功能结构应包含计算机辅助工程计划管理、计算机辅助工程设计、计算机辅助工程施工管理及工程文档管理等项。

计算机辅助工程计划管理包括工程项目的可行性论证、标书、成本与报价、工程计划进度、各子项工程计划与进度、预决算报告等。

计算机辅助工程设计包括工程的设计指标、工程设计的有关参数及 CAD 系统，在 CAD 系统中应强调设计人员的主导作用，同时注重计算机所提供的支撑与帮助，以在最短的时间内拿出最优的设计方案来。同时，还要注意设计数据的提取和保存，以使其有效地服务于工程的整个生命周期。

计算机辅助施工管理包括工程进度、工程质量、施工安全、施工现场、施工人员、物料供给等方面的管理、控制和调度。它涉及工程管理学、运筹学、统计学、质量控制等科学技术。当然，管理人员的自身素质是管理工作中的决定因素，必须十分重视管理人员在管理环节中的作用。

CAE 技术可广泛地应用于国民经济的许多领域：各种工业建设项目，如工厂的建设，公路、铁路、桥梁和隧道的建设；大型工程项目，如电站、水坝、水库、船台的建造，船舶及港口的建造和民用建筑等。它还可应用于企业生产和其他经营、管理控制过程，如工厂的生产过程、公司的商业活动等。

13.10.3　CAE 关键技术

CAE 技术是一门涉及许多领域的多学科综合技术，其关键技术有以下几个方面（姚伟，2011；许承东，2013）：

（1）计算机图形技术

CAE 系统中表达信息的主要形式是图形，特别是工程图。在 CAE 运行的过程中，用户与计算机之间的信息交流是非常重要的。交流的主要手段之一是计算机图形。所以，计算机图形技术是 CAE 系统的基础和主要组成部分。

（2）三维实体造型

工程设计项目和机械产品都是三维空间的形体。在设计过程中，设计人员构思形成的也是三维形体。CAE 技术中的三维实体造型就是在计算机内建立三维形体的几何模型，记录下该形体的点、棱边、面的几何形状及尺寸，以及各点、边、面间的连接关系。

（3）数据交换技术

CAE 系统中的各个子系统，个个功能模块都是系统有机的组成部分，它们都应有统一的几类数据表示格式，是不同的子系统间、不同模块间的数据交换顺利进行，充分发挥应用软件的效益，而且应具有较强的系统可扩展性和软件的可再用性，以提高 CAE 系统的生产率。各种不同的 CAE 系统之间为了信息交换及资源共享的目的，也应建立 CAE 系统软件均应遵守的数据交换规范。目前，国际上通用的标准有 GKS、IGES、PDES、STEP 等。

（4）工程数据管理技术

CAE 系统中生成的几何与拓扑数据，工程机械，工具的性能、数量、状态，原材料的性能、数量、存放地点和价格，工艺数据和施工规范等数据必须通过计算机存储、读取、处理和传送。这些数据的有效组织和管理是建造 CAE 系统的又一关键技术，是 CAE 系统集成的核心。采用数据库管理系统（DBMS）对所产生的数据进行管理是最好的技术手段。

（5）管理信息系统

工程管理的成败，取决于能否做出有效的决策。一定的管理方法和管理手段是一定社会生产力发展水平的产物。市场经济环境中企业的竞争不仅是人才与技术的竞争，而且是管理水平、经营方针的竞争，是管理决策的竞争。决策的依据和出发点取决于信息的质量。所以，建立一个由人和计算机等组成的能进行信息收集、传输、加工、保存、维护和使用的管理信息系统，有效地利用信息控制企业活动是 CAE 系统具有战略意义、事关全局的一环。工程的整个过程归根结蒂是管理过程，工程的质量与效益在很大程度上取决于管理。

13.10.4　CAE 系统集成

CAE 系统是一个包括工程各个环节的集成系统，是计算机应用的一个重要方面。从系统结构上看，大致可分为两类：集中式系统和工作站网络系统（姚伟，2011；许承东，2013）。

在集中式系统中，视系统的需要配置一台中、小型机或大型机，构造成 CAE 系统的信息中心和指挥中心，其各个工程环节的分系统可以是该中心计算机的终端机、工作站，甚至是小型机，它们与中心机通过网络连接。这种系统的中心机功能较强，是信息存储的中心，也是信息传送、处理的中心。这样的系统一次性投资较大，使用起来灵活性不强。

采用工作站网络来构造 CAE 系统，各工程分系统分别设置一台或多台工作站，各自实现所担负的功能，完成所分配的工作，通过网络来进行信息的交换。这样的系统造价较低，而且具有较强的灵活性，适合于工程项目复杂多变的特点。

CAD/CAE/CAPP/CAM 集成的关键是 CAD、CAPP、CAM 和 CAE 之间的数据交换与共享。CAD/CAE/CAPP/CAM 系统是 CIMS 的核心技术之一，主要支持和实现 CIMS 产品的设计、分析、工艺规划、数控加工及质量检验等工程活动的自动化处理。CAD/CAE/CAPP/CAM 的集成，要求产品设计与制造紧密结合，其目的是保证产品设计、工艺分析、加工模拟，直至产品制造过程中的数据具有一致性，能够直接在计算机间传递，从而克服由图纸、语言、编码造成的信息传递的局限性，减少信息传递误差和编辑出错的可能性。由于 CAD、CAPP、CAM 和 CAE 系统是独立发展起来的，并且各自处理的着重点不同，所以它们的数据模型彼此不相容。CAD 系统采用面向拓扑学和几何学的数学模型，主要用于完整地描述零件几何信息，但对于非几何信息，如精度、公差、表面粗糙度和热处理等，则没有在计算机内部逻辑结构中得到充分表达。而 CAD/CAE/CAPP/CAM 的集成，除了要求几何信息外，更重要的是需要面向加工过程的非几何信息，从而在 CAD、CAPP、CAM 和 CAE 之间出现了信息中断。建立 CAPP 和 CAM 子系统时，既需要从 CAD 子系统中提取几何信息，还需要补充输入上述非几何信息，其中包括大量输入加工特征信息。因此，人为干预量大，数据大量重复，无法实现 CAD/CAE/CAPP/CAM 的完全集成（姚伟，2011；许承东，2013）。

13.11　计算机辅助质量保证

计算机辅助质量保证（computer aided quality assurance）又称计算机辅助质量（computer aided quality，CAQ），包括企业采用计算机支持的各种质量保证和管理活动。在实际应用中，CAQ 可以分为质量保证、质量控制和质量检验等几个方面。其中，质量保证贯穿了整个产品形成的过程，是企业质量管理中最为重要的部分。

13.11.1　CAQ 的发展

传统的质量概念是界定在产品生产为基础的经济方法上，即质量被认为是产品的某种特征。从制造技术发展的过程看，这种观念是与为社会提供大批量、相同质的产品生产同步形成的。CAQ 的功能主要表现在以下几个方面：

1）覆盖产品的整个生命周期，包括企业的各个层次；

2）强调以企业长远质量目标为基础的质量计划；

3）强调从质量计划和质量控制观点出发的人的资源的开发；

4）通过闭环的质量控制器实现企业中与质量有关的过程和资源的控制（唐晓青等，2009）。

CAQ 运用计算机实现质量数据采集、分析、自理、传递的自动化，实现质量控制、质量保证和质量管理的自动化。为提高产品质量，人们先后提出了质量控制、全面质量控制、质量保证、质量管理、全面质量管理等方法。作为集成制造系统的一部分，质量保证系统应在系统集成的整体安排下有效地实现全面质量管理。

计算机和信息技术的发展为企业实施全面质量管理提供了新的先进的工具和手段，全面质量管理呈现出下列新特点。采用科学的系统的方法满足用户需求，对产品性能进行定量描述的质量功能配置（QFD）方法在工业发达国家得到广泛应用，并取得巨大的经济效益和社会效益。

以预防为主的质量管理更为有效，质量预报、诊断技术及控制技术受到越来越普遍的重视，改进产品薄弱环节，消除隐患已成为全面质量管理的重要内容。

CAQ 系统以提高企业产品制造质量和企业工作管理质量为目标，通过工况监控进行质量分析评价，采用统计过程控制（SPC）和统计质量控制（SQC）等方法进行控制，使质量的控制与检验紧密结合，并使有关质量信息能准确、及时地反馈到有关部门。建立易于查询的质量档案，使质量具有可追溯性。对某些关键工序实现在线自动检测和数据自动采集，增强现场生产过程的控制能力和信息处理能力，为企业进行质量分析、管理和决策提供科学的依据。

13.11.2　CAQ 的功能结构

CAQ 系统可分为 4 个子系统，即质量决策与计划子系统、质量数据采集和管理子系统、质量分析与评价子系统和质量综合管理子系统。CAQ 功能结构如图 13-39 所示。

（1）计算机辅助质量计划系统

计算机辅助质量计划系统主要功能有：①制订企业质量方针和目标；②针对某种产品或过程的质量目标；③分配具体项目各阶段中的职责、权限；④制定采取的程序、方法和作业指导书，编制质量手册和质量程序手册；⑤计算机辅助检测计划（computer aided inspection planning，CAIP）；⑥计算机辅助进货检测计划；⑦计算机辅助零件检测计划；

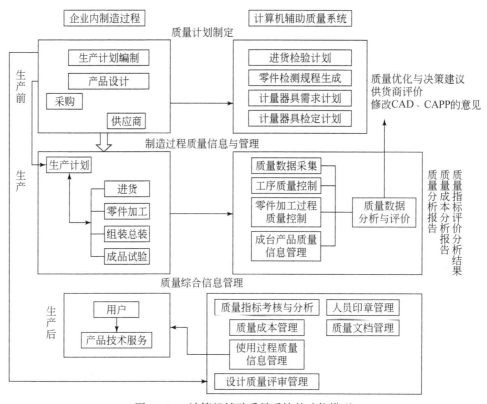

图 13-39　计算机辅助质量系统的功能模型

⑧零件制造过程工序间检测计划；⑨零件加工完成后最终的检测计划；⑩计算机辅助装配过程检测计划；⑪计算机辅助成品检验计划（computer aided test planning，CATP）。

（2）质量数据采集、处理和管理子系统

质量数据采集、处理和管理子系统主要功能有：①设计适当的检测装置，解决生产和质量的"瓶颈"，建立车间数据采集系统；②鉴别工件实物质量，根据数据统计分析得到的控制补偿量，判别不良品；③显示测量值、偏差及补偿量，控制操作；④对部分主要零件实现加工质量的主动检测及实时控制；⑤对测量来的质量数据进行分析和评价，对精密件的质量进行控制等。

（3）质量分析与评价子系统

质量分析与评价子系统主要功能包括质量分析与评价子系统用于综合统计整机和零部件的质量检验数据。通过分析，提出质量缺陷的类型，逐步建立质量缺陷诊断的专家系统。

（4）质量综合管理子系统

质量综合管理子系统主要功能有：①建立成品出厂档案，改善售后服务的工作质量；②质量成本计划和质量成本核算管理生产过程中影响产品质量的数据；③建立设计质量模块，做好项目决策、方案设计、结构设计、工艺设计及样机与小批试制的质量管理，支持新产品的开发。

13.12 计算机集成制造系统

计算机/当代集成制造系统（computer/contemporary integrated manufacturing systems, CIMS），通过计算机硬件、软件，并综合运用现代管理技术，制造技术，信息技术，自动化技术，系统工程技术，将企业生产全部过程中有关人，技术，经营管理三要素及其信息流、物料流与资金流有机地集成并优化运行的一个复杂大系统。

13.12.1 CIMS 概述

1973 年，美国学者 Joseph Harrington 博士在其所著 Computer Integrated Manufacturing 一书中首次提出 CIM 的概念。1985 年德国经济生产委员会（AWF）提出 CIMS 的推荐定义：CIMS 是指在所有与生产有关的企业部门中集成地采用电子数据处理（杨泽青，刘丽冰，2010）。CIMS 包括了在生产计划与控制（PPC）、计算机辅助设计（CAD）、计算机辅助工艺规划（CAPP）、计算机辅助制造（CAM）和计算机辅助质量管理（CAQ）之间信息技术上的协同工作，其中为生产产品所必需的各种技术功能和管理功能应实现集成。美国制造工程师学会（SME）在 1985 年提出 CIMS 的第二版轮图结构如图 13-40 所示。

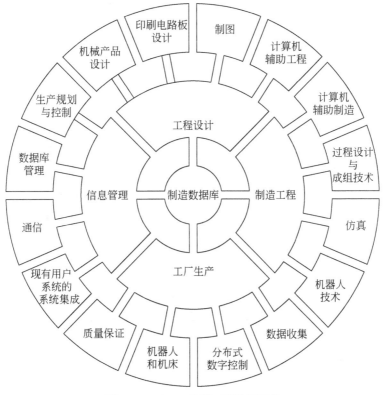

图 13-40　CIMS 的第二版轮图结构

1988 年我国 863 计划 CIMS 主题专家组认为（杨海成，2003）：

CIMS 是未来工厂自动化的一种模式。它把以往企业内相互分离的技术（如 CAD、CAM、FMC、MRPⅡ等系统）和人员（各部门、各级别），通过计算机有机地综合起来，使企业内部各种活动高速度、有节奏、灵活和相互协调地进行，以提高企业对多变竞争环境的适应能力，使企业经济效益取得持续稳步的发展。

美国 SME 于 1993 年提出了 CIMS 的第三版轮图，如图 13-41 所示。CIMS 的第三版轮图中，将顾客作为制造业一切活动的核心，强调了人、组织和协同工作，以及基于制造基础设施、资源和企业责任之下的组织、管理生产等的全面考虑。典型的 CIMS 工作流程如图 13-42 所示。

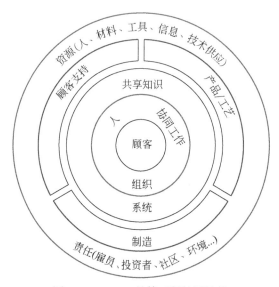

图 13-41　CIMS 的第三版轮图结构

我国 863 计划在 1998 年提出的 CIMS 新定义为：将信息技术、现代管理技术和制造技术相结合，并应用于企业产品全生命周期（从市场需求分析到最终报废处理）的各个阶段。通过信息集成、过程优化及资源优化，实现物流、信息流、价值流的集成和优化运行，达到人（组织、管理）、经营和技术三要素的集成。以加强企业新产品开发的 T（时间）、Q（质量）、C（成本）、S（服务）和 E（环境）〔TQCS〕，从而提高企业的市场应变能力和竞争能力。将计算机集成制造发展到现代集成制造。CIM 目标是：

1）缩短产品开发、生产周期，快速响应市场：以时间求效益，以速度求竞争，占领市场。

2）降低产品成本，减少库存：以成本求效益，以价格求竞争，占领市场。

3）提高产品质量：以质量求效益，以质量求竞争，赢得信誉，占领市场。

4）增加生产柔性，提高设备利用率：以最小资源获最大效益，向设备要效益。

5）提高企业制造与管理水平，保持整体实力：保持长期效益，未来竞争能力。

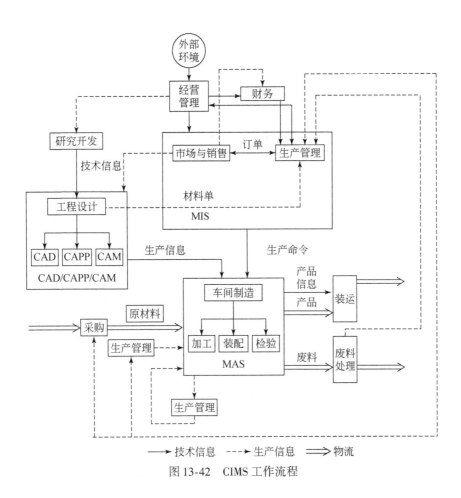

图 13-42　CIMS 工作流程

13.12.2　CIMS 相关技术

与 CIMS 的相关技术主要有以下几大类：

1）CIMS 总体技术。CIMS 总体技术主要包括先进企业运行模式、CIMS 体系结构、建模分析与优化方法、CIMS 实施方法论、标准化与规范。

2）CIMS 设计自动化技术。CIMS 设计自动化技术有计算机辅助设计 CAD/CAE/DFX、异地协同设计、计算机辅助工艺设计 CAPP、产品数据管理 PDM。

3）CIMS 制造自动化技术。CIMS 制造自动化技术有计算机辅助制造 CAM、车间自动化、柔性制造 FMS、虚拟制造 VM 等。

4）CIMS 管理技术。CIMS 管理技术有管理信息系统 MIS、领导信息系统 EIS、决策支持系统 DSS、集成化质量系统 IQS、敏捷虚拟企业管理。

5）CIMS 支撑技术。CIMS 支撑技术包括计算机网络、数据库、数据仓库、集成平台/集成框架、计算机协同工作系统。CIMS 支持下的企业信息化活动如图 13-43 所示，CIMS 支持下的各系统集成结构如图 13-44 所示，CIMS 集成架构如图 13-45 所示（严新民，2004）。

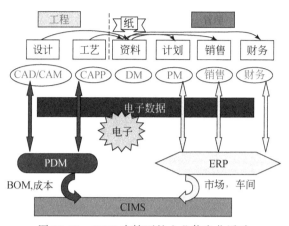

图 13-43　CIMS 支持下的企业信息化活动

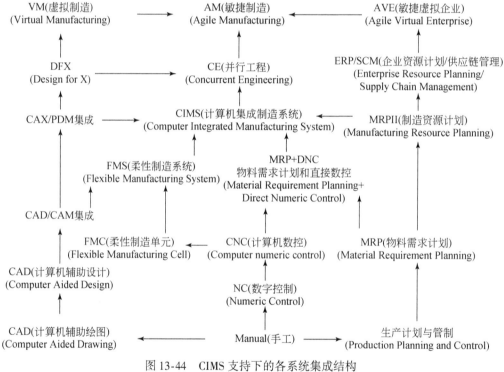

图 13-44　CIMS 支持下的各系统集成结构

13.12.3　CIMS 发展过程与趋势

（1）CIMS 发展过程

1）信息集成。信息集成是针对设计、管理与加工制造中大量存在的自动化孤岛，解决其信息的正确、高效共享和交换，提高产品的 T、Q、C、S。

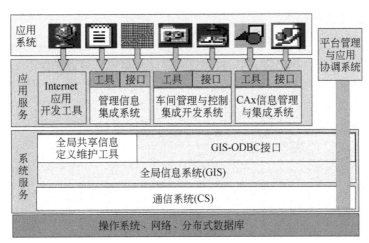

图 13-45　CIMS 集成架构

2）系统方法、企业建模及工具。企业建模及设计方法是 CIMS 总体设计的基础。CIMS 方法体系指出 CIMS 各部分的关系，提供 CIMS 实施指南。

3）异构环境下的信息集成。不同通信协议间的共存与互通、不同数据库的相互访问与共享、不同商用应用软件间的接口与集成。

4）过程集成。过程集成是针对传统的企业产品开发、经营生产的串行过程进行过程重构与优化，尽可能多地转变为并行过程，并使产品生产上下游过程实现集成，进一步提高产品的 T、Q、C、S。

5）并行工程 CE。前一个部门完成某个功能后将设计结果移交给下一个部门进行下一步的设计工作。产品设计开发过程重构与建模，将串行过程转变为并行过程；基于多学科项目小组的协同设计组织与支撑环境；面向 CE 的 DFX 工具。1998 年美国国防分析研究所（IDA）提交了题为"并行工程在武器系统采购中的作用"的研究报告，提出了并行工程的概念，并行工程的定义：集成地、并行地设计产品及其相关的各种过程（包括制造过程和支持过程）的系统方法。这种方法要求产品开发人员在设计一开始就考虑到产品的整个生命周期（从概念形成到产品报废）中的所有因素，包括质量、成本、进度计划和用户需求企业过程重组 BPR：通过企业过程进行再思考、再设计、重构与优化，使企业的关键绩效产生质的飞跃。

过程集成是指利用计算机集成支持软件工具高效、实时地实现企业事务处理系统间的数据、资源的共享和应用间的协同工作，将一个个孤立的应用集成起来形成一个协调的企业信息系统。实现过程集成后，就可以方便地协调各种企业应用系统的功能，把人和资源、资金及应用合理地组织在一起，获得最佳的运行效益。

并行工程中的过程集成主要完成产品开发过程中不同的设计活动和过程的重组，将产品开发过程中各种串行过程尽可能多地转变为并行过程，使设计人员在设计的早期阶段就能考虑到产品的可制造性、可装配性、可测试性、可维护性、可靠性及低成本等因素，促进产品设计不同阶段工作之间的及时交流、协调，避免跨不同设计阶段的大返工。

6）企业集成。企业集成是针对新的市场经营机遇（特定产品），在全球范围内建立企业的动态联盟（虚拟企业），充分利用全球制造资源，以更快、更好、更省的方式响应市场。这是指工厂集团、集团企业的更高层次上的集成化、自动化，包括战略经营、战略规划、战略决策、信息共享、综合管理自动化等。在企业中，企业战略是面向国际市场。CIMS 与 OA 结合构成了 CIE（或 CIB）。电子商务、供应链管理、企业资源计划 ERP、并行工程 CE、产品数据管理 PDM 等均成为企业集成重要部分。此阶段，企业内工厂间的配合与协调能力大增，企业的竞争能力提高，整体效益也明显提高。

7）动态联盟与企业结构优化。"橄榄型"企业→"哑铃型"企业结构，单一企业竞争→企业群体或生产体系竞争，企业组织结构的"扁平化"，基于多功能项目组的企业组织与企业动态结盟方式（杨海成，2003）。

敏捷制造：敏捷制造使能技术（如资源共享、信息服务、虚拟制造、并行工程、建模/仿真和人工智能等）、敏捷虚拟企业、资源优化、全球化网络基础设施。通过 Internet 建立敏捷虚拟公司，形成生产体系，搞动态联盟，并行工程和虚拟制造，实现异地设计、异地制造、异地经营，快速响应市场，这是 CIMS 的必由发展之路。

（2）CIMS 发展趋势

1）现代集成制造。集成化：CIMS 系统集成技术的发展。

2）数字化企业。数字化：数字化设计制造与管理技术的发展。

3）虚拟制造。虚拟现实与仿真技术的发展，主要体现的数字样机技术，虚拟制造是提供"在计算机上制造"的能力。通过计算机的仿真，反映任何产品的加工制造、装配过程的本质。因此虚拟制造是实际制造过程的本质在计算机上的实现。产品的功能模型、装配模型、几何模型、产品的动力学模型、运动学模型、热力学模型、加工过程模型，制造车间布局、制造工艺分析、生产计划与调度系统分析，所以实施虚拟制造战略还需要建立工厂布局模型、制造系统模型、工艺模型、计划模型、调度模型和制造资源模型，对这些模型的数字化和形式化程度要远远高于目前研究企业生产制造所需要的模型。

4）全球化敏捷制造。网络化：知识型新产品竞争与全球网络建设。

5）产品模型。动态联盟是以产品为主线。

6）资源模型。核心能力描述。

7）企业合作模型：动态联盟的建盟、企业间协作。

8）组织模型。联盟结构定义，组织维护。

9）过程模型。实施项目管理和过程管理的基础数据交换模型：虚拟企业的企业间集成的需求需要建立标准的数据交换模型，交换数据既包括合同数据、产品数据，又包括计划数据和制造数据。

10）智能制造。智能化、人工智能及其在生产中的应用。

11）绿色制造。绿色化：环境保护的约束与压力（许树人，2005）。

13.12.4 企业信息化中 CIMS 的实施

企业信息化是企业利用信息技术改善企业的经营、管理和生产的各个环节，以提高效率、质量，降低消耗，提高企业的综合实力。企业信息化大致可分为下面四个阶段：第一阶段为单机的计算机应用；第二阶段为局域网支持下的计算机应用；第三阶段为网络数据库支持下的计算机应用综合系统；第四阶段为广域网、因特网支持下的企业之间的信息集成和资源优化（杨海成，2003）。典型的 CIMS 体系结构如图 13-46 所示，CIMS 运行子流程如图 13-47 所示（严新民，2004）。

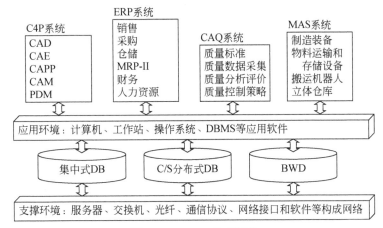

图 13-46　CIMS 体系结构

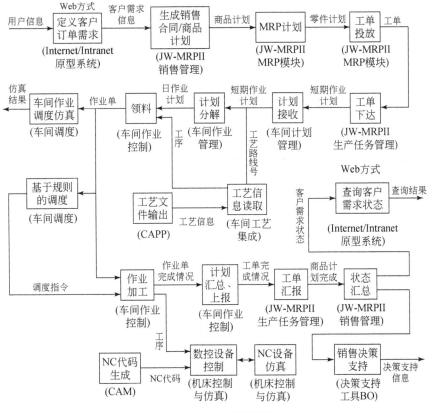

图 13-47　CIMS 运行子流程

13.13 3D 打印技术

3D 打印是一种以数字模型文件为基础，运用粉末状金属或塑料等可黏合材料，通过逐层打印的方式来构造物体的技术。3D 打印通常是采用数字技术材料打印机来实现的。过去其常在模具制造、工业设计等领域被用于制造模型，现正逐渐用于一些产品的直接制造，已经有使用这种技术打印而成的零部件。该技术在珠宝、鞋类、工业设计、建筑、工程和施工（AEC）、汽车，航空航天、牙科和医疗产业、教育、地理信息系统、土木工程、枪支以及其他领域都有所应用。国防工业与航天军工所采用的零部件结构复杂，精度要求高，采购数量较小，采用 3D 打印技术生产在设备方面更有优势，可提高产能，减少成本。

13.13.1 3D 打印技术发展

3D 打印技术是以计算机三维设计模型为蓝本，通过软件分层离散和数控成型系统，利用激光束、热熔喷嘴等方式将金属粉末、陶瓷粉末、塑料、细胞组织等特殊材料进行逐层堆积黏接，最终叠加成型，制造出实体产品。与传统制造业通过模具、车铣等机械加工方式对原材料进行定型、切削以最终生产成品不同，3D 打印将三维实体变为若干个二维平面，通过对材料处理并逐层叠加进行生产，大大降低了制造的复杂度。这种数字化制造模式不需要复杂的工艺、不需要庞大的机床、不需要众多的人力，直接从计算机图形数据中便可生成任何形状的零件，使生产制造得以向更广的生产人群范围延伸。

3D 打印机与普通打印机工作原理基本相同，只是打印材料有些不同，3D 打印机内装有金属、陶瓷、塑料、砂等不同的打印材料，是实实在在的原材料，打印机与电脑连接后，通过电脑控制可以把打印材料一层层叠加起来，最终把计算机上的蓝图变成实物。通俗地说，3D 打印机是可以打印出真实的 3D 物体的一种设备，如打印一个机器人、打印玩具车，打印各种模型，甚至是食物等。之所以通俗地称其为"打印机"是参照了普通打印机的技术原理，因为分层加工的过程与喷墨打印十分相似。这项打印技术称为 3D 立体打印技术。

美国和欧洲在 3D 打印技术的研发及推广应用方面处于领先地位。美国是全球 3D 打印技术和应用的领导者，欧洲十分重视对 3D 打印技术的研发应用。除欧美外，其他国家也在不断加强 3D 打印技术的研发及应用。澳大利亚在 2013 年制定了金属 3D 打印技术路线；南非正在扶持基于激光的大型 3D 打印机器的开发；日本着力推动 3D 打印技术的推广应用；我国 3D 打印设计服务市场快速增长，已有几家企业利用 3D 打印制造技术生产设备和提供服务。

3D 打印在我国还处于初级阶段，从整个产业角度来看，由于缺少龙头企业的带动作用，政府暂时缺少针对性的扶植措施，整体产业体量还较小；另一方面我国制造业还处于粗放形式，各个环节对 3D 打印技术带来的冲击认识还不足，接受度较低。在 2013 年两会上，全国政协委员、中航工业副总工程师、我国航母舰载机歼-15 总设计师孙聪透露，歼-15 项目率先采用了数字化协同设计理念，而这与 3D 打印技术关系紧密。他透露，钛合金和 M100 钢的 3D 打印技术已应用于新机试制过程，主要是主承力部分。

理论上，3D 技术能实现在太空中建造卫星和宇宙飞船，目前正在地球上研发。私人公司 MadeinSpace 2011 年就已经试验零重力 3D 打印。该公司和美国国家航空航天局马歇尔太空飞行中心签订合约，并正在建造首台太空零重力 3D 打印机。这项实验计划将于 2014 年走出地球，前往国际空间站。

13.13.2 3D 打印技术原理

3D 打印时，软件通过电脑辅助设计技术（CAD）完成一系列数字切片，并将这些切片的信息传送到 3D 打印机上，后者会将连续的薄型层面堆叠起来，直到一个固态物体成型。堆叠薄层的形式有多种多样。有些 3D 打印机使用"喷墨"的方式。例如，一家名为 Objet 的以色列 3D 打印机公司使用打印机喷头将一层极薄的液态塑料物质喷涂在铸模托盘上，此涂层然后被置于紫外线下进行处理。之后铸模托盘下降极小的距离，以供下一层堆叠上来。另外一家总部位于美国明尼阿波利斯市的公司 Stratasys 使用一种叫做"熔积成型"的技术，整个流程是在喷头内熔化塑料，然后通过沉积塑料纤维的方式才形成薄层。

还有一些系统使用粉末微粒作为打印介质。粉末微粒被喷洒在铸模托盘上形成一层极薄的粉末层，然后由喷出的液态黏合剂进行固化。它也可以使用一种叫做"激光烧结"的技术熔铸成指定形状。这也正是德国 EOS 公司在其叠加工艺制造机上使用的技术。而瑞士的 Arcam 公司则是利用真空中的电子流熔化粉末微粒。以上提到的这些仅仅是许多成型方式中的一部分。

当遇到包含孔洞及悬臂这样的复杂结构时，介质中就需要加入凝胶剂或其他物质以提供支撑或用来占据空间。这部分粉末不会被熔铸，最后只需用水或气流冲洗掉支撑物便可形成孔隙。如今可用于打印的介质种类多样，从繁多的塑料到金属、陶瓷以及橡胶类物质。有些打印机还能结合不同介质，令打印出来的物体一头坚硬而另一头柔软。

扩展阅读：2013 年 5 月 23 日，《新科学家》报道，科学家已经利用 3D 打印技术打印了第一份真实人类的心脏。该心脏样本是由塑料制成，是患有不寻常并发症患者的心脏精确解剖副本。想要打印 3D 心脏，必须先输入单个患者计算机控制 X 射线体层扫描术或超声波扫描获得的二维数据，这使得打印机能够逐层建立复制样本层。医院正在制定欲采用 3D 打印技术的早期计划。美国纽约康奈尔大学的研究学者成功利用 3D 打印了一只人工耳朵，并向其植入了来自奶牛的细胞进行培育。此外，还有研究人员获得了世界上第一个 3D 打印的迷你人类肝脏。

参 考 文 献

北京艾克斯特科技有限公司 . 2011. Dynamics 精益制造规划执行系统（MES）. http：//www. extech. com. cn/Category. aspx？CategoryId=10

柴天佑，郑秉霖，胡毅 . 2005. 制造执行系统的研究现状和发展趋势 . 控制工程，(6)：4-9

陈启申 . 2005. 从 ERP 应用谈 BOM. CAD/CAM 与制造业信息化，(Z1)：33-36

崔红，樊丽敏 . 2008. CAD/PDM/ERP 集成系统的功能及实施 . 河南工程学院学报，(2)：22-24

国防科技工业质量与可靠性研究中心 . 2008- 3- 1. 技术状态管理培训讲义 . http：//www. docin. com/p-381782369. html

侯小康 . 2013-04-10. 航空航天技术状态管理讲义 . http：//www. docin. com/p-632132812. html

扈延光，韩广新，张叔农 . 2006. 型号质量与可靠性信息系统建设的系统工程方法研究 . 质量与可靠性，（1）：31-35

华为公司 . 2012-06-16. 华为生产计划手册 . http：//wenku. baidu. com/view/602d3c4133687e21af45a96c. html

江莉，孙文磊，方林宏 . 2006. PDM 系统在企业中的实施 . 机械制造与自动化，（06）：111-114

焦鹤 . 2011. 关于 PDM 与 CAPP 一体化集成模式展望 . 航空制造技术，（Z1）：86-91

金蝶软件 . 2010. K/3 PLM 产品 . http：//www. kingdee. com/solutions/business/plm/index. jsp

金航数码 . 2013-04-15. 金航企业生产管理套件 . http：//www. avicit. com/

李辰 . 2007. 利用现代信息技术提高企业质量管理水平 . 消费导刊，（5）：80-81

廖文和，杨海成 . 2006. 产品数据管理技术 . 南京：江苏科技出版社

刘晓冰，高天一 . 2001. CAD 技术的发展趋势及主流软件产品 . 中国制造业信息化，（1）：41-45

宁汝新 . 2011. CAD/CAM 技术 . 北京：机械工业出版社

祁国宁 . 2005. 图解产品数据管理 . 北京：机械工业出版社

三一电气 . 2013-10-25. 三一电气 MES 与信息化生产集成方案 . http：//www. docin. com/p-716304818. html

是旻，朱兰娟，谢荣华 . 2008b. 企业资源计划（ERP）实施过程中的数据标准化 . 航天标准化，（2）：30-33

是旻，朱兰娟，周智 . 2008a. 航天制造企业的 BOM 系统设计与实现 . 航天制造技术，（3）：56-59

孙鹏才，陈刚，易华军 . 2009. 技术状态标识研究 . 舰船科学技术，（12）：148-151

唐晓青，段桂江，杜福洲 . 2009. 制造企业质量信息管理系统实施技术 . 北京：国防工业出版社

王隆太 . 2002. 机械 CAD/CAM 技术 . 北京：机械工业出版社

许承东 . 2013. 计算机辅助工程 . 北京：北京大学出版社

许树人 . 2005. CIMS 计算机集成制造系统的发展趋势 . 昆明理工大学学报，30（5A）：423-426

严新民 . 2004. 计算机集成制造系统 . 西安：西北工业大学出版社

杨发春 . 2013-03-10. CAPP、PDM、ERP 系统集成应用 . http：//www. docin. com/p-611408098. html

杨海成 . 2003. 制造业信息化工程——背景、内容与案例 . 北京：机械工业出版社

杨洁 . 2008. 企业 BOM 信息管理系统的研究和实现 . 浙江理工大学学报，（4）：450-453

杨泽青，刘丽冰 . 2010. CNC 集成制造过程协同仿真模型及应用技术研究 . 组合机床与自动化加工技术，（1）：97-101

姚伟 . 2011. 浅谈 CAE 技术现状及发展趋势 . 科技创新导报，（27）：17

姚英学，蔡颖，2001. 计算机辅助设计与制造 . 北京：高等教育出版社

用友软件 . 2010. 用友 U8-PLM. http：//www. zitoo. com. cn/Selection/OneProductDetail. aspx？id＝42

约瑟夫·萧塔纳 . 2000. 制造企业的产品数据管理：原理、概念、策略 . 祁国宁译 . 北京：机械工业出版社

曾洪飞，张帆，卢择临 . 2008. AutoCAD VBA & VB. NET 开发基础与实例教程 . 北京：中国电力出版社

张胜文，赵良才 . 2005. 计算机辅助工艺设计：CAPP 系统设计 . 北京：机械工业出版社

朱辉杰 . 2009. 永不停歇的信息化：PLM 2.0. CAD/CAM 与制造业信息化，（7）：14-17

Brown J. 2012-04-01. 产品协同 2.0-PLM 新动向 . http：//wenku. baidu. com/view/98e575afd1f34693daef3e14. html

ENI 经济和信息化网 . 2008-05-26. PDM 与 ERP 系统集成在制造企业中的应用 . http：//www. enicn. com/artricle/2008-05-26/05261Z502008. shtml

e-works. 2009-4-13. EBOM 向 MBOM 转换方案 . http：//articles. e-works. net. cn/ERP/Article65685_3. htm

第 14 章　航天产品与服务信息化平台

本章学习路线图

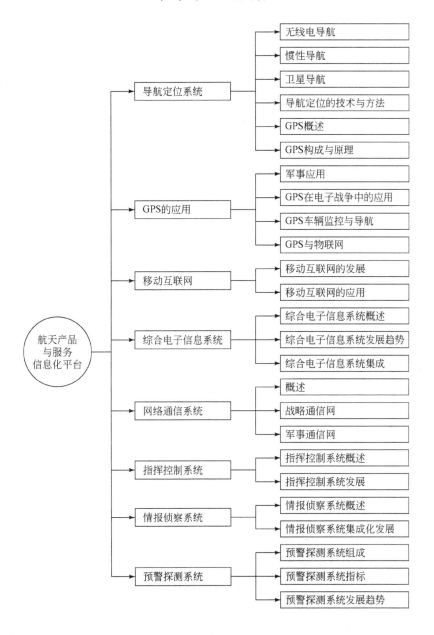

14.1 导航定位系统

我国从 20 世纪 80 年代初期开始利用国外导航卫星，开展卫星导航定位应用技术开发工作，并在大地测量、船舶导航、航天器导航、地震监测、地质防灾监测、森林防火灭火和城市交通管理等许多行业得到了广泛应用。我国在 1992 年加入了国际低轨道搜索和营救卫星组织（COSPAS-SARSAT），以后还建立了我国任务控制中心，大大提高了船舶、航天器和车辆遇险的报警服务能力。

14.1.1 无线电导航

无线电导航是利用无线电引导飞行器沿规定航线、在规定时间达到目的地的航行技术。利用无线电波的传播特性可测定飞行器的导航参量（方位、距离和速度），算出与规定航线的偏差，由驾驶员或自动驾驶仪操纵飞行器消除偏差以保持正确航线（陈高平，邓勇，2008）。

20 世纪 20~30 年代，无线电测向是航海和航天仅有的一种导航手段，而且一直沿用至今。不过它后来已成为一种辅助手段。第二次世界大战期间，无线电导航技术迅速发展，出现了各种导航系统。雷达也开始在舰船和航天器上用作导航手段。航天器着陆开始使用雷达和仪表着陆系统。60 年代，出现子午仪卫星导航系统。70 年代，微波着陆引导系统研制成功。80 年代，同步测距全球定位系统研制成功。无线电导航在军事和民用方面有着广阔的应用前景。

无线电导航主要利用电磁波传播的基本特性：电磁波在在均匀理想媒质中，沿直线（或最短路径）传播。电磁波在自由空间的传播速度是恒定的；电磁波在传播路线上遇到障碍物或在不连续媒质的界面上时会发生反射。

无线电导航就是利用上述特性，通过无线电波的接收、发射和处理，导航设备能测量出所在载体相对于导航台的方向、距离、距离差、速度等导航参量（几何参量）。通过测量无线电导航台发射信号（无线电电磁波）的时间、相位、幅度、频率参量，可确定运动载体相对于导航台的方位、距离和距离差等几何参量，从而确定运动载体与导航台之间的相对位置关系，据此实现对运动载体的定位和导航。

无线电导航所使用的设备或系统有无线电罗盘、无线电导航系统、塔康导航系统、罗兰 C 导航系统、奥米伽导航系统、伏尔导航系统、多普勒导航系统、卫星导航系统以及发展中的"导航星"全球定位系统等（陈高平，邓勇，2008）。下面重点介绍其中几种。

1）塔康导航系统。这是军用战术空中导航系统，采用极坐标体制定位，能在一种设备、一个频道上同时测向和测距。发展 20 世纪 40 年代后期，民航已采用伏尔导航系统测向和早期的地美依导航系统测距，两者结合成为伏尔-地美依导航系统。一种近程极坐标式无线电导航系统。它由机上发射与接收设备、显示器和地面台组成。这种系统是 1952 年研制成功的，它的作用距离为 400~500km，能同时测定地面台相对航天器的方位角和距离，测向原理与伏尔导航系统相似，测距原理与测距器相同，工作频段为

962 ~ 1213MHz。

2）罗兰 C 导航系统。由设在地面的 1 个主台与 2 ~ 3 个副台合成的台链、航天器上的接收设备组成。测定主、副台发射的两个脉冲信号的时间差和两个脉冲信号中载频的相位差，即可获得航天器到主、副台的距离差。距离差保持不变的航迹是一条双曲线。再测定航天器对主台和另一副台的距离差，可得另一条双曲线。根据两条双曲线的交点可以定出航天器的位置。这一位置由显示装置以数据形式显示出来。由于从测量时间差而得到距离差的测量方法精度不高，只能起粗测的作用。副台发射的载频信号的相位和主台的相同，因而航天器上接收到的主、副台载频信号的相位差和距离差成比例。测量相位差就可得到距离差。由于 100kHz 载频的巷道宽度只有 1.5km，测量距离差的精度很高，能起精测的作用。测量相位差的多值性问题，可以用粗测的时间差来解决。罗兰 C 导航系统既测量脉冲的时间差又测量载频的相位差，所以又称它为低频脉相双曲线导航系统。1968 年研制成功的罗兰 D 导航系统提高了地面发射台的机动性，是一种军用战术导航系统。

3）奥米伽导航系统。这是全球范围的导航系统，定位精度为 1.6 ~ 3.2km。它由机上接收装置、显示器和地面发射台组成。飞行器一般可接收到 5 个地面台发射的连续电磁波信号。电波的行程差和相位差有确定的关系，测定两个台发射的信号的相位差，就得到飞行器到两个地面台的距离差。对应恒定相位差的点的轨迹是一条以这两个地面台为焦点的双曲线位置线。同理，由另一对地面台得到另一条双曲线。根据这两条双曲线的交点即可定出飞行器的位置。由于连续电磁波是周期性的，相位差也作周期性变化，因而无法由相位差单值地确定距离差。距离差与相位差存在单值关系的区域称为巷道宽度，其值为电波波长的 1/2。

4）伏尔导航系统。这是空中导航用的甚高频全向信标。这种系统能使机上接收机在伏尔地面台任何方向上和伏尔信号覆盖范围内测定相对于该台的磁方位角。伏尔导航系统出现于 20 世纪 30 年代，是为了克服中波和长波无线电信标传播特性不稳定、作用距离短的缺点而研制的导航系统，是甚高频（108 ~ 118MHz）视线距离导航系统。航天器飞行高度在 4400m 以上时，稳定的作用距离可达 200km 以上。

利用多普勒效应实现无线电导航的机载系统。它由脉冲多普勒雷达、航向姿态系统、导航计算机和控制显示器等组成。多普勒雷达测得的航天器速度信号与航向姿态系统测得的航天器航向、俯仰、滚转信号一并送入导航计算机，计算出航天器的地速矢量并对地速进行连续积分等运算，得出航天器当时的位置。利用这个位置信号进行航线等计算，实现对航天器的引导。

扩展阅读：无线电罗盘：指示航天器航向的无线电导航仪表。严格说来，无线电罗盘不是罗盘，因为它的指针指示的不是相对于磁北极的方向，而是相对于它所调谐到的无线电台的方向，所以又称为机载无线电测向器。无线电罗盘是最早使用的无线电导航仪表，它由环状天线、垂直全向天线、罗盘接收机、指示器和控制盒等组成。工作在 200 ~ 1800kHz 频段。按照指示的方式分为无线电半罗盘和无线电罗盘。

无线电半罗盘 1932 年开始用于航天器上。它的环状天线是固定的，环面法线与航天器纵轴重合，环状天线的方向图呈横 8 字形。当电波来向与环面法线重合时天线输出信号为零。全方向性垂直天线的方向图为圆形。这两根天线输出信号相加可得心脏形方向图。如果把环状天线输出信号的极性反接，则可获得一翻转的心脏形方向图。环状天线输出信号按时序反复转换，方向图也按时序反复转换。当在 θ 方向上有一导航台时，接收机输出信号按时序分别为 B 与 A。由于导航台在航天器右侧，$B>A$，这些信号使罗盘指示器的指针向右偏，由罗盘的指针可判别航天器的航向。但是，无线电半罗盘只指示导航台在航天器哪一侧，而不指示角度值。

无线电罗盘是在无线电半罗盘工作原理的基础上发展而来的，它能自动测出航天器纵轴与电波来向间的夹角（相对方位角）。无线电半罗盘输出的右偏信号控制一个双向电动机，电动机带动环状天线旋转，旋转的方向应使 B 减小，使 A 增大，直到 $B=A$，即环面法线和导航台电波来向重合为止。环状天线转过的角度就是导航台的相对方位角，再用电气同步器将这个角度信号传送到指示器，指示导航台相对航天器的方位角。无线电罗盘使用简便，并有为数众多的导航台选用，因而从 20 世纪 30 年代至今一直是航天器必备的无线电导航仪表。但由于工作在中波波段，噪声干扰很大，测量精度较低。

无线电罗盘通过接受地面无方向性导航设备（NDB）提供的无方向性长波作为导航信号，该信号与 AM 广播频率相近，所以航天器也可以接受当地的无线广播台作为导航信号，比如日本在轰炸珍珠港时就是接受当地的无线广播电台作为导航信号而作为轰炸航天器导航信号。（资料来源：http：//baike.baidu.com/view/1303056.htm）

早期的航天器主要靠目视导航。20 世纪 20 年代开始发展仪表导航。航天器上有了简单的仪表，靠人工计算得出航天器当时的位置。30 年代出现无线电导航，首先使用的是中波四航道无线电信标和无线电罗盘。40 年代初开始研制超短波的伏尔导航系统和仪表着陆系统。50 年代初惯性导航系统用于航天器导航。50 年代末出现多普勒导航系统。60 年代开始使用远程无线电罗兰 C 导航系统，作用距离达到 2000km。为满足军事上的需要还研制出塔康导航系统，后又出现伏尔塔克导航系统及超远程的奥米伽导航系统，作用距离已达到 10 000km。1963 年出现卫星导航，70 年代以后发展全球定位导航系统。

14.1.2　惯性导航

惯性导航是依据牛顿惯性原理，利用惯性元件（加速度计）来测量运载体本身的加速度，经过积分和运算得到速度和位置，从而达到对运载体导航定位的目的。组成惯性导航系统的设备都安装在运载体内，工作时不依赖外界信息，也不向外界辐射能量，不易受到干扰，是一种自主式导航系统。惯性导航系统通常由惯性测量装置、计算机、控制显示器等组成。惯性测量装置包括加速度计和陀螺仪，又称惯性导航组合。3 个自由度陀螺仪用来测量运载体的 3 个转动运动；3 个加速度计用来测量运载体的 3 个平移运动的加速度。计算机根据测得的加速度信号计算出运载体的速度和位置数据。控制显示器显示各种导航参数。按照惯性导航组合在运载体上的安装方式，分为平台式惯性导航系统（惯性导航组合安装在惯性平台的台体上）和捷联式惯性导航系统（惯性导航组合直接安装在运载体上）；后者省去平台，所以结构简单、体积小、维护方便，但仪表工作条件不佳、计算工作量大（秦永元，2006）。

扩展阅读：GPS 与惯性导航组合系统（GPS/INS）应用于海、陆、空的军用移动设备导航，既保持了惯性导航系统 INS 高的相对精度，又具有 GPS 高的绝对精度。惯性导航系统是自主导航系统，由陀螺和加速度计组成。高速旋转的陀螺保持其中心轴线在三维空间的方向不变，加速度计从开始运动的位置对速度积分推算出当前位置。惯性导航系统与外部 GPS 信号无关，不存在 GPS 遮挡问题；其定位精度随时间增大而下降，可由 GPS 加以修正。高级惯性陀螺（0.01°/h）价格很高。采用低成本的惯性陀螺（0.1°/h）构成的 GPS/SINS 在海、陆、空的普通移动设备定位、导航中正在得到广泛的应用。

14.1.3 卫星导航

卫星导航是采用导航卫星对地面、海洋、空中和空间用户进行导航定位的技术。利用太阳、月球和其他自然天体导航已有数千年历史，由人造天体导航的设想虽然早在 19 世纪后半期就有人提出，但直到 20 世纪 60 年代才开始实现。1964 年美国建成"子午仪"卫星导航系统，并交付海军使用，1967 年开始民用。1973 年又开始研制"导航星"全球定位系统。苏联也建立了类似的卫星导航系统。法国、日本、我国也开展了卫星导航的研究和试验工作。卫星导航综合了传统导航系统的优点，真正实现了各种天气条件下全球高精度被动式导航定位。特别是时间测距卫星导航系统，不但能提供全球和近地空间连续立体覆盖、高精度三维定位和测速，而且抗干扰能力强（赵琳等，2011）。

14.1.4 导航定位的技术与方法

导航定位的技术与方法主要有以下两类（宁津生等，2008）：

（1）定位

从测绘的意义说，定位就是测量和表达某一地表特征、事件或目标发生在什么空间位置的理论和技术。从广义和现代意义来说，定位就是测量和表达信息、事件或目标发生在什么时间、什么空间位置的理论方法与技术。定位含义仍然是讨论中观和宏观世界里有关信息、事件和目标的发生时间和空间位置的确定。

（2）导航

导航即运动目标，通常是运载工具如飞船、航天器、船舶、汽车、运载武器等的实时动态定位即三维位置、速度和航向偏转、纵向摇摆、横向摇摆三个角度的姿态的确定。20 世纪 70 年代发展于航海、航空与航天等领域。可提高导航定位精度和可靠性。导航技术发展的方向是把各具特点的不同类型的导航系统匹配组合，发挥各自特点、扬长避短，加之使用卡尔曼滤波技术等数据处理方法，提高系统导航能力、精度、可靠性和自动化程度。

14.1.5　GPS 概述

全球卫星定位导航系统,(global positioning system,GPS)由美国于 1994 年建成,总共有 24 颗卫星,分布在太空中的地球同步轨道上,具有在海、陆、空进行全方位实时三维导航与定位能力的新一代卫星导航与定位系统。除 GPS 之外还有另外三个导航系统分别是欧洲的伽利略卫星定位系统、俄罗斯的格罗纳斯卫星定位系统和我国的北斗卫星定位系统。一般来讲,三颗卫星就可以定位,定位的卫星数越多,精度和准确度也就越高。目前,GPS 信号还是免费使用的,一般只有军用和高精度的才收费。

最古老、最简单的导航方法是星历导航,人类通过观察星座的位置变化来确定自己的方位;最早的导航仪是我国发明的指南针,几个世纪以来,它经过不断的改进而变得越来越精密,并一直为人类广泛应用。

进入 20 世纪以后,随着科学技术水平的不断提高,人类逐渐发明了许多新的定位方法,如惯性导航技术(inertial navigation)等。其中,地基电子导航系统(ground-based radionavigation system)的诞生标志着人类从此进入了电子导航时代。

1957 年 10 月,世界上第一颗人造地球卫星的成功发射宣告空间科学的发展跨入了一个崭新的时代,也使电子导航技术的发展进入了一个新的阶段。

1973 年,美国国防部批准陆海空三军联合研制第二代卫星导航定位系统——授时与测距导航系统/全球定位系统(navigation system timing and ranging/global position system,NAVSTAR/GPS),简称全球定位系统。

GPS 计划的实施分为三个阶段:第一阶段为方案论证和初步设计阶段(1973～1978年),发射了 4 颗卫星,建立了地面跟踪网并研制了地面接收机;第二阶段为全面研制和实验阶段(1979～1984 年),发射了 7 颗 Block I 实验卫星,研制了各种用途的接收机,包括导航型和测地型接收机;第三阶段为实用组网阶段(1985～1993 年),发射了 Block II 和 Block IIA 工作卫星(Block IIA 卫星增强了军事应用功能并扩大了数据存储容量)。截止到 1993 年,由分布在 6 个轨道平面内的 24 颗卫星组成的 GPS 空间星座已经建成。1973～1993 年,GPS 系统的建立经历了 20 年,耗资 300 亿美元,它是美国继阿波罗登月计划和航天器计划后的第三项庞大空间计划。

扩展阅读:全球四大卫星定位系统:GPS:GPS 是英文 global positioning system(全球定位系统)的简称。GPS 起始于 1958 年美国军方的一个项目,1964 年投入使用。20 世纪 70 年代,美国陆海空三军联合研制了新一代卫星定位系统 GPS。主要目的是为陆海空三大领域提供实时、全天候和全球性的导航服务,并用于情报收集、核爆监测和应急通信等一些军事目的,经过 20 余年的研究实验,耗资 300 亿美元,到 1994 年,全球覆盖率高达 98% 的 24 颗 GPS 卫星星座已布设完成。在机械领域 GPS 则有另外一种含义:产品几何技术规范(Geometrical Product Specifications,GPS)。GPS 组成结构如图 14-1 所示。

"格洛纳斯"(GLONASS)是指全球卫星导航系统(Global Navigation Satellite System)。作用类似于美国的 GPS、欧洲的伽利略卫星定位系统。最早开发于苏联时期,后由俄罗斯

图 14-1　GPS 组成结构

继续该计划。俄罗斯 1993 年开始独自建立本国的全球卫星导航系统。按计划，该系统将于 2007 年年底之前开始运营，届时只开放俄罗斯境内卫星定位及导航服务。到 2009 年底前，其服务范围将拓展到全球。该系统主要服务内容包括确定陆地、海上及空中目标的坐标及运动速度信息等。格洛纳斯运行示意图如图 14-2 所示。

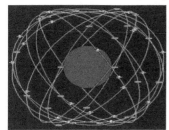

图 14-2　格洛纳斯运行示意图

Galileo 卫星导航计划是由欧共体发起，并与欧洲空间局一起合作开发的卫星导航系统计划。该计划将有助于新兴全球导航定位服务在交通、电信、农业或渔业等领域的发展。2003 年 5 月 26 日，Galileo 卫星导航计划。Galileo 卫星导航计划是第一个全球民用卫星导航系统项目，该计划被视为美国 GPS 全球卫星定位系统的潜在竞争对手。1999～2000 年，在欧盟委员会与欧洲空间局的领导下，欧洲从战略、经济、资金筹集、法规、用户需求和技术性能要求等方面对伽利略计划开展了一系列的研究。该计划的最终目标是建立一个独立的、性能优于 GPS 并与现有全球卫星导航系统 GPS 和 GLONASS 兼容的民用全球卫星导航系统。目前 Galileo 卫星导航计划已经引起世界各国的极大关注。

Galileo 系统是欧洲独立自主的全球多模式卫星定位导航系统，可提供高精度、高可靠性的定位服务，同时实现完全非军方控制和管理。它由欧洲空间局和欧盟发起并提供主要资金支持，由欧盟委员会和欧洲空间局共同负责。其中，欧盟委员会负责政治领域和高层次的任务需求，欧洲空间局负责空间分系统及相关地面系统的论证、发展和在轨测试。

Galileo 系统能够与美国的 GPS 和俄罗斯的 GLONASS 系统实现相互高度兼容，任何用户将来都可以用一个接收机采集各个系统的数据或者各系统数据的组合来实现定位导航。Galileo 系统可以实时分米级定位精度，这是现有的卫星导航系统所没有的。同时它还能够保证在许多特殊情况下提供服务。如果导航定位失败，它也能够在几秒钟内通知用户，特别适合于对安全性有特殊要求的情况，如运行的火车、汽车导航和航天器着陆等。

目前，欧盟以外的 6 个国家（包括中国、印度、以色列、乌克兰、沙特阿拉伯、摩洛哥）也相继参与了伽利略计划，我国计划投入 2 亿欧元。我国与欧盟 2003 年 10 月 30 日在北京签署伽利略卫星导航合作第三个文件。国务院总理温家宝、欧洲理事会主席意大利总理贝卢斯科尼、欧盟委员会主席普罗迪、欧盟共同外交与安全政策高级代表索拉纳等出席签字仪式。Galileo 导航系统运行示意图如图 14-3 所示。

图 14-3　Galileo 导航系统运行示意图

"北斗"卫星导航系统是我国自行研制的全球卫星定位与通信系统（CNSS），是继美国的 GPS 和俄罗斯的 GLONASS 之后第三个成熟的卫星导航系统。系统由空间端、地面端和用户端三部分组成，可在全球范围内全天候、全天时为各类用户提供高精度、高可靠的定位、导航、授时服务，兼具短报文通信能力。截止到 2012 年 10 月，在轨卫星 16 颗，初步具备区域定位、导航、授时能力。北斗卫星导航系统将在 2020 年形成全球覆盖能力。目前其定位精度优于 20m，授时精度优于 100ns。2012 年 12 月 27 日，北斗系统空间信号接口控制文件正式版正式公布，北斗导航业务正式对亚太地区提供无源定位、导航、授时服务。从 2014 年开始，开始建设北斗产业技术创新服务平台、综合运营服务平台以及基于北斗的 120 急救指挥综合服务系统、畜牧业安全生产及食品安全监督管理系统、数字秦岭系统和水资源监测系统。北斗卫星导航系统运行示意图如图 14-4 所示。

表 14-1 是全球四大卫星导航系统比较。

图 14-4　北斗卫星导航系统运行示意图

表 14-1　全球四大卫星导航系统比较

	GPS	GLONASS	北斗	Galileo
研制国家	美国	俄罗斯	中国	欧盟
发展历史	20 世纪 70 年代，美国军方开发，1994 年建设完成	创建于 20 世纪 80 年代，1995 年开始使用	20 世纪 80 年代中期开始建设，2003 年建成第一代，北斗二代将于 2010 年建成，北斗三代将于 2016 年建成	20 世纪 90 年代提出，2002 年正式批准，2008 年 4 月开建
覆盖范围	全球全天候	全球	第一代覆盖中国本土，第二代开始，覆盖全球	全球
卫星数量	3 颗备用卫星和 24 颗工作卫星	24 颗卫星，目前有 21 颗天在运行	24 颗卫星，目前有 21 颗天在运行	27 颗运行卫星和 3 颗备用卫星，目前还未建成
用户容量	GPS 是单向测距系统，用户设备只要接收导航卫星发出的导航电文即可进行测距定位，因此可容纳无限多用户	无限多	北斗导航系统由于是主动双向测距的询问应答系统，用户设备与地球同步卫星之间不仅要接收地面中心控制系统的询问信号，还要求用户设备向同步卫星发射应答信号，这样，系统的用户容量取决于用户允许的信道阻塞率、询问信号速率和用户的响应频率。因此，北斗导航系统的用户设备容量是有限的	无限多

14.1.6　GPS 构成与原理

14.1.6.1　GPS 定位结构

（1）GPS 系统

包括三大部分：

1）空间部分——GPS 卫星星座。
2）用户设备部分——GPS 信号接收机。
3）地面控制部分——地面监控系统。
GPS 系统卫星分布如图 14-5 所示。

图 14-5　GPS 系统卫星分布

（2）定位信号

定位信号的卫星配有 4 台频率相当稳定（量时精度为 10 ~ 13s）的原子钟（2 台铯钟，2 台铷钟），由此产生一个频率为 10. 23MHz 的基准钟频信号。该信号经过倍频器降低 10 倍的频率后，成为频率为 1. 023MHz 测距粗码（C/A 码）的信号频率；基准钟频信号的频率 10. 23MHz，直接成为测距精码（P 码）的信号频率；基准钟频信号经过倍频器降低 204 600 倍的频率后，成为频率为 50MHz 数据码（卫星星历、导航电文的编码）的信号频率；基准钟频信号再经过倍频器倍频 150 倍和 120 倍频后，分别形成频率为 1575. 42MHz（L1）与 1227. 60MHz（L2）载波信号。通过测量这些卫星信号到达的时间用户可以用 4 颗卫星确定 4 个导航参数：纬度、经度、高度和时间。

GPS 系统的定位原理是：每颗在太空运行的卫星，任一时刻都有一个坐标值来代表其位置所在（已知值），接收机所在的位置坐标为未知值，而太空卫星的信息在传送过程中，所需耗费的时间，可经由比对卫星时钟与接收机内的时钟计算出来，将此时间差值乘以电波传送速度（一般定为光速），就可计算出太空卫星与使用者接收机间的距离，如此就可依三角向量关系来列出一个相关的方程式。每接收到一颗卫星就可列出一个相关的方程式，因此在至少收到三颗卫星信息后，即可计算出平面坐标（经纬度）值，收到四颗卫星信息则加上高程值，五颗以上卫星信息更可提高准确度，如图 14-6 所示（宁津生等，2008）。

设太空中的 4 颗卫星分别为：卫星 1 (x_1, y_1, z_1)、卫星 2 (x_2, y_2, z_2)、卫星 3 (x_3, y_3, z_3)、卫星 4 (x_4, y_4, z_4)，如图 14-7 所示，则可列出如公式（14-1）所示的 4 个方程。

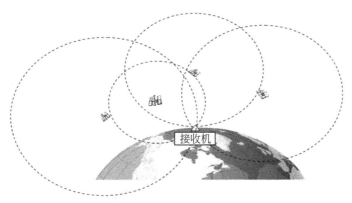

图 14-6　GPS 系统定位信号

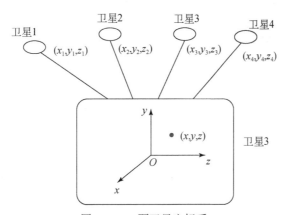

图 14-7　4 颗卫星坐标系

$$((x_1-x)^2+(y_1-y)^2+(z_1-z)^2)^{\frac{1}{2}}+c(v_{t1}-v_{t0})=d_1$$

$$((x_2-x)^2+(y_2-y)^2+(z_2-z)^2)^{\frac{1}{2}}+c(v_{t2}-v_{t0})=d_2$$

$$((x_3-x)^2+(y_3-y)^2+(z_3-z)^2)^{\frac{1}{2}}+c(v_{t3}-v_{t0})=d_3 \qquad (14\text{-}1)$$

$$((x_4-x)^2+(y_4-y)^2+(z_4-z)^2)^{\frac{1}{2}}+c(v_{t4}-v_{t0})=d_4$$

式中，x，y，z：待测点坐标（未知参数）。x_i，y_i，z_i：卫星 i 在 t 时刻的空间直角坐标。

d_i（$i=1$、2、3、4）：为卫星 i 到接收机之间的距离。

v_{t0}：接收机的钟差。

v_{ti}：卫星 i 的钟差。

c：光速

解上述方程组即可求得待测点的坐标。

14.1.6.2　GPS GPS 定位方法分类

（1）根据定位所采用的观测值

根据定位所采用的观测值可分为伪距定位和载波相位定位两种方法。

（2）根据定位的模式

1）绝对定位。

绝对定位是直接确定信息、事件和目标相对于参考坐标系统的坐标位置测量。绝对定位计算例子如图 14-8 所示（宁津生，2008；徐爱功，2009；黄丁发，2009）。

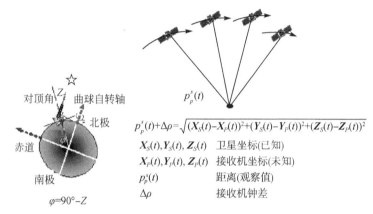

$$p_P^s(t)+\Delta\rho=\sqrt{(X_S(t)-X_P(t))^2+(Y_S(t)-Y_P(t))^2+(Z_S(t)-Z_P(t))^2}$$

$X_S(t), Y_S(t), Z_S(t)$ 　卫星坐标(已知)

$X_P(t), Y_P(t), Z_P(t)$ 　接收机坐标(未知)

$p_P^s(t)$ 　距离(观察值)

$\Delta\rho$ 　接收机钟差

图 14-8　绝对定位计算例子

2）相对定位。

相对定位是确定信息、事件和目标相对于坐标系统内另一已知或相关的信息、事件和目标的坐标位置关系。相对定位计算例子如图 14-9 所示（宁津生，2008；徐爱功，2009；黄丁发，2009）。

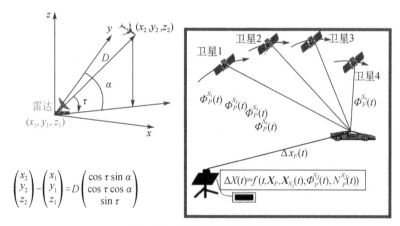

$$\begin{pmatrix}x_2\\y_2\\z_2\end{pmatrix}-\begin{pmatrix}x_1\\y_1\\z_1\end{pmatrix}=D\begin{pmatrix}\cos\tau\sin\alpha\\\cos\tau\cos\alpha\\\sin\tau\end{pmatrix}$$

$$\Delta X(t)=f(t, X_P, X_{S_j}(t), \Phi_P^{S_j}(t), N_P^{S_j}(t))$$

图 14-9　相对定位计算例子

3）根据获取定位结果的时间。

根据获取定位结果的时间可分为实时定位和非实时定位两类。

4）根据定位时接收机的运动状态。

根据定位时接收机的运动状态可分为动态定位和静态定位两类。

14.2　GPS 的应用

GPS 定位技术以其精度高、速度快、费用省、操作简便等优良特性被广泛应用于大地控制测量中。时至今日，可以说 GPS 定位技术已完全取代了常规测角、测距手段建立大地控制网。我们一般将应用 GPS 卫星定位技术建立的控制网叫做 GPS 网。归纳起来大致可以将 GPS 网分为两大类：一类是全球或全国性的高精度 GPS 网，这类 GPS 网中相邻点的距离在数千公里至上万公里，其中主要任务是作为全球高精度坐标框架或全国高精度坐标框架，为全球性地球动力学和空间科学方面的科学研究工作服务，或用以研究地区性的板块运动或地壳形变规律等问题。另一类是区域性的 GPS 网，包括城市或矿区 GPS 网，GPS 工程网等，这类网中的相邻点间的距离为几公里至几十公里，其主要任务是直接为国民经济建设服务（宁津生，2008；徐爱功，2009；黄丁发，2009）。

14.2.1　军事应用

在协同作战方面，GPS 可为各级指挥系统提供各种目标及事件所发生的时间和地点。导弹的制导提高命中目标的精度。美伊战争中，70% 左右的导弹使用 GPS 辅助制导。战斧式巡航导弹从 1600km 的地方准确打击一个小房子的目标。搜索、救援人员野外定位，在茫茫的沙漠上，没有任何标志，主要靠导航卫星进行定位，知道自己在什么地方。在美国近几场高技术局部战争中，GPS 导航定位技术的应用体现于海陆空力量的指挥控制、战场机动、补给支援、火力协同、战场救援和保障精确打击等各个环节，具体应用有：

1）导航。在黑暗或陌生的领域，GPS 能帮助军人找到目标，使部队和物资协调行动。无论山区密林、沙漠田野，带着 GPS 接收机，侦察员们掌握自己位置，记录敌方位置，再不会犯方向和路线的错误。空中侦察时，多架航天器，利用 GPS 连续测定自身位置，利用无线电测向、空中摄影等方法确定敌方地面部署、防空雷达的位置，快速有效地获得战时地图。部队集结调动、穿越陌生区域、战场补给、协同作战、识别敌我阵地、行军路线，有了 GPS 接收机，保证不会发生立场和路线的错误。甚至指挥员在制定战斗方案时，利用各部队根据 GPS 确定并连续发送过来的实时位置，再配上一台笔记本电脑，就可在矢量地图的环境下，更科学地指挥现代战争。布雷扫雷，可记录下水雷或地雷的精确位置，既避免了误伤自己人，战争结束后，清理战场也安全得多。图 14-10 所示的就是美军作战时应用导航的场景。

2）跟踪目标。各种武器系统使用 GPS 跟踪敌方地面和空中目标，确保目标精确锁定。军事航行器使用专用的 GPS 从空中寻找地上目标。例如，在伊拉克战争中，从攻击性直升机的摄影枪视频影像显示的 GPS 坐标能在谷歌地球上查找。美军作战时应用跟踪目标的场景如图 14-11 所示。

3）导弹和射弹制导。GPS 为洲际弹道导弹、巡航导弹和各种精密制导武器提供精确的目标。嵌入炮弹的 GPS 接收机能经受住 12 000 g 的加速度，已在 155mm 榴弹炮上使用。导弹弹头上安装 GPS 接收机，随时测定导弹位置，进行弹道偏差修正，准确命中目标。命

图 14-10　美军作战时应用导航的场景

图 14-11　美军作战时应用跟踪目标的场景

中目标的误差可达到 1m，并且命中目标的误差不受导弹射程（即使为数千公里）的影响。安装 GPS 接收机的航天器，不仅改善了导航精度，并且由于把要轰炸的目标作为一个"航路点"，有效改善炸弹投放精度。利用 GPS 导航功能，战斗机的飞行与投弹不受白天黑夜、可视距离的影响，可以避开敌方雷达视距低空穿越飞行，减少损失，重创敌人。导弹和射弹制导应用导航的场景如图 14-12 所示。

4）搜索和救援。GPS 接收机能迅速搜寻到坠机的飞行员。主动式搜索救援：始终监视救援范围内的情况，跟踪目标，根据 GPS 测定的位置组织救援，提高救援成功率。被动式搜索救援：配备带有 GPS 接收机的紧急求救无线发信装置（一般放在头盔上）的指战员们主动求救。搜索和救援应用导航的场景如图 14-13 所示。

5）侦察和制图。使用 GPS 可帮助绘图和侦察。侦察和制图应用导航的场景如图 14-14 所示。

6）核爆炸侦测。GPS 卫星携带着由光学传感器、X 射线传感器、放射量测定器、电磁脉冲传感器组成的核爆炸探测仪，是美国核爆炸侦测系统的主要部分。核爆炸侦测应用导航的场景如图 14-15 所示。

图 14-12　导弹和射弹制导应用导航的场景

图 14-13　搜索和救援应用导航的场景

7）水下全球定位系统。法国的 ASCA 公司已为美海军开发了利用水下全球定位系统（GPS）技术进行搜索与救援以及对抗水雷的系统，它可以利用水下的 GPS 信号确定目标的经、纬度和深度坐标。海军海上系统司令部已于 2001 年 8 月购买了一套该系统，该系统可用于跟踪沉在水下的航天器或潜艇中释放的移动黑匣子声波发送器，只需要不到半天的时间就能寻找到目标。在 2001 年夏天进行的一次试验中，该系统只用了 1h 就寻找到了目标。

另一项可能的应用就是进行爆炸性军火处理，可以用来处理在科索沃战争中投放在地中海的没有爆破的哑弹。此外，该技术还可以用于水雷对抗等许多领域。

从海湾战争、"沙漠之狐"军事行动到科索沃战争、阿富汗战争，乃至伊拉克战争，GPS 技术在不断成熟完善，实战应用领域不断扩大，能力不断提高。

图 14-14　侦察和制图应用导航的场景

图 14-15　核爆炸侦测应用导航的场景

14.2.2　GPS 在电子战争中的应用

利用 GPS 可以对敌方电子发射源的定位，多架航天器，利用 GPS 连续测定自身位置，利用无线电测向等方法确定敌方地面防空系统或雷达的位置，进而直接摧毁敌军地面雷达系统。

也可以诱惑导弹脱靶，敌方导弹攻击我方航天器时，为了摆脱导弹，我方航天器需要投放金属箔条，造成假目标，好像孙悟空一把毫毛就变出来千万个小悟空，诱惑导弹打错目标，脱离航天器。但敌方导弹还受敌方雷达指挥。雷达只有在我方航天器机头对准基本地面雷达时投放金属箔条，才会被诱惑，分不清真假。而 GPS 实时确定我方航天器位置，根据预先已知的敌方雷达位置，控制航天器进入适宜投放金属箔条的飞行方向（宁津生，2008；徐爱功，2009；黄丁发，2009）。

14.2.3 GPS 车辆监控与导航

车辆监控与导航的研究在国外起始于 20 世纪 70 年代，目前称为自动车辆定位与导航（automatic vihicle location and navigation，AVLN）。AVLN 是智能运输系统（ITS）或智能汽车/公路系统（IVHS）的基础环节。

车辆定位与导航可采用各种技术手段进行，但其中车辆精确定位的实现最重要，也最困难，花费最高。但自从 GPS 应用于车辆监控与导航中，情况发生了划时代的革命性变化。

1995 年以来，GPS 车辆监控与导航系统以其精确定位的易实现性、相对成本的低廉性、设计与安装的相对独立性在国内获得了迅速发展。GPS 车辆监控与导航系统应用导航的场景如图 14-16 所示（宁津生，2008；徐爱功，2009；黄丁发，2009）。

图 14-16　GPS 车辆监控与导航系统应用导航的场景

目前，汽车行业的发展日新月异，显现了以下的潮流趋势：
1）汽车的电子控制程度不断地提高；
2）汽车的信息化水平不断地提高；
3）各种车载设备及信息服务在不断地增多；
4）汽车对于安全驾驶和车辆辅助控制等方面的需求日益强烈。

面对车内日益繁重的信息显示和处理任务，车载信息终端系统被作为热点提出。汽车导航系统凭借其在显示能力和信息处理能力上的优势，有潜力成为车载信息终端的最终载体集成了导航、信息服务、车辆信息显示与辅助控制等功能的车载信息终端将是未来发展的方向。典型车载信息终端系统架构如图 14-17 所示。

14.2.4 GPS 与物联网

物联网依托射频识别（RFID）技术、传感技术、全球定位系统（GPS）、地理信息系统（GIS）等，将物品与后台各类信息系统连接起来进行信息交换和通信，最终构建起一

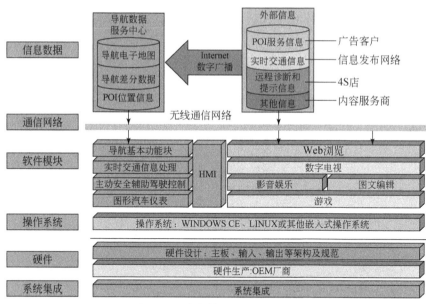

图 14-17 车载信息终端系统架构

个集识别、定位、跟踪、监控和管理等功能于一体的跨媒介网络。当前物联网应用的关键技术主要包括 RFID、GPS 和 GIS 等。RFID 技术是一种非接触式的自动识别技术，具有读取速度快、存储空间大、辐射范围广、可实现重复读写等多种优势。一个基于 RFID 的信息系统至少包含 RFID 标签和阅读器两部分，阅读器通过射频信号自动获取 RFID 标签中的存储信息，整个过程无需人工干预。GPS 系统以 24 颗覆盖全球的卫星作为空间信息支撑，依托庞大的地面控制系统，可以在任意时刻采集到精确的经纬度，以实现定位、导航等功能，该系统可方便地安装在汽车等交通工具上。GIS 系统在计算机软硬件支持下，以地理空间数据库为基础，通过对 GPS 信号的捕捉和处理，实现对空间地理信息的采集、存储、管理和显示等功能。

14.3 移动互联网

移动互联网就是将移动通信和互联网二者结合起来，成为一体。在最近几年里，移动通信和互联网成为当今世界发展最快、市场潜力最大、前景最诱人的两大业务。

14.3.1 移动互联网的发展

移动互联网的概念从 2010 年开始，已经彻底从神坛走向了生活。2000 年 9 月 19 日，我国移动和国内百家 ICP 首次坐在了一起，探讨商业合作模式。随后时任我国移动市场经营部部长张跃率团去日本 NTT DOCOMO 公司 I-mode 取经，"移动梦网"雏形初现。2000 年 12 月 1 日开始施行的我国移动通信集团"移动梦网"计划是 2001 年初我国通信、互联网业最让人瞩目的事件。2001 年 11 月 10 日，我国移动通信的"移动梦网"正式开通。

当时官方的宣传称手机用户可通过"移动梦网"享受到移动游戏、信息点播、掌上理财、旅行服务、移动办公等服务。随后的几年，依托电信运营商的无线概念，成就了一批又一批的百万、亿万富翁。

14.3.2 移动互联网的应用

移动互联网是一个全国性的、以宽带 IP 为技术核心的，可同时提供语音、传真、数据、图像、多媒体等高品质电信服务的新一代开放的电信基础网络，是国家信息化建设的重要组成部分。移动互联网应用最早让人们接受，则是从短消息服务开始的。目前移动互联主要应用领域有：

1）资讯。以新闻定制为代表的媒体短信服务，是许多普通用户最早的也是大规模使用的短信服务。对于像搜狐、新浪这样的网站而言，新闻短信几乎是零成本，他们几乎可以提供国内最好的媒体短信服务。目前这种资讯定制服务已经从新闻走向社会生活的各个领域，股票、天气、商场、保险等。

2）聊天。移动 QQ 帮助腾讯登上了"移动梦网"第一信息发送商的宝座。通过"移动 QQ"和 QQ 信使服务，使手机用户和 QQ 用户实现双向交流，一下子将两项通信业务极大地增值了。

3）手机上网。手机上网主要提供两种接入方式：手机+笔记本电脑的移动互联网接入；移动电话用户通过数据套件，将手机与笔记本电脑连接后，拨打接入号，笔记本电脑即可通过移动交换机的网络互联模块 IWF 接入移动互联网。WAP 是移动信息化建设中最具有诱人前景的业务之一，是最具个人化特色的电子商务工具。在 WAP 业务覆盖的城市，移动用户通过使用 WAP 手机的菜单提示，可直接通过 GSM 网接入移动互联网，网上可提供 WAP、短消息、E-mail、传真、电子商务、位置信息服务等具有移动特色的互联网服务。我国移动、我国联通均已开通了 WAP 手机上网业务，覆盖了国内主要大中城市。那么，手机上网以后主要有什么应用？从目前来看，主要是三大方面的应用，即公众服务、个人信息服务和商业应用。公众服务可为用户实时提供最新的天气、新闻、体育、娱乐、交通及股票等信息。个人信息服务包括浏览网页查找信息、查址查号、收发电子邮件和传真、统一传信、电话增值业务等，其中电子邮件可能是最具吸引力的应用之一。商业应用除了办公应用外，恐怕移动商务是最主要、最有潜力的应用了。股票交易、银行业务、网上购物、机票及酒店预订、旅游及行程和路线安排、产品订购可能是移动商务中最先开展的应用。

4）移动电子商务的应用。所谓移动电子商务就是指手机、掌上电脑、笔记本电脑等移动通信设备与无线上网技术结合所构成的一个电子商务体系。近年来，我国移动用户市场增长迅速，移动数据业务同样具有巨大的市场潜力，对运营商而言，无线网络能否提供有吸引力的数据业务则是吸引高附加值用户的必要条件。

5）移动转账业务。使用 SMS 汇钱。这一业务与传统转账业务相比，成本更低、速度更快、方便性更高。由于移动转账发展很快，在管制方面，很多市场的管制者都会面临用户成本、安全、造假、洗钱等方面的问题。在运营方面，运营商要进入新的市场，市场条件的变化、业务运营商本地资源的运作，要求运营商采用不同的战略。

6）定位业务。定位业务（location-based services，LBS），它是通过电信移动运营商的无线电通信网络（如 GSM 网、CDMA 网）或外部定位方式（如 GPS）获取移动终端用户的位置信息（地理坐标或大地坐标），在地理信息系统（geographic information system，GIS）平台的支持下，为用户提供相应服务的一种增值业务。估计未来几年会是最复杂的业务。用户方面，根据 Gartner 的估计，2009 年全球 LBS 用户将超过 9600 万，2012 年达到 5.26 亿。LBS 被列在十个业务的第二位，主要考虑的是它的高用户价值和对用户忠诚度的影响。它的高用户价值使它有能力满足各种需求，包括社会组网娱乐的生产率提高和目标实现等。

7）移动健康监控。移动健康监控是使用 IT 和移动通信实现远程对患者的监控，还可帮助政府、关爱机构等降低慢性病患者的治疗成本，改善患者的生活质量。在发展中国家的市场，移动性的移动网络覆盖比固定网更重要。今天，移动健康监控在成熟的市场也还处于初级阶段，项目建设方面到目前为止也仅是有限的试验项目。未来，这个行业可实现商用，提供移动健康监控产品、业务和相关解决方案。

8）移动会议。传统电话会议机等产品对特定终端设备及空间的固化要求，逐渐让开会变成了很多商务人士的困扰。移动电话会议已经成为众多企业不可或缺的沟通工具（陈骁，2011）。

14.4　综合电子信息系统

综合电子信息系统又称为 C^4I 系统或指挥自动化系统。它是由多个信息系统综合集成的、为诸军种联合作战提供信息作战能力的一体化军事信息系统。它是对各军种所共用的信息系统进行综合设计、综合集成和综合运用，是信息系统与武器系统、军事保障系统的黏合剂，是形成整个武器装备体系的纽带。它是保障陆、海、空军和战略导弹部队等各军种遂行联合作战指挥和信息战的主要手段（邹振宁和周芸，2004），是指挥控制、情报侦察、预警探测、通信和信息战、电子战等要素多层次、大范围、综合连接的大系统。它为增强军队整体作战能力和信息作战能力，提出了武器装备发展的新思路。该平台覆盖通信与信息系统、信号与信息处理、电路与系统、电磁场与微波技术、微电子学与固体电子学、机械电子工程、计算机应用技术等 7 个学科。

14.4.1　综合电子信息系统概述

20 世纪 60 年代初，美军开始建设战略级、战区级和战术级全球军事指挥控制系统。在从 C^2 到 C^3 的起步期内，由于系统建设基本上是由各部门、各军种各自负责，分散进行的，以及采用的计算机技术是基于 70 年代的水平等多种原因，系统存在许多缺陷，主要有：三军系统不能互联、互通；系统综合能力差，不能提供准确的情报和作战毁伤评估；预警探测、指挥控制、情报处理速度慢；综合识别能力不够；采购、使用、维护和改进费用都很高，经济上难以承受等。因而，美军认为这种体系结构的 C^3 系统已不能满足当今联合作战的要求，更不适应未来信息化战争的需要。为此在 1977 年首次把情报（intelligence）作为不可缺少的要素，融入 C³ 系统，形成了 C³I 系统，此举创立了指挥、控制、通信和情报不可分割的概念，确立了以指挥、控制为核心，以通信为依托，以情报为灵魂的一体化综合电子信息系统体制，反映出美军信息化建设在观念和认识上取得了新的突破（邹振宁，周芸，2004；岳松堂，2007；栾胜利等，2008）。

C⁴I 是指挥（command）、控制（control）、通信（communications）、计算机（computer）。C⁴KISR 是在 C⁴I 的基础上，增加了 KISR（K 是杀伤（kill），I 是情报（intelligence）、S 是监视（surveillance）、R 是侦察（reconnaissance））。其功能有：搜索并发现目标、跟踪与监视目标、识别目标、决策、持续识别、打击目标、战斗损伤评估，这些功能形成一条强有力的"杀伤链"。近几次高技术局部战争表明：C⁴KISR 系统是现代战争的神经中枢和"兵力倍增器"，是夺取信息获取权、控制权和使用权的最有力手段。军队指挥自动化系统的内容不是一成不变的，它是随着军事技术和战争实践的发展而不断丰富、不断延伸的。

鉴于综合电子信息系统的重要作用，世界各主要国家都在竞相发展 C⁴I 系统。在这一方面，美国一马当先，其 C⁴I 系统无论是在建设规模、技术水平，还是在实际使用效果等方面，始终处于世界的领先地位。综合电子信息系统的发展主要有以下几类（邹振宁，周芸，2004；岳松堂，2007；栾胜利等，2008）：

1）预警探测系统。美军具有多层次、全方位、世界最先进的预警探测系统。该系统由天基预警卫星、空中预警机、陆基和海上预警系统组成。天基预警卫星系统由国防支援卫星系统组成。目前，国防支援计划卫星系统共有 5 颗在轨卫星，能监视除两极以外的整个地球表面。空中预警机不仅具有远程预警、指挥控制各类航天器协同作战的功能，而且还可以指挥协调三军联合作战。陆基和海上预警系统由陆基和舰船上的多种预警雷达系统组成，能发现数百公里外的目标。空中预警系统由驻中央地区部队的空军预警机和海军航母上装备的预警机组成，主要有空军的 E-3"卫兵"和海军的 E-2C、"鹰眼"2000 预警机等。

2）情报侦察系统。目前，美军已拥有航天、航空、地面、海上侦察的立体配置和手段齐全的情报侦察系统，其侦察领域包括目标和信号侦察。美军航天侦察主要由雷达成像卫星、光学成像卫星、信号情报卫星和海洋监视卫星组成；采用战略、战术、无人侦察机实施侦察是美军侦察的重要手段。其中，战略侦察机主要有 U-2 高空图像侦察机、RC-135 信号侦察机、EP-3 信号侦察机等。战术侦察机主要有 RC-7、RF-14、RU-38 等。无人侦察机主要有"捕食者"、"暗星"、"前导"等；美军地面侦察以使用各种类型的侦察车为主，其侦察装备主要包括战场侦察雷达、红外传感器、高分辨率电视、激光测距机等；海上侦察系统是由侦察船、蛙人输送艇、微型潜艇以及"水下 U-2"侦察潜艇等组成。

3）电子战系统。美军具有世界上最先进的电子战技术和装备，目前已在各种作战平台上共装备了 600 多种电子战系统，拥有近千个专用电子战航天器。美空军除了拥有约 250 架专用电子战航天器外，在其他各型作战航天器上也广泛配置了自卫式的电子战系统，具有强大的电子战能力；美海军的电子战系统主要是由舰载电子战系统和机载电子战系统组成。舰载电子战系统有 60 多种，主要用于探测和干扰反舰导弹、干扰雷达正常工作。海军各型航天器上也装备了电子战系统，主要用于自卫作战。经过 20～30 年建设，美陆军现已具有对整个电磁频谱范围内的信号进行有效侦察、分析和干扰能力；专用电子战航天器是美军电子战系统的重要组成部分，主要包括电子干扰机、电子侦察机和反辐射攻击机等类型。典型的电子干扰机有 EA-6B"徘徊者"电子干扰航天器、EC-130H"罗盘呼叫"通信干扰机。电子侦察机典型的有 RC-135"铆钉"电子情报侦察机。反辐射攻击机典型的有 F-16CJ/DJ 防空压制航天器。

4）通信联络系统。美军现行通信系统可分为战略通信系统和战术通信系统，主要通信传输手段为卫星和光缆，组成自动电话网、自动密话网和自动数据网等 3 个公用网。美陆军战术通信系统主要有地域公共用户系统、战斗网无线电系统和陆军数据分发系统。其中，地域公共用户系统由三军联合战术通信系统、移动用户设备系统、地面机动部队超高频卫星通信系统和单信道特高频卫星通信系统组成。战斗网无线电系统主要包括单信道地面和机载无线电系统、改进型高频通信系统和单信道战术卫星通信系统。陆军数据分发系统主要包括定位报告系统和联合战术信息分发系统。海军通信系统是以卫星作为信息传输的主体，主要采用极低频、高频、特高频、光纤等通信方式。舰队卫星通信系统是海军的一个全球通信系统，由 5 颗同步通信卫星组成，用于保障海军舰队、航天器和其他机动部队的通信。美空军战术通信系统由地-地战术通信系统和地-空战术通信系统组成。地-地战术通信系统用来完成各个战术指挥中心之间、战术指挥中心与防空情报网之间、战术指挥中心与武器系统之间的通信。地-空战术通信系统包括地面控制单位与战术航天器之间的语音通信系统和数据通信系统。

5）指挥控制系统。美军指挥控制系统分为战略指挥控制系统、战术指挥控制系统。战略指挥控制系统目前正处于全球军事指挥控制系统向新一代的全球指挥控制系统过渡阶段；美国陆军战术指挥控制系统主要由军、师级使用的，以及旅和旅以下部队使用的二级作战指挥系统组成。美国海军战术指挥控制系统分为岸上战术指挥控制系统和海上战术指挥控制系统。岸上战术指挥控制系统主要由舰队指挥中心、海洋监视信息系统和岸基反潜战指挥中心组成。海上战术指挥控制系统，即战术旗舰指挥中心，是海上 C⁴I 战术数据管理系统，由战术数据处理系统、综合通信系统和数据显示系统等组成；美空军战术指挥控制系统主要有战术空军控制系统、空军机载战场指挥控制中心、空中机动司令部指挥与控制信息处理系统。

14.4.2　综合电子信息系统发展趋势

目前，C^4KISR 系统在世界主要国家得到快速发展。美军凭借其雄厚的经济、科技实力，在发展精确打击武器的同时，斥巨资构建覆盖全球的 C^4KISR 系统，作为武装力量建设特别优先的任务。英、法、德、意等国也以发展武器装备"一体化"为契机，全面提高各自 C^4KISR 系统的作战效能。俄罗斯则把自己研究的 C^4KISR 系统作为武装力量建设特别优先的任务。在第 14 届马来西亚亚洲防务展中，中国国防公司中国电子科技集团公司在马来西亚亚洲防务展中推销其 C^4KISR（指挥、控制、通信、计算机、杀伤、情报、监视、侦察）系统生产线，并不掩饰自己由 47 家研究机构与 26 家企业组成的研发基础——这些研究机构与企业几乎完全集中在电子、微波与信息工程领域（千龙网，2014）。

扩展阅读：美军在建设综合电子信息系统过程中也遇到了许多困难，采取的主要措施有：①用信息管理观念来指导系统建设。为使决策过程从高层延伸至战术指挥员，满足作战需要，美军提出了建立以用户为中心的 C^4I 信息管理体系结构和即时应答系统的要求，即要求建设从探测器到射击人员的一体化系统。②明确要求，作为系统研制与建设的依据。对信息的要求是：准确，没有错误；及时，在适当的时间内能得到所需的信息；完整，必要而又足够的信息。对信息系统的要求是：安全，包括物理系统和信息本身的安全；灵活，对各种变化反应灵敏；可获得、抗毁和可靠，系统所需技术可实现，同时能在任何地方、时间和任意操作环境中可靠工作；互操作，不同系统间可提供彼此的服务要求；经济可承受，生命周期内的费用合理。对信息优势的定量指标是：能有效地用于部队，能全面、实时地了解战场态势，能快速、可靠地提供网络服务。③制定明确的目标，推动系统的研制。美军制定的发展目标是：能在任何时间、任何地点，接收融合的、实际的、真实的战场空间图像，并在纵向与横向发布命令、做出响应和协同，满足指战员在战场空间执行任务的需要。④完善"软环境"，强制共享信息数据。具体内容是：重新设计国防部职能程序，以提高其效率；实现数据标准化，使各机构的数据库能够共享；制定信息技术政策与标准，使国防信息系统的硬件和软件遵循连贯、一致和公开的原则；取消对特定业务重复的指挥自动化系统，集中统一使用系统信息。⑤制定完善的综合信息系统体系结构文件。美国防部制定了一系列有关体系结构的指导性文件，为整个综合信息系统体系结构的开发、表述和建立，确定了技术标准、法规和惯例。在这些指导性文件的引导下，美军综合信息系统的一体化进程明显加快，系统的互操作性逐步提高（邹振宁，周芸，2004）。

14.4.3　综合电子信息系统集成

综合集成已成为军队建设转型和武器装备体系发展的基本方式与重要途径，军事电子信息系统综合集成水平将决定军队综合作战能力的发挥。随着新军事变革的深入发展，军事信息系统综合集成已成为军队信息化建设的必然趋势，成为提升我军信息化战斗力的必然途径。因此，应紧密结合我军电子信息系统建吐的实际，抓好综合集成工作，促进以通信与指控装备为核心的电子信息系统的建设与发展（丁冠东，2006；杨兰等，2006）。

军事电子信息系统是以军事电子信息过程为主要特征的系统，它依附于军事系统而存在，是信息系统应用于军事领域的一种特殊形式。综合集成是利用信息技术的连通性和融合性，把各个分系统整合成一个宏观有序、整体最优的大系统，形成远远大于系统简单相加的整体效能。关于综合集成，有两个方面的含义：一是对现有的分散孤立、互不兼容的系统进行改造和整合，使之具有互连、互通、互操作能力。二是在系统总体设计和工程实施之后，按系统规定要求进行综合调试与测试。军事电子信息系统综合集成就是按照作战应用需求，利用信息技术，将分散的、独立的信息系统通过内部渗透、外部融合等方法互连、互通，使信息技术逐步完善，逐步融合。

军事电子信息系统综合集成是以军事电子信息过程为主要特征的系统集成。其外延包括：对有关信息的采集、处理、存储、管理、检索和传输，以及向作战平台及指挥、控制、管理人员提供有用信息等。此涵义从信息流程的角度概括了军事电子信息系统综合集成的基本功能。即信息采集功能、信息处理功能、信息存储功能、信息管理功能、信息检索功能、信息传输功能和信息输出功能。军事电子信息系统综合集成根据军事斗争的需要和实际应用，在一般信息系统功能的基础上体现出指挥、控制、通信、计算机、情报、监视、侦察、反情报、导航定位、公共信息管理和信息战等多方面的不同特点，并形成多种类型（丁冠东，2006；杨兰等，2006）。

14.5　网络通信系统

通信网络系统（communication network system，CNS）它是楼内的语音、数据、图像传输的基础，同时与外部通信网络（如公用电话网、综合业务数字网、计算机互联网、数据通信网及卫星通信网等）相连，确保信息畅通。CNS 应能为建筑物或建筑群的拥有者（管理者）及建筑物内的各个使用者提供有效的信息服务。CNS 应能对来自建筑物或建筑群内外的各种信息予以接收、存储、处理、交换、传输并提供决策支持的能力。CNS 提供的各类业务及其业务接口，应能通过建筑物内布线系统引至各个用户终端。

14.5.1　概述

网络通信系统用以完成信息传输过程的技术系统的总称。现代通信系统主要借助电磁波在自由空间的传播或在导引媒体中的传输机理来实现，前者称为无线通信系统，后者称为有线通信系统。当电磁波的波长达到光波范围时，这样的电信系统特称为光通信系统，其他电磁波范围的通信系统则称为电磁通信系统，简称为电信系统。由于光的导引媒体采用特制的玻璃纤维，因此有线光通信系统又称光纤通信系统。一般电磁波的导引媒体是导线，按其具体结构可分为电缆通信系统和明线通信系统；无线电信系统按其电磁波的波长则有微波通信系统与短波通信系统之分。另一方面，按照通信业务的不同，通信系统又可分为电话通信系统、数据通信系统、传真通信系统和图像通信系统等。由于人们对通信的容量要求越来越高，对通信的业务要求越来越多样化，所以通信系统正迅速向着宽带化方向发展，而光纤通信系统将在通信网中发挥越来越重要的作用。

14.5.2　战略通信网

战略通信系统是整个战略 C^3I 系统的"脉络"。从目前世界各国的战略通信系统看，以美国的战略通信系统最为完整，技术最为先进，但也存在不少薄弱环节。主要是生存能力低、互通性较差、保密通信能力和抗干扰能力不足。美国的战略通信系统分通用通信系统和专用通信系统两部分。在美国战略 C^3I 系统中，通用通信系统主要有国防通信系统、国防卫星通信系统、最低限度紧急通信网等。

网络通信系统主要包含以下几类系统：

1）国防通信系统。该系统由"自动电话网"、"自动数字网"、"自动保密电话网"组成，主要用于保障美国总统同国防部长、参谋长联席会议、情报机关、战略部队的通信联络，保障国防部长与各联合司令部和特种司令利的通信联络，并为固定基地和陆、海、空机动部队提供中枢通信网络。"自动电话网"为全球性非保密长途电话交换网，用模拟空分矩阵交换，交换机容量 50～10000 门。有 67 个交换中心，为 50 多万用户服务、它采用 5 级优先制，并有占先业务，最高两级用户与世界任何地区的用接通时间不超过 10s。目前，美国正研制国防交换网以取代该网。"自动数字网"为全球性存储转发保密电报网，有 16 个自动交换中心，1500 多用户。它使用 6 级优先制，8 种速度（45～4800bit），日转报量为 60 多万份。目前，美国正在其基础上发展国防数据网（DDN）。DDN 采用了通信处理机、分组交换技术和分布式结构，具有资源共享，网络协议分层化特点。在该网中，主机对主机传输速率为 56kbit/s，终端对主机传输速率为 9600bit/s。全网时延小于 1s，误码率为 4.2×10^{-12}。在海湾战争中，该网曾投入使用。"自动保密电话网"为全球密话通信网。供指定的国防部及非国防部用户使用。它有 12 个自动交换中心和 101 个人工交换中心，有 1 万多用户。国防通信系统使用视距无线电、对流层散射、高频无线电、卫星和电缆等传输媒介及有关的通信设备，能用语音、数据、传真、电报等通信方式工作。其线路总长达 6700 多万千米，能将配置在近 80 个国家 100 多个地区的 3000 多个指挥所和工作站连接起来。目前，美国国防通信系统正处于模拟/数字混用状态，并逐步向全数字化过渡。该系统的弱点是不少设备缺乏抗核加固，因此，在核环境条件下易受到核电磁脉冲的严重影响。另外，抗干扰能力也不足。

2）国防卫星通信系统（DSDC）。该系统是美国战略、战术共用的卫星通信系统。它由空间部分、地面终端部分及控制部分构成，主要用于传送战略指挥信息、情报数据、高度优先的战略预警信息和特种信息等，是战略远程通信的支柱。美国国防卫星通信系统于 1962 年筹建，分三个阶段实施。

3）最低限度紧急通信。网主要供美国最高军事指挥当局在核战争条件下把美国总核战争计划（即所谓的"单一综合作战计划"）的命令传递给美国在全球的战略部队，并接收这些部队回报执行命令的情况、它使用有生存能力的机载、舰载、潜艇载、地基和星基系统，为海、空军和国防通信局提供战略通信手段，保证在核战之前、核战之中和核攻击以后，国家最高军事指挥当局能与战略部队保持不间断的通信联络。该网涉及战略空军司令部空中指挥所、国家紧急空中指挥所、海军陆基对潜甚低频通信系统、"塔卡本"低频对潜通信中继航天器、卫星通信系统等（天下，2009）。

14.5.3 军事通信网

军事通信网和民用通信网紧密相连，同时又具有不同于民用公网的特殊性。随着通信技术向数字化、综合化、智能化方向发展，军事通信网的发展也是日新月异。目前，我国军队也正在进行通信网的改造和升级，这就要求我们对其进行深入了解，以适应未来通信网络发展的需要（王海涛，2002）。

（1）军事通信网的分类

军事通信网是为了保障军队通信不间断而建立的一种专用通信网。按通信联络保障范围的不同分为战略通信网和战术（战役）通信网。

战略通信网主要为国家最高指挥当局、各军兵种和战区级指挥系统提供长途定点通信服务，以固定通信系统为主。它的组成与民用公网相同，其用户配置、传输线路连接和交换机设置等都基本固定。战术（战役）通信网的主要任务是为战役军团、战术兵团和部队（分队）指挥提供保障，主要由移动方便的野战通信装备组成，通信手段以移动（无线）通信为主，多种通信手段并用。通常战术（战役）通信网又可分为地域网和战斗网两个部分，战斗网直接供作战分队使用，其主要形式是战斗无线网；地域网则主要提供作战地域与司令部之间的通信联络，是战术（战役）网中的主要部分（王海涛，2002；高红玉，2005）。

由于战略网的体制、结构和所采用的技术与民用公网基本相同，有的军网甚至以民用公网作为战略网，因此军事通信网中最具有特色的是战术（战役）网，并以地域网为代表。

（2）军用地域通信网

地域通信网属于战术（战役）网的范畴，主要在野战条件下使用，是目前各国军事通信网建设的重点。外军比较著名的地域网系统有松鸡系统、里达系统等。地域通信网的使用范围主要是集团军或师（旅）的作战地域，其典型数据为网络覆盖范围150km×250km，网内各通信节点间的距离为25km，含有30~40个干线节点和上百个入口节点，可为数千个用户提供服务（王海涛，2002；宋国春等，2008）。地域通信网的构成主要有以下几部分：

1）干线节点。为干线群、环路群提供数字交换，也为少量用户直接提供用户入口；

2）入口节点。供各级指挥机关的用户接入网；

3）移动通信分系统。使用户完成在移动中与地域网内任意用户的通信；

4）网络管理节点。进行网络规划和配置、设备监控，对网络的毁损情况做出反应，以维持通信；

5）单工无线电台入网接口。使单工无线电台用户（主要是战斗网用户）与网内用户互通；

6）用户设备。模拟（数字）话机、传真设备、图像设备和各种数据终端等（王海涛，2002）。

地域通信网的主要特点：

1）普遍采用栅格状的拓扑结构，以提高网络的抗损毁能力。

2）用户可同时通过两个以上的节点接入网络，用户之间有多种迂回路由方案。干线节点与指挥所是分开的，指挥所可从任何合适的入口节点入网，便于指挥所隐蔽和转移。

3）网内各设备均采用车载设备，机动性好，每个节点一般由数台通信车组成，车间通过无线或有线链路相连。

4）传输手段以微波和无线为主，有线为辅。

5）网络逐步向野战 ISDN 网发展，以在统一的网络中提供综合业务。

（3）我军的军事通信网概况

军事通信网随着科学技术的发展和军队指挥对通信要求的提高而不断地发展。现代军事通信网通常是以大通路载波、无线电接力、散射以及卫星通信等手段和各种通信枢纽组成综合通信网。

在业务种类上，目前战略网和战术网都还以电话业务为主；数据通信业务也有了一定的发展，但总体上规模较小，只在战略级和级别较高的战术级单位的系统中使用；图像、图形业务的使用还很少（常晓锋，2013）。

电话通信采用模拟方式可经多种有线或无线方式传输。对于数据通信，在战略网上已成体系地建成了全军公用数据网，并正在有计划地扩大规模（常晓锋，2013）。在战术通信网中，数据的传输方式主要有三种：①就近接入军用（民用）公用数据网，利用战略网传输数据，此种方式使用受地理位置限制较大；②采用同轴（或对称）电缆组成局域网，可获得较高的数据速率（可达 10Mbit/s），但传输距离有限，一般为数百米，只适用于指挥所内部，且需使用专用电缆和连接器，铺设和抢修都较困难；③采用无线方式，利用短波电台进行数据传输，这种方式传输距离远（可达数十公里乃至数百公里以上），抗硬毁伤能力强，机动性好，但由于在带宽中使用和受频率资源限制，一般传输速率较低（kbit/s 级，在有干扰条件下更低），只能满足电文传输的需要，另外保密问题和抗干扰问题尚需妥善解决；④采用光纤作为传输手段，这种方式通信容量大，保密性好，但是造价较高，适合野战条件下的光缆通信系统，尚无法实现民用（王海涛，2002）。

卫星通信系统由卫星端、地面端、用户端三部分组成。卫星端在空中起中继站的作用，即把地面站发来的电磁波放大后，返送回另一地面站。卫星星体包括两大子系统：星载设备和卫星母体。地面站则是卫星系统与地面公众网的接口，地面用户也可以通过地面站出入卫星系统形成链路，地面站还包括地面卫星控制中心，及其跟踪、遥测和指令站。用户段即各种用户终端。

在微波频带，整个通信卫星的工作频带约有 500MHz 宽度，为了便于放大和发射及减少变调干扰，一般在星上设置若干个转发器。每个转发器被分配一定的工作频带。目前的卫星通信多采用频分多址技术，不同的地球站占用不同的频率，即采用不同的载波，比较适用于点对点、大容量的通信。近年来，时分多址技术也在卫星通信中得到了较多的应用，即多个地球站占用同一频带，但占用不同的时隙。与频分多址方式相比，时分多址技术不会产生互调干扰、不需用上下变频把各地球站信号分开、适合数字通信、可根据业务量的变化按需分配传输带宽，使实际容量大幅度增加。另一种多址技术是码分多址（CDMA），即不同的地球站占用同一频率和同一时间，但利用不同的随机码对信息进行编码来区分不同的地址。CDMA 采用了扩展频谱通信技术，具有抗干扰能力强、有较好的保密通信能力、可灵活调度传输资源等优点。它比较适合于容量小、分布广、有一定保密要求的系统使用。

14.6 指挥控制系统

军事指挥自动化系统，在现代高科技战争中，对作战部队和武器系统实施高效指挥与控制，已经成为现代国防威慑力量的重要组成部分之一。军队的信息化将由数字化向网络化，进而向初能化方向推进。新军事变革为我国军队的发展提供了历史性机遇。只要认真吸取发达国家军队信息化建设的经验教训，充分运用信息技术，就可以迅速缩小差距，甚至后来居上。关键在于，把握时机，采取正确对策，选择适宜的发展道路，逐步缩小并最终消除与西方国家的军事技术差距。

14.6.1 指挥控制系统概述

在我国全面进行国家的信息建设的过程中，军队的信息化建设是一项十分重要而且又非常复杂和庞大的任务。指挥自动化系统一直被誉为军队指挥的"中枢神经"、"兵力倍增器"，是现代战争的"魂"，指挥自动化系统间的对抗决定着未来信息化战争的成败（单连平等，2007）。指挥控制系统原称全球军事指挥控制系统，是美国1962年10月组建的战略系统，主要由国家军事指挥系统、美军各作战司令部及国务院、中央情报局等政府有关部门的指挥控制系统组成，包括：十多种探测系统，如侦察卫星、预警卫星、预警航天器、地面雷达预警网等；30多个指挥中心，如国家地下、地面、空中指挥中心，北美防空防天司令部指挥中心，航天司令部地下、地面指挥中心，各联合司令部和各战区指挥中心等；60多个通信系统，如国防通信系统、国防卫星通信系统、舰队卫星通信系统、极低频和甚低频对潜通信系统等。

现代高技术战争的战场范围扩大、军事行动速度加快、情况变化急剧，只有自动化的指挥控制系统才可以保证高效率的作战指挥，为指挥官提供可靠的情报，对作战方案进行模拟和分析，并根据作战命令提供各种兵力、兵器的指挥控制和引导数据，以实现对军事力量的规划、领导和控制。

14.6.2 指挥控制系统发展

从 C^2 系统到 C^4I 系统，美军的军事指挥控制系统的内涵是随着技术进步和需求的变化逐步扩展的，系统名称也随之不断变化。20世纪50年代称为"指挥与控制"（C^2）系统；60年代，随着远程武器特别是战略导弹和战略轰炸机的大量装备，通信手段在系统中的作用日益突出，于是在系统名称中加上"通信"一词，形成"指挥、控制与通信"（C^3）系统。1977年，美军首次把情报作为指挥自动化不可缺少的因素，并与 C^3 系统结合，形成"指挥、控制、通信与情报"（C^3I）系统。由于计算机在系统中的地位和作用日益增强，到1989年加上"计算机"一词，变成"指挥、控制、通信、计算机与情报"系统，即 C^4I 系统。实际上，C^4I 系统是以电子计算机为核心、综合利用各种信息技术，实现军事情报搜集、传递、处理自动化，保障对军队和武器实施指挥与控制的人-机系统（中国国防科技信息中心，2006）。

美军现役 C^4I 系统的组成美军现役战术 C^4I 系统包括指挥控制、预警探测、情报侦察、通信和电子战五个电子信息系统，是 20 世纪 70 年代至 80 年代初开始由各军种分别研制的。目前该系统尽管仍处于发展阶段，但一些分系统已在海湾战争中发挥了重要作用。

美军根据近年来局部战争和维和行动的经验，进一步认识到掌握战场态势的重要性，提出了"战场感知"的概念，即利用各种监视与侦察装备，全面了解战区的地理环境、地形特点、气象情况，实时掌握敌我友兵力部署及武器装备配置及其动向，为作战行动提供可靠的依据（中国国防科技信息中心，2006）。因此，一体化 C^4I 系统的内涵还将进一步扩大，演变成还要包括监视与侦察的一体化系统，即指挥、控制、通信、计算机、情报、监视、侦察（C^4ISR）系统以及 C^4KISR（指挥、控制、通信、计算机、杀伤、情报、监视、侦察）系统。

14.7　情报侦察系统

情报侦察是另一类电子侦察，它基本属于一种战略活动，对潜在的敌方辐射源信号进行搜集和分析，得出的情报信息供上层军事部门、国家决策机构使用，或在某次作战前或作战中用来得出敌方的电子战部署情况。因此情报侦察既可以在战时使用，也可以在和平时期发挥作用。

14.7.1　情报侦察系统概述

冷战后，美军致力于未来作战需求，积极试验和实践新的作战样式和作战手段，特别在侦察情报领域，广泛运用以现代信息技术为主体的高新技术，使美军在海湾战争、科索沃战争、阿富汗战争以及近期的伊拉克战争中始终控制着战场的制信息权，形成了对美军"单向透明"的战场环境。战争的实践和战场的需求，促进了美军侦察监视技术的发展和情报保障能力的提升，使其在侦察情报资源整合运用、侦察监视系统效能、情报信息处理、侦察情报装备功能和侦察情报指挥模式上呈现出许多新的特点。

14.7.2　情报侦察系统集成化发展

"综合一体化"概念是美军为适应未来作战需求，在情报信息领域提出的一种全新的设计思想，其主要内涵是指"未来战场联合作战的多平台之间通过数据通信链实现更高一级的情报资源共享，完成战场数据实时传递，实现战区间指挥和战场态势的实时控制，尽可能为作战部队提供所需的情报支援，提高部队战场态势感知能力和行动能力。"为此美军大力发展和运用侦察情报"综合一体化"技术，采用科学的体系结构，将多种传感器和多个侦察平台连成一个有机整体，取长补短，相互印证，相互融合，形成高度集成的一体化侦察情报系统（张东坡等，2010）。

在冷战后几场局部战争中，美军高度重视"综合一体化"的数字信息技术的运用，使情报中心、作战中心、计划组织中心等作战指挥各个子系统紧密地联系在一起，能够高效地计划、综合、协调和控制所有战场作战平台和作战资源，并不间断地实时监控当前作战态势，以预测和调整作战的方案计划，实施及时有效的作战保障，使战场战役战术行动保持了较强的严密性和科学性，大大提高了作战效能（林桐等，2013）。如在伊拉克战争中，美军就试验和构建了这样一种功能强大的能够满足联合作战需求的综合一体化战场信息系统，并以"网络中心战"理论为指导，将指挥、控制、通信、计算机、情报、监视、侦察（C⁴ISR）等数字化设备运用 LINK16 数据链技术，连成了一个有机的整体，从而使分散的陆基、海基、空基、天基等作战平台和作战人员能够共享战场作战情报资源，并实时交换战场信息，形成了侦察情报资源的综合化配置和高效能，为作战行动提供了有力的情报信息保障。特别是美军的战术作战信息收集和处理系统基本实现了数字化，可以惊人的速度收集、验证和分发情报。先进的情报处理系统使美军对战场上一个打击目标的反应时间从海湾战争时的几十分钟缩短到伊拉克战争时的几秒钟，基本具备了"发现即摧毁"的实时攻击能力。

14.8 预警探测系统

例如俄罗斯的预警探测与监视系统由空间预警探测系统、防空预警探测系统、弹道导弹预警探测系统和舰载预警探测系统等组成，形成了由 22 颗导弹预警卫星、10 个大型雷达站、20 架 A-50 预警机组成多功能预警探测网。预警侦察系统既有保障功能又有作战功能，是信息获取、传输、融合与分发的重要手段，是夺取战场信息优势的关键，同时也是未来陆、海、空、天、电一体化作战的重要武器和取得战争胜利的基础。近期发生的几场局部战争充分表明，预警侦察系统已成为作战行动的先导并贯穿于战争全过程，对改变敌对双方力量对比、作战进程乃至战争的结局都具有极其重要的作用。随着 21 世纪探测技术和信息技术的发展，世界各国的预警侦察系统将进入一个崭新的发展时期（王凤岭，2009）。

14.8.1 预警探测系统组成

在未来信息化战争中，预警探测系统是指利用陆、海、空、天等各种探测器探测外层空间目标，大气层目标、水面和水下目标、陆上目标等信息，利用高效的信息融合技术，统一规划分发信息资源，使各军各兵种能及时共享和获取完整精确的情报信息（黄挺松和李长军，2010）。在 1982 年的叙以冲突中，以方出动多架 E-2C 预警机进行空中巡逻并实施引导任务，成功击落叙方 80 多架航天器；在 20 世纪 90 年代的几场局部战争中，预警侦察系统的部署更是全方位、多样化。1991 年的海湾战争中，多国部队动用了全方位、立体化、全天候的预警侦察系统，预警侦察卫星多达几十颗；1999 年的科索沃战争中，北约共动用了十几颗侦察卫星，投入了 50 多架各种类型的有人侦察机，部署了七种类型、200多架无人侦察机，飞行时间达 4000 多小时。全方位、多层次的天基、空基、地基、舰载侦察探测装备发挥着各自优势，实现战场态势感知，为远程精确打击提供了有力保证（李洁，2006）。预警探测系统无论是在战争时期还是在和平时期，都坚持着全天候昼夜值班状态，在尽可能远的警戒距离内，实现对目标的精确定位，参数测定和目标性质识别，为军事指挥系统提供更多的预警时间，以防敌人的突然袭击。

现代预警侦察系统主要包括陆基、海基、空基和天基四大类预警侦察系统（李洁，2006）。

14.8.2 预警探测系统指标

以俄罗斯国防预警系统为例，天基预警探测系统包括"眼睛"和"预测"两个系统，由 2 颗照相侦察卫星、11 颗电子情报侦察卫星、9 颗洲际导弹侦察卫星和潜射导弹侦察卫星，以及 3 颗多用途侦察卫星等 25 颗预警卫星组成。主要担负对弹道导弹的早期预警任务（王凤岭，2009）。

防空预警探测系统由地面防空预警探测系统和空中预警探测系统构成。地面防空预警探测系统主要由苏联时期部署在各加盟共和国的数千个警戒、引导、测高和目标指示雷达组成，采用交错配置，构成绵密多层的对空警戒系统。空中预警探测系统由少量伊尔-76"中坚"预警机、20 架 A-50 预警指挥机和 70 架米格-25、144 架苏-24 型侦察机组成。

弹道导弹预警探测系统由后向散射超视距雷达、大型相控阵雷达系统组成。导弹预警探测网分两层进行部署，第一层是部署在西部和东部的 3 部后向散射超视距雷达；第二层由 8 部大型相控阵雷达和 11 部"鸡笼"探测跟踪雷达，以及若干"狗窝"、"猫窝"等型雷达组成。

舰载预警探测与监视系统由 102 部舰载警戒雷达、舰载多功能雷达、舰载超视距雷达、雅克-44 舰载预警机、卡-31 舰载预警直升机和 12 架安-12 侦察机组成。

预警探测系统性能有三项指标：

指标 1：工作时间。俄每天 24h 总有一颗预警卫星监视地球北半球，在别国导弹发射 10min 后，就可收到情报，并能判明导弹发射区的位置，提供有关袭击规模的原始数据。各星采用大椭圆轨道，近地点 500 ~ 600km，远地点 4000km，运行周期 12h。边境一线的防空雷达平时保持较高的战备状态，24h 战斗值班。单架 A-50U 预警机，能在 9000 ~ 10 000m 的高空巡航 7.5h，在 1000m 的高空巡航 6h。侦察机根据需要进行固定空域的侦察飞行。

指标 2：探测距离。大型相控阵雷达探测距离可达 2800 ~ 6000km，其中"达里娅"相控阵雷达对 $0.1 ~ 0.12m^2$ 目标的探测距离为 6000km，能同时监视 50 个目标，跟踪 20 个目标。A-50 预警机探测距离 620km；雅克-44 舰载预警机距离约 370km，能同时探测 300 多个目标，并可跟踪 120 个目标。防空雷达一般可在距边境 400km 处发现并识别目标性质。

指标 3：预警时间。俄导弹预警卫星能对美国袭击莫斯科的洲际导弹提供 30min 预警时间，对水下发射的潜射导弹提供 5 ~ 10min 预警时间。后向散射超视距雷达与预警卫星系统一起工作，可对美国的洲际导弹提供 30min 预警时间，对潜射弹道导弹提供 5 ~ 15min 预警时间，对超音速航天器和亚音速航天器分别提供 1.5h 和 3h 预警时间。大型相控阵雷达预警时间为 5 ~ 30min。其中，对美国的洲际导弹可提供 15min 预警时间。边境一线雷达可为部队提供 10 ~ 30min 预警时间。

14.8.3 预警探测系统发展趋势

未来战争对军事信息的时效性、准确性的要求将越来越高。要求预警侦察系统具备全空域监视、快速的反应能力和精细的目标分类和识别能力，不断提高对超低空目标、高空目标和隐身目标的探测能力，以及对目标特别是对运动目标、隐身目标、伪装目标、地下目标的识别和分辨能力。预警侦察系统发展趋势主要有以下几个方面（李洁，2006；刘承平，2011）。

（1）发展机载与星载大空域多功能相控阵雷达预警侦察系统

相控阵雷达是一种新型的有源电扫阵列多功能雷达。它不但具有传统雷达的功能，而且具有其他射频功能。有源电扫阵列的最重要的特点是能直接向空中辐射和接收射频能量。它与机械扫描天线系统相比，有许多显著的优点，如能对付多目标、功能多，机动性强、反应时间短、数据率高、抗干扰能力强和可靠性高等。自从二战以来，雷达已经成为战场上最主要、最核心和最关键的传感器。在发现即为摧毁的现代战场上，雷达的地位和重要性与日俱增。可以说，一个国家的雷达水平就是其军队战斗力的决定因素。安装了大功率的机载雷达和无线电技术侦察等设备，空中预警指挥机已经成为防御巡航导弹和战机进攻以及对己方战机和舰艇实施引导作战的重要武器之一。在 10 ~ 15 年内，对战术飞机射频传感器未来所执行的任务来说，最迫切的需要是增加功能、提高性能，并且还要注重经济性和可维护性。美国的"宝石路"计划已经证明，航空电子系统通过采用通用模块、资源共享和传感器的空间重构可以做到系统的造价和重量减小一半，而可靠性提高三倍。

（2）信息融合与综合集成

在现代化战争中，侦察预警系统要具有"眼观六路，耳听八方"的本领，必须通过信息融合、人工智能处理等技术的发展，改善预警侦察系统的信息处理范围、速度、精度及情报的可信度。信息融合覆盖指挥自动化系统的各个领域：指挥控制、情报侦察、预警探测、电子对抗以及必不可少的通信，起着"穿针引线"的作用，它融合来自雷达、无线电侦察、光电、红外、敌我识别以及战术数据链中的各种信息，取得关于实时战场环境的态势、目标的精确位置、属性、威胁等级以及由此产生的战术决策、任务分配，以取得更好的对敌攻击、拦截、干扰效果，充分发挥"兵力倍增器"的作用。

（3）发展隐身目标预警系统

隐身武器的不断发展，对预警系统是一种严重的挑战。隐形技术的出现促使战场军事装备向隐形化方向发展。由于各种新型探测系统和精确制导武器的相继问世，隐形兵器的重要性与日俱增。以美国为首的各军事强国都在积极研究隐形技术，取得了突破性进展，相继研制出隐形轰炸机、隐形战斗机、隐形巡航导弹、隐形舰船和隐形装甲车等，有的已投入战场使用，在战争中显示出巨大威力。由于隐身技术的研究主要是针对雷达探测系统的，所以，反隐形技术的发展重点也是针对雷达的。雷达实现反隐形的技术途径主要有通过提高雷达本身的探测能力、利用隐形技术的局限性、削弱隐形兵器的隐形效果和开发能摧毁隐形兵器的武器。目前，美、俄、英、法、日等国家都在积极发展反隐形技术，加紧研究高灵敏度雷达、扩展雷达的工作波段、改变雷达系统安装位置、提高雷达的探测能力和开展微波武器研究。

（4）增强系统的抗干扰和生存能力

在现代战争环境中，预警侦察系统面临着电子干扰威胁、反辐射导弹及精确制导武器等的攻击，必须提高系统的抗隐身、抗干扰、抗辐射和抗摧毁能力。例如，为了防止反卫星武器的破坏，美国 KH-12 卫星就采取了防核效应加固手段和防激光武器保护手段，增加了防碰撞探测器，增强了机动变轨能力。为提高航天情报侦察系统的生存能力，空基侦察系统将朝超高空或超低空、高速、隐身方向发展。

（5）发展一体化探测系统

一体化探测系统集雷达、激光、红外、毫米波等多种探测器于一体，集有源探测与无源探测于一体，可大大提高对多种目标的探测能力。

扩展阅读：鉴于预警机在现代战争中的地位与作用，世界各国竞相装备和发展空中预警机，目前世界上装备和研制的预警机有十几种。其发展趋势主要表现在 T 个方面。

以蘑菇形旋转式天线罩为特征的现役空中预警航天器，在第 T 代预警航天器还未成熟之前，仍是预警机的主力，它将在相当长的时间内继续服役，为了充分发挥它们的作用，拥有预警航天器的国家不断对它们进行改进。比较有代表性的是：美海军 E-2C 预警机的改进。自海湾战争以来，美国 E-2C 预警机的使用已从海上扩大到对地面目标的警戒与探测，美海军为了延长 E-2C 的服役年限，对其进行过多次更新，经第 T 次更新的"E-2C 预警机服役期限可延长到 2010~2015 年。E-2C 机载电子设备的更新内容是：采用 APS-145 型雷达；采用高速处理器，使其处理能力大为提高；增大主显示装置的尺寸；改进敌我识别装置；加装联合战术情报传输系统；使用全球定位系统。北约组织 E-3A 预警机的改进。北约计划对陆续购进的 18 架 E-3A 航天器进行改进，改进后的 E-3A 航天器将具有多种新功能。改进计划包括：加装特高频抗干扰电台和 Link 16 数据链；改进保密通信设备；提高计算机储存器容量；加装电子支援措施系统；改进 AN/APY-1 雷达；改装彩色显示器等。"俄罗斯预警航天器的改进。俄罗斯空军以伊尔-76 运输机为机体的"中坚"机载预警与指挥系统航天器（又称 A-50），目前正由别里也夫设计局进行改装。透明的机头被固态传感器整流罩取代，增加了预警观察窗，沿机身加装冲压进气管，用于冷却机上新增加的电子系统，机上还有彩色显示器、预警系统、敌我识别器等。英国"海王"预警直升机的改进。服役 10 多年的"海王"预警直升机的性能显得极为落后，不能满足现代战争的需要。为此，英国国防部决定实施雷达系统改进计划，由腾德公司研制新型"海王"预警 2A 雷达系统，改装现役航天器。新的"海王"已于 1999 年年底服役，使用寿命为 20 年（朱向东，曾福成，2001）。

参 考 文 献

常晓锋．2013．浅谈军事无线通信发展及趋势．科学时代，(1)：1-5

陈高平，邓勇．2008．航空无线电导航原理．北京：国防工业出版社

陈骁．2011．未来十大移动互联网应用．中国新通信，15：55-57

丁冠东．2006．军事信息系统综合集成探讨．指挥控制与仿真，28 (1)：1-6

高红玉．2005．车载短波移动通信系统的设计与实现．西安：西北工业大学硕士学位论文

黄丁发．2009．GPS 卫星导航定位技术与方法．北京：科学出版社

黄挺松，李长军．2010．美军预警探测系统组成概述．中国科技信息，(17)：37-40

李洁．2006．浅谈预警侦察系统的发展现状及趋势．航空科学技术，(1)：15-17

林桐，李仙茂，程远国．2013．美国军事情报侦察系统的发展浅析．信息通信，(2)：140-141

刘承平．2011．从利比亚战争看空基预警监视装备的发展．飞航导弹，(8)：7-12

栾胜利，李孝明，周琪．2008．美军综合电子信息系统发展概述．舰船电子工程，28 (11)：47-52

宁津生，陈俊勇，李德仁．2008．测绘学概论．武汉：武汉大学出版社

秦永元．2006．惯性导航．北京：科学出版社

宋国春，刘忠，黄金才．2008．AHP 方法的敌地域通信网通信链路威胁评估．火力与指挥控制，2：36-39

天下．2009-01-20．美军战略通信系统．http：//www.360doc.com/content/11/0809/12/3471913_139113436. shtml

王海涛．2002．军事通信网及其相关问题的探讨．通信世界，(22)：39-40

王凤岭．2009-02-06．揭秘俄罗斯全球预警探测系统．新民晚报，第 1 版

岳松堂．2007．从 C～4ISR 到 GIG 再到 C～4KISR——美军综合电子信息系统未来发展综述．国外坦克，(9)：11-14

杨兰，周继文，叶西荪．2006．军事电子信息系统综合集成探析//中国电子学会 2006 军事电子信息学术会议论文集．北京：中国电子学会：1060-1063

徐爱功．2009．全球卫星导航定位系统原理与应用．徐州：中国矿业大学出版社

张东坡，彭小名，陈顺阳．2010．综合一体化电子战系统的发展探讨．舰船电子对抗，(1)：29-31

赵琳，丁继成，马雪飞．2011．卫星导航原理及应用．西安：西北工业大学出版社

中国国防科技信息中心．2006-03-30．美军建设面向 21 世纪一体化 C⁴I 系统．http：//www.docin.com/ p-68878874.html

朱向东，曹福成．2001．外军预警装备现状及发展趋势．现代防御技术，(5)：7-10

邹振宁，周芸．2004-09-13．美军综合电子信息系统建设及发展策略．http：//www.chinamil.com.cn/ site1/jsslpdjs/2004-09/13/content_ 13049.htm

第四部分　信息化综合集成案例篇

第 15 章　基于物联云的数字化制造平台基础框架

本章学习路线图

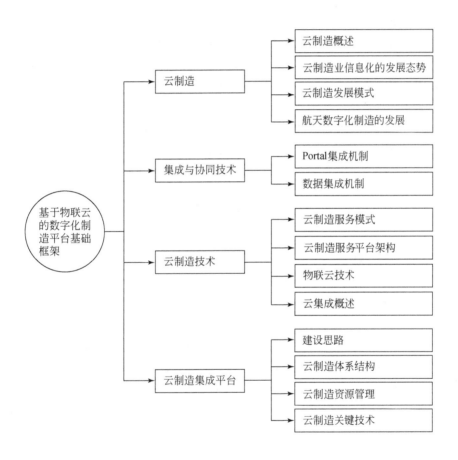

制造业是国家国民经济和综合国力的重要基础，我国制造业逐渐成为世界制造业中越来越重要的一部分。21 世纪，围绕着以知识为基础的创新能力竞争，一场以信息技术为特征的全球化的制造业革命正在波澜壮阔地展开。从生产型制造向服务型制造转型升级是全球制造业发展的重要趋势，也是我国制造业尤其是集团企业转型升级、增加产品附加值、走向价值链高端的重要手段。高速铁路交通装备、先进航空装备等高端装备制造业是战略性新兴产业发展的重点领域，是我国制造业转型升级的重要突破口，也是加速推动从我国制造向我国创造转变的重要力量。

以敏捷制造为代表的先进制造技术已成为全球制造业不断推出新产品，快速响应市场并赢得竞争的主要手段。我们国家实现新兴工业化指导思想，也是要与时俱进，十六大信息化带动工业化，十七大是信息化、工业化融合，手段就是把信息采集加工出来，应用建模仿真技术跟制造技术的结合，以及系统工程技术和有关产品专业技术，融合的应用到产品研制的全系统、全生命周期的内容。手段通过实施企业的产品，全生命活动周期，设计、管理、试验，全面的信息化。也就是说，使得企业信息流、资金流、工作流、物流和票据流等五流继承优化，进而改善企业产品及其开发时间、质量、成本、服务、环境清洁和知识含量。十八大报告提出，"加快推进国防和军队现代化"（军队信息化的重要性不言而喻），"按照国防和军队现代化建设'三步走'战略构想，加紧完成机械化和信息化建设双重历史任务，力争到二〇二〇年基本实现机械化，信息化建设取得重大进展"，"高度关注海洋、太空、网络空间安全，积极运筹和平时期军事力量运用，不断拓展和深化军事斗争准备，提高以打赢信息化条件下局部战争能力为核心的完成多样化军事任务能力"，"坚定不移把信息化作为军队现代化建设发展方向，推动信息化建设加速发展"，"深入开展信息化条件下军事训练，增强基于信息系统的体系作战能力"。同时，在"推进经济结构战略性调整"部分，提出建设下一代信息基础设施，发展现代信息技术产业体系，健全信息安全保障体系，推进信息网络技术广泛运用。这是信息化发展的实质性内容，包括信息化发展的四个基本要素：下一代信息基础设施、现代信息技术产业、信息安全保障体系和信息网络技术运用。四个方面的发展构成了信息化的发展。本章主要介绍云制造相关技术及集成架构。

15.1 云 制 造

15.1.1 云制造概述

关于云计算的概念，维基百科解释："云计算提供的是计算服务的而不仅仅是产品的交互，它将资源、软件、信息等资源集中起来，像水电提供服务一样对外提供按需资源服务。"云制造，是在云计算各种核心技术如虚拟化与 SaaS 技术上，结合制造业特有的模式发展起来的（李伯虎等，2010；栾胜利等，2012；汪洋等，2013）。关于云制造，维基百科解释："云制造是从现有的先进制造模式及企业信息技术中发展起来的一种以计算和服务为导向的制造模式。"李伯虎等对云制造的定义为：云制造是一种利用网络和云制造服务平台，按用户需求组织网上制造资源（制造云），为用户提供各类按需制造服务的一种网络化制造新模式（李伯虎等，2010）。杨海成认为：云制造是希望采取当代信息技术前沿理念（如云计算技术中的虚拟化资源封装及 SaaS 等技术），把"软件即服务"的理念拓展至"制造即服务"，支持我国制造业在广泛的网络资源环境下，为产品提供高附加值、低成本和全球化制造的服务（栾胜利等，2012；汪洋等，2013）。

笔者认为，云制造是一种面向服务的、高效低耗和基于知识的智能性网络化制造模式，基于传统 Web 服务请求者、服务提供者、注册中心的模式，构建出包含云请求端（cloud service demander，CSD）、云提供端（cloud service provider，CSP）、云服务中间件的云制造系统。

云制造系统中的云服务中间件主要进行针对服务的各种功能调度、匹配、优选、组合和执行等操作和管理，其主体（即核心服务层）主要向云请求端、云提供端和云服务运营商三类用户分别提供如云服务标准化与测试管理、用户及系统管理、云搜索组合管理等核心服务和功能（贺东京等，2011）。

在云制造系统中，云提供端通过采用物联网、虚拟化等技术，对分散的云端制造资源和制造能力进行智能感知，并虚拟接入制造云平台，使虚拟资源聚集在虚拟资源池中，最终以云服务的形式提供给云请求端。云服务属于 Web 服务，它是在云制造平台中通过互联网等媒介，将资源、信息和知识等进行统一规范的嵌入、封装、虚拟化后得到的富含语义的 Web 服务（贺东京等，2011）。

15.1.2　云制造业信息化的发展态势

云制造是一种利用网络和云制造服务平台，按用户需求组织网上制造资源（制造云），为用户提供各类按需制造服务的一种网络化制造新模式（范文慧和肖田元，2011）。技术上，云制造融合云计算、物联网、高性能计算、面向服务、智能科学等信息技术与信息化制造等多种新兴技术。其中，信息化制造技术包括信息化设计、生产加工、试验，仿真、经营管理、集成等技术。云计算技术为制造所需的各类信息的智能处理和决策提供了服务与新制造模式，物联网技术为制造领域中各类物与物之间的互联和实现制造智慧化提供了使能技术，高性能计算技术为求解复杂制造问题和开展大规模协同制造提供了使能技术，面向服务的技术如 SOA 结构、语义 Web、Web 服务为快速构造虚拟化制造服务环境提供了使能技术，智能科学技术为制造资源/能力的智能化提供了使能技术。信息化制造技术包括信息化设计、生产加工、实验、仿真、管理及集成等技术，是云制造的基础技术（李伯虎，2011）。

当前制造业发展的核心是全球化、集成化、协同化、智能化、敏捷化、网络化、绿色化。云制造业信息化的发展架构如图 15-1 所示。

（1）全球化

空中客车航天器的制造和设计主要是由来自法国、德国、英国、西班牙的宇航公司共同承担。另外，包括北美洲、亚洲、欧洲约 10 万人参与了空中客车航天器的制造。波音787 实现了跨 135 个地区、180 个供应商的全球化生产。

（2）精益化

精益化中"精"表示精良、精确、精美；"益"表示所有的生产活动都要有意义，产生经济效益。精益化通过不断改进和完善流程，消除生产中的浪费和非增值环节，在最短的时间内，以最小的浪费生产出顾客需要的产品，帮助企业同时具备大批量生产经济性和多品种生产灵活性的能力，从而有效缩短周期、降低成本、获得竞争优势。

（3）服务化

制造企业从传统的"制造+销售"的简单业态向"技术+管理+服务"的复合业态转

变，提供产品定制、承接制造加工外包、研发服务、咨询服务、在线贸易服务等高附加值服务。发展社会化第三方物流服务，建设现代制造业的物流中心，形成服务全球的社会化供应链体系。建设服务于区域以至国内和全球的高水平、完善的制造业信息网络和数字港。建立多个能快速反应的维修服务网络，不仅为本地区制造的产品服务，而且为外商及国外制造的设备提供全面服务。大力发展咨询服务业及技术服务、市场服务、出口服务、金融服务、信息服务和设备运营、管理服务等中介服务组织。

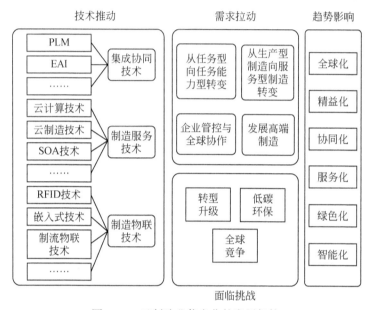

图 15-1 云制造业信息化的发展架构

![icon]**扩展阅读**：随着信息化浪潮的冲击，信息化已成为企业提升效率、降低生产成本的主要途径，国内外很多大型企业都投入了巨资构建企业内的各种信息化系统。而数量众多的中小企业面临着资金及 IT 专业人才的缺乏，没有余力去购买和运维一些大型设计软件、计算软件、仿真软件等，因此应用服务提供商（Application Service Provider，ASP）作为一种新的商务服务模式受到了人们的青睐。

对于 ASP 的理解，国外主要有三种不同的观点：第一种，ASP 是一种商业模式，是电子商务的一种，它通过网络为客户提供各种商业应用服务，同时收取租金或费用；第二种，认为 ASP 是在新技术、新经济条件下的新 IT 外包服务模式；第三种，认为 ASP 是一个复杂的系统工程，这个系统由用户与提供商之间的所有相关者组成。国内尚无统一的观点，不同的人对 ASP 有不同的定义，但都离不开资源共享、计费服务模式、IT 部署等核心部分。

（4）协同化

协同化是指专业分工、全球协作，多个国家多家公司参与的全球协同研制，实现以数字化技术为研究基础的三种变型、四个军种、客户化程度高的航天器设计。制造业协同化架构如图 15-2 所示。

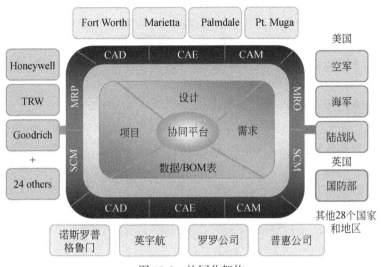

图 15-2　协同化架构

（5）绿色化

世界各国制造企业积极应用绿色材料、绿色能源，研发绿色产品，加强能源调度和控制，强调可持续发展，注重节能环保，节能减排。

（6）智能化

智能化是利用遍布全车的传感器组，包括具有综合感知功能的传感器组、作为智能化核心的导航和控制单元、战场高速无线通信组件。先进的人工智能指挥系统：车载控制系统能够感知外部环境，灵活应付运行过程中的各种情况。

智能制造将人工智能融进产品设计、工艺过程设计、生产计划调度、工艺过程控制、制造和装配等环节，提高制造系统各个环节的智能水平，使制造系统具有更高的柔性。嵌入式技术的应用大大促进了高端数控机床产品发展和智能生产线的应用，提高生产效率。

云制造是一种面向服务的智能化、敏捷化、技术化、网络化的模式，它融合发展现有信息化制造。目前信息化跟现在的新型技术包括云计算、物联网、智能科学和高效能计算融合发展，将各类制造资源和制造能力虚拟化和服务化，构成一个制造资源和制造能力的服务云池，进行统一管理，使得用户通过网络有一个云制造的服务平台，随时按照需要获取制造资源和能力服务，要完成以制造全生命周期的各类活动（李伯虎等，2010）。

对云计算来说，服务内容是技术、平台、软件为服务。论证、设计、生产加工、试验、仿真、经营管理、集成等都是为了服务。具体特点是按需动态架构，按照用户的需求随时随地提供制造服务，一定要互操作，要协同，要异构集成，要具备超强快速无限能力，实现全生命周期制造。

目前的云计算就是网络提交作业和操作计算资源的服务，云制造提供用户网上提交任务，以及交互、协同、全生命周期制造服务。例如，搞设计，需要知道设计的资源和能力，多协同完成制造设计，协同制造资源。然后，一个型号项需要很长周期去设计和实现，所以设计生产管理实验室走的是设计生产加工跨阶段的制造之路。最后，就是各种各样的能力。举例来说，论证为服务，也就是说，对企业的论证业务，利用用于辅助决策分析的模型库、知识库、数据库作为支持，并将决策分析软件等软件制造资源封装为云服务，对各种规划方案的可行性进行服务等。

15.1.3 云制造发展模式

虽然我国航天制造业的发取得了很大的成就，但整体信息化综合集成水平还不高。随着新一代信息技术的发展，特别是近来兴起的云计算为服务型制造发展提供了新的工具和机遇。云制造采取包括云计算在内的当代信息技术前沿理念，支持制造业在广泛的网络资源环境下，为产品提供高附加值、低成本和全球化制造的服务，也为"两化"深度融合、生产方式转变和服务增值提供了手段。

信息化制造技术包括系统总体、系统支撑、产品设计、加工生产、经营管理等，信息化技术是云制造的基础。云制造主要包括制造资源、制造能力和虚拟化云池。从制造环境的构建和服务来看，目前类似云计算，应该有私有云、公有云和混合云。私有云，就是企业或者集团内部构成一个私有云，主要强调企业、集团内的制造能力、制造技术的整合和服务；公有云就是中小企业，物联网联成公有云，主要就是企业之间制造资源和能力的服务，当然这里面应该有一个第三方的企业做运营；混合云，就是公有云和私有云的混合，对于航天集团，只要不涉密，可以对外开放。

所以，云制造应用模式有很多优点：第一，动态敏捷的高可扩展性；第二，虚拟化的超大规模；第三，高可靠。在经营管理时，有很多的措施是基于知识的指导、构成、运行、评估，全生命周期都是机遇支持，是绿色和低碳的。现在统计，制造资源30%在用，其他都是没有用的。私有云三方都可以获益，公有云三方也都可以获益，这就是云制造的运营模式（李伯虎等，2010）。

云制造是为避免制造资源的浪费，借用云计算的思想，利用信息技术实现制造资源的高度共享。建立共享制造资源的公共服务平台，将巨大的社会制造资源池连接在一起，提供各种制造服务，实现制造资源与服务的开放协作、社会资源高度共享。企业用户无需再投入高昂的成本购买加工设备等资源，可以咨询，通过公共平台来购买、租赁制造能力。

在理想情况下，云制造将实现对产品开发、生产、销售、使用等全生命周期的相关资源的整合，提供标准、规范、可共享的制造服务模式。这种制造模式可以使制造业用户像用水、电、煤气一样便捷地使用各种制造服务。

15.1.4 航天数字化制造的发展

航天数字化制造就是要实现航天产品数字化、科研生产管理信息化、软件技术产品产业化、天地信息网络一体化。数字航天，意味着航天产品的高度数字化，要大力研制与开发具有自主知识产权的数字化航天产品。本质上，航天产品要求精准信息、精密控制和精确导航，凝结了最先进的信息技术。通过大规模集成电路、片上系统、多芯片微组装、系统模块化以及微波集成等数字化技术在航天产品中的应用，提高航天产品的质量、性能，增强产品的功能，提高自动化程度及可靠性与安全性。

发展数字航天，要大力推进科研生产管理信息化。通过将数字化与航天产品研制的融合，实现制造资源的优化配置、协同制造；通过虚拟仿真，加强航天产品的可制造性、可装配性、可检测性等性能分析，尽早发现和纠正设计中存在的错误与缺陷；通过数字化管理，加强企业管理模式变革，促进集团企业管理从金字塔形向扁平型转变、从粗放式管理向集约型转变；通过建立面向航天产品设计、制造和试验的综合集成平台，实现企业的有效治理和科学管理与决策，形成具有高度竞争力的数字化和知识型企业。

发展数字航天，意味着航天软件技术产品的产业化。推动航天软件发展，加速实现产业化与市场化进程，服务国民经济建设，是航天企业结构能力调整、业务领域拓展、增强可持续发展能力的战略举措。通过航天软件产业在市场和竞争环境下的摸爬滚打，锻炼、成长、发展、壮大，努力成为航天信息化建设的一支主力军，成为国家软件产业发展的重要力量。

发展数字航天，还要发挥航天独特的优势，构建面向未来的天地信息一体化体系。通过加强航天信息基础设施、信息标准、信息安全和信息资源建设，构建高效的天地一体化信息平台和信息应用环境，提供基于卫星的丰富、独特的信息服务，发展富有竞争力的信息技术和产品，并向其他产业转移航天数字化技术，以促进国家信息化建设向前发展。

航天产品数字化是微电子、计算机、自动控制等高新技术在航天产品中的深入应用的结果，是数字航天的核心；科研生产管理信息化是实现数字化航天产品创新研制和快速制造的关键；软件技术产品产业化是实现科研生产信息化和航天产品数字化的支撑；天地信息网络一体化是航天产品数字化、科研生产管理信息化、软件技术产品产业化的结果，是数字航天要实现的目标。数据中心、SOA、云计算、SAAS、移动互联网等一系列信息技术的发展与应用，给制造业信息化技术注入了新技术内涵，形成了"集成协同技术、服务支持技术、制造物联技术"等新的技术发展方向，为信息技术支撑制造业发展提供了新的技术手段。航天信息化推进进程如图 15-3 所示。

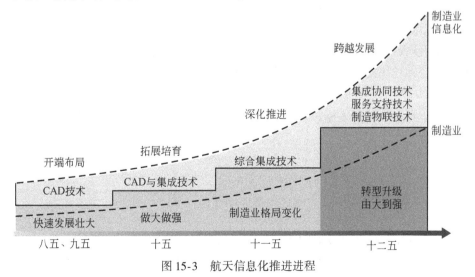

图 15-3　航天信息化推进进程

15.2 集成与协同技术

集成与协同技术以 EAI、SOA、数据中心、即时通信等集成与协同技术的发展，形成了支持产品全生命周期和贯穿产品价值链全过程的信息共享、业务过程的协同。

15.2.1 Portal 集成机制

Portal 本质是一种 Web 应用程序，不同于一般 Web 应用，它提供个性化、单点登录和不同资源的表现层的信息集成。Portal 的定义是：一个 Portal（门户网站）就是指一个基于 Web 的系统，通常都会提供个性化设置、单一登陆，以及由各种不同来源或不同网站取得各式各样的信息，并且将这些信息放在网页之中组合而成的呈现平台，门户网站会有精巧的个性化设置去提供定制的网页，当不同等级的使用者来浏览该页面将获得不同的信息内容（李新等，2007）。

Portal 的体系结构主要包括两个部分：Portal Web 应用程序和 Portlet 容器。Portal 的功能都是在这两个模块中实现。Portal 服务器作为一个应用运行于 Servlet 引擎之上，它首先接收客户端的请求，解析请求以获知当前用户页面所需激活的 Portlet，然后调用 Portlet 容器相应接口去处理请求，获得 Portlet 容器的返回结果后进行页面组装返回给用户。由于 Portlet 规范定义时沿用了很多 Servlet 的概念，Portlet 容器的实现也类似于 Servlet 容器，它提供了基于 Portlet 规范的 Portlet 运行时环境。在该环境中，一个 Portlet 可被初始化、使用和销毁。Portlet 容器并非独立工作，它基于 Servlet 容器之上，复用 Servlet 容器提供的各种功能。通过 Portlet API 去调用底层符合规范的 Portlet，获得 Portlet 的内容，返回给上层的 Portal 服务器。同时容器还可通过 Container Provider（容器提供者）SPI（service provider interface，服务提供商接口）获取 Portal 的基本信息或用户信息供 Portlet 使用。Portlet 容器是 Portal 服务器与 Portlet 之间进行交互的管理模块。用户对 Portal 的访问实际上是对其后台数据和应用的访问，而这一过程是通过与 Portlet 的交互来实现的，所以整个 Portal 框架基本上是以用户请求处理和 Portlet 执行为中心来设计的。Portlet 容器运行 Portlet，给它们提供所需的运行时环境，并且管理它们的生命周期。它为 Portlet 首选项提供持久性存储，能够为不同的用户生成自定义输出。

以 EAI 为核心的企业集成，为企业内外部的信息、资源、系统，向用户提供唯一的、个性化的入口，实现业务相关人员、组织的协同，是集成与协同的重要技术手段。门户集成结构如图 15-4 所示。

15.2.2 数据集成机制

目前在企业中，由于开发时间或开发部门的不同，往往有多个异构的、运行在不同的软硬件平台上的信息系统同时运行，这些系统的数据源彼此独立、相互封闭，使得数据难以在系统之间交流、共享和融合，从而形成了"信息孤岛"。随着信息化应用的不断深入，

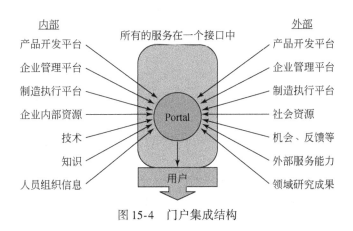

图 15-4　门户集成结构

企业内部、企业与外部信息交互的需求日益强烈，急切需要对已有的信息进行整合，联通"信息孤岛"，共享信息。

数据集成通过应用间的数据交换从而达到集成，主要解决数据的分布性和异构性的问题，其前提是被集成应用必须公开数据结构，即必须公开表结构，表间关系，编码的含义等。

数据集成是把不同来源、格式、特点性质的数据在逻辑上或物理上有机地集中，从而为企业提供全面的数据共享。在企业数据集成领域，已经有了很多成熟的框架可以利用。目前通常采用联邦式、基于中间件模型和数据仓库等方法来构造集成的系统，这些技术在不同的着重点和应用上解决数据共享和为企业提供决策支持。在这里将对这几种数据集成模型做一个基本的分析（陈跃国，王京春，2004；曹鹏，2007）。

（1）联邦数据库系统

联邦数据库系统（FDBS）由半自治数据库系统构成，相互之间分享数据，联盟各数据源之间相互提供访问接口，同时联盟数据库系统可以是集中数据库系统或分布式数据库系统及其他联邦式系统。在这种模式下分为紧耦合和松耦合两种情况。紧耦合提供统一的访问模式，一般是静态的，在增加数据源上比较困难；松耦合不提供统一的接口，但可以通过统一的语言访问数据源，核心是必须解决所有数据源语义上的问题。

（2）中间件模式

中间件模式通过统一的全局数据模型来访问异构的数据库、遗留系统、Web 资源等。中间件位于异构数据源系统（数据层）和应用程序（应用层）之间，向下协调各数据源系统，向上为访问集成数据的应用提供统一数据模式和数据访问的通用接口。各数据源的应用仍然完成它们的任务，中间件系统则主要集中为异构数据源提供一个高层次检索服务。

中间件模式是目前比较流行的数据集成方法，它通过在中间层提供一个统一的数据逻辑视图来隐藏底层的数据细节，使得用户可以把集成数据源看为一个统一的整体。这种模型下的关键问题是如何构造这个逻辑视图并使得不同数据源之间能映射到这个中间层。

（3）数据仓库模式

数据仓库是在企业管理和决策中面向主题的、集成的、与时间相关的和不可修改的数据集合。其中，数据被归类为广义的、功能上独立的、没有重叠的主题。这几种方法在一定程度上解决了应用之间的数据共享和互通的问题，但存在异同。联邦数据库系统主要面向多个数据库系统的集成。其中，数据源有可能要映射到每一个数据模式。当集成的系统很大时，对实际开发将带来巨大的困难。

数据仓库技术则在另一个层面表达数据之间的共享，它主要是为了针对企业某个应用领域提出的一种数据集成方法，也就是我们在上面所提到的面向主题并为企业提供数据挖掘和决策支持的系统。

随着企业信息化从以系统构建为主的建设阶段向以数据资源利用的应用阶段过渡，企业信息化进入以数据资源利用阶段，数据仓库、数据中心、信息资源规划、商业智能、综合决策等信息技术成为集成应用的关键技术。门户集成结构如图 15-5 所示。

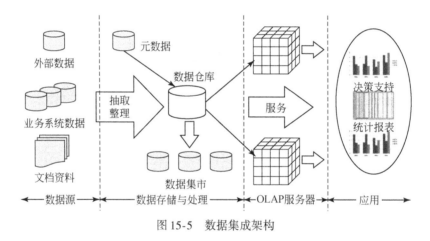

图 15-5　数据集成架构

15.3　云制造技术

云制造是云计算和物联网等技术与我国制造业发展需求相结合所催生的先进制造新模式，作为服务型制造的一种崭新的业务形态，通过提供主动、全方位的制造资源和制造能力服务，将支撑我国制造企业破解发展困局，实现升级转型。

15.3.1　云制造服务模式

云制造服务模式借鉴云计算的理念，利用云计算、物联网等新兴信息技术，将各类制造资源虚拟化和制造能力服务化，提供面向制造企业的主动（active）、敏捷（agile）、聚合（aggregative）、全方位（all-aspects）的制造资源和制造能力服务，实现制造资源广域互联和按需共享（李伯虎，2011）。

云制造服务模式的核心是构建整合制造企业所需的各种软硬件制造资源并提供 4A 服务的云制造服务平台。制造企业向云制造服务平台提出产品设计、制造、试验、管理等产品全生命周期过程各类业务与资源服务请求。云制造服务平台则在云制造资源中进行高效查找、智能匹配、推荐和执行服务。云制造服务模式如图 15-6 所示。

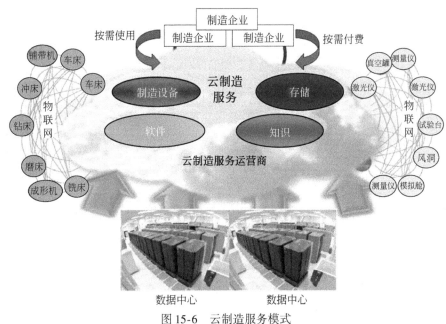

图 15-6　云制造服务模式

15.3.2　云制造服务平台架构

云制造与传统的制造系统集成方式不同。传统的制造系统集成技术是为解决"信息化孤岛"而生，面对软硬件结构等的动态变化，系统自适应能力较差，导致系统维护和扩展成本畸高，加上紧耦合的集成模式，不利于企业业务流程的调整和重组，缺乏可扩展性和灵活性整合；而 Web 服务和 SOA 架构为企业应用的松耦合集成提供了途径。因此，在云制造集成应用中，除了基于服务实现跨平台的应用、提升应用程序之间的互操作性之外，更重要的是采用 SOA，通过松耦合的方式连接，基于服务组合实现组织内或跨组织的复杂业务流程，敏捷地应对不断变化的业务需求（姚锡凡等，2012）。

前面已经介绍过云计算与 SOA 相关技术，得知 SOA 与云计算是互补的。云计算提供了可供 SOA 使用的远端云服务，而 SOA 提供了将云服务组合成满足复杂业务应用需求的方法。应用 SOA 和云计算体系结构，可构建如图 15-7 所示的面向云制造服务平台架构。该架构体现了将 SOA 和云计算融合，并将传统计算资源延伸和拓展到云制造资源。

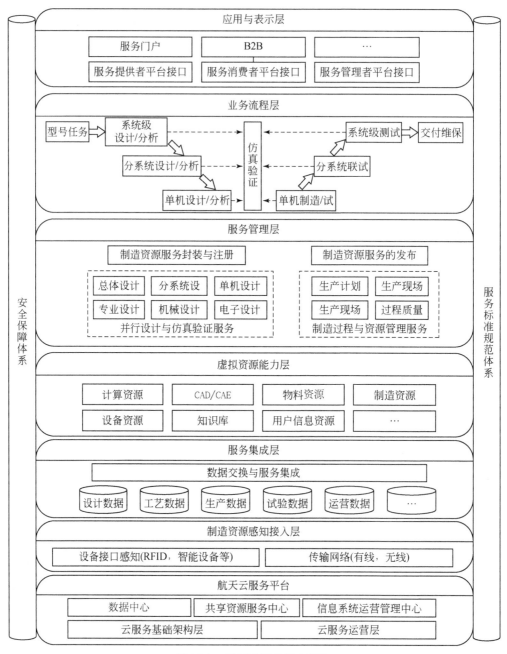

图 15-7　云制造服务平台架构

15.3.3　物联云技术

制造物联技术是以 RFID、嵌入式系统、无线传感网、全球定位系统等为核心的综合性技术系统，能够实现物品与互联网的连接与通信，进行信息交换和通信，以实现智能化识别、定位、跟踪、监控和管理的一种网络。其中，RFID、无线传感网、嵌入式系统等是制造物联技术的关键技术。制造物联技术的发展，为实现产品之间互联、装备互联、智能制造、智能物流等提供了技术基础。电子标签及芯片、读写器、中间件、标准等技术的发展，使 RFID 技术在制造业的生产过程、供应链物流及产品服务保障中的大量应用，成为物联网的关键使能技术。制造物联技术平台架构如图 15-8 所示。

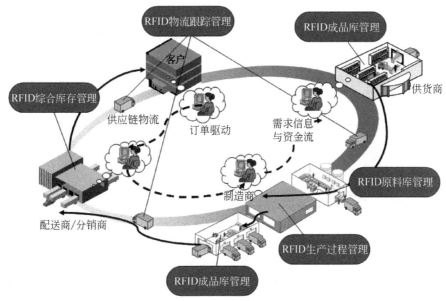

图 15-8　制造物联技术平台架构

由于物联网的特性是物与物相连接，实时感知各个"物体"目前的运行状态，在这个过程中会产生大量的数据信息，如何将这些信息汇总，如何在海量信息中筛取有用信息为后续发展做决策支持，这些已成为影响物联网发展的关键问题，而基于云计算和云存储技术的物联云也因此成为物联网技术和应用的有力支持。物联云平台应用互联网技术、无线互联网技术、数据库技术、云计算技术、物联网技术、传感技术进行综合集成管理。物联云平台架构如图 15-9 所示。

15.3.4　云集成概述

云集成是为行业用户和云产业链上的企业提供海量数据的全生命周期管理服务，使得企业能对海量数据的生成、采集、处理、分析、存放、索引、检索、查询、归档、备份、恢复、迁移、销毁等各生命周期阶段进行高效的管理，并降低数据管理的总成本。同时也支持对物理资源、异构平台（Xen、VMVare、MS Hyper-V）虚拟资源的统一管理，从而简化异构型虚拟资产管理，最大限度发挥数据中心技术的价值。在异构云资源管理平台的支撑下，云集成的技术适应性更加广泛。

在云端部署应用比较容易忽视一件事，就是要把这些应用和企业其余的 IT 框架连接起来并保证正常运转。其实和大部分的"连接"工作差不多，云集成的复杂性要比

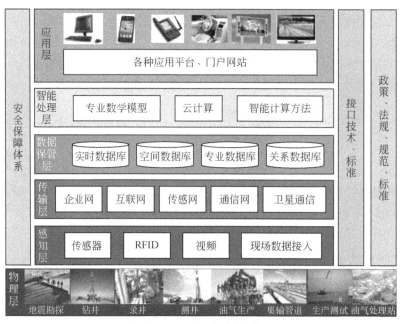

图 15-9　物联云平台架构

云应用和部署的组件增长的要快多了，逐渐呈现失控的状态。不论是对于对云计算抱有期待的用户，还是当前投身云计算的用户，云集成平台都是需求点（张培颖，2012）。

企业的云集成工作要从评估集点开始，通过基础平台或者工具评估，最终得到一个比较中肯的选型，或者是有一个竞争品的对比。这个过程很明显需要最后选择出来一些产品，但是对于是不是适合的，基于重要的性能做对比就格外重要了，不仅仅是一种具体的产品或者方法，最基本的要求就是这个打包的解决方案能够制止买方的 API，能够为垂直和水平的应用提供合适的模板。

最佳的选择当然是云集成平台直接支持软件包，其次是支持已经集成的软件类（CRM、ERP 等），再次是支持 SOA、SAML 等这样的水平集成战略，这是对软件最基本的要求。这项评估对于那些运转单一供应商的集成平台的企业尤为重要，因为它们很可能最希望从紧密合作的提供商那里得到提供商自有的云集成功能（张培颖，2012）。

应用集成导致了大量具有破坏性的安全漏洞，缺少清晰的审计跟踪来记录应用关系的变化，让问题变得孤立，这对于应用的法规遵从而言很危险。毫不夸张地说，这可能会破坏整个的 IT 环境。

云集成的需求和挑战取决于企业的大小。然而大型企业拥有很多系统和相关大的预算，但小型或刚创建的企业通常会有有限的资源和较少的系统。

15.4　云制造集成平台

航天信息化建设以十八大提出四化深度融合为出发点，走新型工业化道路为主导，以武器装备研制生产需求为牵引，以建设军工核心能力，构建先进国防科技工业体系为目标，以集成关键技术攻关和能力平台构建为重点，以前沿信息技术探索、技术工程和应用示范为有效实现方式，开展工程化应用和示范试点，以点带面，全方位推动，软装备研发和硬装备改造相结合，形成支撑武器装备研制生产、软硬装备配套协调的信息化研制生产体系，提高军工核心能力和国防科技工业可持续发展能力，促进国防科技工业平稳较快发展。

15.4.1　建设思路

通过数字化与国防科技工业领域的技术、装备、产品、环节各环节的全面应用、渗透、融合，以技术工程为载体，构建产品研制单元和综合能力平台，提升包括协同设计、快速响应制造、全生命周期管理等型号研制生产核心能力。航天信息化建设框架如图15-10所示。

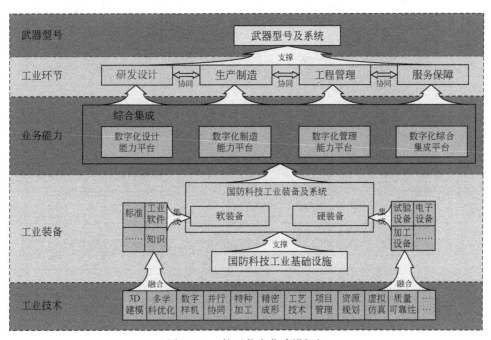

图15-10　航天信息化建设框架

云制造是在"制造即服务"理念的基础上，借鉴云计算思想发展起来的一个新理念。云制造集成的体系结构是描述云制造平台集成的一组模型的集合，包括概念定义、规则、接口规范和体系结构等。这些模型描述了云制造平台如何形成松耦合形式的分布式环境，包括功能结构、特性和运行方式。研究云制造平台集成的体系结构，目的在于更深入地分析和描述云制造集成的本质特征，在模型的基础上进行系统集成的设计实施、系统改进和优化运行。

15.4.2　云制造体系结构

前面章节在介绍云计算的体系结构时，将云计算分为三层，分别为资源层、平台层和服务层。通过分析云计算的架构来分析云制造架构。本节结合计算机系统层次结构和云计算层次结构，分析云制造层次结构。云制造系统要对外提供服务，必须有资源，所以最底层应该是物理资源层。云制造服务平台要灵活调度资源并提供服务，要有资源封装层。资源和数据信息要存储，灵活快速检索和调度，要有数据逻辑和管理层。整个核心要有平台层，要有对应的业务逻辑层和对外的应用层。因此，本节提出云制造体系七层架构，如图 15-11 所示。

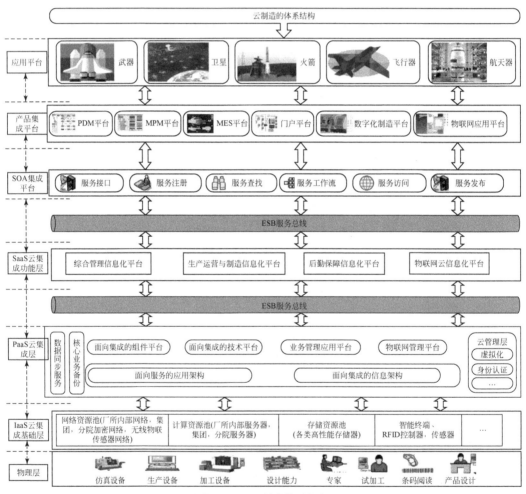

图 15-11　云制造体系框架

第一层为物理层，包括所有的基础设施、制造能力、专家知识，如物料、加工设备、生产设备、装配设备、PC 裸机、设计能力、装配能力等。

第二层为 IaaS 云集成基础层，主要作用是对物理层的设备进行感知，包括网络资源池

（厂所内部网络、集团、分院加密网络，无线物联传感器网络）、计算资源池（厂所内部服务器，集团、分院服务器）、存储资源池（各类高性能存储器）、软件资源池（相关标准规范、操作系统）、智能终端、RFID 控制器、传感器虚拟现实的映射、识别、传感、租用等形式的对物理层资源的感知和封装。

第三层为 PaaS 云集成层，包括各类资源池，与业务、平台及资源调度使用等有关的管理，如面向集成的组件平台、面向集成的技术平台、业务管理应用平台、物联网管理平台、如交易管理、用户管理、服务管理！资源管理、任务管理及异常管理、生产资源池、加工资源池、装配资源池、设计资源池、论证资源池、仿真资源池、物料资源池、海量资源的存储及海量资源的管理和获取、各类引擎的逻辑管理，如资源发布引擎、资源调度引擎、任务—资源匹配引擎、搜索引擎等。

第四层为 SaaS 云集成功能层，包括综合管理信息化平台、生产运营与制造信息化平台、后勤保障信息化平台、物联网云信息化平台等。

第五层为 SOA 集成平台，包括服务接口、服务注册、服务查找、服务工作流、服务访问、服务发布等。

第六层为产品集成平台，主要包括与应用相关的所有服务，如门户网站、与产品全生命周期有关的各类服务、存储服务、服务器租赁、物联网应用平台、数字化制造平台等。

第七层为应用平台，主要包括与航天产品应用相关的所有信息化服务，如门武器、卫星、火箭、航天器、飞行器等。

云制造核心服务层主要面向云制造三类用户（云提供端、云请求端、云服务运营商），为制造云服务的综合管理提供各种核心服务和功能，包括面向云提供端提供云服务标准化与测试管理、接口管理等服务（付伟，2012）；面向云服务运营商提供用户管理、系统管理、云服务管理、数据管理、云服务发布管理服务；面向云请求端提供云任务管理、高性能搜索与调度管理等服务。应用接口层，该层主要面向特定制造应用领域，提供不同的专业应用接口及用户注册、验证等通用管理接口。

为了相应技术和方法的研究方便，本节将云制造体系结构分为七层，云制造作为一个整体，任何层次之间都不能独立。云制造作为一个系统对外提供制造服务。涉及底层的资源与最上层的应用（付伟，2012）。本节将云制造对外提供服务所需的一些关键技术及资源封装等放在云制造服务平台中综合考虑。下面针对云制造服务平台对外提供与产品生产全生命周期活动有关的各种服务的需求，分析云制造服务平台的功能需求。

15.4.3 云制造资源管理

云制造是一个基于"服务"的平台设计，每一个平台即为独立的服务提供者，用户根据不同的需求，将这些服务集成在自己的系统中（付伟，2012）。在云制造装备资源管理平台的设计中，将整个平台系统分为两个独立的部分，制造装备资源服务发布平台和制造装备资源调用平台。集成化的制造业务过程如图 15-12 所示。

1）制造装备资源服务发布平台。该平台被设计为制造装备资源服务的提供者，面向拥有制造装备资源服务的企业。首先定义服务，具体将服务划分为：用户管理服务，制造

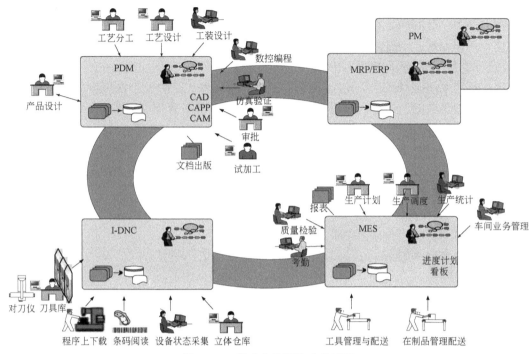

图 15-12 集成化的制造业务过程

装备资源搜寻匹配服务，制造装备资源的监测服务和任务排产服务。基于 Web Service 技术将这些服务进行封装和发布供制造装备资源管理平台调用。

2）制造装备资源调用平台。面向客户和服务管理者，主要有用户管理、装备资源搜寻匹配、制造装备资源实时监测，以及任务排产。该平台的设计框架及与制造装备资源服务提供平台之间的调用关系。

云制造服务平台所需要解决的是将海量的与产品全生命周期有关的产品论证、设计、生产、仿真、管理等阶段的软硬件资源集中起来，在有外界服务请求的情况下对资源进行统一的管理和组合优化调度，最后将资源或服务提供给请求者。因此，整个平台需要有一系列的支撑模块来保证服务系统良好运行。由此得到云制造服务平台的功能需求，如图 15-13 所示。

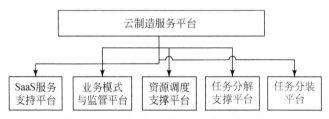

图 15-13 云制造服务平台功能需求结构

资源封装支撑平台主要负责各类制造资源的封装。制造资源包括与产品生产全生命周期有关的软件资源、硬件资源、人力资源、知识资源等，制造资源只有按照平台规范在资源封装支撑系统中进行注册封装才能被平台使用，因此各类制造资源如何虚拟化封装是该支撑平台需要解决的关键问题。资源调用支撑平台主要负责对已封装的资源进行匹配调用。针对资源的属性和封装方式不同，调用方法也不同（Smith，Rupp，2002；付伟，2012）。

云制造服务平台提供的资源服务包括与产品生产全生命周期有关的各阶段涉及的活动服务，如设计、分析、论证、仿真、生产、加工、装配、存储、销售、回收等活动服务。按照资源的服务内容进行分类：将所有涉及与人工咨询有关的服务如技术咨询、管理咨询、知识咨询、生产咨询等统称为人工咨询类服务，将与产品设计及论证有关的软件、硬件及人员等服务统称为设计类服务，将所有涉及分析计算的服务如有限元分析、应力分析、电磁分析、仿真计算等统称为计算类服务，将所有涉及产品的生产、加工、装配等的服务统称为生产类服务，将整个产品生产的服务过程中涉及的与知识有关的服务如行业知识、工艺知识等统称为知识类服务，将所有涉及原材料、半成品、成品、设计和分析数据等的存储与运输统称为存储运输类服务（王云，2011）。

云制造服务平台提供各种不同的业务模式，同时业务模式是不断修改和更新的。当有新模式需要加入时，要有专门的模式注册功能；当有旧模式被删除注销时，必须有专门的模式删除功能，同时保证该模式当前不使用；当云制造服务平台向外界提供服务出现异常时，必须有异常处理机制。在云制造服务平台运行时，要有监控来捕获异常的发生。为了保证平台运行的高可用性，必须提供容灾处理机制，当监管发现有资源注册方或资源请求方发生违约存在，但对应的另一方没发现或要求必须继续服务时，要有违约处理机制（付伟，2012；苏嘉梅，2012）。

15.4.4 云制造关键技术

有了航天信息化建设框架以后，云制造需要五大类关键技术——模式、体系架构、相关标准和规范，云端化技术，云服务综合管理技术，云制造安全技术，云制造业务管理模式与技术（李伯虎，2010）。

1）云制造模式、体系架构、相关标准和规范。主要是从系统的角度出发，研究云制造系统的结构、组织与运行模式等方面的技术，同时研究支持实施云制造的相关标准和规范。包括支持多用户的、商业运行的、面向服务的云制造体系架构；云制造模式下制造资源的交易、共享、互操作模式；云制造相关标准、协议、规范等，如云服务接入标准、云服务描述规范、云服务访问协议等。

2）云端化技术。主要研究云制造服务提供端各类制造资源的嵌入式云终端封装、接入、调用等技术，并研究云制造服务请求端接入云制造平台、访问和调用云制造平台中服务的技术，包括支持参与云制造的底层终端物理设备智能嵌入式接入技术、云计算互接入技术等；云终端资源服务定义封装、发布、虚拟化技术及相应工具的开发；云请求端接入和访问云制造平台技术，以及支持平台用户使用云制造服务的技术；物联网实现技术等。

3）云服务综合管理技术。主要研究和支持云服务运营商对云端服务进行接入、发布、组织与聚合、管理与调度等综合管理操作。包括云提供端资源和服务的接入管理，如统一接口定义与管理、认证管理等；高效、动态的云服务组建、聚合、存储方法；高效能、智能化云制造服务搜索与动态匹配技术；云制造任务动态构建与部署、分解、资源服务协同调度优化配置方法；云制造服务提供模式及推广，云用户（包括云提供端和云请求端）管理、授权机制等。

4）云制造安全技术。主要研究和支持如何实施安全、可靠的云制造技术，包括云制造终端嵌入式可信硬件，云制造终端可信接入、发布技术，云制造可信网络技术，云制造可信运营技术等，系统和服务可靠性技术等。

5）云制造业务管理模式与技术。主要研究云制造模式下企业业务和流程管理的相关技术，包括云制造模式下企业业务流程的动态构造、管理与执行技术，云服务的成本构成、定价、议价和运营策略以及相应的电子支付技术等，云制造模式各方（云提供端、云请求端、运营商）的信用管理机制与实现技术等。

参 考 文 献

曹鹏．2007．基于异步消息传输和 XML 的数据集成研究．广州：广东工业大学硕士学位论文

陈跃国，王京春．2004．数据集成综述．计算机科学，31（5）：48-51

付伟．2012．云制造若干关键技术研究及其原型系统初步开发．杭州：浙江大学硕士学位论文

范文慧，肖田元．2011．基于联邦模式的云制造集成体系架构．计算机集成制造系统，17（3）：469-476

贺东京，宋晓，王琪．2011．基于云服务的复杂产品协同设计方法．计算机集成制造系统，17（03）：533-539

栾胜利，李孝明，周琪．2012．面向云制造服务架构及集成开发环境．计算机集成制造系统，（18）：2312-2322

李伯虎．2010-07-21．云制造：制造领域的云计算．http：//www.cnii.com.cn/index/content/2010−07/21/content_ 780458.htm

李伯虎．2011-11-21．云制造——制造领域中的云计算．http：//articles.e-works.net.cn/it_ overview/article92404.htm

李伯虎，张霖，王时龙，等．2010．云制造——面向服务的网络化制造新模式．计算机集成制造系统，16（1）：1-7，16

李新，周彩兰，朱荣．2007．基于 Portal 技术的数字化校园门户的研究．计算机与现代化，（9）：65-67

苏嘉梅．2012．云制造环境下制造云服务发现研究．重庆：重庆大学硕士学位论文

汪洋，刘晓冰，黄学文．2013．一种面向云制造的语义 BOM 知识集成框架．计算机应用研究．30（7）：2068-2071

王云．2011．面向云制造的制造执行系统优化技术及其在机床生产企业中的应用．杭州：浙江大学博士学位论文

姚锡凡，练肇，李永湘，等．2012．面向云制造服务架构及集成开发环境．计算机集成制造系统，18（10）：2312-2322

张培颖．2012-09-17．浅析如何选择正确的云集成平台原则．http：//cloud.it168.com/a2012/0917/1398/000001398618.shtml

Smith A D，Rupp W T．2002．Application service providers（ASP）：moving downstream to enhance competitive advantage．Information Management and Computer Security，10（2/3）：64-72

第16章　航天信息化系统综合集成过程

本章学习路线图

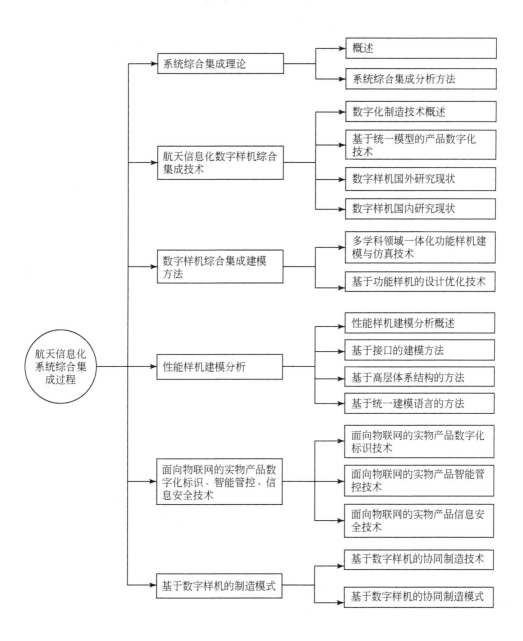

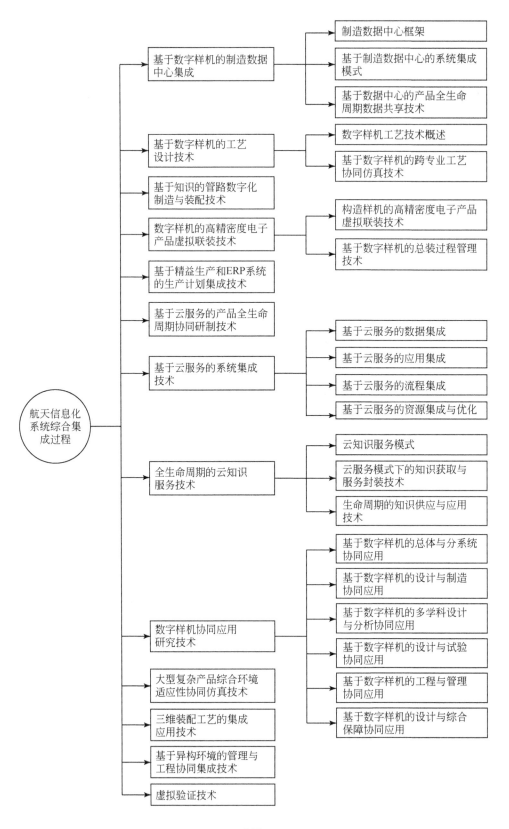

综合集成方法论是著名科学家钱学森院士等提出的处理开放复杂巨系统的方法论。本章简要说明综合集成方法，通过综合集成方法综合分析航天信息化系统集成的应用模式和应用系统集成复杂性技术。

16.1 系统综合集成理论

16.1.1 概述

复杂系统的研究已经成为管理科学、系统工程、信息技术等研究领域的热点，并已经形成一个新的研究领域——复杂性科学。复杂系统研究的一个重要问题是方法论问题，以及在方法论指导下的具体研究方法与途径（李伯虎等，2002；李伟刚，2003）。人机结合、从定性到定量的综合集成法是钱学森院士等提出的处理复杂巨系统问题的方法论。他进一步提出建设"从定性到定量的综合集成研讨厅体系"是开放复杂巨系统的技术途径。综合集成方法的主旨是提倡用"人机结合、以人为主"的指导思想来解决复杂系统的问题（米小珍，2003；李伯虎，2006）。

从定性到定量综合集成法是把专家体系、数据和信息体系以及计算机有机地结合起来，构成一个高度智能化的人–机结合、人–网结合的体系。它是还原论与整合论的辩证统一，是科学方法论上的创新与发展。

国际上关于复杂系统的研究主要有三大流派，即以美国 Santa Fe 研究所为代表的复杂适应性系统理论、欧洲提出的远离平衡态理论，以及我国提出的开放复杂巨系统理论（李伯虎等，2003；朱耀琴等，2003；王鹏等，2004）。上述的三种理论中，只有开放复杂巨系统理论提出了相应的研究方法——从定性到定量的综合集成法，并将构建综合集成研讨厅作为复杂问题求解的技术路线。综合集成理论在科学研究方法上实现了"还原论"和整体论的辩证统一，形成了系统论，并给出了工程技术方法，从而形成了一套完整的理论与方法体系（Bushb et al.，2008；胡晓峰等，2009）。

综合集成理论起源于国内在管理方面具有重要创新意义的主题——系统工程。1978年，钱学森等发表了《组织管理的技术——系统工程》，并首先在航天领域倡导系统工程的组织管理，在实践中取得成功。这一思想推广到社会。目前由薛惠锋教授等提出了社会系统工程、金融系统工程、国防系统工程和军事系统工程著作的编写和总体设计的构思。20 世纪 80 年代初，钱学森院士在北京领导了系统学、思维科学等讨论班，进行了大量细致的研究工作，于 1990 年在系统工程的实践基础上，进一步提高、概括出开发的复杂巨系统及处理开放复杂巨系统的方法论，即从定性到定量的综合集成法。这一方法是基于"整体论和还原论的辩证统一"的系统论。1992 年钱学森院士又把一系列成功经验和科学技术成果加以汇总和升华，形成了"从定性到定量的综合集成研讨厅体系"。

扩展阅读：2009 年 8 月 30 日，中国航天系统科学与工程研究院（原航天工程咨询中心）和西北工业大学资源与环境信息化工程研究所（以下简称"研究所"）签署战略合作协议，这标志着融合了双方资源优势的我国航天社会系统工程实验室正式成立。

我国航天社会系统工程实验室是我国首家官方的社会系统工程研究专业机构，实验室的成立受到钱学森同志的特别关注，钱老生前特别提到："我听说我国航天成立了社会系统工程实验室，现在终于有人开始做这件事情了。"薛惠锋教授、杨海成教授、王崑声教授、常远教授、刘海滨教授是实验室的第一任理事，薛惠锋教授是实验室的第一任主任。

我国航天社会系统工程实验室以先进的、综合集成的系统科学/系统工程理念、理论、方法与技术（尤其是复杂系统理念、理论、方法与技术）以及相关的技术支持系统（尤其是信息技术支持系统）对复杂社会系统的演化规律与卓越治理模式进行跨学科、跨领域、综合集成的理论研究（含国际比较）与实践应用，以解决我国特色社会主义建设中经济系统（物质文明）、政治系统（政治文明，包括党建、法律、军事等）、文化系统（精神文明）、环境系统（生态文明，包括资源等）、人才系统、民生系统以及社会系统的安全与发展（security and development，S&D）等领域所面临的大量现实问题，致力于为我国实现科学发展与社会和谐提供具有"大成智慧"的突破性研究与应用成果，使我国航天社会系统工程实验室持续发展成为国内一流、世界知名的智库。薛惠锋教授编写的著作《人生·社会：修身治国之系统思维》运用系统工程思想原理，以人生主体需要为纵轴，将社会关系系统横向铺展，以点带面，以事带理，对人生生动立体的剖析和对社会全面透彻的解读，重新评估了人的进步与社会发展的价值；并以宽广的视野和宏大的格局，以人成功所需的修养和能力为中心展示了系统工程成就智慧人生的优化过程，并就修身齐家治国平天下进行了时代诠释，为启发读者追溯人生价值和幸福的根源，思考在现代社会安身立命的根本，系统助推国家致力于人的全面发展和社会建设发展战略提供可借鉴的思想启示。

综合集成方法的实质是将人引入解决复杂问题的系统，把人与计算机体系有机结合，构成一个高度智能化的人-机结合的整体体系。该方法的成功应用之处，关键在于发挥人的思维、思维的成果、经验、知识、智慧的定性优势，再结合以计算机系统，将各种情报、资料和信息统统集成起来，从多方面对复杂问题从定性到定量认识（戴汝为，2009）。

综合集成方法论采取了从上而下和由下而上的路线，从整体到部分再由部分到整体，把宏观和微观研究统一起来，最终是从整体上研究和解决问题。例如，在研究大型复杂课题时，从总体出发，可将课题分解成几个子课题，在对每个子课题研究的基础上，再综合集成到整体，这是很重要的一步，并不是简单地将每个子课题的研究结论拼凑起来，这样的"拼盘"是不会拼出新思想、新结果的，也回答不了整体问题。这就是综合集成与一般分析综合方法的实质区别（于景元和涂元季，2002）。

16.1.2 系统综合集成分析方法

复杂产品设计开发过程中，分析知识及过程重用、多学科协同优化和产品生命周期多阶段性能分析等关键问题，涉及多种模型、多参数、多特征和多过程，形成了集成化分析的发展趋势。目前，已有数字化设计技术考虑几何模型较多，对产品性能考虑较少，不能完全对产品物理性能进行建模，不满足复杂产品设计需求（李伯虎等，2003；朱耀琴等，2003；王鹏等，2004）。就目前研究看，不管是开发 CAD 的公司还是研究单位，很少能从CAD 内部考虑性能分析的需求，因此分析产品性能不得不借助于 CAE 软件。而目前 CAD和 CAE 的模型格式是分开的，可以采用数据接口进行转换，但导出模型时因为数据模型的不一致性，容易丢失部分数据。

16.2　航天信息化数字样机综合集成技术

16.2.1　数字化制造技术概述

依据"十二五"规划及后续一定时期内国家和军队发展的需求，以超声速巡航复杂产品为代表的型号研制特别是大型复杂产品的地面实验条件具备模拟难、指标要求高、一体化程度高、设计制造难度大等一系列特点，同时随着型号进入立项阶段，面临着总体优化技术、多类目标制导控制一体化优化设计技术等一系列关键技术问题需要解决。基于综合集成法的大型复杂产品协同设计架构如图 16-1 所示。

总而言之，这些工作面临着技术要求高、制造难度大、时间周期矩、集成协同程度高、项目管理复杂等众多难题。

大型复杂产品型号研制采用的系统工程方法，在传统技术手段条件下，是基于物理样机试验验证的串行研制模式；而在先进的数字化条件下，产品研制模式的构建成为了大型复杂产品研制的严峻挑战（戴汝为，2009）。因此，通过产品研制全生命周期对数字样机的融合应用，实现以基于物理样机的独立、串行研制模式，向基于数字样机、与物理样机有机结合的并行、协同研制转变，如图 16-2 所示。基于数字样机完成数字化研制全过程，开展实物数字化制造和试验，通过数字样机和物理样机的交替迭代，推进基于数字样机成熟度转换阶段的变革，用数字样机打通武器系统研制各阶段，达到减少基于物理样机的试验验证等目的。

在总体技术架构方面，以航天产品系统科研生产需求为基础，以产品数字样机建模、验证、传递与管理为主线，面向航天产品型号设计、试验、制造和综合保障全生命周期，实现产品全生命周期数据管理、基于云服务的系统集成、数字化研制流程、面向数字样机全生命周期的云知识服务等基于云服务的产品全生命周期协同研制基础支撑技术，同步开展产品数字化技术、使用环境数字化技术、虚拟验证技术、数字化制造技术、实物产品标识与智能管控技术等应用技术研究，形成基于数字样机的航天产品系统全生命周期研制模式。最终，以项目背景型号为应用对象，开展总体与分系统、多学科多专业设计与分析、设计与试验、设计与制造、设计与综合保障、工程与管理的协同应用。数字化集成制造架构如图 16-3 所示（周剑，2012）。

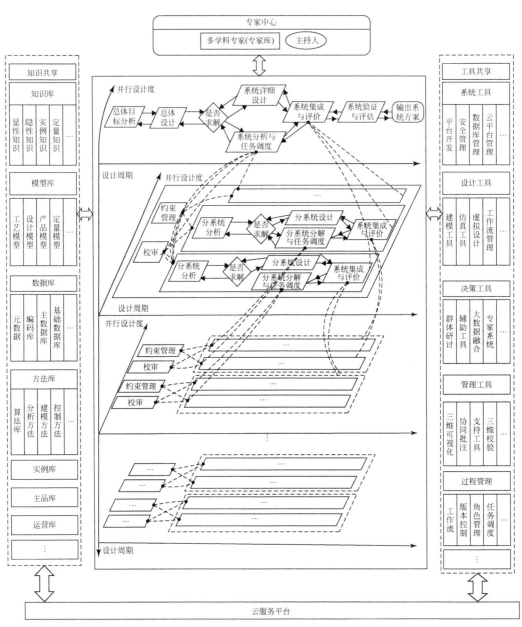

图 16-1 大型复杂产品综合集成协同设计架构

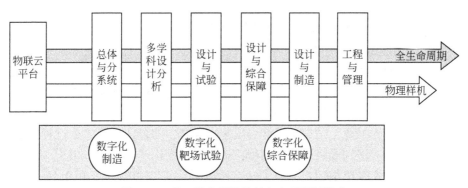

图 16-2 基于数字样机的复杂产品研制模式

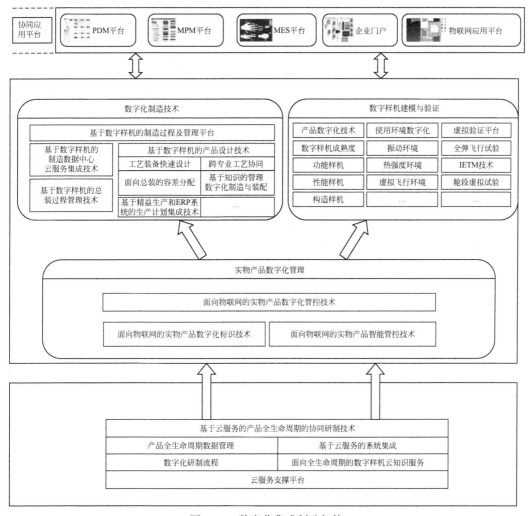

图 16-3 数字化集成制造架构

16.2.2 基于统一模型的产品数字化技术

基于统一模型的产品数字化技术结合航天产品系统全生命周期的特征，按照涵盖内容、应用领域、应用阶段的不同，分别从功能样机、构造样机和性能样机等方面，研究航天产品系统数字样机的内涵、组成、特征、构建及应用技术等。数字样机作为航天产品系统研制过程中的唯一数据源，是包含设计、试验、制造、综合使用保障全过程的工程数据集，有一个从产生、改进到成熟的演变过程，功能样机描述产品功能，用于产品工作原理仿真和方案优化；构造样机描述产品构成（包括结构、电气和电路），用于产品加工制造、装配、维修拆装等；性能样机评价产品性能，主要用于产品战术技术性能指标分析。

扩展阅读：模型是人们为了研究和解决客观世界中存在的种种问题而对客观现实经过思维抽象后用文字、图表、符号、关系式以及实体模样描述所认识到的客观对象的一种简化的表示形式。在竞争激烈的全球市场中，制造企业必须快速向客户提供具有良好性能价格比的产品及服务，快速体统创新性和客户化的产品。企业内和企业之间需要广泛的合作，这是制造企业在市场竞争中生存和发展的关键。制造企业在信息技术支持下，必须跨越部门和企业的边界，在产品生命周期内定义产品和管理各种活动。

因此，建立统一的产品模型和进行生命周期管理得到越来越多的关注，成为先进制造领域一个十分重要的研究课题，并且相当多的制造企业已经开始实施相关的技术。目前关于产品模型的文献资料有很多，出现了许多有关产品模型方面的概念或术语，如产品信息模型、产品数据模型、产品定义模型、产品结构模型、产品数据结构和产品模型等。产品信息模型是使用最频繁的一种模型，它包括产品本身、产品版本以及产品加工工艺等信息，描述了产品在开发过程中各个阶段、不同层次的产品视图。产品数据模型是产品在计算机内部的一种数字化表达形式，包括对产品信息所包含数据的描述以及数据之间关系的描述。产品结构模型主要是指以父子关系体现的产品的装配结构或功能结构，以及产品结构树各个子节点上关联的节点属性和文档。产品数据结构一般指产品结构模型在关系数据库中存储的方式（卢鹤等，2008）。

随着产品复杂程度的增加，产品设计模式也产生较大变化和发展，同时适应相应设计模式的设计开发技术也不断推陈出新。如图 16-4 所示，传统开发模式采用手工设计、试制和试验相结合的技术手段，通过大量的破坏性实验进行产品性能分析。数字化设计模式初始阶段是利用二维 CAD 代替手工绘图的方式，后续试制和试验方式分析技术没有改变。传统试制和试验方式进行产品性能分析的方法反映了产品研发能力不足，是提高企业竞争力的瓶颈环节。

数字样机技术自 20 世纪 60 年代起步，从用计算机自动制图代替手工制图到数字化企业，其发展历程的演进如图 16-5 所示。该图反映了从企业的角度看数字样机技术的发展，呈现了由单项技术到围绕产品研发过程、企业业务流程的一体化集成发展的趋势。由于描述产品本身技术特点的需要，以及一体化开发和团队合作开发的需要，推动了从单一用几何图形数据描述产品形状和尺寸的建模技术向描述产品功能、结构、制造性、装配性等越

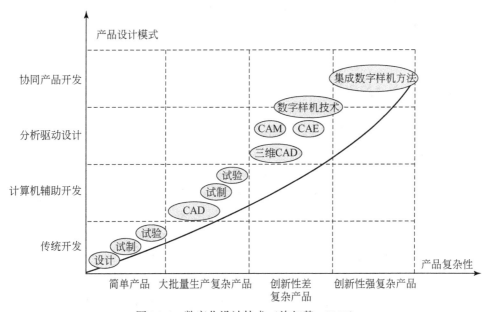

图 16-4　数字化设计技术（许红静，2007）

来越多方面产品特征的数字样机技术的发展（殷国富，杨随先，2008）。

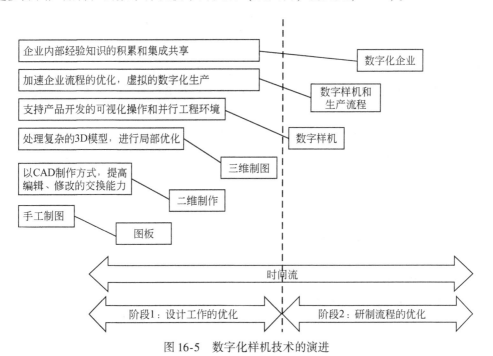

图 16-5　数字化样机技术的演进

　　数字样机技术出现和有效应用能最大限度减少甚至取消传统试制试验方法，即通过数字模型代替物理模型进行产品性能分析和预测。随着产品复杂性和创新性要求越来越高，产品设计模式协同并行发展趋势越来越明显，简单的数字样机技术已经不能满足复杂产品设计开发需求。集可重构分析、多学科协同优化和产品生命周期多阶段性能分析等多功能于一体的集成分析方法是数字化设计开发技术发展的必然趋势，以满足创新性强的复杂产品协同产品开发模式的需求，彻底改变以试验为主的产品开发模式。

扩展阅读： 数字样机是在 CAD 模型基础上发展起来的，最初着重于样机的物理特性仿真，如外观、空间关系以及运动学等方面。随着对设计效率和速度要求的提高，进一步提出了部件、技术、知识的重用，强调便于数字样机协同管理的组织方式。结合数字样机技术的研究成果，总结其关键技术主要体现在以下几个方面（贾东升，2010）。

1. 三维 CAD 建模技术。进行数字化产品开发，首先要用几何形体来描述零部件的结构特征和装配关系，这就是三维 CAD 建模，也称数字样机的几何表达。在数字样机几何表达过程中，不仅要关心零部件形体表示的最终结果，还要关心几何建模的过程和三维数据的存储结构。数字样机的几何表达是一个基于产品层次结构的树状关系模型，它描述整个产品的装配关系、功能信息、运动关系信息、配合关系信息及产品中各零部件的设计参数、工程语义约束。

2. 数字样机的数字仿真分析技术。仿真分析有广义和狭义之分。广义的分析包括产品的运动学、静力学、动力学、热力学、流体力学、声学及电磁场等多物理场耦合方面的仿真分析，并用试验结果加以验证。狭义的仿真分析指简单对主模型进行运动学、静力学分析，干涉检查，装配过程分析，机构运动仿真等。狭义的单任务仿真分析用一般的三维 CAE 系统就能实现，广义的仿真分析或者协同的多任务分析则必须采用多个 CAE 系统来完成。

3. 数字样机的设计过程数据管理。在数字样机设计过程中，人们更关注产品及零部件的设计流程。这一过程在 CAD 系统中通过设计历史树来实现。历史树记录每一步设计的过程，设计过程与生成的三维数据存储结构相结合，形成专门的数据管理系统。

4. 可视化协同设计。随着各零部件三维模型的生成，装配模型的规模会迅速增大，以至于给计算机的性能提出更高的要求。为了减轻大型复杂产品的设计对硬件的压力，数字样机技术就采用一种支持大装配的可视化协同设计技术，即将分布在不同地点的不同部件设计师的设计结果进行协同表达、设计和分析。

16.2.3 数字样机国外研究现状

数字样机技术在西方发达国家，如美国、德国、日本等已得到广泛的应用，应用领域从汽车制造业、工程机械、航空航天业、造船业、机械电子工业、国防工业、通用机械到人机工程学、生物力学、医学以及工程咨询等很多方面（Peak et al.，1998；Ambrósio，Gonçalves，2001；Møller et al.，2005）。

美国波音飞机公司的波音 777 飞机是世界上首架以无图方式研发及制造的飞机，其设、装配、性能评价及分析就是采用了数字样机技术，这不但使研发周期大大缩短，而且保证了最终产品一次性组装成功。采用数字样机与传统方式相比，波音 777 等飞机减少了93% 的设计更改，降低研制成本 50%，制造周期减少了 50%（高倩，李正顺，1995）。

美国西科斯基飞机公司在设计 RAH-66 直升机时，使用了全任务仿真方法进行设计和验证，花费 4590h 的仿真测试时间，节省 11 590h 的飞行测试，节约经费总计 6 亿 7 千 300 万美元，同时数字化设计使所需人力减到最小。在 CH-53E 型直升机设计中，38 名绘图员花费 6 个月绘制飞机外形生产轮廓图，而在 RAH-66 直升机设计中，一名工程师仅用了 1 个月时间。

16.2.4 数字样机国内研究现状

相对国外而言，国内数字样机技术的研究由于起步较晚，前期主要工作集中在对数字样机概念和结构的研究，后期集中在对数字样机仿真支撑平台要求的相关技术的研究，如数据库技术、CAD/CAM 技术、网络技术、分布交互仿真技术等，已经有较大的研究进展，但总体上与国外先进企业相比还有一定的差距。以航空航天、舰船兵器为代表的国防军工及汽车等工业领域正在大力推动数字样机技术应用，进入了以三维模型为基础的数字化产品设计技术集成应用阶段（李小华，2005；许红静，2007；傅云，2008）。

在我国航空工业，将基于"数字样机"作为新一代航空产品研制模式转变的突破口，数字样机应用取得较快进展。中航工业集团的多家单位（包括航空 603 所、611 所、113 厂等）已实现全三维数字化设计，航空主机所的下游生产单位、配套单位（包括航天科工 306 所）已基于三维模型进行生产加工。中航第一集团公司的西安飞机设计研究所用一年多的时间，解决了飞机全机三维数字化设计的重大技术关键，成功地攻克了飞机全机三维外形建模的难关，建立了三维外形数模，实现了结构、管路、系统的三维设计、三维协调、三维预装配生成全机数字化制造的历史性突破。"十一五"以来，中航工业集团大力推进全三维基于模型的设计（model-based design，MBD）应用技术，改变了传统以工程图纸为主，以三维实体模型数据为辅的制造方法，实现了飞机研制生产从模拟量传递到数字量传递、物理样机协调到数字化制造协调的转变。经统计，原有同等规模的飞机在制造过程中约有工程更改单 7000 张左右，在采用了数字化设计手段后，工程更改单减少到了 1082 张。缩短了 60% 的设计周期，提高了设计质量，减少了 40% 的设计反复。由于在数字化制造阶段就做了全面协调，结构件和机加工件在生产中都是一次制造成功，装配到位，没有出现大的返工。

在航天工业中，我国自主开发了基于 J2EE 平台的 AVIDM，并在 AVIDM 平台上集成了 CAD、CAPP、Protel 等各类应用工具，实现了院所的协同设计与管理，成功应用在"载人航天"、"探月"、"二代导航"，以及"新一代大运载"等国家重大研制项目。航天科工二院、四院应用 Pro/E 软件完成多个型号的三维数字化设计。航天科工四院以某型号为背景，完成了导弹/发射车数字化结构样机建模与三维标注，实现了三维审查与弹体结构件 85% 全三维下厂，缩短结构设计周期 40%，有效提升了该型号的竞争力。

与国际先进水平相比较，国内在数字样机技术研究及应用方面存在一些差距，突出体现在以下方面：

（1）数字样机技术应用主要侧重于机械结构领域

国内数字样机技术应用侧重于三维结构设计，用于结构件的造型、虚拟装配等，对产品系统级的功能和性。能验证相对较少，在产品数字化、使用环境数字化、虚拟验证等方面还有待深入研究。

（2）数字样机技术应用还没有覆盖产品全生命周期

国内数字样机技术应用侧重于产品研发阶段，开展产品的三维建模，还未能覆盖从立项论证、方案设计、产品研发、生产制造、设计/生产定型到售后维护整个产品全生命周期，缺乏对产品整个生命周期的有效管理。

（3）基于数字样机的协同应用技术有待进一步深入研究

国内已经打通设计、制造一体化技术路线，开展了 CAD/CAM 系统集成的应用开发等工作，但在多学科设计与分析、设计与试验、工程与管理等协同应用技术还有待进一步深入研究，支持跨地域、分布式协同的研制环境还未完全建立，基于数字样机的并行协同研制方式还未形成。

（4）基于数字样机的协同制造尚未开展

基于数字样机的制造全过程工程应用模式没有正式确立，设计更改、工艺反复工作量大，工艺准备周期长，三维数字化设计制造一体化集成应用体系尚需完善。工艺模拟和仿真仅在个别过程开展，多专业联合仿真的虚拟制造仍处于探索阶段。总装和分系统之间信息共享和协同制造管控能力有待提升，制造过程数字化协同、制造过程控制等方面还有不足。

16.3　数字样机综合集成建模方法

航天产品系统是一个复杂的机、电、液、气一体化系统，涉及机械、气动、电子、制导控制等多个技术领域，机械系统、电气系统、控制系统等需要在统一的框架内研究。随着新一代航天产品系统对精度和抗恶劣环境要求的提高，必须通过建立面向系统级的数字化功能样机，研究航天产品系统在复杂环境下的各项功能和受控特性，实现航天产品系统的功能仿真与方案优化。

功能样机技术是复杂产品方案设计的重要技术手段，研究多学科领域一体化物理建模技术、环境与规范，构建符合统一标准规范的功能仿真模型库，在产品研制中应用集建模、仿真与优化于一体的功能样机技术，提升航天产品系统创新设计能力和设计成功率（赵雯等，2002）。

16.3.1　多学科领域一体化功能样机建模与仿真技术

多学科领域一体化功能样机建模与仿真技术是基于一体化建模语言的多学科建模与仿真集成环境，开展控制、机械、电子、软件等多学科领域一体化建模与仿真分析，实现航天产品系统多学科一体化快速原型设计。按照控制、机械、电子、软件等不同专业，建立用于系统级多学科领域一体化功能建模与仿真分析的模型库（黄雄庆，丁运亮，2000；余雄庆等，2004；王鹏等，2006）。

基于一体化建模语言的多学科仿真商用平台在工程领域得到较好应用，如 Dynasim AB。公司的 Dymola 系统、MapleSoft 的 MapleSim 系统、LMS 公司的 AMESim 系统、ITI 公司的 SimulationX 系统等，这些系统具有广泛的通用性，但缺乏面向航天产品系统的专有特性，无法满足航天产品系统功能样机建模与仿真需求。功能样机建模与仿真集成环境框架如图 16-6 所示。

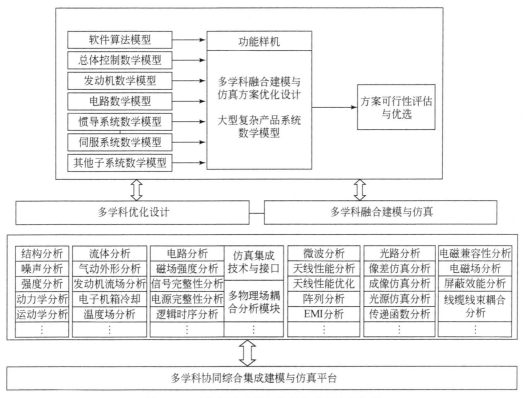

图 16-6　功能样机建模与仿真集成环境框架图

扩展阅读：从系统工程的角度来看，一个复杂产品就是一个复杂的工程系统，因此，必须从系统的角度出发，通过分析组成复杂产品的各子系统或子学科间的内在关系，进行复杂产品方案设计。从设计方法学的角度来看，设计具有交互作用的复杂工程系统和子系统，探索它们协同工作的机理，充分探索和利用系统中相互作用的协同机制来设计复杂工程系统和子系统的方法论就称为多学科优化设计。多学科优化设计方法符合复杂产品方案设计的内在机理，迎合了当前复杂产品设计的市场需求，因而研究基于此思想实现复杂产品的方案设计具有极大的工程应用价值。

16.3.2　基于功能样机的设计优化技术

航天产品系统设计是典型的多学科、多目标设计优化问题，涉及多个学科且相互耦合严重，具有多个优化目标且相互冲突，传统的设计方法难以给出最优的设计方案（韩明红，邓家提，2004；龚春林等，2005）。

数字样机是不同领域分析模型、边界条件的有效集成与协同工作。因此实现数字样机集成分析方法的核心是如何对其进行一致和有效地描述、组织、管理与协同运行。通过给用户提供一个逻辑上一致的，可组织产品全生命周期相关的各类信息的数字样机描述方法，支持各类不同模型的信息共享、集成与协同工作，实现不同层次上产品外观、功能和在特定环境下行为的描述与模拟；支持模型在产品全生命周期上的一致表示与信息交换和共享，实现模型在全生命周期上的应用；支持模型相关数据信息的映射、提炼与交换，实现对产品全方位的协同分析与评估。

数字样机相关建模方法的研究主要集中在设计分析一体化。本体建模和多学科协同建模多个方向进行。

（1）设计-分析一体化建模

大型复杂产品是指诸如超声速巡飞航武器、航天器、飞机和导弹等这类产品，构成复杂的机、电、液、气一体化系统，涉及机械、气动、电子、制导控制等多个技术领域。需要在统一的框架内研究机械系统、电气系统、控制系统等。建模是人类对客观世界和抽象事物之间联系的具体描述。通过应用一体建模技术实现航天产品数字样机统一建模与设计。目前最常用的一体化建模语言是 UML，它是早期面对对象研究和设计方法的进一步扩展，由世界级面向对象技术知名专家 Grady Booch，Ivar Jacobson 和 Jim Rumbaugh 对 Booch 标记、OOSE 标记和 OMT 标记理论的研究基础上提出的，为可视化建模软件奠定了坚实的理论基础。

（2）多学科数字样机建模方法

复杂产品的开发涉及多个学科、多种变量和多个目标。传统的开发过程为：首先基于各领域（机械、电子、控制、软件等）的 CAx（如计算机辅助设计 CAD、计算机辅助制造 CAM、计算机辅助工程 CAE 等）建立数字样机，进而基于过程集成方法建立样机分析过程和设计修改过程，即不同实验预案、调整样机参数、观测结果、优化设计、调整参数，如此反复，最终确定产品的结构、行为、与关键数据。多学科协同优化的目的是为了实现各领域、各层次对信息和资源的共享，协调处理各种耦合、冲突和竞争，做到跨领域的协同优化设计，以满足复杂产品设计的需要（钟毅芳等，2006；许红静等，2012）。

复杂产品的开发以 PDM/SDM 系统为支撑，采用基于统一建模语言的方法构建多学科一体化建模与仿真集成框架（郭建麟，2008）；以多学科一体化建模与仿真系统为主控系统，以动力学仿真、运动学仿真、流体力学仿真、传热学仿真、电磁兼容性仿真等专业仿真分析软件为后台系统，搭建大型复杂产品多学科一体化仿真环境，建立控制、电路、机械、液压、气动等不同专业的模型库。

（3）基于本体的数字样机建模方法

本体论（ontology）表示哲学上的一个学科，而本体（ontology）是知识工程领域中广泛使用的概念。本体论的哲学思想告诉我们，本体论研究实体的存在性和实体存在的本质，是独立于任何语言而存在的深层次的本质上的知识（Chris et al.，2003；Musen et al.，2006；Javed et al.，2009）。本体是对客观世界存在的系统化描述，当领域知识用描述性形式表达时，可被表达的对象集合称为本体，要点是用一种清晰的方法把领域知识分解为一组知识单元及它们之间的关系，这些知识单元和相互关系在一起构成了本体（Su et al.，2000；Dousis et al.，2007；Stramiello et al.，2008）。

本体主要用于知识和信息的共享和交换，基于领域本体，可以实现数字样机的形式化建模与描述，因而更易于实现分析数据共享和交换，而数据共享与交换是多学科协同分析的前提（许红静，2007）。如图 16-7 所示，各种 CAD/CAE 基于数字样机本体可以实现更好的数据共享与交换。

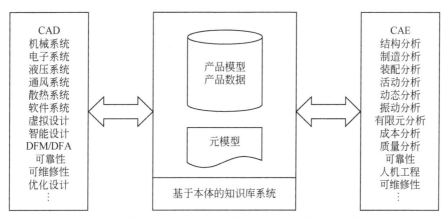

图 16-7　基于本体的 CAD/CAE 产品数据共享与建模（许红静，2007）

基于本体的模型在于知识表达，强调知识的完备性，这与集成分析方法对分析知识、信息等综合表达的想法相对应（Paul，Ieiler，2005）。同时本体模型可以蕴涵并表达丰富的、便于机器理解的语义信息，可以采用层次化的思想进行建模，以元本体为基准，通过本体映射易于实现异构模型信息的集成，这些建模特点对于集成分析方法的数字化环境、复杂产品为对象、可重构分析过程的目的一一对应（闵春平，2003）。

16.4　性能样机建模分析

16.4.1　性能样机建模分析概述

数字化性能样机概念是随着 CAD 技术、虚拟样机技术、相关软件技术以及计算机技术的发展而提出的。它直接将人类的创造能力、设计师丰富的设计经验与计算机强大的数据运算和数据存储功能完美结合，把计算机辅助设计活动提升为积极参与的主动活动，形成优势互补、人机融合的产品设计开发环境性能（刘磊和韩克岑，2006）。

大型产品的研制涉及机械、液压、电气、动力、燃油、控制等多种学科专业，不同学科之间需要进行大量的信息传递和交换，这是一个复杂而漫长的过程；同时，由于市场经济的飞速发展，产品更新换代的周期日益缩短，也要求企业能够对瞬息万变的市场信息做出快速的响应。因此，研究一种新的数据传递方法成为了当时环境下的迫切要求，于是，导致了以计算机辅助几何造型技术为基础的数字化设计技术的出现（何希凡，2004）。

在数字样机结构中，几何样机侧重于产品几何描述的数字样机，功能样机侧重于产品功能描述的数字样机，而性能样机侧重于产品性能描述的数字样机。性能样机是面向分析的虚拟样机模型，这类模型是针对产品开发人员而言的，它指特定的产品的数字表示方法，不同的设计人员可以在这种数字模型上对产品在特定工况条件下的行为和性能特性进行分析、实验和评估。数字性能样机应该具备以下特点：

1）性能样机主要以三维可视化建模为基础，具有和物理样机当同的功能；

2）性能样机能够实现系统动态指标，包括系统时间响应、频率响应以及稳定性要求的仿真模拟；

3）性能样机可以采用不同粒度的数学模型和系统动力学模型仿真复杂系统的动力学特性，用户可以快速地进行多方案测试和改进，从而得到性能优化的系统；

4）性能样机可以在产品开发的初期快速地"制造"出来，并可以不断修改、完善；

5）性能样机可以全部或部分地取代物理样机，有利于降低开发成本；

6）通过在设计的每一个阶段进行测试，虚拟原型机能够给未来产品提供有意义的评价（何希凡，2004）。

目前，多学科领域一体化建模仿真方法主要有三种：一是基于软件接口的方法，二是基于高层体系结构（HLA）的方法，三是基于统一建模语言的方法。

16.4.2　基于接口的建模方法

基于软件接口的方法。利用不同领域仿真软件的点对点接口，通过数据交换的方式实现不同领域之间的模型集成，仿真时利用各领域仿真软件提供的协同仿真能力，实现不同领域模型之间的协同仿真。该方法缺乏统一的标准，接口开发量大，人为割裂不同领域子系统之间的耦合关系，时域频域转换困难。

基于接口建模方法是对既有的不同领域工具的框架集成，以处理多学科复杂机械系统的分析设计问题。国外主要研究成果有：Dean C. Karnopph、Ronald C. Rosenberg 提出的键合图（bond graph）建模方法，采用相同的图形描述形式对不同的领域如液压、电子、机械系统的动态行为进行建模；卡内基梅隆大学研究的系统图建模方法（graph theory）是以直观、清晰的系统拓扑结构体现系统拓扑关系的系统建模方法。本质上，基于框架集成的多学科建模方法只是通过数值或者数据结构的共享来完成，其领域相应的耦合程度不高；而且由于各领域固有的差异性，中间格式的定义很难在各个领域做到方便高效，往往顾此失彼；同时基于框架集成的仿真软件采用私有技术，其模型、求解器、后处理环节等都是专有技术，扩充困难（郭建麟，2008）。

16.4.3　基于高层体系结构的方法

HLA 是一种支持分布式仿真的集成框架标准，它就像是一中黏合剂，它能将多个系统模型联合成为一个复杂的仿真系统。它将由不同领域的仿真软件建立的模型划分为不同的联邦成员，并按照 HLA 的规范进行集成以实现协同仿真。因此，基于 HLA 的多领域建模方法实质上是一种模型集成方法，它需要得到各领域商用仿真软件公司的合作，针对不同的仿真应用配置模型接口，编写集成代码，要求建模人员熟悉 HLA 中 RTI 的各种服务，实现较为困难（陈晓波等，2003）。

扩展阅读：高层体系结构（high level architecture，HLA）是美国国防部（Department of Defense，DoD）建模与仿真办公室（Defense Modeling and Simulation Office，DMSO）提出的一个公共仿真架构。HLA 的基本思想就是使用面向对象的方法，设计、开发及实现系统不同层次和粒度的对象模型来获得仿真部件和仿真系统高层次上的互操作性与可重用性。HLA 已经被国际电气电子工程师协会 IEEE 接受，成为分布式仿真系统架构的国际标准 IEEE 1516。根据 IEEE1516 标准，HLA 包括框架与规则、联邦成员接口规范、对象模型模板三部分。

为了提高仿真系统开发效率，最大限度地避免系统设计人员和开发人员由于失误而耽误开发进程，美国国防部建模与仿真实验室提出了联邦开发与执行处理模型（federation development and execute process model，FEDEP）（刘杰，2005）。在 FEDEP 中，包含概念开发、联邦设计、联邦执行的实现、测试和运行 5 个步骤。FEDEP 被当作是一个 HLA 开发框架，用于建立联邦时检查怎样开发可以节约用户的时间和资源。

在 HLA 架构中，一个实现某一特定仿真目的的分布式仿真系统被称为联邦（federation）。组成联邦的每一个仿真子系统称为联邦成员（federate）。联邦成员的外部属性包括对象（object）和交互（interaction），用于描述联邦成员与其他联邦成员互操作的内容。分布式仿真系统的概念层次如图 16-8 所示（刘杰，2005）。

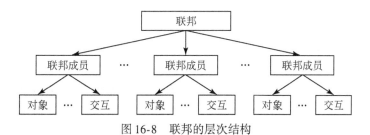

图 16-8　联邦的层次结构

联邦中存在一个联邦对象模型（federation object model，FOM），它描述联邦成员向联邦中其他成员展示的对象和交互；在联邦执行过程中，联邦成员间所有 FOM 数据的交互都应该通过运行支撑框架（run-time infrastructure，RTI），来实现，并且联邦成员和

RTI 之间依照 HLA 接口规范进行交互；在协同设计的过程中，产品对象的实例属性最多只能归一个设计联邦成员所有，即只有拥有对象设计权限的设计联邦成员才能更新它的属性值。

扩展阅读： RTI 是 HLA 接口规范的具体实现，是 HLA 的核心部件。RTI 包括两部分，服务器实现部分和客户端组件部分。客户端组件称为本地 RTI 组件（local RTI component，RLC），它为联邦成员提供一个服务调用接口，这个接口叫做 RTI 大使（RTI ambassador）；同时 RTI 需要保持一个联邦成员的回调接口，称为联邦大使（federation ambassador）。

RTI 提供 6 种服务：

1）联邦管理。在整个联邦运行生命周期协调联邦范围内的各种活动。

2）声明管理。提供服务，使联邦成员声明，它们希望创建和接收对象状态和交互信息，实现基于对象类或交互类的数据过滤。

3）对象管理。提供创建，删除对象，以及传输对象数据和交互数据等服务。

4）所有权管理。提供联邦成员间转换对象属性所有权服务。

5）时间管理。控制协调不同局部时钟管理类型的联邦成员（如 DIS 仿真系统、实时仿真系统、时间步长仿真系统、事件驱动仿真系统和乐观机制的仿真系统）在联邦时间轴上推进．为各联邦成员对数据的不同的传输要求（如可靠的传输和最佳效果传输）提供服务。

6）数据分布管理。为联邦成员动态地描述"兴趣"提供服务。所谓兴趣是指成员希望接收和能够发送的信息，从而实现基于值的数据过滤。

16.4.4 基于统一建模语言的方法

不同学科领域的系统构件采用统一模型表达机制进行描述，实现了不同领域模型之间的无缝集成和数据交换。统一建模语言提供了一种面向多领域物理系统建模的方法，它具备模型重用性高、建模简单方便、共享模型库丰富等诸多优点，顺应了知识的可积累、可重用和可重构的原则（王成龙，2010）。

统一建模语言（unified modeling language，UML）是一种用来对真实世界物体进行建模的标准标记，这个建模的过程是开发面向对象设计方法的第一步。它统一了各种面向对象的建模方法，UML 从考虑系统的不同角度出发，定义了用例图、类图、对象图、状态图、活动图、序列图、协作图、构件图、部署图等 9 种图。这些图从不同的侧面对系统进行描述。系统模型将这些不同的侧面综合成一致的整体，便于系统的分析和构造。尽管 UML 和其他开发工具还会设计出许多派生的视图，但上述这些图和其他辅助性的文档是软件开发人员所见的最基本的构造。

产品是由部件和零件构成。关系是自反的，如一个高层次部件可以包括其他低层次的部件，所以部件由零件和低层次部件构成。基于 UML 的产品模型如图 16-9 所示。

同样，产品数字样机类是由部件数字样机和零件数字样机两个类构成。关系同样是自

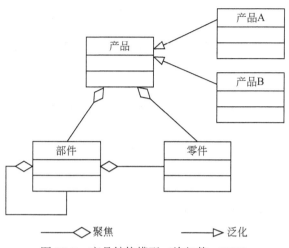

图 16-9　产品结构模型（许红静，2007）

反的，如一个高层次部件数字样机可以包括其他低层次的部件数字样机，所以部件数字样机由零件数字样机和低层次部件数字样机构成（许红静，2007）。基于 UML 的产品数字样机模型如图 16-10 所示。

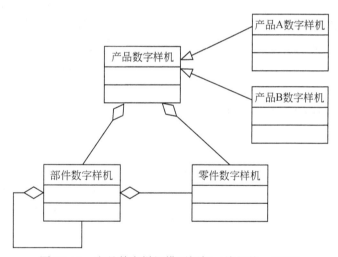

图 16-10　产品数字样机模型框架（许红静，2007）

基于统一语言的建模方法，最引人注目的成果就是仿真语言 Modelica 的出现。该语言采用面向对象和组件的思想，对不同领域物理系统的模型进行统一表述，实现统一建模，而且支持层次结构建模，语言本身带有可重用的机械、电子、液压、控制、热流等领域的标准库和扩展库。基于统一语言的多学科建模方法能够达到真正意义上的领域共享；且能打破软件的私有技术垄断，实现模型与仿真技术的真正脱离。从目前的应用看，Modelica 适用于对具体的对象进行建模分析，而不是复杂对象。Modelica 本身缺乏配套的仿真环境（建模仿真平台），多学科统一建模语言本身不带有编译器，其发展相对基于接口的多学科建模方法要晚，因此在使用上受到了限制（赵翼翔等，2009）。

扩展阅读：Modelica 是一种开放、面向对象的以方程为基础的语言，可以跨越不同领域，方便地实现复杂物理系统的建模，包括：机械、电子、电力、液压、热、控制及面向过程的子系统模型。

Modelica 库包含了大量的模型，其中，开放的 Modelica 标准库包括了不同物理领域的 920 个元件模型，具有 620 种功能。Modelica 是一个开放的物理建模平台，可用于许多商业软件，如 MWorks、SimulationX、CATIA Systems、Dymola、AMESim、JModelica、MapleSim、MathModelica、OpenModelica、SCICOS 及 Vertex。通过 SimulationX、Dymola、MapleSim 或 Vertex，可以将 Modelica 导入 Simulink。

目前，越来越多的行业开始使用 Modelica 语言进行模型开发。尤其是汽车领域，如 Audi、BMW、Daimler、Ford、Toyota、VW 等世界知名公司都在使用 Modelica 来开发节能汽车，改善车辆空调系统等。

16.5 面向物联网的实物产品数字化标识、智能管控、信息安全技术

面向物联网的实物产品数字化标识与智能管控技术以航天产品系统的实物产品为对象，应用面向物联网的数字化标识、智能管控及信息安全等技术，分析航天产品系统实物产品在采购、生产、装配、交付和保障等全过程智能管控的技术途径和方法，实现过程信息快速、准确地采集、传输和处理，提高科研生产管理的水平和效率。

16.5.1 面向物联网的实物产品数字化标识技术

物联网是一个基于 Internet、传统电信网等信息载体，让所有具有独立寻址的普通物理对象实现互通互联的网络。物联网具有如下三大特性：普通对象设备化、普适服务智能化、自治终端互联化（宁焕生，徐群玉，2010；Dimitris，2010）。面向物联网的实物产品数字化标识技术结合大型复杂产品实物产品的研制特点，以航天产品系统的实物产品为对象，应用 RFID 电子标签、条码等方面的编码标准和规范（郭龙岩等，2006），建立实物从实物产品采购、生产、装配、交付等各个过程的智能化管理出发，建立面向物联网的数字化标识规范和产品的数字化标识方案，使标签或条码与具体的实物产品进行关联，通过识别标签或条码即可探测或获取产品信息，使武器系统、分系统和零部件之间快速建立信息关联，从而提高产品研制生产的效率。面向实物产品研制生产全过程的物联网技术架构如图 16-11 所示，面向物联网的数字化标识过程如图 16-12 所示。

面向物联网的实物产品数字化标识技术主要包括以下几方面。

（1）射频识别技术

利用识别装置，通过被识别物品和识别装置之间的互动，自动地获取被识别物品相关的信息，并提供给后台的计算机处理系统来完成相关操作，快速准确地获取信息，无需或

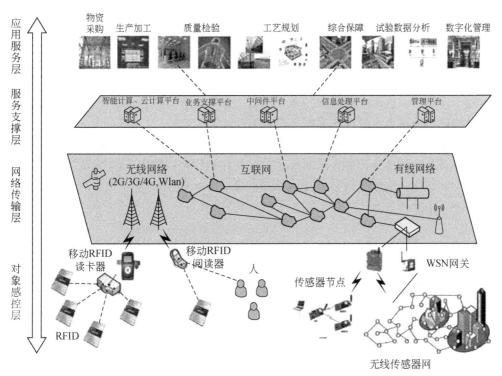

图 16-11 面向实物产品研制生产全过程的物联网技术架构

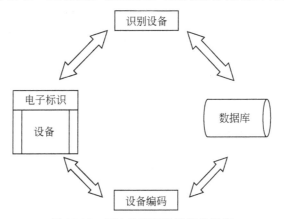

图 16-12 面向物联网的数字化标识

仅需少量人工干预即可自动地向自动化信息系统传送数据，支持快速读写、非可视识别、移动识别、多目标识别、定位及长期跟踪管理。

射频识别系统至少应包括以下两个部分，一是读写器，二是电子标签（或称射频卡、应答器等，统称为电子标签）（李如年，2009）。另外还应包括天线、主机等。RFID系统在具体的应用过程中，根据不同的应用目的和应用环境，系统的组成会有所不同，但从RFID系统的工作原理来看，系统一般都由信号发射机、信号接收机、发射接收天线组成。

（2）编码解析技术

目前，物联网的一个重要应用就是 RFID 标签，通过给所有物品贴上 RFID 标签，在现有互联网基础之上构建所有参与流通的物品信息网络。物联网的建立将对生产制造、销售、运输、使用、回收等物品流通的各个环节，并将对政府、企业和个人行为带来深刻影响。通过物联网，世界上任何物品都可以随时随地按需被标识、追踪和监控。

建立基于 RFID 的电子标签、条码编码规范，使编码与具体的设备进行关联，再通过编码检索数据库中的业务信息，从而使识别设备探测到具体的电子标签或条码后，即可获取相关的业务信息，为后续进行智能信息处理奠定了基础。

（3）应用接口集成技术

应用接口集成技术以异步的方式传送，由读写器接口、程序模块及应用程序接口三部分组成，程序模块通过读写器接口和应用程序接口和外界交互，其中读写器接口提供与标签读写器和传感器的连接。应用程序接口使 RFID 中间件与外部应用程序连接，这些应用程序通常是现在企业正在使用的应用程序，也有可能是新的特定电子标签 EPC 应用程序，甚至是其他 RFID 中间件。

16.5.2 面向物联网的实物产品智能管控技术

面向物联网的实物产品智能管控技术以航天产品系统的实物产品为对象，应用实物产品的物联网应用总体架构、智能信息管理和应用接口集成等技术，形成面向物联网的实物

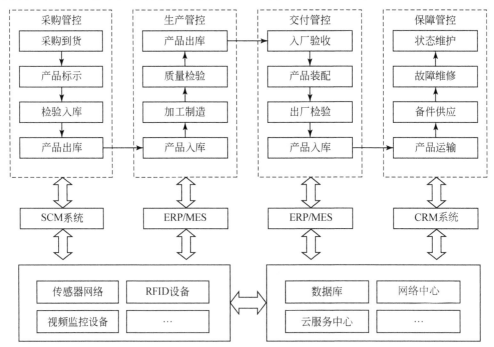

图 16-13　面向物联网的实物产品智能管控过程

产品智能管控方案,通过产品标识与识别、系统集成等途径,结合信息管理工具,实时获取产品技术状态、生产进度、配套情况和履历等信息,实现产品信息的互联互通,推进航天产品系统研制生产全过程的综合管控。

以采购文件编号/任务号为基本管理单元,分析实物产品被识别后进行的信息传输和应用,通过实物产品的物联网应用总体架构、智能信息赶理、应用接口集成等技术,将RFID 条码/移动计算技术延伸到生产制造的各个工位,打通采购、制造、装配、交付等物流。任何一个过程的信息感知将成为其他过程信息处理的重要依据,使研制生产过程实现了一体化和智能化。另外,通过信息感知和智能识别,可查询该产品的履历信息、配套结构、技术状态、实现了全产品和全过程的信息管理和智能控制,实物产品智能管控过程如图 16-13 所示。

16.5.3 面向物联网的实物产品信息安全技术

面向物联网的实物产品信息安全技术 RFID 系统在物流管理的应用中,为了确保货品在存储、运输、销售等环节中的安全,有必要引入安全保障机制。但考虑到标签的硬件资源和在物流管理中增加的额外成本,需开发出一种高效、可靠和一定强度的安全机制,以航天产品系统的实物产品为对象,应用数字化标识识别设备与涉密信息系统间的通信,标识自身数据的安全防护技术,建立适合航天产品系统研制生产特点的物联网安全规范,形成面向物联网的信息安全方案,并通过数据加密、授权访问和安全审计等方法提高物联网应用过程的安全性和可靠性。

以大型复杂产品实物产品的物联网应用过程为出发点,分析数据读写、数据传输、信息处理处理过程的安全性需求。物联网包含感知层、传输层、数据层和应用层,其结构特点决定了安全架构的整体性、全面性和多维性。通过研究感知层安全技术、传输层安全技术、应用层安全技术,建立面向物联网的实物产品安全技术架构,建立可行的安全规范和措施,研究安全协议、安全算法、安全审计、授权管理等技术,使数据在存储、使用、操作过程具有较强的安全性。

(1) 感知层安全技术研究

采取安全措施对电子标签、读写器芯片、传感器、天线等设备进行保护,提高数据采集过程的安全性,常用的电子标签安全防护方法包括 Kill 命令机制、静电屏蔽、主动干扰以及 BlockerTag 方法等。

扩展阅读:封杀指令 (kill command) 标签是由标准化组织 Auto- ID Center(自动 ID 中心)提出的,其方法是在商品结账时移除标签 ID,使标签自身失效。Kill 命令是用来在需要的时候是标签失效的命令。接收到这个命令之后,标签便终止其功能,无法再发射和接收数据。屏蔽和杀死都可以使标签失效,但后者是永久的。特别是在零售场合,基于保护消费者隐私的目的,必须在离开卖场的时候杀死标签。这样可以阻止商品内容被非法读取或者恶意跟踪,但这种方式的最大缺点是影响到反向跟踪,诸如商品退换、售后服务、智能家庭应用、产品交易与回收等后续服务。因为标签已经无效,相应的信息系统将不能再识别该数据。因此简单地封杀标签并不适合一般的商品应用。

静电屏蔽采用金属丝网或金属箔片制成的无线电信号不能穿透的一种容器。外部的无线电信号不能进入法拉第网罩,反之亦然。放置在法拉第网罩中的 RFID 标签被屏蔽了无线电信号的出入,被动标签无法接收到读写器的扫描信号,主动标签也无法向外发送信号,RFID 标签如同被置于一个"黑箱"中,无法与外界通信。法拉第网罩可以阻止非法用户对 RFID 标签的隐私侵犯和恶意跟踪。此方法是一种初级的隐私增强技术,只能适用于部分场合。同时,非法用户也可利用此方法逃避合法的安全检查,给合法用户带来潜在的威胁。

主动干扰法使用特殊装置干扰 RFID 读写器的扫描,破坏和抵制非法的读取过程。主动干扰无线电信号是另一种屏蔽标签的方法。标签用户可以通过一个设备主动广播无线电信号以阻止或破坏附近的 RFID 读写器的操作。但滥用主动干扰可能导致非法干扰,附近的其他的合法的 RFID 系统也会受到干扰,更严重的是它可能影响正常的无线电通信及相关通信设备的使用。

阻止标签法由 RSA 实验室提出,其原理是通过采用一个特殊的阻止标签干扰防碰撞算法来实现,读写器读取命令每次总是获得相同的应答数据,从而保护标签。首先,由于增加了阻止标签,应用成本偏高。其次,阻止标签可以模拟 RFID 标签中所有可能的集合,可能阻止读写器访问隐私保护区外的其他标签,因此滥用阻止标签可能会导致拒绝服务攻击。同时,其保护范围也有一定的限制,超出隐私保护区域的标签将得不到保护。

(2) 传输层安全技术

通过实施网络接入、网络传输、病毒防护、安全隔离、网络监控等技术对传输的电磁波信号进行安全防护,在涉及物联网与互联网的联网问题时,更需关注通信过程的安全性。在物联网安全网关方面,采用低功耗的嵌入式技术和软硬结合的方式进行实现,设备部署层级位于业务认证系统之下,传感器节点之上,实现物联网传感器的接入层认证与控制,防止无关传感器的干和恶意仿冒传感器的接入。

从通信的数据角度来说,比较完善的 RFID 系统解决方案应当具备机密性、完整性、真实性和隐私性等基本特征。一个 RFID 标签不应当向未经授权的读写器泄露任何敏感的信息。一个完备的 RFID 安全方案必须能够保证标签中包含的信息仅能被授权读写器识别。在通信过程中,数据完整性能够保证接收者收到的信息在传输过程中没有被攻击者篡改或替换。在基于公钥的密码体制中,数据完整性一般是通过数字签名完成的。标签的身份认证在 RFID 系统的许多应用中是非常重要的。攻击者可以从窃听到的标签与读写器间的通信数据中获取敏感信息,进而重构 RFID 标签,达到伪造标签的目的。在许多应用中,RFID 标签中所包含的信息关系到使用者的隐私。这些数据一旦被攻击者获取,使用者的隐私权将无法得到保障,因而一个安全的 RFID 系统应当能够保护使用者的隐私信息或相关经济实体的商业利益。目前的 RFID 系统面临着位置泄密或实时跟踪的安全隐患(刘化君,2010)。

(3) 应用层安全技术

通过采用安全管理、安全监控、安全服务等技术对业务应用进行保护,通过利用各种成熟的密码方案和机制来设计和实现符合 RFID 安全需求的密码协议。

面向物联网的实物产品安全管理架构如图 16-14 所示。

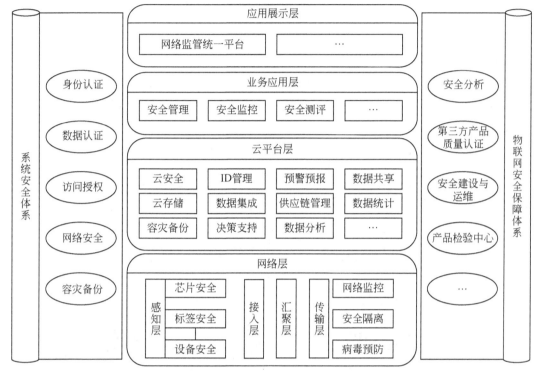

图 16-14 面向物联网的实物产品安全管理架构

16.6 基于数字样机的制造模式

16.6.1 基于数字样机的协同制造技术

为适应当前的市场竞争，企业必须不断提高他们产品开发能力，使用各种先进的设计理念、虚拟化设计和计算机协同等技术构建企业信息系统，以降低产品研制成本。从 20 世纪 80 年代的计算机集成制造系统（computer integrated manufacturing system，CIMS）到 90 年代的并行工程，再到 21 世纪初的虚拟企业和全球协同设计环境，协同设计已经成为企业成功的关键因素之一。

复杂产品协同设计是一个极其复杂的过程，需要从产品功能、外观造型、生产工艺、成本、市场需求、质量控制以及产品保障等多个方面来并行地、整体地综合考虑其设计。为了实现复杂产品的合理设计，通常需要引入数字化的设计方法和技术来达到设计目标，涉及复杂产品各个领域和相应的专业知识。协同设计模式是一种为提高设计效率的信息共享与过程管理模式，它支持产品全生命周期内的信息管理和过程管理。传统的复杂产品研制在很大程度上仍然采用以串行为主，并行为辅的开发模式，虽然采用了一定的数字化设计手段，但并行协同的效率不够明显。

基于数字样机的协同制造技术研究以型号产品生产制造流程为主线，贯穿工艺协同审查、工艺规划、工艺设计、工装设计、虚拟制造仿真、零部件数字化制造实现等各主要环节，以数字样机作为产品制造依据。

通过基于数字样机的协同制造模式与技术应用研究，实现设计与工艺的协同；并在单一数据源的产品数字样机基础上，实现三维可视化工艺设计、跨专业的工艺仿真、基于产品模型的快速工装设计以及总装集成应用；通过基于精益生产和 ERP 系统的集成应用，实现总装厂和分系统厂（所）间的协同制造，总体技术方案如图 16-15 所示。

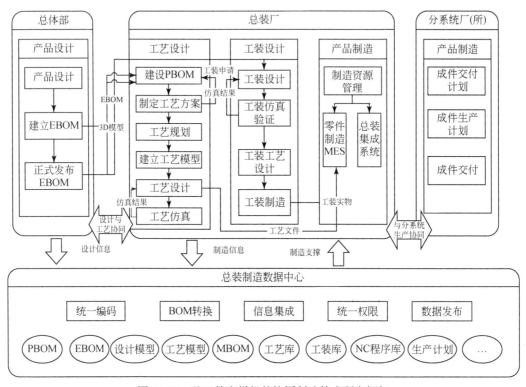

图 16-15　基于数字样机的协同制造技术研究框架

16.6.2　基于数字样机的协同制造模式

在数字样机的制造过程中，一般以科研生产流程为主线，结合现有条件，建立满足面向全生命周期、基于数字样机的数字化制造工作流程和应用管理系统。实现对基于数字样机的协同工艺审查工作和三维工艺设计验证工作的有效管控。基于数字样机的工艺审查，是在协同审查系统环境中对设计人员预发布的数字样机模型进行审查，并在系统中应用三维信息表达方式对审查意见进行反馈，需要研究建立相应的工作模式和应用系统。基于数字样机的工艺设计管理，是对基于数字样机的三维工艺设计和虚拟制造仿真应用，研究建立相应的工作模式、标准规范、应用流程、工作模板，并建立支持基于数字样机、面向全生命周期的工艺设计管理平台，进行有效的管控。主要包括以下两方面。

（1）基于数字样机设计信息三维表达的工艺审查管理

对基于设计信息三维表达的设计模型进行协同工艺审查的模式主要包括设计模型的预发布方式和技术状态控制方式、对设计模型进行分专业工艺审查的作业分配和汇总方式、基于三维表达的工艺审查结果反馈方式和应用规范。根据应用需求，建立协同工艺审查系统的总体框架，明确各应用模块的功能和技术指标。在协同工艺审查系统框架下，对应用模块进行技术开发和系统集成。

具体技术方案如下：

1）基于数字样机的协同工艺审查系统。

通过系统集成，建立与设计部 PDM 系统同步的协同工作环境，实现设计模型的预发和技术状态控制。

2）基于三维模型的分发汇总工具。

通过系统定制开发，建立基于产品结构树支持三维模型分专业分发汇总的作业流程块，进行分专业工艺审查的作业分配和汇总。

3）基于三维模型的工艺审查规范。

研究实现对三维模型的工艺审查流程和审查意见三维表达应用，建立相应的标准规程。

4）基于三维模型的审查结果反馈工具。

通过对模型浏览软件定制开发，建立基于三维表达的工艺审查结果反馈工具，并建立相应的应用规范。

（2）基于数字样机的工艺设计管理模式及应用系统

基于数字样机的工艺设计过程管理和状态控制模式包括基于数字样机的工艺规划和工艺路线管理方式、基于数字样机的数字协调模型管理方式、中间工艺模型的设计和状态控制方式、工艺仿真模型的管理和状态控制方式、基于三维信息表达的工艺技术交接状态管理方式、基于数字样机的工艺装备管理方式和基于数字样机的工艺协同设计及管理系统实现。

以科研生产流程为研究主线，结合现有条件，经过研讨、测试、总结、评审，对软、硬件需求进行配套开发和改进建设，初步形成一整套满足面向全生命周期、基于数字样机数字化制造工作流程和应用的管理系统。

1）三维工艺设计管理系统。

建立基于数字样机的三维工艺设计管理系统，实现基于工艺 BOM 的工艺设计的过程结果管理及技术状态的控制。通过工艺设计管理系统与设计部设计管理系统（PDM）集成，实现工艺 BOM 与设计、数据的同步。设计部建立的数字样机模型，完成系统审签后（需总装厂会签），通过数据同步，发布到总装厂，在系统中生成总装厂用工艺 BOM。

2）工艺 BOM 管理工具。

通过系统开发，实现工艺 BOM 的版本控制、技术状态控制和变更控制，实现工艺设计数据来源的唯一和可控。

3）三维工艺规划和工艺路线管理工具。

通过定制开发工具，在统一的工艺 BOM 上，实现基于数字样机的工艺规划和工艺路线管理。技术中心型号管理人员基于工艺 BOM 进行工艺规划和工艺路线设计，同时依据工艺路线确定三维模型的分发人员，对三维模型进行赋权。通过系统开发，实现基于统一工艺 BOM 的三维工艺设计数据、工艺仿真数据和工装设计数据等工艺数据的集成管理和状态控制。各专业工艺设计人员根据工艺路线，进行工艺准备，基于三维模型进行工艺设计，基于三维模型进行制造信息提取、物料准备、工艺设计、数控编程。

4）系统建模工具。

应用组织建模，建立部门及人员的组织模型。提供组织管理、角色定义、职级资格定义、用户扩展属性定义、组织扩展属性定义等功能。定义角色的各种与 PDM 中权限和任务等功能相关联的基本属性。应用数据建模，建立 PDM 中需要管理的产品数据的类型定义。提供对企业数据字典、对象类树、对象类属性定义及属性项的关联填写方法，提供文档模板定义及各类文档的编辑工具、浏览圈阅工具，提供关联视图定义个性化工作界面，提供对象目录定义动态地管理当前关注的对象集合。应用过程建模，用于定义 PDM 中需要管理的型号研制过程以及研制过程中所产生的工艺文档的审签过程。过程建模提供的任务流建模、工作流建模、项目团队模板库、分工定义、对象类工作流定义等功能以满足企业过程建模的需要。

5）系统管理工具。

采用"面向对象"的技术对产品数据进行有效管理，实现对产品生命周期各阶段、方面信息的全面管理。数据汇总模块用于将所管理的各种产品数据按照企业的要求汇总成为企业需要的报表形式。汇总的规则包括分类条件、空行条件、排序条件、计算等都可自由定义。

工作流管理可以让文档的签审过程实现自动化。在过程建模模块建立和保存标准的工作流程，自动流转、自动提示，提高了文档流转的效率、安全性和规范性。

工程更改管理控制更改的过程。更改的过程表现为更改影响范围的分析、审批环节控制、历史数据的追溯、版本控制等。更改管理的目标是规范企业中的技术更改行为，更改在授权下进行，更改后的结果被管理，版本的进化被记录，版本有效性得以保持。

6）与三维设计软件的应用集成。

可以实现与主流三维设计软件的集成，并能进行深入双向互动集成。在三维设计软件中通过功能菜单可直接调用 PDM 中相关的设计资源，同时在 PDM 中可直接调用三维设计件程序进行编辑，并保持设计模型数据与 PDM 中数据的一致性。

7）基于制造数据中心的系统集成。

通过制造数据中心实现 PDM 系统和 ERP 信息和数据的集成交换，PDM 系统通过数据中心向 ERP 传递 EBOM、PBOM（包括装配 BOM）、材料定额、工时定额、工具、工装等信息和数据。另一方面，PDM 系统还可以从 ERP 得到材料库存、设备载荷等制造资源信息，实现全面信息集成。对已实施 MES 系统的车间，基于制造数据中心与车间 MES 系统集成，实现工艺规程向生产现场的下发。

16.7 基于数字样机的制造数据中心集成

基于数字样机的制造数据中心集成将为基于数字样机的设计技术、工艺技术、制造技术、仿真技术等研究工作的开展提供强有力的保证，该项工作的开展是一项系统工程，需要综合考虑导弹研制各个环节的需求与约束。保证以数字样机为数据源头，以产品结构为数据组织方式，实现对型号产品数据的有效整合，构建产品制造数据中心，基于制造数据中心实现产品在设计、工艺、制造、质量过程数据的源头统一、集中发布、集成共享，改善企业的"数据环境"。

16.7.1 制造数据中心框架

制造数据中心目前没有严格的定义，每个企业虽然理解不同，但是实施制造数据中心的目的却是相同的：通过数据中心实现企业历史数据的统计分析、循环利用，产生价值。所以框架研究的主要内容就是通过建立符合企业自身特点的制造数据中心框架结构，明确制造数据中心数据的来源、采集方式、处理方式、约束机制、统计分析机制。

基于现有的三维 CAD 系统、PDM 系统、CAPP 系统、ERP 系统、MES 系统、质量系统、各种仿真软件，研究建立制造数据中心框架结构，统一数据的采集、审核、共享、发布机制，实现产品研制过程中的数据的集中管理。综合集成数据中心逻辑结构如图 16-16 所示。

对于数据中心的等级，国际正常运行时间协会（The Uptime Institute，UI）将数据中心分为如下四个等级（刘晓茜，2011）：

（1）基础级

这一级的数据中心有电力配送和制冷设备，也许有发电机或架空地板。然而，数据中心内设备属于单模块系统，因此具有多处单点故障。为了预防这些故障，需要手动关闭数据中心内的设施。一般来说，平均每年关闭一次；在特殊情况下，可能发生更频繁的关闭。此外，这一级数据中心的可用性只有 99.671%，自然故障以及对各个部件的错误操作都会导致整个数据中心运行中断。

（2）冗余部件级

顾名思义，这一级的数据中心包含一部分冗余部件，因此运行中断的可能性低于第一级数据中心，可用性为 99.741%。配备的发电机为单回路设计，因此仍具有单点故障的可能。此外，对基础设施和关键电路维护时仍需要关闭相关设备。

（3）可并行维护级

这一级的数据中心有了显著改善。自然故障或操作错误会引起数据中心运行中断；然而，保护性的和程序式的维护、维修和元件替换，增加或者减少与处理能力相关的部件，

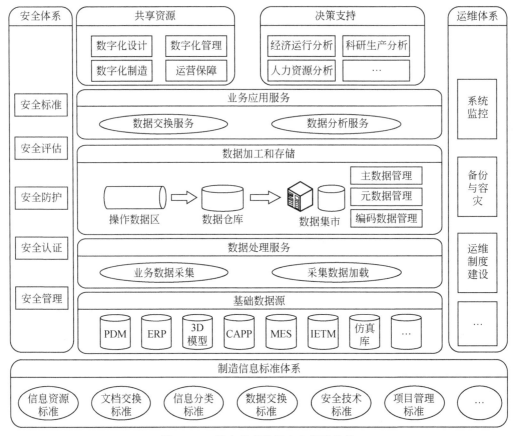

图 16-16　综合集成数据中心逻辑结构

对部件和系统进行测试等活动已经不需要中断硬件设备。因此，数据中心的可用性得到提升，为 99.982%。此外，当客户的业务需求允许增加成本进行更高级保护时，第三级数据中心通常可以升级到第四级数据中心。

（4）容错级

这一级的数据中心要求所有计算机硬件具备双电源输入，并且任何活动均不会引起关键负载的中断。因此可用性得到大大提升，为 99.995%。此外，基础设施的容错能力也能够容错至少一次最糟糕情况，如设备故障等。根据消防和供电安全规范的要求，还会有由于火灾报警或启动了紧急停电程序而导致的停机事件的发生。云计算数据中心应属于第四级数据中心。

企业制造数据中心系统包括五个既相互独立又相互联系的层次，依次是基础数据源、数据处理服务、数据存储和加工、业务应用服务、业务应用分析和数字化设计。

在制造数据中心框架中，数据源层是数据中心的基础。可以说，数据源是整个系统的"灵魂"。按不同的分类标准，数据源层可以进行不同划分：从业务角度看，包括 ERP 数据、PDM 数据、维模型数据、CAPP 数据、质量数据、仿真数据等；从数据中心的数据利用角度看，包括事物数据和主数据；从数据格式看，可以将数据源层划分为结构化数据和非结构化数据。在基础数据源层采取以数字样机为数据源头，以产品结构为数据组织方式的数据采集与存储方式。

数据服务层包括业务数据采集和采集数据加载两大功能，实现的技术手段包括数据采集平台和 ETL。数据采集平台是一个稳定可靠的管理平台，能够高效实现业务数据的上报、数据处理，做到对业务数据的事前、事中和事后控制，同时数据采集平台支持以数据采集适配器的方式直接从各类业务系统采集相应数据。应用 ETL 工具从采集数据库中抽取相应数据到数据仓库的操作数据区，为数据仓库的清洗和转换提供前期的数据支撑。

数据交换平台用来实现数据中心基础业务数据、主数据、元数据之间的上下同步、业务系统间的数据交换，以及横向本单位与外部单位之间的数据交换功能。

共性资源并非制造数据中心在应用层要建立的业务系统，但是制造数据中心要为数字化设计、数字化工艺、数字化制造、综合保障等工作提供相应的数据共享服务。

16.7.2　基于制造数据中心的系统集成模式

基于制造数据中心的系统集成不同于以前两两系统集成模式，基于制造数据中心的统集成不但要保证系统间数据流转的通畅，同时还要整合各个业务系统数据，以内在的逻辑结构来组织、约束、挖掘各类数据，使得每个系统都在和整个企业集成，而不是和某个系统集成。

以前系统集成是以业务流程的角度进行集成，是一对一的集成，集成成本高，无法实现集中管控。基于制造数据中心的系统集成是立足于产品的角度实现各业务的集成。通过建立统一的集成接口和要求，各业务系统之间实现一对多的集成，集成成本低，可对数据进行集中管控。集成方式如图 16-17 所示。

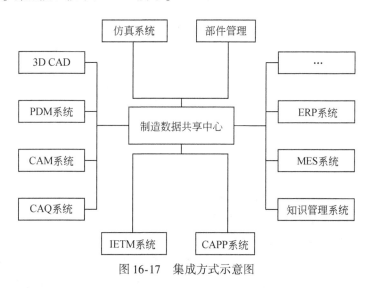

图 16-17　集成方式示意图

在基于制造数据中心的系统集成模式中，主要实现以下几方面功能：

1）数据统一编码管理。编码是一个基础的服务型应用，企业要建立自己的编码管控中心，形成编码管控机制，所有相关业务系统对数据编码唯一识别，实现型号研制过程数据的合法认证。

2）产品数据集中管理。总体思路是实现基于产品结构的产品设计、工艺、制造、质量等数据的统一管理，完成不同业务阶段数据及过程管理，以此来实现不同信息系统的集成。

3）数据交换平台建设。型号产品研制过程中产生的数据在物理上是采用分布式存储的。数据分布在不同的数据库、不同的表结构中，如果采用原始的数据关联方式对数据进行存取，存在效率低下、差错率低等问题。采用数据交换平台，能够对交换数据进行缓存，保证交换数据不会丢失；同时能够以图形界面，拖拽方式对交换数据进行选取，提高效率；对交换数据以服务的形式发布，保证交换数据的重复利用；对交换数据能进行权限控制，防止数据信息泄露。数据交换平台架构如图16-18所示。

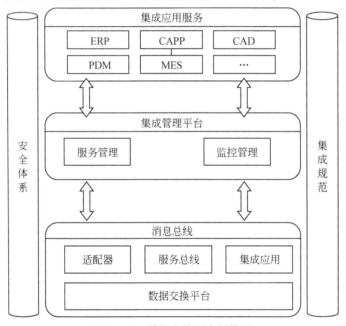

图 16-18 数据交换平台架构图

16.7.3 基于数据中心的产品全生命周期数据共享技术

随着科学技术的不断进步，数据中心也在不断地演变和发展。从功能的角度来看，可以将数据中心的演变和发展分为四个阶段。数据中心的第一阶段称为数据存储中心阶段。在这一阶段，数据中心承担了数据存储和管理的功能。因此，数据中心的主要特征仅仅是有助于数据的集中存放和管理，以及单向存储和应用。由于这一阶段的数据中心功能较为单一，因此其对整体可用性需求也较低。数据中心的第二阶段称为数据处理中心阶段。在这一阶段，由于广域网、局域网技术的不断普及和应用，数据中心已经可以承担核心计算的功能。因此，这一阶段数据中心开始关注计算效率和运营效率，并且安排了专业工作人员维护数据中心。然而，这一阶段的数据中心整体可用性仍然较低。数据中心的第三阶段称为应用阶段，需求的变化和满足成为其主要特征。随着互联网应用的广泛普及，数据中心承担了核心计算和核心业务运营支撑功能。因此，这一阶段的数据中心又称"信息中心"，人们对数据中心的可用性也有了较高的要求。数据中心的第四阶段称为数据运营服务中心阶段。在这一阶段中，数据中心承担着组织的核心运营支撑、信息资源服务、核心计算，以及数据存储和备份功能等。业务运营对数据中心的要求将不仅仅是支持，而是提供持续可靠的服务。因此，这一阶段的数据中心必须具有高可用性。

数据中心以服务器、网络、存储系统、备份系统为基础支撑环境，通过统一的集成框架（数据交换总线），集成设计、分析、试验、生产、综合保障等数字化平台，形成型号设计、分析、生产、试验、综合保障的集成环境。各厂、所工程应用环境与分院数据中心的信息交互均通过各单位的集成框架（数据交换总线）与数据中心互联实现厂、所内部，通过统一的集成框架（数据交换总线），将各单位的设计、分析、试验制造、生产、综合保障等过程产生的关键数据集成到各自的数据中心中，并在各自数据中心以产品结构树的形式组织管理。多级数据中心集成平台架构如图 16-19 所示。

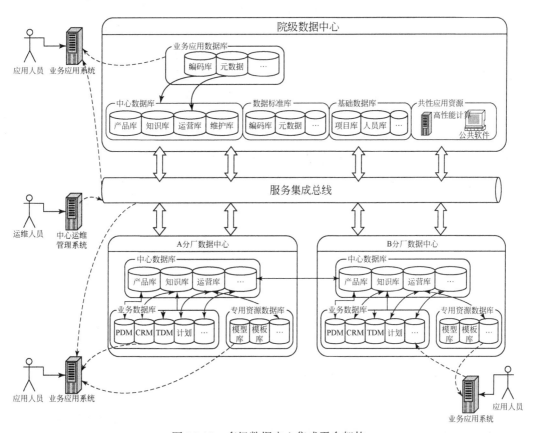

图 16-19　多级数据中心集成平台架构

各类数据中心的业务各异，其地位、规模、作用、配置和分类方法也有很大的不同，目前主要从以下两方面进行分类。

（1）根据数据中心服务的规模分类

数据中心按照规模划分，可以划分为大、中、小型数据中心，但这也只是一个相对的概念，没有严格的量化标准。在我国，从规模上来分，省、部级以上级别的企业与机构所建立的数据中心一般属于大型数据中心；省辖市级的企业与机构所建立的数据中心一般属于中型数据中心；县辖级的企业与机构及小型企业所建立的数据中心一般属于小型数据中心。

（2）根据数据中心服务的对象和范围分类

根据数据中心服务的对象和范围，常常将数据中心分为企业数据中心和互联网数据中心。

1）企业数据中心（corporate data center，CDC）。国内也称 EDC（enterprise data center），泛指由企业与机构所有和使用的数据中心，他们的目的是为自己的组织、合作伙伴和客户提供数据处理和数据访问的支撑。企业内部的 IT 部门或合作方负责数据中心设备的运行维护。企业型数据中心是一个公司的内部网、互联网访问、电话服务的核心。

2）互联网数据中心（internet data center，IDC）。指由服务提供商所有，并向多个客户提供有偿的数据互联网服务（如 Web 服务或 VPN 服务等）的数据中心。互联网数据中心是一种利用电信级机房设备向用户提供专业化和标准化的数据存放业务及其他相关服务的中心。用户可以享受数据中心的主机托管、整机租赁、虚拟主机等服务，也可以租用数据中心的技术力量来搭建自己的互联网平台。国际互联网设施包括传统的电话服务商和相关的商家，云计算数据中心即属于此种类型。

传统的数据中心往往让人们联想起宽敞的机房和排列整齐的机架，而近年来出现的新一代数据中心是将服务器、存储、网络设备等全部集成装箱处理。新型数据中心优点突出，其模块化设计可以实现系统的快速、灵活部署，不仅可以大幅降低建设成本，而且能够大大缩短数据中心的建设周期以及满足临时扩容的需求。此外，新一代数据中心对环境的要求不高，几乎可以用于任何环境，尤其是在一些比较恶劣的自然环境中，更能充分体现其易于部署和使用的特点。目前，众多企业，如 IBM、HP、Google、SGI、思科、微软等巨头纷纷涉足。

16.8　基于数字样机的工艺设计技术

16.8.1　数字样机工艺技术概述

工艺设计是现代制造业的重要基础工作，是连接产品设计与产品制造的桥梁。工艺设计的质量和效率直接影响企业制造资源的配置与优化、产品质量、生产组织效率、产品成本与生产周期各个方面。基于数字样机的工艺设计和虚拟制造验证，包括基于数字样机的加工、装配、测试工装设计等工艺设计和仿真验证技术，以及与生产现场规划仿真和集成管控技术。

目前国内航天产品制造过程基本沿袭了数字量传递和模拟量传递相结合的工作模式，装配工艺的设计主要采用计算机辅助工艺过程设计过程 CAPP 系统进行，但仍然停留在二维产品设计的基础上，与 CAD 系统没有建立紧密的联系，更谈不上与设计的协同工作。为了改变现有装配工艺模式的弊端，需要建设基于数字样机的三维装配工艺，主要包括三维装配工艺设计系统的构建，三维装配工艺设计总体框架研究、三维装配工艺表达方式、相应的技术和管理规范等。

目前在商品化 CAD 系统上实现 CAD/CAPP 集成的途径有这样几种：①在三维 CAD 软件中开发自动化的软件，完成制造信息的映射与提取，将软件中的信息提取为直接供 CAPP 软件使用的信息结构；②在 CAD 的实体造型基础上，开发特征识别与数据处理软件，为工艺规划提供相应的工艺信息。

由此可知，CAPP 技术的研究与应用向着工艺设计可视化、智能化，集成化以及专业化发展。

基于数字样机模型的工艺设计应用的技术能力，实现关键工艺虚拟制造仿真、实现三维工艺设计和工艺装备快速设计制造。在工艺仿真方面，实现关键工艺的虚拟制造仿真，研究基于现有专业仿真技术实现跨专业联合虚拟制造仿真应用技术、装配工艺过程虚拟仿真应用技术和基于数字样机面向总装的容差分配应用技术。

CAPP 系统的目的将不再停留在文档管理这一层次上，它将为工艺设计人员提供可视化的工艺设计环境，整个从零件的设计开始，经过系统对零件信息结构处理，提取加工信息，到工艺规程的制定，加工过程的仿真都能在这样一个可视的三维环境中完成。基于三维产品模型的工艺设计不仅是零件图形式的转变，而且是系统开发出新的功能，通过与三维 CAD 的信息交互，读取与制造信息相关的数据，来支撑工艺设计过程。这个过程的完善，也需要多种信息化系统的紧密集成。

从目前研究方向来看，CAPP 集成平台朝着可视化、智能化与专业化方向发展，其应用领域要向重要行业发展。现有 CAPP 系统，将根据行业发展的需求，往以下几个方向发展：

1）在基于三维产品模型的工艺规划模式上，面向典型行业（如航空、汽车、船舶、装备等）对高端 CAPP 的实际需求，以行业的工艺规划与应用模式为突破口，进行共性需求的分解和行业应用功能模型的建立，形成通用性与行业特色模式相结合的行业应用解决方案。

2）在与现有二维 CAPP 的兼容上，充分利用已有 CAPP 技术与系统成果，一方面优化完善原有二维 CAPP 系统，作为 CAPP 系统的基础开发与应用平台。保证基于三维产品模型的集成化 CAPP 系统产品能够兼容原有二维主流 CAPP，并基于企业、行业对三维 CAPP 的需求进行开发。

3）在技术标准和规范上，为保证基于三维产品模型的集成化 CAPP 系统能够独立于特定的 CAD 平台，通过研究主流三维 CAD 软件的接口标准与规范，实现和各种常见三维 CAD 软件的接口。

4）在 CAPP 软件体系上，广泛采用国内外先进的成熟技术和标准进行系统的开发，建立开放的系统体系结构，保证系统具备前瞻性、开放性和可扩展性，并保证系统具有自主知识产权。面向行业进行系统和特色应用扩展模块的开发，建立具有开放式、可定制特性包括 CAPP 核心模块、行业模块、集成模块等的系统结构。

16.8.2 基于数字样机的跨专业工艺协同仿真技术

基于数字样机跨专业工艺协同仿真技术是在现有焊接、热处理、铸造和机械加工仿真系统的基础上建立实现跨专业协同仿真几何数据交换标准格式，允许用户实时操作工艺设备或改变相关参数。它是产品设计与制造过程的有力辅助工具，它能够使得用户在产品开发或生产规划阶段对产品的工艺过程进行仿真和评估，从而能够检验既定生产工艺和优化生产工艺。

数字样机跨专业工艺协同仿真的核心技术主要包括复杂过程的实时可视化、复杂几何模型的实时处理。在不同的工艺过程中，可能产生各类不同的现象，如闪光、爆炸、烟雾、气流、水流等复杂现象。仿真系统必须能够实时、逼真、可控地显示这些现象，因此必须解决各类复杂过程的实时生成和控制技术。此外，在工艺仿真中还可能伴随着各种几何模型的生成、消亡、变形、破碎等现象，这要求仿真系统能够快速地构造、修改、删除各种类型的几何模型，如锻造过程的毛坯变形、石块破碎过程的石块对象生成和消亡。

根据现有仿真系统输入输出格式，设计仿真系统输出格式到标准几何数据格式，以及标准几何数据格式到仿真系统输入格式的双向转换方法和工具软件。

16.9 基于知识的管路数字化制造与装配技术

传统的管路生产，是按照现场取样的方式进行制造和装配。随着产品一体化设计的开展，产品的装配空间变小，装配密度变大，装配精度提高，管路材质由传统的铝合金向钢材或其他硬质合金转变，这种现场取样的工艺方法已不能适应新产品的研制需求。通过采用数字化管路工艺仿真技术，在虚拟环境下，对管路的制造和装配过程进行仿真，并将仿真结果导入管路数控加工设备，进行管路生产，通过数字化检测手段进行质量控制，实现管路的数字化制造与装配。

基于数字样机管路三维模型，开展基于知识库的管路三维模型智能型工艺审查，利用工艺仿真软件进行管路的多方向工艺仿真，实现管路工艺参数的优化，将生成的加工数据或代码输入数控折弯机，进行管路的弯曲成型，最后对管路进行激光矢量测量，并实现数字化对比检验，从而用数字量三维模型代替传统的标准实样，实现了产品设计、制造、检验、装配的全过程数字化信息传递，并初步建立并管路数字化制造系统。主要包含的内容如下：

1）工艺知识库的构建。收集管路数字化制造工艺知识、工艺方法、典型实例，进行标准化、规范化处理，建立管路的数字化工艺知识库系统。

2）管路装配工艺仿真。随着产品装配密度的提高，管路装配部位空间有限，导管布局错综复杂，装配过程非常复杂，需要进行导管的装配过程三维动态仿真。在仿真时，加入产品结构、管路、成件等三维模型，验证管路是否有安装通路，明确空间是否满足装配要求；验证管路安装操作中人或工具的可达性；确定合理、可行的管路安装顺序；提前暴露问题，在管路实际投入以前发现大量设计问题、工艺问题、工装问题，减少现场处理或返工时间。

3）导管三维弯曲有限元仿真。通过建立机床、模具、管材弯曲环境的三维模型，设定夹持力、弯曲速度、摩擦系数、芯轴提前量等工艺参数，由计算机进行弯曲过程的有限元仿真，分析导管弯曲中失稳、回弹、变薄、破裂等情况，预测管路弯曲质量情况。

4）数据转换。在产品工艺仿真完成后，需要将仿真结果转换为数控折弯设备能够识别的数据或模型，开展相应的数据交换标准研究，符合数字化折弯的需求。

5）数控折弯。数控折弯是管路数字化快速制造的核心。将转换后的导管工艺数据传输到数控折弯设备，实现数控折弯。重点关注回弹补偿设置、芯棒提前量、防皱模位置。

6）激光矢量测量。用激光扫描技术对导管进行测量，并求出导管的空间坐标。通过坐标交换后，将导管的理论数据与测量数据进行对比分析，如果在允许的误差范围内，即可检验交付，并打印测量报告。

7）现场装配。将制造完成的管路进行现场装配，对不符合装配要求的管路进行数控折弯参数修正，重新进行现场装配，并统计管路一次装配合格率。

8）仿真结果装配现场作业指导。利用装配仿真过程视频对工人进行操作前培训，使工人更直观了解装配工艺和工装使用要求，提高了管路现场安装的协调性；将装配仿真的结果纳入现场装配可视化系统，进行管理，大大提高了工艺指令的易读性和工人操作的准确性。

16.10 数字样机的高精密度电子产品虚拟联装技术

16.10.1 构造样机的高精密度电子产品虚拟联装技术

构造样机的高精密度电子产品虚拟联装技术用于建立电子产品制造工艺规则库和虚拟联装环境，基于电子产品构造样机开展高密度、高精度电子产品的三维组装设计、虚拟装配、制造资源能力与状态的约束性分析，重点突出电装操作过程，明确电装操作要求，排查电装缺陷及其危害程度，定量分析电子产品满足使用要求的情况，并形成电子产品联装指导书。

对电子产品构造样机进行可制造性分析，结合产品的设计背景、任务书、使用环境、技术应用等要求，提出改进意见及建议并反馈设计改进。确定技术状态后，开展电子产品三维工艺设计，设计工艺流程、制定工艺路线、突出联装操作难点，明确操作要求，对电子产品进行虚拟联装，最终形成可指导操作的现场执行文件。

16.10.2 基于数字样机的总装过程管理技术

为满足产品全三维数字化装配的需要，以产品装配 BOM 结构树为基础，建立面向装配工序的产品装配流程图，将装配检测数据、装配进度数据、质量数据、技术问题处理数据等信息，实现装配工艺信息数据的集成和动态管理，并实现装配过程信息采集与工艺、质量、生产等管理系统的及时信息交流。

在产品装配过程中，以产品装配与测试工序为节点，产品装配 BOM，构建产品装配流程图中的每个流程节点都包含相应的装配工艺文件信息和装配生产信息等静态数据。在此基础上，将产品装配检测数据、装配进度数据、质量数据、技术问题处理数据等进行系统集成，并实现动态管理。动态装配数据是随着产品装配过程的进行而产生的数据，随着装配过程的进行而不断丰富和完善。

在装配过程中，需要根据产品装配进度、装配质量及装配的技术状态进行实时控制形成装配过程信息的采集。在产品装配任务下达后，装配人员按预先设定的检验点和控制点的控制要求下达装配任务。在装配任务执行过程中，装配人和检验人员要实时采集装配过程中产生的检验、测试等数据，并把这些数据记录到软件系统中进行统计分析，并形成完整的装配质量数据包，装配执行过程中的报完工等操作又自动生成汇总成各种装配进度汇总报表；同时，软件系统自动将采集到的实时装配质量信息、进度信息与装配质量要求、装配计划要求进行比较，并以此做出判断，以决定是否对质量和进度采取相关的纠正或调整措施。

16.11　基于精益生产和 ERP 系统的生产计划集成技术

基于精益生产和 ERP 系统的生产计划集成技术以生产计划集成应用为基础，以精益生产理念为指导，分析航天产品系统复杂产品的生产制造特点，研究 WBS 框架、生产计划生成、院级生产计划和厂所级生产计划的集成技术，形成生产计划集成方案，初步搭建基于精益生产和 ERP 系统的企业间协同制造应用环境，结合 ERP 系统实现基于任务号的生产计划编制、厂所级生产计划汇报及院机关的总体监控功能，并在总装厂试点应用。

根据大型复杂产品复杂产品多品种、研制与批产混线生产的特点，按照 MRPII "推动式" 生产计划和 JIT "拉动式" 生产计划管理思想，在 "推动式" 计划为主的飞航武器研制项目管理/MRPII/MES 系统集成的基础上，研究以飞航武器总装生产需求拉动分系统配套产品生产计划管理、控制模式，建立基于精益生产和 MRPII 系统的企业间协同制造应用环境。

院机关按型号、型号阶段、军种、批次下达生产计划，以院级项目号和任务来源为起点，贯穿整个生产计划线，明确生产计划承担单位、需求数量及完成日期等重要信息。总装厂和分系统配套单位分别接收院级下达的生产计划并结合 MRPII 生成总装计划和成件交付计划，总装厂对成件的需求与配套单位的成件交付按照准时制造思想进行平衡，如图 16-20 所示。

（1）基于产品编码的 WBS 管理

根据对应的 BOM 结构表，建立产品分解结构框架在 PBS 框架基础上，建立 WBS 框架。WBS 框架建立之后，院机关根据批产型号配套关系自动生成总装产及各部厂所生产

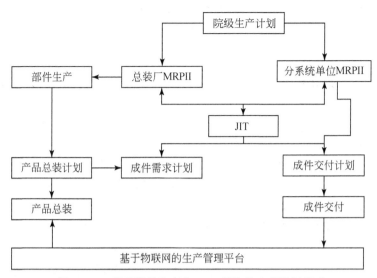

图 16-20　基于精益生产和 ERP 系统的生产计划集成

计划；院机关也可以按照批产型号的实际生产需求，调整各分系统产品配套数量，调整关系确定后，正式下达院级生产计划。

（2）生产计划编制

根据该型号的 WBS 框架，院机关编制完生产计划后，下达至厂所级。厂所级接收院级重点计划，建立院级计划与厂所级计划对照关系。通过对院级任务号、节点内容的分析，建立院级与厂所级关联，并综合自身投产要求，拆分或合并院生产计划信息，形成厂所级生产计划。

（3）MRPII/JIT 推拉平衡

总装厂对成件的需求与分系统配套单位对成件的交付按照推拉平衡思想进行平衡，实现对生产执行层和计划层进行有效的控制，对生产线已经消耗的物料予以及时的补充，保证成件交付与需求之间的平衡，提高成件配套准时交付率。

（4）厂所级生产计划完工汇报

总装厂提取总装完成入库和总装工序进度，再提取自制件的完成入库数量和分系统的接收入库和返厂数量，进行生产准备情况、齐套情况、具体产品的工艺进展情况汇报。分系统配套单位汇报分系统入库、出库、进入总装线、检验及其他情况。

🦌**扩展阅读：**准时生产方式（just in time，JIT），又称作无库存生产方式（stockless production），零库存（zero inventories），一个流（one-piece flow）或者超级市场生产方式（supermarket production），是日本丰田汽车公司在 20 世纪 60 年代实行的一种生产方式，1973 年以后，这种方式对丰田公司渡过第一次能源危机起到了突出的作用，后引起其他国家生产企业的重视，并逐渐在欧洲和美国的日资企业及当地企业中推行开来，现在这一方式与源自日本的其他生产、流通方式一起被西方企业称为"日本化模式"。

16.12 基于云服务的产品全生命周期协同研制技术

复杂产品是一种包含用户需求、系统组成、产品技术、制造过程、测试维护、项目管理和工作环境等一系列复杂因素在内的产品。复杂产品设计过程是一项涉及结构、机械、控制、电子、液压和软件等多个领域、多个学科的复杂任务，单靠某一领域的专门知识和专业人员难以完成，因此依靠多学科领域的多个团队协同工作成为主流（贺东京等，2011）。

基于云服务的产品全生命周期协同研制技术主要以大型复杂产品数字样机为对象，深入开展产品全生命周期的数据管理、基于云服务的系统集成、数字化研制流程以及面向全生命周期的云知识服务等技术研究，结合航天信息化环境建设，构建集航天设计、制造、生产和管理于一体的上下游协同工作环境，实现面向大型复杂产品数字样机的综合集成应用。

面向航天产品全生命周期协同应用需要设计全生命周期的数据分类技术、在线协同结构设计模型状态管理技术、多级管控模式下的产品结构管理应用技术、面向设计/分析/工艺/制造/综合保障等多环节应用的数据传递与控制等技术，结合航天信息化环境建设项目，基于院和部厂所两级数据中心，完善航天产品数据管理环境，支撑航天产品系统产品全生命周期管理和数字样机协同应用。

基于院级产品数据中心主要通过公共数据总线技术，实现基于产品结构树的对设计数据、分析数据、试验数据、制造数据、综合保障数据的综合管理，如图16-21所示，型号产品树是集成的关键。武器系统产品树是依据型号产品工作分解结构建立的树形框架，该产品树框架通过集成接口传递到设计数据管理、分析数据管理、试验数据管理、制造数据管理、综合保障数据管理等系统，作为这些系统组织数据的基础框架，并建立与院级产品数据中心产品树之间的关联。各系统应用过程产生的结果数据和需要共享的数据将自动汇总到产品数据中心，过程数据通过关联对各数据管理系统做索引。

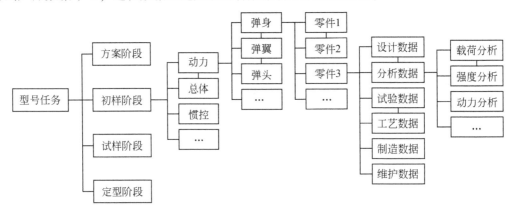

图16-21 基于产品树的全生命周期数据集成

基于云服务的产品全生命周期协同研制技术以航天产品系统数字样机为对象，深入开展产品全生命周期数据管理，分析基于云服务的系统集成、数字化研制流程以及面向全生命周期的云知识；构建航天设计、制造、生产和管理为一体的上下游协同工作环境，实现面向飞航武器系统数字样机的综合集成应用。具体包括以下内容。

（1）全生命周期的数据分类技术

根据航天产品系统特点，将航天产品系统全生命周期的数据从应用领域、应用场景、传递方式等方面进行分类和总结。选择可行的分类准则（如基于应用领域、应用场景、存储方式、传递方式等），提出产品数据的分类方法，对产品数据进行分类和总结。

（2）全生命周期的数据组织模型技术

基于数据分类，研究各类数据的存储格式、规模、关联、事务特征、备份、恢复方式等，形成数据存储模型、关联模型、事务模型等数据模型设计方案。大型复杂产品的全生命周期是一个多厂所联合的复杂过程，包括设计、试验、工艺、制造、装配、维护等多个过程，因此为了保证每一过程的产品数据的完整性，需要将产品数据按照生命周期的不同过程来组织。针对产品生命周期的不同过程，将该过程中产品相关的数据文档封装为数据对象，以产品对象为核心建立产品结构树组织模型，实现对产品数据的组织。

（3）多级管控模式下的产品数据分布式存储技术

根据航天产品系统是在院级统一管控下的多单位（法人）参与协同研制的特点，设计型号产品数据物理上分布于多单位，逻辑上在院级数据中心集中的技术路线。

大型复杂产品由多单位协作完成，完整的产品数据被存储在不同单位的厂所级数据中心中。因此，产品数据存储应保证物理上的分布性、逻辑上的一致性和数据存储的冗余性。产品数据物理上的分布性是指产品数据分别存放在计算机网络的不同节点上的厂所级的数据中心中；逻辑上的一致性是指通过某种逻辑关系，在院级数据中心将各部厂所级数据中心中的产品数据组合起来，形成完整的产品数据模型；存储的冗余性是指考虑系统可靠性、系统效率以及其他特殊需要，同一产品数据应以副本的方式被分别存储在多个企业节点中。

（4）基于统一数据源的产品数据传递与控制技术

包括基于统一产品树的产品信息模型下，产品数据在型号全生命周期上下游间的安全传递与交换技术。

通过研究支撑大型复杂产品从预研、方案设计、详细设计、工艺设计、数控编程、生产加工、装配联调到售后维护生命周期的数据交换技术和数据集成等技术，实现 EBOM-PBOM-MBOM 的数据一致性管理。

16.13　基于云服务的系统集成技术

信息系统集成是多层次的，最基本的是数据层面的集成，实现数据共享、消灭信息孤岛；其次是应用集成，建立应用集成的标准及架构，使不同应用系统之间能够相互调用关联信息；再者是流程集成，建立流程集成的标准和架构，通过流程把所有应用、数据管理起来，使之贯穿众多系统和用户之间；最后是界面集成，形成统一的用户管理、统一的授权、统一的展现，使用户可以通过统一的入口和界面操作方式来实现对多系统的使用。信息系统集成的关键是数据集成、应用集成、流程集成及基于云服务的资源集成与优化（赵希超，2009）。

目前，航天各信息系统之间的集成主要采取点对点的方式。随着集成信息系统的增多，这种一对一连接的数量也会发生爆炸式的增长，采用的技术和编程语言也多种多样，大大增加了集成难度。因此，需要提供统一、开放的标准与规范，统一管理接口协议和数据转换规则，大大降低集成难度和开发成本，降低系统间耦合性。结合航天产品科研生产管理集成系统建设，研究基础设施即服务、平台即服务、软件即服务等云计算服务模式，研究虚拟化、资源调度、信息安全等技术，建立基于云服务的系统集成与优化方案，通过云服务，整合网络、存储、计算等各种资源，响应各级用户对资源访问和系统使用的需求。

16.13.1　基于云服务的数据集成

数据集成是实现公共数据共享，避免同类数据多重管理。通过数据共享，可以实现基础数据在一个系统单一管理，专业系统在此基础上以自身业务管理功能为重点，最大力度地实现专项功能，优化系统结构，提高系统效率。系统间的数据集成需要通过数据平台的架构来实现。该数据平台架构包括基础接入层、信息整合层和存取服务层三个主要层次。

1）基础接入层：提供对各类数据的动态接入，打破各系统间的数据壁垒，能实时地访问分布在各类信息系统中的数据。它不仅可接入主流数据库各版本的数据（如 DB2、Informix、SQL Server、Sybase 等），而且支持 XML 文件、文本文件、消息队列、Web Service 等非结构化数据的统一的访问和管理。

2）信息整合层：提供信息整合所需的各类功能，包括以下方面：存储，提供存储管理本地数据、各类异构数据的功能，有效实现不同系统间的数据交换；查询，对各类数据的查询能力，支持用统一的 SQL 查询各类数据；联邦，对跨越多个系统的数据关联查询能力；缓存，支持静态、动态两种方式，将数据从数据源缓存到该平台，减轻数据源的压力，提高系统性能；转换，提供不同数据库间数据类型和数据函数的转换功能；复制，支持不同数据库表间的复制，实现数据的同步；发布，提供事件发布功能，可将数据库中数据的变化动态以 XML 的格式发送到消息队列，由远端的应用进行接收和处理，有效支持业务应用整合。

3）存取服务层：提供基于标准的编程模型和查询语言的存取服务。存取服务主要提供以下几种接口方式：SQL - SQL 接口，标准开放接口，支持多种应用开发工具，可用 Native、JDBC、ODBC 等方式访问；XML，用 SQL 转换为 XML 格式的信息，提供多种 XML 的转换功能；Web Service，将数据的接入和处理功能封装为标准的 Web Service，以便调用；Search API，提供数据的全文检索功能。

16.13.2 基于云服务的应用集成

基于云服务的应用集成是指某个应用调用另一应用的功能执行一个操作得到操作结果或获取相关信息，或发送信息触发另一个系统内的进一步操作。源系统将内部业务操作封装为服务并与目标系统约定调用方式，目标系统发生业务需求时触发该操作并返回相应结果，以实现系统间数据共享。企业业务应用集成的一个最大挑战是如何迅速建设灵活、高效、稳定的业务整合平台，实现通过基于开放标准松耦合方式的创新及响应性增强。当前应用集成一般基于 SOA 架构实现（即基于 ESB 的整合）。SOA 架构是一种客户机/服务器软件设计方法，一般由服务提供者和服务使用者组成。SOA 把分散的功能组织为可互操作的、基于标准的服务，明确强调软件组件之间的松散耦合，支持可重用组件和服务组装业务流程。SOA 架构的应用集成目标是多应用整合，不但跨平台，而且被整合的应用系统仍能保持自主性。

应用集成内容包括业务整合企业服务总线、业务整合数据路由转换、业务整合系统接入支持、业务整合开发维护等组成部分。其中：企业服务总线提供企业服务总线 ESB 的基础功能和服务控制；业务整合数据路由转换负责不同系统间安全、可靠的数据传输和消息存储；系统接入支持提供不同通信途径（Socket、MQ 等协议）的支持；业务整合开发维护提供应用开发、测试、部署、运行、管理等功能。

16.13.3 基于云服务的流程集成

基于云服务的流程集成是应用集成的高级发展，通过编排各系统中的多个功能，使其作为基础组成部分实现统一，形成一个完整业务流，约束了企业的信息数据流向，保证了业务操作的规范性、安全性和可控性。在系统间发生业务流程交互时，首先由一个业务系统触发流程，并在多个其他系统中进行流转确认后最终执行。

流程集成是信息系统集成最关键部分，其基础是企业内部已较好地实现了数据、应用的集成。跨系统的流程管理平台是实现业务流程自动化的关键，采用工作流技术为核心开发的业务系统的最大特点是具有高度的灵活性，可以按照具体需求，快速灵活地完成流程配置，并可在业务过程发生变化时，迅速地重组来满足需求。

16.13.4 基于云服务的资源集成与优化

基于云服务的资源集成与优化主要应用云计算管理方法，对航天的网络、存储、应用、平台、计算能力等基础资源进行虚拟化管理，使之成为虚拟化资源池，用户对资源的请求通过云端的自动化和资源调度技术能够以最优的方式自动完成。通过虚拟化的集成管理技术对高计算中心与数据中心的管理，进行数据灾备、审计和安全处理，保障用户的敏感数据或者隐私内容在云中的安全性，通过云服务进行业务系统集中部署、集中使用，为航天内部各类用户提供资源管理、系统调用及数据共享等功能，使用户无需知道基础服务、平台及计算的具体信息，能够随时利用云端的各种资源和平台进行存储、计算和应用，避免了网络、业务系统的重复建设，降低计算中心与数据中心的纯人工工作量，降低了研制成本，实现了业务系统之间的集成与优化，提高了科研生产管理效率。

16.14　全生命周期的云知识服务技术

基于数字样机的型号研制过程涉及大量的知识协同、共享和创新，而知识散落在数字样机研制全生命周期的各个节点，存储在研制上下游的各部厂所异构系统与个人头脑中。为将分布在研制上下游各单位中的知识进行集中组织并以服务的形式供应。研究基于云计算理念面向数字样机研制全过程的云知识服务体系；云服务环境下分布式、异构、繁杂、海量知识的语义挖掘、关联、智能聚类等技术；基于数字样机研制对知识的需求，研究知识共享、协同与创新服务技术；构建良性的云知识生态环境，支持数字样机研制环境中的知识获取、组织、共享、应用与创新，实现数字样机研制全过程对知识的异地实现访问与应用，提升研制效率与质量，提高团队快速响应能力。

知识是企业发展和赢得竞争的战略资源，必须严格科学管理。为了赢得竞争，保持持续发展，企业必须以核心知识资源为中心，积极推进知识管理活动。为了有效地进行知识管理，企业应该根据自身的发展战略和当前存在的问题，在研究梳理企业知识结构和知识分类的基础上，积极应用多媒体技术表达知识，建立知识库和知识库体系，使用网络化知识管理平台来管理知识和进行异地知识交流。在知识管理的基础上，将知识管理平台与其他业务系统集成，或积极探索把知识和案例嵌入各类计算机业务系统，发展能够辅助人们思维、判断和决策的新一代计算机辅助技术。

面向数字样机全生命周期的云知识服务技术从云知识服务模式研究入手，开展云服务模式下的知识获取与服务封装技术及面向数字样机全生命周期的知识供应与应用技术研究。

16.14.1　云知识服务模式

云知识服务模式以数字样机研制全过程为主线，分析研制过程中多源多领域知识的内容与构成，提炼数字样机在方案论证、设计、试验、制造、管理等研制全生命周期核心业务环节所需知识资源服务的应用需求，结合云计算"聚集离散资源通过能力虚拟化提供离散服务"的理念，总结凝练面向数字样机研制全生命周期，支持业务协同、能力共享的云知识服务模式，包括知识云形成机制、云端知识服务化机制、数字样机研制知识资源和服务的远程获取使用机制、知识云高效运行与维护机制、面向数字样机全生命周期不同阶段不同领域的知识服务机制。构建云知识生态环境，实现知识、用户和应用环境有机融合，促进知识从大而全服务向垂直、无垃圾、专业化服务转化，为数字样机研制的全过程提供便捷的知识共享环境，实现知识积累、共享与创新。

16.14.2 云服务模式下的知识获取与服务封装技术

云服务模式下的知识获取与服务封装技术面向数字样机研制全过程，基于产品数据中心，采用多领域本体技术，实现云知识服务模式下分布式、异构、繁杂、海量的多源多领域知识的语义关联、智能聚类，整合研制上下游的"碎片化"知识，建立数字样机知识体系。根据知识体系，研究动态知识索引技术，实现异地、异构知识的实时挖掘与自动获取。研究云端知识索引的自动分类生成技术，并建立索引与知识源的链接。根据研制需求，对整合的异构知识资源进行统一描述和封装映射，实现知识资源的服务虚拟封装与标准化访问机制，搭建全、精、准的知识搜索引擎，从而实现知识在数字样机研制过程中的异地、实时访问与应用。

16.14.3 生命周期的知识供应与应用技术

面向数字样机全生命周期的各个阶段，研究多领域知识间的融合规则和融合算法，实现面向研制问题的流程化知识处理过程，研究融合后集成化知识的评价方法，判断其能够解决用户问题的匹配程度，形成符合需求，直接解决问题的集成化的知识。

根据用户问题和应用环境，研究分布式多样化动态知识服务供应技术，根据用户的要求来动态和连续地组织服务；研究知识的重用和共享方式，解决设计、仿真、加工等问题知识集成的求解；针对用户对需求表达复杂、输入参数多等特点，研究基于功能—结构—工艺—试验映射的实例知识重用技术；研究典型流程及其优化求解过程的封装技术，将其固化为模板，提高典型问题的求解效率。

16.15 数字样机协同应用研究技术

16.15.1 基于数字样机的总体与分系统协同应用

总体与分系统协同工作主要涉及总体下发的各种大纲、性能指标要求、机械接口、电气接口等要求以及分系统向总体反馈的技术方案、三维模型、研制总结等。基于构造样机的总体与分系统协同是以大型复杂产品结构模型（包括全弹结构、发动机、惯导装置、制导控制装置、电气控制装置等）为基础，研究总体向分系统传递结构设计要求、分系统向总体反馈设计结果的有效技术途径。在各分系统建立构造样机的基础上，通过组建总体与分系统联合项目组，开展设备空间协调、装配过程分析、人机工程分析等工作，提高总体与分系统间结构协同工作效率。

16.15.2 基于数字样机的设计与制造协同应用

基于数字样机全生命周期协同技术，建立统一的设计与制造协同平台，基于产品构造样机的单一数据源，实现数据的高度共享。通过统一的工作流程，实现型号研制过程中，信息的实时流动和反馈，基于构造样机的成熟度模型，同步开展设计和制造工作。

设计人员基于协同平台上的工艺制造信息开展面向制造的设计，提高设计的质量和工艺性，并降低制造周期和成本。工艺人员基于协同平台上的构造样机三维模型，通过结构化工艺设计方法提升工艺工作效率，实现三维工艺设计，利用工艺仿真与验证工具开展制造可行性分析，对构造样机全生命周期提供工艺改进性建议，对关键工艺技术的开展预先研究。

通过制造执行和质量信息系统，对制造过程中收集的信息和问题（零件制造几何公差分布、装配协调性问题等）进行分析和反馈，实现对设计的有力支撑。

16.15.3 基于数字样机的多学科设计与分析协同应用

在大型复杂产品多学科协同仿真环境下，构建弹体结构与热防护系统、惯导产品及冲压发动机的功能样机。通过论证、分析、比较，选择惯控产品中的惯导系统或伺服系统作为应用背景，具体技术途径说明如下：

针对惯导系统，在数字环境条件下，模拟导弹飞行过程中捷联惯性导航系统的运动学行为、所处的力学和温度环境以及惯性敏感元件的输出特性，并与惯导系统误差补偿、导航计算、初始对准等算法集成，形成惯导系统数字化功能样机，实现惯导系统的功能仿真与优化设计。针对伺服系统，在仿真环境条件下按照伺服系统的组成，建立控制、电机、传动机构等功能模型，形成伺服系统数字化功能样机，实现伺服系统的功能仿真与优化设计。

16.15.4 基于数字样机的设计与试验协同应用

基于数字样机的设计与试验协同应用以试验数据管理系统（TDM）和分析数据管理系统（SDM）为基础，进行分析与试验数据的对比分析，探索试验数据校核分析模型方法，提高分析的精度和可信性；以复杂产品为研究对象，以制导控制系统为基础，建立虚拟试验的数字样机模型，提出虚拟试验的方法与技术应用思路，建立基于虚拟样机的设计与试验协同工作流程，以设计结果驱动虚拟试验的进行，以试验结果促进设计方案的改进，实现设计与试验的协同应用。

（1）基于数字样机的设计与试验协同工作流程研究

分析现有的设计与试验协同工作过程，结合已有的协同技术手段与方法，提出基于数字样机的设计与虚拟试验协同工作流程。

（2）模型校核技术研究

在现有数据管理系统基础上，研究分析与试验数据对比分析方式和技术实现途径，提出以试验数据校核分析模型的方法。

16.15.5 基于数字样机的工程与管理协同应用

基于数字样机的工程与管理协同应用以大型复杂产品数字样机产品结构和 WBS 为输入，研究基于数字样机成熟度驱动的项目管理技术以及并行协同管理平台，实现以计划和质量控制为主线的数字样机全过程管控；根据数字样机研制并行协同工作模式，研究数字化设计分析、数字化生产制造、数字化试验、数字化保障与项目管理的协同方法，进行工作任务及资源分配，制定相应的项目管理体系。

建立项目管理、质量管理与数字样机模型之间的关联，通过计划实时监控实物样机研制与数字样机建造执行流程，将计划调度管理纳入数字样机的虚拟设计、生产、试验及保障过程，多项目的统筹调度资源、人员，实现全方位的进度自动控制。通过项目计划、综合信息实时监控实物样机研制与数字样机建造执行流程，并将数字样机研制的计划进度、质量信息、模型信息等反馈给型号项目管理人员，同时项目管理人员可通过项目计划查询数字样机研制过程的相关工程文档，实现项目管理人员与型号技术人员的型号计划协同，完成项目计划信息的闭环控制，使产品信息与管理信息紧密集成，达到任务流与信息流的协调和同步。

16.15.6 基于数字样机的设计与综合保障协同应用

基于数字样机的设计与综合保障协同应用通过分析数字样机与物理样机的协同应用需求，研究基于电子标识的履历管理、履历信息集成、编码转换与集成、物理产品射频识别等技术，实现基于统一编码规范的数字样机与物理样机信息协同与集成、基于数字样机的履历信息集成等功能。以服务器、RFID 识别器、电子标签等为基础支撑环境，构建基于电子标识的履历管理应用验证环境，基于数字样机的设计与综合保障协同应用过程如图16-22 所示。

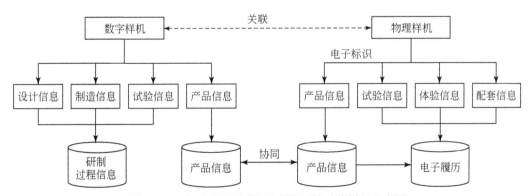

图 16-22　集成环境下建立的伺服系统功能样机示意图

16.16　大型复杂产品综合环境适应性协同仿真技术

　　大型复杂产品在服役过程中通常要经受振动、过载、噪声、温度、电磁等环境的影响，以数字样机为核心的综合环境适应性协同仿真技术是大型复杂产品数字化研制的关键技术。前期，航天在大型复杂产品综合环境适应性仿真领域开展了大量研究与应用工作，如导弹结构振动与冲击响应分析、弹上设备热分析等，但多数是以局部的、单点的研究应用为主，缺乏以数字样机为核心的系统级、全面仿真分析以及相应的模型建立和评价标准规范。构建以 PDM/SDM 系统为支撑，以多学科协同仿真集成框架为平台，集成力学仿真、流体力学仿真、热学仿真、电磁屏蔽/电磁兼容性仿真等专业仿真分析软件，在统一平台下搭建大型复杂产品多学科协同仿真系统，实现产品的综合环境适应性评价。大型复杂产品综合环境适应性仿真集成环境框架如图 16-23 所示。

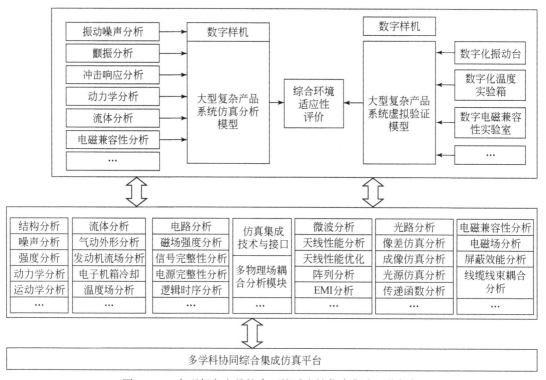

图 16-23　大型复杂产品综合环境适应性仿真集成环境框架

16.17　三维装配工艺的集成应用技术

　　三维装配工艺的集成应用技术是为满足产品数字化装配需求，建立工装、工具、设备、工厂等三维模型制造资源库，形成企业三维工艺设计的统一数据源，并保证数据的唯一性和准确性，实现基于三维数字化制造工艺管理平台的系统管理。建立三维数字化工艺管理平台，实现产品 BOM 的有效转换和重构，实现 MBOM 制造资源模型的调用、更改、版本控制等管理，并保证数据有效性、准确性和唯一性。

建立完善的工艺仿真系统包含柔性电缆敷设工艺仿真系统、管路制造与装配工艺仿真系统、产品装配工艺过程仿真系统，实现产品装配全过程的工艺仿真，将装配过程虚拟化、隐形知识显性化、抽象过程一般化。

三维装配工艺的集成应用技术研究以结构化及三维可视化的工艺形式进行工艺规划和三维工装设计，以产品装配流程图为基础，将三维装配工艺与 PDM、MES、ERP 进行系统集成，实现产品装配的生产任务管理与统计分析、装配过程的动态数据收集与管理、产品全装配过程质量技术问题信息收集与管理等。

对数字化装配过程的流程管理、可视化管理、更改管理、人员/权限管理、配置/版本管理等进行系统集成，打通三维装配工艺的现场集成应用环节。大型复杂产品三维装配工艺的集成框架如图 16-24 所示。

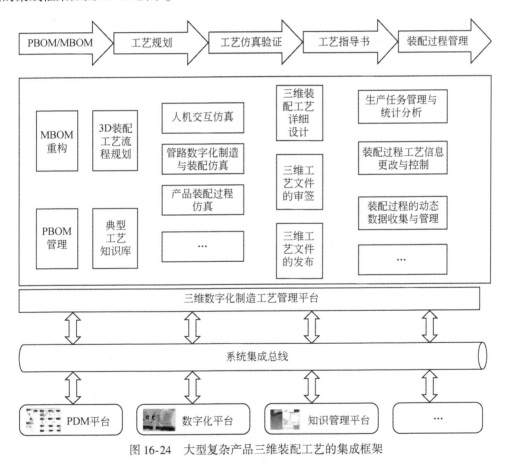

图 16-24　大型复杂产品三维装配工艺的集成框架

16.18　基于异构环境的管理与工程协同集成技术

基于异构环境的管理与工程协同集成技术根据大型复杂产品管理与工程应用环境差异

性很大，不仅表现在数据结构、业务信息等方面，而且表现在平台架构、应用系统等多个方面，需要采用业务数据集成、业务应用集成、业务流程集成等不同的集成技术。业务数据集成向其他的功能模块提供数据支撑，是大型复杂产品工程与管理信息系统的核心部分之一。通过数据建模、统一数据系统设计开发、原有系统数据的抽取清洁转换等工作，建立完整的信息模型，实现数据整合。数据模型在逻辑上必须是统一的，而在物理上可以分布存储，即通过周期性地同步各数据库的数据来实现数据的统一，可以利用统一的数据视图，即对各个数据库都提供统一的人口点，通过相同的数据模型访问数据库，而无需关心各个物理数据库的模型和结构的不同，从而实现了工程与管理系统在数据调用、业务信息查询等基本功能。

业务应用集成是在业务逻辑层的集成，通过流程与服务的有机配合达到在大型复杂产品不同应用平台直接的分工合作，通过协议转换与数据传输服务，把不同的应用程序连接起来，以共享和利用信息，不同应用信息系统中的信息和指令可以在整个企业范围内被安全、有效地共享，解决被集成的应用系统与 ESB 总线之间的交互问题、不同系统的数据模型的一致性问题、不同系统的技术路线不同问题以及软硬件平台的异构问题，有效地降低成本、增强系统的灵活性和可扩展性，实现了工程与管理系统的深入集成。

业务流程集成通过创建一个包括流程建模、流程执行、流程监控、业务活动监控等功能，具备流程设计、监控和规划能力的业务流程管理平台，实现航天内不同单位及部门系统之间横向与纵向业务流程的整合与协同，满足业务变化的发展需求，关注基于集成的现有 IT 系统，创建新的业务流程，并提高每个业务流程的效率和效能，能够有效解决工程与管理各类应用系统间的业务流程的优化和协同问题。

16.19　虚拟验证技术

虚拟试验验证支撑环境研究是建立虚拟试验验证系统的关键，虚拟试验验证的支撑环境的设计分为三层：平台层、工具层和应用层。如图 16-25 所示。

1）平台层：包括计算机硬件、操作系统、网络和数据库系统等，提供模型管理、试验数据管理、项目管理、过程工作流管理、组织/团队管理等。

2）工具层：在平台层基础上，利用平台提供的底层服务，以工具集的形式向用户提供服务，完成各项试验活动，主要包括仿真建模工具、仿真计算运行工具、模型校验工具、虚拟现实开发工具等。

3）应用层：提供文本、图形、超文本、超媒体等多种交互方式，通过统一的图形人机交互界面，向虚拟试验系统请求服务，进行虚拟试验活动，从该系统获取信息进行决策。

在全弹虚拟验证环境中，以弹上设备/系统构造样机为基础，按照 HLA 高层建模思想，建立不同设备系统之间的接口关系和虚拟验证模型，放入模型库，同时采用 HLA 体系，建立全弹虚拟飞行试验模型，在分布式环境下调用高性能计算资源，进行系统级联合仿真分析，实现全弹虚拟飞行试验。以数字样机为基础，根据分析要求进行精确建模，生成虚拟试验模型；利用经过试验数据和试验验证的数值分析方法进行仿真分析，给出试验

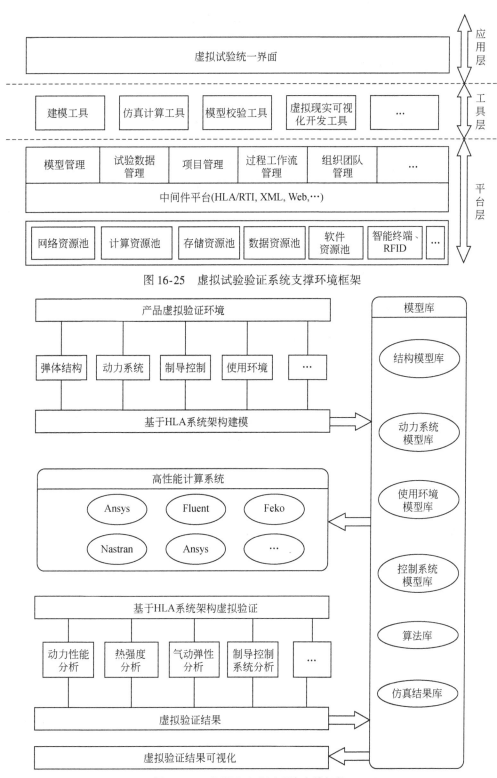

图 16-25 虚拟试验验证系统支撑环境框架

图 16-26 虚拟试验验证系统支撑架构

件（元件、构件、部件、全弹等）的力的热响应和强度评估结果，最后将仿真分析结果与物理试验测量结果进行比较，分析原因逐步提高虚拟试验的准确度，最后在此基础上集成全弹热强度虚拟试验分析软件。

全弹热强度虚拟试验技术是应用多种类型TPS（陶瓷瓦、金属TPS、C/SIC盖板TPS）在地面热试验时候的传热机理，建立各种TPS多尺度热分析及热力耦合作用下结构分析模型，利用MSC或ANSYS软件进行热响应分析及热力耦合作用下结构分析，结合TPS积木式验证试验结果，进行模型修正。辐射加热器用于模拟气动加热环境，通过对其辐射加热机理的研究，结合蒙特卡罗方法，建立辐射加热器的数学模型和辐射热流场计算方法，并考虑试验现场自然对流散热以及静力加载装置对热流场的影响，形成施加在试验件上实际热流环境的仿真预示方法。针对典型试验件，进行辐射加热器的热流场计算程序开发，并根据验证试验进行优化和完善。针对静力加载装置开展传力方式及对试验结构件变形影响的分析，建立力加载设备及常用工装如加载杆、耐载垫块、辅助支撑等的虚拟数值模型，形成施加在试验件上力载荷的仿真预示方法。在建立试验施加在试验件上的静热耦合环境载荷基础上，进行结构件的力热耦合响应计算，并开展典型结构的静热复合试验验证，对静热复合虚拟试验方法进行改进。

虚拟试验验证系统支撑框架如图16-26所示。

参 考 文 献

陈晓波，熊光楞，郭斌.2003.基于HLA的多领域建模研究.系统仿真学报，15（11）：1537-1542

戴汝为.2009.从定性到定量的综合集成法的形成与现代发展.自然杂志，31（6）：311-314

傅云.2008.复杂产品数字样机多性能耦合分析与仿真的若干关键技术研究及其应用.杭州：浙江大学博士学位论文

高倩，李正顺.1995.计算机辅助设计和制造波音777飞机.飞航导弹，（4）：1-2

龚春林，谷良贤，袁建平.2005.基于系统分解的多学科集成设计过程与工具.弹箭与制导学报，25（3）：98-101，114

郭建麟.2008.电子设备数字样机建模与仿真分析研究.天津：天津大学硕士学位论文

郭龙岩，李泉林，王璞.2006.基于RFID的供应链的信息与成本结构.电子商情，（2）：58-64

胡晓峰，李志强，贺筱媛，等.2009.复杂网络：战争复杂系统建模仿真新途径.装备指挥技术学院学报，29（2）：1-7

黄雄庆，丁运亮.2000.多学科设计优化算法及其在飞行器设计中应用.航空学报，21（1）：1-6

韩明红，邓家褆.2004.复杂工程系统多学科设计优化集成环境研究.机械工程学报，40（9）：100-105

贺东京，宋晓，王琪.2011.基于云服务的复杂产品协同设计方法.计算机集成制造系统，17（3）：533-539

何希凡.2004.飞机操纵系统数字化性能样机技术研究.西安：西北工业大学硕士学位论文

贾东升.2010.锤式破碎机数字化设计关键技术研究.天津：河北工业大学硕士学位论文

李伯虎，柴旭东，熊光楞.2002.复杂产品虚拟样机工程的研究与初步实践.系统仿真学报，2（3）：336-342

李伟刚.2003.复杂产品协同开发支撑环境的关键技术研究.西安：西北工业大学博士学位论文

李伯虎.2006.复杂产品制造信息化的重要技术–复杂产品集成制造系统.我国制造业信息化，（7）：19-23

李伯虎，柴旭东，朱文海，等．2003．复杂产品协同制造支撑环境技术的研究．计算机集成制造系统，
　　（8）：691-697

李如年．2009．基于 RFID 技术的物联网研究．电子科学研究院学报，（6）：594-597

李小华．2005．虚拟样机技术在摩托车开发和减振中的研究与应用．重庆：重庆大学硕士学位论文

卢鹄，韩爽，范玉青．2008．基于模型的数字化定义技术．航空制造技术，（3）：78-81

刘杰．2005．基于 HLA 飞行仿真系统框架的构建．济南：山东大学硕士学位论文

刘化君．2010．物联网技术．北京：电子工业出版社

刘磊，韩克岑．2006．数字化性能样机技术综述．飞机工程，2：1-6

刘晓茜．2011．云计算数据中心结构及其调度机制研究．合肥：中国科学技术大学博士学位论文

闵春平．2003．基于本体的跨领域虚拟样机技术研究．长沙：国防科学技术大学博士学位论文

米小珍．2003．复杂产品数字化开发系统分析与过程管理技术研究．辽宁：大连理工大学博士学位论文

宁焕生，徐群玉．2010．全球物联网发展及我国物联网建设若干思考．电子学报，38（11）：2590-2599

王鹏，李伯虎，柴旭东．2004．复杂产品虚拟样机协同仿真建模技术研究．系统仿真学报，（2）：274-277

王鹏，李伯虎，柴旭东，等．2006．复杂产品多学科虚拟样机顶层建模语言研究．计算机集成制造系统，
　　12（10）：1605-1611

王成龙．2010．复杂机电系统统一建模与仿真技术研究．济南：山东科技大学博士学位论文

许红静．2007．复杂产品数字样机集成分析建模方法研究．天津：天津大学博士学位论文

许红静，蔡瑾，姚涛．2012．面向复杂产品协同优化的构件化分析方法研究．机械研究与应用，（4）：
　　57-59

于景元，涂元季．2002．从定性到定量综合集成方法——案例研究．系统工程理论与实践，5：1-6

余雄庆，姚卫星，薛飞，等．2004．关于多学科设计优化计算框架的探讨．机械科学与技术，23（3）：
　　286-289

殷国富，杨随先．2008．计算机辅助设计与制造技术．北京：华中科技大学出版社

朱耀琴，吴慧中，杨勇．2003．复杂产品虚拟样机中初步设计阶段的信息管理．系统仿真学报，（10）：
　　1497-1500

赵雯，王维平，朱一凡．2002．虚拟样机一体化建模方法研究．系统仿真学报，14（1）：100-103

赵翼翔，陈新度，陈新．2009．基于 Modelica 的机电液系统多领域统一建模与仿真．机床与液压，
　　37（6）：166-169

赵希超．2009．企业信息系统集成模式研究．电力信息化，（10）：32-36

钟毅芳，陈柏鸿，王周宏．2006．多学科综合优化设计原理与方法 [M]．武汉：华中科技大学出版社

周剑．2012．基于综合集成法的复杂产品协同设计若干关键问题研究．南京：南京理工大学博士论文

Ambrósio J A C, Gonçalves J P C. 2001. Complex flexible multibody systems with application to vehicle dynam-
　　ics. Multibody System Dynamics, 6 (2): 163-182

Bushb, Giguere P, Fisher R, et al. 2008. Nisac energy sector: interdependent energy infrastructure si mulation
　　system (IEISS). http://www.sandia.gov/nisac/ieiss.html

Dimitris K. 2010. Closed Loop PLM for Intelligent products in the era of the internet of things. Computer-Aided
　　Design, (3): 101-150

Dousis D, Strohmeyer M, Lasiter M, et al. 2007. V-22 Data Visualization Toolset Implementation. Proceedings of
　　the 2007 IEEE Aerospace Conference, Big Sky, MT, USA, 1: 524-528

Javed M, Abgaz Y M, Pahl C. 2009. A pattern-based framework of change operators for ontology evolution//
　　Shvaiko P, ed. The 4th International Workshop on Ontology Content. Algarve: OTM Workshops: 544-553

Møller H, Lund E, Ambrósio J A C, et al. 2005. Simulation of fluid loaded flexible multibody systems. Multibody

System Dynamics，（1）：113-128

Musen A M. Chugh A，Liu W，et al. 2006. A framework for ontology evolution in collaborative environments// Isebel F. Proc. of the 5th International Semantic Web Conference. Heidelberg：Springer-Verlag：544-558

Paul C，Zeiler G. 2005. Generic Test Station Utilizing Database and Cots Technologies with an Integrated Logistic Approach. Proceedings of the 2005 AUTOTESTCON，Orlando，FL，USA，（1）：825-832

Paul C，Zeiler G，Nolan M. 2003. Integrated Support System for the Self Protection System. Proceedings of the 2003 AUTOTESTCON，Anaheim，USA，1：155-160

Peak R S，Fulton R E，Nishigaki I，et al. 1998. Integrating engineering design and analysis using a multi-representation approach. Engineering with Computers，（14）：93-114

Stramiello A，Kacprzynski G，Moffatt J，et al. 2008. Aviation Turbine Engine Diagnostic System for the CH-47 Helicopter. Proceedings of the 2008 AHS International Meeting，Huntsville，AL，USA，1：200-211

Su L，Nolan M，DeMare G，et al. 2000. Prognostic Framework Software Design Tool. Proceedings of the 2000 IEEE Aerospace Conference Proceedings，Big Sky，MT，USA，6：9-14

第五部分　武器装备后勤保障信息化篇

第17章 面向武器装备全生命周期的管理与保障

本章学习路线图

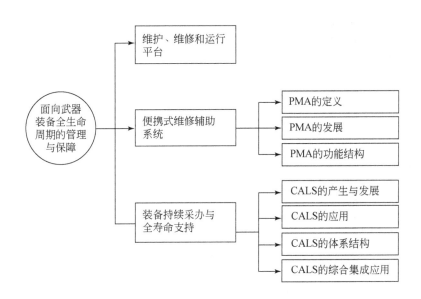

科学技术的发展使武器系统的研制日益复杂，一个武器系统一般由多个承包商和分承包商参加研制生产，武器系统一般都配有系统测试、故障分析和诊断等保障设备，因而设计、生产和后勤保障都会产生大量数据，其数据、技术文档和手册数量都很大。现代军事供应链中，物流从企业供应链的源头开始，沿着各个环节向作为需求源的部队移动。信息流是物流过程的流动影像，物流是信息流的载体，信息流伴随物流而产生，反过来又控制和调节物流。CALS是一种全系统、全寿命、全过程的管理战略，是进行军事供应链纵向集成的有效途径，基于ＣＡＬＳ的军事供应链信息集成为建立和发展跨越军队和地方的军事供应链系统提供了必要的条件，对军队后勤的信息化建设有着重要的实践意义。在从策划构思、合同签约、研制设计到生产制造或施工、交付使用、培训、使用维护、报废退役的全寿命管理中，武器装备和大型工程系统应用计算机技术，对技术数据，按照CALS标准进行数字化，使武器装备或工程的有关单位和个人实现在网络环境中技术数据共享。

17.1 维护、维修和运行平台

目前，中国制造业正在从产品经济向服务经济过渡，制造业价值链向下游转移，制造服务已经成为制造企业新的经济增长点。因此，迫切需要自主研发面向大型装备的维护、维修和运行（maintenance repair & operation，MRO）支持系统，为装备制造企业、装备用户企业和装备服务企业提供全面的 MRO 数字化解决方案和信息化集成技术。这对于保障我国关键/重点行业大型装备运营的技术安全，实现节能降耗和绿色环保，提高制造业的可持续发展能力，培育自主制造业信息化软件产业，具有重要的意义。

MRO 管理信息系统主要是由装备制造企业对装备维护、维修和运行予以服务支持。从当前来讲，不管是航天公司，还是装备部署部队，当前都已经具备了对装备的维护和维修能力，因此，这里的 MRO 主要指"运行"的概念，即由企业为客户提供的"运行"支持服务，MRO 核心业务流程如图 17-1 所示（程曜安等，2010）。

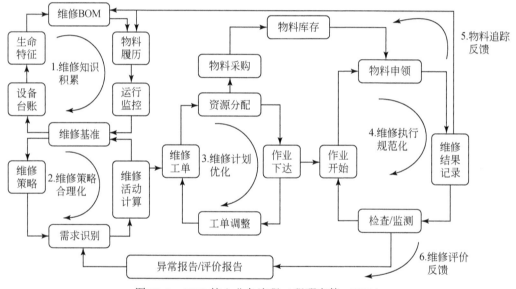

图 17-1 MRO 核心业务流程（程曜安等，2010）

MRO 通常是指在实际的生产过程中不直接构成产品，只用于维护、维修、运行设备的物料和服务。MRO 是指非生产原料性质的工业用品。进行 MRO 管理，可以支持航天器的 MRO 规划和执行，并帮助延长这些设备的使用寿命；可帮助制造企业和其他企业全面控制维护活动的所有方面，其中包括配置管理、工程设计，以及维护和维修计划和执行等；还可帮助制造企业管理运行中的产品配置变化和增强库存管理，以便实现物力和人力资源利用最佳化。

面对航天制造业新的技术需求，展开对于 MRO 的模式、关键技术研究并进行应用实施，能够清晰地管理装备的动态装机技术状态、产品服役寿命，实现对关键环节的过程和质量控制能力，提升整个服役装备整体服务保障能力，为客户综合保障模式提供技术储备。

MRO 核心关键技术包括：支持海量数据和复杂关联的 MRO 信息模型；BOM 驱动的 MRO 计划与过程管理技术；支持资源优化配置的精益 MRO 管理方法；基于历史的 MRO 知识表达与获取方法；MRO 过程中的多目标优化决策技术；可扩展的 MRO 支持系统结构。

MRO 产品覆盖大修过程中从入厂接收到交付与出厂以及出厂航天器售后技术服务等全业务过程，支持航天装备的 MRO 规划与执行。MRO 产品能够实现装备的动态装机技术状态的管理，产品服役寿命的管理，实现入厂接收、全面检查、分解、清洗、修理或更换、总装、调试、试飞、交付与出厂以及出厂航天器售后技术服务等业务流程的管理和质量控制，提升大修厂对航天装备的保障能力，实现资源的优化配置。

MRO 产品可辅助大修厂管理所有资产和设备的维护和维修工作：

1）通过自动化的、用户自定义的触发器来安排预防性维护；

2）通过改进维护计划和执行来延长关键资产的生命周期；

3）通过跟踪周转资产将可修复设备的使用最佳化；

4）可提供贯穿整个生命周期的所有零件、工具和设备的准确和明了的库存；

5）可帮助防止违约和不合规格的维护；

6）可帮助满足客户在可靠性和使用性方面的需求；

7）可通过数字化方式为服务点技术人员分发工作卡片、指令和其他重要文件，以促进更快、更准确的维护和维修作业。

17.2 便携式维修辅助系统

武器装备的维修保障水平直接决定了装备的作战能力，如何方便快捷地对装备进行维修，已成为外军高度重视的问题。便携式维修辅助设备是利用嵌入式计算机、多功能合成仪器、虚拟仪器、数据库、网络等技术优势，通过一体化综合集成，形成一套便携、多仪器、多功能的自动测试设备。

17.2.1 PMA 的定义

便携式维修辅助系统（portable maintenance aids，PMA）的含义是：在维修中采用现代化自动处理设备，通常包括便携式电子显示设备、便携式维修设备、技术数据读取机/浏览器等，有时也包括其他一些硬件及其辅助软件，甚至包括计算机等。

通过采用 PMA，可以使维修人员在工作地点根据维修作业和装备现状实时地输入维修数据，为多个用户快速地提供可视化资料；使相关人员在作业期间接收详细的技术数据，为自动识别技术和电子化维修手段的普及应用提供远程支持；允许与武器系统进行直接通信，以便故障的定位。对不具备嵌入式自动故障诊断和预计功能的装备而言，PMA 发挥的作用尤其重大（张宝珍，曾天翔，2002；孟飞，吕永健，2008）。

尽管 PMA 技术已经有了长足进步，尤其是在民用设备领域，但它仍有许多相关领域有待进一步研究，如有关 PMA 的潜在性能、PMA 在温度、振动等环境负载下的鲁棒性、PMA 易用性、PMA 电子显示屏在阳光下的可读能力、PMA 用电池的寿命问题、PMA 电子屏上的人机界面友好性、PMA 的通信性和连接性、PMA 处理数据的保密和安全性、PMA 与其他信息系统集成等问题，此外还有文化阻碍、附加技术、规格管理、投资回报以及用于军队中的交通服务等（张宝珍，曾天翔，2002；孟飞，吕永健，2008）。

导致 PMA 研究兴起的原因很多，但主要是以下领域内的技术日益成熟促使 PMA 在民用和军用装备维修中广泛应用。

17.2.2　PMA 的发展

PMA 在美国国防部的应用发展得非常快，其驱动力是武器系统数字化的快速增长。在美国国防部内部，PMA 设备经常用于技术数据显示、故障诊断和隔离、修复指导、物资管理、维修文件的编制、状态监控和预测、操作数据的上传和下载。

由于军用装备的使用和维护环境的特殊性，使得目前 PMA 在美国国防部内的应用受到一定限制，主要表现在以下几个方面：PMA 电子显示屏在阳光下的视觉辨识性差；电池寿命有限；抗恶劣环境因素（如湿差、湿度、灰尘）能力不足；不能很好地与现有维修管理系统和即将采用的新型自动化维修设备实现集成、整合；支持水平的有限尤其是缺乏管理知识或使用培训的人员；国防部缺乏统一的 PMA 政策、规划和项目信息共享（李军强，2012）。因此，有关专家建议美国国防部统一规划 PMA 的研究和推广。为了更好地理解国防部当前和即将采纳的 PMA 方案和程序，美军专家向国防部负责后勤和装备战备完好性的助理部长建议，确定和评估 PMA 的潜在利益、问题和挑战。

目前美国国防部采用的大部分 PMA 仍处于初始阶段，只有很少的有效数据可用于实际的确定和评估。然而，实践表明，采用 PMA 有助于维修人员接收电子技术信息、建立维修文档和获得装备部件的可用度数据等。

截止到目前，美国国防部已开发 33 个不同的 PMA 项目。其中，空军 5 个，联合后勤部 1 个，陆军 8 个，商业航线 4 个，海军 8 个，商业货运 2 个，海军陆战队 5 个（张宝珍和曾天翔，2002）。

17.2.3　PMA 的功能结构

美军的一些研究机构认为，PMA 的研究目标为：对国防部武器系统当前使用的和将要采用的 PMA 方案、设备和程序进行评估；确定采用 PMA 的潜在利益和实施的可能性，存在的问题及挑战。研究 PMA 的用途还体现在以下几个方面（张宝珍，曾天翔，2002；孟飞，吕永健，2008）：

1）通过使用 PMA 可以在维修过程中十分方便地实现技术数据演示。由于军用装备正在迅速配备可实现交互的数字化电子技术书册，即 IETM，以提高装备的精度和时效性，减少装备附属费用，而 PMA 正是实现这些功能的重要工具。它可以在工作地点适时地演示电子技术数据。一些 PMA 也能使维修人员接受相关的维修文档和装备部件的可用度数据，从而大幅度减少供应保障时间，尤其是为查看维修记录和装备相关部件的可用度数据，而往返于武器系统与零件销售地之间的时间。

2）实时的数据记录。采用 PMA 可以使维修人员在工作场所依据维修作业和装备状况，实时输入相关技术数据，为多用户系统中的其他用户提供临时性的可视化数据。

3）提高维修技术。在作业中采用 PMA，可接受先进的维修技术指导，以提高维修技能和效果，如自动识别技术和远程维修技术，以及支持通过无线电接收进行技术数据更新。

4）实现与武器系统的直接信息交互。在当前日益成熟的数字环境下，实现与武器系统的直接信息交互是 PMA 的主要功能之一。PMA 的这种性能极大地提高了故障定位与隔离能力，尤其是对高度复杂的系统，这些系统通常无法实现故障诊断和预测功能。

PMA 的功能结构如图 17-2 所示。

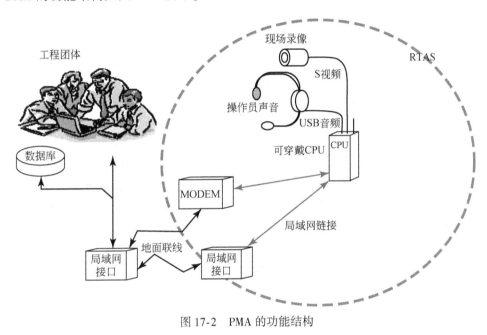

图 17-2　PMA 的功能结构

17.3　装备持续采办与全寿命支持

17.3.1　CALS 的产生与发展

科学技术的发展使武器系统的研制日益复杂，一个武器系统一般由多个承包商和分承包商参加研制生产，武器系统一般都配有系统测试、故障分析和诊断等保障设备，因而设计、生产和后勤保障都会产生大量数据，其数据、技术文档和手册数量都很大。例如，一套 F216 战斗机的技术资料约 750 000 页，每套成本约 21 300 美元；又因资料太重，一艘潜水艇甚至无法把全部维修手册随艇携带，以至有些故障必须上岸排除。为提高武器装备的后勤支援能力，减少使用纸张存储和传递技术数据信息及由此造成的高额费用（李雄伟等，2003）。

随着信息技术的发展及武器装备采办需求的牵引，CALS 的内涵、应用范围及技术手段在不断拓展，其名称经历多次修改：从计算机辅助后勤保障（computer aided logistic support）到计算机辅助采办与后勤保障（computer aided acquisition and logistic support），再到连续采办与全生命周期支持（continuous acquisition and life cycle support），最后到光速商务（commerce at light speed）。

目前，CALS（continuous acquisition and life cycle support）已被美国国防部广泛应用于国防采办过程。其主要内涵是：武器装备和大型工程系统在从策划构思、合同签约、研制设计到生产制造或施工、交付使用、培训、使用维护、报废退役的全寿命管理中应用计算机技术，对技术数据，按照 CALS 标准进行数字化，使武器装备或工程的有关单位和个人实现在网络环境中技术数据共享（李雄伟等，2003）。

早在 20 世纪 70 年代，美国国防部就制定并推行了包括综合后勤保障（ILS）等一系列改进后勤装备管理和采办的方针与政策；1985 年 9 月，适时地利用现代化信息技术解决了装备方面保障数据存在的问题，提出了在武器装备采办与保障过程中开展 CALS（computer aided logistics support）。1987 年后，美国国防部将 CALS 引入整个武器装备采办领域，改称 CALS（computer aided acquisition and logistic support），除装备及其附件产品保障数据外，还把武器装备采办过程中生成的、用于产品设计制造定义的数据信息纳入其数字化的范围。1988 年专门设立 CALS 办公室，并于当年发布了指导 CALS 实施的军用手册 MIL HOPK 59《国防部计算机辅助采办与后勤保障大纲实施指南》，把辅助采办及后勤保障提到战略高度上来。1993 年以后，CALS 信息数字化的重点转移到装备的持续采办与全生命周期保障产生的数据，还把行政管理、项目管理、型号管理、财务、商务等事物性数据包含进来。1994 年改称 CALS（continuous acquisition and life cycle support）。90 年代后，尤其是 1993 年后，美国政府提出并开始实施信息高速公路任务计划，建立国家信息基础设施（NII）与全球信息基础设施（GII），CALS 迅速地从国防部与国防工业企业走向民用工业企业，以 CALS 为基础广泛开展并行工程、企业集成与电子贸易（EC），CALS 更加普遍地被称为 commerce at light speed（MIL-HDBK-59B，1996；王强等，2005）。

17.3.2　CALS 的应用

CALS 将武器装备采办和全寿命管理过程中的各类信息加以数据化、标准化，实现网络数据交换，建立共享的综合数据环境。在集成数据共享环境中，相关研制厂商和用户能方便存储、管理、使用现阶段需要的信息数据，并在武器装备系统的全寿命周期内，用统一、标准、规范的信息将工作过程贯穿起来，协调支持有关单位设计、生产制造、培训和维护保障等活动。这对武器装备全寿命管理的各阶段具有深远的军事和经济意义。世界各军事强国，因各自管理体制不尽相同，所以 CALS 在武器装备采办及管理过程中有着不同程度的应用（王强等，2005）。CALS 自 1985 年由美国国防部推动执行以来，目前在欧洲及亚洲-太平洋地区亦逐渐被采纳推动，应用于国防以外的其他产业中，尤以日本最为积极。

17.3.2.1 美国

美国由国防部及工业界成立 CALS 推动组织，并配合国防部武器获得计划实施 CALS 作业。至 1993 年已完成新武器系统技术资料符合 CALS 标准化制作、储存、交换作业，并展开建立整合武器系统资料库及运用合约商整体技术资讯服务（contractor integrated technical information services，CITIS）之资讯架构，透过网网获取、储存武器系统及产品之工程、制造及后勤支援等，并配合美国 NII/EC（national information infrastructure/electronic commerce）计划执行。

美国的工业界则将原应用于国防武器之 CALS 标准及技术，扩大到一般工业产品及不同产业。例如，波音 777 即以 CALS 技术及标准研发制造，而波音更将于 1997 年以后将所有工程、维修等采用 CALS 之标准以数值化方式提供给使用者。美国各州亦成立 CALS 资源共享中心，重视中小企业运用 CALS 技术及标准，协助中小企业与大型企业间共同运用 CALS，建立一个网路及共用资料库所构筑的数值化工作环境（digital working environment）。此外，美国亦积极推动将美国军用相关 CALS 规范国际化的计划及扩大 ISO STEP 的应用。

17.3.2.2 欧洲

欧洲各国早在 20 世纪 80 年代末期就对 CALS 策略有着极大的兴趣，在各国不同的采购作业制度、规范与需求下，大家一直很谨慎地研究 CALS 策略的可行性。直到 1991 年 10 月，NATO 的工业指导小组 NIAG（NATO Industrial Advisory Group）发布了有关 CALS 的研究报告后，各国国防部逐渐成立 CALS 办公室，律定 CALS 推动及执行策略，并对相关工业给予合约上的支持。而各相关产业也配合组成 CALS 的民间推动机构，有组织地推动 CALS，其中以法国、德国、瑞典、荷兰及英国对 CALS 之推动最为积极。

欧洲各国对于 C-CALS 之研究与推动主要是在营建业相关 ISO STEP 产品资料交换标准方面。例如，德国的慕尼黑大学（Ludwig Maximilian University of Munich）与产业界（以 Hass + Partner Engineering Ltd. 为主）合作，研究房屋建筑及营建（Building and Construction）之 3D CAD 产品资料表达方式、交换标准与机制，因而推动并促成 STEP AP225 标准（即 ISO 10303-225 标准）之制订；英国的里兹大学（The University of Leeds）土木工程学系目前正在研究及推动适用于钢结构（steel frames）房屋建筑产品资料交换之 STEP AP230 国际标准；荷兰德福科技大学（Delft University of Technology）主导之 COMBINE（Computer Models for Building Industry in Europe）计划，有包括英国、法国及芬兰之学术研究机构参与；瑞典政府与业界（EuroStep Inc.）合作，目前正积极进行道路设施与交通路网相关营建规划管理产品资料表达的研究与标准制订。

17.3.2.3 亚洲-太平洋地区

近年来亚洲各国已逐渐认识到应用 CALS 之重要性，但因亚洲各国之国防军品大多为外购，本身并无相关规模之国防工业，故在 CALS 之推动上多以商用 CALS 为主，目前澳大利亚、日本、韩国、新加坡等都在积极发展中，日韩两国更将 CALS 订为国家策略性发展产业，以日本最为积极。我国国防部虽早在 1990 年即注意到 CALS 之观念，但较积极推动发展则是最近两年的事。

（1）日本

1991 年在日本政府的赞助下，日本电子工业振兴协会（JEIDA）成立 CALS 研究小组，分别于 1993 年 4 月及 1994 年 9 月举办 CALS 技术研讨会，并于 1995 年 10 月举办 CALS Pacific'95 会议及展示活动，1996 年 10 月举行 CALS Japan'96 会议。1995 年，由政府及业界成立 CIF（CALS Industry Forum）及 JCALS（Japan CALS）等财团法人专责机构来推动 CALS，目前为亚洲各国推动 CALS 最积极之国家。

日本现阶段所推动之 CALS 完全以商业及制造业应用为主，广泛的推动至各产业，期间 CALS 之资讯化与标准化使产业更具效率及竞争力。目前有数项专案计划正在推动进行中。例如，CIF 组织推动的 Virtual Enterprise 2006（VE-2006）专案计划，选择汽车工业及营建业发展商业 CALS 雏形架构，评估验证 CALS 实现的可能性，2006 年完整展示一个由资讯技术及标准所构建的电子商务（EC）环境；还有，由通产省提供 3 年（1995～1998 年）120 亿日元经费执行 CALS 技术研究之 NCALS（Nippon CALS）先导计划，同时进行不同产业 CALS 应用之联合研究，期能建立各参与产业之 CALS 展示系统。目前参与之产业为：钢铁业、汽车业、造船业、航天业、卫星工业、化工业、电子业、软体业及营建业等。

（2）韩国

韩国曾于 1994 年 9 月由韩国电脑与通信促进会（Computer & Communication Promotion Association）及国防部、交通部、贸易部、工业部等共同举办 CALS Korea'94 年会，并宣布正式推动 CALS 计划，亦于 1996 年 5 月成立 CALS 的民间推动组织，包含了产业界的使用者及资讯系统产品的供给者。目前其 CALS 之推动着重于 CALS 观念在工业界之整合运用及资讯工业的配合发展。部分工业如航天工业已开始采用 CALS 标准。韩国亦有一类似日本 NCALS 计划的 Electropia 计划，该计划是由韩国三大电子公司 SAMSUNG、LG 与 DAEWOO 所共同推动。

（3）澳大利亚

澳大利亚为亚太地区第一个执行 CALS 策略的国家，澳大利亚国防部于 1991 年开始宣布该国所有新武器的获得必须按 CALS 的执行计划办理，并要求所有合约商按 CALS 标准递交产品。同时亦在各军种选择一先导系统逐步建立资讯系统基本架构以支援 CALS 标准的应用环境，例如，陆军的 ASLAV 文件管理计划；海军的潜艇 SIM/SIS 计划；空军的 CAPLOG 计划。在工业界也配合国防部策略于 1994 年成立推动委员会，与澳大利亚电子商务协会（ECA）共同推动 CALS/EDI 计划，另在政府方面亦支援 STEP 应用之研究计划以配合 STEP 世界性之发展趋势。

17.3.3 CALS 的体系结构

美国国防部提出 CALS 的体系结构，突出了美国国防部用户的信息需求。CALS 的体系结构如图 17-3 所示。

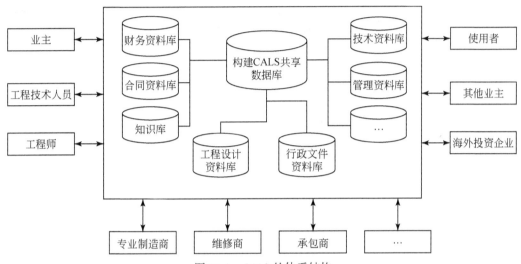

图 17-3 CALS 的体系结构

在图 17-3 中，第 1 层是信息基础设施层，是整个 CALS 体系的基础。包括各种计算机软、硬件，如操作系统、数据库、网络设备等，还包括一些数据格式标准，软件标准，如标准通用标记语言（SGML）、计算机图形元文件（CGM）等。硬件标准如高速集成电路（VHSIC）硬件描述语言（VHDL）等。

第 2 层是信息交换层，主要是信息建模与交换。其内容包括产品数据交换及经营信息交换，采用的标准主要有初始图形交换规范（IGES）、产品模型数据交换标准（STEP）和电子数据交换（EDI）等。

第 3 层是管理层，包括政策、法规和有关标准。承包商集成技术信息服务（CITIS）是典型的功能标准。

第 4 层是应用层，包括用户与承包商的有关功能活动，如采办、设计、制造、维修、售后服务等。用户的信息需求、用户与承包商的信息交换通过上面 3 层实现（张连超，1997；李雄伟，2003）。

参 考 文 献

程曜安，张力，刘英博 . 2010. 大型复杂装备 MRO 系统解决方案 . 计算机集成制造系统，16（10）：2026-2037

李军强 . 2012. 基于某型飞机的便携式维修辅助装置系统设计 . 青岛：青岛科技大学硕士学位论文

李雄伟，杜茜，王伟 . 2003. CALS 及其在武器装备全寿命管理中的应用 . 装备指挥技术学院学报，（5）：1-4

孟飞，吕永健.2008.飞机维修保障中开发和应用 PMA 的几点思考建议.航空维修与工程，(4)：44-47

王强，谢文秀，魏晨曦.2005.CALS 理论与综合后勤保障信息体系的构建.装备指挥技术学院学报，

  (2)：33-37

徐小涛，赵建民，徐景柱.2005.基于 CALS 的军事供应链信息集成.国防科技，(12)：82-84

张宝珍，曾天翔.2002.便携式维修辅助设备及其在美军装备中的应用.测控技术，21（z1）：55-59

张连超.1997.美军高技术项目管理.北京：国防工业出版社

MIL-HDBK-59B.1996.Continuous Acquisition and Life- Cycle Support（CALS）.DoD. http：//www. everyspec.

  com/MIL-HDBK/MIL-HDBK-0001-0099/MIL-HDBK-59B_ 3281

第18章 面向武器装备智能化的 IETM 平台

本章学习路线图

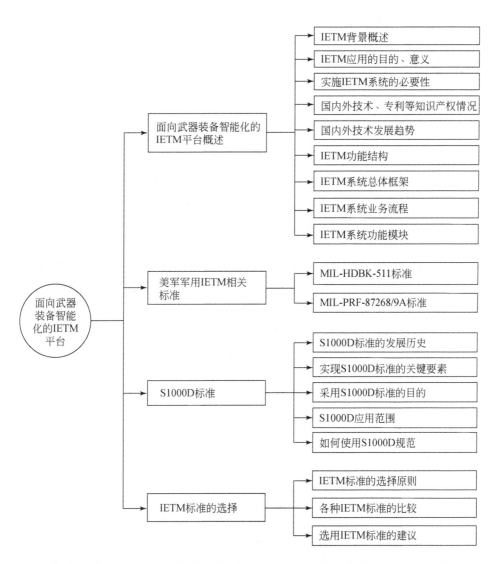

大型复杂产品通常由几百个单位参与论证、设计、制造、试验、使用、保障、管理，研制周期和使用保障周期长达几十年。这期间，一方面会产生大量的技术资料，另一方面这些资料需要频繁地在单位内部和单位之间进行交换。随着产品性能和质量的提高，产品

设计和制造的过程越来越复杂，期间产生的技术资料更是成倍增长，其纸质技术资料往往重达几十吨，甚至上百吨。美国国防部档案馆资料显示，仅导弹驱逐舰 Vincennes 的维护手册就重达 23.5t。交互式电子化技术资料管理系统，对文字、表格、图形、音频和视频等各种数据形式的技术资料进行采集、存储、处理，根据用户需求输出结果，极大地方便了研究院所的设计、企业的制造和使用单位的维修保障工作。由于技术资料中有些概念在不同的学科有不同的名称，同一概念在不同年代的名称或内涵也在发生变化，加之词语之间"用、代、属、分、参、族"等复杂的语义关系，技术资料管理系统的输出结果常常出现缺失和冗余的信息。有资料显示，该类系统的"准确率"和"精确度"仅为 20% ~ 30%。而知识在不同的组织或时期内并不是一成不变的，而是随着内外环境条件和时间的变化而不断地发生演化或进化，知识的演化会使知识的结构，名称等发生改变。

18.1　面向武器装备智能化的 IETM 平台概述

18.1.1　IETM 背景概述

交互式电子技术手册（Interactive Electronic Technical Manual，IETM）出现于 20 世纪 90 年代，目前已成为美国等许多发达国家所推行的 CALS 战略的重要组成部分，也是装备保障信息化技术研究和应用的热点之一（朱兴动，2009）。长期以来，IETM 一直受到美国防部和国防工业界的重视，这主要是因为 IETM 不仅作为一种电子手册，实现了技术手册的数字化，而且它具有交互功能，实现了技术手册的智能化；更为重要的是，IETM 的数据格式采用了当前美军和国际通用的成熟标准，从根本上为实现数据的互操作和共享性、实现数据的网络集成化提供了可能。而这些正是实现装备保障信息化，实现 CALS 理念的最基本最核心的技术。

随着科技的迅猛发展，现代武器装备日趋复杂。在研制过程中，不仅牵涉的单位多，而且通常配有测试、故障分析和诊断等先进的后勤保障设备，从而导致了在设计、生产和后勤保障各环节中产生大量相关数据，使技术文档和手册的数量急剧膨胀。显然，继续以纸张介质来存储、交付和分发技术数据遇到了前所未有的挑战，巨量的纸质技术文档和手册在制作过程中缺乏统一标准、数据互操作和共享性差、介质保存和管理困难、制作和分发成本也居高不下，在使用中信息查询困难、不易携带和部署，更大的问题还在于信息不能及时得到更新，这些都给装备使用和维护工作带来诸多不便，甚至延长了武器系统设计、生产和故障修复的周期，进而增加武器系统的全寿命周期费用。在这种情况下，美国国防部和工业界开展联合研究，并于 1985 年 6 月颁布了 CALS 实施计划报告。因为美苏冷战的需要，美国军方和政府对 CALS 计划给以大力支持和投资，CALS 随后得到了飞速的发展，成为美国军备生产中一个核心的支撑系统（本书①编委会，2007）。

本质上，CALS 既不是某一种具体硬件或软件，也不是某一种单一计算机技术应用，

---

①　即《现代武器装备持续采办与全寿命支持——CALS》

更不是一种可以购买得到的系统，而是一种战略思想，一种组织现代化生产的模式，是从客户角度出发，寻求如何快速获得所需产品的解决方法；它通过对信息技术为核心的一系列先进制造技术的综合应用，建立一个开放的、集成化的数据环境，进而实现企业内部有机集成以及不同地域或全球范围内的企业集成，以此达到快捷、高质量、低成本地获取/提供目标产品的目的。就是在 CALS 计划中，美军提出了技术手册数字化的思想，随后的几年，IETM 成为这一思想的具体体现。

IETM 是支撑 CALS 的关键技术之一。随着信息技术的发展，CALS 的内涵不断拓展，但国际上在推行 CALS 这一信息化战略措施时，一直把技术文档和技术手册的数字化、标准化及网络集成化视为首要工作，大力研究和推广交互式电子技术手册。在 CALS 计划中，通过使用交互式电子技术手册，将技术数据数字化、信息交换标准化，减少技术数据存储和分发过程中的纸张用量，从而提高技术数据存储和分发的效率，降低由此造成的高额费用，并改善武器系统的后勤保障能力。目前，西方发达国家在大型武器系统的开发和使用过程中都采用了不同等级的 IETM 系统，并取得了良好的军事和经济效益。

IETM 是一种以电子化形式存储的装备制造和保障过程中的多种信息数据的集合体，这些信息和数据之间存在着相关性和时序性，在 IETM 的制作过程中直接取用 CAD/CAM 技术的工程数据，或通过扫描转换等计算机技术，按照 CALS 的相关技术标准，将手册和文档中包含的信息数据数字化（朱兴动，2009）。IETM 不同于一般的计算机文件或多媒体数据库，它将一套文档或手册中的信息数据划分成多个信息对象，并将其作为基本信息单元存放在数据库中，相互关联的信息数据则要按照一定的结构存储，存储时要遵循有关技术标准规定的中性格式，不依赖于某个特定信息。用户在调阅资料时，可以同计算机交互作用，借助各种查询方式和查询导航功能，以文字、表格、图像、图样、声音、视频和动画等多种形式查看信息数据。在条件允许的情况下，由装备承包商负责集成，并提供网络查询服务。简单地讲，IETM 就是应用 CALS 电子信息技术的产品技术手册，它包含了与产品的使用和维修相关的各种信息，能够使装备的使用和维修人员在任何需要的时间、场所和地点获得充分的信息支持。

IETM 有别于普通的交互式电子信息产品，其主要特点是：

1）以 CALS 产品数据标准为基础；

2）主要内容是产品的设计、图样、使用和维修等数据；

3）通过实施有关标准和采用先进的多媒体技术，建立更贴近用户且操作便捷的用户接口；

4）可灵活选择各种类型、容量适宜的存储介质，如 CD-ROM、硬盘、软盘和磁带等电子媒体，也可打印为纸张格式；

5）所集成的网络通信技术使其具有很强的网络通信和数据交换能力，保证了数据内容的时效性和可维护性。

采用标准化的技术方案，使其具有很强的开放性、互操作性和部署能力。因此它的应用形式多种多样。目前 IETM 可以在台式电脑、笔记本式电脑、穿戴式计算机、嵌入式计算机甚至掌上电脑上使用，也可以在 Internet 上以 Web 形式实现。

18.1.2　IETM 应用的目的、意义

我国在 IETM 研究和开发领域和西方发达国家相比有着较大的差距，为了加快我国的武器装备以及制造行业信息化的发展步伐，必须尽快对 IETM 牵涉到的关键技术进行研究和实际软件系统开发，以便研制符合统一标准和我国实际的、具有自主知识产权的 IETM 软件系统。

一方面，我国已经自主生产了许多武器装备，每架航天器、舰艇武器装备都是一个大型系统，极为复杂。而目前大部分工程图纸、设计说明书、使用手册、培训手册和维修手册等仍使用传统方法将技术文档印制成书册。只有少部分的系统部分地采用了自己编制的类 IETM 软件，编制、运输、维护这样大量的纸质技术手册，浪费了大量资金和人力，使系统设计和生产周期难以控制，也使故障修复周期加长，大大降低了各类装备的正常使用能力。从装备的全寿命考虑，应该在设计、制造和维护的过程中大力应用计算机信息技术和交互式电子技术手册，来提高装备系统的后勤保障水平，使我国武器装备尽快走向信息化。

另一方面，随着 CALS 计划在我国进一步的推广和我国计算机网络和通信技术基础设施的长足发展，对 CALS 计划中涉及的关键技术进行实质性的研究的条件已经具备。20 世纪 80 年代以来，随着世界信息化的进程，我国信息技术也发展飞速，计算机及其应用已经逐步普及推广：计算机已普遍应用于各行各界，甚至已经深入家庭；政府办公机构普遍使用计算机；相当数量的工业企业采用 CAD/CAM 技术和数控加工，利用计算机辅助管理企业；我国通信和计算机网络飞速发展，国家信息化基础设施建设有了一定基础，计算机通信网络已经深入绝大部分中小城市，特别是近年来，Internet 蓬勃发展，这一切都说明我国的信息化进程在加速发展，同时相关的 IETM 国际标准也已经趋于完善，为起步逐步实施具有自主知识产权的 IETM 项目奠定了坚实的基础。

综上所述，在目前情况下，对交互式电子技术手册中的关键技术进行研究和软件开发无疑是具有重要意义的。

18.1.3　实施 IETM 系统的必要性

从目前情况来看，在国防、民用航天和舰船制造领域，IETM 主要应用于装备的研制生产与保障维修过程中，IETM 技术集数字化技术、因特网技术和人工智能技术于一体，是实现装备保障信息化的关键技术之一。以 IETM 推动装备保障的数字化和信息化，其所带来的经济效益和对工作效率产生的影响是巨大的。

当前，我国大部分装备的使用手册、培训手册和维修手册等仍以纸介质为主。随着信息技术的逐步应用，部分装备的电子手册及故障诊断系统相继得到研制开发，有的已交付使用，但是这些系统大都功能单一、接口封闭、缺乏统一的标准，无法与各类维修手册融为一体。既不能进行智能化的交互，更谈不上网络化的集成。因此，从武器装备的全寿命考虑，必须在装备保障工作中大力推广 IETM 技术，以其为指导，实现交互式的故障诊断、

隔离与维修手册，实现多系统多平台间的信息共享与互操作，以此提高武器系统的保障水平，提高武器系统战备能力，降低系统的全寿命周期费用。

综上所述，IETM 作为 CALS 计划中最易切入的关键点，应该尽快对其的研制开发给以足够的重视，并利用当前信息化革命蓬勃发展的良好态势，对 IETM 关键技术进行攻关研究，同时，从我国是一个航天制造业大省的实际情况出发，推出可投入实际使用的 IETM 软件系统就是当务之急。

18.1.4　国内外技术、专利等知识产权情况

当前，在美国和西方发达国家乃至北大西洋公约组织（NATO），CALS 计划的应用水平达到了一个新的高度，应用范围也早已超出了单纯的武器系统，已经波及整个制造业。为了适应这种形式，美国国防部、商务部和 CALS 产业指导小组（CALS Industry Steering Group）经过协调，已将 CALS 的全称从 Computer Aided Acquisition and Logistic Support（计算机辅助信息采集和后勤支援）改为 Continuous Acquisition and Life-cycle Support（持续信息采集和全生命支援），缩写名不变（Patton, 1996）。CALS 的新定义把 Computer Aided 从字面取消，但并没有改变美国政府及工业界的 CALS 活动实际上是在计算机软件和硬件基础上运作的这一事实。相反，把 Continuous 及 Life-cycle 加入 CALS 的全称之后，更加突出了超越企业界限对产品实施管理的新概念，它的含义也比单纯运用计算机更为广泛。

IETM 作为 CALS 计划中的一项核心技术，从一开始就成为 CALS 计划实施过程中的先锋，为了有效地促进和规范 CALS 的发展，美国制定了一系列 CALS 标准和建议，至 1993 年末，CALS 的标准已有 10 种之多。其中，6 项与 IETM 的编写直接相关。

1）MIL-M-28001。1993 年 6 月 24 日版本 B，采用标准通用标识语言（standard generalized markup language，SGML）对 ASCⅡ文本文件表述的规范。它提出文档结构布局格式及页面描述语言，如 Postscript。

2）MIL-R-28002。1993 年 9 月 20 日版本 B 的第一次修订，采用光栅扫描（逐一像素扫描）二进制图形表示方法，用 CCITT 第四组的推荐格式对计算机显示图形的表达方法作了规定。

3）MIL-D-28003。1993 年 8 月 14 日版本 A 的第一次修订，采用计算机图形元文件（CGM）以向量方式表示数据的应用规范，对二维计算机图形元的表示方法做了规定。

4）MIL-M-87268。1992 年 11 月 20 日发布，为交互式电子技术手册规范。它规定了电子技术手册的内容、风格、格式及用户交互操作的需求。

5）MIL-D-87269。1992 年 11 月 20 日发布，为交互电子技术手册的数据库支持规范。

6）MIL-Q-87270。1992 年 11 月 20 日发布，为交互电子技术手册的质量保证规范。

另外还有两个标准从数据交换的角度对 IETM 标准化和规范化给出了约束，从以上情况也可以看出，IETM 在 CALS 计划中占有的重要地位。

在 IETM 发展过程中，美国政府也根据其发展情况，制定了相关的标准，在这个标准中，IETM 根据其自身特点一般分为如表 18-1 所示的 5 个等级。

表 18-1　IETM 等级

IETM 等级	名称	特点
第 1 等级	电子图像式分页索引文件	整页图像浏览
		可通过上下左右移动与缩放等来浏览
		有限地使用超链接
		BMP 格式文件
第 2 等级	电子式滚动文件	滚动窗口浏览
		提供可选择的图形和超链接
		具有书签、检索等导览功能
		可选择 SGML 或带索引的 PDF 格式
第 3 等级	线性结构的 IETM	提供对话式的交互功能
		线性结构，依文章内容的逻辑顺序显示资料
		较小的滚动区
		将整段视为一个逻辑窗口
第 4 等级	层次性结构的 IETM	图文对话框驱动交互
		图形和文字分开在不同窗口显示
		层次形结构，依文章内容的逻辑顺序显示资料
		由数据库管理系统管理
		方便的交互式辅助维修功能
第 5 等级	集成 IETM 数据库	具有第 4 等级的功能
		集成专家系统、人工智能、自动诊断以及故障隔离等
		单系统展示多个信息源

从表18-1 可以看出，IETM 的等级越高，技术越复杂，提供的功能也越多，当前国外的大部分 IETM 已经达到第 3、4 等级，正向第 5 等级发展。以 F-22 航天器为例，它的 IETM 系统可使维修人员和航天器间实现数字化数据的交互，系统安装在航天器上的一个便携式计算机里，在航天器飞行中可以查看从远方传来的带有注释信息的数据。并且，通过 IETM 系统，政府部门可以使用多种终端随时查看后勤支持分析的各类数据。

在 IETM 创作平台的研发方面，国外已有一些成熟的 IETM 创作工具，如美国波音公司的 Quill 21、韩国的"先进 IETM 制作工具"等。与 IETM 开发和使用相关的工具至少包括编辑制作软件、解析 SGML（标准通用置标语言）的解析器和阅读软件，高级的 IETM 还要有数据库管理系统等，这些软件有各自不同的功能．在执行功能时的自动化程度也各不相同。第 4 等级 IETM 的制作软件通常将这些功能集成到一个大系统中（如波音的 Quill 系统），以便处理复杂信息，提高信息再利用率。这些 IETM 系统的建立对 CALS 计划的实施提供了基础。

相对于美国国防部来说，北大西洋公约组织（NATO）在 CALS 战略的研发方面处于相对的落后局面，但从 1998 年以来，受美国国防部的影响，NATO 积极采取各项步骤，努力推动实施 CALS 战略，意在向美国国防部靠拢。近两年来在 NATO CALS 管理委员会

（NCMB）的领导下，NATO 先后颁布了多个 CALS 政策性文件，这些文件主要涉及数据格式标准、实施方案和要求等，对 NATO CALS 战略的发展起到了很重要的指导作用。

在我国，CALS 和 IETM 的发展刚刚处于起步阶段。我国引入 CALS 思想相对较晚，处于导入期。军方是主要的研究者，其次是各科研单位和大学对 CALS 应用的研究，但目前研究的科研成果、发表的论文、出版物较少。而且主要研究成果和论文集中在介绍 CALS 战略计划，国外应用情况，结合我国国情对发展我国 CALS 的建议，产业应用策略等。在 CALS 基础结构和支撑环境、IETM 技术、标准化技术等基础性研究工作较少，而且缺乏实质性产业应用对策、方法及实施方案的研究。由于缺乏深入的理论研究，基于完整 CALS 理论开发的应用软件包括 IETM 创作软件基本上没有。只是某些软件在不同层面实现了 IETM 的部分特点，这些系统与国外的同类软件相比还存在差距，主要表现在：

1）产业主管部门缺乏对系统的统一规划、制定统一的技术标准，导致系统开发各自为政，处于相互隔离状态。系统开发标准不统一，加大了系统整合难度，系统不能有机整合，信息就无法共享，不断形成新的信息化孤岛。特别是 IETM 系统与 CAD/CAM 系统的相关性很大，需要在设计前就这些问题进行同意规划和制定标准。

2）当前的一些 IETM 系统仅作为一种孤立的文档系统来使用，用于解决特定、孤立的问题，应用面窄，无法针对项目及产品全生命周期服务。

3）IETM 系统开发缺乏有效的 CALS 理论和标准支持，系统缺乏柔性，不同系统之间数据互操作和共享性差。由于这些系统是解决具体、实际的问题，往往与实际业务流程联系密切，开发时没有在 CALS 理论指导下形成总体框架、技术标准等，系统缺乏对环境和业务流程变化的适应性，因而开发的系统缺乏柔性。

4）没有按照 CALS 理论的架构进行设计和实现，而是按传统的联机系统方式实现。没有考虑到在移动设备、PDA 和离线访问的情况下的使用问题。

近年来，我国的一些高校和科研部门针对 IETM 系统由 SGML 向 XML 转换方面做了一些工作，但是并没有形成一个完备的 IETM 的应用软件产品。与此同时，国外的一些 IETM 产品开始进入我国市场，这些 IETM 系统按照国外的应用模式开发，不仅和我国的实际情况存在差距，而且不拥有知识产权，不掌握源代码，对于 IETM 的发展具有直接的制约作用。同时，在用于武器装备系统时，还需要考虑安全和保密的问题。

综上所述，可以发现，当前 IETM 项目在国内和国外的发展存在者很大的差距，作为 CALS 一部分的 IETM 在国外应用已经比较成熟，因为国外计算机技术发展水平较高，对 IETM 的研究开始得比较早。同时，在政府和军方的大力支持下，出现了一批成熟的高水平 IETM 产品和创作平台。我国对 IETM 介入的时间较短，当前还仅仅处于启动期，需要投入更大的力量来进行相关的关键技术研究和软件平台研制，以便缩小与一些西方发达国家的差距。

18.1.5 国内外技术发展趋势

IETM 从 20 世纪 90 年代开始即已经成为 CALS 的关键应用技术之一，长期以来一直受到美国国防部和国防工业界的重视，这主要是因为在国防部中，装备的使用、维修和后勤工作对此有非常高的需求，而无论是综合数据环境（IDE）、联合计算机辅助后勤保障（JCALS）还是联合工程信息管理与控制系统（JEDMICS）都直接支持 IETM 的应用，并且 IETM 能够带来巨大的经济效益和对工作效率产生巨大影响（Wang Tao, Jiang Lili, 2010）。

IETM 的以上先进性是建立在对最新信息技术应用的基础上的，因此随着技术的不断发展，IETM 技术不断进步。目前在 IETM 领域，可互操作性成为研究的热点，专家们意在保证标准化的同时，通过应用最新技术和各种新的解决方案，使得 IETM 能够适应更灵活、更广泛形式的应用。

从近一两年的 IETM 发展现状和技术应用来看，有下面几个发展趋势值得关注：

从技术基础建设走向全面技术应用

随着 IT 的日趋成熟和全球网络化的高速发展，曾经影响 CALS 和 IETM 全面应用的基础设施问题已经基本得到解决，从美国国防部到北约国家的军用、商用数据网络基础已经初具规模。美国在基础设施建设方面成效显著，已经基本完成了三个层次、陆海空天多位一体、军商多用、覆盖全球的信息基础设施的建设，为开展全面的 CALS 应用奠定了基础。

IETM 在美国、欧洲、我国的研究与应用如图 18-1 所示。

对于美国国防部来说，信息高速公路已经铺好，下一步的建设重点将从信息交换的硬件基础设施向软件环境设施、应用系统和数据库系统转移。美国国防部（DoD）联合国家国防工业协会（NDIA），于 1997 年推出了建立通用操作数据环境（CODE）的框架计划，目前已经开始进入第二阶段的工作，即以应用系统、数据、知识和信息库为主的开发阶段。该计划的目标是：通过标准化手段将现有所有的与防务系统相关的军用、商业信息系统集成在一个数据环境中，实现信息的无缝共享。CODE 计划的实施标志着 CALS 战略的又一重大变化，它表明美国国防部已经开始着手进行统一的信息环境的建设，包括 CALS、电子商务/电子数据交换（EC/EDI）、国防信息基础设施（DII）通用操作环境（COE）和共享数据环境（SHADE）、全球战场保障系统（GCSS）、无纸化合同、基于仿真的采办（SBA）、虚拟备件库（VSPB）等在内的信息系统的建设都将纳入一个统一的框架来实施。在摆脱信息基础设施和数据共享环境建设的任务之后，作为重要和高层技术应用之一的 IETM 将构建在 CODE 之上，其他高层应用综合武器系统数据库（IWSDB）和虚拟企业（VE）等也将在 CODE 之上展开。

除美国之外，其他西方发达国家也构建了自己的信息基础设施，并开始构建自己的 IETM 应用，如空客公司在新交付的各型航天器中，均推出了自己的 IETM 系统并向用户推荐和销售；由法国欧洲直升机公司、新加坡科技宇航公司和我国共同研制的 EC120（我国称为 HC120）直升机也提供了相应的 IETM 电子用户手册。该机技术水平达到 20 世纪 90 年代的国际先进水准，在此项目中，中方拥有 EC120 项目 24% 的股份，并负责设计、制造整个机舱结构和供油系统；而欧洲直升机公司对该项目技术总负责，负责总体设计、地面试验、动力部件的制造、机载电子设备的集成、液压及电子系统和总装，提供的 IETM 系统也是由他们提供的。EC120 新机飞行 100h 后需要做第一次检查，由于提供了相关的 IETM 系统，飞行员依靠 IETM 自己就能可以完成，实现了"易于维修"的目标。

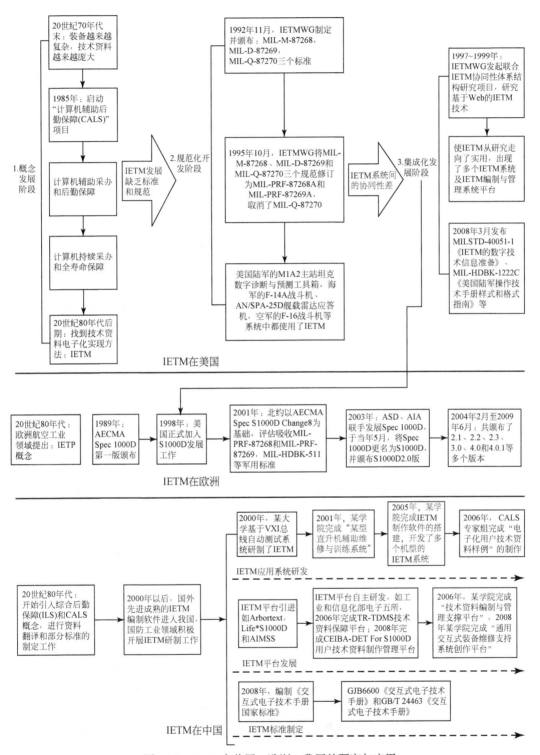

图 18-1　IETM 在美国、欧洲、我国的研究与应用

经过十多年的快速发展，作为信息基础设置的通信网络和计算机网络在我国也逐步建立起来，并且通过多个出口与 Internet 相连，各种广域网、城域网和局域网已经深入各高校、科研院所和企业，起到了一个信息高速公路的作用，也为我国发展自己的 CALS 和 IETM 技术提供了坚实的基础，作为 IETM 系统研制来讲，目前主要的工作应该是建立标准、对关键技术进行研究、开发用于 IETM 创作的平台软件（闵艳，2010）。

从武器装备的专业应用逐步商业化、标准化和全球化迈进方面，CALS 的标准体系已经被越来越多的军用和商业信息技术、电子商务技术应用所采纳，因此对 CALS 标准的国际化、商业化需求进一步提高，CALS 国际大会组织（CIC）和企业集成协会（AFEI）一直在各国相关部门的支持下，进行着推动 CALS 标准国际化和商业化的工作。目前为止，CALS 的关键数据格式标准都已经采用了国际标准或商业标准，如 ANSI Y14.26M、CCITT T.6、ISO 8632、ISO 8879、ISO 9735、ISO 10303、ISO/IEC 10744 等。由于 CALS 对全球电子商务发展的影响，CALS 标准的全球化、商业化和标准化将是必然的趋势。在技术领域，包括美国国防部和国际其他国家的军事和商业部门都已经认识到军用、民用技术通用化所带来的好处，因此在实施 CALS 的过程中，都以此为开展建设的指导方针。最近 CALS 新采用的可移植文档格式（PDF）、扩展标置语言（XML）数据标准也均以商业现有标准为基础。CALS 中的这些国际标准也是 IETM 系统开发和应用的基础（朱兴动，2009）。

由于 IETM 技术近来发展较快，而且越来越向商业技术靠拢，原有的 IETM 标准已经过时，美国国防部毅然取消了原有的 IETM 军用标准，准备采用商业规范。这些举措都表明了技术发展的商业化趋势。在技术、信息、商业过程方面的不断集成化是这一发展趋势的关键驱动力之一。

从技术层面来讲，原有的一些 IETM 系统大多使用 SGML 文档存储数据，SGML 由 IBM 发明，描述数据、结构和版式的能力极强，但是 SGML 语法冗长，结构复杂，研制基于 SGML 的 IETM 将耗费大量财力，因此目前该类 IETM 只限在美国军方或大型跨国公司使用。为了降低 IETM 的开发成本，发展 IETM 的网络应用，针对 SGML 的缺陷，出现了将 XML 应用于 IETM 的趋势。随着网络技术的发展，XML 已经成为互联网环境中数据描述和交换的标准。XML 语法简单，被许多商业软件支持，具有标记可扩展、数据和显示样式分离以及强大的超级链接功能，是一套跨平台、跨网络、跨程序语言的数据描述方式，能够高效地组织大量数据。所以在 IETM 中用 XML 文档来组织和管理数据是必然趋势。这使 IETM 系统的构建与开发过程与全球信息化发展走向同步和一体化（徐宗昌，曹冒君，2010；王凯，2010）。

近年以来，IETM 的技术随着互联网技术的发展快速进步，互用性、Web 化和与商业软件系统的一致化是当前 IETM 技术发展的方向，而能够满足这些要求的 XML 技术已经成为 IETM 开发和应用的关键技术。但也正是由于新的技术发展太快，旧标准已经过时，而新标准还未成熟，造成了 IETM 标准不一致的问题。为此，美国国防部与国防工业界已经联合制定 IETM 体系结构（JIA），作为 IETM 新的技术指南。当前，美国大多数防务系统公司已经开始建立第 IV 类 IETM 应用，以满足美国防部的需求。专家们指出，将来的 IETM 将可直接部署在互联网上，不需要专门的浏览系统，甚至可能与操作系统集成。目前，美国各军兵种也正在积极地开展 IETM 应用，例如，早在 1998 年，美国海军航天兵的交互式电子技术手册的专家们根据 Internet 技术的发展趋势，提出了基于 Web 交互式电子技术手册的体系结构，准备作为美国国防部所属单位实现网络集成交互式电子技术手册的标准体系结构。

18.1.6 IETM 功能结构

IETM 作为一个数字化的技术手册，其核心问题是实现信息共享和数据互操作，避免出现"信息化孤岛"和不兼容现象，因此必须采用统一的 IETM 标准来设计和开发 IETM 系统。目前，指导 IETM 的标准规范较多，但其中较为有代表性的有美国国防部制定的 MIL-PRF-87268A（MIL-PRF-87268A，1995）、MIL-PRF-87269A（MIL-PRF-87269A，1995）和 MIL-HDBK-511（MIL-HDBK-511，2000）三个规范、美国航天运输协会制定的 ATA iSpec2200（ATA Specification 2200，2002）和欧洲航天工业协会制定的 S1000D 标准；而我国 IETM 研究起步较晚，所制定的 IETM 标准还十分不完善。

S1000D 标准采用模块化设计思想，将技术资料中的内容分解为数据模块（data module，DM）和信息对象，存储在公共源数据库中。数据模块是指技术资料中最小的自包含的信息单元；信息对象是插图、多媒体等依附于数据模块的对象。技术手册以出版物模块的形式组织，出版物模块由 DM 组成，通过定义出版物的内容和结构来引用 DM，并形成序列来实现。IETM 发布引擎将所需的 DM 组织成 XML 文档，与对应的 XSL+CSS 样式单一起发送给 IETM 阅读器显示。线性出版引擎将所需的 DM 组织成面向页的文件，并打印输出技术手册。基于 CSDB 的技术出版物的数据流程如图 18-2 所示。

（1）数据模块

数据模块被定义为"技术出版物中最小的自包含信息单元"，它是 S1000D 标准的核心。逻辑上，一个 DM 包含武器装备的一部分信息，是一个自我包含的数据单元，不可分割，具有原子性；物理上，它是一个 ASCII 码文件，以 SGML 或 XML 格式组织数据，并有相应的文档类型定义（document type define，DTD）或文档模式（schema）来约束和验证数据文件中的标记。

（2）数据模块的结构

所有 DM 均由状态标识段（identification and status section，IDSTATUS）和内容段（content section，CONTENT）两部分组成，其基本结构如图 18-3 所示。状态标识段包括标识信息和状态信息，用于在 CSDB 中有效管理数据模块；内容段主要包括与装备相关的技术数据。

（3）状态标识段

状态标识段是 DM 的第一部分，它包含了标识数据和状态数据。其中，标识数据包括数据模块代码、数据模块名称、版本号、发布日期、语言和备注等，包含在<idstatus>标记

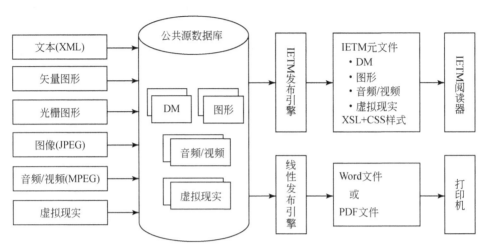

图 18-2　基于 CSDB 的技术出版物的数据流程

之中；状态数据包括密级、数据限制、徽标、责任合作方、编制单位、适用性、技术标准、业务规则引用、质量保证、更新原因等，包含在 <status> 标记中。该段主要提供模块的元数据信息，对用户透明，并用于 CSDB 中数据模块的管理、适用性的使用管理、质量控制管理、检索功能管理、信息集合或子集合的自动编辑等，为存取 CSDB 中数据模块的用户提供概述信息等。

（4）内容段

内容段是 DM 的第二部分，包含在 <content> 标记中，它包含要显示给用户的文本和插图。根据不同的信息类型，S1000D 4.0 将内容段分为 11 种类型：

1）描述性信息（descriptive information）；

2）维护步骤信息（maintenance procedural information）；

3）故障隔离信息（fault Isolation information）；

4）维护计划信息（maintenance planning information）；

5）机组成员信息（crew information）；

6）部件图解信息（parts information）；

7）损伤评估及修复信息（battle damage assessment and repair information）；

8）配线数据信息（wiring information）；

9）数据处理信息（data process information）；

10）技术资料仓库（technical information repository）；

11）集成数据信息（container data module）。

其中，描述性信息是有关系统和零部件的物理结构、功能简介、性能描述及操作原理等的描述；维护步骤信息反映维护计划中确定的任务，主要由装备分解、装配、检查、保养等任务信息组成；故障隔离信息包含了检测故障必要的数据，包括故障、故障状态、测试、输出和校正等信息；数据处理信息主要用于提供顺序化的步骤或其他模块的先后顺序的结构，并可以通过与用户交互做出下一步的操作处理决定。

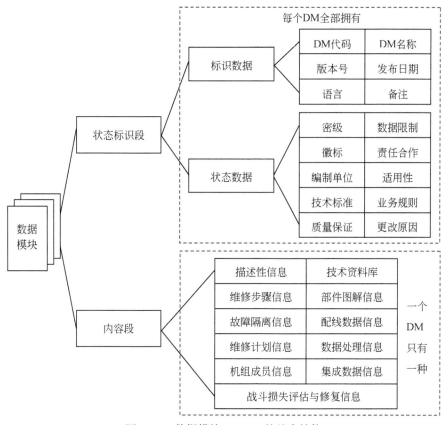

图 18-3 数据模块（DM）的基本结构

18.1.7 IETM 系统总体框架

为了实现系统的可扩展性、可伸缩性和灵活性，智能化 IETM 系统由数据层、管理层与应用层构成，其总体框架如图 18-4 所示。各层之间相对独立、耦合性较弱，既可单独更新各模块，又能充分使用现有软件产品，这充分体现了 CALS 和 IETM 的国际发展趋势。

（1）数据层

数据层的核心是由领域本体库和 CSDB 所构成的知识库。其中，CSDB 实现对其应用产品所有信息对象的集中存储；领域本体库用于组织其应用领域的概念与概念之间的关系。领域本体库和 CSDB 之间通过一定的映射实现 IETM 数据的语义关联。

（2）管理层

管理层主要负责连接应用层和数据层，由 CSDB 管理器和 Protégé 构成。其中，CSDB 管理器负责检查、验证应用层生成的信息对象是否合法并将其存储到 CSDB 中进行管理；Protégé 负责实现领域本体知识的添加、修改和删除等基本操作。

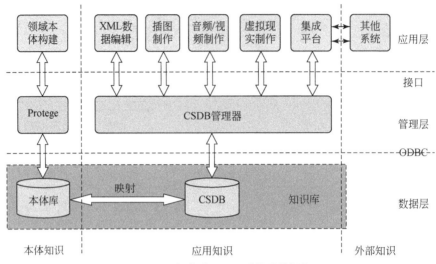

图 18-4　智能化 IETM 系统总体框架

（3）应用层

应用层主要由各种不同功能的具体应用程序组成，负责构建领域本体、生成数据模块和插图等各种信息对象，它可以采用通用软件、专用软件或和其他系统的接口工具实现。

18.1.8　IETM 系统业务流程

基于 S1000D 标准，制作智能化 IETM 系统的完整过程包括：制作业务规则、确定技术信息粒度、制定数据模块需求列表、编写数据模块、制作插图等、构建本体、管理 CSDB、管理本体库、发布技术信息、智能语义推理等过程，从整体上可大致分为技术信息的编制、管理和发布 3 个阶段。基于以上分析，本文提出从技术信息收集开始到信息分发为止的智能化 IETM 系统业务流程如图 18-5 所示。

18.1.9　IETM 系统功能模块

根据根据上述总体架构和业务流程，可把智能化 IETM 系统的主要分为数据编制、内容管理、信息检索、生成发布四大部分，其功能模块如图 18-6 所示。

（1）数据编制

根据 S1000D 标准，所有的手册数据都是以数据模块的方式编制的，对于不同的手册，只需要采取不同的组合方式即可。采用 XML 数据标准进行用户资料的编制工作，首要工作就是整理各个数据模块的 DTD 或者 Schema，编写人员根据数据模块编写适当的技术内容，根据手册内容的数据类型的不同，编制工作可分为文件编制和图形编制两部分工作。

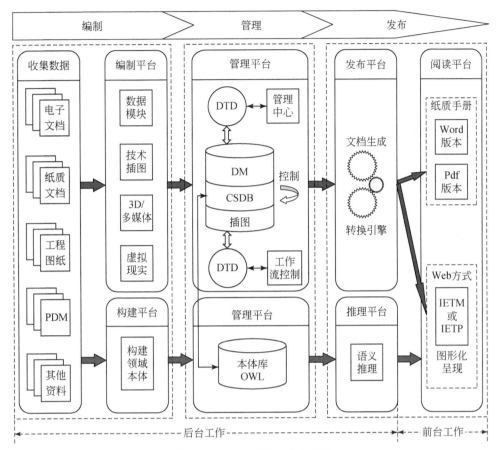

图 18-5　IETM 系统的业务流程

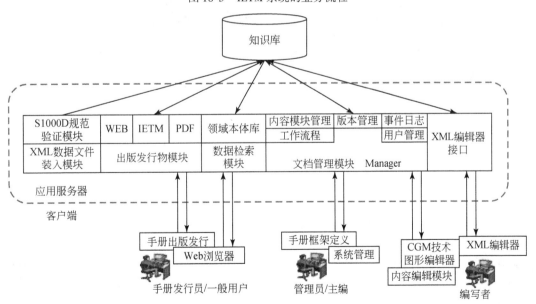

图 18-6　IETM 系统的功能模块

（2）文件编制

文件编制应选用专用的 XML 编辑器（如 Arbortext Epic Editor），将已定义好的 DTD 或者 Schema 模板通过后台管理软件"导入"到编辑器中，编写人员就可以利用 XML 编辑器进行手册技术内容的编写/编辑工作，如图 18-7 所示。

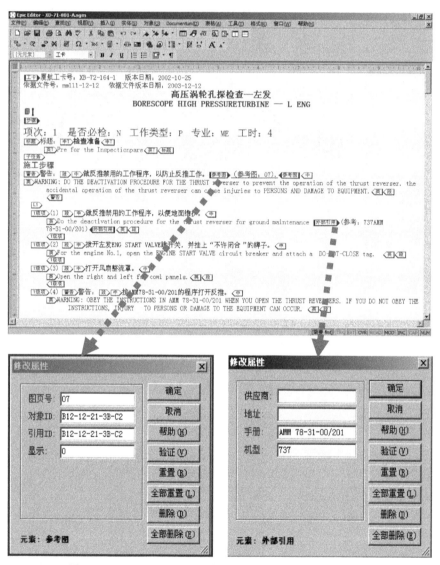

图 18-7　用 Arbortext Epic 编辑器编辑 XML 文档实例示意图

在编写过程中，编写人员需要做的工作是：熟悉 DTD 或者 Schema，在适当的地方填写适当的内容，标记数据模块的属性（机型、有效性、更改标记、版次等），以及设置参考图和参考文本段落的链接等。最后将编辑完成的数据模块输入数据库。这种编写方式对编写人员要求较高，编写人员须经专门的培训，并且可能需要较长的时间才能掌握和适应这种编写方法。但这种编写方式的一个显著的优越性在于：编写人员只需对手册内容负责，不需再进行手册样式的编辑工作。通过预先设计好的样式表，编写人员可直观地看到自己编写内容的显示样式。

（3）图形编制

用户资料中的图形编制工作，主要是将各种图形软件绘制/编辑生成的原始图形格式转换为 CGM 格式，再利用 CGM 图形编辑器进行必要的编辑处理工作，生成符合用户资料插图规范的图形，最后在 SGML/XML 编辑器中将每幅图与文字部分建立链接关系，如图 18-8 所示。

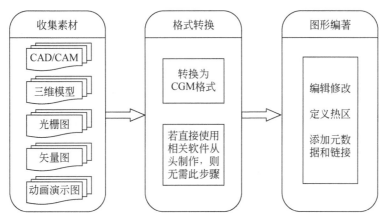

图 18-8　用户资料插图编制流程

用户资料中的插图主要有光栅图、矢量图和动画演示图三类。光栅图的数量较少，不需做过多处理，将其转为 TIFF 格式即可（王宏，张峰，2008）。矢量图中的二维图（如原理图、线路图、简图等）和三维图（如 IPC 的装配爆炸图）采用可采用 AutoCAD 或 CATIA 软件制作。动画演示图可以采用 DELMIA 软件进行维修性以及维修过程的模拟并录制成 AVI 格式的电影文件插入手册中。

AutoCAD 和 CATIA 生成的图形都可以另存为 CGM 格式。目前设计部已经采用了 CATIA 软件设计了大量的三维模型，这样用户资料中所用的图形可以在设计模型的基础上在进行编辑修改，但是设计部所生成的 CATIA 模型并不能"拿来就用"，它是用于设计目的，而 IPC 图是用于航天器维护使用目的，且两者的制图规范不一样，因此从设计的 CATIA 模型到符合用户技术资料规范的 IPC 图，必须经过大量的编辑处理工作。

编辑完成的 CGM 图形，在 SGML/XML 编辑器中通过图形编码与相应文字部分建立链接关系，这样就完成了文图链接工作。此外，也可将 CGM 图编辑为智能图形，即可将图中的零件编号设置热点链接。如图所示，当在文字段落中选择该编号时，即调出该图形，并且该编号突出显示；反之，在图中选择某零件编号时，也会链接到相应的文字描述内容，这样就使插图"灵动"起来，可更加便于查阅使用。CGM 图形热点链接示意如图 18-9 所示。

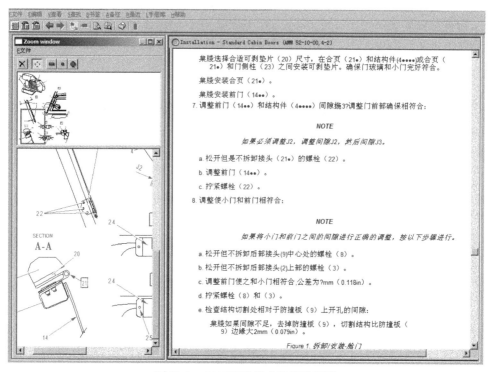

图 18-9　CGM 图形热点链接示意图

（4）内容管理

内容管理包含知识库管理和文档平台管理两大部分。

1）知识库管理。知识库管理包括数据库和本体库管理的两部分（朱兴动等，2010）。在智能化 IETM 系统中，采用 MS SQL Server2005 数据库来存放和管理 IETM 数据模块的 XML 数据，所有的 SGML/XML 文档和图形文档，均映射为 MS SQL Server2005 数据库中一个个独立的数据对象，这些文档通过 MS SQL Server2005 数据库来管理和调用；对于本体库管理可以利用本体库的构建工具 Protégé 实现本体库的修改、添加、删除等基本管理方式。

2）文档平台管理。整个用户技术资料的数字化编制过程可以通过一个在后台运行的文档管理平台来管理。这样的一个管理平台可以将数据库、编辑器有机地连接起来，具有系统管理、有效性管理、发布管理、工作流管理、更改管理等功能模块，具体包括：①系统管理：建立用户、角色，定制使用权限和操作界面；支持 DTD 定义，同时生成各种手册的 SGML/XML 编写模板；支持对 SGML/XML、CGM 文件的解析/验证、存取访问和直接浏览；对文件状态进行全生命周期管理，记录文件的更改状态、历史版本。②有效性管理：根据航天武器装备构型信息，从数据库中提取相应数据模块进行组装，生成客户化的适用于该航天武器装备的完整的用户资料数据。③发布管理：根据用户需求，将 SGML/XML 信息单元组合，并结合样式表，将 SGML/XML 文件转换成 PDF 文件、IETM、HTML 等用户资料发布形式。④工作流程管理：用户资料数字化编制的全过程都在专门的工作流管理模块控制之下进行。工作流管理模块提供对文件的编写/编辑、修改、校对、审核、批准、发布的工作过程进行定制、记录和管理的功能。⑤更改管理：根据数据单元的更改标记，提取数据库中的相应数据信息，生成改版的用户技术资料。文档管理平台及所包含的功能需要一系列软件来实现。

（5）信息检索

智能化 IETM 的整个检索过程是基于知识库进行的，其具体过程如图 18-10 所示：用户输入检索信息，系统把该检索信息提交到本体库中，本体库利用其语义扩展规则对该检索词进行推理扩展，据此推出一组与用户的检索对象具有语义关联的查询条件，然后把这组检索条件提交到数据库中，进行匹配查询，返回查询结果。

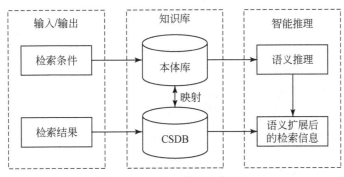

图 18-10 IETM 信息检索过程

基于本体的智能信息检索步骤如下：

1）接收用户发出的基于概念（全局模式）的查询，根据本体中概念间的语义关系，生成所有相联系的概念集合 $C = \{c_1, c_2, \cdots\}$；

2）对概念集 C 中所有概念，根据其语义关系进行标准化与泛化处理。如等价概念之间的规范化、父子关系、包含与被包含关系等的扩展查询、实现对查询条件的扩展；

3）对概念集 C 中所有概念间的二元联系建立二元联系集合 $R = \{r_1, r_2, \cdots\}$；

4）对集合 R 中的所有联系，根据已定义的语义规则进行推理。如逆反、对称、传递等规则间的变换与推理，获得更深一层的语义关系；

5）通过前 4 步的处理，生成新的语义扩展后的查询；

6）以查询子模式为单位发现相应的服务资源，并分解为多个子查询模式的集合以获取信息。

（6）手册发布

针对不同用户和用户对产品发行介质的不同需求，数字化用户技术资料可以有纸质、PDF 格式的电子技术手册、交互式电子技术手册和网页等几种表现形式，但应用的是同一内容。

1）PDF 文件格式的电子技术手册。这是最基本的发布样式，包含航天武器装备的所有手册，介质用 CD-ROM。特点是分页排版、文图混排，设置页眉、页脚信息，设置简单的目录链接和内容查阅功能。图 18-11 给出了某武器维护手册的例子。

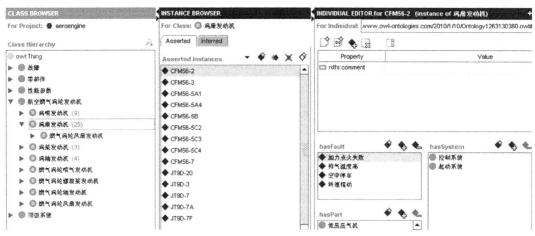

图 18-11　IETM 手册实例

2）交互式电子技术手册。通常包括主要的维修类手册（航天器维修手册、图解零件目录、航天器线路手册、故障分析手册等），介质是 CD-ROM。其最主要的作用是提供主要手册间的链接功能和特定的查找功能，缩短排故人员在故障分析时检索资料的时间。

IETM 主要参照波音公司的 PMA，空中客车公司的 AIRN@V 等交互式电子技术出版物，并结合航天器用户资料的特点来设计。IETM 应该具有以下特点：①手册目录导航链接，手册内和手册之间的导航链接；②对 CGM 图形的支持，以及图形的超链接支持；③支持全文检索和故障信息检索；④开放式的内容数据，方便维护工程师直接引用数据，生成相应的工作卡；⑤支持单机或者网络方式的运行。

3）发布样式设计。PDF 文件格式采用 FOSI 样式语言设计，IETM 和网页样式采用 XSL/XSLT 样式语言设计。手册发布样式设计的主要工作在于：由于各手册的表现样式不尽相同，对 PDF 和网页两种形式而言，要为每种手册（共 18 种手册）都设计专用发布样式，设计工作量很大。对于 IETM 样式和网页样式而言，由于其导航链接和智能化功能较强，因而软件开发也较复杂。

在用户技术资料数字化编制过程中，需要大量来自设计、制造、工艺、试飞、外场、成品供应商等部门和环节的信息，或需要与这些部门和环节交换信息。目前，在这些工作环节中有些已构建了信息管理系统，如 PDM、CAPP、客服中心等，有些尚未建立或正在建设中。

为了支持基于单一数据源的航天武器装备全寿命周期管理理念，实现用户技术资料数据的资源共享，提高用户资料的编制效率和服务水平，本系统应具备与上述外部系统有效集成的功能。这部分功能应作为本系统的扩展功能，在具体实施时，需对本系统与这些外部系统的接口方式（输入、输出数据及使用方式等）进行详细定义，然后通过软件开发来实现。

18.2 美军军用 IETM 相关标准

美国国防部标准化机构于 1992 年开始，陆续颁布了一些有关 IETM 的标准和规范；在此基础上，英、德、法等国军用标准化机构也相继颁布了适应本国应用要求的技术规范；北约组织、国家化标准组织（ISO）也制定了一系列相关标准。随着研究应用的逐步深入，发现有的标准规范缺乏对新技术的支持能力且不太实用，需要不断修订。

指导 IETM 的标准、规范很多，但比较重要的是 MIL-PRF-87268A、MIL-PRF-87269A、MIL-HDBK-511，以及目前较为流行的国际标准 ATA iSpec 2200 和 ASD/AIA S1000D。其中 MIL-HDBK-511、ASD/AIAS1000D 是基于 WEB 模式的，因此对研究网络化 IETM 具有更高的价值。

18.2.1 MIL-HDBK-511 标准

1997 年，美国国防部 CALS 规划办公室授权海军 IETM 研究中心，研究如何在整个国防系统实现当时已经在研发的海军联合式 IETM 结构（Navy IETM Architecture，NIA）。于是，IETM 研究中心对 NIA 进行了进一步的修改，提出了构建联合式 IETM 结构（Joint IETM Architecture，JIA），以适应整个国防系统的需要。JIA 的主要目标就是实现在整个战区、基地或整个国防系统的 IETM 互用性。2000 年 5 月，美国国防部在 IETM 研究中心研究成果的基础上颁布了 IETM 互用性（Interoperability of IETM）手册，即 MIL-HDBK-511，对 JIA 的系统结构、信息流程、用户网络、交互界面、通信安全、基础设施建设等方面提出了统一标准性建议，为基于网络的联合式 IETM 发展奠定了基础。

以 MIL-HDBK-511 为依据的联合式 IETM 的基本目标是：为各类武器装备的电子技术手册的采办和部署建立一个统一的结构框架，使不同武器装备的 IETM 在网络平台下实现信息共享，让不同地域的每一个用户通过普通的交互系统界面都能够及时有效地获取 IETM 信息，不论数据的格式和数据源的位置。为了实现这个目标，JIA 研究人员采用了目前广泛使用的互联网技术，以及商务现货供应（commercial off-the-shelf，COTS）产品，使用独立于因特网的军用专线信息网络，为 IETM 使用者提供信息。这种网络按照以太网标准进行配置，可以是国防部链接全球的网络、战区局域网、或简单的计算机局域网，也可以是仅具有 IETM 浏览器和网络服务器的单机系统。JIA 主要由网络浏览器、网络服务器和网络链接构建，包括实现 IETM 的数据库服务器和应用程序服务器，特别是 HTTP 服务器。JIA 除了采用标准的网络技术、协议（如 HTTP、FTP、TCP/IP 等协议）和 COTS 产品外，还具有四个方面的特征：通用浏览器（common browser）、IETM 对象封装和组件接口（object encapsulation and component interface）、电子寻址和库函数（electronic-addressing and library functions）、内联网服务器和数据库服务器接口（intranet server and database server interface）（MIL-PRF-87268A，1995）。

18.2.2 MIL-PRF-87268/9A 标准

MIL-PRF-87268A、MIL-PRF-87269A 是美国国防部颁布的军用性能规范，它是 1995 年 10 月修改版。其中，PRF 表示 Performance Specification（执行规范），A 表示修订（MIL-PRF-87269A，1995）。

MIL-PRF-87268A《交互式电子技术手册：通用内容、样式、格式和用户交互要求》首先提出了对 IETM 的一般内容、规格、管理性与系统的基本要求，其次提出了对文字、表格、图形、声音、影像等内容类型及格式的要求，最后提出了与用户交互的功能要求（MIL-HDBK-511，2002）。

MIL-PRF-87269A 可修改的交互式电子技术手册数据库提出了对 IETM 数据库的需求。该规范主要目的在制定共同的数据规范，使得文字或图形储存于数据库时，能不受软硬件的限制，可跨平台进行数据交换。根据 MIL-PRF-87269A 规范开发的数据库，使用内容模型来定义技术信息，它分为两层：第一层是基本层，第二层是内容特定层。基本层含有建立 IETM 数据库的所有元素的标准模型，此模型作为构建内容特定层的基本元素，定义内容特定层的基础；内容特定层是基本层的内容模型定义而来。武器系统的维护技术信息被分解成一个分组的基于系统、分系统的结构。此标准大大促进了 IETM 技术的发展和推广，其研发的 IETM 在各军种中广泛应用并使成千上万的纸型技术手册也被数字化。

18.3 S1000D 标准

S1000D 标准是一个适用于所有武器装备、民用交通工具和设备的 IETM 规范，其内容涵盖了 IETM 的全部过程——从数字化技术信息的生成、交换和公共源数据库中的管理到交互式电子技术出版物的生成、更新和版本管理过程。S1000D 采用了多项 ISO 国际标准 W3C 标准，支持标准通用标记语言（standard generalized markup language，SGML）、可扩展标记语言（extensible markup language，XML）和计算机图元文件（computer graphics metafile，CGM）。

18.3.1 S1000D 标准的发展历史

S1000D 是一个采用公共源数据库来创建技术文档的国际标准，可以用它对任何军用或民用的海陆空交通工具和设备制作 IETM。它采用了多项 ISO 国际标准和 CALS 以及 W3C 标准，支持 SGML、XML 和 CGM。由技术出版物标准维护集团（technical publications specification maintenance group，TPSMG）负责开发和维护。S1000D 标准最初由欧洲航天工业协会（AECMA）发起，目的是解决欧洲各个国家的军用工程技术文档的交互性。1984 年欧洲航天工业协会与英国国防部成立文档工作组，启动了研究技术出版物国际标准的计划，该计划准备以美国航天运输协会的规范 ATA Spec 100 为基础，协调现存的其他标准，在航天领域中制定一个统一的技术文档制作方法（ATA Specification 2200，2002）。1989

年出版了 S1000D 标准第一版。随后，文档工作组邀请各个国家派出军方代表参加到这个组织中，共同发展该标准。2003 年发布标准第二版，将 XML DTD 和 Schema 的使用引入标准。从该版起，标准的应用范围从航天产品扩展到陆地与海洋的所有产品与设备，并且从军用发展到军民共用。

S1000D 自 20 世纪 80 年代以来已连续发布了 1.6、1.7、1.8、1.9、2.0、2.1、2.2、2.3、3.0 等多个版本，并于 2012 年 9 月对最新的 4.1 版本进行修订，该规范采用模块化设计思想，将技术资料中的内容分解为较低粒度的数据模块和信息对象，存储在 CSDB 中，将传统技术出版物中"章、节、页"的线性结构转换成了基于信息单元的模块化结构，提高了信息检索的精度。随着时间、应用、知识的演化，该规范为了实现对 DM 信息更改的管理，采用了版本和修订两种更改控制机制，虽然较好地实现了对 DM 内容的变更管理，但是对 DM 演化内容之间、信息模型之间、尤其是 DM 语义信息和演化原因的变化管理方面和未来趋势的预测方面，尚未有详细的解决方案。

在 20 世纪 80 年代初期，该规范的概念起源于欧洲航天和国防工业协会（ASD）所在的航天工业领域。在那时，大多数民用航天公司的方案是要求提供与美国航天运输协会的规范 ATA100 一致的文档。在欧洲的军用方案中由不同的国家军用规范编制的文档提供支持，虽然在某几个协作项目中进行了一些合理的尝试。相比较而言，对民用航天器支持的情况更加稳定和易于管理。现有军用规程和不断引入新的规程产生了更大范围的问题，并且增加了行业和它的军用客户的成本，结果，在技术出版物领域它们更加依赖使用复杂的基于计算机的系统支持业务活动。

为日益增多的协作项目追加经费，认识到开发综合后勤保障和信息技术的必要性，这种状况促使用户和 ASD 的产品支援委员会（CPSC）成立一个文档工作组（DWG）。这个由欧洲工业界代表组成的 DWG 承担编写当前文档业务状况报告，以及向航天器项目推荐一个统一的文档管理方法的任务。

DWG 认识到国际上仅仅在航天领域接受 ATA100 规范，虽然它没有正式作为国际标准被承认。因此决定尝试协调民用和军用文档使用 ATA100 作为源文档。许多由参与国使用的国家军用规范，在美国军用规范（US Mil Specs）中可以找到它们的根源，因此这些受到人们的尊重。DWG 邀请各国提供军用代表参与到他们的活动中，并且作为一个被称为扩增文档工作组（ADWG）的辅助机构。

该组织认为协调各规范并且能够公用，有以下主要好处：

1）节省信息产生的成本，避免重复加工；

2）更加经济的保障计划编制；

3）可提交更加便宜的出版物；

4）为项目的参与者提供统一标准；

5）进一步应用新技术开发数据交换标准格式；

6）增强了内部的可操作性。

ADWG 制定任务组承担能够使用包括在该规范中的公共源数据库（CSDB）开发方案的特定领域的研究计划。ADWG 接受 TPSMG 赋予的维护规范的责任。TPSMG 包括来自政府和工业界的成员。

在 2003 年，欧洲 ASD（AECMA）和 US AIA 之间签署了一个谅解备忘录，就两个组织之间协调美国和欧洲有关技术出版物数据的指导意见，建立一个协商通道。两个组织目前基于 AECMA Spec 1000D 开发和维护 S1000D 正紧密地工作着。

18.3.2 实现 S1000D 标准的关键要素

依据 S1000D 标准创建的技术文档中，数据不是以传统的"章节"形式出现，而是以"模块"的形式出现，即数据模块（data module，DM）。一个数据模块指的是一个独立的数据单元，用来描述装备的一部分完整信息，在 S1000D 概念中，数据模块是描述信息的最小单元，不可分割，具有原子性。各个数据模块之间使用数据模块编号（data module code，DMC）相互区分，可以利用此编号管理整个产品的所有数据模块（刁兆勇，2009）。

一个产品所有的技术信息都被存储在公共源数据库中，可通过数据模块编号、信息种类和其他元数据信息以目录或搜索的方式将信息对象从 CSDB 中检出，以满足用户特定的需要。

S1000D 以数据模块组织技术信息，以公共源数据库管理信息对象。公共源数据库和数据模块作为 S1000D 中的两个核心概念，是用来保证 IETM 实例间的信息共享和交换。

S1000D 所使用的数据模块存储格式是 SGML 或 XML，结合样式表转换技术（XSL），可以把数据输出为所需的 HTML，DHTML 或者 PDF 等格式。在 S1000D 中，允许使用 CGM4（ATA 标准）、JPEG、GIF、PNG、PDF 和 TIFF 等格式存储图像数据。

该标准采用了多项 ISO 国际标准和 CALS 以及 W3C 标准，所创建的技术文档以中立数据格式存储，因此可以被跨平台、跨系统使用。技术文档的模块化创建与管理，以及中性格式存储是该标准的最大特色，也是它被国际社会广泛接受的原因。

18.3.3 采用 S1000D 标准的目的

S1000D 使用了数据模块的概念，能从不同的方面来节省费用，并能缩短 IETM 制作完成时间。

目前 S1000D 标准在美国及北约的军事及民用领域有着广泛的应用。英国国防部是 S1000D 标准的主要推动者，在向政府提供的所有设备技术手册中，承包商被强制执行这个标准。英国国防部颁布的综合后勤保障 ILS 标准（DEF STAN 00-60）第 10 部分（电子手册）就是建立在 ASD/AIA S1000D 标准之上的。美国国防部现在也正在推行使用 S1000D 标准。

18.3.4 S1000D 应用范围

S1000D 涵盖了在所有民用或者军用项目的空中、海洋、陆地交通工具或者希望采用该规范的装备的保障中涉及的技术出版物的业务活动。规范采用 ISO、CALS 和 W3C 标准，在这里信息以中性的格式产生。这就意味着它可以在不同的以及常常无关联的 IT 系统上运行。正是这个特点，加之模块化的设计原理，使得规范如此地为广大国际社会接受。

编制符合 S1000D 的信息实现这样一种模式，称为"数据模块"，它的解释是：技术出版物中最小的自包含信息单元。

数据模块有下列含义：

1）用于管理信息的标识和状态项；

2）内容部分，它根据数据模块的类型而不同。

数据模块类型能够被处理为：

1）叙述性；

2）程序性；

3）机组/操作人员；

4）故障信息；

5）维修计划编制；

6）图解部件数据；

7）过程；

8）配线数据。

在一个数据库中收集和管理可用于装备的所有数据模块，这个数据库就称为公共源数据库（CSDB）。

使用 CSDB 的好处是能够使 IT 平台不受以页面导向或者交互式电子技术出版物（IETP）任一输出格式的约束。虽然在输出的出版物中多次用到独立的信息模块，而在 CSDB 中信息并没有被复制。因此仅需要更改一次数据，就可以完成数据维护，而更改的信息发布在整个输出的出版物中。

使用 S1000D 规范还有以下优点：

1）它以经国际认可的中立标准为基础；

2）降低了技术出版物的维护成本；

3）它考虑到了为满足特定用户需要生成的信息子集；

4）信息和电子产品方便地在不同 IT 系统间传递；

5）能够从同一数据库中的数据生成多种不同的输出格式，这样就保证了数据的安全，并且不管输出格式如何，每个使用者都能得到相同的讯息；

6）S1000D 数据模块思想能够应用于继承下来的数据；

7）数据提交和数据管理不是独占方式，而是中立的。

S1000D 规范合并收编了电子形式的数据存储，以页导向和使用 XML 和 WEB 技术的 IETP 的信息产品。关于 S1000D 和 ASD 出版物的更多信息可以分别在 www.s1000d.org 和 www.aecma.org 或者 www.asd-europe.org 上找到。

18.3.5　如何使用 S1000D 规范

S1000D 是一种国际规范，它的目标是涵盖在任何系统项目（空中、海洋、陆地交通工具，设备和工具，民用或者军用，统称为"装备"）保障中的有关技术出版物的业务活动。该规范对从信息的产生、交换和在 ASDB 中面向出版物生成的管理,以及评注过程等技术出版物的各个方面进行了描述。S1000D 业务规范如图 18-12 所示。图 18-13 是 PTC 的完整 S1000D 解决方案横跨整个内容生命周期解决方案。

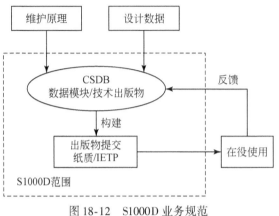

图 18-12　S1000D 业务规范

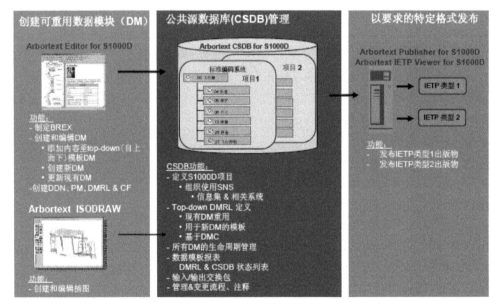

图 18-13　PTC 的完整 S1000D 解决方案横跨整个内容生命周期

S1000D 规范主要涉及以几方面的功能:

1)文档处理方法。文档处理方法包括应用信息技术,以及和其他处理方法、规范的关系,像 AECMA Spec 2000M 产品全寿命支持(PLCS ISO10303 AP239)。通过处理过程图,定义了对对应章的引用。

2)信息的产生。适用于以数据模块和 CSDB 原理编制技术出版物的一般法则。这主要为作者和插图作者提供支持。在数据模块/出版物的开发和更新期间,必须有质量保证程序,确保数据模块/出版物是能够满足要求的,并且在技术上是正确的。所有数据模块编制与结构标准一致。写作、插图的创作规则与前页、警告、注意、注释一起增强了这些结构规则，这些规则由专门的指导说明为创作数据模块提供支持。

3）信息管理。介绍数据模块结构，数据模块数据交换规则，文档类型定义，以及数据模块更新规则。提供项目的出版物管理支持。信息管理由寻址、存储对象数据模块、插图和出版物信息对象处理组成，能够在一个项目中生成和使用公共技术文档。它也对数据模块、它们关联的插图以及多媒体信息的编码给予了详细描述。它描述了可以用于编制计划、管理和控制 CSDB 内容的数据模块清单（DML），定义了在数据模块和出版物上进行注释处理的方法。

4）信息集和出版物。包括信息集和出版物的公共和专用需求、操作和维护装备的必需品。主要为项目出版物的获得、管理、写作人员和插图作者提供这两方面的帮助。信息集是定义范围和深度（从写作人员的角度）中必需的需求信息，它以数据模块的形式在 CSDB 中进行管理。出版是为客户编辑和发行信息的过程。这可以是一个交互式电子技术出版物（IETP），由数据模块或者继承数据构成的出版物编制的纸面出版物。除了它可以是若干个信息集的父集或者它们的局部，它可能是信息集的子集或者信息集。

5）信息的表现（形式）和使用。主要为页导向的出版物和 IETP 提供了信息表现和使用规则。页导向出版物功能矩阵基于纸张和显示屏两种，加之以非线性方式的信息显示，进行详细解释，为项目出版物获得、管理、写作人员、插图作者和 IT 专家提供帮助。

6）信息的处理过程。在 DTD 和模式，图形和符号加之信息交换，资源分析和软件需求的技术问题进行了详细说明。

7）标准编号系统（SNS）和信息代码（IC）。描述了公共标准编号系统（SNS）和在数据模块代码中使用的信息代码（IC）。其他参考标准和规范见表 18-2。

表 18-2　参考标准和规范

名称	注释
Adobe TIFF 6.0	标记图像文件格式
AECMA Spec2000M	航材管理集成军用设备数据处理过程的国际规范
ATAiSpec 2200	航空维修资料标准
CompuServe GIF89a	图形交换格式
C-M（55）15	北大西洋公约组织安全等级
ISO 10303 AP 239	STEP——产品数据表现和交换标准。应用协议 AP239——产品全寿命周期支持
ISO/IEC 10918	信息技术——连续调静态图像数字压缩和编码
ISO 31-11	数量和单位——第 11 部分：在自然科学技术中使用的数学符号
ISO 3166-1	国家名称的显示代码和它们的子类——第一部分：国家代码
ISO 6093	信息处理——在信息交换字符串中数字值的表示法
ISO 639-1	语言名称的显示代码
ISO 8601	数据元素和交换格式——信息交换——日期和时间的表示法
ISO/IEC 8632	信息技术——用于存储和传送图像描述信息的计算机图形元文件
ISO 8879	信息加工过程——文本和办公系统——标准通用标记语言

名称	注释
MIL-PRF-28002	以 2 进制格式表现光栅图形。规格：CCITT GR4
PDF Reference	便携式文档格式
REC-rdf-syntax-19990222	W3C 推荐：资源描述框架（RDF）模型和语法规范
REC-png-19961001	W3C 推荐：便携式网络图形（PNG）规范
REC-xlink-20010627	W3C 推荐：XML 链接语言
REC-xml-20040204	可扩展标记语言（XML）
REC-xml-names-19990114	W3C 推荐：XML 中的名称空间（XNames）
REC-xml-stylesheet-19990629	W3C 推荐：与 XML 文档关联的样式表
REC-xmlbase-20010627	W3C 推荐：XML 数据库
REC-xmlschema-1-20010502	W3C 推荐：XML 模式第 1 部分：结构
REC-xmlschema-2-20010502	W3C 推荐：XML 模式第 1 部分：数据类型
REC-xpath-19991116	W3C 推荐：XML 路径语言（XPath）
REC-xptr-element-20030325	W3C 推荐：XML 指针元素
REC-xptr-framework-20030325	W3C 推荐：XML 指针框架
REC-xsl-20011015	W3C 推荐：可扩展样式表语言（XSL）
REC-xslt-19991116	W3C 推荐：XSL 转换（XSLT）
RFC-2396-August 1998	IETF 推荐：统一资源标识符（URI）常用语法
RFC-2413-September 1998	IETF 推荐：统一资源的命名规范
RFC-2483-January 1999	IETF 推荐：统一资源名字解析必需的 URI 解析服务
STANAG Number 3430	北大西洋公约组织的飞行器交叉维护指南

扩展阅读：ATA iSpec 2200 是 ATA 航空技术出版物标准规范系列中最新的规范标准。它是在 ATA 100 基础上发展起来的，最初有美国航空运输协会同国际上各大型复杂产品发动机和机载设备制造厂家及航空公司共同制定的一种规范，用于统一国际间民用航空器及航空产品在设计、制造、使用、维修等方面各种资料、文件、函电、报告和目录索引的编号，使各种技术记录的处理趋于统一。后经不断发展产生了一系列标准规范。美国航空运输协会颁发的 ATA iSpec 2200 规范《航空维修资料标准》是由 ATA 2100 规范《大型复杂产品支援数字化资料标准》和 ATA 100 规范《航空产品技术资料规范》的最新版本组合而成的。该规范已经被国际主流的大型复杂产品制造商和大型复杂产品运营商普遍采用，是当今国际公认的民用大型复杂产品技术出版物编制标准。ATA iSpec 2200 是当前美国民用航空领域采用的标准，适用于大型复杂产品技术出版物编制的通用标准规范，该规范虽然不是强制性的，但它已经被国际上大多数航空公司和大型复杂产品制造商所认可和普遍采用。ATA 2200 规范对大型复杂产品技术出版物的基本要求主要包括以下内容：

编号系统、有效性、更改服务、正文前资料、表达方法、内容安排、生产管理数据库、服务通告的合并、用户原因更改的合并、标准缩写词、图示要求、标准实施、详细零件目录，另外还有对技术出版物数字化功能及编制的要求，如检索功能要求、直接访问、在线访问、技术出版物的数据模型分析与设计、通用标记语言标准（（SGML）和文件类型定义（DTD）等。

要在自己的公司里开始使用 SPEC 2000，您必须和不同的组织打交道。简而言之，他们所扮演的相关角色和责任如下：

1）ATA- 航空运输协会：ATA 是美国航空承运商的贸易联合组织。ATA 作为 SPEC2000 的管理和经营者，承担它的全部责任。ATA 出版 SPEC2000 的主体文件，并和世界范围内的 11 个其他行业组织合作，处理出版物的修订。另外，ATA 管理 SPEC2000 数据库的所有服务项目。

2）CG- 大陆图表公司：CG 拥有 SPEC2000 在世界市场上的主要原始发行股份，通过和 ATA 签约，他们成了 SPEC2000 数据库服务的主人。CG 接受来自供应商的磁带数据输入。数据库可以支持在线查询，并通过国际 WWW 网络，或 SITA/ARINC 网络更新。

CG 提供接受各种媒介数据的收费服务，如纸质产品目录、磁带和软盘等。同时，作为数据库的把关角色，他们鉴别供应商提供的信息是否相符规定。CG 可以帮助您修改数据的错误，保证您的信息及时地，准确地，以符合规定的格式发布。

3）网络提供商：ARINC 和 SITA 是在世界范围内广泛使用的航空工业数据交换网络。连接到这些网络之后，您可以向网络的其他使用者发送和接收信息。SPEC2000 格式和航空公司网络交流协议完全兼容。

4）软件提供商：SPEC2000 包含的是一个基本系统，这个系统可以让贸易伙伴用电子方式交换采购和修理部件方面的技术和商业信息，查询和更新中央数据库提供服务等。和这些交易兼容的软件程序，可以使用 SPEC2000 主要文档中的信息自行编制，也可以从其他商业软件开发商处购买。

18.4　IETM 标准的选择

18.4.1　IETM 标准的选择原则

IETM 标准体系内容涉及很广，包括文件结构、数据格式、界面说明、交互规范、数据库规范等。在制定相关标准时，要考虑的问题很多，既要有专用标准也要考虑国际通用标准、国家标准（刁兆勇，2009）。不是一个单位，一个部门说了就能解决的问题，都是需要统筹规划的。我国 IETM 标准还处于起步阶段，为了快速实现 IETM 的发展我们要积极借鉴美国等发达国家 IETM 标准体系的成功经验，尽快构建我国的标准体系。

美国国防部为了降低军品成本费用，自 1995 年以来，在 IETM 标准方面方针是不开发自身的特别规范和标准，而转向对产业、国内和国际标准行业界的注意，美国国防部在选择 IETM 标准时，其优先次序是：

1）国际标准化组织（如国际标准化组织（ISO））的标准；

2）美国国家标准化机构（美国国家标准化组织（ANSI））的标准；

3）工业专业协会标准化机构（如电气与电子工程协会（IEEE））的标准；

4）无其他选择，则选用事实上的工业标准；

5）如果必要，再制定军用标准。

伴随世界经济全球化、一体化的发展趋势和市场经济的不断完善，全世界实行比较统一的数据透明度标准和准则，将是一个必然趋势。我国要发展建设社会主义市场经济，积极参与国际分工与合作，融入世界经济发展潮流中去，就非常有必要采用世界通行的标准和准则。本节建议，我国航天领域 IETM 标准的制定及选择原则为：

1）尽量采用现有标准，以减少组织、制定标准的费用与风险；

2）同时存在多个标准时，综合考虑，并结合我国实际情况尽量选择国际标准化组织的标准；

3）尽量选取军民共用的标准，减少军品的成本费用；

4）当在多个标准间进行选择时，还应当综合考虑标准的颁布时间、应用范围、实现方式及通用程度、当前的技术条件和对新技术的支持程度等因素；

5）无标准可用时，则制定国内标准；

6）当标准确实不能满足军品时，再制定军用标准。

18.4.2　各种 IETM 标准的比较

MIL-PRF-87268A 和 MIL-PRF-87269A 是美国国防部最早颁布的军用 IETM 指导标准，这些标准制定时间较早，结构较为松散，缺乏对新技术的支持，以此标准制作的 IETM 无一例外地使用了后台著作打包系统和相应的前台显示系统，它们必须相互依赖，由一个 IETM 著作系统打包的数据不能被其他 IETM 的显示系统显示。因此这个标准导致了许多格式各异、互不兼容的电子技术手册产生，在实际应用中，造成了信息难于维护、共享和互用。虽然它们促进了 IETM 的发展，具有历史意义，但随着计算机技术、通信技术、网络技术的飞速发展，这些标准已显得严重过时了。

MIL-HDBK-511 标准的制定是为了建立一个高层体系结构框架，覆盖全部 IETM 的获取和部署，使得不同来源和不同数据格式的武器系统 IETM 能在一个通用用户操作界面使用，以获得终端用户级的协同性。它提出了 JIA 概念，并对 JIA 的系统结构、基础设施建设等方面提出了统一标准性建议，为基于网络的联合式 IETM 发展奠定了基础。MIL-HDBK-511 通过使用通用浏览器，在用户界面上实现了互操作性，但并不能实现所有方面的互操作，如不能进行数据之间的互操作性。并且此标准在应用方面，基本采用编码方式，用通用网页编辑软件编写，即要求 IETM 创作人员同时为网页开发专业人员。同时目前该标准还没有解决源数据的互操作问题。ATA 2200 规范虽然被国际上主流的大型复杂产品制造商和大型复杂产品运营商普遍采用，是当今国际公认的民用大型复杂产品技术出版物编制标准，但缺乏对新技术 XML 和军用航天装备的支持。

美国在应用中认识到该标准的局限性，正在考虑与 ASD 合作在 S1000D 基础上进行联合开发制定军民通用标准规范，用于解决美国当前标准不统一带来的弊端。S1000D 标准是一个采用公共源数据库来创建技术文档的国际标准，有专门组织来负责版本的升级与维护。它所提出的技术文档模块化创建与管理，以及中性格式存储是其最大特色。依此标准创建的 IETM 能够进行跨平台、跨系统信息交换，并可以用多种方式进行信息发布。目前该标准在全世界范围内的军事项目中,以及商业航天领域项目中,应用异常火爆,在欧洲已成为事实上的公认标准,并已成功应用到许多大型项目中,如欧洲战机"台风"(eurofighter typhoon)的 IETM 就是以 S1000D 标准制作,美国国防部和工业部门在一些重要的工作中也已经执行此标准。当前欧洲的 ASD 和美国 AIA,ATA 正组成联合工作组,拟在 ASD S1000D 规范的基础上建立一个适用于所有大型复杂产品资料数字化的规范,这将改变欧美目前军、民用大型复杂产品资料数字化即大型复杂产品技术资料 IETM 规范不一致的现状。国内外 IETM 主要标准体系优缺点对比见表 18-3。

表 18-3　国内外 IETM 主要标准体系优缺点对比

标准代号	优点	缺点
MIL-PRF-87268A MIL-PRF-87269A	1. 提出了对 IETM 一般内容、规格、管理性与系统的基本要求 2. 提出了对文字、表格、图形、声音、影像等内容类型及格式要求 3. 提出了与用户交互的功能要求 4. 提出了对 IETM 数据库的要求	1. 严重过时,难以适应新技术的发展 2. 没有解决源数据的互操作问题
MIL-HDBK-511	1. 提出了 JIA 的系统结构、信息流程用户网络交互界面、通信安全、基础设施建设等方面的统一标准化建议 2. 采用了通用浏览器 3. 采用了 IETM 对象封装 4. 采用了电子寻址与库函数 5. 采用了网络和数据库服务器接口	没有解决源数据互操作问题
ATAiSpec2200	1. 主要包括了编号系统、有效性、更改服务、正文前资料、表述方法、内容安排、生产管理数据库、图示要求、标准实施、详细零件目录等内容 2. 提出了对技术出版物数字化要求	缺乏对 XML 和军用航天装备的支持
S1000D	1. 基于国际认可中间标准,降低了成本 2. 允许生成信息的子集满足客户需求和数据输出在异构系统间进行 3. 可以从相同数据库生成很多不同的输出表格,保证了数据的安全性 4. 具有强大的组织支持、完善的维护体制、广泛的技术基础和合理的发展计划	
GJB 6600	主要以 S1000D 为基础进行编制	处于 S1000D 的跟踪研究
GB/T 24463.1-2009 GB/T 24463.2-2009 GB/T 24463.3-2009	主要以 S1000D 为基础进行编制	处于 S1000D 的跟踪研究

18.4.3 选用 IETM 标准的建议

鉴于我国 IETM 研究起步较晚，国内现在的 IETM 标准尚在起步阶段。分析美国在发展 IETM 过程中取得的成就与遇到的挫折，并借鉴其目前选择 IETM 标准的原则，分析现有 IETM 标准的优缺点、发展前景与应用范围，发现 S1000D 拥有多项优点，代表了标准发展的趋势。S1000D 数据模块存储格式可采用 SGML 或 XML。同时，结合样式表转换技术（XSL）可以把数据输出为所需的 HTML、DHTML 或 PDF 等格式，或把数据转换到大型关系数据库中进行操作。同时允许使用 CGM4（ATA 标准）、JPEG、GIF、PNG.、PDF 和 TIFF 等图形格式存储图像数据。其优点具体表现在以下各方面：基于国际认可的中间标准；降低技术信息的维护费用；允许生成信息的子集满足客户的需要信息和数据输出可以在异构的 IT 系统间进行；可以从相同的数据库生成很多不同的输出表格，以保证数据的安全性；该标准是公开的非盈利的可以中性格式进行数据传递和管理数据；支持以电子格式以及纸型文件管理技术文档数据；支持使用 XML 和 Web 新技术的交互式电子技术手册。所以我们选择 S1000D 国际标准作为航天维修 IETM 系统的指导标准。当然在系统具体开发过程中我们要根据自己的特点进行必要的选择，同时也要充分借鉴美国 LVIIL 系列和 ATA2200 系列标准的成功经验和优点。

S1000D 国际标准起源于欧洲，虽然技术出版物标准维护集团后来邀请各个国家派出军方以及工业代表参加到这个组织中，共同发展该标准，但我国军方及工业机构并没有参与其中，因此这个标准是否符合我国国情，能否用于我国的产品及设备，仍是一个值得商榷的问题。但是这个标准的有关数据模块、公共源数据库等概念以及有关信息发布方式、交互性等思想、方针是通用的，不会因各个国家的不同而相异。当然针对我国航天领域具体的产品制作 IETM 时，可能需要根据我国国情、按照我国习惯、结合我国实际来进行产品分区与信息码，而这些方面在标准中是开放的，可以自定义的。该标准除支持 SGML 格式外还支持 XML 和 WEB 新技术，提供了 DTD 和 SCHEMA 两种文档类型定义模式，符合 IETM 发展需求。因此所选的标准并没有与我国国情相冲突。

参 考 文 献

本书编委会 . 2007. 现代武器装备持续采办与全寿命支持——CALS. 北京：航空工业出版社

刁兆勇，2009. 交互式电子技术手册 IETM 及其应用研究 . 南京：南京理工大学硕士学位论文

胡耀光，孟小华，李晨. 2009.S1000D 规范下 IETM 中数据模块的设计与实现. 计算机工程与设计，30（13）：3222-3224

闫艳. 2010. 智能化 IETM 系统框架设计. 西安：西北工业大学硕士学位论文

王宏，张峰. 2008. 基于 J2EE 的 IETM 创作系统的设计与实现. 计算机工程与设计，29（19）：5105-5109

王凯. 2010. 移动计算环境下 IETM 的分层设计架构. 电子科技大学学报，39（S1）：43-47

徐宗昌，曹冒君. 2010. 基于 S1000D 的装备技术信息拆分. 计算机应用，30（S1）：63-65

朱兴动. 2009. 武器装备交互式电子技术手册. 北京：国防工业出版社

朱兴动，黄葵，王正. 2010. 基于 S1000D 的 IETM 阅读器设计. 计算机工程，36（13）：288-290

ATA Specification 2200. 2002. Information Standards for Aviation Maintenace. https：//publications. airlines. org/commerceproductoletail. aspx？ product＝154

MIL- PRF- 87268A. 1995- 10- 01. Manuals，Interactive Electronic Technical：General Content，Style，Format，and User- Interaction Requirements. DoD. http：//www. everyspec. com/MIL-PRF-080000-99999/MIL-PRF-87268A_ 13971

MIL- PRF- 87269A. 1995. DataBase，Revisable Interactive Electronic Technical Manual，for the support of DoD. http：//www. everyspec. com/MIL-PRF-080000-99999/MIL- PRF-87269A-3062

MIL- HDBK- 511. 2000. Interoperability of Interactive Electronic Technical Manual （IETM）. DoD. http：//www. everyspec. com/MIL-HDBK-0500-0599/MIL_ HDBK-511-1959

Patton T，Quallen J R. 1996. Standards- based IETMs：the Key to Integrated Weapon System Support. Naval Engineers Journal，108 （3）：193-197

Wang Tao，Jiang Lili. 2010. Research on IETM Publishing System Based on MVC Pattern. Proceedings of the 2010 WASE International Conference on Information Engineering，Beidaihe，Hebei，China，2：129-132

第 19 章 基于单一数据源的 IETM 系统

本章学习路线图

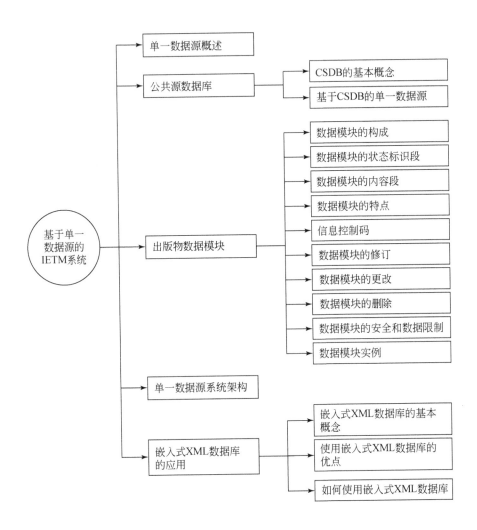

近十多年的计算机及互联网络技术的发展使得大型复杂产品文档资料的生产（编写、修改、发布）、使用与交换发生了革命性的变化。航天器在设计、制造、运营、维修不断发生改进和变化，并且产生大量的数据。因而在技术信息的生产过程有着巨大的降低成本的潜力可以发掘。应用 SGML 可以清楚地标记信息内容，减少信息冗余，提高信息的产生

及处理效率，能够满足对技术信息的不同形式的需求。在这种情况下，20 世纪 70 年代，美军提出了技术手册数字化的思想，随后的几年，IETM 成为这一思想的具体体现。

19.1　单一数据源概述

单一原始数据源管理技术，改变了传统的劳动密集型的资料生产方式，提高了生产效率。符合工业标准的数字数据模式的资料，改变了资料的交换与使用方式，大大提高了资料的交换效率及利用率。这次信息技术革命使得大型复杂产品技术资料的无纸化生产成为现实，无纸化应用也指日可待（张峰，2011）。

IETM 的主要目的是提供对一些复杂技术系统的诊断、维护、维修。IETM 信息包提供这些操作，主要包括描述性、发现并修理故障以及零件数据。它在自动化创作和设计系统上用适当的媒体作为帮助并以电子屏幕的方式提供给终端用户。IETM 创作系统具有创建文档与 CGM 图形中图形热点的超链接，以及 CGM 图形中图形热点到文档中文档内容的超链接功能。创建的这种超链接在发行的 PDF 文档、IETM 或者 Web 浏览器中实现阅读时内容到图形或者图形热点到内容的跳转。IETM 融合了多媒体、数据库与网络等计算机技术，能对信息进行快速查询、全文检索和在线更新，而且便于携带和保存，在 IETM 的最高实现层次上，还可以和专家系统、自动检测技术相结合。

20 世纪 90 年代美国防部为 IETM 制定了完整的技术规范。目前，在 MIL 87268A 规范中定义了 IETM 六个等级，第零级的 ITEM 基本上是传统的纸质管理，第一、二、三级 IETM 实现了数字化信息管理（ETM），但这些数字信息资料基本上是对传统纸质文档的电子化实现管理（杜晓明等，2006；王宏等，2010）。第四级实现在前三级的基础上，增加了交互功能，例如实现阅读时内容到图形或者图形热点到内容的跳转，同时融合了多媒体。第五级是目前研究的热点，主要实现 IETM 与网络资源的连接、与维修诊断系统的集成等功能。IETM 已成为各国军方竞相发展的领域，而且在民用大型机械设备上也有广阔应用前景。在 IETM 的研发方面，国外已有一些成熟的 IETM 创作工具，早期的 IETM 系统大多使用 SGML 文档存储数据，如美国波音公司的 Quill 21 等。在国内对 IETM 系统也在进行一些研究，如西安新思想公司的 XDOC 系统等。由于目前 IETM 都是采用 ATA SPEC 2200（美国航天运输协会航天技术出版物规范）标准进行设计，由于 ATA SPEC 2200 结构复杂，近年来出现了 S1000D，S1000D 是关于技术出版物的获得和编制的国际规范。该规范也可以用于支持包括军用和民用的任何设备。在该规范中的所有产品将称为"装备"（朱兴动等，2003；张月雷，2007）。

单一数据源管理技术是通过建立 SGML 知识库模式的数据中心实现的。SGML 知识库与文档编辑客户端或者基于 WEB 文档编辑系统连接实现原始资料的输入。通过发行系统在 SGML 知识库中抽取 SGML 数据组合生成满足需求的各种产品（张峰，2010）。

本章以开发一个实际的大型复杂产品文档资料的生产（编写、修改、发布）、使用系统为背景，研究了基于 SGML/XML 技术和单一数据源来实现对技术文档分类目录定义、技术文档共享及流程化编制、技术文档编写、IETM 生成、Web 浏览、自动发布。实现了一个符合 S1000D 标准的 IETM 生产系统，由其生成的 IETM 产品内容符合相关 IETM 标准，实现了 MIL 87268A 规范中 IETM 第五级要求的绝大部分功能。

19.2　公共源数据库

信息管理中的主要原理是 CSDB。它是在项目中编制技术出版物需要的所有对象的信息储存和管理工具。

CSDB 的主要目标是：

1）支持技术出版物的加工处理；

2）支持约束写作；

3）支持 QA 过程；

4）支持与合作伙伴、供应商和客户的数据交换；

5）支持提供各种介质的技术出版物，不受源数据格式约束。

19.2.1　CSDB 的基本概念

公共源数据库（common source data base，CSDB）是 S1000D 中的一个核心概念，用于信息管理。它是在项目中编制技术出版物需要的所有对象的信息储存和管理工具，用于生成纸质的或电子格式的出版物（胡耀光，2009）。CSDB 中的核心对象是数据模块。它是技术出版物中最小的自包含信息单元。数据模块管理和包含文本、插图和数据。它们有明确的基于国际标准的中立结构。插图和其他数据不直接存储在数据模块中，而是引用。数据模块的唯一标识是数据模块代码和发行号。通过应用语言元素数据模块能够区分以不同语言写作的有相同数据模块代码。

S1000D 仅仅指定了信息对象的数据结构，它与软件的执行无关。例如，可以选择或者可变化的元素，由项目协商并且包括在项目业务规程。

在 CSDB 中存储和管理的信息对象是下列可寻址和可交换的单元：

1）在描述的数据模块；

2）描述的数据模块清单；

3）描述的注释；

4）出版物模块（PM）；

5）数据分派记录（DDN）。

19.2.2　基于 CSDB 的单一数据源

存储在公共源数据库中的信息对象有如下几种，它们都是可以被标识（addressable）与可交换（exchangeable）的信息单元：数据模块（data module，DM）、插图（illustration，所有与数据模块相关联的非 SGML/XML 格式的文件）、数据模块列表（data module list，DML）、注释（comments）、出版模块（publication module，PM）、数据交换说明（data dispatch notes，DDN）。各信息对象在公共源数据库中用其相应的编号来标识与管理，并做到无冗余的存储。

基于单一数据源的 IETM 的总体目标是：参照相关国际规范 ATA2200、S1000D 及美军标准 MIL-PRF-87268A 和 MIL-PRF-87269A，应用先进的信息技术和理念，以国内某大型复杂产品制造公司生产的某型号大型复杂产品为试点，构建 IETM 创作与发行系统 XDOC，实现基于园区网的用户技术资料的协同编制和数据集成共享，实现用户技术资料的单一数据源管理，支持用户技术资料数据的"一次生成、到处使用"，从而提高 ITEM 资料的编制效率，极大降低了装备制造商的技术出版物制作成本，提高了产品质量。应用该系统编制的数字数据出版物，使得用户提高了装备的维护效率，降低维修成本，提高了装备的保障率。

系统的基本要求是：

1）重新定义规范的技术信息模型，提高技术信息复用率和技术信息生产力。

2）利用新的软件工具，提高技术信息的加工处理效率，该进版本发布。

3）利用 Web 文档编写修改软件技术和先进的 SGML 编辑工具，重组技术信息生产过程，实现协同写作，提高文档编写的生产力水平。

4）利用先进的互联网技术提高与客户的信息交换效率，缩短交付时间，减少介质和运输成本。

5）建立技术信息知识库数据中心，实现大型复杂产品寿命周期内技术信息的寿命管理。用户资料的基本数据格式采用 XML 格式。

6）采用智能 CGM 图形，实现图形中图形热点到文档中文档内容的超链接以及文档链接到 CGM 图形的定位。

7）采用单一数据源 SGML/XML，以 SGML 作为中心知识库。

8）可灵活、方便使用的导航器，导航器的结构层次可以配置，不仅仅局限于满足以 SNS 建立导航树，导航树的建立与创建数据模块时编辑 DMC 的数据自动保持一致。

为了实现上述要求，实现了基于 S1000D 标准的 IETM 总体结构，总体结构如图 19-1 所示（张峰，2010）。

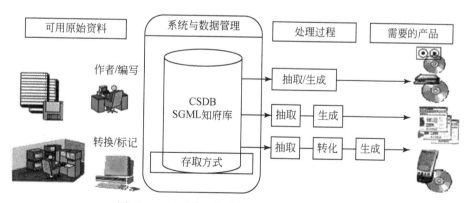

图 19-1　基于单一数据源的 IETM 总体结构图

在可用原始资料部分，实现对技术文档分类目录定义，主要为用户提供一个方便、灵活、快捷的技术资料分类目录定义，根据分类自动生成技术资料文档模板，并且具有文档版本管理的、文档更改/修订版本管理、技术文档的多语言版本以及多种语言的组合以及翻译功能（王宏等，2010）。同时，具有在文档中插入图形、声音、动画等多媒体文档的管理功能。技术文档编写环境提供一个专业化的 SGML/XML 文档编写环境，提供创建文档与 CGM 图形中图形热点的超链接，以及 CGM 图形中图形热点到文档中文档内容的超链接功能。写作人员不需要进行文档的样式编排，仅仅按照已经生成的文档模板的格式填写编写内容，插入有关的参考文档、图形或者其他多媒体文档链接。同时编写环境提供多种语言对照编写/翻译环境。

系统与数据管理部分是一个 SGML 知识库，提供知识库文档和数据的共享管理功能，是一个多用户多任务的文档协同编写平台。

处理过程提供工作流管理模块，使文档的创作、编写、校对、翻译、审核、批准、发布实现流程化作业管理。写作人员能够容易得到与自己有关的文档编写任务以及各个文档的状态。管理员能够整体监管文档的状态的任务作业。最后根据实际需求来形成产品，可发行成 PDF 文档、IETM 或者 WEB 浏览器。

19.3 出版物数据模块

19.3.1 数据模块的构成

编制保障装备正常运行需要的信息，像数据模块这样的离散信息片段存储在公共源数据库中，信息集用来确定信息的需求范围和数据模块编码方针。信息深度的定义是细目分类（由 SNS 和分解代码表示）和装备维护方针的组合。在数据模块/出版物的开发和修订期间，必需有质量保证程序确保数据模块的内容能够满足要求并且在技术上的正确性。数据模块必需反映装备的细目分类。初始的细目分类由 SNS 描述。所有的数据模块依照结构规则进行编制。由写作插图规则与前页、警告、注意、注释给予补充。

所有的数据模块基本上由两部分组成：标识和状态段部分，内容部分（CONTENT），标识和状态是数据模块的第一部分。它包括标识数据（如数据模块代码、标题、发行号、发行日期、语言）和状态数据（如保密级别、公司和发起人、适用性、技术标准、质量保证状态、技术等级、修订原因）。内容部分是数据模块的第二部分。它呈现给受众的包括文本和插图。

数据模块是 S1000D 标准中的一个核心概念，它由数据模块代码（DMC）来标识，DMC 是数据模块的标准化和结构化标识符。它包括数据模块的标识部分。DMC 是数据模块的唯一标识的一部分。DMC 用于在 CSDB 中管理数据模块，抽取它们或者在电子环境中获得访问它们的权利。DMC 由多达 37 个字母数字字符组成，最小长度是 17 个字符，其构造如图 19-2 所示。

DMC 作为 DM 唯一标识的一部分，用于管理 CSDB 中的 DM，对其进行检索或存取。DMC 由硬件/系统标识、信息类型和学习类型 3 个部分，其组成结构如图 19-3 所示。DMC 由 7 个代码段组成，各代码段之间用连接符"-"连接，其各代码段的具体功能如下：

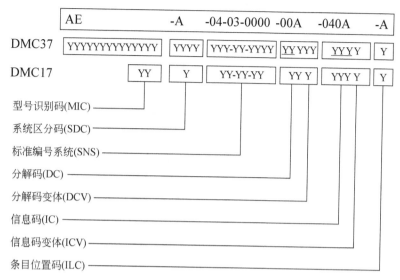

图 19-2　DMC 构造图

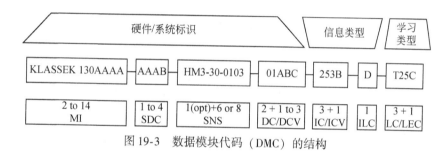

图 19-3　数据模块代码（DMC）的结构

1）型号识别码（model identification code，MIC）用于标识当前数据模块所描述装备的型号代码。

2）系统区分码（system difference code，SDC）用于区分具有相同型装备号未发生变化时系统/分系统变化的代码。当同一型号的武器装备的技术状态不完全相同时，若安装了不同的系统或分系统，这种差异还不足以影响装备型号的改变，就可以使用系统区分码来区分系统/分系统存在的差异。

3）标准编号系统（standard numbering system，SNS）是基于标准化的编码体系用于标识装备及其层次划分关系的代码。SNS 由系统码、分系统/分分系统、单元或组件三部分组成。

4）分解码（disassembly code，DC）是用于标识组件分解状态的代码，以保证维护信息的适应性。分解差异码变体（disassembly code variant，DCV）是用于标识分解码对应组件的细微变化的代码。

5）信息码（information code，IC）是用于标识数据模块内容的信息类型代码。信息码变体（information code variant，ICV）是用于标识信息码对应内容的细微变化的代码，通常用于对信息码进行扩展。

6）条目位置码（item location code，ILC）是用于标识信息适用对象的代码。

7）学习码（learn code，LC）用于描述人力绩效技术或训练的类型，LC 是可选项。学习事件码（learn event code，LEC）由一位字母组成。

DMC 可以划分为两个区，分别是"硬件标识"和"信息类型"，硬件标识见表 19-1，信息类型见表 19-2。

表 19-1　硬件标识

Breakdown 分类	Length 长度
型号识别码（MIC）	2～14 位字符
系统区分码（SDC）	1～4 位字符
标准编号系统（SNS）	1 位任意符号加上 6 或 8 位字符
系统（system）	1 位任意符号加上 2 位字符
子系统+子–子系统（subsystem + sub-subsystem）	2（1+1）位字符
单元或者总成（unit or assembly）	2 或 4 位字符
分解码（DC）	2 位字符
分解码变体（DCV）	1～3 位字符

表 19-2　信息类型

Breakdown 分类	Length 长度
信息码（IC）	3 位字母数字字符
信息码变体（ICV）	1 位字母数字字符 1 位字母数字字符
条目位置码（ILC）	1 位字母数字字符

19.3.2　数据模块的状态标识段

每个数据模块包含以下两部分结构：

1）标识和状态段（identification and status section，IDSTATUS）。标识和状态段是数据模块的第一部分，包含了数据模块的元数据信息，用于数据模块的控制与管理，对于用户是透明的，被包含在<idstatus>标记之中。它进而又被划分成标识部分，其中标识部分以<dmaddres>标记标识，包含了数据模块的标识信息，如数据模块编号、标题、版本号、出版日期、发行语言等；

2）<dmaddres>标识。它的 DTD 定义为：<! ELEMENT dmaddres（dmcextension?，dmc，dmtitle，issno，issdate，language?）>，状态部分以<status>标记来标识，包含了数据模块的状态信息。

19.3.3　数据模块的内容段

内容段是 DM 的第二部分，它包含了用于显示给用户的文本信息，对用户可见，被包

含在<content>标记之中，内容段的 DTD 定义为：<！ELEMENT content（refs？，cct）>

    <！ATTLIST content

      id   ID   #IMPLIED

    >

它包含要显示给用户的文本和插图。

由于不同的用户即使操作相同的设备部件，也可能执行不同的任务，所以在 S1000D 3.0 标准中定义了 11 种数据模块类型，即一个部件可能由多个类型的数据模块描述。数据模块类型能够快速生成一个特定于操作者（如大型复杂产品维护人员、大型复杂产品操作人员等）的技术手册成为可能。不同类型的数据模块拥有不同的内容段<content>结构，但拥有相同的标识状态段<idstatus>结构。根据以上分析，设计出了基于 S1000D 的数据模块 DM 编辑器，实现界面如图 19-4 所示。

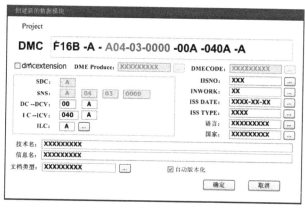

图 19-4　DM 编辑界面

19.3.4　数据模块的特点

数据模块可以最大限度地实现信息重用，提高数据管理能力，达到"一次创作生成，多次重复使用"的功效。当不同用户级别（如操作员、维修工程师等）的用户对手册有不同的要求时，11 种数据模块类型能够使快速生成特定于操作者的不同的技术手册；而且当需求发生变化时，仅仅修改对应的一个数据模块，就能影响生成的技术文档。

19.3.5　信息控制码

信息控制码（ICN）是由数字和字母等字符组成的结构化标识符，用于唯一标识及索引与 DM 相关联的图形、图像、动画、音频、视频和虚拟现实等多媒体信息。在 CSDB 中，ICN 用于与一个或多个 DM 建立关联，对各种多媒体信息对象进行控制与访问。在 S1000D 4.0 标准中，ICN 使用了两种编码机制：①基于 CAGE 的 ICN 编码；②基于 MI 的 ICN 编码。

（1）基于 CAGE 的 ICN 编码

商业活动和政府实体（commercial activity and government entity，CAGE）编码是分配给供应商、政府机构和各类团体的唯一标识符。基于 CAGE 的 ICN 由英文字母和数字组成，长度为 18～23 位，它分为前缀、编制单位代码、唯一标识符、版本号和密级码五个代码段。第一个代码段是前缀"ICN"，各代码段之间用连接符"–"连接，其结构如图 19-5 所示。

图 19-5　基于 CAGE 的 ICN 编码结构

（2）基于 MI 的 ICN 编码

基于 MI 的 ICN 由英文字母和数字组成，长度为 29～45 位。它分为前缀、型号识别码、系统区分码、标准编号系统、责任合作方代码、编制单位代码、信息序列号、信息码变体、版本号和密级码 10 个代码段。第一个代码段是前缀"ICN"，各代码段之间用连接符"–"连接，其结构如图 19-6 所示。

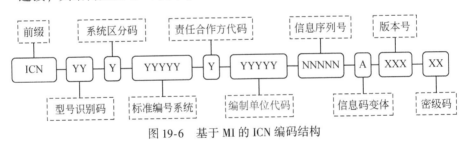

图 19-6　基于 MI 的 ICN 编码结构

19.3.6　数据模块的修订

数据模块需要修订的内容包括：

1）在数据模块初次发行时装备不适用；

2）新装备的使用；

3）新的消耗材料的使用；

4）运行经验的积累获得新的信息；

5）因技术出版物改进报告引起的更改；

6）对软件的更改；

7）改装、服务通告、特殊技术指令和类似文件；

8）因质量检查结果引起的更改；

9）其他必需增加或者修改的数据；

10）更改标记和突出显示。

下列一般原则适用于变更信息的标识：有两种表示更改的方法。增加/删除元素的更改和元素内容的更改。增加/删除元素的更改处理如下：

新元素（如段落、步骤）有表示这是一个新元素的属性（记号、更改和级次）。元素内容的更改使用 SGML/XML 元素<change>。对数据模块的更改原因在 IDSTATUS 部分中的 SGML/XML 元素<rfu>中给以简要说明。

发行号和版次的用法：

1）发行号：对于数据模块的每一次发布来说，发行编号增加一。

2）版次号：在信息生成期间，通过利用版次号，在正式发布之间使用 inwork 属性，能够方便地记录更改信息。通过增加数据模块的版次编号表示修改过程。

19.3.7 数据模块的更改

更改是更新数据模块的一种形式，它对当前数据模块的一部分产生影响。更改可能影响 CONTENT 部分或者可能单独用于更新在 IDSTATUS 部分的一个元素或者属性，如适用性、或者给出新的质量担保情况。

如果更改影响到内容，SGML/XML 元素 < issno > 的 type 属性的值将被置为"CHANGED"。如果仅仅更改数据模块的状态，属性 value 将被置为"STATUS"。

数据模块的更改理由将使用在部分的 SGML/XML 元素<rfu>中进行记录。如果数据模块被完全修改，SGML/XML<issno>元素的 value type 属性值将被置为"REVISED"。非 SGML/XML，更改属性或者元素将出现在数据模块新发行上。

相对最初提交的 CSDB 追加的数据模块新发行的理由，将用在 IDSTATUS 部分的 SGML/XML 元素<rfu>记录。如果使用 SGML/XML 元素<issno >的 inwork 属性，将它置为"00"。

19.3.8 数据模块的删除

数据模块的删除是必要的，如随时可能取消对构型的描述。在这种情况下数据模块保留在 CSDB，而标记被删除。如果数据模块被删除，SGML/XML 元素<issno>的 type 属性被置为"DELETED"，而且 issno 属性将在删除时增加。删除数据模块的理由将被记录在 IDSTATUS 部分的 SGML/XML 元素<rfu>中，<issno>元素的 inwork 属性将被置为"00"。

恢复数据模块是复原一个已经删除的数据模块，并且标记它是有效的。如果数据模块被恢复，在发行时，将在删除时候的发行号上加一。如果数据模块被恢复，SGML/XML 元素< issno >的 type 属性将置为这几个值中的一个值，"RINSTATE-CHANGED"表示数据模块被恢复以及被进行过更改，"RINSTATE-REVISED"表示数据模块被恢复并且数据模块已经被完全修改，或者"RINSTATE-STATUS"表示数据模块已经被恢复并且仅仅状态信息进行过更改。

恢复数据模块的理由用 SGML/XML 元素 \<rfu\> 记录在 IDSTATUS 部分，\<issno\> 元素的 inwork 属性将被置为 "00"。

19.3.9 数据模块的安全和数据限制

数据模块有四种信息类型与安全有关。它们是分级、限制、指令和信息。

（1）分级

分级包括限制和商标。为国防情报资料和装备进行分类和等级划分，根据非授权泄密而导致对安全造成危险的程度，不包括限制性商标。

1）国际防御组织保密分级。国际防御组织就安全保密级别有他们自己的定义。NATO 的保密级次解释在 C-M（55）15。

2）国家保密分级。国家保密分级由每个国家制定规范，可以在项目中应用。

3）商业保密分级。为公司或者政府部门信息或者装备分类或者划分等级，指明非授权泄密对公司或者政府部门安全造成的危险程度，和预防非授权泄密的保护标准。公司对于保护与政府还没有授予的合同有关的情报资料通常使用商业保密分级。一旦与政府的合同签订，NATO 或者国家安全保密级别就生效。

（2）限制

国家限制警告是一个限制性标记或者机密码字，它是对通常密级的保密级别的补充。准许需要国家限制警告数据模块/技术出版物。国家限制警告通常限制数据模块/技术出版物为指定人群或者已经获得授权者。记录分发和同意复制，以及通过组织者或者公司安全管理员获得。机密码字应该在项目中定义。

（3）指令

这种信息指明了与数据模块有关的专门指令。根据适用于数据模块分发要求的保密级别和用户权限，将输出管理通告、记录在数据模块中。项目保密指令通常提出了数据模块的输出指导说明。它们被记录在数据模块中合适的位置。项目保密指令通常给出处理、存储、分类数据模块/技术出版物的指导说明。如果没有项目保密指令，公司安全管理员将看通告。

（4）销毁

项目保密指令通常给出方法：当不再需要机密数据模块/技术出版物时，如何销毁它们。如果没有项目保密指令，公司安全管理员将看通告。纸质机密数据模块/技术出版物（包括草稿、损坏的工作单等）通常通过粉碎和燃烧进行销毁。机密数据模块/技术出版物的多余拷贝将得到适当的密级，直到它们被损毁。一旦它们被损毁，必须签发许可证并一直保存。

（5）使用或者泄密

声明数据模块的预期使用或者泄密。

（6）信息

这些信息包括可能应用数据模块的版权、引用政策和条件。

数据模块/技术出版物的创作者负责按照其全部内容划分机密等级，如按照它们包含的最高等级情报资料划分机密等级。例如，如果数据模块/技术出版物包含受限制和机密之间的情报资料，那么将划分为机密级。通常，数据模块/技术出版物的创作者按照出版物产品中用到的原始数据的保密级别划分密级。如果创作者对于划分正确的保密级别疑问，可以查询项目保密指令，或者从公司安全管理员那里获得建议。一些项目可能为数据模块/技术出版物规定了最高的保密级别。创作者的责任是务必保证这个最高保密级别要求不被超越。

虽然数据模块/技术出版物在开始创作时已经给定了正确的保密级别，它们可能因为许多原因需要更改。安全审核的结果可能使它们的保密级别降低。增加新的机密信息的结果，可能使数据模块/技术出版物的保密级别上升。数据模块的密级同样受数据模块集合对 CSDB 的影响。数据模块/出版物创作者的责任是按照出版物新的内容提升或者降低保密级别。创作者可以查询项目保密指令或者从公司安全管理员那里获得建议。创作者必须一直关注项目的最高密级的要求。更改数据模块的保密级别是数据模块状态的更改，并且记录在数据模块中。

19.3.10 数据模块实例

下面以 S1000D4 标准的程序信息数据模块内容为例来说明数据模块的组成。代码如下：

```
<? xml version = "1.0" encoding = "UTF-8"? ><! DOCTYPE dmodule [
    <! NOTATION cgm PUBLIC "-//USA-DOD//NOTATION Computer Graphics Metafile//
EN" >
    <! NOTATION jpeg PUBLIC "+//ISBN 0-7923-9432-1:: Graphic Notation//NOTATION
Joint Photographic Experts Group Raster//EN" >
    <! NOTATIONswf PUBLIC "-//S1000D//NOTATION X-SHOCKWAVE-FLASH 3D
Models Encoding//EN" >
    <! NOTATION png PUBLIC "-//W3C//NOTATION Portable Network Graphics//EN" >
] >
<dmodule xmlns: xsi = "http://www.w3.org/2001/XMLSchema-instance" xmlns: dc =
"http://www.purl.org/dc/elements/1.1/" xmlns: rdf = "http://www.w3.org/1999/02/
22-rdf-syntax-ns#" xmlns: xlink = "http://www.w3.org/1999/xlink" xsi: noNamespace-
SchemaLocation = "http://www.s1000d.org/S1000D_ 4-1/xml_ schema_ flat/comrep.xsd"
```

><rdf：Description><dc：title>Lights- Caution repository</dc：title><dc：creator>FAPE3</dc：creator><dc：subject>Lights- Caution repository</dc：subject><dc：publisher>FAPE3</dc：publisher><dc：contributor>FAPE3</dc：contributor><dc：date>2011-01-31</dc：date><dc：type > text </dc：type > < dc：format > text/xml </dc：format > < dc：identifier > S1000DLIGHTING-AAA-D00-00-00-02AA-012A-A_ 001-00</dc：identifier><dc：language>en-US</dc：language><dc：rights>01_ cc51_ cv51</dc：rights></rdf：Description>

  <identAndStatusSection>//状态与标识

  <dmAddress>//标识

  <dmIdent><dmCode modelIdentCode = "S1000DLIGHTING" systemDiffCode = "AAA" systemCode = "D00" subSystemCode = "0" subSubSystemCode = "0" assyCode = "00" disassyCode = "02" disassyCodeVariant = "AA" infoCode = "012" infoCodeVariant = "A" itemLocationCode = "A" /><language countryIsoCode = "US" languageIsoCode = "en" />//DM 标识属性描述，DMC 值的组成元素

  <issueInfo issueNumber = "001" inWork = "00" /></dmIdent>

  <dmAddressItems>//DM 标识属性

  <issueDate day = "31" month = "01" year = "2011" />//发布日期

  <dmTitle>//DM 标题

  <techName>Lights</techName>//技术名称

  <infoName>Caution repository</infoName>//信息名称

  </dmTitle>

  </dmAddressItems></dmAddress>

  <dmStatus issueType = "new" >//发布类型

  < security securityClassification = "01" commercialClassification = "cc51" caveat = "cv51" />//密级

  <dataRestrictions>

  <restrictionInstructions>

  <dataDistribution>To be made available to all S1000D users. </dataDistribution>//数据分发

  <exportControl><exportRegistrationStmt>

  <simplePara>Export of this data module to all countries that are the residence of organizations that are users of S1000D is permitted. Storage of this data module is to be at the discretion of the organization. </simplePara>

  </exportRegistrationStmt></exportControl>//出口控制

  < dataHandling > There are no specific handling instructions for this data module. </dataHandling>//处理

  <dataDestruction>Users may destroy this data module in accordance with their own local procedures. </dataDestruction>

  <dataDisclosure>There are no dissemination limitations that apply to this data module. </dat-

aDisclosure>

</restrictionInstructions>

<restrictionInfo>

<copyright>//版权

<copyrightPara><emphasis>Copyright （C） 2008</emphasis> by each of the following organizations： <randomList>

<listItem><para>AeroSpace and Defence Industries Associations of Europe - ASD. </para> </listItem>

<listItem><para>Ministries of Defence of the member countries of ASD. </para></listItem>

</randomList></copyrightPara>

<copyrightPara><emphasis>Limitations of Liability： </emphasis></copyrightPara>

<copyrightPara><randomList>

<listItem><para>This material is provided "As Is" and neither ASD nor any person who has contributed to the creation, revision or maintenance of the material makes any representations or warranties, express or implied, including but not limited to, warranties of merchantability or fitness for any particular purpose. </para></listItem>

<listItem><para>Neither ASD nor any person who has contributed to the creation, revision or maintenance of this material shall be liable for any direct, indirect, special or consequential damages or any other liability arising from any use of this material. </para></listItem>

<listItem><para>Revisions to this document may occur after its issuance. The user is responsible for determining if revisions to the material contained in this document have occurred and are applicable. </para></listItem>

</randomList></copyrightPara>

</copyright>

<policyStatement>TPSMG TOR 001</policyStatement>

<dataConds>There are no known conditions that would change the data restrictions for, or security classification of, this data module. </dataConds>//数据条件

</restrictionInfo>

</dataRestrictions>

<responsiblePartnerCompanyenterpriseCode = "FAPE3" >

<enterpriseName>AIRBUS</enterpriseName></responsiblePartnerCompany>//编制单位

<originatorenterpriseCode = "FAPE3" >

<enterpriseName>AIRBUS</enterpriseName></originator>

<applic>//适用性信息

<displayText/>

</applic>

<techStandard>

<authorityInfoAndTp>

```
<authorityInfo>20010131</authorityInfo>
<techPubBase>Bike book</techPubBase>
</authorityInfoAndTp>
<authorityExceptions/>
<authorityNotes/>
</techStandard>//技术标准
<brexDmRef>//业务规则参考
<dmRef xlink：type＝"simple" xlink：actuate＝"onRequest" xlink：show＝"replace"
xlink：href＝"URN：S1000D：DMC-S1000DBIKE-AAA-D00-00-00-00AA-022A-D"><
dmRefIdent><dmCode modelIdentCode＝"S1000DBIKE" systemDiffCode＝"AAA" systemCode
＝"D00" subSystemCode＝"0" subSubSystemCode＝"0" assyCode＝"00" disassyCode＝
"00" disassyCodeVariant＝"AA" infoCode＝"022" infoCodeVariant＝"A" itemLocationCode
＝"D" /></dmRefIdent></dmRef></brexDmRef>
<qualityAssurance><unverified/></qualityAssurance>//质量保证
<systemBreakdownCode>LT</systemBreakdownCode>
<skillLevel skillLevelCode＝"sk01" />
<remarks><simplePara>Related CPF No. 2006-054AA</simplePara></remarks>
</dmStatus>
</identAndStatusSection>
<content>
<commonRepository>
<cautionRepository>
<cautionSpec>
<cautionIdent id＝"c001" cautionIdentNumber＝"caution-001" />
<warningAndCautionPara>Do not touch the glass of the bulb.</warningAndCautionPara>
</cautionSpec>
<cautionSpec>//警告信息
<cautionIdent id＝"c002" cautionIdentNumber＝"caution-002" />
<warningAndCautionPara>Make sure that the glass is clean before installing it on the light.</
warningAndCautionPara>
</cautionSpec>
</cautionRepository>
</commonRepository>
</content>
</dmodule>
```

19.4 单一数据源系统架构

单一数据源系统主要由三部分组成，系统架构如图 19-7 所示。

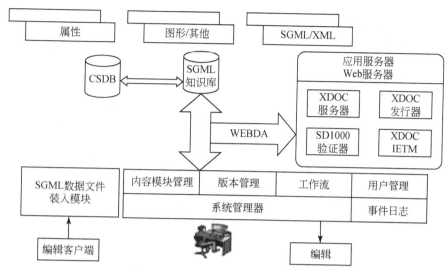

图 19-7　IETM 创作平台系统架构图

第一部分是客户端，主要有两类用户。

1）文档与图形制作用户。这类用户对系统分配给自己编辑的文档通过检出、编辑、检入的过程进行文档编辑，这部分用户必须在客户端安装 SGML/XML 编辑器程序。

2）管理员用户。管理员用户负责生成整个单一数据源系统导航树的结构，即章节组织，类似于总编辑，同时也为每个文档指定编写人员、任务、流程信息，并监控整个单一数据源系统的运行状态和进度情况，维护工作流程的顺利进行。并将单一数据源系统的内容发布成 IETM 软件包、PDF 文件或 HTML 文档。技术出版物创作过程如图 19-8 所示。

SGML/XML 编辑器程序是系统中的核心创作部件之一，这里选择了 Arbortext 公司的 EPIC 编辑器作为单一数据源系统的编辑器。

EPIC 编辑器提供了对 SGML/XML 的基于大纲和标记的文档编写、样式生成、变更跟踪和 PDF 生成功能，该编辑器具有友好的文字处理界面风格，允许编辑人员从可重复使用的文档结构部分中构建复合文档，还可以嵌入来自数据库、业务系统和其他数据源的数据，而且可以通过许多种不同的编程语言（Java、JavaScript、C/C++）来访问 EPIC 编辑器绝大部分的 API 功能，因此可以方便地和其他业务系统进行集成。

为了在 EPIC 编辑器和单一数据源系统系统之间建立联系，这里用 Java 设计了一个面向 EPIC 编辑器的适配器程序，这个程序可以在 EPIC 编辑环境中和单一数据源系统进行方便的数据交换。

第二部分是应用服务器端，在服务器端通过 HTTP 服务为 EPIC 编辑环境提供文件远程引用，包括 Schema 文件组引用和 CGM 等图形引用等。通过 WebDAV 协议提供客户端和服务器端的文件管理通道，可以完成文件和目录的创建、删除、修改和移动等操作（张月雷，2007）。在单一数据源系统服务端还提供用于解析服务器配置信息以及 PDF 发布、Web 发布、IETM 程序发布等后台服务模块。

第三部分是对 CSDB 的管理，主要由数据库和知识库共同构成。数据库采用嵌入式数据库 Berkeley DB 等，该数据库主要用来存储编辑生成的 SGML 文档以及各文件的组织结

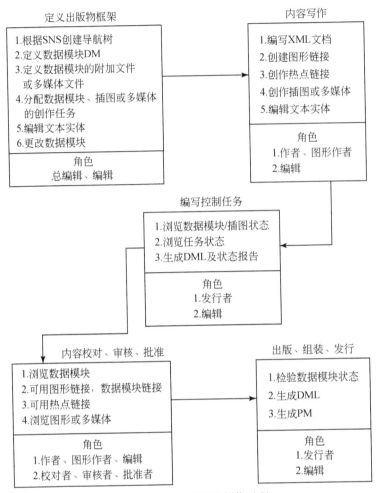

图 19-8　技术出版物创作过程

构、用户信息、流程信息、链接信息、版本修订等数据。

单一数据源系统的基本功能模块如图 19-9 所示。由于用户的绝大部分的技术资料的保存格式在不符合 SD1000 标准，有一部分保存在 Word 格式的文件中，为了把这些信息导入单一数据源系统，这里根据实际情况设计了一个数据导入模块，通过这个模块导入的数据都要通过 SD1000 验证器的处理，以便成为符合 SD1000 Schema 定义的文档规范。

在图 19-9 中，单一数据源系统主要包括：

EPIC 客户端：用户用 EPIC 编辑器对基于 SGML/XML 大纲和标记的文档进行编写，也可以通过适配器程序与单一数据源系统之间进行方便的数据交换，同时可以插入 CGM 图形及图形中热点。

XDoc 客户端：单一数据源系统管理器管理单一数据源知识库，提供知识库文档和数据的共享管理功能，是一个多用户多任务的文档协同编写平台。单一数据源系统管理器提供工作流管理模块。

发布引擎：通过发布引擎，单一数据源系统发行器能够自动按照知识库中的分类目录

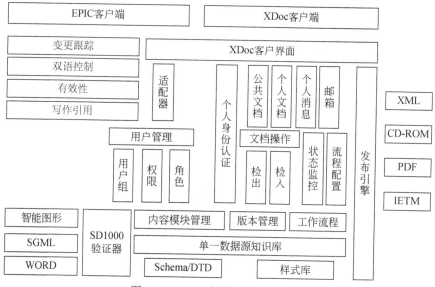

图 19-9　IETM 创作平台功能模块

将文档成批或者单个地发行为各种数字数据产品，如 PDF 文档、交互式电子技术手册。自动将技术文档按照知识库中的分类目录发布组装成完整的 PDF 文档。图 19-10 是生成的交互式电子技术手册实例，显示了文档与 CGM 图形中图形热点的超链接，以及 CGM 图形中图形热点到文档中文档内容的超链接。

19.5　嵌入式 XML 数据库的应用

采用单一数据源 SGML/XML，以 SGML 作为中心知识库。S1000D 允许以上列出的除图形外的信息对象以 SGML 或者 XML 任何一种编制。数据模块可以是 SGML 或者 XML 任一种编制，但是不能混合在一个项目中。项目必须实现其他信息对象（如 PM）可以以 XML 编制，同时数据模块以 SGML 编制，并且系统能够这样处理。基于单一数据源的 IETM 系统采用 Berkeley DB 嵌入式数据库作为存储 SGML/XML 文件的数据库。

19.5.1　嵌入式 XML 数据库的基本概念

嵌入式数据库的名称来自其独特的运行模式。这种数据库嵌入应用程序进程，消除了与客户机服务器配置相关的开销。嵌入式数据库实际上是轻量级的，在运行时，它们需要较少的内存。它们是使用精简代码编写的，对于嵌入式设备，其速度更快，效果更理想。Berkeley DB 是一个开放源代码的内嵌式数据库管理系统，能够为应用程序提供高性能的数据管理服务。应用它程序员只需要调用一些简单的 API 就可以完成对数据的访问和管理。（不使用 SQL）。Berkeley DB 为许多编程语言提供了实用的 API 接口，包括 C、C++、Java、Perl、Tcl、Python 和 PHP 等。所有同数据库相关的操作都由 Berkeley DB 函数库负责统一完成。

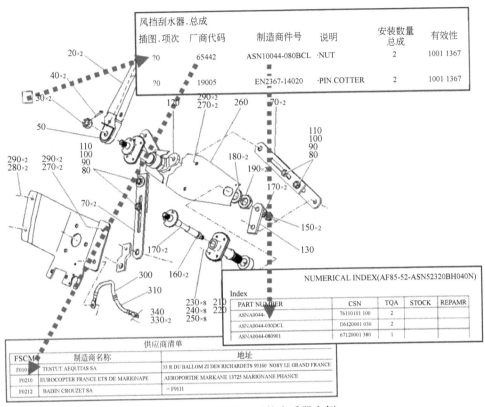

图 19-10　交互式电子技术手册实例

Berkeley DB 轻便灵活（portable），可以运行于几乎所有的 UNIX 和 Linux 系统及其变种系统、Windows 操作系统以及多种嵌入式实时操作系统之下。Berkeley DB 被链接到应用程序中，终端用户一般根本感觉不到有一个数据库系统存在。

Berkeley DB 是可伸缩（scalable）的，这一点表现在很多方面。Database library 本身是很精简的（少于 300kB 的文本空间），但它能够管理规模高达 256TB 的数据库。它支持高并发度，成千上万个用户可同时操纵同一个数据库。Berkeley DB 能以足够小的空间占用量运行于有严格约束的嵌入式系统。

19.5.2　使用嵌入式 XML 数据库的优点

Berkeley DB 在嵌入式应用中比关系数据库和面向对象数据库要好，有以下两点原因：

1）因为数据库程序库同应用程序在相同的地址空间中运行，所以数据库操作不需要进程间的通信。在一台机器的不同进程间或在网络中不同机器间进行进程通信所花费的开销，要远远大于函数调用的开销；

2）因为 Berkeley DB 对所有操作都使用一组 API 接口，因此不需要对某种查询语言进行解析，也不用生成执行计划，大大提高了运行效。

19.5.3 如何使用嵌入式 XML 数据库

Berkeley DB XML 是一个支持 XQuery 的 XML 数据库，用于存储和索引 XML 内容，可以快速、可伸缩、可预测地访问 XML 内容。它是一个链接到应用程序的 C、C++ 库。Berkeley DB XML 提供事务访问、自动恢复、内容压缩、使用 AES 的磁盘数据加密、向热备份的故障切换，以及实现高可用性的复制。此外，还存储、索引和查询与 XML 文档相关的键/值元数据。Berkeley DB XML 为需要管理 XML 内容的应用程序提供快速、可靠和可伸缩的持久性。Berkeley DB 功能结构如图 19-11 所示。

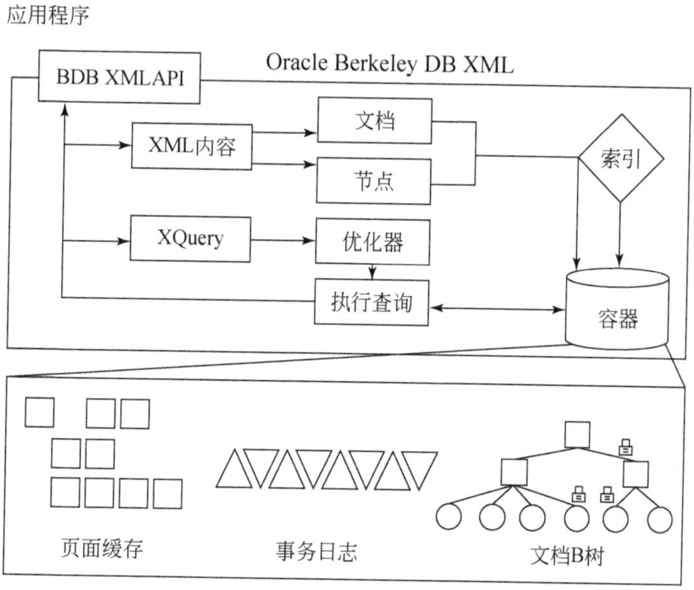

图 19-11　Berkeley DB 功能结构

Berkeley DB XML 支持 XQuery 1.0 和 XPath 2.0、XML 命名空间、模式验证、命名和跨容器操作以及文档流。XQuery 引擎使用完善的、基于成本的查询优化器，并支持带有嵌入式变量的预编译查询执行。存储大型文档时，可将其保持原样，或分解为节点，从而实现更加高效的检索和部分文档更新。Berkeley DB XML 支持对 XML 节点、元素、属性以及元数据进行灵活索引，以实现最快速、高效的数据检索。

Berkeley DB Java Edition（JE）是一个完全用 JAVA 写的，它适合管理海量的简单数据。能够高效率处理 1 万 ~ 100 万条记录，制约 JE 数据库的往往是硬件系统，而不是 JE 本身。多线程支持，JE 使用超时的方式来处理线程间的死琐问题。Database 都采用简单的 key/value 对应的形式。事务支持，允许创建二级库。这样，我们就可以方便地使用一级 key、二级 key 来访问我们的数据。支持 RAM 缓冲，这样就能减少频繁的 IO 操作。该数据库同时支持日志、数据备份和恢复和游标。

JE 下载地址：http：//www. oracle. com/technology/software/products/berkeley- db/je/index. html

解开包后把 JE_ HOME/lib/je-<version>. jar 中的 jar 文件添加到你的环境变量中就可以使用 je 了。

JE 要求在任何 Database 操作前，要先打开数据库环境，就像要使用数据库就必须得先建立连接一样。可以通过数据库环境来创建和打开 Database，或者更改 Database 名称和删除 Database。通过 Environments 对象来打开环境，打开环境的时候设置的目录必须是已经存在的目录，否则会出错误。默认情况下，如果指定的 Database 不存在则不会自动创建一个新的 Detabase，但可以通过设置 setAllowCreate 来改变这一情况。下面介绍操作 Database 环境示例：

1）打开 Database 环境。

```
EnvironmentmyDbEnvironment = null；
try ｛
EnvironmentConfig envConfig = new EnvironmentConfig（）；
envConfig. setAllowCreate（true）；//如果不存在则创建一个
myDbEnvironment = new Environment（new File（"/export/dbEnv"），envConfig）；
｝catch（DatabaseException dbe）｛
    //错误处理
｝
```

2）关闭 Database 环境。

可以通过 Environment. close（）这个方法来关闭 Database 环境，当完成数据库操作后一定要关闭数据库环境。方案如下：

```
import com. sleepycat. je. DatabaseException；
import com. sleepycat. je. Environment；
...
try ｛
    if（myDbEnvironment！= null）｛
myDbEnvironment. close（）；
    ｝
｝ catch（DatabaseException dbe）｛
    // Exception handling goes here
｝
```

有关 Berkeley DB 其他详细操作，请参考官方手册，本章不再做详细介绍。

参 考 文 献

杜晓明，王丹，常雷.2006. 集成化的交互式电子技术手册技术研究. 装备指挥技术学院学报，（3）：77-88

王宏，张峰，宋新爱.2010. IETM 系统中插图管理子系统的设计与实现. 计算机与现代化，（1）：44-48

张峰.2010. 单一数据源在 IETM 创作与发行系统中的应用. 电子设计工程，（4）：73-75，79

张峰.2011. 基于 S1000D 标准的 IETM 创作平台的设计与实现. 航空制造技术，（4）：80-84

张月雷.2007. 航空维修 IETM 关键技术研究和应用框架设计. 南京：南京航空航天大学硕士学位论文

朱兴动，黄葵，王正.2003. PDF 文档化 IETM 应用实例研究. 航空电子技术，（3）：43-47